普通高等院校土木专业“十三五”规划精品教材

钢结构设计

（第二版）

Steel Structure Design

丛书审定委员会

王思敬　彭少民　石永久　白国良

李　杰　姜忻良　吴瑞麟　张智慧

本书顾问委员会

刘锡良　李国强　石永久　柴　昶

张耀春　陈敖宜　尹德钰　严　慧

陆赐麟　王仕统　侯兆欣　周绪红

郝际平

本书主审　刘锡良

本书主编　陈树华　张建华

本书副主编　贾玉琢　赵　欣

本书编写委员会

陈志华　陈树华　张建华　雷宏刚

赵占彪　贾玉琢　赵　欣　王　林

白正仙　张春玉　颜庆智　刘斌云

潘卫国　卢瑞华　李　昊　闫亚杰

王治均　李曰兵　郭轶宏

华中科技大学出版社

中国·武汉

内容提要

本书是高等院校土木工程专业的专业课教材，重点介绍钢结构的设计方法。按最新实施的钢结构设计规范(GB 50017—2003)、建筑结构荷载规范(GB 50009—2012)、建筑抗震设计规范(GB 50011—2010)编写，具体内容包括普通钢屋架、特殊钢屋架、单层厂房结构、轻型门式刚架结构、拱形波纹钢屋盖结构、空间结构、多层钢结构设计、高层钢结构设计和建筑钢结构设计的依据和文件编制等九部分。各章附有本章要点、设计例题及思考题，便于读者掌握钢结构设计方法和设计流程，书后附录中列出钢结构设计中常用的参数，供设计时查用。

本书内容全面，实用性强，可作为土木工程专业和其他相近专业本科生的教材，也可以作为从事钢结构设计、施工和管理工程技术人员的自学参考用书。

图书在版编目(CIP)数据

钢结构设计/陈树华，张建华主编. —2版. —武汉：华中科技大学出版社，2013.3(2024.1重印)
ISBN 978-7-5609-8778-1

Ⅰ.①钢…　Ⅱ.①陈…　张…　Ⅲ.①钢结构-结构设计-高等学校-教材　Ⅳ.①TU391.04

中国版本图书馆CIP数据核字(2013)第056626号

钢结构设计(第二版)
Gangjiegou Sheji

陈树华　张建华　主编

策划编辑：金　紫
责任编辑：张秋霞
封面设计：原色设计
责任校对：何　欢
责任监印：朱　玢
出版发行：华中科技大学出版社(中国·武汉)　　电话：(027)81321913
武汉市东湖新技术开发区华工科技园　　邮编：430223
录　　排：华中科技大学惠友文印中心
印　　刷：武汉邮科印务有限公司
开　　本：850mm×1065mm　1/16
印　　张：23　插页：1
字　　数：601千字
版　　次：2024年1月第2版第3次印刷
定　　价：59.80元

本书若有印装质量问题，请向出版社营销中心调换
全国免费服务热线：400-6679-118　竭诚为您服务
版权所有　侵权必究

总　序

教育可理解为教书与育人。所谓教书，不外乎是教给学生科学知识、技术方法和动作技能等，教学生以安身之本。所谓育人，则是要教给学生做人的道理，提升学生的人文素质和科学精神，教学生以立命之本。我们教育工作者应该从中华民族振兴的历史使命出发，来从事教书与育人工作。作为教育本源之一的教材，必然要承载教书和育人的双重责任，体现两者的高度结合。

中国经济建设持续高速发展，国家对各类建筑人才需求日增，对高校土建类高素质人才培养提出了新的要求，从而对土建类教材建设也提出了新的要求。这套教材正是为了适应当今时代对高层次建设人才培养的需求而编写的。

一部好的教材应该把人文素质和科学精神的培养放在重要位置。教材中不仅要从内容上体现人文素质教育和科学精神教育，而且还要从科学严谨性、法规权威性、工程技术创新性上来启发和促进学生的科学世界观的形成。简而言之，这套教材有以下特点。

一方面，从指导思想来讲，这套教材注意到“六个面向”，即面向社会需求、面向建筑实践、面向人才市场、面向教学改革、面向学生现状、面向新兴技术。

二方面，教材编写体系有所创新。结合具有土建类学科特色的教学理论、教学方法和教学模式，这套教材进行了许多教学方式的探索，如引入案例式教学、研讨式教学等。

三方面，这套教材适应现在教学改革发展的要求，提倡所谓“宽口径、少学时”的人才培养模式。在教学体系、编写内容和课时数量等方面做了相应考虑，而且教学起点也可随学生水平做相应调整。同时，在这套教材编写中，特别重视人才的能力培养和基本技能培养，注重适应土建专业特别强调实践性的要求。

我们希望这套教材能有助于培养适应社会发展需要的、素质全面的新型工程建设人才，也相信这套教材能达到这个目标，从形式到内容都成为精品，为教师和学生，以及专业人士所喜爱。

中国工程院院士　王思敬

2006年6月于北京

第二版前言

随着国民经济的发展，钢结构在土木工程中的应用越来越广泛，设计理论也得到很大的发展和提高。本书是《钢结构原理》的后续，是钢结构设计理论的应用和扩展。

本书是在第一版的基础上，全面参照我国现行的《钢结构设计规范》(GB 50017—2003)、《门式刚架轻型房屋钢结构技术规程》(CECS 102:2002)、《冷弯薄壁型钢结构技术规范》(GB 50018—2002)、《高层民用建筑钢结构技术规程》(JGJ 99—98)、《空间网格结构技术规程》(JGJ 7—2010)、《建筑结构荷载规范》(GB 50009—2012)和《建筑抗震设计规范》(GB 50011—2010)等最新规范和规程对全书进行了梳理和修订。在修订的过程中，基本上保留了本书工程实例丰富、内容浅显的特点，同时对书中不合新规范的内容进行了修改，为了便于读者对相关概念和设计思路的理解，梳理了部分章节的逻辑顺序，对于一些文字上的差错和不妥之处，也进行了修正。

本书共分 9 章，包括普通钢屋架、特殊钢屋架、单层厂房结构、轻型门式刚架结构、拱形波纹钢屋盖结构、空间结构、多层钢结构设计、高层钢结构设计和建筑钢结构设计的依据和文件编制。主要介绍了钢结构设计特点、方法、原则和步骤，详细介绍了不同钢结构体系的荷载组合、内力分析、构件设计、节点设计、构造要求及成果文件编制等设计全过程，并给出相应的工程设计实例，有利于读者掌握理解，书末附录中列出钢结构设计中常用的参数，便于读者学习和应用。

本书由陈树华和张建华共同主编，陈树华负责章节大纲的确定，张建华负责全书内容的修订和统稿，具体分工为：哈尔滨工程大学陈树华编写第 4、9 章，东北电力大学贾玉琢编写第 1、3 章大部分内容，河北工业大学赵欣编写第 7 章，北京建筑工程学院王孟鸿编写第 8 章，黑龙江科技学院张春玉编写第 2、5 章，哈尔滨工程大学郭轶宏编写第 6 章大部分内容，哈尔滨工程大学张建华编写第 1、6 章部分内容及附录。全书由天津大学刘锡良教授主审。

本书在编写过程中得到了顾问委员会、编写委员会和华中科技大学出版社的大力支持和帮助，为此表示衷心的感谢。

因编者水平有限，书中难免有不足和错误之处，希望读者发现后及时告之，在此表示诚恳的谢意。

编　者

2015 年 12 月

第一版前言

2006年世界粗钢产量已经达到12.395亿吨。1949年我国粗钢产量只有15.8万吨，1996年我国粗钢产量为1.012亿吨，到2001年我国的粗钢产量已经上升到1.509亿吨，比1996年增长了49.1%。2006年我国粗钢产量为4.188亿吨，在仅仅10年之中即增长了313.8%，我国粗钢产量在世界粗钢总产量中的比例同时也成指数增长。1996年，我国第一次成为世界上最大的产钢国家，所占世界粗钢总产量的比例为13.5%；2006年，我国粗钢产量所占的比例上升到33.8%，已占到世界粗钢总产量的三分之一以上。钢材产量的飞速增长，为我国钢结构产业的发展提供了良好的物质基础。

《钢结构设计》是以钢结构基本原理为基础，根据各方向的工程技术特点及行业规范要求，结合常用的建筑钢结构基本体系，重点阐述钢结构设计原理、设计方法及构造特点的专业书籍。

本书是为土木工程专业建筑工程方向编写的教材，共9章。其内容包括普通钢屋架、特殊钢屋架、单层厂房结构、轻型门式刚架结构、拱形波纹钢屋盖结构、空间网格结构、多层钢结构设计、高层钢结构设计、建筑钢结构设计的依据和文件编制。各种结构从结构体系的特点开始介绍，然后介绍荷载效应及组合、结构整体分析、构件设计、节点设计等。

参加本书编写的人员有：哈尔滨工程大学陈树华（主编，第4、9章）、东北电力大学贾玉琢（副主编，第1、3章）、河北工业大学赵欣（副主编，第7章）、北京建筑大学王孟鸿（第8章）、黑龙江科技大学张春玉（第2、5章）、哈尔滨工程大学郭轶宏（第6章）。全书由陈树华统稿，由天津大学刘锡良教授主审。

本书在编写过程中得到了顾问委员会、编写委员会的大力支持和帮助，在此表示衷心的感谢。

因编者水平有限，书中难免有不足和错误之处，希望读者发现后及时告之，在此表示诚恳的谢意。

编　者

2007.7

目　　录

第1章　普通钢屋架

【本章要点】 理解钢屋盖支撑的作用；熟练掌握普通钢屋架设计的各个环节：支撑体系的布置、屋架形式和尺寸的确定、荷载和杆件内力的计算、杆件内力组合、杆件合理截面形式的选择、节点设计、屋架施工详图的绘制等。

1.1　屋架结构的形式及主要尺寸

1.1.1　屋架形式

屋架是由各种直杆相互连接组成的一种平面桁架，在竖向节点荷载作用下，各杆件将只产生轴心压力或轴心拉力，因而杆件截面应力分布均匀，材料利用充分，具有用钢量小、自重轻、刚度大、便于加工成型和应用广泛的特点。常用的屋架外形有三角形、梯形、平行弦和人字形等。

屋架选型是设计的第一步，其基本原则如下。

① 满足使用要求。应满足排水坡度、建筑净空、天窗、天棚以及悬挂吊车的要求。

② 满足受力合理性要求。从受力的角度看，屋架的外形应尽可能与其弯矩图接近，这样能使杆件受力均匀，腹杆受力较小。腹杆的布置应使内力分布趋于合理，尽量使长杆受拉，短杆受压，腹杆数目宜少，总长度宜短。斜腹杆的倾角一般在30°～60°之间，布置腹杆时应注意：荷载都作用在桁架的节点上（石棉瓦等轻屋面的屋架除外），避免使弦杆承受节间荷载引起的局部弯矩。

③ 满足施工要求。屋架的节点数量宜少，杆件规格宜少，节点构造简单合理，便于制造。

设计时应按照上述基本原则和屋架的主要结构特点，在全面分析的基础上根据具体情况进行综合考虑，然后再确定屋架的合理形式。

1.1.2　天窗架形式

在工业厂房中，为了满足采光和通风等要求，常在屋盖上设置天窗。天窗的形式有纵向天窗、横向天窗和井式天窗三种。后两种天窗的构造较为复杂，较少采用。最常用的是沿房屋纵向在屋架上设置天窗架（见图1-1），该部分的檩条和屋面板由屋架上弦平面移到天窗架上弦平面，而在天窗架侧柱部分设置采光窗。天窗架支承于屋架之上，将荷载传递到屋架。

1.1.3　托架形式

在工业厂房的某些部位，常因放置设备或交通运输要求而局部抽掉一根或几根柱。这时该处的屋架（称为中间屋架）就需支承在专门设置的托架上（见图1-2）。托架两端支承于相邻的柱上，跨中承受中间屋架的反力。钢托架一般做成平行弦桁架。其跨度一般不大，但所受荷载较重。通常情况下，钢托架设置在与屋架大致相同的高度范围内，中间屋架从侧面连接于托架的竖杆。这种形式构造方便且屋架和托架的整体性、水平刚度和稳定性都能得到很好的保证。

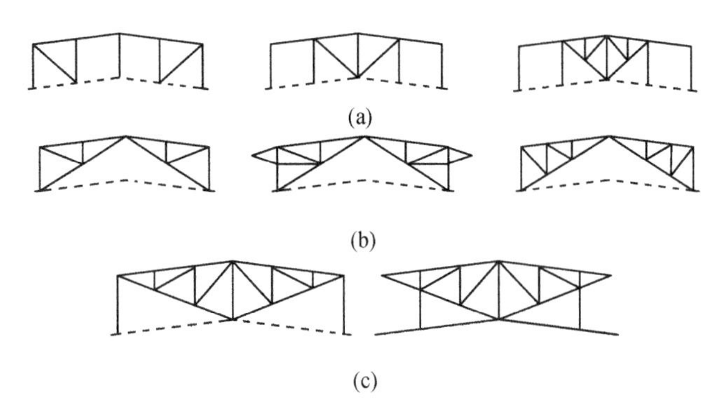

图 1-1　天窗架的形式

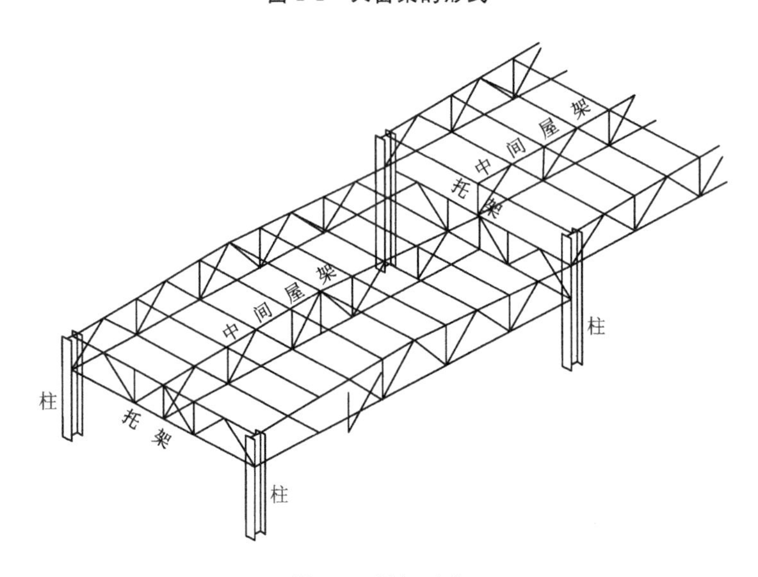

图 1-2　托架形式

1.2　屋盖支撑

平面屋架在其本身平面内，由于弦杆与腹杆构成了几何不变铰接体系而具有较大的刚度，能承受屋架平面内的各种荷载。但在垂直于屋架平面方向(通称屋架平面外)，不设支撑体系的平面屋架的刚度和稳定性很差，不能承受水平荷载。因此，为使屋架结构具有足够的空间刚度和稳定性，必须在屋架间设置支撑系统(见图 1-3)，否则屋架设计得再好，屋盖结构的安全也得不到保证。下面将对屋盖支撑的种类、作用和布置方法等分别做出说明。

1.2.1　屋盖支撑的种类

屋盖支撑系统包括下列四类。

① 横向水平支撑。根据其位于屋架的上弦平面还是下弦平面，又可分为上弦横向水平支撑和下弦横向水平支撑两种。

② 纵向水平支撑。设于屋架的上弦或下弦平面，布置在沿柱列的各屋架端部节间部位。

③ 垂直支撑。位于两屋架端部或跨间某处的竖向平面内。

④ 系杆。根据其是否能抵抗轴心压力而分成刚性系杆和柔性系杆两种。通常刚性系杆的截面采用由双角钢组成的十字形截面，而柔性系杆截面则为单角钢的形式。在轻型屋架中，柔性系杆也可采用张紧的圆钢来构成。

1.2.2　屋盖支撑的作用

1. 保证结构的几何稳定性

如图 1-3(a)所示，仅由平面桁架和檩条及屋面材料组成的屋盖结构，是一个不稳定的体系。在某种荷载作用下或者进行安装时，简支在柱顶上的所有屋架有可能向一侧倾倒。如果将某些屋架在适当部位用支撑联系起来，成为稳定的空间体系(见图 1-3(b))，其余屋架再由檩条或其他构件连接在这个空间稳定体系上，则可形成稳定的屋盖结构体系。

2. 避免压杆侧向失稳，防止拉杆产生过大的振动

支撑可作为屋架上弦杆(压杆)的侧向支撑点(见图 1-3(b))，减少弦杆在屋架平面外的计算长度，保证受压弦杆的侧向稳定，对于受拉的下弦杆，也可以减少平面外的计算长度，并可避免在某些动力作用下(例如吊车运行时)产生过大振动。

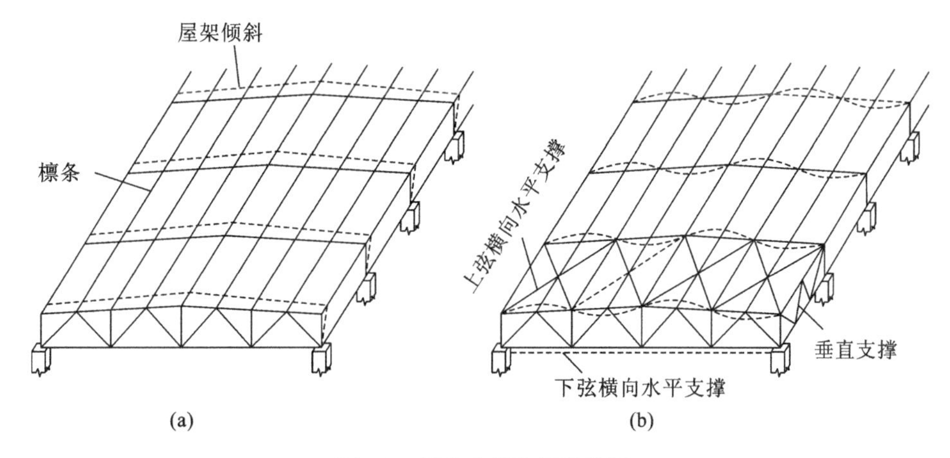

图 1-3　屋盖支撑作用示意图

3. 承受和传递纵向水平力(风荷载、悬挂吊车纵向制动力、地震荷载等)

房屋两端的山墙挡风面积较大，所承受的风压力或风吸力有一部分将传递到屋面平面(也可传递到屋架下弦平面)，这部分的风荷载必须由屋架上弦平面横向支撑(有时同时设置下弦平面横向支撑)承受。所以，这种支撑一般都设在房屋两端，就近承受风荷载并把它传递给柱(或柱间支撑)。

4. 保证结构在安装和架设过程中的稳定性

屋盖的安装工作一般是从房屋温度区段的一端开始的，首先用支撑将两相邻的屋架连系起来组成一个基本空间稳定体，在此基础上即可按顺序进行其他构件的安装。因此，支撑能加强屋盖结构在安装中的稳定性，为保证安装质量和施工安全创造了良好的条件。

1.2.3 屋盖支撑的布置方法

1. 上弦横向水平支撑

在通常情况下,无论有檩屋盖还是无檩屋盖,在屋架上弦和天窗架上弦均应设置横向水平支撑。横向水平支撑一般应设置在房屋两端或纵向温度区段两端,如图 1-4 所示。有时在山墙承重或设有

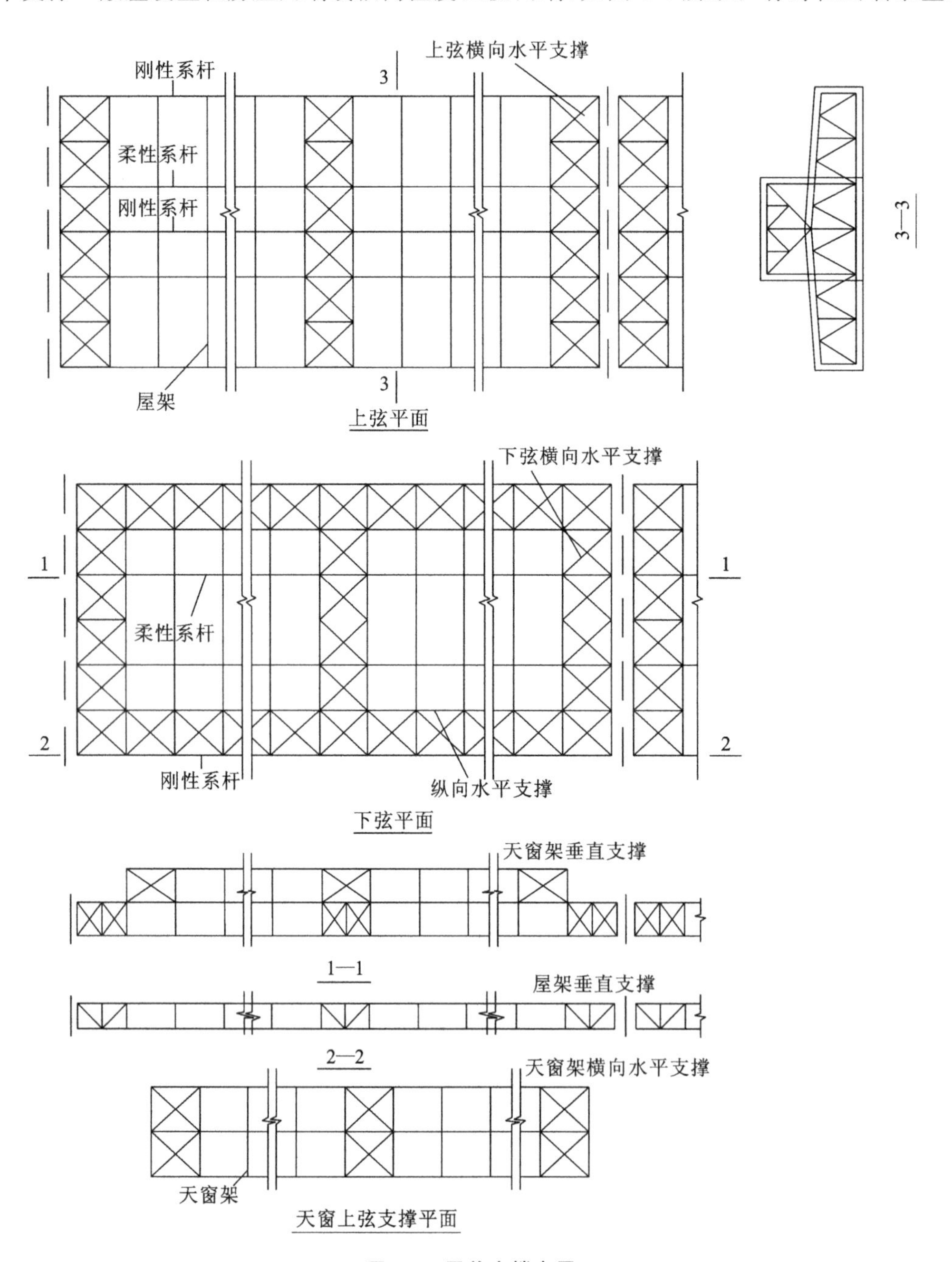

图 1-4 屋盖支撑布置

纵向天窗，但此天窗又未到温度区段尽端而退一个柱间断开时，为了与天窗支撑配合，可将屋架的横向水平支撑布置在第二柱间，但在第一柱间要设置刚性系杆以支持端屋架和传递端墙（又称山墙）风力。两道上弦横向水平支撑间的距离不宜大于 60 m，当温度区段长度较大（大于 60 m）时，尚应在温度区段中部设置支撑，以符合此要求。

当采用大型屋面板的无檩屋盖时，如果大型屋面板与屋架的连接满足每块板有三点支撑处进行焊接等构造要求时，可考虑大型屋面板起一定支撑作用。但由于施工条件的限制，很难保证焊接质量，一般只考虑大型屋面板起系杆作用。而在有檩屋盖中，上弦横向水平支撑的横杆可用檩条代替。

2．下弦横向水平支撑

凡属下列情况之一者，宜设置下弦横向水平支撑，且除特殊情况外，一般均与上弦横向支撑布置在同一开间以形成空间稳定体系（见图 1-5）。

① 屋架跨度大于 18 m；

② 屋架下弦设有悬挂吊车，或厂房内有起重量较大的桥式吊车或有振动设备；

③ 屋架下弦设有通长的纵向水平支撑时；

④ 端墙抗风柱支承于屋架下弦时；

⑤ 屋架与屋架间设有沿屋架方向的悬挂吊车时（见图 1-5(a)）；

⑥ 屋架下弦设有沿厂房纵向的悬挂吊车时（见图 1-5(b)）。

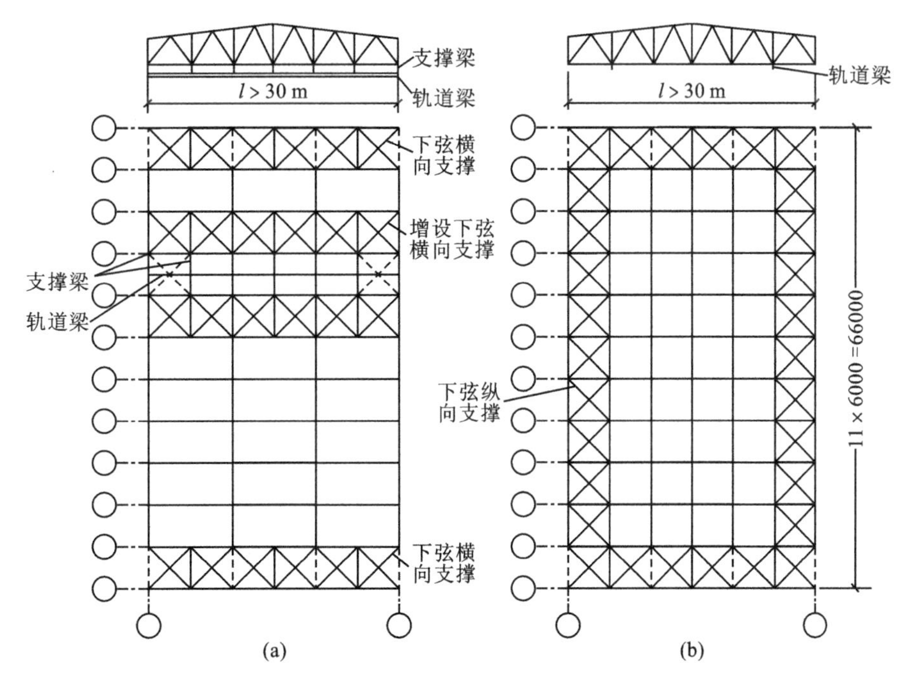

图 1-5　有悬挂吊车时的下弦支撑布置

3．下弦纵向水平支撑

下弦纵向水平支撑与横向支撑形成一个封闭体系，如图 1-4 所示，以增强屋盖空间刚度，并承受和传递吊车横向水平制动力。

凡属下列情况之一者，宜设置下弦纵向水平支撑。

① 当房屋较高、跨度较大、空间刚度要求较高时;

② 当厂房横向框架计算考虑空间工作时;

③ 当设有重级或大吨位的中级工作制吊车时;

④ 当设有较大振动设备时;

⑤ 当设有托架时。

单跨厂房一般沿两纵向柱列设置,多跨厂房则要根据具体情况,沿全部或部分纵向柱列设置。设有托架的屋架,为保证托架的侧向稳定,在托架处必须布置下弦纵向支撑,并由托架两端各延伸一个柱间,如图 1-6 所示。

4. 竖向支撑

无论是有檩屋盖还是无檩屋盖,通常均应设置垂直支撑。它的作用是使相邻屋架和上、下弦横向水平支撑所组成的四面体构成空间几何不变体系,以保证屋架在使用和安装时的整体稳定。因此,屋架的垂直支撑与上、下弦横向水平支撑设置在同一柱间。

对梯形屋架、人字形屋架或其他端部有一定高度的多边形屋架,必须在屋架端部布置垂直支撑,此外,尚应按下列条件设置中部的垂直支撑:当屋架跨度≤30 m 时,一般在屋架端部和跨中布置三道垂直支撑(见图 1-7(a));当跨度>30 m 时,则应在跨度 1/3 左右的竖杆平面内各设一道垂直支撑图(见图 1-7(b));当有天窗时,宜设在天窗腿下面(见图 1-7(b))。当屋架端部有托架时,就用托架来代替,不另设垂直支撑。

对三角形屋架的垂直支撑,当屋架跨度≤18 m 时,可仅在跨中设置一道垂直支撑(见图 1-7(c));当跨度>18 m 时,宜在跨度 1/3 左右处各设置一道,见图 1-7 (d))。

天窗架垂直支撑一般在天窗两侧柱平面内布置,当天窗架的宽度≥12 m 时,还应在天窗中央设置一道。

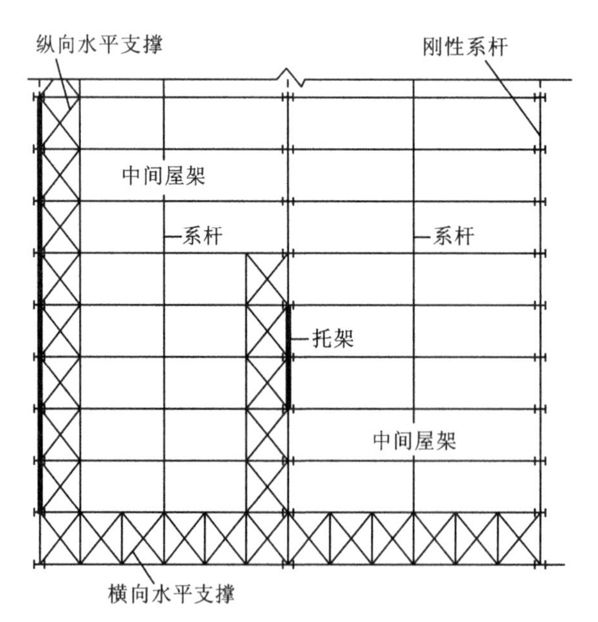

图 1-6 托架处下弦纵向支撑布置

5. 系杆

为了支撑未连支撑的平面屋架和天窗架，保证它们的稳定和传递水平力，应在横向支撑或垂直支撑节点处沿厂房通长设置系杆（见图 1-4、图 1-6）。系杆分刚性系杆（既能受拉也能受压）和柔性系杆（只能受拉）两种。刚性系杆通常采用圆管或双肢角钢，柔性系杆采用单角钢。

系杆在上、下弦平面内按下列原则布置。

① 一般情况下，竖向支撑平面内屋架上、下弦节点处应该设置通长的系杆，且除了下面所述的②③情况外，一般均为柔性系杆。

② 屋架主要支承节点处的系杆，屋架上弦屋脊节点设置通长的刚性系杆。

③ 当横向水平支撑设置在房屋温度区段端部第二柱间时，第一柱间应设置刚性系杆。其余开间可采用柔性系杆或刚性系杆。

在屋架下弦平面内，当屋架间距为 6 m 时，应在屋架端部处、下弦杆有折弯处、与柱刚接的屋架下弦端节间受压但未设纵向水平支撑的节点处、跨度≥18 m 的芬克式屋架的主斜杆与下弦相交的节点处等部位皆应设置系杆。当屋架间距≥12 m 时支撑杆件截面将大大增加，钢材耗量较多，比较合理的做法是将水平支撑全部布置在上弦平面内并利用檩条作为支撑体系的压杆和系杆，而作为下弦侧向支撑的系杆可用支撑檩条的隅撑代替。

1.2.4　屋盖支撑的形式和构造

屋架的横向和纵向水平支撑均为平行弦桁架，屋架或托架的弦杆均可兼作支撑桁架的弦杆，斜腹杆一般采用十字交叉式（见图 1-7），斜腹杆和弦杆的交角值在 30°～60°之间，通常横向水平支撑节点间的距离为屋架上弦节间距离的 2～4 倍，纵向水平支撑的宽度取屋架端节间的长度，一般为 3～6 m。

屋架的竖向支撑也是一个平行弦桁架（见图 1-7(f)、(g)、(h)），其上、下弦可兼作水平支撑的横杆。有的竖向支撑还兼作檩条，屋架间竖向支撑的腹杆体系应根据其高度与长度之比采用不同的形式，如交叉式、V 式或 W 式（见图 1-7(e)、(f)、(g)、(h)）。天窗架垂直支撑的形式也可按其选用，见图 1-7(e)、(f)、(g)、(h)。

支撑中的交叉斜杆以及柔性系杆按拉杆设计，通常用单角钢做成；非交叉斜杆、弦杆、横杆以及刚性系杆按压杆设计，宜采用双角钢做成 T 形截面或十字形截面，其中横杆和刚性系杆常用十字形截面使其在两个方向具有等稳定性。屋盖支撑杆件的节点板厚度通常采用 6 mm，重型厂房屋盖支撑杆件的节点板厚度宜采用 8 mm。

屋盖支撑受力较小，截面尺寸一般由杆件容许长细比和构造要求决定，但对兼作支撑桁架的弦杆、横杆或端竖杆的檩条或屋架竖杆等，其长细比应满足支撑压杆的要求，即 $\lambda<[\lambda]=200$；兼作柔性系杆的檩条，其长细比应满足支撑拉杆的要求，即 $\lambda<[\lambda]=400$（一般情况）或 350（有重级工作制的厂房）。对于承受端墙风力的屋架下弦横向水平支撑和刚性系杆，以及承受侧墙风力的屋架下弦纵向水平支撑，当支撑桁架跨度较大（大于或等于 24 m）或承受风荷载较大（风压力的标准值大于 0.5 kN/m^2），或垂直支撑兼作檩条以及考虑厂房结构的空间工作而用纵向水平支撑作为柱的弹性支撑时，支撑杆件除应满足长细比要求外，尚应按桁架体系计算内力，并据此内力按强度或稳定性选择截面并计算其连接。

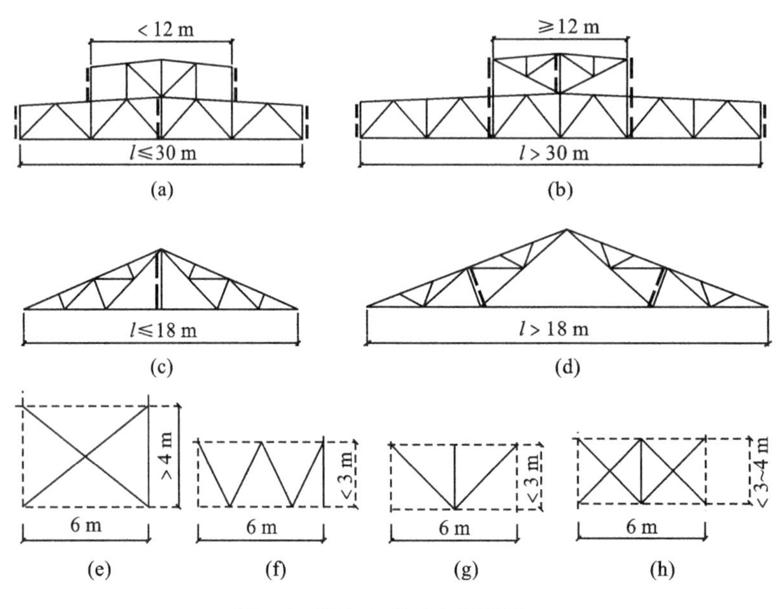

图 1-7　竖向支撑的布置及形式

具有交叉斜腹杆的支撑桁架属于超静定体系,计算时通常将斜腹杆视为柔性杆件,只能受拉,不能受压。因而每节间只有受拉的斜腹杆参与工作,如图 1-8 所示,在荷载作用下,实线斜杆受拉,虚线斜杆因受压而不参与工作。在相反方向的荷载作用下,则虚线斜杆受拉,实线斜杆因受压而不参与工作。

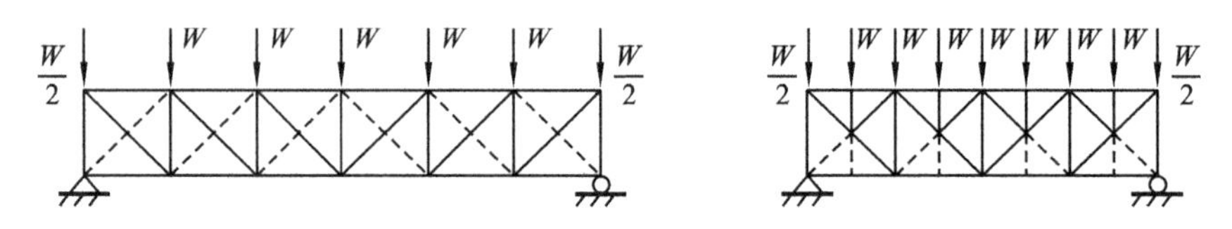

图 1-8　支撑桁架杆件的内力计算简图

支撑与屋架的连接应使构造简单,便于安装。通常采用普通 C 级螺栓,每一杆件接头处的螺栓数不少于两个,螺栓直径一般为 20 mm,与天窗架或轻型钢屋架连接的螺栓直径可用 16 mm。在有重级工作制吊车或有较大振动设备的厂房中,屋架下弦支撑和系杆(无下弦支撑时为上弦支撑和隅撑)的连接,宜采用高强螺栓或 C 级螺栓再加焊缝将节点板固定,每条焊缝的焊脚高度尺寸不宜小于 6 mm,长度不宜小于 80 mm。仅采用螺栓连接而不加焊缝时,在构件校正固定后,可将螺纹处打毛或者将螺杆与螺母焊接,以防止松动。支撑与屋架的连接构造见图 1-9。

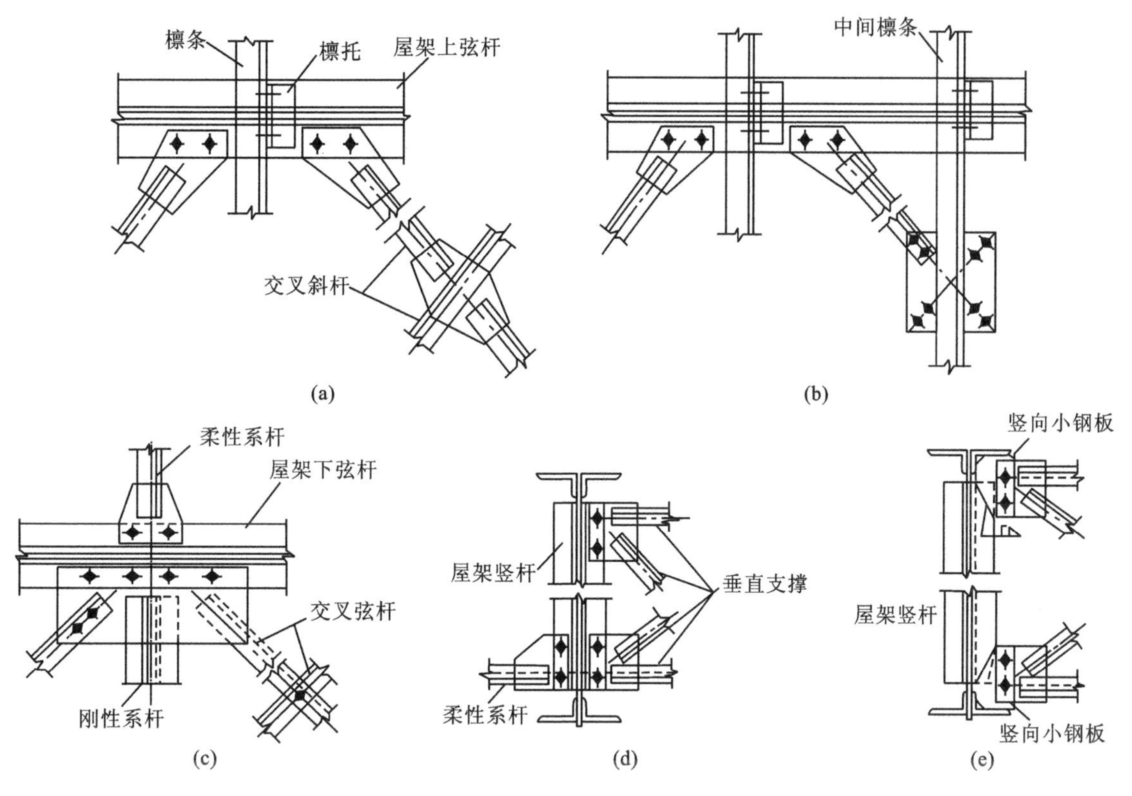

图1-9 支撑与屋架的连接构造

1.3 钢屋架设计

钢屋架是平面桁架屋盖结构体系中的主要承重结构，它对整个屋盖结构的安全性、经济性起着至关重要的作用。下面以屋盖结构中的普通钢屋架（区别于轻型钢屋架的钢桁架）为设计对象，并结合实际情况介绍其设计的主要内容。

1.3.1 钢屋架设计内容及步骤

(1) 屋架的选型

屋架的选型即屋架形式的选取及有关尺寸的确定（包括屋架的外形、腹杆体系及主要尺寸的确定等）。

(2) 荷载计算

荷载计算包括永久荷载（包括屋面材料、保温材料、檩条及屋架、支撑等的自重）、屋面均布活荷载、雪荷载、风荷载、积灰荷载等的计算。

(3) 内力计算

计算内力时通常先计算单位荷载（包括满跨布置和半跨布置）作用下屋架中各杆件的内力，即内力系数，然后用内力系数乘以荷载设计值即得相应荷载作用下杆件的内力设计值。

(4) 内力组合

内力组合的目的是确定各杆件的最不利内力。

(5) 屋架的杆件设计

屋架的杆件设计包括根据杆件的位置、支撑情况等确定杆件的计算长度；选取杆件截面形式；初选截面尺寸；根据杆件的最不利内力按轴心受拉、轴心受压或拉弯、压弯构件进行杆件截面设计等(验算杆件的强度、刚度、稳定性是否满足要求)。

(6) 节点设计

节点设计包括根据杆件内力确定节点板厚度；根据杆件截面规格及交汇于节点的腹杆内力和构造要求确定节点板的平面尺寸；验算节点连接强度等。

(7) 绘制屋架施工图并编制材料表

1.3.2 钢屋架主要尺寸的确定

平面钢屋架的主要尺寸是指屋架的跨度和高度，对于梯形屋架尚有端部高度。屋架的主要尺寸不仅与屋架自身有关，还与结构连接方式、屋面板的选用以及使用荷载有关，具体确定方法如下。

1. 屋架的跨度

屋架的跨度应根据生产工艺和建筑使用要求确定，同时应考虑结构布置的经济性和合理性。通常跨度为 18 m、21 m、24 m、27 m、30 m、36 m 等，以 3 m 为模数。对于简支于柱顶的钢屋架，屋架的计算跨度 l_0 为屋架两端支座中心的距离。屋架的标志跨度 l 为柱网横向轴线间的距离。

根据房屋定位轴线及支座构造的不同，屋架的计算跨度取值如下：当支座为一般钢筋混凝土柱且柱网为封闭结合时，计算跨度为 $l_0=l-(300\sim400\ \text{mm})$；当柱网采用非封闭结合时，计算跨度为 $l_0=l$，如图 1-10 所示。

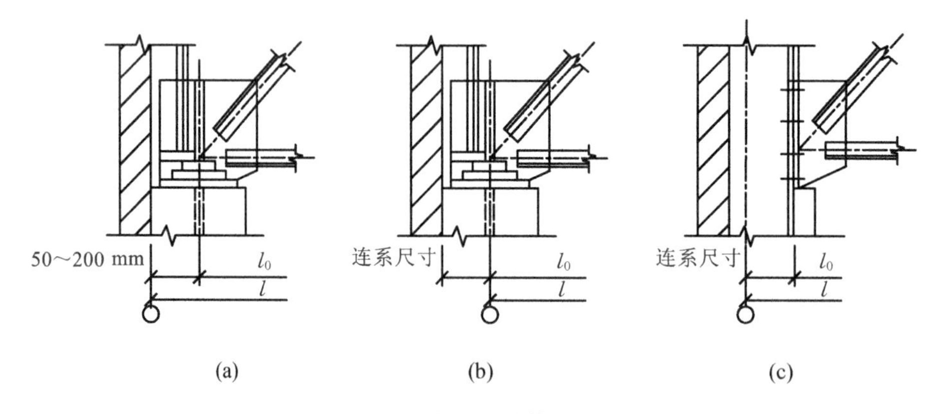

图 1-10 桁架的计算跨度

2. 屋架的高度

(1) 总则

屋架的高度取决于建筑要求、屋面坡度、运输界限、刚度条件和经济高度等因素。屋架的最大高度不能超过运输界限，最小高度应满足屋架容许挠度$[f]=1/500$ 的要求。对于梯形屋架，通常首先根据屋架形式和工程经验确定端部尺寸 h_0，然后根据屋面材料和屋面坡度确定屋架的跨中高度。

(2) 具体取值

① 三角形屋架的高度为 h,当坡度 $i=1/3\sim1/2$ 时,$h=(1/6\sim1/4)l$。

② 平行弦屋架和梯形屋架的中部高度主要由经济高度决定,一般为 $h=(1/10\sim1/6)l$。

③ 梯形屋架的端部高度按以下若干情况取值:当屋架与柱刚接时,梯形屋架的端部高度取 $h_0=(1/16\sim1/10)l$;当屋架与柱铰接时,取 $h_0\geqslant(1/18)l$;陡坡梯形屋架的端部高度,一般取 $h_0=0.5\sim1.0$ m;平坡梯形屋架取 $h_0=1.8\sim2.1$ m。

以上尺寸中,当跨度较小时取下限,屋架跨度越大,h_0 取值越大。

(3) 其他尺寸的确定

当屋架的外形和主要尺寸(跨度、高度)确定后,桁架各杆的几何尺寸(长度)即可根据三角函数或投影关系求得。一般可借助计算机或直接查阅有关设计手册或图集完成。

1.3.3 屋架荷载计算与组合

1. 屋架分布荷载

屋架荷载应根据《建筑结构荷载规范》(GB 50009—2012)计算。

(1) 永久荷载

屋架上的永久荷载(也称恒荷载)包括屋面板、屋面构造层材料、檩条及屋架(包括支撑及天窗)的自重。其中在进行屋面板和屋面构造层材料的自重计算时,常按屋面的实际面积计算其总重,再根据几何投影关系按屋面水平投影面积计算其自重值。屋架的自重则直接按屋面的水平投影面积计算,常用经验公式(1-1)进行估算

$$g=0.12+0.011l \tag{1-1}$$

式中 l——屋架的跨度(式中未包括天窗架,但已包括支撑自重在内)。

(2) 屋面均布活荷载

屋面均布活荷载(也称可变荷载)按屋面水平投影面积计算,由表1-1取值(不与雪荷载和风荷载同时组合,取二者中的较大值)。

表1-1 屋面均布活荷载

项次	类别	标准值/(kN/m^2)	组合值系数 Ψ_c	频遇值系数 Ψ_f	准永久值系数 Ψ_q
1	不上人屋面	0.5	0.7	0.5	0
2	上人屋面	2.0	0.7	0.5	0.4
3	屋顶花园	3.0	0.7	0.6	0.5

注:① 不上人的屋面,当施工荷载较大时,应按实际情况采用;对于不同类型的结构,应按有关设计规范的规定采用,但不得低于0.3 kN/m^2。

② 上人的屋面,当兼作其他用途时,应按相应楼面荷载采用。

③ 对于因屋面排水不畅、堵塞等引起的积水荷载,应采取构造措施加以防止,必要时,应按积水的可能深度确定屋面活荷载。

④ 屋顶花园活荷载不包括花圃土石等材料的自重。

(3) 屋面积灰荷载

首先应该明确,屋面积灰荷载应与雪荷载或不上人的屋面均布活荷载二者中的较大值同时考虑,具体按以下规定取值。

① 设计生产中有大量排灰的厂房及其临近建筑时,对于具有一定除尘设施和保证清灰制度的机械、冶金、水泥等厂的厂房屋面,其水平投影面积灰荷载应分别按《建筑结构荷载规范》(GB 50009—2012)中的表 5.4.1-1 和表 5.4.1-2 采用。

② 对于屋面上易形成灰堆处,当设计屋面板、檩条时,积灰荷载标准值宜乘以下列规定的增大系数:在高低跨处两倍于屋面高差但不大于 6 m 的分布宽度内取 2.0;在天沟处不大于 3 m 的分布宽度内取 1.4。

(4) 雪荷载

屋面水平投影面上的雪荷载标准值为

$$s_k = \mu_\tau s_0 \tag{1-2}$$

式中 s_k——雪荷载标准值;

s_0——基本雪压,随地区不同而异,按《建筑结构荷载规范》(GB 50009—2012)的规定取值;山区的基本雪压应通过实际调查确定;在无实际资料时,可采用当地空旷平坦地面的基本雪压乘以系数 1.2;

μ_τ——屋面积雪分布系数,随屋面的坡度和形式的不同而变化,按《建筑结构荷载规范》(GB 50009—2012)的规定取值。

(5) 风荷载

风荷载是指空气流动对建筑物所产生的流体压力或吸力。因而风荷载必然垂直于受风表面。风荷载一般可不予考虑。但对于瓦楞铁等轻型屋面、开敞式房屋或风荷载标准值大于 0.49 kN/m^2 的情况,应根据房屋体形、坡度情况及封闭状况等,按荷载规范的规定计算风荷载的作用。

屋面风荷载的标准值为

$$w_k = \beta_z \mu_s \mu_z w_0 \tag{1-3}$$

式中 w_k——风荷载标准值;

w_0——基本风压,是以当地比较空旷平坦地面上离地 10 m 高处统计所得的 50 年一遇平均最大风速 v_0(m/s)为基准,按 $w_0 = v_0^2/1600$ 确定的风压值,荷载规范中给出了全国基本风压分布图,且最小值规定为 0.3 kN/m^2;

β_z——高度为 z 时的风振系数,以考虑风压脉动的影响,钢屋架设计时取 $\beta_z = 1.0$;

μ_z——风压高度变化系数,按荷载规范取值,具体根据地面粗糙度不同而定,地面粗糙度分 A,B,C,D 四类,A 类指近海海面、海岛、海岸、湖岸及沙漠地区,B 类指田野、乡村、丛林、丘陵以及房屋比较稀疏的中、小城镇和大城市的郊区,C 类指有密集建筑群的城市市区,D 类指有密集建筑群且房屋较高的城市市区,设计钢屋架以屋架高度的中点离地面的高度作为选用风压高度变化系数 μ_z 时的根据;

μ_s——风荷载体型系数,随房屋的体型、风向等不同而变化,重要建筑物的μ_s值应通过风洞试验确定,荷载规范中给出了一些常用房屋和构筑物的μ_s值,图 1-11 所示的为其中两种情况的 μ_s 值,其一为封闭式双坡屋面,其二为带天窗的封闭式双坡屋面,图中的正值表示压力,负值表示吸力。

由图 1-11 可见,对常用坡度的屋面不论是向风面或背风面,风荷载主要为吸力,只在天窗架面向风面处才为压力。

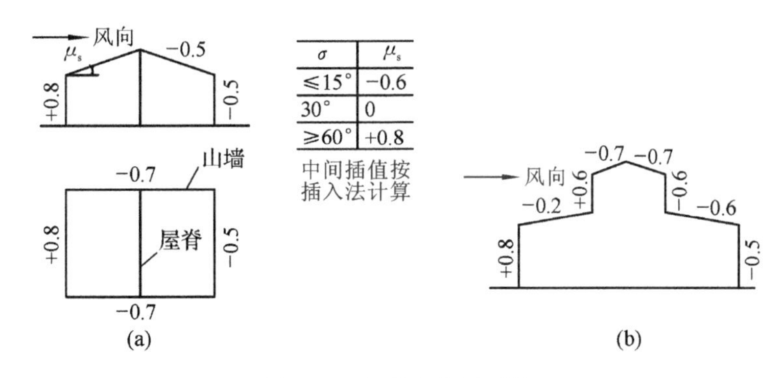

图 1-11　风荷载体型系数

(a) 封闭式双坡屋面；(b) 带天窗的封闭式双坡屋面

(6) 其他荷载

其他荷载是指在某些情况下需考虑的荷载。例如，用于民用或公共建筑的屋架下弦常有吊顶及装饰品，吊顶及装饰品的自重应以恒荷载考虑并假设作用于屋架的下弦节点上。又如工厂车间的屋架上常有悬挂吊车，此吊车荷载就是屋架承受的一种活荷载。

2. 屋架节点荷载与局部弯矩

在桁架内力分析中，常常假定：所有荷载都作用在节点上，所有杆件都是等截面直杆，各杆轴线在节点处都能相交于一点，所有节点均为理想铰接。在上述这些假设条件下，桁架杆件只承受轴心拉力或压力。

为了与上述计算桁架杆件内力的假定相符，桁架设计时应尽量使荷载作用在节点上，亦即应尽量使无檩体系屋盖中大型屋面板的四角和有檩体系屋盖中的檩条放在屋架的节点上，仅当采用波形石棉瓦、瓦楞铁等抗弯刚度较低和要求檩距较小的屋面材料时，才将部分檩条放在桁架上弦端节间，形成节间荷载。不论是否存在节间荷载，在求桁架杆件的轴力时，可假设所有屋架荷载都作用在各节点上(即不考虑有节间荷载存在)，且通常都假定屋架所受恒荷载作用在上弦节点上(作用在下弦的吊顶等自重可视为作用在下弦节点上)，这样引起的误差可以不计。

从构造角度看，屋架所受的荷载是由檩条或大型屋面板的肋以集中荷载的方式作用于屋架节点上的，若有节间荷载，则应把节间荷载分配到相邻的两个节点上，屋架按节点荷载求出各杆件的轴力，然后再考虑节间荷载引起的局部弯矩。

① 对于仅有节点荷载作用的屋架，求桁架杆件轴心力时节点荷载为(见图1-12)

$$P = qsa \tag{1-4}$$

式中　P——节点荷载；

q——单位面积的荷载设计值，按屋面水平投影面计；

s——屋架间距；

a——计算节点荷载所在处，屋架上弦左右两节间长度水平投影的平均值。

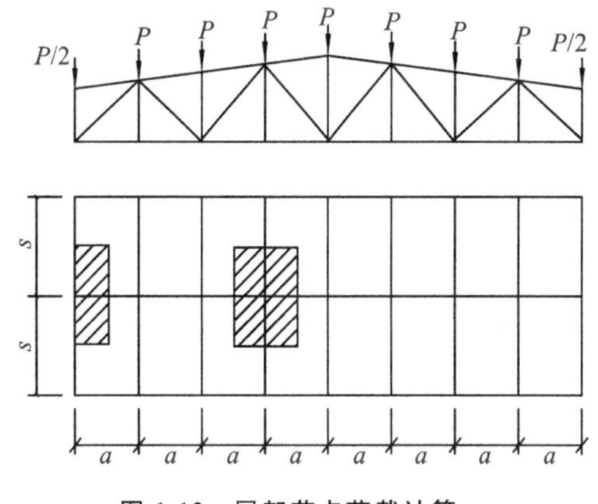

图 1-12　屋架节点荷载计算

求得节点荷载 P 后，再应用结构力学的方法或计算机程序求出屋架杆件的内力。

② 当承受节间荷载的屋架有节间荷载时，求上弦杆弯矩的节间荷载 P 为

$$P=qbs/2 \tag{1-5}$$

式中 P——节间荷载；

b——檩距的水平投影长度；

q,s——同式(1-4)，但按屋面水平投影计算的荷载 q 中应扣除屋架自重而加上屋架上弦杆的自重，在上弦杆的截面尚未知道时，可取上弦杆的自重为屋架和支撑自重估计值的1/5～1/4。

当上弦有节间荷载(见图1-13)时，除了把节间荷载分配到相邻节点并按节点荷载求解杆件内力外，还应计算节间荷载引起的局部弯矩。局部弯矩的计算，既要考虑杆件的连续性，又要考虑节点支撑的弹性位移，一般采用简化计算方法。例如，当屋架上弦杆有节间荷载作用时，上弦杆的局部弯矩可近似地采用：端节间的正弯矩取 $0.8M_0$，其他节间的正弯矩和节点负弯矩(包括屋脊节点)取 $0.6M_0$，M_0 为将相应弦杆节间作为单跨简支梁求得的最大弯矩(见图1-13(c))。

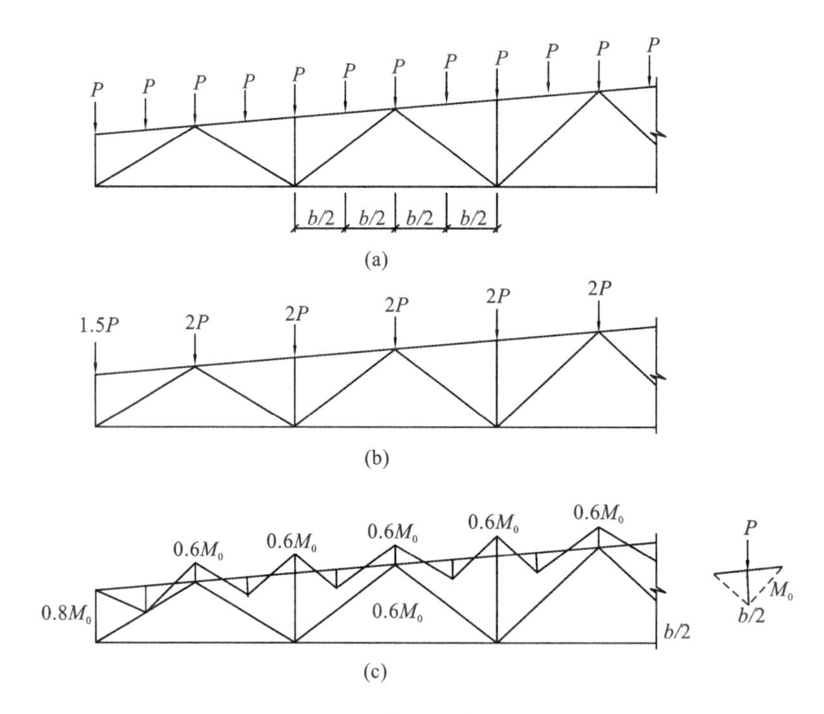

图1-13 承受节间荷载的屋架

3. 内力计算的荷载组合

在确定了屋架节点荷载和上弦杆局部弯矩之后，应按下列荷载组合情况分别计算杆件内力。《建筑结构荷载规范》(GB 50009—2012)规定：

可变荷载效应控制的组合

$$\gamma_0\left(\gamma_G\sigma_{Gk}+\gamma_{Q1}\gamma_{L1}\sigma_{Q1k}+\sum_{i=2}^{n}\gamma_{Qi}\gamma_{Li}\Psi_{ci}\sigma_{Qik}\right)\leqslant f \tag{1-6}$$

永久荷载效应控制的组合

$$\gamma_0(\gamma_G\sigma_{Gk}+\sum_{i=1}^{n}\gamma_{Qi}\gamma_{Li}\Psi_{ci}\sigma_{Qik})\leqslant f \tag{1-7}$$

式中　γ_0——结构重要性系数；

γ_{Li}——第 i 个可变荷载考虑设计年限的调整系数，其中 γ_{L1} 为主导可变荷载 Q_1 考虑设计使用年限的调整系数。设计使用年限为 100 年及以上的结构构件，取 1.1；设计使用年限为 50 年的结构构件，取 1.0；使用年限为 5 年的结构构件，取 0.9；

σ_{Gk}——永久荷载标准值在结构构件截面或连接中产生的应力；

σ_{Q1k}——起控制作用的第一个可变荷载标准值在结构构件截面或连接中产生的应力（该值使计算结果为最大）；

σ_{Qik}——其他第 i 个可变荷载标准值在结构构件截面或连接中产生的应力；

γ_G——永久荷载分项系数，当永久荷载效应对结构构件的承载能力不利时，对式(1-6)取 1.2，但对式(1-7)则取 1.35，当永久荷载效应对结构构件的承载力有利时，取为 1.0，验算结构倾覆、滑移或漂浮时取 0.9；

γ_{Q1}，γ_{Qi}——第 1 个和其他第 i 个可变荷载分项系数，当楼面活荷载大于 4.0 kN/m^2 时，取1.3，其他情况取 1.4；

Ψ_{ci}——第 i 个可变荷载的组合值系数，可按荷载规范的规定采用。

(1) 与柱铰接的屋架

引起屋架杆件最不利内力的各种可能荷载组合有如下几种。

① 全跨永久荷载＋全跨可变荷载。可变荷载中屋面活荷载与雪荷载不同时考虑，设计时取两者中的较大值与积灰荷载、悬挂吊车荷载组合。

② 全跨永久荷载＋半跨屋面活荷载(或半跨雪荷载)＋半跨积灰荷载＋悬挂吊车荷载。这种组合可能导致某些腹杆的内力增大或变号。对于屋面为大型屋面板的屋架，还应考虑安装时的半跨荷载组合，即屋架及天窗架(包括支撑)自重＋半跨屋面板重＋半跨屋面活荷载。

③ 对于轻质屋面材料的屋架，当风荷载较大时，风吸力(荷载分项系数取 1.4)可能大于屋面永久荷载(荷载永久系数取 1.0)。此时，屋面弦杆和腹杆的内力可能变号，故必须考虑此项荷载组合。

(2) 与柱刚接的屋架

应先按照铰接屋架计算杆件内力，再与根据框架内力分析得到的屋架端弯矩和水平力组合，从而计算出屋架中杆件的控制内力。屋架端弯矩和水平力的最不利组合可分为以下四种情况，见图1-14。

① 主要使下弦受压的组合，即左端为$+M_{1max}$和$+H$，右端为$-M_2$和$-H$，如图 1-14(a)所示。

② 使上、下弦内力增加的组合，即左端为$-M_{1max}$和$-H$，右端为$+M_2$和$+H$，如图 1-14(b)所示。

③ 使斜腹杆内力最不利的组合，分两种情况：一是左端为$+M_{1max}$，右端为$+M_2$，如图 1-14(c)所示。另一种是左端为$-M_{1max}$，右端为$-M_2$，如图 1-14(d)所示。

分析屋架杆件内力时，将弯矩 M 等效为作用在屋架上、下端的一对大小相等、方向相反的水平力 $H=M/h_0$，如图 1-14(e)所示，认为水平力直接由下弦杆传递。将端弯矩和水平力产生的内力与按照铰接屋架的内力组合后，即得到刚接屋架各杆件的最不利内力。

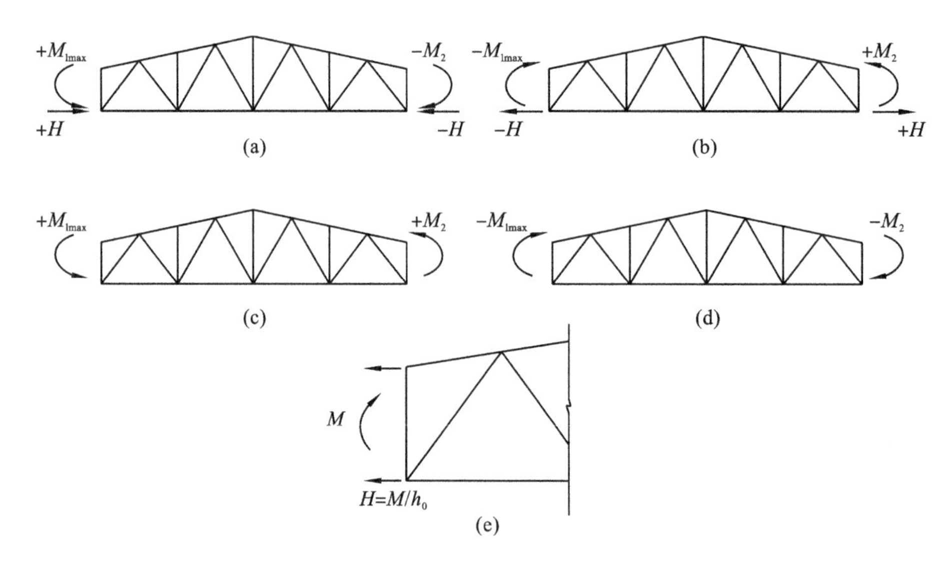

图 1-14 最不利端弯矩和水平力

1.3.4 结构内力分析

1. 屋架计算模型

选择好结构的计算模型是进行结构内力分析与设计计算的关键,计算模型要求尽量反映结构的真实受力状况,同时应使计算简单。大量计算表明,对于平面桁架结构体系采用理想的平面桁架模型既可以达到计算精度、满足工程的要求,同时计算也很简单,采用手算方法即可完成计算。钢屋架的计算简图就是理想铰接的平面桁架。

前面已经提到屋架内力分析的四个假设,在这些假设下,桁架就只承受轴心拉力或压力。实际上用焊缝连接的各节点具有一定的刚度,并非真正的铰接节点,杆件两端均属弹性嵌固,在屋架杆件中会引起次应力。根据理论和实验分析,由角钢组成的普通钢屋架,由于杆件的线刚度较小,次应力对承载力的影响很小,设计时可以不予考虑。

2. 内力计算

确定计算简图后,杆件的内力可由结构力学中所介绍的任何一种静力计算方法求出,通常采用图解法或数解法确定在节点荷载作用下的杆件内力,也可以采用计算机方法进行计算。

1.3.5 杆件截面设计

桁架经选定形式和确定钢号、并求出各杆件的设计内力(或和)后,再确定杆件在各个方向的计算长度、截面的组成形式、节点板厚度等,然后便可进行截面设计。

1. 屋架(桁架)杆件计算长度的确定

在理想的铰接屋架中,杆件在屋架平面内的计算长度是节点中心的距离。实际上,用焊缝连接的各个杆件节点处具有一定的刚度,并非真正的铰接,杆件两端均属于弹性嵌固。此外,节点的转动还受到汇交于节点的拉杆约束,这些杆件的线刚度越大,约束作用也越大,压杆在节点的嵌固程度越大,其计算长度就越小。根据这一道理,可视节点的嵌固程度来确定杆件的计算长度。

(1) 屋架平面内的计算长度

对于弦杆、支座斜杆和支座竖杆，因这些杆件本身截面较大，其他杆件在节点处对其的约束作用很小，同时考虑到这些杆件在整个屋架中的重要性，在屋架平面内的计算长度取相邻节点中心间距离，即 $l_{0x}=l$，l 为杆件的几何长度。对于其他腹杆，与上弦相连的一端拉杆少，嵌固程度小，与下弦相连的一端拉杆多，嵌固程度大，计算长度适当折减，取 $l_{0x}=0.8l$，如图1-15(a)所示。

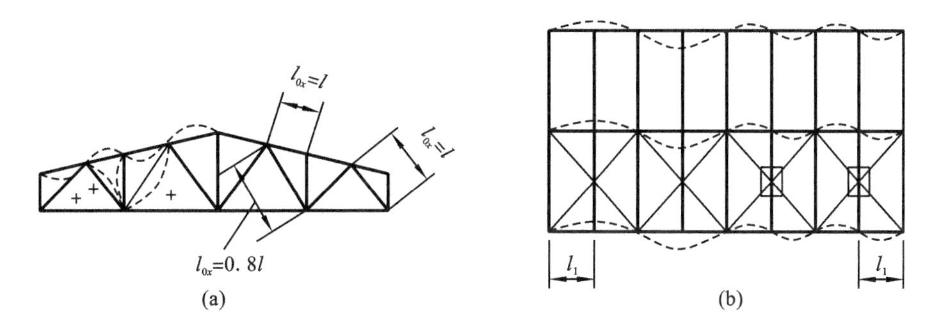

图1-15　承受节间荷载的屋架

(a)杆件在桁架平面内的计算长度；(b)杆件在桁架平面外的计算长度

(2) 屋架平面外的计算长度

屋架弦杆在桁架平面外的计算长度应取侧向支撑点间的距离，即 $l_{0y}=l_1$，如图1-15(b)所示。

上弦：一般取上弦横向水平支撑的节间长度。在有檩屋盖中，如檩条与横向水平支撑交叉点用节点板焊牢，如图1-15(b)所示，则此檩条可视为屋架弦杆的支撑点；在无檩屋盖中，如果保证大型屋面板与上弦有三点可靠焊接，考虑大型屋面板能起一定的支撑作用，故一般取两块屋面板的宽度，但不大于3.0 m。若不能保证有三点可靠焊接，则认为大型屋面板只能起到刚性系杆作用，计算长度仍取支撑点间的距离。

下弦：在平面外的计算长度取侧向支承点间的距离，即纵向水平支撑节点与系杆或系杆与系杆间的距离。

腹杆：因节点板在平面外的刚度很小，对杆件没有什么嵌固作用，故所有腹杆均取 $l_{0y}=l$。

(3) 斜平面的计算长度

对于双角钢组成的十字形截面和单角钢截面腹杆，截面主轴不在屋架平面内，杆件受压时可能绕截面较小的主轴发生斜平面内失稳。此时，在杆件两端的节点对其两个方向均有一定的嵌固作用，因此斜截面计算长度略作折减，取 $l_0=0.9l$，但支座斜杆和支座竖杆仍取其计算长度为几何长度(即 $l_0=l$)。

(4) 其他

当受压弦杆侧向支承点间的距离 l_1 为节间长度 l 的两倍，且两节间弦杆的内力 $N_1\neq N_2$ 时，见图1-16(a)，其桁架平面外计算长度可按下式计算：

$$l_{0y}=l_1\left(0.75+0.25\frac{N_2}{N_1}\right)\geqslant 0.5l_1 \tag{1-8}$$

式中　l_1——受压弦杆侧向支承点间的距离；

N_1——较大的压力，计算时取正值；

N_2——较小的压力或拉力,计算时压力取正值,拉力取负值。

再分式腹杆体系的受压主斜杆(见图 1-16 (b))及 K 型腹杆体系的竖杆(见图 1-16 (c)),在平面外的计算长度也按式(1-8)确定,但受拉主斜杆仍取 $l_{0y}=l_1$。

《钢结构设计规范》(GB 50017—2003)对屋架各杆件在平面内和平面外的计算长度 l_0 的规定汇总列入表 1-2 中,以便查用。

表 1-2 屋架弦杆和单系腹杆的计算长度

方向	弦杆	腹杆	
		端斜杆和端竖杆	其他腹杆
在桁架平面内 l_{0x}	l	l	$0.8l$
在桁架平面内 l_{0y}	l_1	l	l
斜平面 l_0	—	—	$0.9l$

注:① l 为杆件几何长度,l_1 为杆件侧向支承点之间距离;

② 斜平面是指与屋架平面斜交的平面,适用于构件截面两主轴均不在屋架平面内的单角钢腹杆和双角钢十字形截面腹杆;

③ 无节点板的腹杆计算长度在任意平面内均取其等于几何长度(钢管结构除外)。

表 1-2 中腹杆的计算长度指的是单系腹杆(用节点板与弦杆连接)。若是交叉腹杆,见图 1-16 (d),在屋架平面内的计算长度,无论是拉杆或压杆,均取节点中心到交叉点之间的距离。在屋架平面外的计算长度按照下列规则确定。

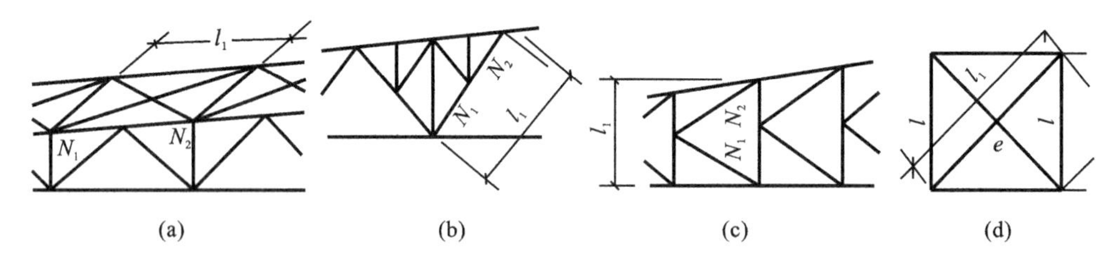

图 1-16 杆件内力变化时在桁架平面外的计算长度

① 对于压杆,当相交的另一杆受压,且两杆在交叉点处均不中断时,$l_{0y}=l\sqrt{\frac{1}{2}(1+\frac{N_0}{N})}$,当相交的另一杆受拉,且两杆在交叉点处均不中断时,$l_{0y}=l\sqrt{\frac{1}{2}(1-\frac{3N_0}{4N})}\geqslant 0.5l$;当相交的另一杆受压,另一杆件在交叉点中断但以节点板搭接时,$l_{0y}=l\sqrt{1+\frac{\pi^2}{12}\frac{N_0}{N}}$,当相交的另一杆受拉,另一杆件在交叉点中断但以节点板搭接时,$l_{0y}=l\sqrt{1-\frac{3N_0}{4N}}\geqslant 0.5l$。当所计算的压杆中断但以节点板搭接,而相交的另一杆为连续的拉杆,若 $N_0\geqslant N$ 或拉杆在桁架平面外的抗弯刚度 $EI_y\geqslant\frac{3N_0l^2}{4\pi^2}(\frac{N}{N_0}-1)$时,取 $l_{0y}=0.5l$。

② 对于拉杆,因与它相交叉的压杆不能视作它在平面外的支承,取 $l_{0y}=l$。

上式中,l 为桁架节点中心间距离(交叉点不作为节点考虑);N 为所计算杆件的内力,N_0 为相交另一杆内力，均为绝对值，两杆件均受压时，取 $N_0 \leqslant N$，两杆件截面应相同。

2. 杆件的容许长细比

桁架杆件长细比的大小，对杆件的工作有一定的影响。若长细比太大，将使杆件在自重作用下产生过大挠度，在运输和安装过程中因刚度不足而产生弯曲，在动力作用下还会引起较大的振动。《钢结构设计规范》(GB 50017—2003)中对拉杆和压杆都规定了容许长细比，其具体规定见表 1-3。

表 1-3　桁架杆件的容许长细比

<table>
<tr><th rowspan="3">杆件名称</th><th rowspan="3">压杆</th><th colspan="3">拉　杆</th></tr>
<tr><th colspan="2">承受静力荷载或间接承受动力荷载的结构</th><th rowspan="2">直接承受动力荷载的结构</th></tr>
<tr><th>无吊车和有轻、中级工作制吊车的厂房</th><th>有重级工作制吊车的厂房</th></tr>
<tr><td>普通钢桁架的杆件</td><td rowspan="3">150</td><td rowspan="3">350</td><td>250</td><td>250</td></tr>
<tr><td>轻钢桁架的主要杆件</td><td rowspan="2">—</td><td>—</td></tr>
<tr><td>天窗构件</td><td>—</td></tr>
<tr><td>屋盖支撑杆件</td><td rowspan="2">200</td><td>400</td><td rowspan="2">350</td><td rowspan="2">—</td></tr>
<tr><td>轻钢桁架的其他杆件</td><td>350</td></tr>
</table>

注：① 承受静力荷载的结构中，可只计算受拉杆件在竖向平面内的长细比；

② 在直接或间接承受动力荷载的结构中，计算单角钢受拉杆件的长细比时，应采用角钢的最小回转半径，但在计算单角钢交叉受拉杆件平面外的长细比时，应采用与角钢肢边平行的回转半径；

③ 受拉杆件在永久荷载与风荷载组合作用下时，长细比不宜超过 250；

④ 张紧的圆钢拉杆和张紧的圆钢支撑，长细比不受限制；

⑤ 跨度大于等于 60 m 的桁架，其受拉弦杆和腹杆的长细比不宜超过 300(承受静力荷载或间接承受动力荷载)或 250(直接承受动力荷载)。

3. 杆件的截面形式

桁架杆件的截面形式应根据用料经济、连接构造简单、施工方便和具有足够的刚度以及取材方便等要求确定。对于轴心受压构件，为了经济合理，宜使杆件对两个主轴有相近的稳定性，即可使两方向的长细比接近相等。

(1) 单壁式屋架杆件的截面形式

普通钢屋架以往基本上采用由两个角钢组成的 T 形截面(见图 1-17(a)、(b)、(c))或十字形截面形式的杆件构造而成，而受力较小的次要杆件则可采用单角钢制造。自 H 型钢在我国生产后，很多情况下，可用 H 型钢剖开而成的 T 型钢(见图 1-17(f)、(g)、(h))来代替双角钢组成的 T 形截面。以下分别介绍组成屋架的各种杆件应选择的截面形式。

① 上、下弦杆。

上、下弦杆中，$l_{0y}=l_1$，$l_{0x}=l$，一般 $l_{0y} \gg l_{0x}$(2 倍以上)，故通常采用短肢相并的双不等边角钢组成的 T 形截面(见图 1-17(b)，$i/i_x \approx 2.8$)或 TW 形截面(由 H 型钢腹板截开而成的 T 型钢)。整个桁架在运输和吊装过程中要求有较大侧向刚度，采用这种宽度较大的弦杆截面形式十分有利。截面宽度较大也便于在上弦杆上放置屋面板和檩条。

当然，也可采用两个等边角钢截面(见图 1-17(a))或 TM 形截面(见图 1-17(g))。

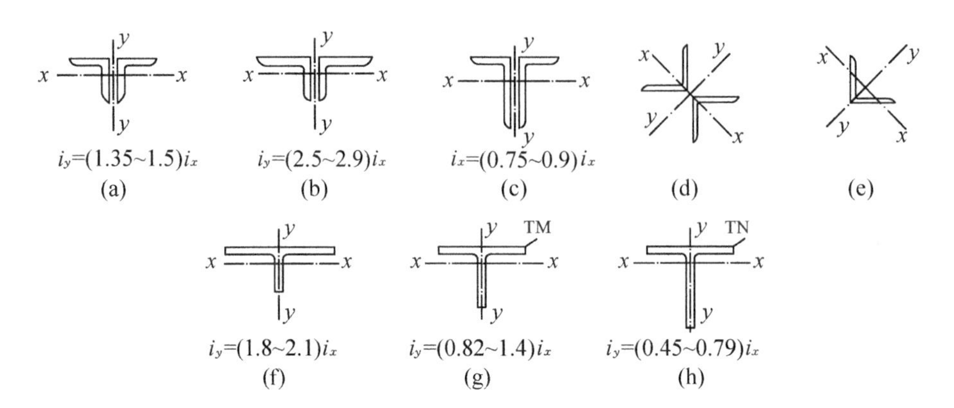

图 1-17　单壁式屋架杆件截面

当弦杆同时承受 N 和 M(上弦有节间荷载)时,由于抗弯需要,通常采用长边相并的双不等边角钢 T 形截面(见图 1-17(c))。如需保持适当的侧向刚度,则可采用双等边角钢 T 形截面。

② 支座腹杆(端竖杆与端斜杆)。

支座腹杆中 $l_{0y}=l_{0x}=l$,故通常采用长边相并的双不等边角钢 T 形截面(见图1-17(c))。当杆件较短、内力较大、截面较粗和长细比较小时,如规格合适,有时可采用双等边角钢 T 形截面。

③ 一般腹杆。

一般腹杆中,$l_{0y}=l$,$l_{0x}=0.8l$,$l_{0y}/l_{0x}=1.25$,故通常采用双等边角钢 T 形截面(见图 1-17(a))。

④ 再分式腹杆。

一般再分式主斜杆中,$l_{0y}/l_{0x}\approx 2$,但因杆件通常较短,故通常用双等边角钢 T 形截面,必要时可用短肢相并的双不等边角钢 T 形截面。再分式次腹杆中 $l_{0y}=l_{0x}=l$,但一般杆件短、内力小,故常用较小规格的双等边角钢 T 形截面。

⑤ 双角钢十字形截面。

这种截面形式(见图 1-17(d))常用于桁架正中竖杆,刚度较大,并能把连接正中垂直支撑或系杆的支撑连接板做在正中位置,使传力没有偏心,且桁架吊装不分正反(正中竖杆用 T 形截面时,有偏心且桁架有正反,如某一榀桁架转 180°吊装,则支撑连接板会左右错位)。其他连接垂直支撑处的桁架非正中竖杆如需减少传力偏心,也可采用十字形截面。另外,支撑中的刚性系杆一般都用十字形截面。

⑥ 单角钢截面。

受力很小的腹杆(如再分杆等次要杆件),可采用单角钢截面(见图 1-17(e))。支撑系统中的柔性系杆也常采用单角钢截面。

用 H 型钢沿纵向剖开而成的 T 型钢来代替传统的双角钢 T 形截面,用于桁架弦杆,可以省去节点板或减少节点板尺寸,零件数量少,用钢经济(节约钢材约 10%),用工量少(省工 15%～20%),易于涂漆和提高抗腐蚀性能,延长其使用寿命,降低造价(16%～20%),因此,有很广阔的发展前景。

为了查阅方便,将屋架常用的杆件截面形式及$\frac{i_y}{i_x}$值的大致范围、用途列于表 1-4 中。

表 1-4 屋架杆件常用截面形式

项次	杆件截面组合方式	截面形式	回转半径的比值	用途
1	二不等肢角钢短肢相并		$\frac{i_y}{i_x}\approx 2.6\sim 2.9$	计算长度 l_{0y} 较大的上、下弦杆
2	二不等肢角钢长肢相并		$\frac{i_y}{i_x}\approx 0.75\sim 1.0$	端斜杆、端竖杆、受较大弯矩作用的弦杆
3	二等肢角钢相并		$\frac{i_y}{i_x}\approx 1.3\sim 1.5$	除端斜杆、端竖杆的其余腹杆、下弦杆
4	二等肢角钢组成的十字形截面		$\frac{i_y}{i_x}\approx 1.0$	与竖向支撑相连的屋架竖杆
5	单肢角钢		—	轻型钢屋架中内力较小的杆件

(2) 双壁式屋架杆件截面的形式

屋架跨度较大时，弦杆等杆件较长，单榀屋架的横向刚度较低。为保证安装时屋架的侧向刚度，对跨度大于或等于 42 m 的屋架宜设计成双壁式(见图 1-18)。其中由双角钢组成的双壁式截面可用于弦杆和腹杆，横放的 H 型钢可用于大跨度重型双壁式屋架的弦杆和腹杆。

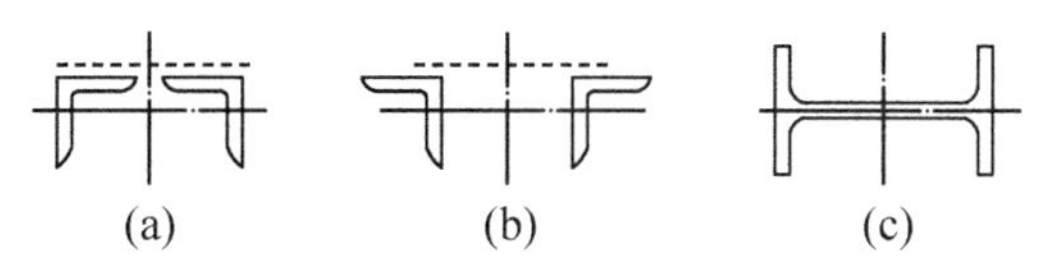

图 1-18 双壁式屋架杆件的截面

4. 双角钢杆件的填板

为确保由两个角钢组成的 T 形或十字形截面杆件能形成一整体杆件共同受力，必须每隔一定距离在两个角钢间设置填板并用焊缝连接(见图 1-19)。这样，杆件才可按实腹式杆件计算。填板厚度同节点板厚，宽度一般取 50～80 mm，长度：对于 T 形截面，取比角钢肢宽大 10～15 mm；对于十字形截面，则由角钢肢尖两侧各缩进10～15 mm。

填板间距：对于压杆，$l_d \leqslant 40i$，对于拉杆，$l_d \leqslant 80i$。在 T 形截面中，i 为一个角钢对平行于填板的自身形心轴(见图 1-19(a)的 1－1 轴)的回转半径；在十字形截面中，i 为一个角钢的最小回转半径(见图 1-19(b)的 2－2 轴)。在压杆的桁架平面外计算长度的范围内，填板数不应少于 2 块。按上述要求设置填板的双角钢杆件，在设计计算时可按整体实腹截面考虑。

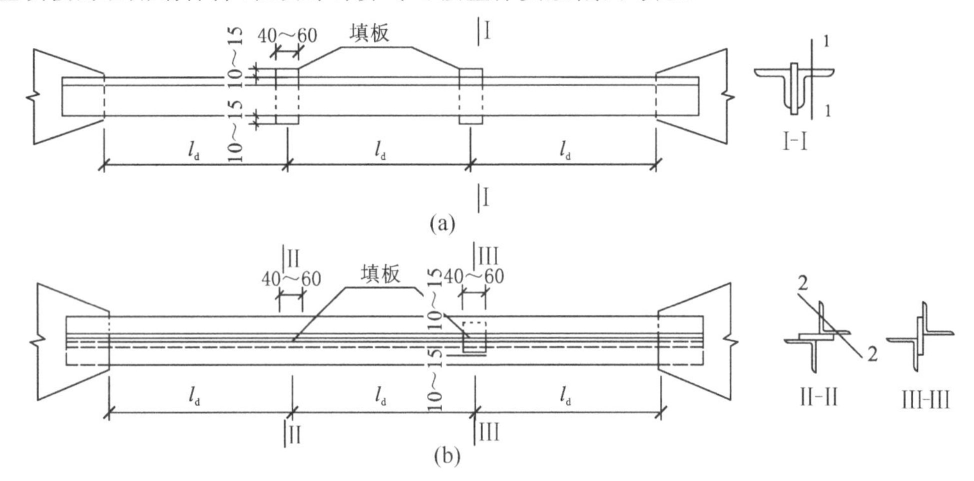

图 1-19 桁架杆件中的填板(单位：mm)

5. 节点板的厚度

节点板内应力大小与所连构件内力大小有关，可按《钢结构设计规范》(GB 50017—2003)有关规定计算其强度和稳定性。表 1-5 所示的是根据上述计算方法编制的表格，设计时可查表确定节点板的厚度。在同一榀桁架中，所有中间节点板均采用同一种厚度，支座节点板由于受力大且很重要，其厚度比中间的增大 2 mm。节点板的厚度对于普通梯形钢桁架，可按受力最大的腹杆内力确定，对于普通三角形钢桁架，则按其弦杆最大内力确定。

表 1-5 屋架节点板厚度

梯形桁架腹杆或三角形桁架弦杆最大内力/kN	＜180	181～300	301～500	501～700	701～950	951～1200	1201～1550	1551～2000
中间节点板厚度/mm	6	8	10	12	14	16	18	20
支座节点板厚度/mm	8	10	12	14	16	18	20	22

注：① 表中厚度系按钢材为 Q235 钢考虑的，当节点板为 Q345、Q390、Q420 钢时，其厚度可较表中数值适当减小；

② 节点板边缘与腹板轴线间的夹角应不小于 30°；

③ 节点板与腹杆用侧焊缝连接，当采用围焊时，节点板厚度应通过计算确定；

④ 无竖腹杆相连且无加劲肋加强的节点板，可将受压腹杆的内力乘以 1.25 后再查表。

6. 杆件的截面选择

(1) 桁架杆件截面选择的一般原则

① 在截面积相同情况下，应优先选用宽肢薄壁的角钢，以增加截面的回转半径，但受压构件应满

足局部稳定的要求。一般情况下，板件或肢件的最小厚度为 5 mm，对小跨度房屋可用到 4 mm。

② 角钢规格不宜小于∟45×4 或∟56×36×4。

③ 同一榀桁架的角钢规格应尽量统一，以方便订货。如选出的型钢规格过多，可将数量较少的小号型钢进行调整，一般不宜超过 5～6 种，同时应尽量避免选用相同边长或肢宽而厚度相差很小的型钢，以免施工时产生混料的错误。

④ 桁架弦杆一般沿全跨采用等截面，但对于跨度大于 24 m 的三角形桁架和跨度大于 30 m 的梯形桁架，可根据内力变化改变弦杆截面，但在半跨内只宜改变一次，且只改变肢宽而保持厚度不变，以便拼接时进行构造处理。

(2) 杆件截面选择与计算

桁架杆件一般为轴心受拉或轴心受压构件，当有节间荷载时则为拉弯构件或压弯构件。具体按如下规则选择与验算截面。

① 轴心拉杆。

轴心拉杆可按强度条件确定所需的净截面面积 A_n，即 $A_n \geqslant \frac{N}{f}$，其中 f 为钢材的抗拉强度设计值。当采用单角钢单面连接时，乘以 0.85 的折减系数。

根据 A_n 由附录 G 选用合适的角钢，然后按轴心受拉构件验算其强度和刚度。当连接支撑的螺栓孔位于连接节点板内且离节点板边缘的距离（沿杆件受力方向）不小于 100 mm 时，由于连接焊缝已传递部分内力给节点板，节点板一般可以补偿孔洞的削弱，故可不考虑该孔对角钢截面削弱的影响（见图 1-20）。

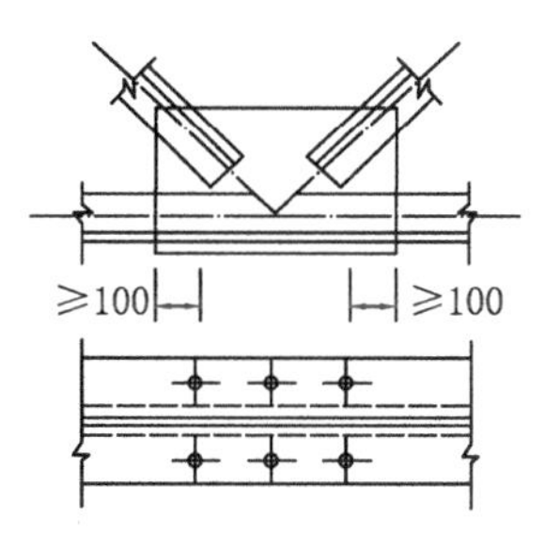

图 1-20　节点板范围内的螺栓孔（单位：mm）

② 轴心压杆。

首先由 $\frac{N}{\varphi A}=f$ 确定 A（先假定 λ，弦杆的 λ 为60～100，腹杆的 λ 为 80～120，查表得 φ，算出 A，同时计算 i_x，i_y）；其次，查附录选择合适的角钢，查得实际 A 及回转半径 i_x，i_y；然后验算截面强度、刚度、稳定性，直到满足要求为止。

双角钢压杆及轴对称放置的单角钢压杆，绕对称轴失稳时，采用换算长细比 λ_{yz} 代替 λ_y，即选择 $\max(\lambda_x, \lambda_{yz})$ 查得 φ 进行稳定验算。换算长细比 λ_{yz} 按式(1-9)～式(1-15)计算。

等边单角钢截面（见图 1-21(a)）：

当 $b/t \leqslant 0.54 l_{0y}/b$ 时，

$$\lambda_{yz}=\lambda_y\left(1+\frac{0.85b^4}{l_{0y}^2 t^2}\right) \tag{1-9}$$

当 $b/t > 0.54 l_{0y}/b$ 时，

$$\lambda_{yz}=4.78\,\frac{b}{t}\left(1+\frac{l_{0y}^2 t^2}{13.5b^4}\right) \tag{1-10}$$

式中　b——角钢肢宽；

　　t——肢厚。

等边双角钢截面（见图 1-21(b)）：

当 $b/t \leqslant 0.58 l_{0y}/b$ 时，

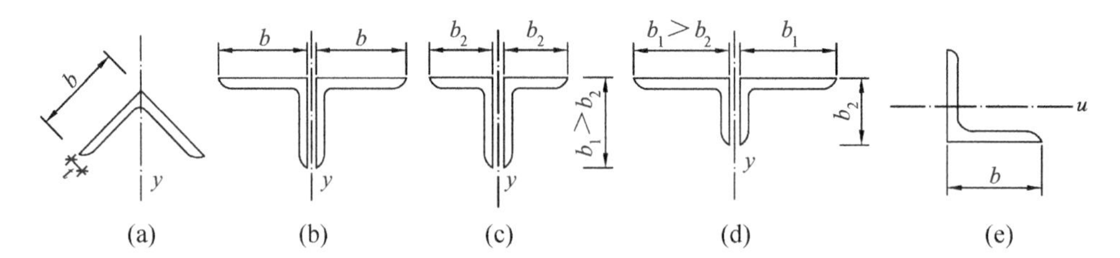

图 1-21 单角钢截面和双角钢组合 T 形截面

$$\lambda_{yz}=\lambda_y\left(1+\frac{0.475b}{l_{0y}^2t^2}\right) \tag{1-11}$$

当 $b/t>0.58l_{0y}/b$ 时，

$$\lambda_{yz}=3.9\ \frac{b}{t}\left(1+\frac{l_{0y}^2t^2}{18.6b^4}\right) \tag{1-12}$$

长肢相并的不等边角钢截面(见图 1-21(c))：

当 $b_2/t\leqslant 0.48l_{0y}/b_2$ 时，

$$\lambda_{yz}=\lambda_y\left(1+\frac{1.09b_2^4}{l_{0y}^2t^2}\right) \tag{1-13}$$

当 $b_2/t>0.48l_{0y}/b_2$ 时，

$$\lambda_{yz}=5.1\ \frac{b_2}{t}\left(1+\frac{l_{0y}^2t^2}{17.4b_2^4}\right) \tag{1-14}$$

短肢相并的不等边双角钢截面(见图 1-21(d))：

当 $b_1/t\leqslant 0.56l_{0y}/b_1$ 时，可近似取 $\lambda_{yz}=\lambda_y$，否则应取

$$\lambda_{yz}=3.7\ \frac{b_1}{t}\left(1+\frac{l_{0y}^2t^2}{52.7b^4}\right) \tag{1-15}$$

③ 压弯杆件。

对于上弦有节间荷载的压弯构件，应进行平面内、外的稳定性及长细比计算，必要时应进行强度计算，具体参考《钢结构基本原理》的压弯构件章节。

杆件截面选择完成后，应注意检查是否满足前面所讲的钢屋架杆件截面选择的一般原则。

1.3.6 节点设计

1. 节点设计的一般要求

① 原则上应使杆件形心线与桁架几何轴线重合，并在节点处交于一点，以免杆件偏心受力。为便于制造，通常取角钢肢背或 T 型钢背至形心距离为 5 mm 的整倍数。

② 当弦杆截面沿跨度有改变时，为便于拼接和放置屋面构件，一般应使拼接处两侧弦杆角钢肢背齐平，这时形心线必然错开，宜采用受力较大的杆件形心线为轴线(见图 1-22(a))。当两侧形心线偏移的距离 e 不超过较大弦杆截面高度的 5%时，可不考虑此偏心影响。当偏心距离 e 值超过上述值，或者由于其他原因，节点处有较大偏心弯矩时，应根据交汇处各杆的线刚度，将此弯矩分配于各杆(见图 1-22(b))。所计算杆件承担的弯矩为

$$M_i = M\frac{K_i}{\sum K_i} \tag{1-16}$$

式中　M——节点偏心弯矩，对于图1-22所示的情况，$M=N_1 e$；

K_i——所计算杆件的线刚度；

$\sum K_i$——汇交于节点的各杆件线刚度之和。

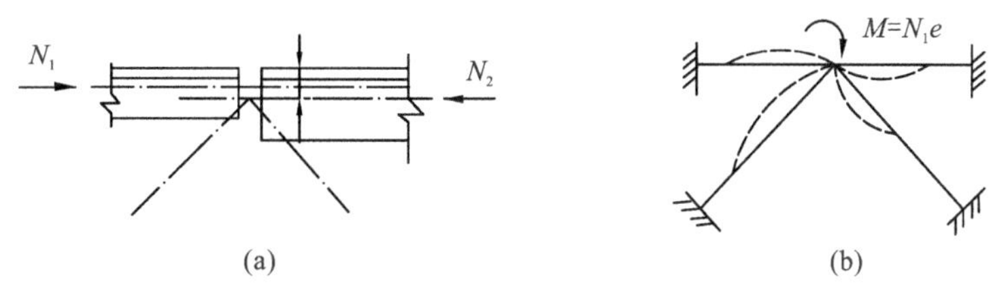

图1-22　弦杆轴线的偏心

③ 在屋架节点处，腹杆与弦杆或腹杆与腹杆之间焊缝的净距，不宜小于10 mm，或者杆件之间的空隙不小于15～20 mm(见图1-23)，以便制作，且可以避免焊缝过分密集，致使钢材局部变脆。

④ 角钢端部的切割一般垂直于其轴线(见图1-23(a))。有时为减小节间板尺寸，允许切去一肢的部分(见图1-23(b)、(c))，但不允许将一个肢完全切去而将另一肢伸出的斜切(见图1-23(d))。

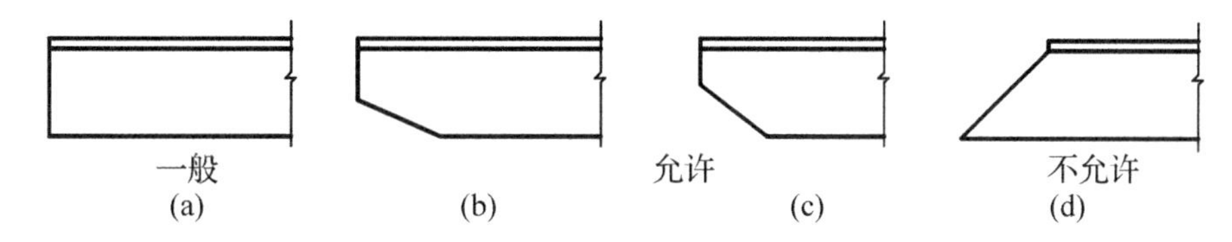

图1-23　角钢端部的切割

⑤ 节点板的外形应尽可能简单且规则，宜至少有两边平行，一般采用矩形、平行四边形、直角梯形等，节点板边缘与杆件轴线的夹角不应小于15°，单斜杆与弦杆的连接应不出现偏心弯矩(见图1-24(a))。节点板的平面尺寸，一般应根据杆件截面尺寸和腹杆端部焊缝长度画出的大样来确定，但考虑施工误差，宜将此平面尺寸适当放大。

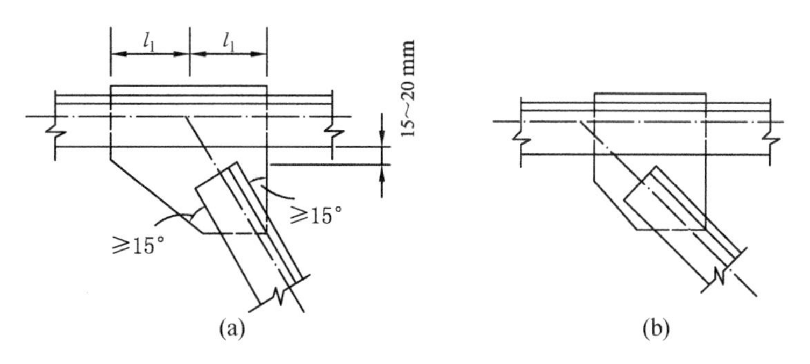

图1-24　单斜杆与弦杆的连接

(a) 正确；(b) 不正确

⑥ 支撑大型混凝土屋面板的上弦杆，当支撑处的总集中荷载(设计值)超过表1-6所示的数值时，弦杆的伸出肢容易弯曲，应对其采用图1-25所示的做法之一予以加强。

表 1-6　弦杆加强的最大节点荷载

角钢(或T型钢翼缘板)厚度/mm	当为 Q235 时	8	10	12	14	16
	当为 Q345,Q390 时	7	8	10	12	14
支撑处总荷载设计值/kN		25	40	55	75	100

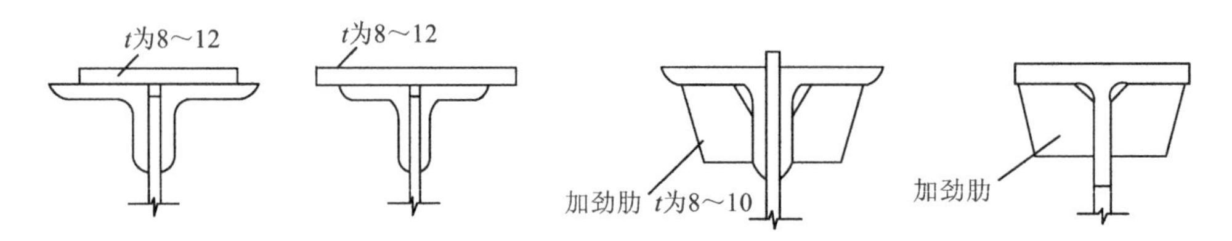

图 1-25　上弦角钢的加强(单位:mm)

2. 角钢桁架的节点设计

角钢桁架是指桁架的弦杆和腹杆均用角钢做成的桁架。角钢桁架的节点主要有一般节点、有集中荷载节点、弦杆的拼接节点、支座节点几种类型。

(1) 节点设计的一般步骤

① 据屋架几何形式定出节点的轴线关系,并按比例画出轴线(1/20～1/10)和杆件(1/10～1/5),弦杆肢尖与腹杆距离应满足上述基本要求。

② 计算腹杆肢背、肢尖焊缝长度,图中作出定位点。

③ 计算弦杆与节点板的焊缝,图中作出定位点。

④ 确定节点板的合理形状和尺寸。节点板应框进所有焊缝,并注意沿焊缝长度方向多留 $2h_f$ 的长度以作为施焊时的焊口,垂直于焊缝长度方向应留出 10～15 mm 的焊缝位置。

⑤ 适当调整焊缝厚度、长度,重新验算。

⑥ 绘制节点大样(比例尺为 1/10～1/5),标注需要的尺寸(见图 1-26)。主要包括每一腹杆端部至节点中心的距离 L_1,L_2,L_3,节点板的宽度和高度 b_1,b_2,h_1,h_2,各杆件轴线至角钢肢背的距离 e_1,e_2,e_3,e_4,角钢连接边的边长 b,焊脚尺寸和焊缝长度(若为螺栓连接,应标明螺栓中心距和端距)。

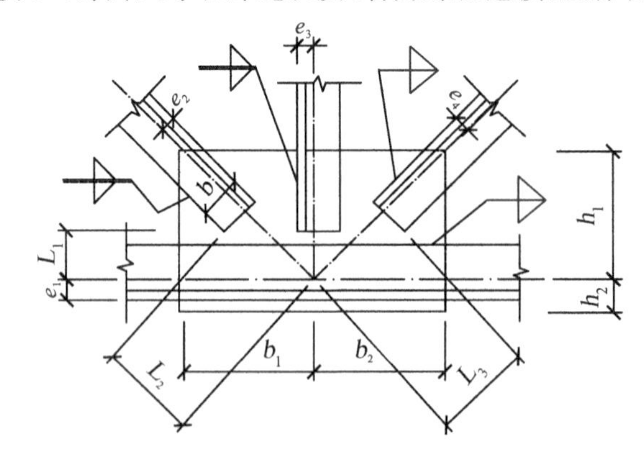

图 1-26　节点上需要标注的尺寸

(2) 各种节点的设计方法

① 一般节点。

一般节点指无集中荷载作用和无弦杆拼接的节点，例如，无悬吊荷载的屋架下弦中间节点，其构造形式如图1-27所示。

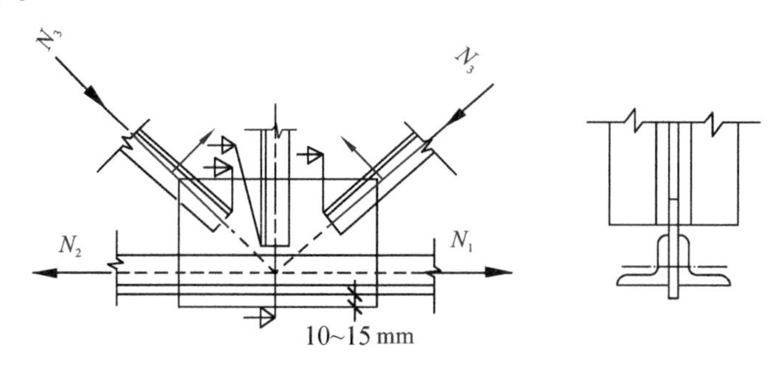

图1-27　一般节点

各腹杆杆端与节点板连接的角焊缝的尺寸和长度，应按角钢连接的角焊缝计算，可在图上按比例标出各焊缝长度的控制点。节点板的尺寸应能框进所有焊缝控制点，同时还要伸出弦杆角钢肢背10～15 mm，以便于焊接。弦杆与节点板的连接焊缝，应考虑承受弦杆相邻节间内力之差$\Delta N=N_2-N_1$，按下列公式计算其焊角尺寸。

对于肢背焊缝，
$$h_{f1}\geqslant\frac{k_1\Delta N}{2\times0.7l_w f_f^w}\tag{1-17}$$

对于肢尖焊缝，
$$h_{f2}\geqslant\frac{k_2\Delta N}{2\times0.7l_w f_f^w}\tag{1-18}$$

式中　k_1,k_2——内力分配系数，可取$k_1=\frac{2}{3}$,$k_2=\frac{1}{3}$；

f_f^w——角焊缝强度设计值。

通常因ΔN很小，实际所需焊角尺寸可由构造要求确定，并沿节点板全长满焊。

② 有集中荷载的节点。

如图1-28所示的屋架上弦节点，一般承受屋面传来的集中荷载Q的作用。因上弦节点需要放置屋面板或檩条，通常将节点板缩进上弦角钢背，采用塞焊缝焊接，缩进距离不宜小于$(0.5t+2)$mm，也不宜大于t，t为节点板厚度。

a. 角钢背凹槽的塞焊缝。

$$\tau_f=\frac{Q\sin\alpha}{2\times0.7h_{f1}l_{w1}}\leqslant0.8f_f^w\tag{1-19}$$

$$\sigma_f=\frac{Q\cos\alpha}{2\times0.7h_{f1}l_{w1}}+\frac{6M}{2\times0.7h_{f1}l_{w1}^2}\leqslant0.8f_f^w\tag{1-20}$$

$$\sqrt{\left(\frac{\sigma_f}{\beta_f}\right)^2+{\tau_f}^2}\leqslant0.8f_f^w\tag{1-21}$$

式中　Q——屋面传来的集中荷载；

α——屋架倾角；

M——节点集中荷载Q对塞焊缝长度中心点偏心距所引起的力矩；

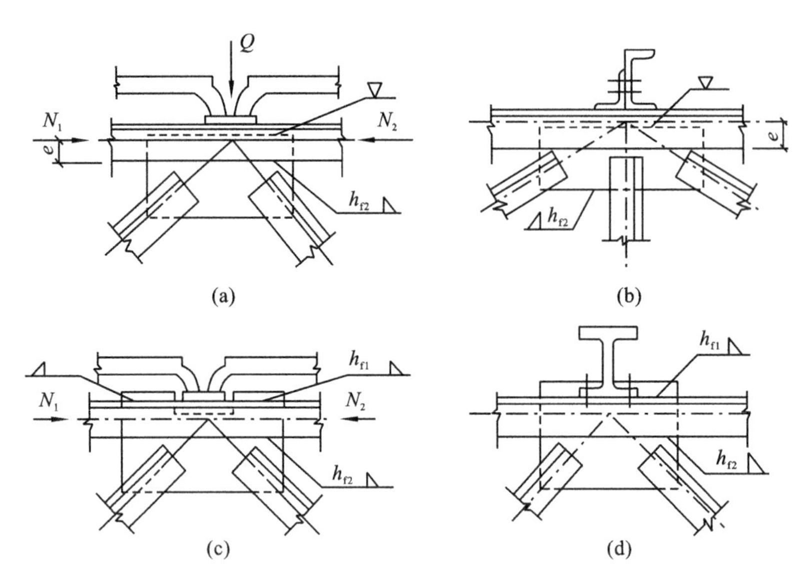

图 1-28 有集中荷载的节点

h_{f1}——角钢肢背的焊角尺寸,取 $h_{f1}=0.5t$;

β_f——正面角焊缝强度增大系数。对于承受静荷载和间接承受动荷载的屋架,$\beta_f=1.22$,对于直接承受动力荷载的屋架,$\beta_f=1.0$;

$0.8f_f^w$——考虑到塞焊缝的质量不易保证,将角焊缝的强度设计值折减 20%。

当荷载 Q 对塞焊缝长度中点的偏心距较小时可忽略不计,当梯形屋架、屋架坡度小于 1/12 时,$\cos\alpha=1$,$\sin\alpha=0$,则式(1-21)可以简化为

$$\sigma_f=\frac{Q}{\beta_f\times2\times0.7h_{f1}l_{w1}}\leqslant0.8f_f^w \tag{1-22}$$

实际上因 Q 不大,可按构造满焊。

b. 角钢肢尖焊缝。

角钢肢尖焊缝承受相邻节间弦杆的内力差 $\Delta N=N_2-N_1$ 和由其产生的偏心弯矩 $M=(N_2-N_1)e$(e 为角钢肢尖至弦杆轴线的距离)的共同作用。焊缝强度应满足:

$$\tau_f=\frac{\Delta N}{2\times0.7\times h_{f2}l_{w2}}\leqslant f_f^w \tag{1-23}$$

$$\sigma_f=\frac{6M}{\beta_f\times2\times0.7\times h_{f2}l_{w2}^2}\leqslant f_f^w \tag{1-24}$$

$$\sqrt{\left(\frac{\sigma_f}{\beta_f}\right)^2+\tau_f^2}\leqslant f_f^w \tag{1-25}$$

当节点板向上伸出不妨碍屋面构件的放置,或因相邻节间内力差 ΔN 较大,肢尖焊缝不满足时,可将节点板部分向上伸出(见图 1-28(c))或全部向上伸出(见图 1-28(d))。此时弦杆与节点板的连接焊缝应按下列公式计算:

肢背焊缝:

$$\frac{\sqrt{(k_1\Delta N)^2+(\frac{Q}{2\times\beta_f})^2}}{2\times0.7h_{f1}l_{w1}}\leqslant f_f^w \tag{1-26}$$

肢尖焊缝：

$$\frac{\sqrt{(k_2\Delta N)^2+(\frac{Q}{2\times\beta_f})^2}}{2\times0.7h_{f2}l_{w2}}\leqslant f_f^w \tag{1-27}$$

式中　h_{f1}，l_{w1}——伸出肢背的焊缝焊脚尺寸和计算长度；

h_{f2}，l_{w2}——上弦杆与节点板的连接焊缝肢尖的焊脚尺寸和计算长度。

③ 弦杆的拼接节点。

弦杆的拼接分工厂(车间)拼接和工地拼接两种。工厂拼接是角钢供应长度不足时所做的拼接，通常设在内力较小的节间范围内。工地拼接是桁架分段制造和运输，在工地进行的拼接。这种拼接的位置一般设在节点处，为减轻节点板负担和保证整个屋架平面外的刚度，通常不利用节点板作为拼接材料，而以拼接角钢传递弦杆内力；拼接角钢宜采用与弦杆相同的角钢型号，使弦杆在拼接处保持原有的强度和刚度。

a. 下弦拼接节点。

在下弦的拼接中，为了使拼接角钢与原来的角钢相互紧贴，要将拼接角钢顶部截去宽度为 r 棱角(r 为角钢内圆弧半径)；对于其竖肢，应切去($t+h_f+5$)(mm)(t 为角钢厚度，h_f 为拼接焊缝的焊角尺寸(见图 1-29(c))，以便于拼接。由切割引起的拼接角钢截面的削弱可考虑用节点板补偿。

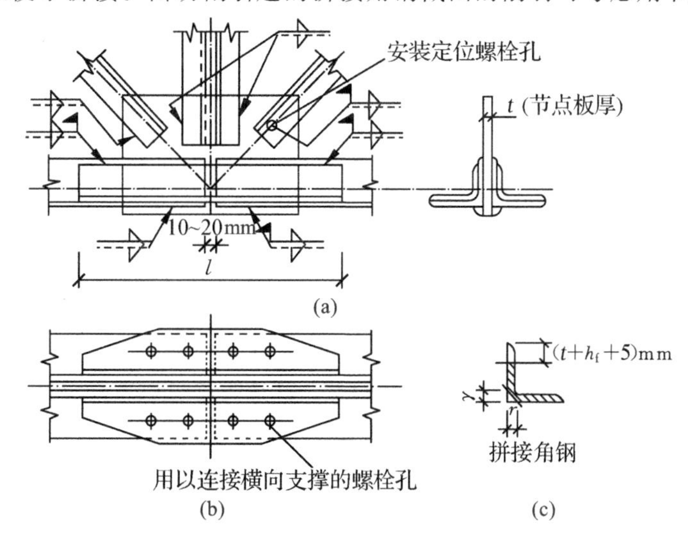

图 1-29　下弦拼接节点

拼接角钢长度为

$$l_w=\frac{Af}{4\times0.7h_f f_f^w} \tag{1-28}$$

拼接角钢实际长度为

$$l=(l_w+2h_f)\times2+a \tag{1-29}$$

式中 a——弦杆端头的距离,下弦取 10 mm,上弦还应加上与屋面坡度 i 及角钢垂直肢宽 b 有关的距离,即 $2ib$。

弦杆与节点板的连接角焊缝计算同普通下弦接点连接焊缝的计算,作用荷载为两侧下弦较大内力的 15%和两侧下弦的内力差 ΔN 二者中的较大值。

为了便于工地拼接,下弦中央拼接节点如图 1-29 所示,并有下列特点:工厂制造时中央节点板与竖杆属于左半桁架,其间焊缝均为车间焊缝;而节点板与右方杆件间均为工地焊缝;拼接角钢为既不属于左半桁架也不属于右半桁架的独立零件,与左右两半桁架的弦杆角钢都用工地焊缝相连。这样可避免拼接时角钢穿插困难,有利于现场拼接。另外,在右腹杆上应设置安装螺栓,便于工地拼接定位和控制位置。

b. 上弦中央拼接节点(屋脊节点)。

屋脊节点的拼接角钢,一般采用热弯成型。当屋面坡度较大且拼接角钢肢较宽时,可将角钢竖肢切口再弯折后焊成,同时需将拼接角钢截棱和将竖向肢切肢(同下弦拼接角钢),如图 1-30 所示。工地焊接时,为便于现场安装,拼接节点也要设置临时性的安装螺栓。此外,为避免双插,拼接角钢和节点板不应连在同一运输单元上,有时也可把拼接角钢作为独立的运输零件。

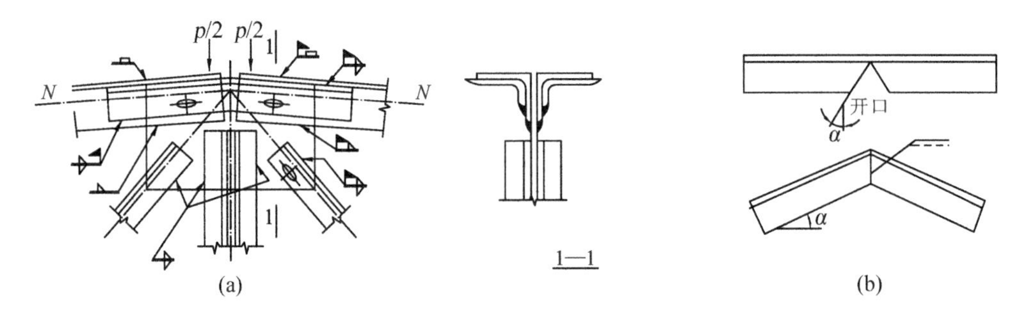

图 1-30 屋脊拼接节点

(a) 屋脊节点;(b) 拼接角钢

拼接角钢的长度应根据所需焊缝长度决定,拼接角钢与上弦的单侧焊缝所需长度为

$$l_w = \frac{N}{4 \times 0.7 h_f f_f^w} \tag{1-30}$$

式中 N——相邻上弦节间中较大的内力。

④ 支座节点。

桁架与柱的连接分铰接和刚接两种形式。支承于混凝土柱或砌体柱的屋架一般都是按铰接设计的,而屋架与钢柱的连接可做成铰接或刚接。图 1-31 所示为三角形屋架、梯形或人字形屋架的铰接支座节点示例。

支于混凝土柱的支座节点由节点板、底板、加劲肋和锚栓组成,加劲肋的作用是分布支座反力,减少底板弯矩和提高节点板的侧向刚度。加劲肋应设在节点的中心,其轴线与支座反力作用线重合。为便于施焊,屋架下弦角钢背与支座底板的距离 d(见图 1-31)不宜小于下弦角钢伸出肢的宽度,也不宜小于 130 mm。屋架支座底板与柱顶用锚栓连接,锚栓预埋于柱顶,常用 M 20～M 24 的螺栓。为便于桁架的安装和调整,底板上的锚栓孔径应比锚栓直径大 1～1.5 倍或做成 U 形缺口。待桁架调整定位后,用孔径比锚栓直径大 1～2 mm 的垫板套进锚栓,并将垫板与底板焊牢。

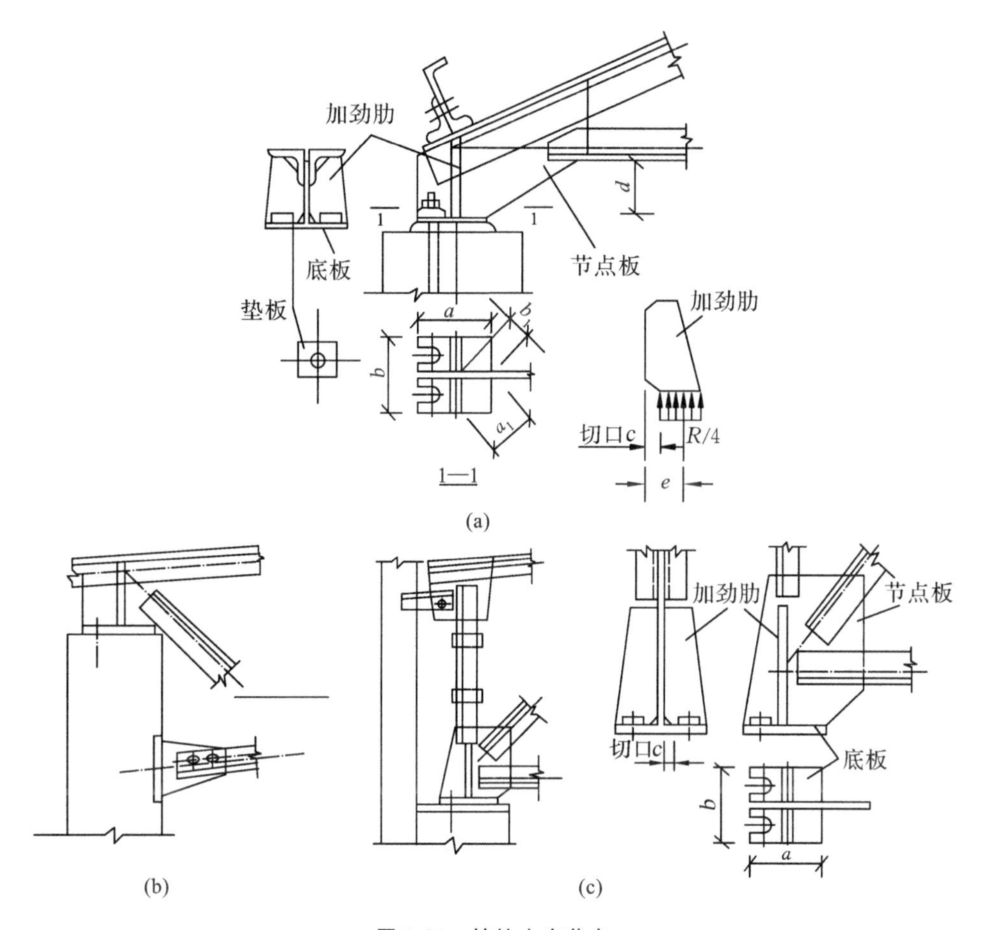

图 1-31 铰接支座节点

(a)三角形屋架的支座节点;(b)人字形屋架的支座节点;(c)梯形屋架的支座节点

支座节点的传力路线是:桁架各杆件的内力通过杆端焊缝传给节点板,然后经节点板与加劲肋之间的垂直焊缝,把一部分力传给加劲肋,再通过节点板、加劲肋与底板的水平焊缝把全部支座压力传给底板,最后传给支座。由此,支座节点应进行如下计算。

支座底板的毛面积为

$$A=ab\geqslant\frac{R}{f_c}+A_0 \tag{1-31}$$

式中 R——支座反力;

f_c——支座混凝土局部承压强度设计值;

A_0——螺栓孔的面积。

按计算需要的底板面积一般较小,主要根据构造要求(螺栓孔直径、位置以及支承的稳定性等)确定底板的平面尺寸,常用 ab 为 240 mm×240 mm～400 mm×400 mm。

底板厚度应按底板下柱顶反力(假定为均匀分布)作用产生的弯矩决定。例如,图 1-31 所示的底板经节点板及加劲肋分隔后成为两相邻边支承的四块板,其单位宽度的弯矩为

$$M=\beta qa_1^2 \tag{1-32}$$

式中 q——底板下柱顶反力的平均值,$q=R/(A-A_0)$;

β——系数,由$\frac{b_1}{a_1}$值按表1-7查得;

a_1,b_1——对角线长度及其中点至另一对角线的距离(见图1-31)。

表1-7 β值

b_1/a_1	0.3	0.4	0.5	0.6	0.7	0.8	0.9	1.0	1.1	≥1.2
β	0.026	0.042	0.056	0.072	0.085	0.092	0.104	0.111	0.120	0.125

底板的厚度为

$$t\geqslant\sqrt{\frac{6M}{f}} \tag{1-33}$$

为使柱顶反力比较均匀,底板不宜太薄,一般其厚度不宜小于16 mm。

加劲肋的高度由节点板的尺寸决定,其厚度取等于或略小于节点板的厚度。加劲肋可视为支承于节点板上的悬臂梁,一个加劲肋通常假定传递支座反力的1/4,它与节点板的连接焊缝承受$V=R/4$和弯矩$M=Re/4$(e为加劲肋与底板连接焊缝的重心到竖向焊缝的距离),并应按下式验算

$$\sqrt{\left(\frac{V}{2\times0.7h_f l_w}\right)^2+\left(\frac{6M}{2\times0.7h_f l_w^2\beta_f}\right)^2}\leqslant f_f^w \tag{1-34}$$

底板与节点板、加劲肋的连接焊缝承受全部支座反力R计算。验算式为

$$\sigma_f=\frac{R}{0.7h_f\sum l_w}\leqslant\beta_f f_f^w \tag{1-35}$$

其中6条焊缝计算长度之和$\sum l_w=2(a+b-t-2c)-12h_f$(mm),其中$t$和$c$分别为节点板厚和加劲肋切口宽度(见图1-31)。

3. T型钢作弦杆的屋架节点

采用T型钢作屋架弦杆时,当腹杆也用T型钢或单角钢时,腹杆与弦杆的连接不需要节点板,直接焊接可省工省料;当腹杆采用双角钢时,有时需设节点板(见图1-32),节点板与弦杆采用对接焊缝,此焊缝承受弦杆相邻节间的内力差$\Delta N=N_2-N_1$以及内力差产生的偏心弯矩$M=\Delta Ne$,可按下式进行计算

$$\tau=\frac{1.5\Delta N}{l_w t}\leqslant f_v^w \tag{1-36}$$

$$\sigma=\frac{\Delta Ne}{\frac{1}{6}tl_w^2}\leqslant f_t^w \quad 或 \quad f_c^w \tag{1-37}$$

式中 l_w——由斜腹杆焊缝确定的节点板长度,若无引弧板施焊,则要除去弧坑;

t——节点板厚度,通常取与T形板等厚或相差不超过1 mm;

f_v^w——对接焊缝抗剪强度设计值;

f_t^w,f_c^w——对接焊缝抗拉、抗压强度设计值。

e——加劲肋与底板连接焊缝的重心到竖向焊缝的距离。

角钢腹杆与节点板的焊缝同角钢桁架,由于节点板与T型钢腹板等厚(或相差1 mm),所以腹杆

可伸入 T 型钢腹板(见图 1-32),这样可减小节点板尺寸。

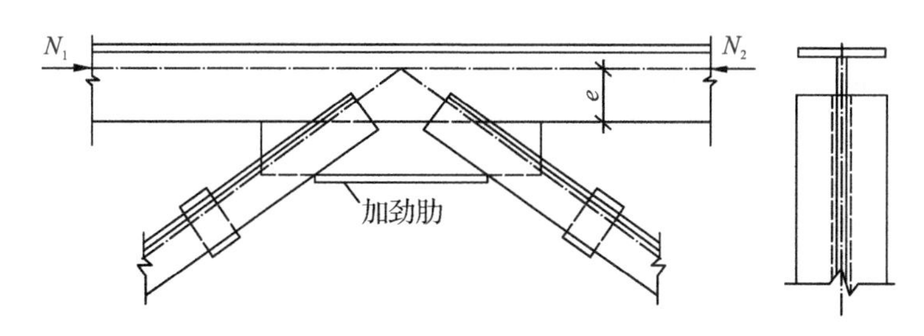

图 1-32　T 型钢作弦杆的屋架节点

1.3.7　钢屋架施工图

施工图是结构设计的最后成果之一,是钢结构制造厂加工制造的主要依据,必须十分重视。当屋架对称时,可仅绘半榀屋架的施工图,大型屋架则需按运输单元绘制。钢屋架施工图中应包括预定钢材、制造和安装等工序中所需的一切尺寸和资料。各种构件的施工详图与结构安装图等共同组成整个钢结构的施工图。钢屋架施工详图(见图 1-33,附书后)中应包括如下内容。

① 屋架杆件的轴线长度及起拱、杆件的内力设计值。

通常以单线绘制屋架简图于图纸的左上角,当结构对称时,左半图上注明起拱后的杆件节点间的几何长度(mm),右半图上注明杆件的内力设计值(kN)。当梯形屋架跨度 $l>24$ m 或三角形屋架跨度 $l>15$ m 时,挠度较大,影响使用与外观,制造时应考虑起拱,拱度约为 $l/500$,起拱值可注在简图中,也可注在说明中。

② 屋架的正面图(主视图)、上弦杆的俯视图、下弦杆的俯视图、左右端视图及必要的剖面图以及某些安装节点或特殊零件的大样图。

屋架对称时可只画左半屋架,但应表明其与右半榀屋架的拼接方式。这是屋架施工详图的主体。屋架施工图通常采用两种比例:杆件轴线一般为 1/30～1/20,以免图幅太大;节点(包括杆件截面、节点板和小零件)一般为 1/15～1/10,可清楚地表达节点的细部构造要求。

③ 安装单元或运送单元是构件的一部分或全部,在安装或运输过程中是作为一个整体来安装或运送的。

一般屋架可划分为两个或三个运送单元,但可作为一个安装单元进行安装。在施工图中应注明各构件的型号和尺寸,并根据结构布置方案、工艺技术要求、各部位连接方法及具体尺寸等情况,对构件进行详细编号。编号的原则是,只有在两个构件的所有零件的形状、尺寸、加工记号、数量和装配位置等全部相同时,才给予相同的编号。不同种类的构件(如屋架、天窗架、支撑等),还应在其编号前面冠以不同的字母代号(例如屋架用 W、天窗架用 TJ、支撑用 C 等)。有些屋架仅在少数部位的构造略有不同,如像连支撑屋架和不连支撑屋架只在螺栓孔上有区别,可在图上螺栓孔处注明所属屋架的编号,这样数个屋架可绘在一张施工图上(见图 1-33)。

④ 在施工图中应全部注明各零件(杆件和板件)的定位尺寸、孔洞的位置,以及对工厂加工和工地施工的所有要求。

定位尺寸主要有:杆件轴线至角钢肢背的距离,节点中心至所连腹杆的近端端部距离,节点中心至节点板上、下和左、右边缘的距离等。

⑤ 在施工图中应注明各零件的型号和尺寸，对所有零件也必须进行详细编号，并附材料表。

表中角钢要注明型号和长度，节点板等板件要注明长度、宽度和厚度。零件编号按主次、上下、左右一定顺序逐一进行。完全相同的零件用同一编号，两个零件的形状和尺寸完全一样而开孔位置等不同，但系镜面对称的，亦用同一编号。不过应在材料表中注明正、反的字样以示区别(见图 1-33，附书后)。材料表一般包括各零件的截面、长度、数量(正、反)和重量(单重、共重和合重)。材料表的用处主要是配料和算出用钢指标，其次是为吊装时配备起重运输设备，还可使一切零件毫无遗漏地表示清楚。

⑥ 施工图的说明应包括所用钢材的型号、焊条型号、焊接方法和质量要求，图中未注明的焊缝和螺孔尺寸，油漆、运输和加工要求等图中未表现的其他内容。

1.3.8　钢屋架设计实例

根据下列设计资料设计一个普通钢屋架，并绘制施工图。

1. 设计资料

某房屋跨度 l=24 m，长度为 60 m。冬季计算温度高于−20℃。房屋内无吊车。不需地震设防。采用 1.5 m×6 m 预应力混凝土大型屋面板，10 cm 厚泡沫混凝土保温层和卷材屋面。雪荷载为 0.40 kN/m^2，屋面积灰荷载为 0.75 kN/m^2。屋架支承于钢筋混凝土柱上，柱截面为 400 mm×400 mm，混凝土强度等级为 C20。钢材选用 Q235-B。焊条选用 E43 型，手工焊。

2. 屋架形式和几何尺寸

屋面材料为大型屋面板，故采用无檩体系平坡梯形屋架。屋面坡度 i=1/10。屋架计算跨度 l_0=l−300=23 700 mm。端部高度取 H_0=1990 mm，中部高度 H=3190 mm(约为 l_0/7.4)。屋架几何尺寸如图 1-34 的左半部分所示。

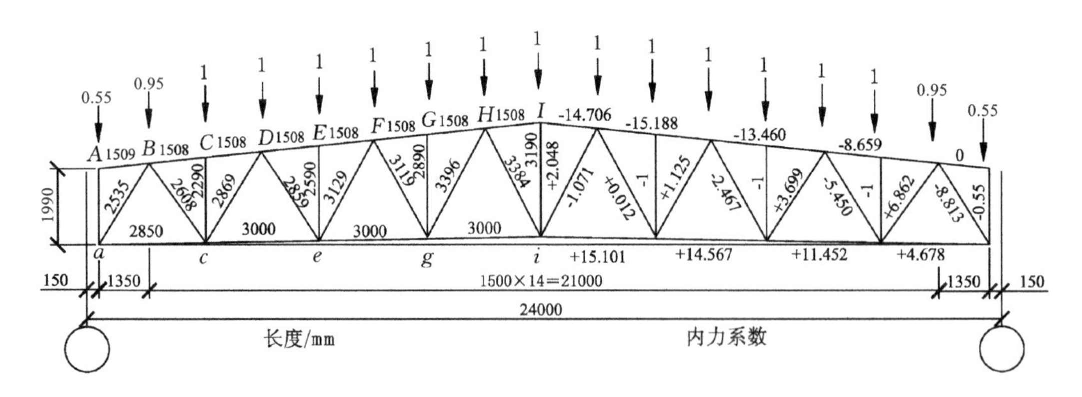

图 1-34　屋架形式、几何尺寸及内力系数

3. 支撑布置

由于房屋长度只有 60 m，跨度为 24 m<30 m，故仅在房屋两端部开间设置上、下弦横向水平支撑和屋架两端及跨中三处设置垂直支撑。其他屋架则在垂直支撑处分别于上、下弦设置三道系杆，其中屋脊和两支座处为刚性系杆，其余三道为柔性系杆(见图 1-35)。

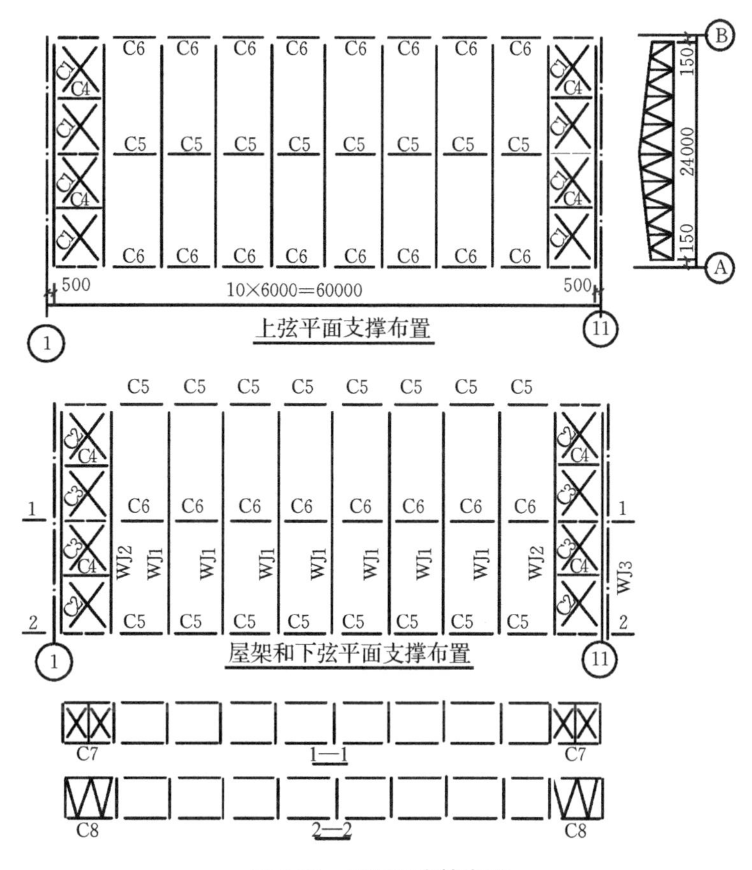

图1-35 屋架和支撑布置

4. 屋架节点荷载

屋面坡度较小，故对所有荷载均按水平投影面计算（风荷载为吸力，且本例为重屋架，故不考虑）：

预应力混凝土大型屋面板和灌缝	1.40 kN/m²
冷底子油、热沥青各一道	0.05 kN/m²
100 mm 厚泡沫混凝土保温层（6 kN/m³）	0.60 kN/m²
20 mm 厚水泥砂浆找平层	0.40 kN/m²
两毡三油上铺小石子	0.35 kN/m²
屋架和支撑自重 $0.12+0.011l=(0.12+0.011\times 24)\text{kN/m}^2=0.38\ \text{kN/m}^2$	
永久荷载总和	3.18 kN/m²
屋面活荷载（大于雪荷载）	0.50 kN/m²
屋面积灰荷载	0.75 kN/m²

荷载组合按全跨永久荷载和全跨可变荷载并根据式(1-6)和式(1-7)计算。对跨中的部分斜腹杆

因半跨荷载可能产生的内力变号,采取将跨度中央每侧各三根斜腹杆(见图 1-34 中 Fg、gH、Hi 杆)均按压杆控制长细比,故不再考虑半跨荷载作用的组合影响。

可变荷载效应控制的组合可按式(1-6)计算:永久荷载分项系数 $\gamma_G=1.2$,屋面活荷载分项系数 $\gamma_{Q1}=1.4$,$\varphi_1=1.0$,屋面积灰荷载分项系数 $\gamma_{Q2}=1.4$,$\varphi_2=0.9$,则节点荷载设计值为

$$F=(1.2\times3.18+1.4\times0.5+1.4\times0.9\times0.75)\times1.5\times6\ \text{kN}=49.1\ \text{kN}$$

永久荷载效应控制的组合可按式(1-7)计算:永久荷载分项系数 $\gamma_G=1.35$,屋面活荷载分项系数 $\gamma_{Q1}=1.4$,$\varphi_1=0.7$,屋面积灰荷载分项系数 $\gamma_{Q2}=1.4$,$\varphi_2=0.9$,则节点荷载设计值为

$$F=(1.35\times3.18+1.4\times0.7\times0.5+1.4\times0.9\times0.75)\times1.5\times6\ \text{kN}=51.6\ \text{kN}$$

故应取节点荷载设计值 $F=51.6$ kN。

5. 屋架杆件内力

经计算,在全跨荷载作用下的屋架杆件内力系数如图 1-34 右半部所示,内力设计值则如图 1-33 左上角的屋架简图右半部所示(Fg、gH、Hi 杆中括号内数值为按其他荷载组合时的内力值)。

6. 杆件截面选择

按腹杆最大内力 $N_{aB}=-454.8$ kN,查表 1-5 选中间节点板厚度为 10 mm,支座节点板厚度为 12 mm。

(1) 上弦杆

整个上弦杆采用等截面,按最大内力 $N_{FH}=-783.7$ kN 计算。$l_{0x}=150.8$ cm,$l_{0y}=301.6$ cm(取两块屋面板宽度)。

假设 $\lambda=50$,查附录 D 附表 D-2b 类截面轴心受压构件稳定系数表,得 $\varphi=0.856$。

$$A_{req}=\frac{N}{\varphi f}=\frac{783.7\times10^3}{0.856\times215\times10^2}\ \text{cm}^2=42.58\ \text{cm}^2$$

$$i_{xreq}=\frac{l_{0x}}{\lambda}=\frac{150.8}{50}\ \text{cm}=3.02\ \text{cm}$$

$$i_{yreq}=\frac{l_{0y}}{\lambda}=\frac{301.6}{50}\ \text{cm}=6.03\ \text{cm}$$

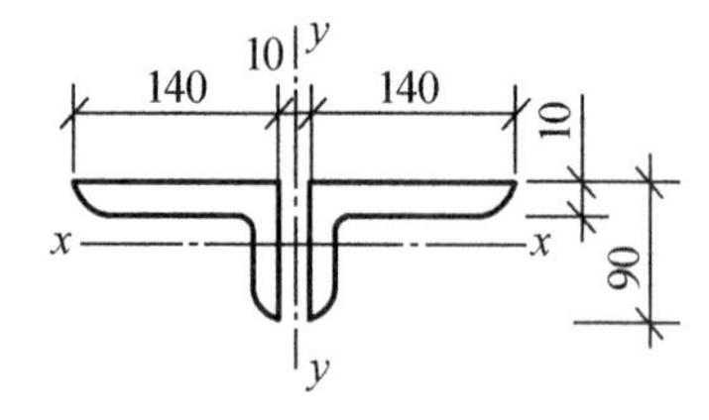

图 1-36 上弦杆截面(单位:mm)

查型钢表,选 2 ∟ 140×90×10 短肢相并(见图1-36),$A=2\times22.26\ \text{cm}^2=44.52\ \text{cm}^2$,$i_x=2.56$ cm,$i_y=4.77$ cm。

截面验算

$$\lambda_x=\frac{l_{0x}}{i_x}=\frac{150.8}{2.56}=58.9<[\lambda]=150(\text{满足})$$

$$\lambda_y=\frac{l_{0y}}{i_y}=\frac{301.6}{4.77}=63.2<[\lambda]=150(\text{满足})$$

双角钢 T 形截面绕对称轴(y 轴)应按弯扭屈曲计算换算长细比 λ_{yz}

$$\frac{b_1}{t}=\frac{14}{1}=14>\frac{0.56l_{0y}}{b_1}=\frac{0.56\times301.6}{14}=12.1$$

故由式(1-15),有

$$\lambda_{yz}=3.7\frac{b_1}{t}\left(1+\frac{l_{0y}^2t^2}{52.7b_1^4}\right)=3.7\times14\times\left(1+\frac{301.6\times1^2}{52.7\times14^4}\right)=51.8<\lambda_x$$

故由 $\lambda_{max}=\lambda_x=58.9$，查附录D附表D-2b类截面轴心受压构件稳定系数表，得 $\varphi=0.813$。

$$\frac{N}{\varphi A}=\frac{783.7\times10^3}{0.813\times44.52\times10^2}\ \text{N/mm}^2=216.5\ \text{N/mm}^2\approx f=215\ \text{N/mm}^2（满足）$$

(2) 下弦杆

整个下弦采用等截面。按最大内力 $N_{gt}=+779.2$ kN 计算。$l_{0x}=300$ cm，$l_{0y}=1185$ cm。

$$A_{nreq}=\frac{N}{f}=\frac{779.2\times10^3}{215}\ \text{mm}^2=3624\ \text{mm}^2=36.24\ \text{cm}^2$$

由型钢表选2∟140×90×8，$A_n=A=2\times18.04\ \text{cm}^2=36.08\ \text{cm}^2$（设连接支撑的螺栓孔位于节点板内的距离 $a\geqslant100$ mm），$i_x=2.59$ cm，$i_y=6.72$ cm。

$$\sigma=\frac{N}{A_n}=\frac{779.2\times10^3}{36.08\times10^2}\ \text{N/mm}^2=216.0\ \text{N/mm}^2\approx f=215\ \text{N/mm}^2（满足）$$

$$\lambda_x=\frac{l_{0x}}{i_x}=\frac{300}{2.59}=115.8<[\lambda]=350（满足）$$

$$\lambda_y=\frac{l_{0y}}{i_y}=\frac{1185}{6.72}=176.3<[\lambda]=350（满足）$$

(3) 腹杆

① aB 杆。

$$N_{aB}=-454.8\ \text{kN},\quad l_{0x}=l_{0y}=l=253.5\ \text{cm}$$

选用2∟125×80×8，长肢相并。查型钢表，$A=2\times15.99\ \text{cm}^2=31.98\ \text{cm}^2$，$i_x=4.01$ cm，$i_y=3.27$ cm。

截面验算

$$\lambda_x=\frac{l_{0x}}{i_x}=\frac{253.5}{4.01}=63.2<[\lambda]=150（满足）$$

$$\lambda_y=\frac{l_{0y}}{i_y}=\frac{253.3}{3.27}=77.5<[\lambda]=150（满足）$$

因为 $\frac{b_2}{t}=\frac{8}{0.8}=10<0.48\frac{l_{0y}}{b_2}=0.48\times\frac{253.5}{8}=15.2$

故由式(1-14)，得

$$\lambda_{yz}=\lambda_y\left(1+\frac{1.09b_2^4}{l_0^2t^2}\right)=77.5\times\left(1+\frac{1.09\times8^4}{253.5^2\times0.8^2}\right)=85.9$$

$\lambda_{yz}>\lambda_x$，故由 λ_{yz} 查附录D附表D-2b类截面轴心受压构件稳定系数，得 $\varphi_x=0.649$。

$$\frac{N}{\varphi A}=\frac{454.8\times10^3}{0.649\times31.98\times10^2}\ \text{N/mm}^2=219.1\ \text{N/mm}^2\approx f=215\ \text{N/mm}^2（满足）$$

② Bc 杆。

$$N_{Bc}=+354.1\ \text{kN},\quad l_{0x}=0.8l=0.8\times260.8\ \text{cm}=208.6\ \text{cm},\quad l_{0y}=l=260.8\ \text{cm}$$

选用2∟70×6。查型钢表，$A=2\times8.16\ \text{cm}^2=16.32\ \text{cm}^2$，$i_x=2.15$ cm，$i_y=3.26$ cm

$$\lambda_x=\frac{l_{0x}}{i_x}=\frac{208.6}{2.15}=97<[\lambda]=350（满足）$$

$$\lambda_y=\frac{l_{0y}}{i_y}=\frac{260.8}{3.26}=80<[\lambda]=350(\text{满足})$$

③ Fg 杆。

$$N_{Fg}=+58.1\ \text{kN},\quad l_{0x}=0.8l=0.8\times311.9\ \text{cm}=249.5\ \text{cm},\quad l_{0y}=l=311.9\ \text{cm}$$

将 Fg 杆按 $N_{Fg}=+58.1$ kN 的拉杆设计,选用屋架需采用的最小角钢 2∟50×5 即可满足要求。但考虑该杆在其他荷载组合时可能产生内力变号,故宜按压杆的容许长细比进行控制。现选用 2∟56×5,查型钢表,$A=2\times5.42\ \text{cm}^2=10.84\ \text{cm}^2$,$i_x=1.72$ cm,$i_y=2.69$ cm。

截面验算

$$\lambda_x=\frac{l_{0x}}{i_x}=\frac{249.5}{1.72}=145.1<[\lambda]=150(\text{满足})$$

$$\lambda_y=\frac{l_{0y}}{i_y}=\frac{311.9}{2.69}=115.9<[\lambda]=150(\text{满足})$$

根据计算,按第二种荷载组合时,$N_{Fg}=+64.5$ kN,拉力略有增加。按第三种荷载组合时,$N_{Fg}=-8.5$ kN 虽变为压力,但其值很小,故按压杆容许长细比选用其截面即可满足要求。

④ gH 杆。

$$N_{gH}=+0.6\ \text{kN},\quad l_{0x}=0.8l=0.8\times339.6\ \text{cm}=271.7\ \text{cm},\quad l_{0y}=l=339.6\ \text{cm}$$

同理,按压杆容许长细比进行控制。选用 2∟63×5,查型钢表,$A=2\times6.14\ \text{cm}^2=12.28\ \text{cm}^2$,$i_x=1.94$ cm,$i_y=2.97$ cm。

$$\lambda_x=\frac{l_{0x}}{i_x}=\frac{271.7}{1.94}=140.1<[\lambda]=150(\text{满足})$$

$$\lambda_y=\frac{l_{0y}}{i_y}=\frac{339.6}{2.97}=114.3<[\lambda]=150(\text{满足})$$

根据计算,按第三种荷载组合时,$N_{gH}=-45.9$ kN,其值不大,故选用的 2∟63×5可满足要求。

⑤ Hi 杆。

$$N_{Hi}=-55.3\ \text{kN},\quad l_{0x}=0.8l=0.8\times338.4\ \text{cm}=270.7\ \text{cm},\quad l_{0y}=l=338.4\ \text{cm}$$

由于压力很小,可按容许长细比选用 2∟63×5。

$$\lambda_x=\frac{l_{0x}}{i_x}=\frac{270.7}{1.94}=139.5<[\lambda]=150(\text{满足})$$

$$\lambda_y=\frac{l_{0y}}{i_y}=\frac{338.4}{2.97}=113.9<[\lambda]=150(\text{满足})$$

根据计算,按第二种荷载组合时,$N_{Hi}=-75.8$ kN,压力虽略有增加,但其值很小,选用的 2∟63×5 可满足要求。

⑥ Ii 杆。

$$N_{Ii}=+105.7\ \text{kN},\quad l_0=0.9l=0.9\times319\ \text{cm}=287.1\ \text{cm}$$

选用 2∟63×5 十字相连。查型钢表,$A=12.28\ \text{cm}^2$,$i_{x0}=2.45$ cm。

$$\lambda_{x0}=\frac{l_0}{i_{x0}}=\frac{287.1}{2.45}=117.2<[\lambda]=150(\text{满足})$$

$$\sigma=\frac{N}{A_n}=\frac{105.7\times10^3}{12.28\times10^2}\ \text{N/m}^2=86.1\ \text{N/mm}^2<215\ \text{N/mm}^2(\text{满足})$$

其他杆件截面选择如表 1-8 所示。选用时采用的最小角钢，一般腹杆选 2∟50×5，连接支撑的竖杆选 2∟63×5。

7. 节点设计

(1) 屋脊节点

竖杆 Ii 杆端焊缝按构造取 h_f 和 l_w 分别为 5 mm 和 80 mm(见表 1-8)。上弦与节点板的连接焊缝，角钢肢背采用塞焊缝，并假定仅承受屋面板传来的集中荷载，一般可不作计算。角钢肢尖焊缝应取上弦内力 N 的 15%进行计算，即 $\Delta N=0.15N=0.15\times758.8\ \text{kN}=113.8\ \text{kN}$，其产生的偏心弯矩 $M=\Delta N\cdot e=11.38\times10^3\times70\ \text{N}\cdot\text{mm}=966\ 000\ \text{N}\cdot\text{mm}$。

现取节点板尺寸如图 1-37 所示，设肢尖焊脚尺寸 $h_f=6$ mm，则焊缝计算长度为

$$l_{w2}=(200-2\times6-5)\ \text{mm}=183\ \text{mm}$$

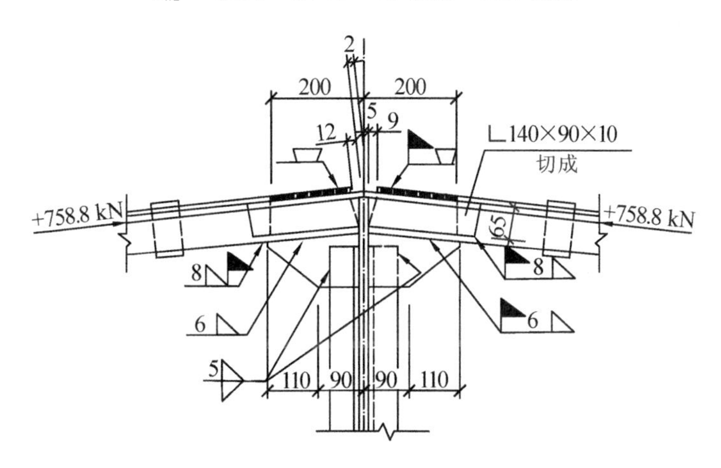

图 1-37　屋脊节点(单位:mm)

按式(1-20)验算肢尖焊缝强度

$$\sqrt{\left(\frac{6M}{\beta_f\times2\times0.7h_f l_{w2}^2}\right)^2+\left(\frac{\Delta N}{2\times0.7h_f l_{w2}}\right)^2}$$

$$=\sqrt{\left(\frac{6\times7\ 966\ 000}{1.22\times2\times0.7\times6\times183^2}\right)^2+\left(\frac{113.8\times10^3}{2\times0.7\times6\times183}\right)^2}\ \text{N/mm}^2$$

$$=155.7\ \text{N/mm}^2<f_f^w=160\ \text{N/mm}^2\text{(满足)}$$

上弦杆起拱后坡度为 1/9.6。拼接角钢采用与上弦相同截面，热弯成型。拼接角钢一侧的焊缝长度按弦杆所受内力计算。设角焊缝的焊脚尺寸 $h_f=t-2=(10-2)\text{mm}=8$ mm。则接头一侧需要的焊缝计算长度为

$$l_w=\frac{N}{4\times0.7h_f f_f^w}=\frac{758.8\times10^3}{4\times0.7\times8\times160}\ \text{mm}=211.7\ \text{mm}$$

拼接角钢的总长度为

$$l=2(l_w+2h_f)+a=\left[2\times(211.7+2\times8)+\left(10+2\times\frac{1}{9.6}\times90\right)\right]\ \text{mm}=484.2\ \text{mm}$$

取 $l=500$ mm。

拼接角钢竖肢应切去的高度为

$$\Delta=t+h_f+5=(10+8+5)\ \text{mm}=23\ \text{mm}$$

取 $\Delta=25$ mm,即竖肢余留高度为 65 mm。

(2) 下弦拼接接点

拼接角钢采用与下弦相同的截面。拼接角钢一侧的焊缝长度按与杆件等强度设计。设角焊缝的焊脚尺寸 $h_f=t-2=(8-2)$ mm=6 mm,则接头一侧需要的焊缝计算长度如下。拼接角钢的总长度为

$$l=2(l_w+2h_f)+a=[2\times(288.6+2\times6)+10]\ \text{mm}=611.2\ \text{mm}$$

取 $l=620$ mm(见图 1-38)。拼接角钢的水平肢较宽,故采用斜切(见图 1-33),不但便于焊接,且可增加焊缝长度。水平肢上的安装螺栓孔,待屋架拼装完后可用于连接屋架下弦横向水平支撑。竖肢因切肢后余留高度较小,不设安装螺栓。

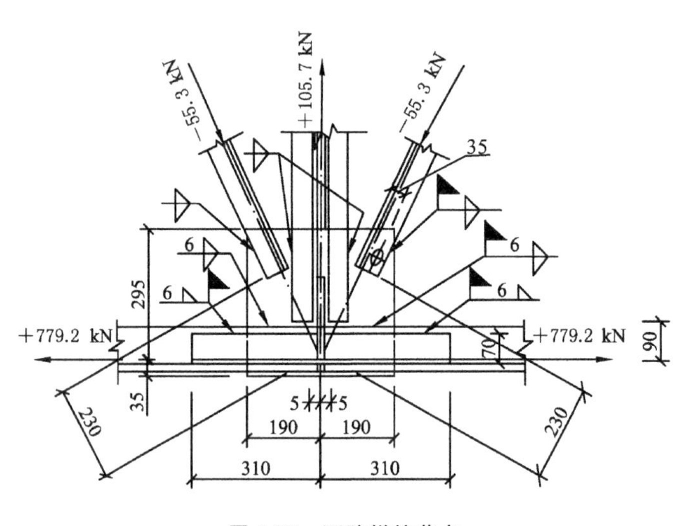

图 1-38 下弦拼接节点

拼接角钢竖肢需切去的高度为

$$\Delta=t+h_f+5=(8+6+5)\ \text{mm}=19\ \text{mm}$$

取 $\Delta=20$mm,即竖肢余留高度为 70 mm。

取两斜腹杆杆端至节点中心距离为 230 mm,竖杆杆端至节点中心则取 90 mm(按工程惯例梯形屋架通常取下弦节点中心至各腹杆下端的距离为 5 mm 的倍数,各腹杆的角钢长度亦取 5 mm 或 10 mm 的倍数,而让上弦节点中心至腹杆上端的距离为不规则尾数)。节点板按布置腹杆杆端焊缝需要,采用— 330×10×380。

(3) 支座节点

根据端斜杆和下弦杆杆端焊缝(见表 1-8),节点板采用— 380×12×440(见图1-39)。为便于施焊,取底板上表面至下弦轴线的距离为 160 mm,并且在支座中线处设加劲肋— 90×10 高度与节点板相同,亦为 440 mm。

表 1-8 屋架杆件截面选择表

杆件		内力设计值/kN	截面形式和规格	截面面积 A、A_n /cm^2	计算长度		回转半径		长细比				φ_{min}	$N/\varphi A$ /(N/mm^2)	$\sigma=N/A_n$ /(N/mm^2)	填板数	端部焊缝 h_f-l_w	
名称	编号				l_{0x} /cm	l_{0y} /cm	i_x /cm	i_y /cm	λ_x	λ_y	λ_{yz}	[λ]					肢背	肢尖
上弦	AI	−783.7	┐┌140×90×10	44.52	150.8	301.6	2.56	6.77	58.9	44.5	51.8	150	0.813	216.5		8		—
下弦	ai	+779.2	┘└140×90×8	36.08	300	1185	2.59	6.72	115.8	176.3		300			216.0	4		
腹杆	aB	−454.8	┐┌128×80×8	31.98	253.5	253.5	4.01	3.27	63.2	77.5	85.9	150	0.649	219.1		2	8−180	6−130
	Bc	+354.1	┐┌70×6	16.32	208.6	260.8	2.15	3.26	97.0	80.0		350			217.0	2	6−190	5−110
	cD	−281.2	┐┌90×6	21.28	229.5	286.9	2.79	4.05	82.3	70.8	78.2	150	0.673	196.3		2	6−160	5−90
	De	−281.2	┐┌50×5	9.6	228.7	285.9	1.53	2.45	149.5	116.7		350			198.9	2	6−110	5−80
	eF	−127.3	┐┌70×6①	16.32	250.3	321.9	2.15	3.26	116.4	96.0		150	0.456	171.1		3	6−80	5−80
	Fg	+58.1 (−8.5)	┐┌56×5	10.84	249.5	311.9	1.72	2.69	145.1	115.9		150	0.326	(24.1)	53.6	3	5−80	5−80
	gH	+0.6 (−45.9)	┐┌63×5	12.28	271.7	339.6	1.94	2.97	140.1	114.3		150	0.374	(108.3)		3	5−80	5−80
	Hi	−55.3 (−75.8)	┐┌63×5	12.28	270.7	338.4	1.94	2.97	139.5	113.9		150	0.374	129.8 (177.9)		3	5−80	5−80
	Aa	−28.4	┐┌63×5	12.28	200.5	200.5	1.94	2.97	103.4	67.5		150	0.533	43.4		2	5−80	5−80
	Cc	−51.6	┐┌50×5	9.60	183.2	229.0	1.53	2.45	119.7	93.5		150	0.438	122.7		2	5−80	5−80
	Ee	−51.6	┐┌50×5	9.60	207.2	259.0	1.53	2.45	135.4	105.7		150	0.363	148.1		3	5−80	5−80
	Gg	−51.6	┐┌56×5	10.84	231.2	289.0	1.72	2.69	134.4	107.4		150	0.368	129.4		3	5−80	5−80
	Ii	+105.7	63×5	12.28	$l_0=287.1$		$i_{x0}=2.45$		$\lambda_{x0}=117.2$			350			86.1	3	5−80	5−80

注：eF 杆本可选┐┌70×5，但为了不与└70×6 混淆错料，故统一用┐┌70×6。

① 底板计算。

支座反力

$$R=8F=8\times51.6\ \text{kN}=412.8\ \text{kN}$$

根据构造的需要，取底板尺寸为 280 mm×380 mm。锚栓采用 2M24，并用 U 形缺口。柱采用 C20 混凝土，其轴心抗压强度设计值 $f_c=9.6\ \text{N/mm}^2$。作用于底板的压应力为(垂直于屋架方向的底板长度偏安全地仅取加劲肋部分)

$$q=\frac{R}{A_n}=\frac{412.8\times10^3}{192\times280}\ \text{N/mm}^2=7.68\ \text{N/mm}^2<f_c=9.6\ \text{N/mm}^2\text{(满足)}$$

底板被节点板和加劲肋分成 4 块相邻边支承板，故应按式(1-32)计算底板单位长度上的最大弯矩，即由

$$\frac{b_1}{a_1}=\frac{79.2}{169.8}=0.466$$

查表 1-7 得

$$\beta=0.0546$$

故

$$M=\beta qa_1^2=0.0546\times7.68\times169.8^2\ \text{N}\cdot\text{mm/mm}=12\ 090\ \text{N}\cdot\text{mm/mm}$$

底板厚度按式(1-31)计算，$f=205\ \text{N/mm}^2$(按厚度 t 在 16～40 mm 范围取值)

$$t=\sqrt{\frac{6M}{f}}=\sqrt{\frac{6\times12\ 090}{205}}\ \text{mm}=18.8\ \text{mm}$$

取 20 mm。

② 加劲肋计算。

对加劲肋和节点板间的两条竖直焊缝进行验算(见图 1-39(b))。

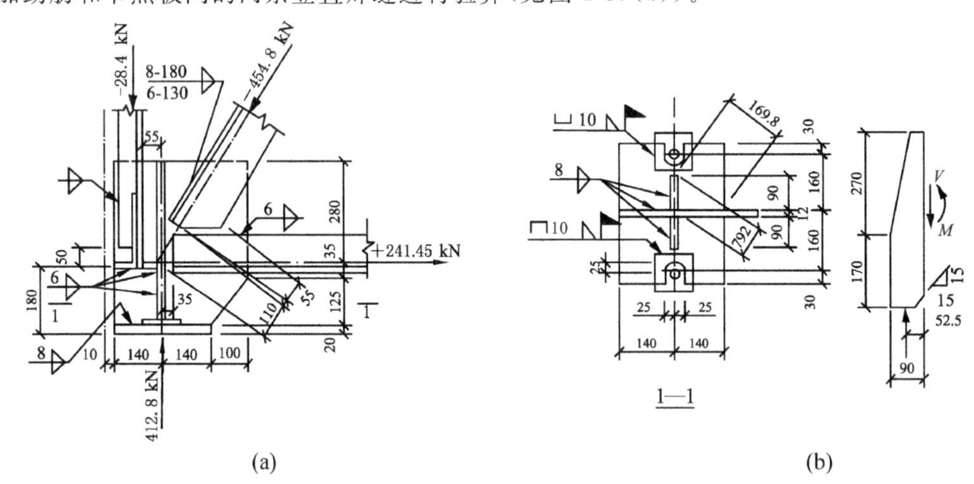

图 1-39 支座节点

设 $h_f=6$ mm，取焊缝最大计算长度。

$$l_w=60h_f=60\times6\ \text{mm}=360\ \text{mm}<425\ \text{mm}\text{(实际焊缝长度)}$$

$$V=\frac{R}{4}=\frac{412.8}{4}\ \text{kN}=103.2\ \text{kN}$$

$$M=Ve=103.2\times52.2\ \text{kN}\cdot\text{mm}=5418\ \text{kN}\cdot\text{mm}$$

$$\sqrt{\left(\frac{6M}{\beta_f \times 2 \times 0.7h_f l_w^2}\right)^2 + \left(\frac{V}{2 \times 0.7h_f l_w}\right)^2}$$

$$= \sqrt{\left(\frac{6 \times 5418 \times 10^3}{1.22 \times 2 \times 0.7 \times 360^2}\right)^2 + \left(\frac{103.2 \times 10^3}{2 \times 0.7 \times 6 \times 360}\right)^2}\ \text{N/mm}^2$$

$$= 42\ \text{N/mm}^2 < f_f^w = 160\ \text{N/mm}^2$$

③ 加劲肋、节点板与底板的连接焊缝计算。

$h_{fmin}=1.5\sqrt{t}=1.5\times\sqrt{20}$ mm＝6.7 mm，取 8 mm。焊缝的总计算长度为

$$\sum l_w = 2a+2(b_1-t-2c)-12h_f=[2\times280+2\times(192-12-2\times15)-12\times8]\text{mm}$$

$$=764\ \text{mm}$$

$$\sigma_f = \frac{R}{\beta_f\times0.7h_f\sum l_w}=\frac{412.8\times10^3}{1.22\times0.7\times8\times764}\ \text{N/mm}^2=79.1\ \text{N/mm}^2<f_f^w$$

$$=160\ \text{N/mm}^2(\text{满足})$$

其余节点略。

8. 屋架施工详图

如图 1-33 所示。

【思考题】

1-1　在屋架设计中，应根据哪些原则选用屋架外形？

1-2　屋盖支撑包括哪些类型？各起什么作用？如何布置？

1-3　为什么在计算梯形屋架荷载时，除要按全跨计算荷载外，还要根据使用和施工中可能遇到的半跨荷载组合情况进行计算？

1-4　在进行梯形屋架上弦杆的设计时，一般采用不等边角钢组成的 T 形截面，什么情况下适合采用长肢相并，什么情况下适合采用短肢相并？

1-5　屋架杆件的计算长度在屋架平面内与屋架平面外及斜平面有何区别？应如何取值？

1-6　当采用双角钢组成的 T 形截面或十字形截面作为屋架杆件时，应该设置填板，填板的作用是什么？该如何设置？

1-7　屋架节点设计有哪些基本要求？如何确定节点板厚度及外形尺寸？

1-8　在绘制屋架施工图时，应主要表现哪些内容？

【习题】

某机械加工厂房，位于东北某市（基本风压 0.55 kN/m^2，基本雪压0.6 kN/m^2），年降雨量大于 900 mm，历年平均最低气温－22.4℃，地震烈度 7 度。该厂房长 180 m，跨度 30 m，柱距 6 m，采用强度等级为 C20 的钢筋混凝土柱。厂房内设有一台起重量为 50 t 的中级工作制桥式吊车，屋架采用 30 梯形屋架，屋面采用大型屋面板无檩结构体系。试绘制该厂房的柱网、屋盖支撑、柱间支撑布置图，并设计该梯形屋架。

第 2 章 特殊钢屋架

【本章要点】 掌握各类特殊钢屋架的特点及设计规定；熟悉特殊钢屋架与普通钢屋架在杆件、节点等设计方面及加工制作方法的区别。

相对于普通钢屋架而言，实际工程中常采用一些特殊形式的钢屋架，如轻型钢屋架、钢管屋架等。这些特殊形式的屋架所采用的杆件、屋架的节点构造以及屋架的加工制作方法都有别于普通钢屋架。本章主要介绍轻型钢屋架、钢管屋架的相关构造及计算方法。

2.1 轻型钢屋架

轻型钢屋架主要指较多杆件采用小角钢（一般指不超过∟45×4 或∟56×36×4）或圆钢的屋架以及冷弯薄壁型钢屋架，适用于跨度较小（一般为 9～18 m）和屋面荷载较轻的屋盖结构。与普通钢屋架相比，轻型钢屋架节省钢材，运输和安装也较方便、灵活，并能减轻下部结构的负担。轻型钢屋架一般不适用于直接承受动力荷载的结构及处于高温、高湿和强烈侵蚀环境等复杂使用条件的结构。

2.1.1 设计规定

1. 屋架形式及应用

轻型钢屋架按结构形式可分为三角形屋架、三铰拱屋架，以及配合压型钢板和轻质大型屋面板的平坡梯形钢屋架；按所用的材料可分为圆钢屋架、小角钢屋架和薄壁型钢屋架等。因此，常用的轻型钢屋架有三角形角钢屋架、三角形方管屋架、三角形圆管屋架、三铰拱屋架、梯形角钢屋架和菱形屋架等。上述方管屋架和圆管屋架为薄壁型钢结构，其余为圆钢、小角钢的轻型钢结构。

屋面有斜坡屋面和平坡屋面两种。斜坡屋面多为有檩体系，常采用三角形屋架和三铰拱屋架；平坡屋面多为无檩体系，常采用菱形屋架或梯形角钢屋架。

三角形屋架可用于有桥式吊车的工业房屋，对于角钢屋架，房屋跨度一般为 9～18 m，对于薄壁型钢屋架，房屋跨度一般为 12～18 m。三铰拱屋架和菱形屋架用于无吊车的工业和民用房屋中，房屋的跨度，对于三角拱屋架，一般为 9～18 m，对于菱形屋架，一般为 9～15 m。

屋面的坡度与所用的屋面材料有关。坡度过大，屋面材料容易下滑，对屋面材料与檩条的连接有较高要求；坡度过小，屋面容易渗漏，对防水处理有较高要求。

轻型钢屋盖结构常用的屋面材料、屋面坡度、檩条间距和结构形式如表 2-1 所示。

表 2-1 常用的屋面材料和结构形式

序 号	屋 面 材 料	屋面坡度 i	标志檩距/m	结 构 形 式
1	石棉水泥小波瓦	1/3～1/2.5	0.75	三角形屋架、三铰拱屋架

续表

序　号	屋 面 材 料	屋面坡度 i	标志檩距/m	结 构 形 式
2	石棉水泥中波瓦	1/3～1/2.5	0.75或1.3(加筋)	三角形屋架、三铰拱屋架
3	石棉水泥大波瓦	1/3～1/2.5	1.3	三角形屋架、三铰拱屋架
4	瓦楞铁	1/6～1/3	0.75	三角形屋架(i<1/3时,上弦或下弦端节间宜弯折)
5	压型钢板	1/6～1/4(短尺) 1/20～1/10(长尺)	按计算	梯形屋架
6	黏土瓦或水泥平瓦	1/2.5～1/2	0.75	三铰拱屋架
7	钢丝网水泥波形瓦	1/3	1.5	三角形屋架、三铰拱屋架
8	预应力混凝土槽瓦	1/3	3.0	三角形屋架
9	钢筋混凝土槽形板或加气混凝土板	1/12～1/8	—	菱形屋架

注:① 压型钢板也可用于三角形屋架(i<1/3);

② 短尺压型钢板系指屋面坡度方向有中间搭接,而长尺则无中间搭接。

2. 屋架荷载

轻型钢屋架设计时取用的荷载与普通钢屋架相同,即恒荷载、活荷载和偶然作用荷载(如地震作用)等。具体数值按照现行《建筑结构荷载规范》(GB 50009—2012)的规定,并根据具体所采用的屋面材料和构造情况确定。荷载组合时应考虑到如下情况。

① 均布活荷载不与雪荷载和风荷载同时考虑,设计时取二者中的较大值。

② 对于采用瓦楞铁等材料的轻型屋面、开敞式房屋以及风荷载大于0.5 kN/m^2 的情况,应验算三角形屋架和三铰拱屋架中按拉杆设计的杆件,检验其在恒荷载与风荷载组合作用下是否会出现压力的情况。

③ 平坡屋面的菱形屋架应验算安装时半跨荷载的影响,验算时取半跨板自重加0.5 kN/m^2 活荷载进行。

3. 屋架内力分析

轻型钢屋架的计算模型和分析方法与普通钢屋架相同。当上弦无节间荷载时,在节点荷载的作用下,可采用图解法、数值解法或利用计算机计算各杆件的轴心力;当上弦有节间荷载时,先将节间荷载换算为节点荷载,按上弦无节间荷载计算出各杆件的轴心力,然后计算节间荷载引起的弯矩,可按近似方法计算:端节间正弯矩 $M_1=0.8M_0$;节点负弯矩和其他节间正弯矩 $M_2=\pm0.6M_0$,其中 M_0 为以节间长度为跨度的简支梁在节间荷载作用下的最大弯矩。

4. 屋架杆件截面选用原则

轻型钢屋架截面形式主要有双角钢组成的T形截面或十字形截面、T型钢截面、圆钢截面以及薄壁型钢截面等。在选择屋架截面形式时,应做到构造简单、施工方便、取材容易、便于连接,并尽可能增大屋架的侧向刚度。

轻型钢屋架在杆件截面选用过程中应遵循如下几点原则。

① 杆件的截面尺寸应根据其不同的受力情况按轴心受拉、轴心受压、拉弯构件或压弯构件经计算确定。

② 压杆应优先选用回转半径较大、厚度较薄的截面规格。但应符合截面最小厚度的构造要求。方管的宽厚比不宜过大,以免出现板件有效宽厚比小于其实际宽厚比较多的不合理现象。

③ 当屋面恒荷载较小或风荷载较大时,尚应验算受拉构件在恒荷载和风荷载组合作用下,以及在吊车荷载作用下,是否有可能受压。如可能受压尚应满足有关容许长细比的要求。

④ 当三角形屋架跨度较大时,其下弦杆可根据端部和跨中内力变化的大小,采用两种截面规格。

⑤ 当圆钢腹杆采用节点有偏心的做法时,在选择截面时应留有适当的应力余量。

⑥ 在同一榀屋架中杆件的截面规格不宜过多。在增加钢材不多的情况下,宜将杆件截面规格相近的加以归并、统一。一般情况下,一榀屋架中不宜超出 6 种截面规格,以便材料购置。

5. 屋架杆件截面的构造要求

轻型钢屋架杆件截面的最小厚度(或直径)建议不小于表 2-2 所示的数值。

表 2-2 屋架杆件截面最小厚度或直径 单位:mm

杆件截面形式	上、下弦杆	主要腹杆	次要腹杆	附　注
角钢	4	4	—	—
圆钢	ϕ14	ϕ14	ϕ12	不宜用作上弦杆
薄壁方钢	2.5	2	2	—
薄壁圆钢	2.5	2	2	—

冷弯薄壁型钢屋架杆件厚度一般不大于 4.5 mm。从局部稳定的角度考虑,圆形钢管截面构件的外径与壁厚之比不应超过 $100\times(235/f_y)$,即对于 Q235 钢,不宜大于 100,对于 Q345 钢,不宜大于 68;方形钢管或矩形钢管截面的最大外缘尺寸与壁厚之比不应超过 $40\sqrt{235/f_y}$,即对于 Q235 钢,不应大于 40,对于 Q345 钢,不应大于 33。

6. 杆件的连接设计

轻型钢屋架的杆件连接采用焊接或螺栓连接。一般构件的连接计算在《钢结构基本原理》中有相关介绍,对于轻型钢屋架常用的喇叭形焊缝、抽芯铆钉、自攻螺钉和射钉等连接方法,可参照相关的连接计算与构造要求。

2.1.2 梯形(三角形)角钢或 T 型钢屋架

1. 屋架的特点及适用范围

用角钢制作的梯形(三角形)屋架具有构造简单,用料省,自重轻,制作、安装和施工方便,易于与支撑杆件连接,技术经济指标较好等一系列优点,因此在中小型工业厂房、仓库及辅助性建筑物中得到广泛应用。由于屋面荷载较轻,一般情况下屋架腹杆可采用小角钢或圆钢。轻型角钢屋架与普通角钢屋架在本质上无多大差异,即普通钢屋架的设计方法对圆钢、小角钢屋架来说都适用,但设计过程中应注意轻型钢屋架的杆件截面尺寸较小、连接构造和使用条件有所不同的特点。

在角钢屋架中,杆件的连接须借助节点板和填板,这将增大用钢量,并且降低屋架的抗腐蚀性能。T 型钢为 H 型钢的剖分产品,在屋架中采用 T 型钢截面,除同样具有角钢截面的优点外,尚能节约钢材和提高耐腐蚀性能。因此，T 型钢屋架与角钢屋架一样得到较广泛的应用，且有逐步代替角钢屋架的趋势。

角钢或 T 型钢三角形屋架的跨度一般为 9～18 m，屋面坡度较陡(1/3～1/2)，柱距为 4～6 m，吊车吨位不超过 5 t。当超出上述范围时，设计中宜采取适当的措施，如增强支撑系统、加强屋面刚度等。角钢或 T 型钢梯形屋架的跨度一般为 15～30 m，屋面坡度较小，宜采用 1/12～1/8，多数取 1/10。

2. 屋架弦杆的节间划分

在有檩体系屋盖结构中，轻型梯形(三角形)屋架上弦杆的节间划分与普通钢屋架相同，也应适应屋面材料的尺寸要求，以使得屋面荷载尽量直接作用于节点。一般可取一个或两个檩距为一个节间长度。当取一个檩距时，屋架上弦杆只有节点荷载；当取两个檩距时，屋架上弦杆有节间荷载，上弦杆除轴心力外还有弯矩，所需截面较大，但腹杆和节点数量少。一般情况下，对于檩距小于 1.0 m 的中、小波石棉水泥瓦屋面，屋架上弦杆的节间距离应取两个檩距。其上弦杆截面虽比取一个檩距为节间的有所增大，屋架的总用钢量稍有增加，但从制造和用钢量上综合考虑还是合理的；对于檩距为 1.5 m的石棉瓦屋面，屋架上弦杆的节间长度应取一个檩距。

在无檩体系屋盖结构中，当采用大型轻质太空屋面板(如 1.5 m×6.0 m)时，宜使上弦杆节间长度等于板的宽度，即上弦杆节间距为 1.5 m。从制造角度看，上弦杆采用 3 m 节间距可减少腹杆和节点数量，但对于节间距为 3 m 的角钢和 T 型钢截面压杆不能充分发挥作用。因此，上弦杆节间距一般以 1.5 m 为宜。

屋架下弦杆的节间划分主要根据选用的屋架形式、上弦杆节间划分和腹杆布置形式确定。

3. 屋架的杆件截面选择和节点构造

轻型梯形(三角形)角钢屋架的杆件截面选择、节点构造与普通角钢屋架相同。轻型梯形(三角形)角钢或 T 型钢屋架的杆件截面选择可参见《钢结构基本原理》的相关部分，其连接节点的构造如下。

(1) 弦杆、腹杆全部为 T 型钢的节点

当屋架的弦杆和腹杆全部由 T 型钢组成时，其典型节点构造如图 2-1 所示。这种屋架的腹杆端部需要进行较为复杂的切割，使得制造加工难度增加，且容易造成凹形缺口，减少杆件截面面积。

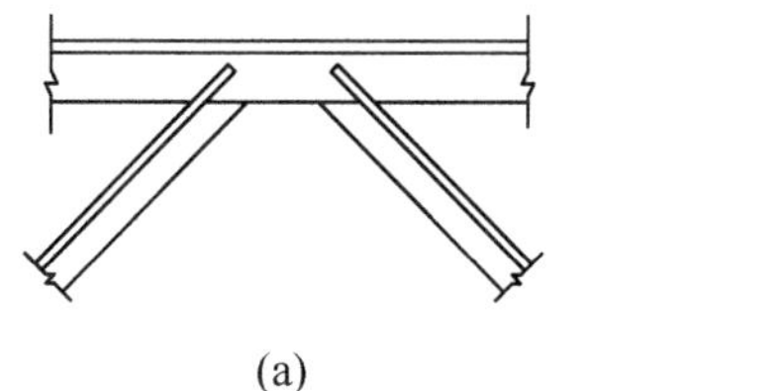

(a)

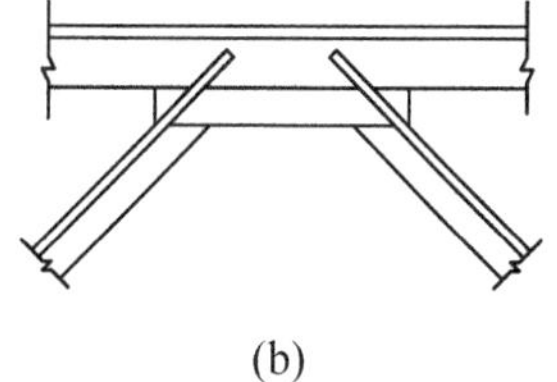

(b)

图 2-1　弦杆和腹杆均为 T 型钢的节点

(2) 弦杆为 T 型钢、腹杆为单角钢的节点

当屋架弦杆为 T 型钢、腹杆为单角钢时，典型节点构造如图 2-2 所示。如图 2-2(a)、(b)所示，单角钢腹杆单面与 T 型钢腹板连接时，腹杆在垂直于弦杆方向上的分力作用在节点平面外，形成偏心，使节点受扭。当节点上无檩条相连时，应考虑这种偏心的影响。若将角钢旋转 45°放置，如图 2-2(c)所示，则可避免偏心，并使腹杆截面对称于屋架平面。但此时与采用 T 型钢腹杆相似，在腹杆端部需

要进行较为复杂的切割。

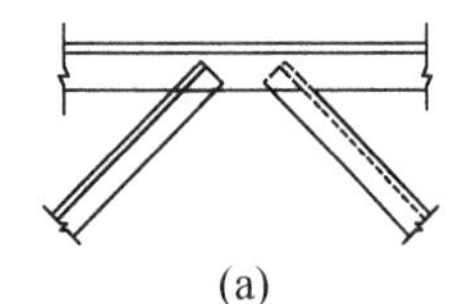

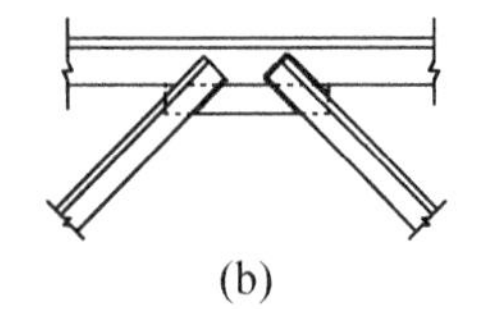

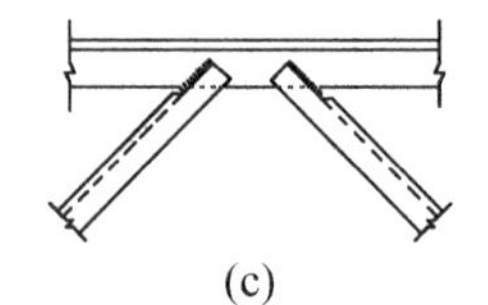

图 2-2 T 型钢弦杆、单角钢腹杆的节点

(3) 弦杆为 T 型钢、腹杆为双角钢的节点

当屋架弦杆为 T 型钢、腹杆为双角钢时,典型节点构造如图 2-3、图 2-4 所示。此种屋架形式可逐步替代广泛应用的角钢屋架,很有发展前景。

在连接中,双角钢腹杆可如图 2-3(a)所示,直接连接在 T 型钢腹板上,也可如图 2-3(b)所示通过节点板连接。节点板与 T 型钢腹板采用对接焊缝连接,焊缝与母材等强,故一般不需验算焊缝强度。节点板与 T 型钢的对接焊缝一般采用单面 V 形坡口焊缝,先焊开坡口一面,再从另一面补焊焊缝根部。腹杆的两个角钢沿杆轴方向端部有错位,即角钢长短不一,如图 2-3(b)中的 a_1,a_2,a_3,这是为了使角钢能同时焊于节点板及 T 型钢弦杆的腹板上。这样,在节点板与 T 型钢腹板尚未连接时能将屋架组装到一起,同时让开坡口焊缝稍微凸起。补焊根部时,只焊没有腹杆的空余部分,有腹杆的部分在焊开坡口面时已成为永久性垫板。若取消 a_1,a_2,a_3 段,腹杆两个角钢端部无错位,则与普通角钢完全相同。

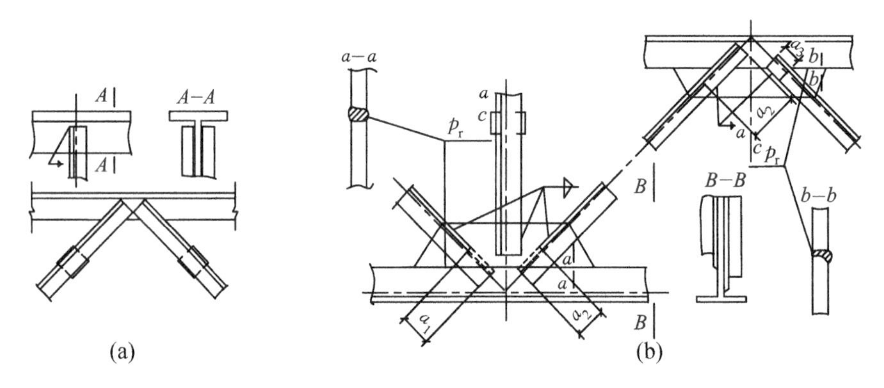

图 2-3 T 型钢弦杆、双角钢腹杆的节点

在图 2-3(b)中,节点板厚度与 T 型钢腹板厚度相同,节点板与弦杆的对接焊缝承受相连两腹杆内力的合力,腹杆与节点板的连接与角钢屋架的节点板的连接相同。

(4) 弦杆的拼接节点

T 型钢弦杆有拼接的节点构造如图 2-4 所示,弦杆截面改变时的拼接节点如图 2-4(a)所示。此时,与腹板相连的拼接板厚度与腹板厚度相同,并沿腹板高度方向做成坡度小于 1/4 的斜角;与翼缘相连的盖板厚度则与翼缘厚度相同,宽度为翼缘宽度加 20 mm,以便施焊;长度由弦杆翼缘所承受的内力决定。图 2-4(b)所示的为由拼接腹板、盖板和加劲肋组成的屋脊节点。节点板与弦杆间的对接焊缝将传递弦杆腹板所承担的部分内力,弦杆翼缘的内力由盖板和盖板与弦杆的连接焊缝来承受。

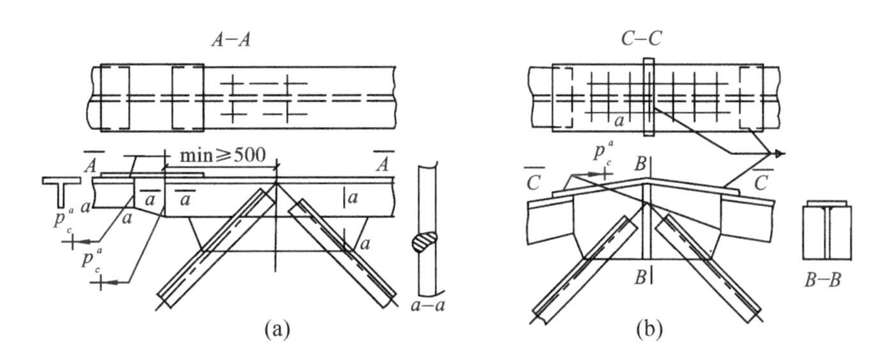

图 2-4　T 型钢弦杆的拼接节点

4. 屋架起拱

两端简支跨度不小于 15 m 的三角形屋架和跨度不小于 24 m 的梯形或平行弦屋架，当下弦无弯折时，宜起拱，拱度取跨度的 1/500。

2.1.3　三铰拱屋架

1. 屋架特点及适用范围

三铰拱屋架由两根斜梁和一根水平拱拉杆组成，其外形如图 2-5 所示。这种屋架的特点是杆件受力合理，斜梁的腹杆长度短，一般为 0.6～0.8 m，这对杆件受力和截面的选择十分有利。它的用钢指标和三角形角钢屋架相近，但更能充分利用普通圆钢和小角钢，做到取材容易，小材大用；此外，还具有便于拆装运输和安装等特点。由于三铰拱屋架的杆件多数采用圆钢，不用节点板连接，故存在节点偏心，设计中应注意。三铰拱屋架斜梁的截面形式可分为平面桁架式（见图 2-5(b)）和空间桁架式（见图 2-5(c)）两种。平面桁架式的三铰拱屋架，杆件较少，制造简单，受力明确，用料较省，但其侧向刚度较差，宜用于跨度较小的屋盖中；空间桁架式的三铰拱屋架，杆件较多，制造稍费工，但其侧向刚度较好，便于运输和安装，宜在跨度较大的屋盖中使用。

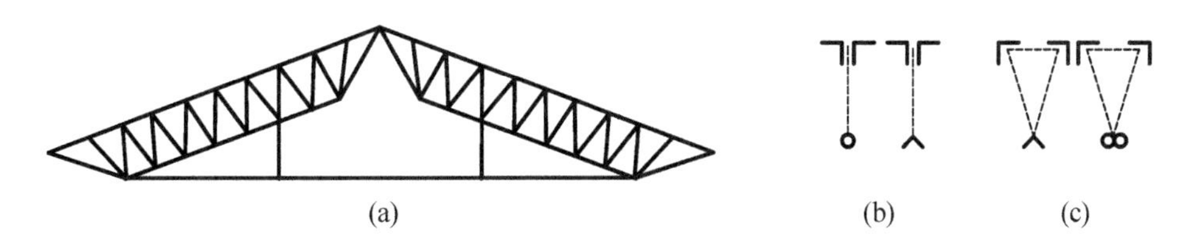

图 2-5　三铰拱屋架形式

三铰拱屋架多用于屋面坡度为 1/3～1/2 的石棉水泥中小波瓦、黏土瓦或水泥平瓦屋面，但也有个别工程曾将其用于无檩屋盖体系。

三铰拱屋架由于拱拉杆比较柔细，不能承压，并且无法设置垂直支撑和下弦水平支撑，整个屋盖结构的刚度较差，故不宜用于有震动荷载及屋架跨度超过 18 m 的工业厂房。此外，为防止在风吸力作用下拱拉杆受压情况的发生，故当用于开敞式或风荷载较大的房屋中时，应进行详细的验算并慎重对待。

2. 屋架内力分析

(1) 平面桁架式斜梁的内力分析

平面桁架式斜梁按一般结构力学的方法计算。屋架的节点荷载由檩条传来,作用于斜梁的节点上。当屋架的竖向反力和拱拉杆的内力求出后,可按数解法或图解法计算斜梁桁架的内力。由于斜梁桁架的V形腹杆都是按压杆选择截面的,故无需再对安装时的不对称荷载进行验算。

(2) 空间桁架式斜梁的内力分析

空间桁架式斜梁由两个平面桁架组成,内力计算方法有精确法和近似法两种。用精确法计算时将空间桁架分解为两个平面桁架计算,计算结果与实际接近,但计算过程较麻烦。用近似法计算时将空间桁架按假想的平面桁架计算,即把分离的上弦杆、腹杆看作一个整体(如双角钢拼接截面)进行计算,其计算结果是腹杆内力偏小,但误差不大,一般在5%以内,满足工程需要。

3. 杆件截面选择

(1) 屋架截面形式

① 上弦杆。

平面桁架式斜梁的上弦杆与一般三角形钢屋架一样,是由两个角钢组成的T形截面。空间桁架式斜梁的上弦杆为由缀条相连的两个角钢组成的分离式截面。少数工程中曾用过两个分离的圆钢截面,但由于圆钢受压的性能不好,且与缀材的连接构造较复杂,故不宜采用。

② 腹杆。

三铰拱屋架多采用V形腹杆。大多数腹杆采用圆钢截面,在加工时可以连续弯成“蛇形”,也可分别做成数个V形或W形。少数设计中,腹杆也可选用小角钢,与上、下弦直接焊接,但是这样连接比较麻烦,且失去了三铰拱屋架能较多地采用圆钢的特点。三铰拱屋架腹杆的倾角以40°～60°为宜。由于腹杆的倾角大,故内力较小;杆件长度较短,能较好地利用材料的强度;杆件规格划一,节点简单,为工厂制造提供了方便。三铰拱斜梁节间的划分应与檩条的间距相协调,避免上弦杆有节间荷载。

③ 下弦杆。

斜梁的下弦杆可采用单角钢、单圆钢和双圆钢(见图2-5)。圆钢截面的下弦杆多用双圆钢并列组成,中间施以间断焊缝,便于与腹杆连接,避免节点处焊缝过于集中的现象。单角钢截面的下弦杆,角钢肢应朝下布置,这样不仅便于连接,而且使下弦杆刚度较好。由于加工时角钢在下弦杆弯折处要热弯,杆件截面有所削弱,为了弥补这一损失,有时在弯折处的角钢肢内侧加焊圆钢绑条以补强。

(2) 屋架拉杆截面形式

三铰拱屋架的拉杆是极其重要的杆件,一般由单圆钢或双圆钢组成。大多数拱拉杆均有张紧装置,具体做法一般采取在跨中设置花篮螺栓。当跨度较小时,也可采取在拱拉杆端头用螺帽紧固的方法张紧拉杆。由于拉杆圆钢的刚度较小,为了防止拱拉杆下垂,三铰拱屋架应设置圆钢吊杆;当屋架跨度小于12 m时设置一根吊杆,屋架跨度大于或等于12 m时设置两根吊杆,圆钢吊杆的直径一般为ϕ12。

(3) 杆件截面的选用

空间桁架式斜梁截面高度与斜梁长度的比值不得小于1/18,截面宽度与截面高度的比值不得小于2/5,当满足这两项要求时,其整体稳定性可以得到保证。

平面桁架式斜梁的截面高度可参照空间桁架式的相同要求确定。但其平面外的稳定性与一般三角形角钢屋架相同，由上弦支撑保证，故对其截面宽度无上述要求。

4. 屋架节点构造、焊缝计算和拼接

(1) 屋架节点构造

三铰拱屋架的节点主要包括屋脊节点、支座节点以及斜梁中间节点。

① 屋脊节点。

三铰拱屋架的屋脊节点构造与斜梁几何轴线(即两铰的连线)的设置有关。斜梁几何轴线可以和斜梁组合截面的重心线重合，也可以和斜梁上弦杆截面的重心线重合。当斜梁几何轴线通过斜梁组合截面的重心线时，其屋脊节点的做法如图 2-6(a)所示。该种做法的优点是屋脊处顶铰的合力线通过斜梁组合截面的重心，可以消除截面上的偏心力矩，对斜梁受力比较有利；缺点是屋脊节点太大，辅助杆件和节点板的用量较多，在构造上比较麻烦。

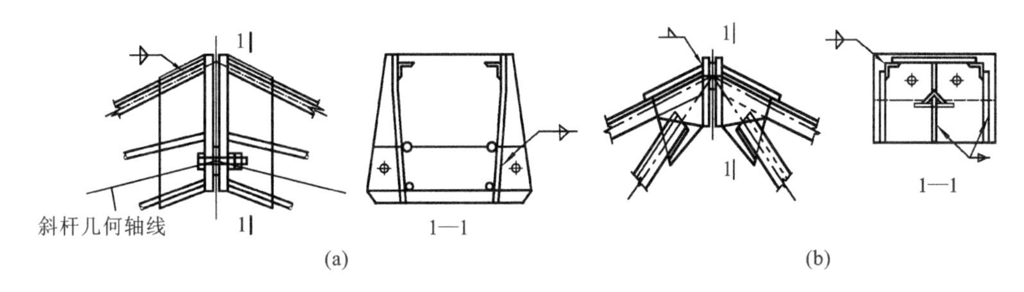

图 2-6　三角拱屋架屋脊节点

为了简化屋脊节点的构造，改善其受力情况，把屋脊处顶铰合力线上移至与斜梁上弦杆截面的重心线重合，可使屋脊节点在构造上和制造上都比较简单，屋脊顶铰的节点板也相应缩小，具体如图 2-6(b)所示。节点左右两斜腹杆的内力通过两端面板中间的垫板传递，可使各杆件轴心受力，并能较好地符合三铰拱的屋架顶铰为铰接的计算简图。此种连接可使所有杆件内力都在端板中平衡，上弦杆两角钢的水平板和竖板焊于端面板上，从而保证了屋脊处顶铰节点的刚度。

② 支座节点。

三铰拱屋架支座节点的做法，同样与斜梁几何轴线的位置有关。图 2-7 为斜梁几何轴线与斜梁上弦杆截面重心线重合的做法。它是在上弦杆两角钢间设置一水平盖板，通过十字交叉的支座加劲板和底板连成一刚性整体，使之传力可靠。拱拉杆与斜梁在下弦杆弯折处连接，位置比支座中心稍低距离 C，C 值的大小应以靠近连接节点的斜梁下弦杆不致出现压力为宜。拱拉杆通过端头的两块节点板与斜梁下弦杆的节点板相连，连接螺栓应分别按抗剪和孔壁承压进行计算。

当三铰拱屋架斜梁的几何轴线与斜梁组合截面的重心线重合时，拱拉杆可与支座节点直接相连，构造如图 2-8 所示。图 2-8(a)支座节点做成靴形，使节点刚度较大，拱拉杆为单根圆钢，用螺帽紧固在支座节点板上。斜梁下弦杆有两种做法：当为双圆钢时，为了使拱拉杆顺利通过，作为斜梁下弦杆的双圆钢应在下弦杆弯折处分开，分别连在支座侧面的加劲板上；当斜梁下弦杆为单角钢时，见图 2-8(b)，可将拱拉杆在端部改用双圆钢，形成一个套环，将下弦杆加在套环内，或者将拱拉杆全长均设计为双圆钢。

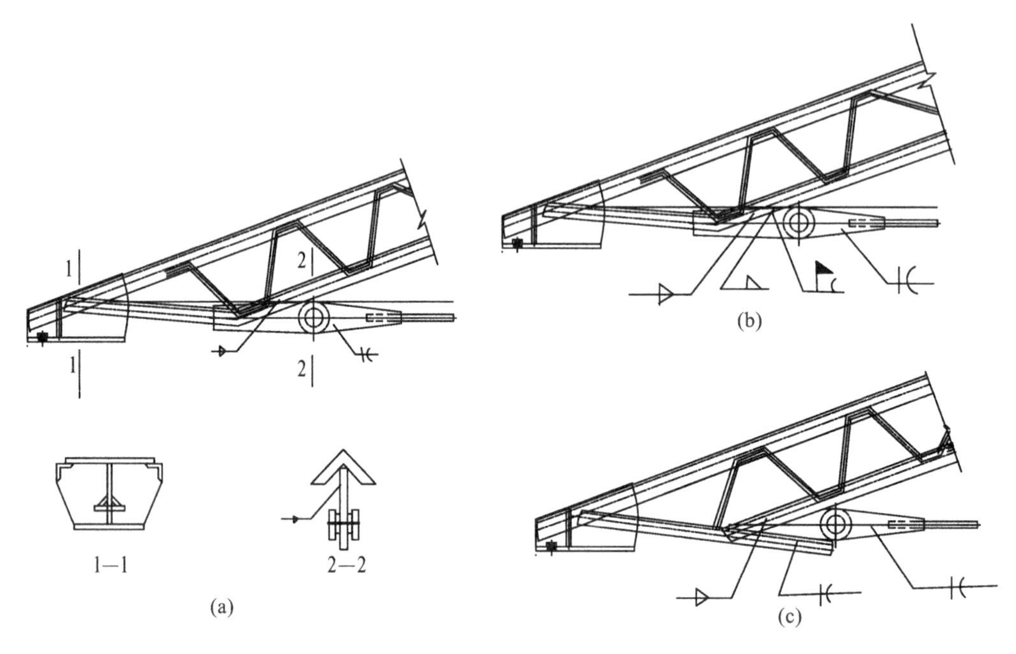

图 2-7 支座节点做法一

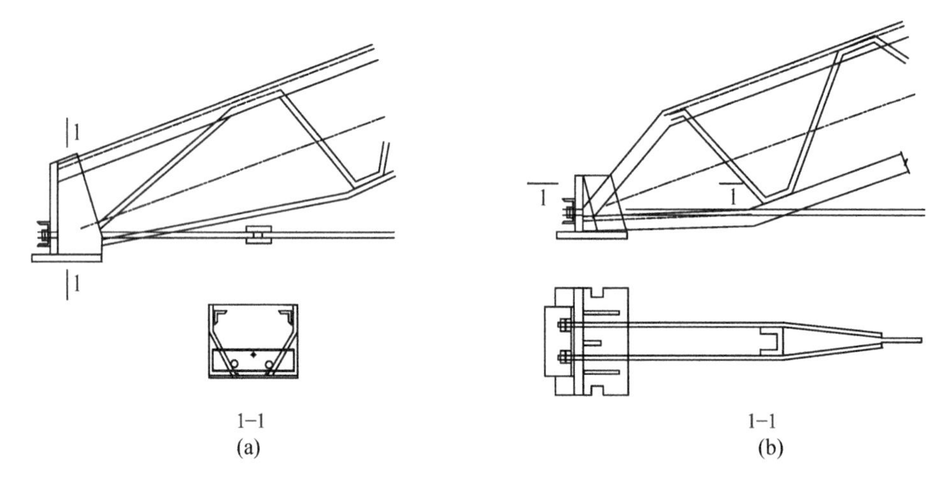

图 2-8 支座节点做法二

③ 斜梁中间节点。

三铰拱屋架的斜梁大多为圆钢腹杆，由于设计构造上的原因，节点处各杆件重心线多未汇交于一点，因而在节点处存在偏心力矩，如图 2-9 所示。

试验和分析表明，节点偏心对轻型钢结构的影响是不能忽视的，在设计中要予以充分注意。节点偏心对各杆件承载力的影响大小主要与杆件的截面形式、截面抵抗矩的大小以及杆件强度储备等因素有关。从截面形式来看，对相同截面面积的角钢和圆钢来说，角钢的截面抵抗矩大，所以节点偏心的影响就小；圆钢的截面抵抗矩小，所以节点偏心的影响就较大。从杆件类别来看，节点偏心的影响

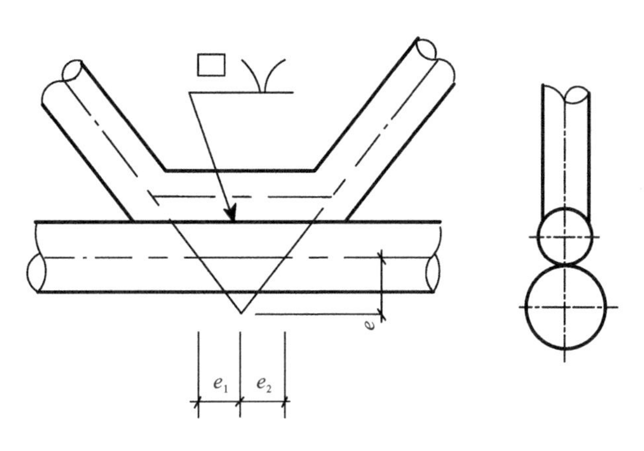

图 2-9　有偏心的中间节点

对上弦杆较小，对下弦杆较大，对腹杆最大。

a. 节点有偏心的做法。

进行三铰拱屋架设计时，若采用图 2-9 所示的中间节点，则应尽量设法减小偏心值，如将节点连接焊缝采用围焊，对于腹杆的弯曲成型力求准确等。节点偏心引起的偏心力矩可近似地按节点处各杆件的线刚度比一次分配，节点与节点间不再互相传递。

实际工程设计中，常采用不进行计算的简化措施，偏心值宜控制在 10～20 mm，并在选择截面时按不同杆件留适当的应力裕量以加大安全储备。具体建议如下。

上弦杆：对 T 形截面，节点左右弦杆的内力差在 20%以下，对 V 形截面，节点左右弦杆内力差在 10%以下，可不计偏心的影响，否则，应留有应力裕量 5%～15%。

下弦杆：当节点左右弦杆内力差在 10%以下时，可不计偏心的影响，否则应留有应力裕量 5%～15%。

腹杆：应留有应力裕量 10%～20%。

b. 节点无偏心的做法。

为了消除节点偏心的不利影响，可采用节点无偏心的做法，如图 2-10 所示。但这种做法，有的会导致焊缝长度难以满足要求，有的则增加了制造焊接的工作量，应用较少。

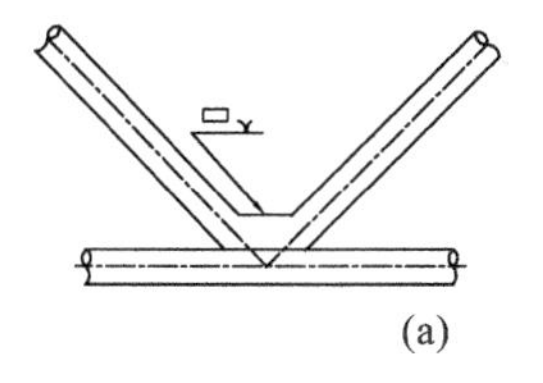
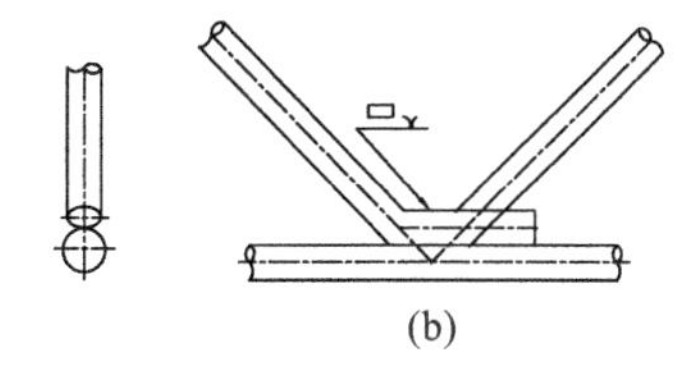
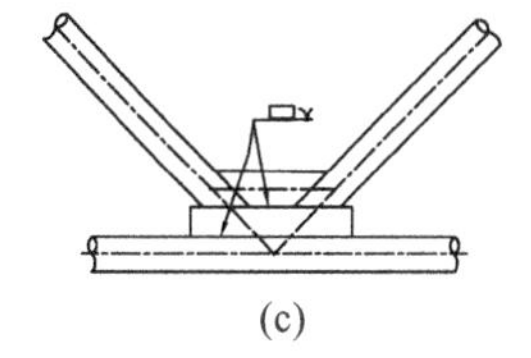

(a)　(b)　(c)

图 2-10　无偏心的中间节点

(2)节点焊缝计算

节点偏心使连接焊缝的工作条件恶化。当连接的节点受力较小时，一般可按构造确定焊缝尺寸。当节点受力较大时，在计算焊缝时应考虑节点偏心的影响，计算分斜腹杆连续和断开两种情形。

① 斜腹杆连续时(见图 2-11)，焊缝所受的轴心力计算如下

$$N=N_2-N_1 \tag{2-1}$$

或

$$N=D_1\cos\alpha_1+D_2\cos\alpha_2 \tag{2-2}$$

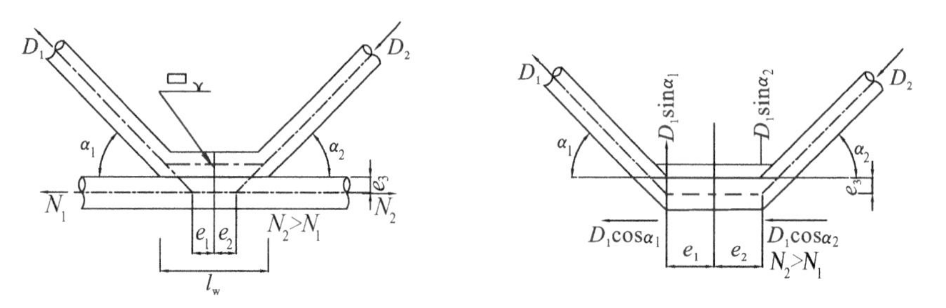

图 2-11 斜腹杆连续的节点

焊缝所受弯矩计算如下

$$\begin{aligned}M&=D_1\sin\alpha_1 e_1+D_2\sin\alpha_2 e_2+(D_1\cos\alpha_1+D_2\cos\alpha_2)e_3 \\ &=D_1\sin\alpha_1 e_1+D_2\sin\alpha_2 e_2+Ne_3\end{aligned} \tag{2-3}$$

焊缝应力及验算公式如下

$$\tau_f=\frac{N}{2l_w h_e} \tag{2-4}$$

$$\sigma_f=\frac{6M}{2l_w^2 h_e} \tag{2-5}$$

$$\sqrt{\left(\frac{\sigma_f}{\beta_f}\right)^2+\tau_f^2}\leqslant f_f^w \tag{2-6}$$

式中各参数含义可参见《钢结构基本原理》。

② 斜腹杆断开时(如图 2-12 所示),焊缝所受的轴心力、剪力、弯矩计算如下:

$$N=D_1\cos\alpha_1 \tag{2-7}$$

$$V=D_1\sin\alpha_1 \tag{2-8}$$

$$M=Ve_1=D_1\sin\alpha_1 e_1 \tag{2-9}$$

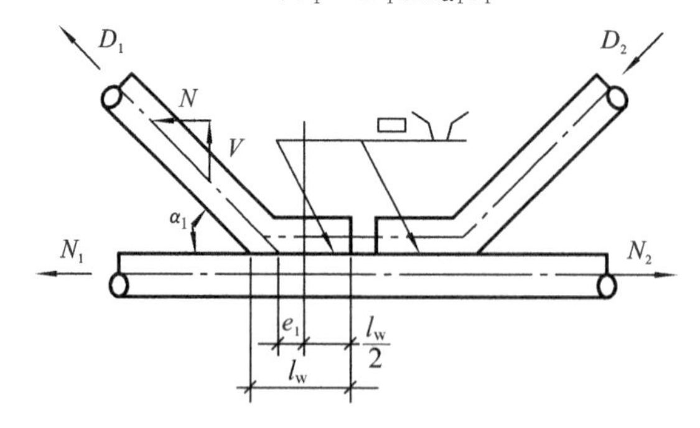

图 2-12 斜腹杆断开的节点

焊缝在轴心力、剪力、弯矩作用下应力及验算式如下

$$\tau_f=\frac{N}{2l_w h_e} \tag{2-10}$$

$$\sigma_{\mathrm{f}}=\frac{6M}{2l_{\mathrm{w}}^{2}h_{\mathrm{e}}} \tag{2-11}$$

$$\sigma'_{\mathrm{f}}=\frac{V}{2l_{\mathrm{w}}h_{\mathrm{e}}} \tag{2-12}$$

$$\sqrt{\left(\frac{\sigma_{\mathrm{f}}\sigma'_{\mathrm{f}}}{\beta_{\mathrm{f}}}\right)^{2}+\tau_{\mathrm{f}}^{2}}\leqslant f_{\mathrm{f}}^{\mathrm{w}} \tag{2-13}$$

(3) 屋架杆件拼接

三铰拱屋架斜梁的 V 形和 W 形圆钢腹杆或连续弯曲的圆钢腹杆，当由于材料长度的限制或杆件截面的改变需在节点处断开时，其断开位置宜选在上弦节点处。

弦杆的拼接应放在内力较小的节间，必须在内力较大的节间拼接时，应采用对称拼接(见图 2-13)，以减少偏心的影响。拼接计算可根据杆件承受的实际最大内力，按计算所需的焊缝长度确定拼接长度。

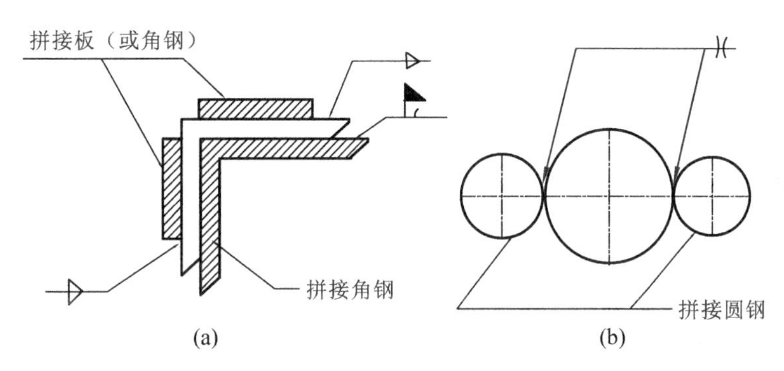

图 2-13　弦杆的对称拼接

(a) 角钢截面；(b) 圆钢截面

2.1.4　菱形屋架

1. 屋架特点及外形

菱形屋架上弦常采用角钢，下弦及腹杆采用圆钢，其屋面坡度通常较小，一般为 1/12～1/8。采用菱形屋架的屋盖结构大多数为无檩体系，屋面板直接铺在菱形屋架上弦上，屋面板宜采用重量较轻的加气混凝土板或其他类型轻板。当采用钢筋混凝土槽形板时，北方地区要铺设保温层，保温材料常用轻质的水泥蛭石、水泥珍珠岩、聚苯板等。屋面防水层一般采用卷材防水。

菱形屋架截面重心低、空间刚度好，且外形与简支梁在均布荷载作用下的弯矩图接近，从而使屋架下弦杆各节间的内力分布较均匀，基本上克服了梯形屋架和三角形屋架下弦杆各节间内力差较大的缺点，但是屋架的制造比较麻烦。

菱形屋架的用钢量为 7～12 kg/m^2，比其他类型的轻型钢屋架略高，但由于不设檩条和支撑，从屋面系统的钢材总消耗量衡量，菱形屋架的用钢量还是不高。

菱形屋架适用于中小型工业与民用建筑，柱距一般为 3.0～4.2 m，跨度为 9～15 m。

菱形屋架的外形如图 2-14(a)所示，屋架的截面形式有正三角形和倒三角形两种，正三角形又可分为 A 型和 B 型，如图 2-14(b)所示。屋架的跨度为 l，矢高为 f，其高跨比一般宜采用 1/12～1/9。

屋架的上矢高 f_1 根据屋面坡度确定，下矢高 f_2 根据上矢高 f_1 确定。根据试算结果分析，上矢高等于或接近下矢高时比较合理，如图 2-14(c)所示。

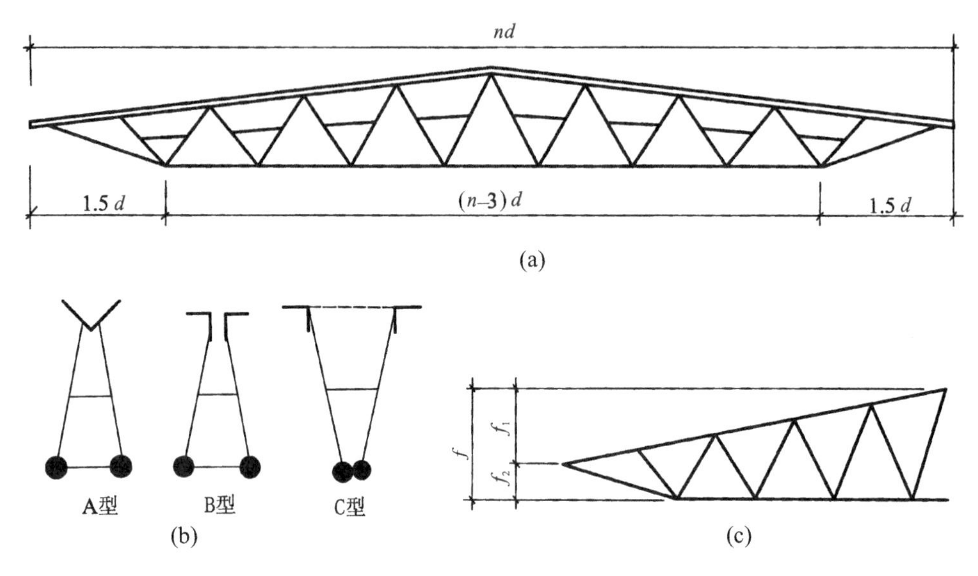

图 2-14　菱形屋架示意

2. 屋架的节间划分和杆件布置

屋架的上弦杆一般采用 10 个节间，也有采用 8 个或 12 个节间的。下弦杆弯折点至支座水平距离一般为 1.5d，d 为一般节间的距离。腹杆采用等节间距、变高度的 V 形腹杆，在其中部设水平矩形箍，以减小杆件的计算长度，如图 2-15 所示。

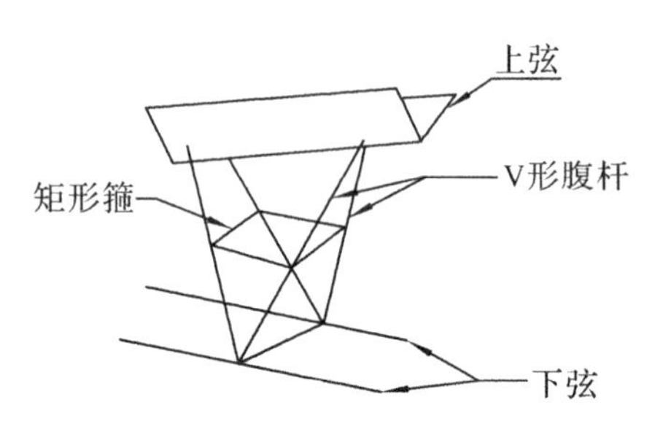

图 2-15　设置矩形箍的 V 形腹杆

设置矩形箍对菱形屋架的受压腹杆起着极其重要的作用。矩形箍可减小次弯矩，消除或减弱对细长压杆稳定性的不利影响。试验表明，矩形箍在增加腹杆稳定性的同时，也提高了整个屋架的承载力，设置矩形箍比不设矩形箍的屋架承载力可提高一倍以上。因此，菱形屋架 V 形腹杆矩形箍的设置，在设计中不容忽视。

3. 杆件截面选择及计算

(1) 截面形式及优缺点

A 型截面菱形屋架的上弦杆采用单角钢肢尖朝上的 V 形截面，腹杆及下弦杆均采用圆钢，组成两片平面桁架，下弦杆的节点处用短圆钢将其撑开，形成一个空间桁架。屋架上弦通过加焊蛇形筋或 Π 形筋等构造措施，并用细石混凝土浇灌与屋面板连成整体。B 型截面菱形屋架的上弦杆采用两个角钢组成的 T 形截面，腹杆、下弦杆及其他构造与 A 型截面基本相同。C 型截面菱形屋架的上弦杆是以缀条相连的两个角钢组成的分离式截面，腹杆及下弦杆均采用圆钢，组成两个平面桁架，下弦杆由两根圆钢并在一起，在其节点的中间部位用一块小钢板与两根圆钢互相焊接。

A、B 型截面在安装过程中，因单侧屋面板的压力作用点距屋架上弦杆截面中心的距离小，因此可忽略在安装中屋架上弦杆的扭矩。且结构刚度大，重心低，使用时较稳定，施工、运输和堆放较方便。所以，在实际工程中，与C型截面相比A、B型截面应用较多，其中A型截面应用最多。

(2) 杆件选用及计算

① 屋架上弦杆的角钢尺寸应满足屋面板支承长度的构造要求。一般钢筋混凝土屋面板按支承净长不小于50 mm考虑，则A型截面屋架上弦杆角钢不宜小于∟90×6，B型截面屋架上弦杆角钢不宜小于∟63×6，C型截面屋架上弦杆角钢不宜小于∟50×5，而对于加气混凝土屋面板，则支承净长不应小于60 mm。

② 带矩形箍的V形腹杆的计算长度。端部第一对V形腹杆，因内力较大，且受压，矩形箍只能作为弹性支点，故腹杆计算长度取腹杆几何长度的0.7倍。其余带箍的V形腹杆，因内力较小，且一边受压，另一边受拉，故矩形箍可作为不动支点，腹杆计算长度取其几何长度的0.5倍。

③ 上弦杆的计算。对于A型截面，因屋架上弦杆已与屋面板形成一整体，故可不考虑屋面板节间荷载引起的上弦杆的弯矩，上弦杆按轴心受压构件设计。对于B、C型截面的上弦杆在节间荷载作用下，按偏心受压构件计算，端节间正弯矩、其余节间正弯矩和节点负弯矩的计算同普通钢屋架。

④ 当屋面板与屋架上弦杆连接可靠，能阻止上弦杆侧向失稳和扭转时，可只计算其弯矩作用平面内的强度和稳定性；当屋面板与屋架上弦杆连接不能起阻止上弦杆侧向失稳和扭转作用时，B型截面应计算屋架平面内、外的稳定性；C型截面应计算单角钢上弦杆的强度和稳定性。

4. 屋架内力计算及节点构造

菱形屋架的计算方法有假想平面桁架计算法、空间桁架计算法、空间刚架计算法三种，三种方法计算的结果与实际受力情况接近程度依次增强，但计算工作量也是依次加大，甚至无法手工计算。由于近年来计算机软件的大力开发，计算工作量在设计工作中所占的比重大为降低，因此采用合理力学模型的计算方法越来越受到设计者的重视。

菱形屋架节点构造主要包括支座节点、屋脊节点和上弦杆中间节点，具体构造可参阅相关文献。

2.2 钢管屋架

钢管屋架因其具有多方面的良好性能，在国内工业与民用建筑，特别是轻型屋面的大跨度建筑中的应用正逐渐增多。钢管屋架的杆件形式主要是圆管和矩形管(含方管)。钢管截面既可冷弯成型，亦可热轧成型。当技术经济条件合理时，亦可采用无缝钢管。在选择截面时宜优先选用矩(方)形管截面，因为截面刚度较合理，构造及加工较简便。

钢管屋架与传统的角钢屋架相比，具有更好的抗压和抗弯扭承载能力、较大刚度、构造简单、利于构件的运输和安装、耐锈蚀性能良好、便于维护、外形美观等优点，但也存在对加工及组装中存在的误差及缺陷较敏感，对焊接、装配等有较严格的要求及材料价格稍高等不尽如人意的地方。

钢管屋架设计应符合普通钢屋架的设计与构造规定，杆件承受轴力、弯矩、扭矩时的计算方法和其他钢结构杆件相同。本节只讨论冷弯薄壁型钢屋架的构造与设计。

在轴力作用下的焊接钢管结构中，支管和主管应满足强度、刚度、稳定性的要求，且支管的轴向力设计值不应超过节点承载力设计值。在节点处，支管沿周边与主管焊接，焊缝承载力应等于或大于节点承载力。角焊缝的计算厚度沿支管周长是变化的，当支管轴心受力时，平均计算厚度可取 $0.7h_f$。

2.2.1 方钢管屋架

1. 节点强度计算

为保证直接焊接节点处矩形主管的强度，需计算方钢管的节点强度，即节点承载力。要求支管的轴向力不得大于规定的节点承载力设计值，即

$$N_i \leqslant N_i^{pj} \tag{2-14}$$

式中 N_i——支管的轴向力；

N_i^{pj}——节点承载力设计值。

N_i^{pj} 的计算将用到与节点几何参数有关的参数 β。矩形钢管直接焊接节点分 T 形、Y 形、X 形(见图2-16(a)、(b))和 K、N 形(见图 2-16(c)、(d))，节点几何参数的适用范围如表 2-3 所示。对 T 形、Y 形、X 形节点，$\beta=\frac{b_i}{b}$ 或 $\beta=\frac{d_i}{b}$；对 K 形、N 形节点，$\beta=\frac{b_1+b_2+h_1+h_2}{4b}$ 或 $\beta=\frac{d_1+d_2}{2b}$。各种形式焊接节点的承载力设计值 N_i^{pj} 的计算分述如下。

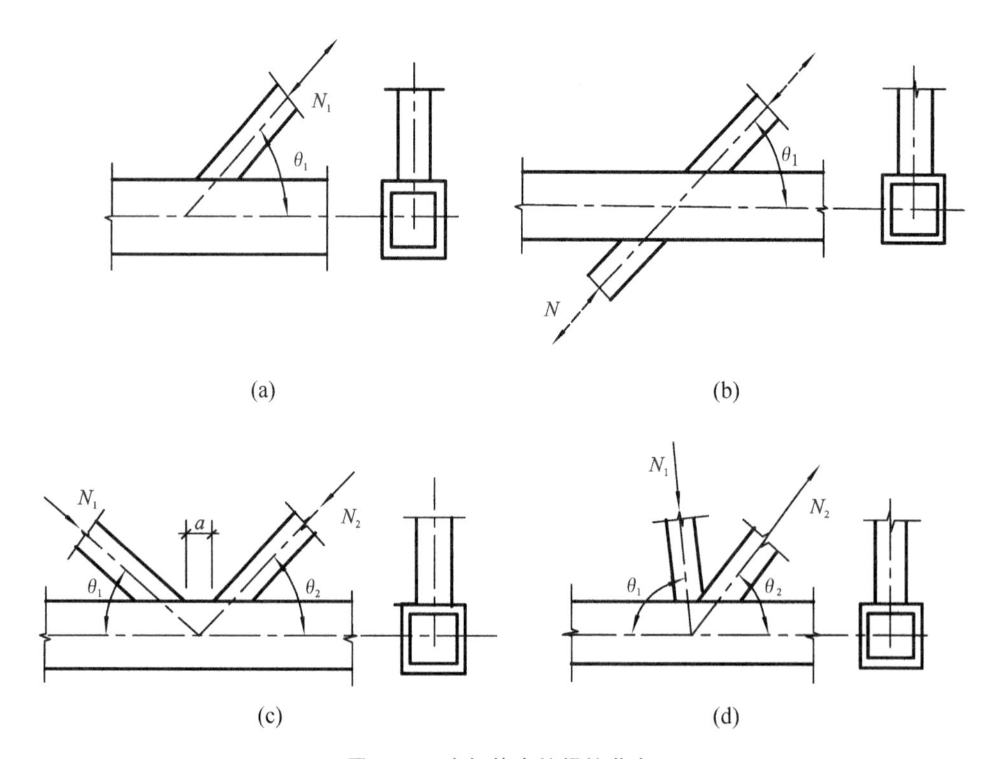

图 2-16 方钢管直接焊接节点

(a) T 形、Y 形节点；(b) X 形节点；(c) K 形、N 形节点，有间隙；(d) K 形、N 形节点，搭接

表 2-3　矩形钢管节点几何参数的适用范围

<table>
<tr><th colspan="2" rowspan="3">钢管截面形式</th><th rowspan="3">节点形式</th><th colspan="6">几何参数：i 表示支管，j 表示被搭接的支管</th></tr>
<tr><th rowspan="2">$\frac{b_i}{b}$，$\frac{h_i}{b}$（或$\frac{d_i}{b}$）</th><th colspan="2">$\frac{b_i}{t_i}$，$\frac{h_i}{t_i}$（$\frac{d_i}{t_i}$）</th><th rowspan="2">$\frac{h_i}{b_i}$</th><th rowspan="2">$\frac{b}{t}$，$\frac{h}{t}$</th><th rowspan="2">a，Q_v，$\frac{b_i}{b_j}$，$\frac{t_i}{t_j}$</th></tr>
<tr><th>受压</th><th>受拉</th></tr>
<tr><td rowspan="4">主管为矩形管</td><td rowspan="3">支管为矩形管</td><td>T 形、Y 形、X 形</td><td>$\geqslant 0.25$</td><td rowspan="2">$\leqslant 37\sqrt{\frac{235}{f_{yi}}}$
$\leqslant 35$</td><td rowspan="3">$\leqslant 35$</td><td rowspan="3">$0.5\sim2.0$</td><td rowspan="2">$\leqslant 35$</td><td rowspan="2">$0.5(1-\beta)\leqslant\frac{a}{b}\leqslant1.5(1-\beta)$
$a\geqslant t_1+t_2$</td></tr>
<tr><td>有间隙的 K 形、N 形</td><td>$\geqslant 0.1+\frac{0.01b}{t}$
$\beta\geqslant 0.35$</td></tr>
<tr><td>搭接 K 形、N 形</td><td>$\geqslant 0.25$</td><td>$\leqslant 33\sqrt{\frac{235}{f_{yi}}}$</td><td>$\leqslant 40$</td><td>$25\%\leqslant Q_v\leqslant100\%$
$\frac{t_i}{t_j}\leqslant1.0$；$0.75\leqslant\frac{b_i}{b_j}\leqslant1.0$</td></tr>
<tr><td colspan="2">支管为圆管</td><td>$0.4\leqslant\frac{d_i}{b}\leqslant0.8$</td><td>$\leqslant 44\sqrt{\frac{235}{f_{yi}}}$</td><td>$\leqslant 50$</td><td colspan="3">用 d_i 代替 b_i 后，仍需满足相应要求</td></tr>
</table>

注：① b，h，t 分别为矩形主管的高、宽、厚；

② a 为支管间的间隙；

③ Q_v 为搭接率；

④ b_i，h_i，t_i 分别为第 i 个矩形支管的高、宽、厚；

⑤ d_i，t_i 为第 i 个圆形支管的外径、厚度；

⑥ $f_{yi}\leqslant 345\ \text{N/mm}^2$，$f_{yi}/f_{ui}\leqslant0.8$，$f_{yi}$、$f_{ui}$ 分别为第 i 个支管的屈服强度、抗拉强度。

(1) T 形、Y 形、X 形节点的承载力设计值计算

① 当 $\beta\leqslant0.85$ 时，支管在节点处的承载力设计值 N_i^{pj} 计算为

$$N_i^{pj}=1.8\left(\frac{h_i}{bc\sin\theta_i}+2\right)\frac{t^2 f}{c\sin\theta_i}\varphi_n \tag{2-15}$$

式中　φ_n——参数，当主管受拉时，$\varphi_n=1$；当主管受压时，$\varphi_n=1.0-\frac{0.25}{\beta}\frac{\sigma}{f}$；

σ——节点两侧主管轴向压应力的较大绝对值；

c——参数，$c=(1-\beta)^{0.5}$。

② 当 $\beta=1.0$ 时，支管在节点处的承载力设计值 N_i^{pj} 计算为

$$N_i^{pj}=2.0\left(\frac{h}{\sin\theta_i}+5t\right)\frac{tf_k}{\sin\theta_i}\varphi_n \tag{2-16}$$

当为 X 形节点，$\theta_i<90°$ 且 $h\geqslant h_i/\sin\theta_i$ 时，尚需按下式补充验算

$$N_i^{pj}=\frac{2h_i t f_v}{\sin\theta_i} \tag{2-17}$$

式中　f_k——主管强度设计值，当主管受拉时，$f_k=f$。当主管受压时，对 T 形、Y 形节点，$f_k=0.8\varphi f$；对 X 型节点，$f_k=0.65\sin\theta_i\varphi f$；

φ——按长细比 $\lambda=1.73\left(\frac{h}{t}-2\right)\left(\frac{1}{\sin\theta_i}\right)^{0.5}$ 确定的轴压构件稳定系数；

f_v——主管钢材抗剪强度设计值；

φ_n——参数，当主管受拉时，$\varphi_n=1$；当主管受压时，$\varphi_n=1.0-0.25\frac{\sigma}{f}$；

σ——节点两侧主管轴向压应力的较大绝对值。

③ 当 $0.85<\beta<1.0$ 时，支管在节点处的承载力设计值 N_i^{pj} 应按以上公式所得的值根据插值法确定，同时不应超过以下两式的计算值

$$N_i^{pj}=2.0(h_i-2t_i+b_e)t_i f_i \tag{2-18}$$

式中 $b_e=\frac{10}{b/t}\frac{f_y t}{f_{yi}t_i}b_i$，其值不应大于 b_i；

f_i——支管钢材强度设计值。

当 $0.85\leqslant\beta\leqslant\left(1.0-2\frac{t}{b}\right)$时，

$$N_i^{pj}=2.0\left(\frac{h_i}{\sin\theta_i}+b_{ep}\right)\frac{tf_v}{\sin\theta_i} \tag{2-19}$$

式中 $b_{ep}=\frac{10}{b/t}b_i$，其值不应大于 b_i。

(2) 有间隙的K形、N形节点的承载力设计值计算

① 节点处任一支管的承载力设计值，应取下列各式的较小值

$$N_i^{pj}=1.42\frac{b_1+b_2+h_1+h_2}{b\sin\theta_i}\left(\frac{b}{t}\right)^{0.5}t^2 f\varphi_n \tag{2-20}$$

$$N_i^{pj}=\frac{A_v f_v}{\sin\theta_i} \tag{2-21}$$

$$N_i^{pj}=2.0\left(h_i-2t_i+\frac{b_i+b_e}{2}\right)t_i f_i \tag{2-22}$$

当 $\beta\leqslant\left(1.0-2\frac{t}{b}\right)$时，尚应小于

$$N_i^{pj}=2.0\left(\frac{h_i}{\sin\theta_i}+\frac{b_i+b_{ep}}{2}\right)\frac{tf_v}{\sin\theta_i} \tag{2-23}$$

式中 A_v——弦杆的受剪面积，对圆形支管 $A_v=2ht$；对矩形支管 $A_v=(2h+\alpha b)t$，其中 $\alpha=\sqrt{\frac{3t^2}{3t^2+4a^2}}$。

② 节点间隙处的弦杆轴心受力承载力设计值为

$$N^{pj}=(A-\alpha_v A_v)f \tag{2-24}$$

式中 α_v——考虑剪力对弦杆轴向承载力影响的系数，$\alpha_v=1-\sqrt{1-\left(\frac{V}{V_p}\right)^2}$；

V——节点间隙处弦杆所受剪力，可按任一支管的竖向分力计算；

V_p——弦杆抗剪承载力，$V_p=A_v f_v$。

(3) 搭接的K形、N形节点的承载力设计值

搭接支管的承载力设计值应根据不同的搭接率 Q_v 确定，其计算公式根据搭接率的取值范围分为以下几种情况。

当 $25\%\leqslant Q_v<50\%$时，

$$N_i^{pj}=2.0\left[(h_i-2t_i)\times\frac{Q_v}{0.5}+\frac{b_e+b_{ej}}{2}\right]t_i f_i \tag{2-25}$$

式中 $b_{ej}=\dfrac{10}{b_j/t_j}\dfrac{f_{yj}t_j}{f_{yi}t_i}b_i$，且要求其不大于 b_i；下标 j 表示被搭接的支管。

当 $50\%\leqslant Q_v<80\%$ 时，

$$N_i^{pj}=2.0\left(h_i-2t_i+\frac{b_e+b_{ei}}{2}\right)t_i f_i \tag{2-26}$$

当 $80\%\leqslant Q_v\leqslant100\%$ 时，

$$N_i^{pj}=2.0\left(h_i-2t_i+\frac{b_e+b_{ej}}{2}\right)t_i f_i \tag{2-27}$$

被搭接支管的承载力应满足

$$\frac{N_j^{pj}}{A_j f_{yj}}\leqslant\frac{N_i^{pj}}{A_i f_{yi}} \tag{2-28}$$

以上公式适用于支管为方管的情形，当支管为圆管时仍可以适用，但需将 b_i、h_i 替换为 d_i，并将各式右侧乘以 $\pi/4$。

2. 节点焊缝强度

① 当屋架节点处各汇交杆件均采用如图2-17所示的顶接连接时，杆件间的连接焊缝计算公式为

$$\frac{N}{0.7h_f l_w}\leqslant f_f^w \tag{2-29}$$

式中 N——杆件的轴力设计值；

f_f^w——角焊缝的强度设计值；

h_f——沿杆件截面周边连接焊缝的焊脚尺寸；

l_w——沿截面周边连接焊缝的计算长度；在矩形管结构中，对于有间隙的 K、N 型节点，当 $\theta_i\geqslant60^\circ$ 时，$l_w=\dfrac{2h_i}{\sin\theta_i}+b_i$；当 $\theta_i\leqslant50^\circ$ 时，$l_w=\dfrac{2h_i}{\sin\theta_i}+2b_i$；当 $50^\circ<\theta_i<60^\circ$ 时，l_w 按插值处理。对于 T 形、Y 形和 X 形节点，取 $l_w=\dfrac{2h_i}{\sin\theta_i}$，$h_i$、$b_i$ 分别为支管的截面高度和宽度。

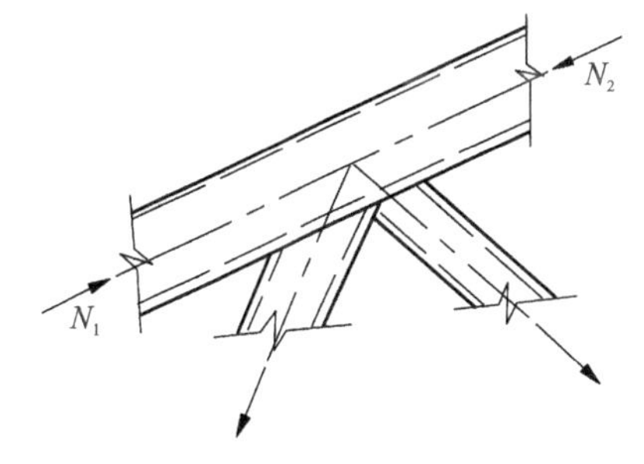

图 2-17 顶接连接焊缝计算简图

② 当屋架腹杆与弦杆间采用如图 2-18 所示的加垫板的顶板连接时，垫板与弦杆的连接焊缝应按下式计算

$$\sqrt{\left(\frac{\Delta Ne}{W_f}\right)^2+\left(\frac{\Delta N}{2\times0.7h_f l_w}\right)^2}\leqslant f_f^w \tag{2-30}$$

式中 ΔN——屋架节点处两相邻弦杆内力差；

h_f，l_w——焊缝的焊角尺寸及计算长度；

W_f——沿截面周边的连接焊缝截面抵抗矩；

e——连接焊缝平面与弦杆重心线间的距离。

③ 当屋架节点处作用有外荷载 Q 时（如图 2-19 所示），垫板与弦杆间的连接焊缝计算公式为

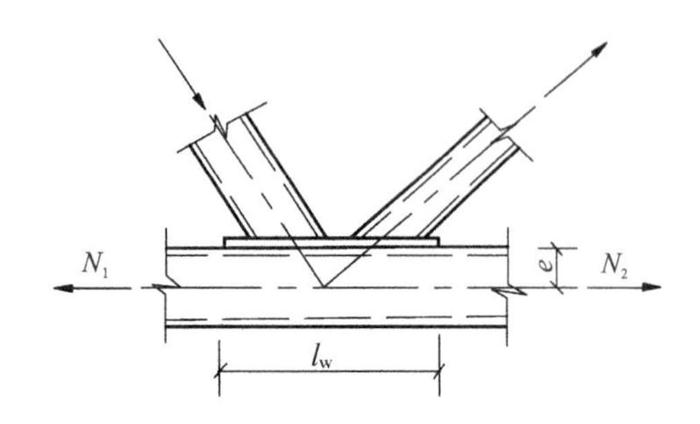

图 2-18 垫板连接焊缝计算简图

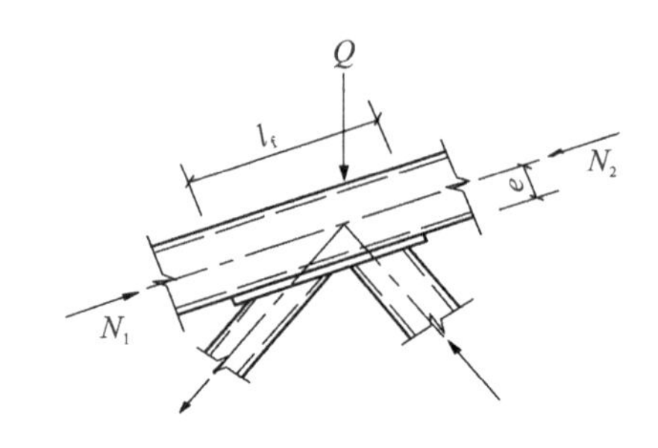

图 2-19 有集中荷载时垫板连接焊缝计算简图

$$\sqrt{\left(\frac{\Delta Ne}{W_{\mathrm{f}}}+\frac{Q}{2\times 0.7h_{\mathrm{f}}l_{\mathrm{w}}}\right)^2+\left(\frac{\Delta N}{2\times 0.7h_{\mathrm{f}}l_{\mathrm{w}}}\right)^2}\leqslant f_{\mathrm{f}}^{\mathrm{w}} \tag{2-31}$$

在节点焊缝计算过程中，屋架杆件连接焊缝的焊脚尺寸不宜大于所连接杆件最小厚度的 1.5 倍。在计算垫板焊缝的强度时，为简化计算，垫板的端焊缝通常可不计入，但构造上必须焊接封闭。

2.2.2 圆钢管屋架

1. 节点强度计算

当弦杆和支杆均采用圆管时，节点承载力设计值计算同样用到与节点几何参数有关的参数 β，$\beta=\frac{d_i}{d}$。节点几何参数的适用范围为：$0.2\leqslant\beta\leqslant 1.0$，$\frac{d}{t}\leqslant 100$，$\frac{d_i}{t_i}\leqslant 600$，其中 d，d_i 和 t，t_i 分别为弦杆和支杆的外径与壁厚。各种形式焊接节点如图 2-20所示。

当支管直接顶接于主管时，为保证节点处主管的强度，支管的轴心力不得大于支管节点承载力设计值，支管受拉和受压应分别满足下式：

支管受压时，

$$N_{\mathrm{c}}\leqslant N_{\mathrm{c}}^{\mathrm{p}j} \tag{2-32}$$

支管受拉时，

$$N_{\mathrm{t}}\leqslant N_{\mathrm{t}}^{\mathrm{p}j} \tag{2-33}$$

式中 N_{c}，N_{t}——支管所承担的轴心压力、轴心拉力；

$N_{\mathrm{c}}^{\mathrm{p}j}$，$N_{\mathrm{t}}^{\mathrm{p}j}$——受压或受拉支管的节点承载力设计值。

圆钢管屋架节点通常采用 X、T、Y、K 形等形式。屋架节点形式不同，受压或受拉支管的节点承载力设计值也不同，现分述如下。

(1) X 形节点支管承载力设计值计算

X 形节点连接形式如图 2-20(a)所示。

① 受压支管在节点处承载力设计值计算公式为

$$N_{\mathrm{cX}}^{\mathrm{p}j}=\frac{5.45}{(1-0.81\beta)\sin\theta}\varphi_{\mathrm{n}}t^2 f \tag{2-34}$$

式中 φ_{n}——参数，当节点两侧或一侧主管受拉时，$\varphi_{\mathrm{n}}=1.0$；当主管受压时，$\varphi_{\mathrm{n}}=1.0-0.3\frac{\sigma}{f_{\mathrm{y}}}-0.3\left(\frac{\sigma}{f_{\mathrm{y}}}\right)^2$；$\sigma$ 为节点两侧主管轴向压应力的较小绝对值，f_{y} 为主管钢材屈服强度；

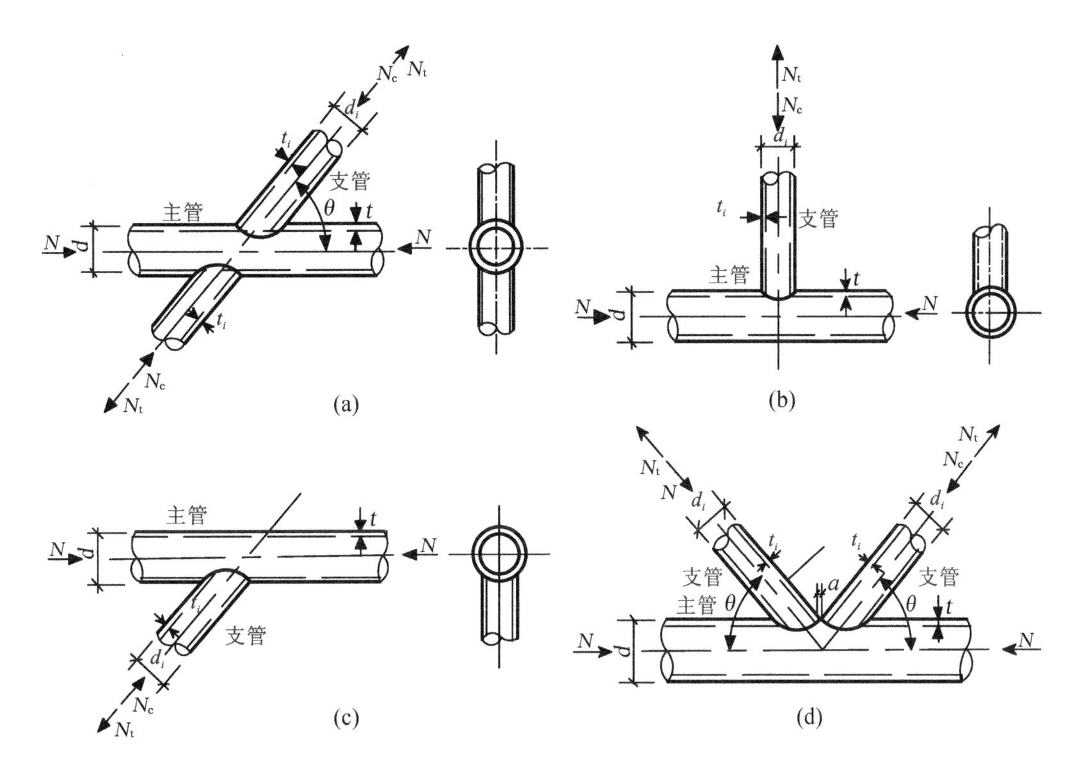

图 2-20　钢管节点连接构造形式

(a)X 形节点;(b)T 形节点;(c)Y 形节点;(d)K 形节点

t,f——主管钢材的壁厚及强度设计值;

β——支管与主管外径的比值;

θ——支管与主管轴线间的夹角。

② 受拉支管在节点处承载力设计值计算公式为

$$N_{cX}^{pj}=0.78\left(\frac{d}{t}\right)^{2}N_{cX}^{pj} \tag{2-35}$$

式中　d,t——主管的外径和壁厚;

N_{cX}^{pj}——按支管受压计算得到的承载力设计值。

(2) T 形、Y 形节点支管承载力设计值计算

T 形、Y 形节点连接形式如图 2-20(b)、(c)所示。

① 受压支管在节点处承载力设计值计算公式为

$$N_{cT}^{pj}=\frac{11.51}{\sin\theta}\left(\frac{d}{t}\right)^{0.2}j_{n}j_{d}t^{2}f \tag{2-36}$$

式中　φ_d——参数,当 $\beta\leqslant0.7$ 时,$\varphi_d=0.069+0.93\beta$;当 $\beta>0.7$ 时,$\varphi_d=2\beta-0.68$;其他参数含义同上。

② 受拉支管在节点处承载力设计值计算公式为

当 $\beta\leqslant0.6$ 时,

$$N_{tT}^{pj}=1.4N_{cT}^{pj} \tag{2-37}$$

当$\beta>0.6$时，

$$N_{\mathrm{tT}}^{\mathrm{pj}}=(2-\beta)N_{\mathrm{cT}}^{\mathrm{pj}} \tag{2-38}$$

(3) K形节点支管承载力设计值计算

K形节点连接形式如图2-20(d)所示。

① 受压支管在节点处承载力设计值计算公式为

$$N_{\mathrm{cK}}^{\mathrm{pj}}=\frac{11.51}{\sin\theta_{\mathrm{c}}}\left(\frac{d}{t}\right)^{0.2}\varphi_{\mathrm{n}}\varphi_{\mathrm{d}}\varphi_{\mathrm{a}}t^{2}f \tag{2-39}$$

式中 θ_{c}——受压支管与主管轴线间夹角；

φ_{a}——参数，$\varphi_{\mathrm{a}}=1+\left(\dfrac{2.19}{1+7.5\dfrac{a}{d}}\right)\left(1-\dfrac{20.1}{6.6+\dfrac{d}{t}}\right)(1-0.77\beta)$；

a——两支管间的间隙，当$a<0$时，取$a=0$；

其他符号意义同前。

② 受拉支管在节点处承载力设计值计算公式为

$$N_{\mathrm{tK}}^{\mathrm{pj}}=\frac{\sin\theta_{\mathrm{c}}}{\sin\theta_{\mathrm{t}}}N_{\mathrm{cK}}^{\mathrm{pj}} \tag{2-40}$$

式中 θ_{t}——受拉支管与主管轴线间夹角。

2. 节点焊缝计算

圆钢管节点连接焊缝计算公式与方钢管顶接连接焊缝计算公式相同，但焊脚尺寸一般取$h_{\mathrm{f}}\leqslant 2t_i$，$t_i$为支管壁厚。焊缝计算公式中，$l_{\mathrm{w}}$为支管与主管相交线长度，按下列公式计算。

当$\dfrac{d_i}{d}\leqslant 0.65$时，

$$l_{\mathrm{w}}=(3.25d_i-0.025d)\left(\frac{0.534}{\sin\theta_i}+0.466\right) \tag{2-41}$$

当$\dfrac{d_i}{d}>0.65$时，

$$l_{\mathrm{w}}=(3.81d_i-0.389d)\left(\frac{0.534}{\sin\theta_i}+0.466\right) \tag{2-42}$$

式中 d，d_i——主管和支管的外径；

θ_i——支管与主管轴线间的夹角。

2.2.3 支座节点

钢管屋架铰接支座节点的设计内容与普通钢屋架相同，也包括底板尺寸确定、节点板与加劲肋竖向连接焊缝计算、节点板及加劲肋与底板间水平连接焊缝计算三部分内容。图2-21、图2-22为梯形钢管屋架铰接支座节点图。

1. 支座底板尺寸确定

屋架支座底板平面尺寸a，b按底板混凝土的承压强度确定，计算公式为

$$ab\geqslant\frac{R}{\beta_{\mathrm{c}}f_{\mathrm{c}}}+A_0 \tag{2-43}$$

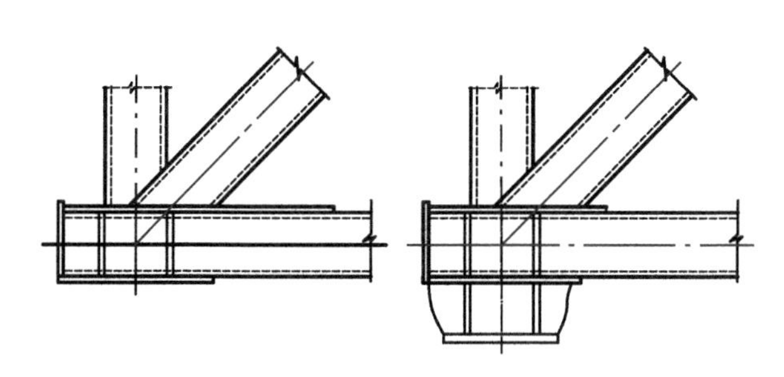

图2-21 顶接式屋架支座节点

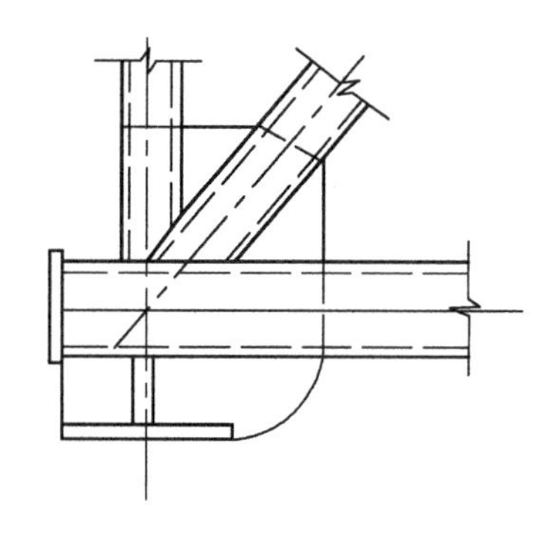

图2-22 插接式屋架支座节点

式中 R——屋架支座反力；

β_c——混凝土局部承压时强度提高系数，一般取1.0；

f_c——屋架支座混凝土轴心抗压强度设计值；

A_0——锚栓孔的面积。

按计算确定的底板面积多数情况下较小，通常底板平面尺寸由构造决定。构造要求支座底板平行于屋架方向的尺寸不小于200～350 mm，支座底板垂直于屋架方向的尺寸不小于250～400 mm。

底板的厚度按底板内最大弯矩确定，计算式为

$$t \geqslant \sqrt{\frac{6M_{max}}{f}} \tag{2-44}$$

式中 M_{max}——支座反力在底板被节点板和加劲肋所分成的区格内产生的最大弯矩；

f——钢材强度设计值。

计算得到的底板厚度取整以满足板的规格要求，并应满足 $t \geqslant 12$ mm 的构造要求。

2. 加劲肋与节点板间的竖向连接焊缝计算

计算屋架支座节点加劲肋与节点板间的连接角焊缝时，通常假定一个加劲肋与节点板连接的两条角焊缝承担1/4的支座反力，且作用点在加劲肋1/2宽度处。此时，两条角焊缝承受偏心剪力，计算式为

$$\sqrt{\left(\frac{6M}{2\times 0.7\beta_f h_f l_w^2}\right)^2+\left(\frac{V}{2\times 0.7h_f l_w}\right)^2} \leqslant f_f^w \tag{2-45}$$

式中 V——焊缝所受偏心剪力，通常假定为1/4的支座反力；

M——1/4的支座反力在焊缝有效截面形心处产生的偏心弯矩。

3. 节点板、加劲肋与底板的水平连接焊缝计算

屋架支座节点的节点板及加劲肋与底板间的水平连接焊缝在支座反力作用下，属于焊缝群承受轴心力作用，计算式为

$$\frac{R}{0.7h_f \sum l_w} \leqslant \beta_f f_f^w \tag{2-46}$$

4. 锚栓构造

屋架与下部结构的连接，可通过支座底板与预埋于钢筋混凝土柱顶的锚栓相连。锚栓的最小直径与锚固长度可参照表2-4采用。

表 2-4 屋架锚栓的最小直径与锚固长度

屋架跨度/m	锚栓最小直径/mm	最小锚固长度/mm
15	18	450
15～24	20	500
24～30	22	550

【思考题】

2-1 特殊钢屋架是如何界定的？它主要包括哪些形式？

2-2 轻型钢屋架可分为哪几类？

2-3 角钢屋架与T型钢屋架相比，各有哪些优缺点？

2-4 三角形薄壁型钢屋架的杆件截面选择过程如何？

2-5 三铰拱屋架具有哪些优缺点？如何选择三铰拱屋架杆件的截面？

2-6 菱形屋架具有哪些特点？外形如何确定？

2-7 钢管屋架相对于角钢屋架而言，具有哪些特点？

2-8 钢管屋架的设计步骤如何？

2-9 钢管屋架的节点设计包括哪些内容？

2-10 特殊钢屋架相对于普通钢屋架而言，支撑体系具有哪些特点？

第 3 章　单层厂房结构

【本章要点】 了解单层厂房结构的组成；理解柱间支撑的作用及布置；熟练掌握厂房柱网布置和横向框架的主要尺寸确定、纵向框架柱间支撑及框架柱的设计；熟练掌握吊车梁的设计。

3.1　厂房结构的形式和布置

3.1.1　厂房结构的组成

普通钢结构厂房一般是由屋盖结构、柱、基础、吊车梁系统、各种支撑以及墙架等构件组成的空间体系（见图 3-1）。这些构件按其作用可分为如下几个结构模块。

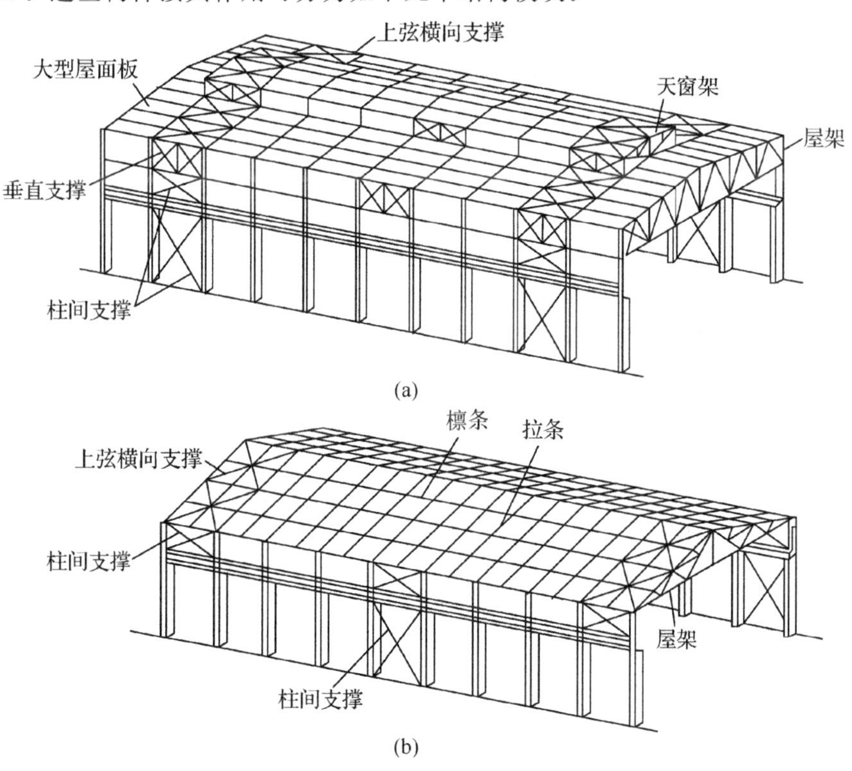

图 3-1　普通单层工业厂房结构组成

(a) 无檩屋盖；(b) 有檩屋盖

(1) 横向框架

横向框架由柱和它所支承的屋架组成，是厂房的主要承重体系，承受结构的自重、风荷载、雪荷载和吊车的竖向与水平荷载，并把这些荷载传递到基础。

(2) 屋盖结构

屋盖结构承担屋盖荷载的结构体系,由横向框架的屋架(横梁)、托架、天窗架、檩条和屋面材料等组成,根据屋面材料和屋面结构布置情况的不同,可分为有檩屋盖和无檩屋盖两类。

(3) 支撑体系

支撑体系包括屋盖部分的支撑和柱间支撑等,它一方面与柱、吊车梁等组成厂房的纵向框架,承担纵向水平荷载;另一方面又把主要承重体系由个别的平面结构连成空间的整体结构,从而保证了厂房结构所必需的刚度和稳定性。

(4) 吊车梁系统

吊车梁系统主要承受吊车竖向及水平荷载,并将这些荷载转到横向框架和纵向框架上。

(5) 墙架

墙架承受墙体的自重和风荷载。

此外,还有一些次要的构件如吊车梯、走道、门窗等。

按照厂房的结构模块划分,单层厂房钢结构设计的一般内容包括:对厂房的建筑和结构进行合理的规划,使其满足工艺和使用要求,并考虑将来可能发生的生产流程变化和发展;根据工艺设计确定车间平面及高度方向的主要尺寸,同时布置柱网和温度伸缩缝,选择主要承重框架的形式,并确定框架的主要尺寸;布置屋盖结构、吊车道结构、支撑体系及墙架体系;按设计资料进行受力分析,综合考虑构造要求对构件及连接进行设计;绘制施工图,设计时应尽量采用构件及连接构造的标准图集。

3.1.2 柱网布置和计算单元

1. 柱网布置

柱网布置就是确定单层厂房钢结构承重柱在平面上的排列,即确定它们的纵向和横向定位轴线所形成的网格。单层厂房钢结构的跨度即是柱纵向定位轴线之间的尺寸,单层厂房钢结构的柱距即是柱子在横向定位轴线之间的尺寸(见图 3-2)。厂房横向温度伸缩缝处两相邻柱的构造处理如图3-3所示。

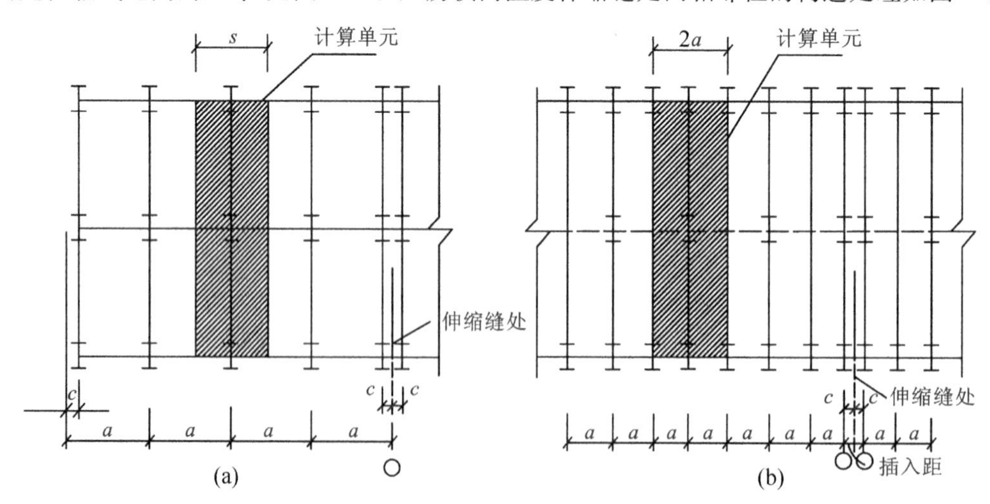

图 3-2 柱网布置和温度伸缩缝

(a)各列柱距相等;(b)中列柱有抽柱

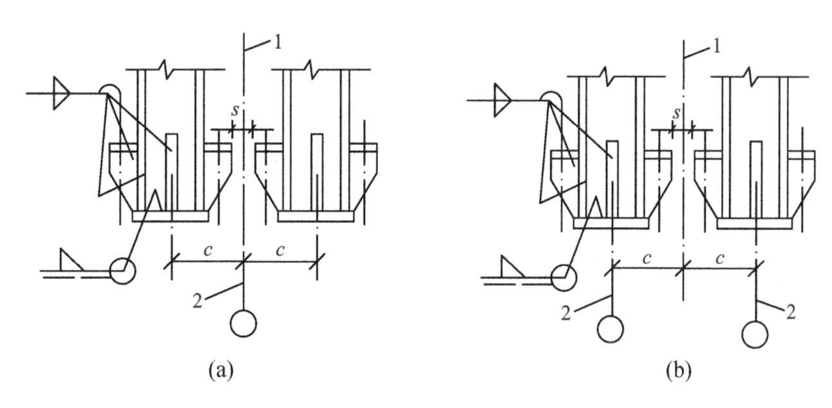

图3-3　厂房横向伸缩缝处的两相邻柱

(a)不加插入距方案;(b)加插入距方案

1—伸缩缝中线;2—纵向定位轴线

进行柱网布置时,应注意以下几方面的问题。

① 应满足生产工艺要求。

厂房是直接为工业生产服务的,不同性质的厂房具有不同的生产工艺流程,各种工艺流程所需主要设备、产品尺寸和生产空间都是决定跨度和柱距的主要因素。柱的位置(包括柱下基础的位置)应和地上、地下生产设备、机械及起重运输设备等相协调。此外,柱网布置还应考虑未来生产发展和工艺设备更新问题。

② 应满足结构的要求。

为了保证车间的正常使用,使厂房具有必要的刚度,应将柱子布置在同一横向轴线上,以便与屋架或横梁组成横向框架,提供尽可能大的横向刚度。

③ 应符合经济合理的原则。

柱距大小对结构的用钢量影响较大,一方面柱距越大,柱及基础所用的材料就越少,但同时屋盖和吊车梁的重量又随之增加。因此最经济的柱距可通过具体方案的比较来确定。例如,在柱子较高、跨度较大而吊车起重量又较小的车间中,采用大柱距可能是经济合理的。

④ 遵守《厂房建筑统一化基本规则》和《建筑统一模数制》的规定。

结构构件的统一化和标准化可降低制作和安装的工作量。当单层厂房钢结构跨度小于或等于18 m时,应以3 m为模数,即9 m,12 m,15 m,18 m;当厂房跨度大于18 m时,则以6 m为模数,即24 m,30 m,36 m。但是当工艺布置和技术经济有明显的优越性时,也可采用21 m,27 m,33 m等。厂房的柱距一般采用6 m较为经济,当工艺有特殊要求时,可局部抽柱,即柱距做成12 m;对某些有扩大柱距要求的单层厂房钢结构也可采用9 m及12 m柱距。近年来随着压型钢板等轻型屋面材料的采用,屋盖重量大大减轻,相应的经济柱距显著增大,在一些吊车起重量较小或无吊车的大型厂房中,采用较大柱距已收到了良好的经济效果。

2. 变形缝的布置

变形缝是温度伸缩缝、沉降缝和抗震缝的总称。在结构设计中,设置温度伸缩缝的目的是减小结构中因温度变化所产生的温度应力,其本质是通过伸缩缝的设置将厂房分割成伸缩变形时互不影响的温度区段。基础沉降缝设置的目的是为了避免因基础不均匀沉降对结构安全性产生的威胁。抗震缝则可减小地震作用对结构的不利影响。三者在做法上的主要区别是:温度伸缩缝一般从基础顶面以上将结构构件完全分开或在构造上采取适当措施,且相邻柱脚间的净距离 s 不宜小于 40 mm(见图 3-3);沉降缝的做法则要求缝两侧柱的基础及上部结构必须完全分开;地震区需要设置的抗震缝则要求缝两侧的结构从地面以上必须完全分开,并保证地震时不会互相碰撞。

对于非地震区的厂房,只需按要求设置伸缩缝和沉降缝。温度伸缩缝的设置则以规范规定的温度区段为依据,普通钢结构厂房的温度区段的最大长度如表 3-1 所示,即当厂房尺寸大于表中数值时,必须设置温度伸缩缝。

表 3-1 温度区段长度 单位:m

结构情况	温度区段长度		
	纵向温度区段(垂直于屋架或构架跨度方向)	横向温度区段(沿屋架或构架跨度方向)	
		柱顶为刚接	柱顶为铰接
采暖房屋和非采暖地区房屋	220	120	150
热车间和采暖地区的非采暖房屋	180	100	125
露天结构	120	—	—

变形缝的设置主要体现在变形缝所在位置柱的布置与基础的处理。根据温度伸缩缝的构造要求和做法,温度伸缩缝处柱的布置有两种具体做法:一种做法是在缝的两旁直接布置两个无任何纵向构件连系的横向框架,且使温度伸缩缝的中线与定位轴线重合,伸缩缝处两边的相邻框架柱与各自一端紧邻框架柱的距离均减少 c($2c$ 为温度伸缩缝两侧柱的形心线之间的距离),厂房在相应方向的总长度不变(见图 3-2(a));另一种做法则是在温度伸缩缝处另外增加一个插入距 $2c$,伸缩缝处两边的相邻框架柱与各自一侧紧邻框架柱的距离保持不变,但该方向厂房的总尺寸增加了 $2c$ 值(见图 3-2(b))。这里的 $2c$ 值一般可取 1 m,对于重型厂房,因柱的截面较大可能要放大到 1.5 m 或 2 m,甚至到 3 m 方能满足温度伸缩缝的构造要求(伸缩缝净距不得小于 40 mm)。这里的第二种做法,即增加插入距的做法需要增加屋面板等构件的类型,只有在设备布置确实不允许在伸缩缝处缩小柱距的情况下才使用。此外,这两种做法均将缝两旁的柱放在同一基础上。

显然,当厂房宽度超过跨度方向所规定的温度区段长度时,也应按规范规定布置纵向温度伸缩缝。

沉降缝只有在可能出现基础不均匀沉降的情况下才予以考虑。因此,沉降缝只要满足伸缩缝的构造要求就可以同时起到温度伸缩缝的作用。沉降缝的布置可与伸缩缝一致,但缝两侧的基础必须同时分开,不能连为一体,其中缝两侧柱的距离可由上述温度伸缩缝的要求决定。

对于地震区抗震缝的布置,应根据厂房刚度的变化情况或完全与伸缩缝一致的方案考虑,但构造上必须满足抗震缝的要求,保证地震时相邻结构不会碰撞。

3.1.3 柱间支撑的作用及布置

一般工业厂房是以若干榀平面框架为主结构的框(排)架结构。这种结构在设计时虽然一般不按空间结构考虑,但结构本身必须是一个稳定的空间几何不变体,而整体结构的组成部分——支撑体系

(包括屋盖支撑和柱间支撑)则对此发挥了十分重要的作用。下面首先介绍柱间支撑的作用及布置。

1. 柱间支撑的作用

① 与厂房柱形成纵向框架,增强厂房的纵向刚度。因为柱在框架平面外的刚度远低于框架平面内的刚度,而设置柱间支撑对加强厂房的纵向刚度很有效。

② 为框架柱在框架平面外提供可靠支撑,可有效地减小柱在框架平面外的计算长度。

③ 承受厂房的纵向力。可将山墙风荷载、吊车纵向制动力、纵向温度内力、地震力等传至基础。

2. 柱间支撑的布置原则

柱间支撑由两部分组成:在吊车梁以上的部分称为上层支撑,吊车梁以下的部分称为下层支撑,下层柱间支撑与柱和吊车梁一起在厂房纵向形成刚度很大的悬臂桁架。因此,将下层支撑布置在温度缝区段端部,对温度变化导致的纵向构件变形是很不利的。所以,为了使纵向构件在温度发生变化时能较自由地伸缩,下层支撑应该布置在温度区段中部。只有当吊车位置高而车间总长度又很短(如混铁炉车间)时,下层支撑设在两端不会产生很大的温度应力,而对厂房纵向刚度却能提高很多,这时放在两端才是合理的。

因此,对于一般的单层工业厂房,下层柱间支撑的布置原则是:当温度缝区段(横向温度变形缝将厂房纵向分成温度区段)小于 150 m 时,在它的中央设置一道下层支撑(见图 3-4(a));如果温度区段长度大于 150 m,则在它的 1/3 处各设一道下层支撑(见图 3-4(b)),以免传力路径太长。为了避免产生过大的温度应力,两道支撑的中心距离不宜大于 72 m。

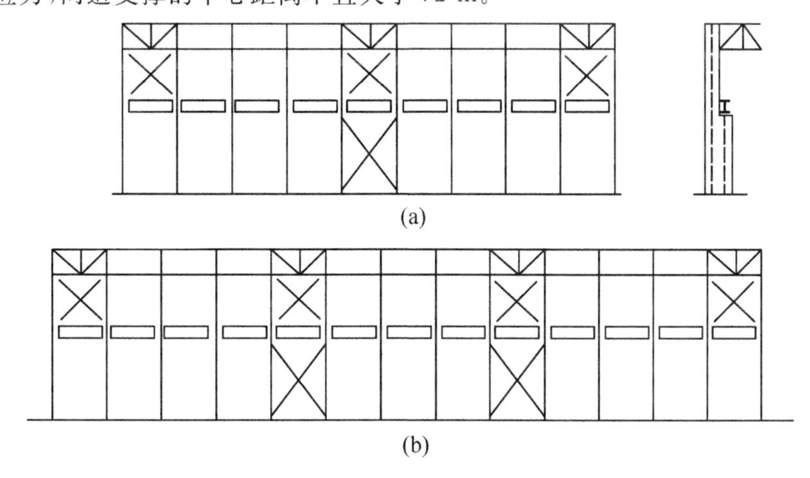

图 3-4　柱间支撑的布置

上层柱间支撑又分为两层:第一层在屋架端部高度范围内,又称为屋盖垂直支撑,显然,当屋架为三角形或虽为梯形但有托架时,并不存在该层支撑;第二层在屋架下弦杆至吊车梁上翼缘范围内。为了传递风力,上层支撑布置在温度区段端部,由于厂房柱在吊车梁以上的部分刚度小,不会产生过大的温度应力,从安装条件来看这样布置也是合适的。此外,在有下层支撑的柱间也设置上层支撑(见图 3-4)。

等截面柱的柱间支撑,一般在沿柱的中心线设置单片支撑。阶形柱的上层柱间支撑宜在柱的两侧设置,只有在无人孔而上柱截面高度不大的情况下才沿柱中心设置一道。下层柱间支撑应在柱的两个肢的平面内成对设置,如图 3-4 所示;与外墙墙架有联系的边列柱可仅设在内侧,但重级工作制吊车的厂房外侧也同样设置支撑。

此外,吊车梁系统作为撑杆也是柱间支撑的组成部分,并承担传递厂房纵向水平力的作用。

3. 柱间支撑的形式和计算

(1) 柱间支撑的形式

柱间支撑的截面形式,单片支撑常采用单角钢(见图 3-5(a))、两个角钢(见图 3-5(b))组成的 T 形截面、两个槽钢(见图 3-5(c))组成的工字形截面或方钢管截面(见图 3-5(d))。双片支撑一般采用不等边角钢以长边与柱相连(见图 3-6(a))或采用由两个等边角钢组成的 T 形截面(见图 3-6(b));当荷载较大或杆件较长时,可采用槽钢(见图 3-6(c))或由两个槽钢组成的工字形截面(见图 3-6(d))。两片支撑之间应附加系杆相连。

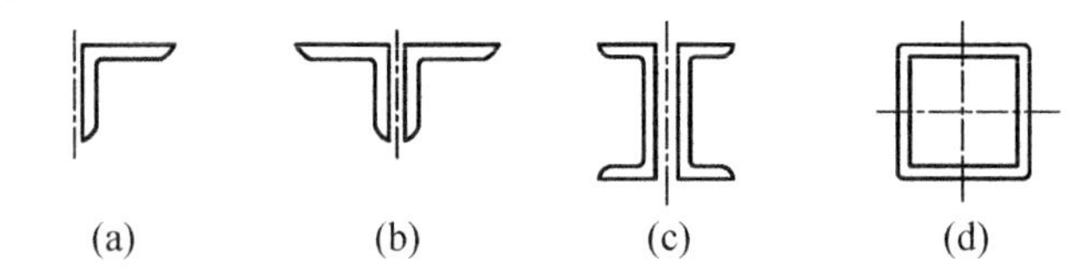

图 3-5　单片支撑的截面形式

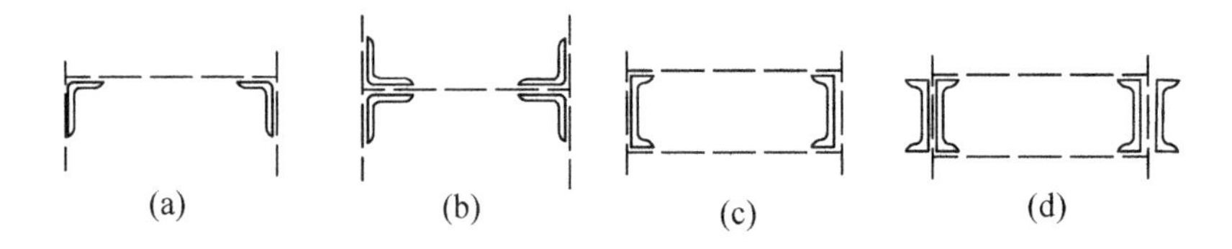

图 3-6　双片支撑的截面形式

柱间支撑的结构形式,图 3-7 所示的柱间支撑是普通钢结构厂房中常见的几种形式。其中人字形和八字形适合于上段柱高度比较小的情况(见图 3-7(d)、(e))。图 3-7(b)、(c)的下柱支撑形式可进一步减小柱的侧向计算长度。当柱间有运输、通行、放置设备等要求时,下段柱可采用门架式柱间支撑(见图 3-7(d)、(e))。图 3-7(e)中的门架顶部专设一横梁,其目的是为了保证门架不承受吊车轮压荷载,以便与柱间支撑的作用和应承担的荷载(纵向水平力)相一致,设计中应予以注意。

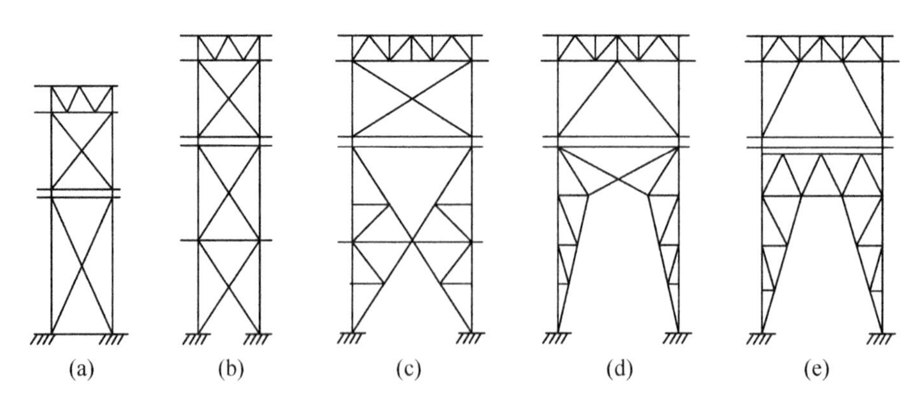

图 3-7　柱间支撑的结构形式

(2) 柱间支撑的计算长度

① 中间无支撑点的杆件其在支撑平面内和平面外均取节点中心的距离，即取杆件几何长度 $l_0=l$，当作斜平面计算时取 $l_0=0.9l$。

② 十字交叉支撑的斜杆仅作受拉杆件计算时，其平面外取节点中心间的距离 $l_0=l$，其平面内取节点中心至交叉点间的距离。

③ 双片支撑的单肢杆件在平面外的计算长度，可取横向连系杆之间的距离。

④ 单角钢杆件在斜平面的计算长度可取节点中心至交叉点之间距离的 0.9 倍。

(3) 柱间支撑杆件容许长细比

柱间支撑杆件容许长细比见表 3-2。

表 3-2　柱间支撑杆件容许长细比

序号	构件名称	容许长细比		
		压杆	拉杆	
			有轻、中级工作制吊车的厂房	有重级工作制吊车的厂房
1	吊车梁或吊车桁架以下的柱间支撑	150	300	200
2	吊车梁或吊车桁架以上的柱间支撑	200	400	350
3	其他支撑	200	400	350

注：① 计算单角钢受拉杆件的长细比时，应采用角钢的最小回转半径，但计算角钢交叉拉杆在支撑平面外的长细比时，应采用与角钢肢边平行的回转半径；

② 在设有夹钳吊车或刚性料耙吊车的厂房中，吊车或吊车桁架以上的柱间支撑和其他支撑，其长细比不宜超过 300。

(4) 柱间支撑的节点构造

柱间支撑的节点构造如图 3-8～图 3-13 所示。

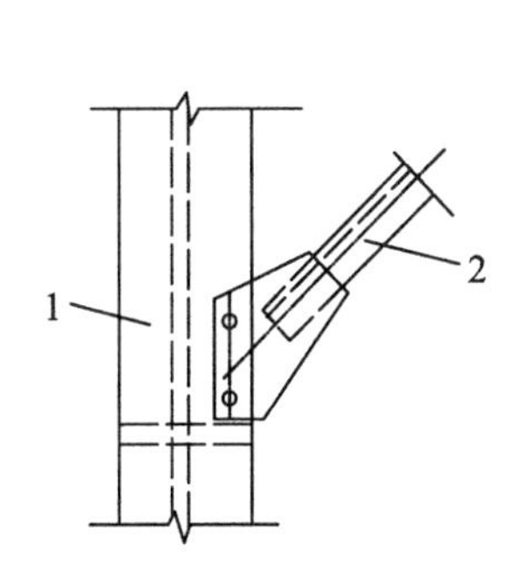

图 3-8　柱间支撑与柱的连接节点之一

1—柱；2—柱间支撑

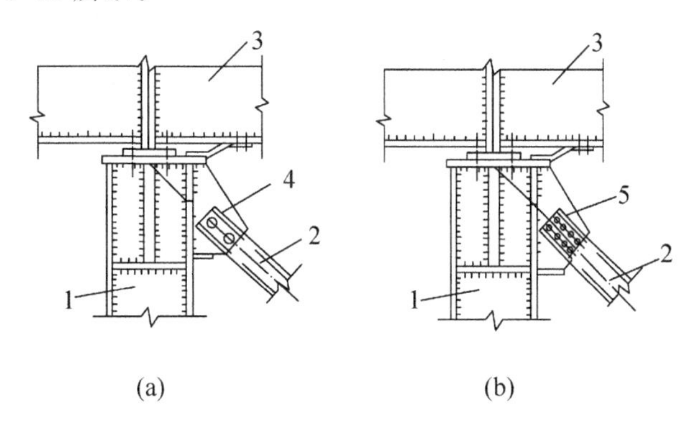

图 3-9　柱间支撑与柱的连接节点之二

(a)焊缝连接；(b)高强度螺栓连接

1—柱；2—柱间支撑；3—吊车梁；4—焊缝；5—高强度螺栓

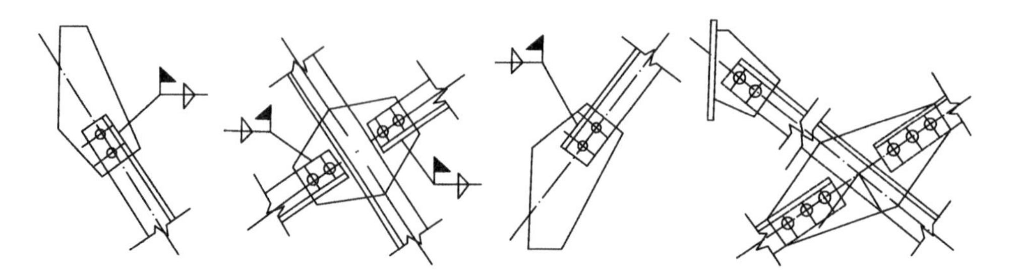

图 3-10 十字交叉柱间支撑的节点构造

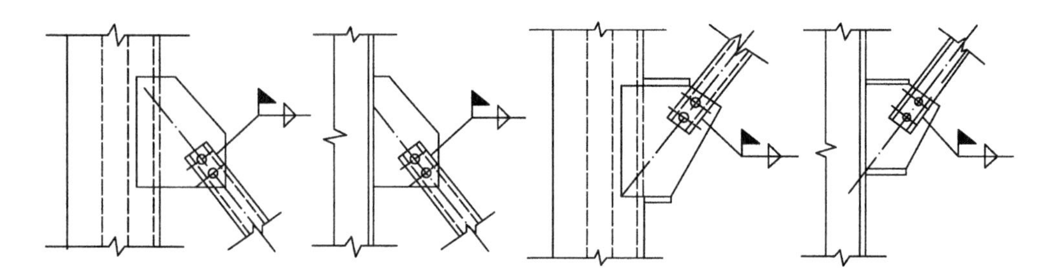

图 3-11 柱间支撑与柱的连接构造

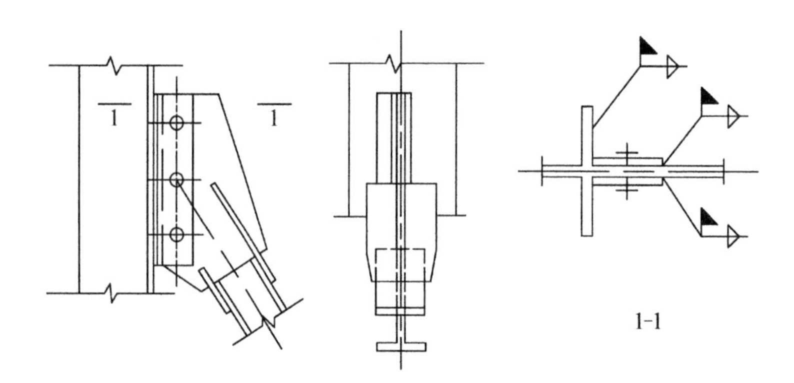

图 3-12 单斜杆柱间支撑的节点构造

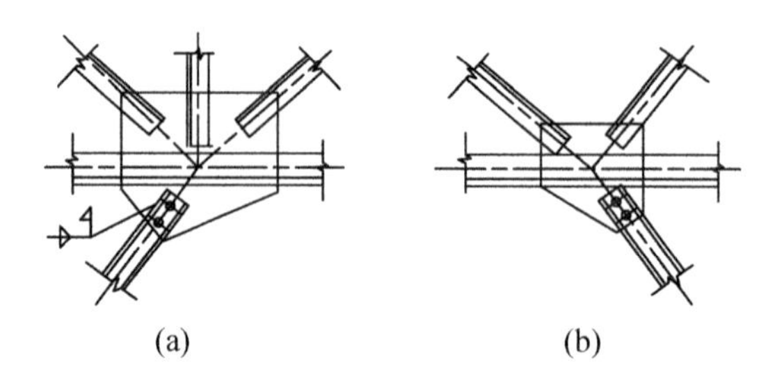

图 3-13 八字形柱间支撑节点构造

3.2 厂房结构的横向框架

3.2.1 横向框架的类型

单层厂房的基本承重结构通常采用框架结构体系。这种体系能够保证必要的横向刚度，同时其净空又能满足使用上的要求。

厂房横向框架的柱脚一般与基础刚接，而柱顶与屋架（横梁）的连接分为铰接和刚接两类。柱顶铰接的框架对基础不均匀沉降及温度敏感性小，框架节点构造容易处理，且因屋架端部不产生弯矩，下弦杆始终受拉，可免去一些下弦杆的设置。但柱顶铰接时下柱的弯矩较大，厂房横向刚度差，因此一般用于多跨厂房或厂房高度不大而刚度容易满足的情况。当采用钢屋架、钢筋混凝土柱的混合结构时，也常采用铰接框架形式。

相反，当厂房较高、吊车起重量大、对厂房刚度要求较高时，钢结构的单跨厂房框架常采用柱顶刚接的方案。在选择框架类型时必须根据具体情况进行分析比较。

3.2.2 横向框架主要尺寸和计算简图

1. 主要尺寸

横向框架主要尺寸如图3-14所示。

跨度一般取上柱中心线间的横向距离，由下式定出

$$L_0=L_K+2S \tag{3-1}$$

式中 L_0——横向框架的跨度；

L_K——桥式吊车跨度；

S——由吊车梁轴线至上段柱轴线的距离，应满足下式要求（见图3-15），对于中型厂房一般采用0.75 m或1 m，重型厂房则为1.25～2.0 m。

$$S=B+D+b_1/2 \tag{3-2}$$

式中 B——吊车桥架悬伸长度，可由行车样本查得；

D——吊车外缘和柱内缘之间的必要空隙：当吊车起重量大于500 kN时，不宜小于80 mm；当吊车起重量大于或等于750 kN时，不宜小于100 mm；当吊车和柱之间需要设置安全走道时，则D不得小于400 mm；

b_1——上段柱宽度。

框架的计算高度H由如下表达式计算

$$H=h_1+h_2+h_3 \tag{3-3}$$

式中 h_1——吊车轨顶至屋架下弦底面的距离，具体可按如下表达式确定；

h_2——地面至吊车轨顶的高度，由工艺要求决定；

h_3——地面至柱脚底面的距离。对于中型厂房一般为0.8～1.0 m，重型厂房为1.0～1.2 m，对于北方地区还应注意地下冻土深度的要求。

$$h_1=A+100+(150\sim200\ \text{mm}) \tag{3-4}$$

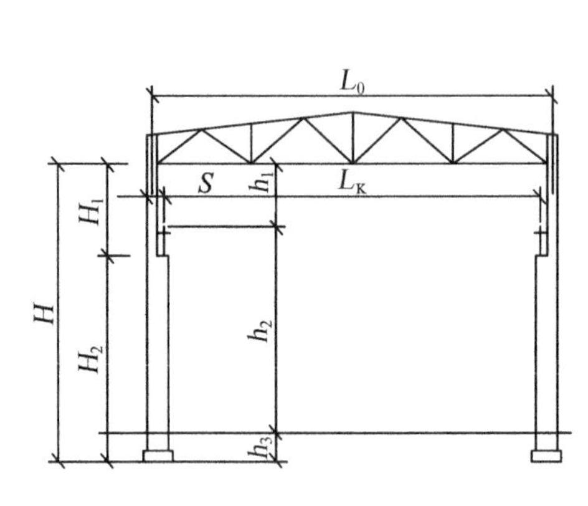

图 3-14　横向框架的主要尺寸

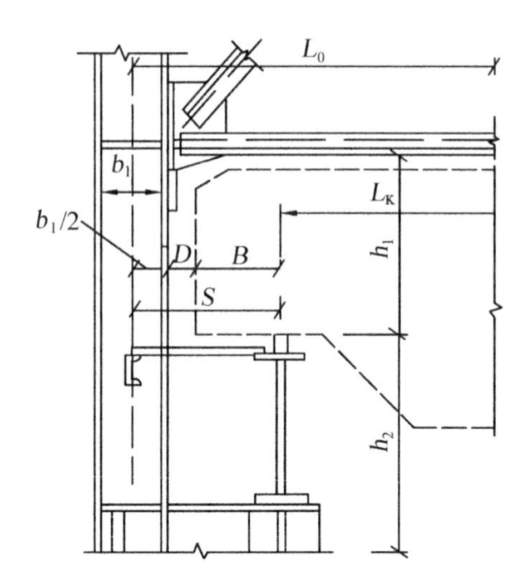

图 3-15　柱与吊车梁轴线间的净空

这里的 A 为吊车轨道顶面至起重小车(位于起重大车顶部)顶面之间的距离;100 mm 是为制造、安装误差留出的空隙;150～200 mm 则是考虑屋架的挠度和下弦水平支撑角钢的下伸等所留空隙。

2. 计算简图

单层工业厂房横向框架由柱和屋架(横梁)组成,各个框架之间由屋面板或檩条、托架、屋盖支撑、吊车梁等纵向构件相互连接成一个整体空间工作的结构体系,设计时应按整体空间工作计算才比较合理和经济,然而为了设计方便,减少工作量,框架计算常采用计算单元即将横向框架简化为单个的平面框架的简化方法,如图 3-16 所示。

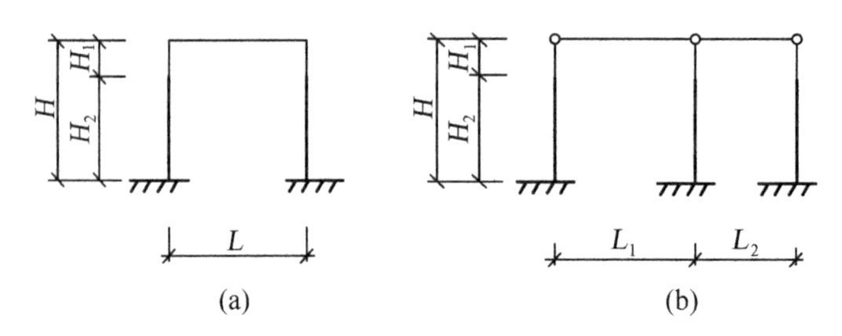

图 3-16　横向框架的计算简图

(a) 柱顶刚接;(b) 柱顶铰接

下面就横向框架计算单元的划分、平面框架计算模型的确定等主要问题分别予以介绍。

(1) 横向框架计算单元的划分

① 计算单元的定义。计算单元是指:由任意两个相邻柱距中线截出的一个典型区段,且各区段相互独立、互不影响。

② 计算单元的划分原则。框架计算单元的划分应根据柱网的布置确定(见图 3-2),使纵向每列柱至少有一根柱参加工作,同时将受力最不利的柱划入计算单元中。对于各列柱距均相等的厂房,只计算一个框架。对有拔柱的计算单元,一般以最大柱距作为划分计算单元的标准,其界限可以采用柱距的中心线,也可以采用柱的轴线;如采用后者,则计算单元的边柱只应计入柱的一半刚度,作用于该柱的荷载也只计入一半。

(2) 横向平面框架计算模型

普通钢结构单层厂房横向框架的横梁一般为钢屋架。因此,建立横向平面框架计算模型的一个重要工作就是确定屋架作为一般实腹式横梁计算时的折算惯性矩以及格构柱的相应折算惯性矩,以便分析框架在各种荷载作用下的内力和位移。

对于由格构式横梁(钢屋架)和阶形柱(下部柱为格构柱)所组成的横向框架,一般考虑格构式横梁和格构柱的腹杆或缀条变形的影响,将惯性矩(对高度有变化的桁架式横梁按平均高度计算)乘以折减系数0.9,简化成实腹式横梁和实腹式柱。对柱顶刚接的横向框架,当满足式(3-5)的条件时,可近似认为横梁刚度为无穷大,否则横梁按有限刚度考虑

$$\frac{K_{AB}}{K_{AC}}\geqslant 4 \tag{3-5}$$

式中 K_{AB}——横梁在远端(B)固定,使近端A点转动单位角时在A点所施加的力矩值;

K_{AC}——柱在A点转动单位角时在A点所需施加力矩值。

框架的计算跨度L_0取为两上柱轴线之间的距离。

横向框架计算高度H:柱顶刚接时,可取为柱脚底面至框架下弦轴线的距离(横梁假定为无限刚度),或柱脚底面至横梁端部形心的距离(横梁为有限刚度)(见图3-17(a)、(b));柱顶铰接时,应取为柱脚底面至横梁主要支撑点间距离(见图3-17(c)、(d))。对阶形柱以肩梁上表面做分界线将H划分为上部柱高H_1和下部柱高H_2。

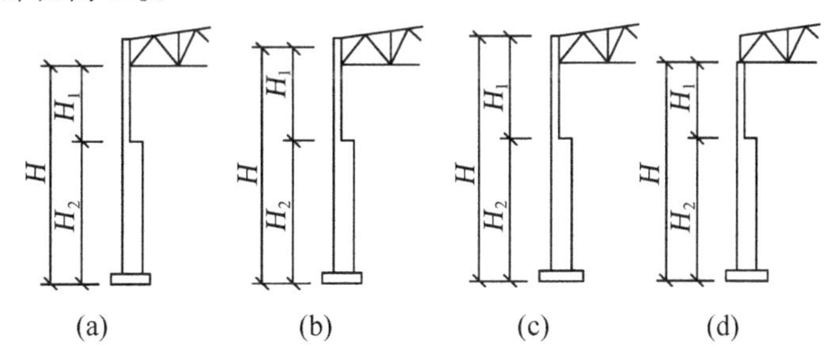

图3-17 横向框架的计算高度取值方法

3.2.3 横向框架的荷载及内力

1. 荷载

作用在横向框架上的荷载可分为永久荷载和可变荷载两种。永久荷载包括结构自重、屋盖(含屋面板及板上构造层)及墙体的自重以及敷设于厂房结构上的管线、设备等自重;可变荷载包括屋面雪荷载、积灰荷载、屋面均布荷载、风荷载、吊车荷载等。

当框架横向长度方向超过容许的温度缝区段长度而未设置伸缩缝时,则应考虑温度变化的影响;当厂房地基较差、变形较大或厂房中有较重的大面积地面荷载时,则应考虑基础不均匀沉降对框架的影响。

设计时,取荷载的设计值。其中,永久荷载分项系数为$\gamma_G=1.2$(计算柱脚锚栓时取$\gamma_G=1.0$),可变荷载分项系数为$\gamma_Q=1.4$。雪荷载一般不与屋面均布荷载同时考虑,而积灰荷载与前两者中的较大者同时考虑。屋面荷载(永久、可变荷载)化为均布线荷载作用在框架横梁上。当无墙架时,纵墙上

的风力一般作为均布荷载作用在框架柱上;有墙架时,尚应计入墙架柱传于框架柱的集中风荷载。作用在框架横梁轴线以上的屋架及天窗上的风荷载按集中在框架横梁轴线上计算。吊车垂直轮压及横向水平力一般根据同一跨间、两台满载吊车并排运行的最不利情况考虑,对多跨厂房一般只考虑四台吊车作用。

2. 内力分析和内力组合

框架内力可按结构力学的方法进行计算,也可利用现成的图表或计算机程序分析框架内力。应根据不同的框架,不同的荷载作用,采用比较简便的方法计算。为便于对各构件和连接进行最不利的组合,对各荷载作用应分别进行框架内力分析。

为了设计框架的构件,必须将框架在各种荷载作用下所产生的内力进行最不利组合。要列出控制截面的弯矩 M、轴向力 N 和剪力 V。阶形柱的控制截面为:上段柱和下段柱的上下端截面。此外还应包括柱脚锚固螺栓的计算内力。每个截面必须组合出 $+M_{max}$ 和相应的 N,V;$-M_{max}$ 和相应的 N,V;N_{max} 和相应的 M,V;对柱脚锚栓则应组合出可能出现的最大弯矩 M_{max} 和相应的 N、V;$-M_{max}$ 和相应的 N,V。

柱与屋架刚接时,应对横梁的端弯矩和相应的剪力进行组合。最不利组合可分为四组:第一组组合使屋架下弦杆产生最大压力(见图 3-18(a));第二组组合使屋架上弦杆产生最大压力,同时也使下弦杆产生最大拉力(见图 3-18(b));第三、四组组合使腹杆产生最大拉力或压力(见图 3-18(c)、(d))。组合时考虑施工情况,只考虑屋面恒载所产生的支座端弯矩和水平力的不利作用,不考虑它的有利作用。

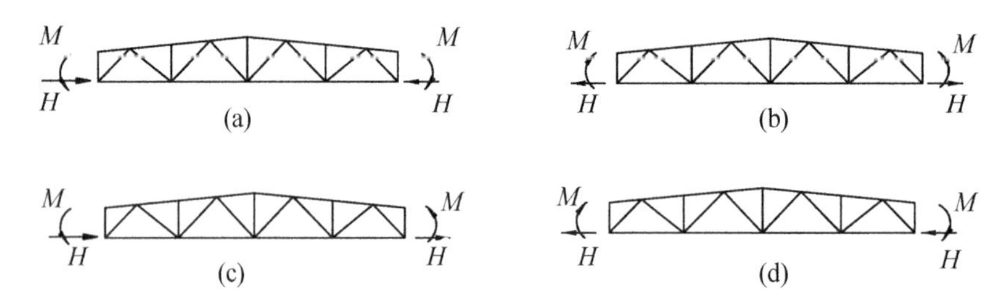

图 3-18 框架横梁端弯矩最不利组合

在内力组合中,一般采用简化规则由可变荷载效应控制的组合;当只有一个可变荷载参与组合时,组合值系数取 1.0,即永久荷载+可变荷载;当有两个或两个以上可变荷载参与组合时,组合值系数取 0.9,即永久荷载+0.9(可变荷载 1+可变荷载 2)。在地震区应参照《建筑抗震设计规范》(GB 50011—2010)进行偶然组合。对单层吊车的厂房,当采用两台及两台以上吊车的竖向和水平荷载组合时,应根据参与组合的吊车台数及其工作制级别,乘以相应的折减系数。比如两台吊车组合时,对轻、中级工作制吊车,折减系数为 0.9;对重级工作制吊车,折减系数为 0.95。

3.3 纵向框架柱间支撑及框架柱的设计

3.3.1 框架柱的类型

框架柱按截面形式可分为等截面柱、阶形柱和分离式柱三大类。

1. 等截面柱

等截面柱有实腹式和格构式两种(见图 3-19(a)、(b)),通常采用实腹式。等截面柱将吊车梁支于牛腿上,构造简单,但吊车竖向荷载偏心大,只适用于吊车起重量 $Q<150$ kN,或无吊车且厂房高度较小的轻型厂房中。

2. 阶形柱

阶形柱也可分为实腹式和格构式两种(见图 3-19(c)、(d)、(e))。从经济角度考虑,阶形柱由于吊车梁或吊车桁架支撑在柱截面变化的肩梁处,荷载偏心小,构造合理,其用钢量比等截面柱节省,因而在厂房中广泛应用。阶形柱还根据厂房内设单层或双层吊车做成单阶柱或双阶柱。阶形柱的上段由于截面高度 h 不大(无人孔时 h 为 400～600 mm;有人孔时 h 为 900～1000 mm),并考虑柱与屋架、托架的连接等,一般采用工字形实腹柱。下段柱,对于边列柱来说,由于吊车肢受的荷载较大,通常设计成不对称截面,中列柱两侧受的荷载相差不大时,可以采用对称截面。下段柱截面高度小于等于 1 m时,采用实腹式;截面高度大于 1 m 时,采用缀条柱(见图 3-19(d)、(e))。

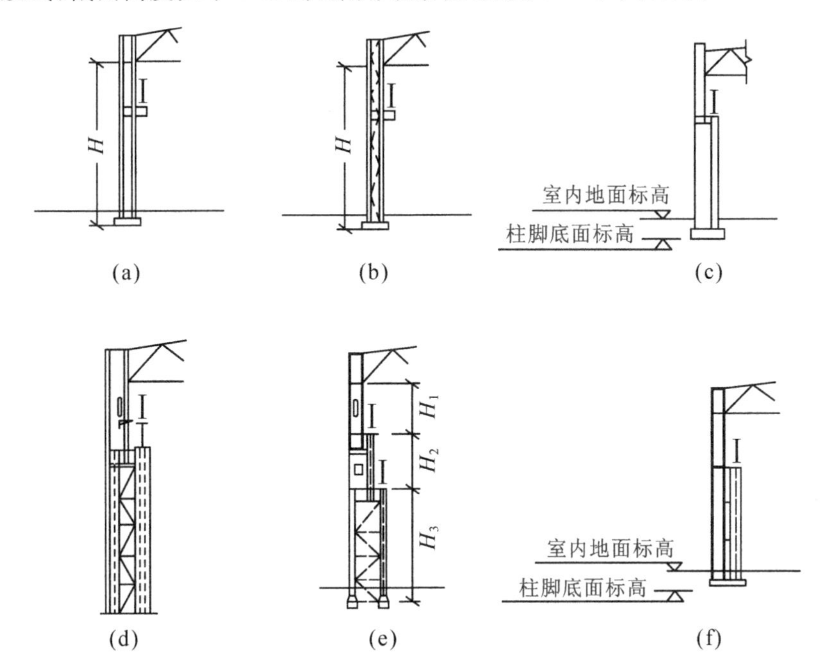

图 3-19　框架柱的形式

3. 分离式柱

由支承屋盖结构的屋盖肢和支承吊车梁或吊车桁架的吊车肢所组成,两柱肢之间用水平板相连接。吊车肢在框架平面内的稳定性就依靠连在屋盖肢上的水平系板来解决。屋盖肢承受屋面荷载、风荷载及吊车水平荷载,按压弯构件设计。吊车肢仅承受吊车的竖向荷载,当吊车梁采用突缘支座时,按轴心受压构件设计;当采用平板支座时,仍按压弯构件设计。分离式柱(见图 3-19(f))构造简单,制作和安装比较方便,但用钢量比阶形柱多,且刚度较差,只宜在下列情况采用:

① 吊车轨顶标高较低(≤10 m)而吊车起重量又较大($Q\geqslant750$ kN)时;

② 相邻两跨吊车的轨顶标高相差很悬殊,而低跨吊车的起重量 $Q\geqslant500$ kN 时;

③ 预留有扩建跨时。

3.3.2 框架柱的计算长度

1. 柱在框架平面内的计算长度

(1) 等截面柱

单层厂房等截面柱在框架平面内的计算长度按压弯构件有侧移框架柱确定。

(2) 阶形柱

计算长度分段确定,上段柱和下段柱的计算长度分别按下式计算

$$H_{1x}=\mu_1 H_1 \tag{3-6}$$
$$H_{2x}=\mu_2 H_2$$

式中 μ_1——上段柱计算长度系数,按下式计算

$$\mu_1=\frac{\mu_2}{\eta_1} \tag{3-7}$$

μ_2——下段柱计算长度系数,由系数 $\eta_1\left(\eta_1=\dfrac{H_1}{H_2}\times\sqrt{\dfrac{N_1 I_2}{N_2 I_1}}\right)$和上段柱与下段柱的线刚度比 $K_1\left(K_1=\dfrac{I_1 H_2}{I_2 H_1}\right)$查附录 E 得到:当柱上端与横梁铰接时,将柱视为上端自由的独立柱,查附表 E-1 取值;当柱上端与横梁刚接时,将柱视为上端可移动但不能转动的独立柱,按附表 E-2 取值。这里,H_1,I_1,N_1 和 H_2,I_2,N_2 分别是上段柱和下段柱的高度、惯性矩、最大轴向压力。

考虑到组成横向框架的单层厂房各阶形柱所承受的吊车竖向荷载差别较大,荷载较小的相邻柱会给所计算的荷载较大的柱提供侧移约束。同时在纵向因有纵向支撑和屋面等纵向连系构件,各横向框架之间有空间作用,有利于荷载重新分配。故规范规定对于阶形柱的计算长度系数还根据表3-3中的不同条件乘以折减系数,以反映阶形柱在框架平面内承载力的提高。

表 3-3 单层厂房阶形柱计算长度折减系数

<table>
<tr><th colspan="4">厂房类型</th><th rowspan="2">折减系数</th></tr>
<tr><th>单跨或多跨</th><th>纵向温度区段内一个柱列的柱子数</th><th>屋面情况</th><th>厂房两侧是否有通长的屋盖纵向水平支撑</th></tr>
<tr><td rowspan="4">单跨</td><td>等于或少于 6 个</td><td>—</td><td>—</td><td rowspan="2">0.9</td></tr>
<tr><td rowspan="3">多于 6 个</td><td rowspan="2">非大型屋面板屋面</td><td>无纵向水平支撑</td></tr>
<tr><td>有纵向水平支撑</td><td rowspan="2">0.8</td></tr>
<tr><td>大型屋面板屋面</td><td>—</td></tr>
<tr><td rowspan="3">多跨</td><td rowspan="3"></td><td rowspan="2">非大型屋面板屋面</td><td>无纵向水平支撑</td><td>0.8</td></tr>
<tr><td>有纵向水平支撑</td><td rowspan="2">0.7</td></tr>
<tr><td>大型屋面板屋面</td><td>—</td></tr>
</table>

注:有横梁的露天结构(如落锤车间等)其折减系数可取 0.9。

2. 柱在框架平面外(沿厂房长度方向)的计算长度

柱在框架平面外的计算长度取纵向支撑点或系杆之间的距离。具体取法是:当设有吊车梁和柱间支撑而无其他支撑构件时,上段柱的计算长度可取制动结构顶面至屋盖纵向水平支撑或托架支座之间柱的高度;下段柱的计算长度可取柱脚底面至肩梁顶面之间柱的高度。

3.3.3 框架柱截面的验算

1. 柱的强度和稳定性验算

单阶柱的上柱,一般为实腹式工字型截面,选取最不利的内力组合,按照压弯构件的计算方法进行截面验算。阶形柱的下段柱一般为格构式压弯构件,需要验算在框架平面内的整体稳定以及屋盖肢与吊车肢的单肢稳定。计算单肢稳定时,应注意分别选取对所验算的单肢产生最大压力的内力组合。

2. 吊车肢截面验算

考虑到格构式柱的缀材体系传递两柱间的内力情况尚不十分明确,为了确保安全,还需按吊车肢单独承受最大吊车垂直轮压进行补充验算。此时,吊车肢承受的最大压力为

$$N_1=R_{\max}+\frac{(N-R_{\max})y_2}{a}+\frac{(M-M_R)}{a} \tag{3-8}$$

式中 $R_{\max}$——吊车竖向荷载及吊车梁自重等所产生的最大计算压力;

M——使吊车肢受压的下段柱计算弯矩,包括 $R_{\max}$ 的作用;

N——与 M 相应的内力组合的下段柱轴向力;

M_R——仅由 $R_{\max}$ 作用对下段柱产生的计算弯矩,与 M、N 同一截面;

y_2——下柱截面重心轴至屋盖肢重心线的距离;

a——下柱屋盖肢和吊车肢重心线间的距离。

当吊车梁为突缘支座时,其支反力沿吊车肢轴线传递,吊车肢按承受轴心压力 N_1 计算单肢稳定性。当吊车梁为平板式支座时,尚应考虑由于相邻两吊车梁支座反力差(R_1-R_2)所产生的框架平面外的弯矩

$$M_y=(R_1-R_2)\times e \tag{3-9}$$

M_y 全部由吊车肢承受,其沿柱高度方向弯矩的分布可近似地假定在吊车梁支承处为铰接,在柱底部为刚性固定,分布如图 3-20 所示。吊车肢按实腹式压弯杆验算在弯矩 M_y 作用平面内(即框架平面外)的稳定性。

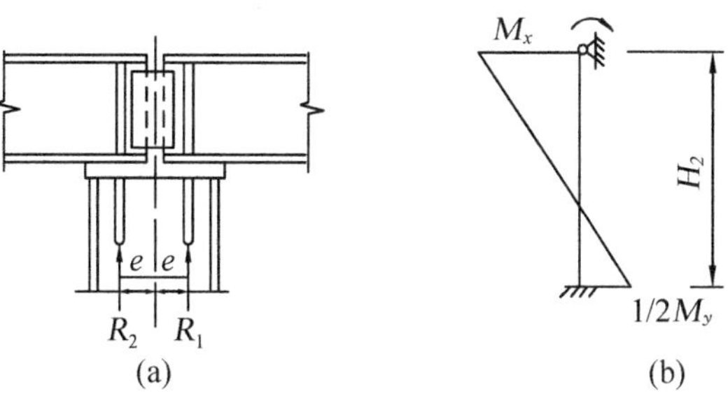

图 3-20 吊车肢的弯矩计算图

3.3.4 肩梁的计算和构造

1. 一般规定

在格构式阶形柱的上、下段柱相连接处,为保证力的传递可靠,均应设置肩梁(将上段柱的荷载传至下段柱的连接部分),构造如图 3-21、图 3-22 所示。一般情况下,柱的肩梁均采用图示的单腹板式(见图 3-21),这种结构具有构造简单、省钢、施工方便的特点。仅当单腹板式不能满足承载要求时,才采用双腹板式肩梁(见图3-22)。肩梁由腹板、上盖板、下盖板和垫板所组成。当吊车梁或吊车桁架为平板式支座时,尚应加设加劲板。

2. 肩梁的计算模型与强度计算

肩梁可近似按简支梁计算各种内力(见图 3-21),其中双腹板式肩梁与单腹板式肩梁的内力计算模型相同,但验算内容有所区别,各种情况分述如下。

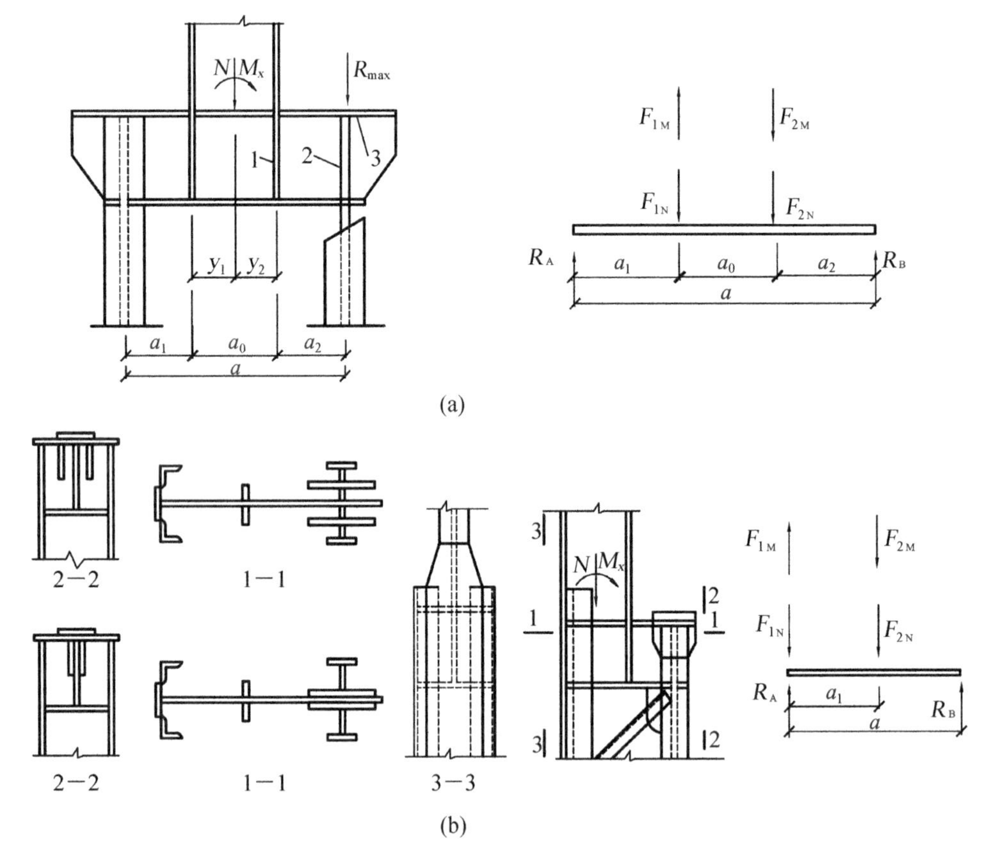

图 3-21 单腹板式肩梁的构造与计算模型

(1) 肩梁的内力计算

按照作用于上段柱截面的最不利内力 M_x、N,可求得肩梁跨中最大弯矩(见图 3-21)

对于中柱肩梁, $M_{\max}=R_B a_2$ 或 $R_A a_1$ (3-10)

对于边柱肩梁, $M_{\max}=R_A a_1$ (3-11)

最大剪力可按下式确定

对于平板支座，

$$V_{max}=\max(R_A,R_B) \tag{3-12}$$

对于突缘支座，

$$V_{max}=R_B+0.6R_{max} \tag{3-13}$$

式中　R_A,R_B——肩梁支座反力，由图 3-21 所示的计算模型中的等效集中荷载 F_{1N},F_{2N},F_{1M},F_{2M}共同作用下的受力条件确定，其中

$$F_{1N}=\frac{Ny_2}{a_0},\quad F_{2N}=\frac{Ny_1}{a_0} \tag{3-14}$$

$$F_{1M}=F_{2M}=\frac{M_x}{a_0} \tag{3-15}$$

R_{max}——肩梁支承吊车梁的突缘支座传至肩梁的最大压力。

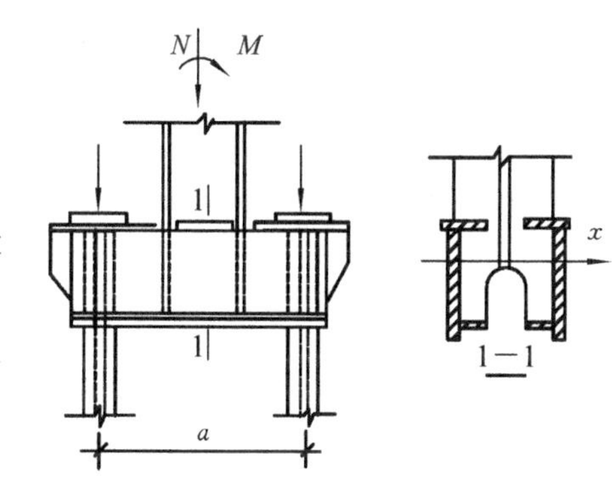

图 3-22　双腹板式肩梁构造

图 3-22 所示双腹板式肩梁的内力计算模型与图 3-21 相同。

(2) 肩梁截面验算

根据上述确定的肩梁内力(最大弯矩和剪力)应对肩梁截面作如下验算。

肩梁截面强度验算

$$\sigma=\frac{M_{max}}{\gamma W_n}\leqslant F \tag{3-16}$$

$$\tau=\frac{V_{max}S}{It_w}\leqslant f_v \tag{3-17}$$

当 $\sigma>0.75f$ 时，尚应对腹板计算高度边缘处做如下验算

$$\sigma_e=\sqrt{\sigma^2+3\tau^2}\leqslant f \tag{3-18}$$

式中　W_n——肩梁净截面模量(其中肩梁的上下翼缘，即盖板宽度取为上柱翼缘宽度，截面高度一般为下段柱截面高度的 0.4～0.6)；

S——截面形心处面积矩；

I——截面惯性矩；

t_w——肩梁腹板厚度。

且应注意到，当吊车梁采用突缘支座且轮压较大时，肩梁腹板应伸过吊车肢腹板并兼作支承加劲肋用(见图 3-21)，此时除按上述要求设计计算外，厚度还应满足如下条件(局部承压条件)

$$t_w\geqslant\frac{R_{max}}{(b+2t_1)f_{ce}} \tag{3-19}$$

式中　b——吊车梁端加劲板宽度；

t_1——肩梁上盖板与垫板厚度之和(见图 3-21(b)、图 3-22)；

f_{ce}——腹板钢材的局部强度设计值；

R_{max}——吊车梁支座传至肩梁的最大压力(一般为突缘支座)。

当该承压计算条件确定的板厚大于按强度计算要求的数值时，为节省钢材，肩梁腹板在梁端局部承压区可采用局部加厚的变截面构造；对吊车荷载很大或有特别繁重硬钩吊车的重型厂房柱，其吊车肢在肩梁范围内的腹板也可局部加厚。

当吊车梁采用平板支座时,吊车肢顶部加劲肋布置应与吊车梁支承加劲肋相对应(见图 3-21(b)中的剖面 1—1 和 2—2),加劲肋上端刨平顶紧,并以吊车梁最大反力 R_{max} 计算其承压面积。

3. 连接焊缝计算

肩梁节点的水平焊缝 3(见图 3-21(a))的长度可按吊车梁最大反力 R_{max} 设计。主要承压焊缝 1 可按传递 $F_{2N}+F_{2M}$ 力计算(确定焊缝的焊脚尺寸);突缘支座时,应对焊缝 2 按传递力 V_{max}(由式(3-13)确定)计算。

3.4 吊车梁设计

在工厂的车间或露天堆料场上,因运输需要,常需要设置各类吊车(起重机),其中以桥式吊车最为普遍。吊车梁或吊车桁架就是在梁或桁架上铺设轨道供桥式吊车行走的受弯构件,其跨度为支承吊车梁的柱的纵距,一般设计成简支结构。因为简支结构传力明确、构造简单、施工方便,且对支座沉陷不敏感。吊车梁有型钢梁、组合工字梁、箱形梁等形式(见图 3-23),其中焊接工字梁最为常用。相对于吊车桁架,吊车梁动力性能好,特别适用于重级工作制吊车的厂房,应用最为广泛。吊车桁架用钢量较实腹式结构节约钢材 15%～30%,但制作较费工,连接节点处对疲劳较敏感,一般适用于跨度 $l \geqslant 18$ m,以及起重量小于等于 75 t 的轻、中级工作制或小吨位软钩重级工作制吊车结构。

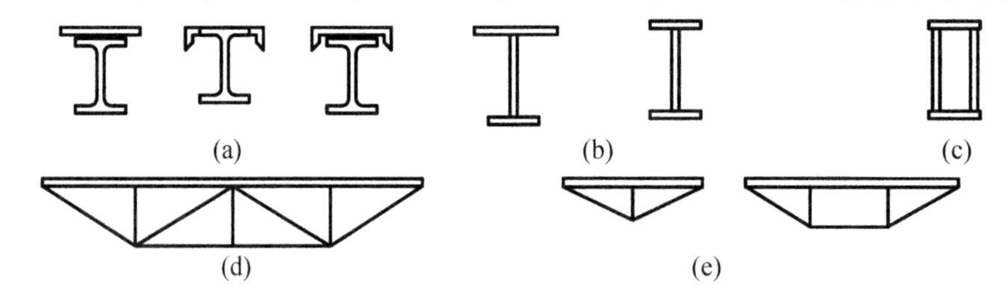

图 3-23 吊车梁和吊车桁架的类型简图

(a)型钢吊车梁;(b)工字形焊接吊车梁;(c)箱形吊车梁;(d)吊车桁架;(e)撑杆式吊车梁架

制作吊车梁的钢材的选材要求:与一般梁相比,吊车梁的特殊性在于,其上作用的荷载除永久荷载外,更主要的是由吊车移动所引起的连续反复作用的动力荷载,这些荷载有竖向荷载、横向水平荷载和纵向水平荷载。因此对于材料的要求高,对于重级工作制和吊车起重量大于等于 500 kN 的中级工作制焊接吊车梁,除应具有抗拉强度、伸长率、屈服点、冷弯性能及碳、硫、磷含量的合格保证外,还应具有冲击韧性的合格保证(即至少应采用 Q235－B)。当冬季温度小于等于－20℃时,对于 Q235 号钢还应具有－20℃冲击韧性合格保证。

由于吊车梁承受动力荷载的反复作用,按照《钢结构设计规范》(GB 50017—2003)的要求,对重级工作制吊车梁除应采用恰当的构造措施防止疲劳破坏外,还要对疲劳敏感区进行疲劳验算。

3.4.1 吊车梁系统结构组成

根据吊车梁所承受的荷载,必须将吊车梁的上翼缘加强或设置制动系统以承担吊车的横向水平力,当跨度及荷载很小时,可直接采用型钢梁(工字钢或 H 型钢);当吊车起重量不大($Q \leqslant 30$ kN)且柱距又小时($l \leqslant 6$ m),可以将吊车上翼缘加强(见图 3-23(a)),或者采用扩大了上翼缘的焊接工字梁,使它在水平面内具有足够的抗弯强度和刚度；对于跨度和其他重量较大的吊车梁，应设置制动结构，即制动梁或制动桁架。图 3-24 是一个边列柱的吊车梁，设置有钢板和槽钢组成的制动梁：吊车梁的上翼缘为制动梁的内翼缘，槽钢则为制动梁的外翼缘。制动梁的宽度不宜小于 1.0～1.5 m，宽度较大时宜采用制动桁架（见图 3-24(b)）。制动桁架是用角钢组成的平行弦桁架，吊车梁的上翼缘兼作制动桁架的弦杆。制动结构不但用以承受横向水平荷载，保证吊车梁的整体稳定，并且兼作检修走道。制动梁腹板（兼作走道板）宜用花纹钢板以防行走滑倒，其厚度一般为 6～10 mm，走道活荷载一般按 2 kN/m^2 考虑。

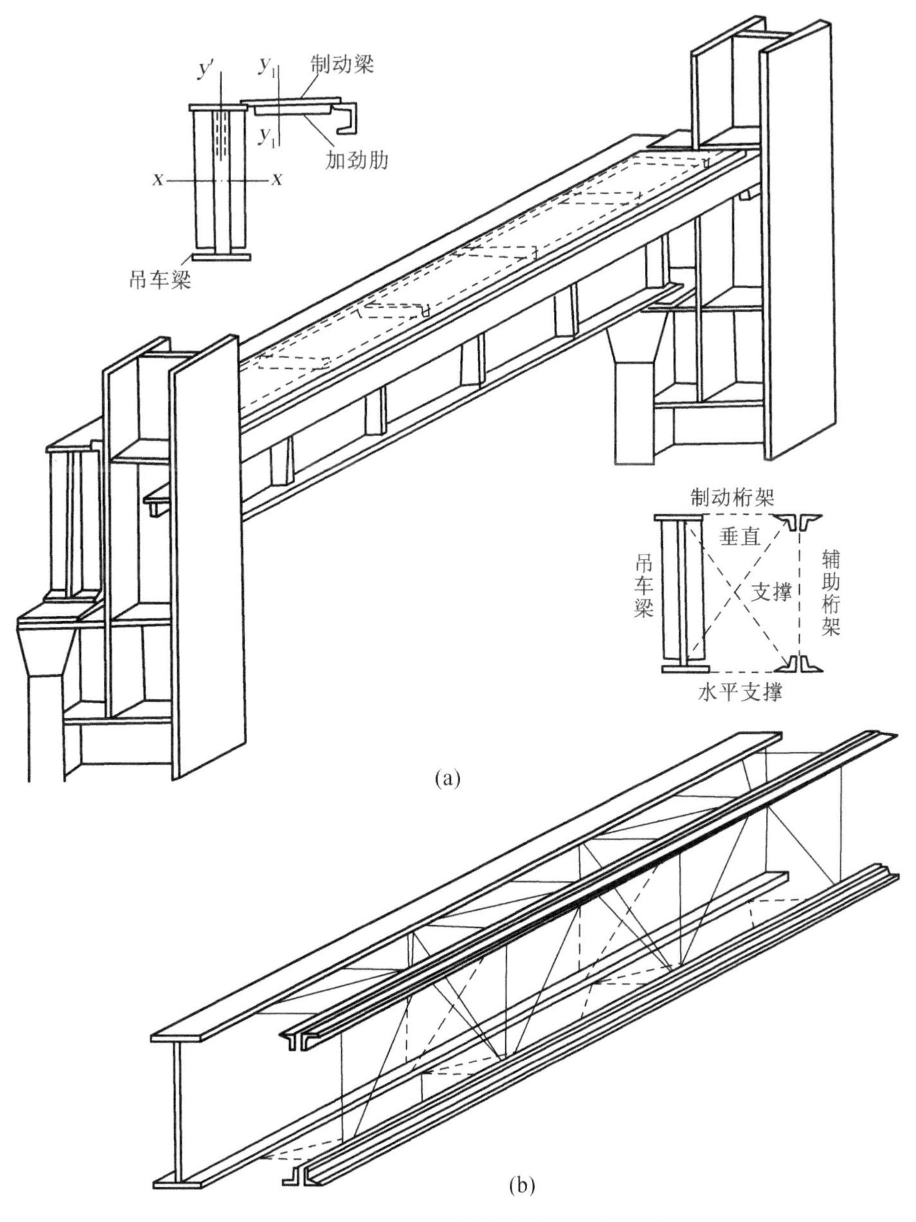

图 3-24　焊接吊车梁的截面形式和制动结构

对于跨度大于等于 12 m 的重级工作制吊车梁,或跨度大于等于 18 m 的轻、中级工作制吊车梁,为了增加吊车梁和制动结构的整体刚度和抗扭性能,对边列柱的吊车梁宜设置与吊车梁平行的垂直辅助桁架,并在辅助桁架和吊车梁之间设置水平支撑和垂直支撑(见图 3-24(b))。垂直支撑虽然对增加刚度有利,但在吊车竖向变位的影响下,容易受力过大而破坏,因此应避免设置在靠近梁的跨度中央处。对柱的两侧均有吊车梁的中列柱,则应在两吊车梁间设置制动结构、水平支撑和垂直支撑。

3.4.2 吊车梁的荷载及内力计算

1. 吊车梁的荷载

吊车在吊车梁上运动产生三个方向的动力荷载:竖向荷载、横向水平荷载和沿吊车梁长度方向的纵向水平荷载。

① 纵向水平荷载是指吊车刹车力,其沿轨道方向由吊车梁传给柱间支撑,计算吊车梁截面时不予考虑。

② 吊车竖向荷载包括吊车系统和起重物的自重以及吊车梁系统的自重。吊车沿轨道运行、起吊、卸载以及工件翻转时将引起吊车梁振动,特别是当吊车越过轨道接头处的空隙时还将发生撞击,从而使梁受到的轮压值大于静荷轮压值。设计中将竖向轮压的动力效应用加大轮压值的方法加以考虑。荷载规范规定:对悬挂吊车(包括电动葫芦)及工作级别 A1～A5(轻、中级工作制)的软钩吊车,动力系数可取 1.05;对工作级别 A6～A8(重级工作制)的软钩吊车、硬钩吊车和其他特种吊车,动力系数取为1.1;计算疲劳和变形时可不乘动力系数。

③ 吊车的横向水平荷载由卡轨力引起:由于吊车轨道不可能绝对平行,吊车轮子和轨道之间有一定的空隙,当吊车刹车时,或吊车运行时车身不平行,发生倾斜,都会在大轮子和轨道之间产生较大的摩擦力,通称卡轨力。

根据《建筑结构荷载规范》(GB 50009—2012),其标准值应取横行小车重力 g 与额定起重量的重力 Q 之和乘以下列百分数。

a. 软钩吊车。当额定起重量 $Q \leqslant 100$ kN 时,取 12%;当 160 kN$\leqslant Q \leqslant$500 kN 时,取 10%;当 $Q \geqslant 750$ kN时,取 8%。

b. 硬钩吊车:取 20%。

横向水平荷载应等分于桥架的两端,分别由轨道上的车轮平均传至轨道,其方向与轨道垂直,并考虑正反两个方向的刹车情况。

对重级工作制吊车,由于吊车梁轨道容易磨损,卡轨力应予以加大,因此《钢结构设计规范》(GB 50017—2003)规定在计算重级工作制吊车梁(吊车桁架)及其制动结构的强度、稳定及连接强度时,应考虑由吊车摆动引起的横向水平力(摇摆力),作用于每个轮压处的此摇摆力标准值计算式为

$$H_k = \alpha P_{kmax} \tag{3-20}$$

式中 P_{kmax}——吊车最大轮压标准值;

α——系数,对一般软钩吊车,$\alpha = 0.1$;抓斗或磁盘吊车宜采用 $\alpha = 0.15$;硬钩吊车宜采用 $\alpha = 0.2$。

以上摇摆力与卡轨力引起的横向水平荷载不同时考虑,取较大值。

2. 吊车梁的内力计算

计算吊车梁的内力时,由于吊车荷载为移动荷载,首先应按结构力学中影响线的方法确定各内力

所需吊车荷载的最不利位置，再按此求出吊车梁的最大弯矩 $M_{x\max}$ 及其相应的剪力 V、支座处最大剪力 $V_{\max}$ 以及横向水平荷载作用下在水平方向所产生的最大弯矩 $M_{y\max}$，当为制动桁架时还要计算横向水平荷载在吊车梁上翼缘所产生的局部弯矩 M。

如果该跨厂房中有两台吊车，计算吊车梁的强度、稳定性时，按两台吊车考虑；计算吊车梁的疲劳和变形时按作用在跨间起重量最大的一台吊车考虑。疲劳和变形的计算，采用吊车荷载的标准值，不考虑动力系数。

吊车梁、制动结构、支撑杆自重、轨道等附加杆件自重以及制动结构上的检修荷载等产生的内力，可以近似地取为吊车最大垂直轮压产生的内力乘以表 3-4 中的系数。

表 3-4 自重系数

吊车梁跨度/m	6	12	≥18
自重系数	0.03	0.05	0.07

3.4.3 吊车梁的截面验算

1. 吊车梁系统截面选择

求出吊车梁最不利的内力之后，根据受弯构件一章中组合梁截面选择的方法试选吊车梁截面，但需要注意两点。

① 吊车梁所需截面模量计算式为

$$W_{nx}=\frac{M_{x\max}}{\alpha f} \tag{3-21}$$

式中 α——考虑横向水平荷载作用的系数，取 0.7～0.9(重级工作制吊车取偏小值，轻、中级工作制吊车取偏大值)。

$M_{x\max}$——两台吊车竖向荷载产生的最大弯矩设计值。

② 吊车梁的最小高度计算式为

$$h_{\min}=\frac{\sigma_k l^2}{5E[v_T]} \tag{3-22}$$

式中 σ_k——竖向荷载标准值产生的应力，可用 $\sigma_k=\frac{M_{xk1}}{W_{nx}}$ 进行估算，这里 M_{xk1} 为吊车梁在自重和一台吊车竖向荷载标准值作用下的最大弯矩；W_{nx} 为按式(3-21)计算的截面模量。

$[v_T]$——挠度的容许值，由一台最大吊车横向水平荷载所产生的挠度，不宜超过制动结构跨度的 $\frac{1}{2200}$。

2. 截面验算

(1) 强度验算

① 上翼缘的正应力公式。

无制动结构时，
$$\sigma=\frac{M_{x\max}}{W_{nx1}}+\frac{M_{y\max}}{W_{ny}}\leqslant f \tag{3-23}$$

有制动梁时，
$$\sigma=\frac{M_{x\max}}{W_{nx1}}+\frac{M_{y\max}}{W_{ny1}}\leqslant f \tag{3-24}$$

有制动桁架时，

$$\sigma=\frac{M_{x\max}}{W_{nx1}}+\frac{M}{W_{ny}}+\frac{N}{A_{ny}}\leqslant f \tag{3-25}$$

式中 $M_{x\max}$、$M_{y\max}$——吊车竖向荷载及横向水平力(横向水平荷载或摇摆力)产生的弯矩；

W_{nx1}——吊车梁对轴的上部纤维的净截面模量；

W_{ny}——吊车梁上翼缘截面(包括加强板、角钢或槽钢)对 y 轴的净截面模量，见图 3-25(a)；

W_{ny1}——制动梁截面对组合截面重心 y_1 轴吊车梁上翼缘外边缘纤维的截面模量，见图 3-25(b)；

A_{nf}——吊车梁上翼缘及 $15t_w$ 腹板的净截面面积之和，见图 3-25(c)；

M——横向水平荷载在吊车梁上翼缘所产生的局部弯矩；

N——横向水平荷载或摇摆力在吊车梁上翼缘所产生的轴向压力；

f——钢材强度设计值。

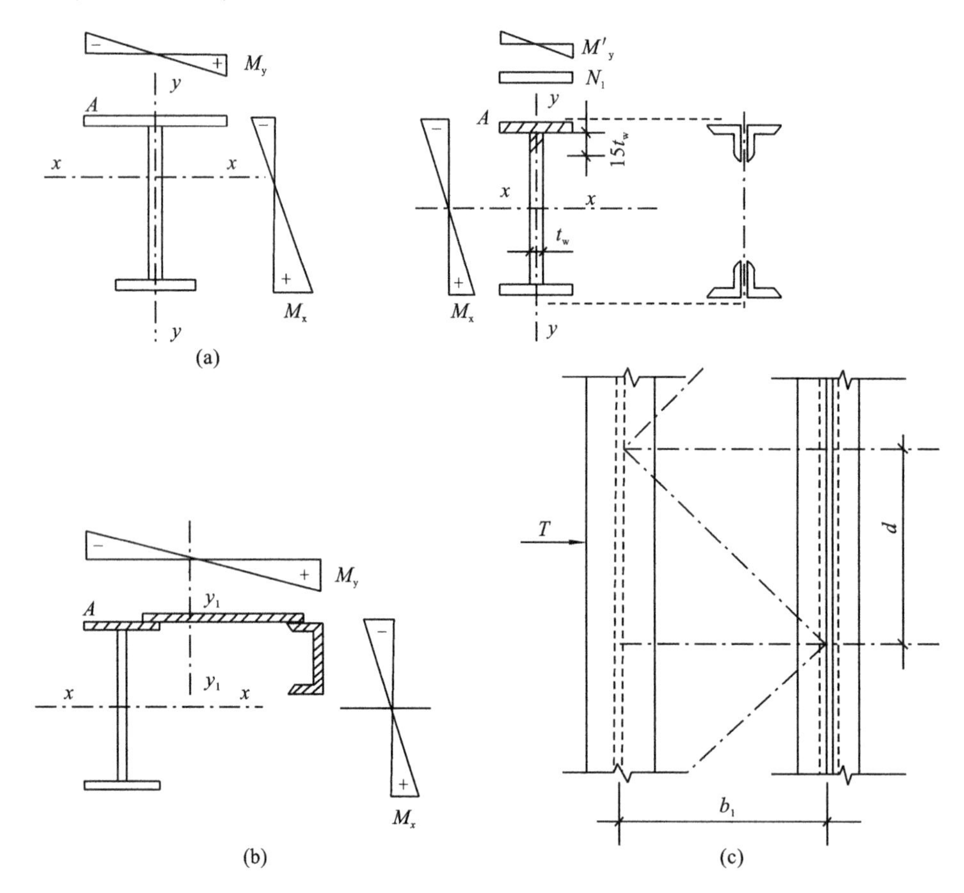

图 3-25 吊车梁的截面验算

② 下翼缘正应力计算公式。

$$\sigma=\frac{M_{x\max}}{W_{nx2}}\leqslant f \tag{3-26}$$

式中 W_{nx2}——吊车梁对 x 轴的下部纤维的净截面模量。

③ 剪应力计算公式。

$$\tau=\frac{V_{\max}S}{It_{\mathrm{w}}}\leqslant f_{\mathrm{v}} \tag{3-27}$$

式中 $V_{\max}$——梁支座处最大剪力；

S——梁中和轴以上毛截面对中和轴的面积矩；

I——梁毛截面惯性矩；

t_{w}——腹板厚度；

f_{v}——钢材抗剪强度设计值。

④ 腹板计算高度上边缘的局部承压强度计算。

$$\sigma_{\mathrm{c}}=\frac{\Psi F}{t_{\mathrm{w}}l_z}\leqslant f \tag{3-28}$$

式中 F——考虑动力系数的吊车最大轮压的设计值；

Ψ——对重级工作制的吊车梁取1.35，其他情况取1.1；

l_z——集中荷载在腹板计算高度上边缘的假定分布长度，$l_z=a+5h_y+2h_{\mathrm{R}}$，$a$为集中荷载沿梁跨度方向的支承长度，对钢轨上的轮压可取50 mm；h_y为自梁顶面至腹板计算高度上边缘的距离（对焊接梁即翼缘板厚度）；h_{R}为轨道的高度，对梁顶无轨道的梁$h_{\mathrm{R}}=0$。

⑤ 此外，还应验算吊车梁上翼缘与腹板交界处的折算应力。

$$\sqrt{\sigma^2+\sigma_{\mathrm{c}}^2-\sigma\sigma_{\mathrm{c}}+3\tau^2}\leqslant\beta_1 f \tag{3-29}$$

式中 β_1——系数，当σ与σ_{c}异号时，取$\beta_1=1.2$；当σ与σ_{c}同号时，取$\beta_1=1.1$。

(2) 整体稳定验算

无制动结构时，按下式验算梁的整体稳定性

$$\frac{M_{x\max}}{\varphi_{\mathrm{b}}W_x}+\frac{M_{y\max}}{W_y}\leqslant f \tag{3-30}$$

式中 W_x——按吊车梁受压纤维确定的对x轴的毛截面模量；

W_y——上翼缘对y轴的毛截面模量；

φ_{b}——梁的整体稳定系数，按附录C（梁的整体稳定系数）确定。

当采用制动梁或制动桁架时，梁的整体稳定性能够保证，不必计算。

(3) 刚度验算

吊车梁在垂直方向内的刚度可直接按下式近似计算（等截面时）

$$v=\frac{M_{x\mathrm{kmax}}l^2}{10EI_x}\leqslant[v] \tag{3-31}$$

式中 $M_{x\mathrm{kmax}}$——竖向荷载（一台吊车荷载和吊车梁自重）的标准值引起的最大弯矩，不考虑动力系数；

$[v]$——挠度的容许值。

(4) 翼缘与腹板连接焊缝

翼缘焊缝的计算见《钢结构基本原理》，上翼缘焊缝除承受水平剪应力外，还承受由吊车轮压引起的竖向应力；下翼缘焊缝仅受翼缘和腹板间的水平剪应力。对于重级工作制的吊车梁，上翼缘与腹板的连接应采用如图3-26所示的焊透的T形连接焊缝，焊缝质量不低于二级焊缝标准，可认为与腹板等强而不再验算其强度。

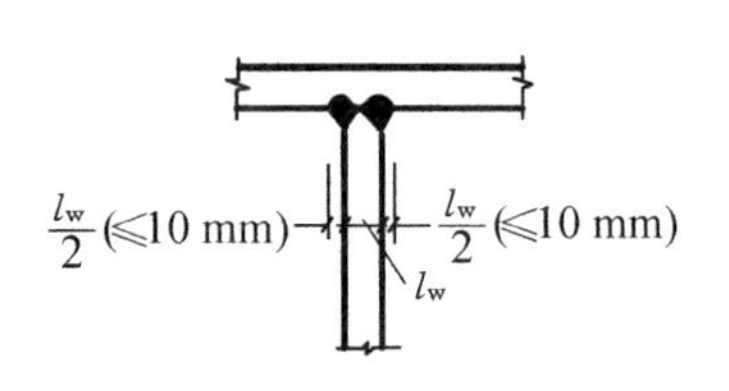

图 3-26　焊透的 T 形连接焊缝

(5) 腹板的局部稳定验算

腹板局部稳定的计算原理和方法，按《钢结构设计规范》(GB 50017—2003)中 5.4 条验算。吊车梁腹板除承受弯矩产生的正应力和剪应力外，尚承受吊车最大轮压传来的局部压应力。

(6) 疲劳验算

具体验算请参见相关资料。

3.4.4　吊车梁与柱的连接

吊车梁下翼缘与框架柱的连接，一般采用 M20～M26 的普通螺栓固定。螺栓上的垫板厚度取 16～18 mm。

当吊车梁位于设有柱间支撑的框架柱上时(见图 3-27)，下翼缘与吊车平台间应另加连接板用焊缝或高强度螺栓连接，按承受吊车纵向水平荷载和山墙传来的风荷载进行计算。

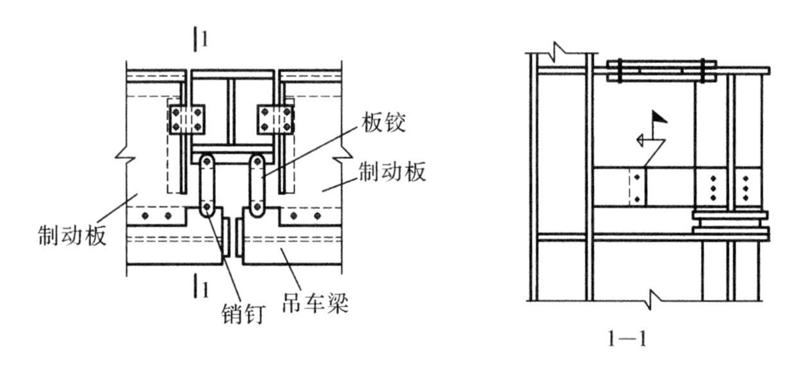

图 3-27　吊车梁与柱的连接

吊车梁上翼缘与柱的连接应能传递全部支座处的水平反力。同时，对重级工作制吊车梁应注意采取适当的构造措施，减少对吊车梁的约束，以保证吊车梁在简支状态下工作。上翼缘与柱宜通过连接板用大直径销钉(见图 3-26)连接。

吊车梁之间的纵向连接通常在梁端高度下部加设调整填板，并用普通螺栓连接。

3.4.5　吊车梁设计例题

【例 3.1】　设计一简支吊车梁，跨度为 12 m，2 台 500/100 kN 重级工作制(A7 级)桥式吊车，吊车跨度 L=28.5 m，横行小车重 G=165 kN。吊车轮压简图如图 3-28 所示，最大轮压标准值 F_k=448 kN，轨道型号为 QU80(轨高 130 mm，底宽 130 mm)(吊车资料系按大连起重机厂 1984 年产品样

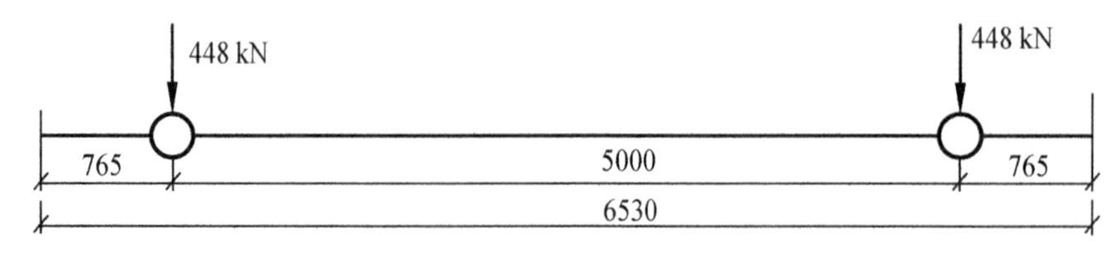

图 3-28　轮压简图(单位：mm)

本)。吊车梁采用Q345钢,腹板与翼缘连接焊缝采用自动焊。制动梁宽度为1.0 m。

【解】 (1) 内力计算

① 两台吊车作用下的内力。

竖向轮压在支座A处产生的最大剪力,最不利轮位可能如图3-29(a)所示,也可能如图3-29(b)所示。

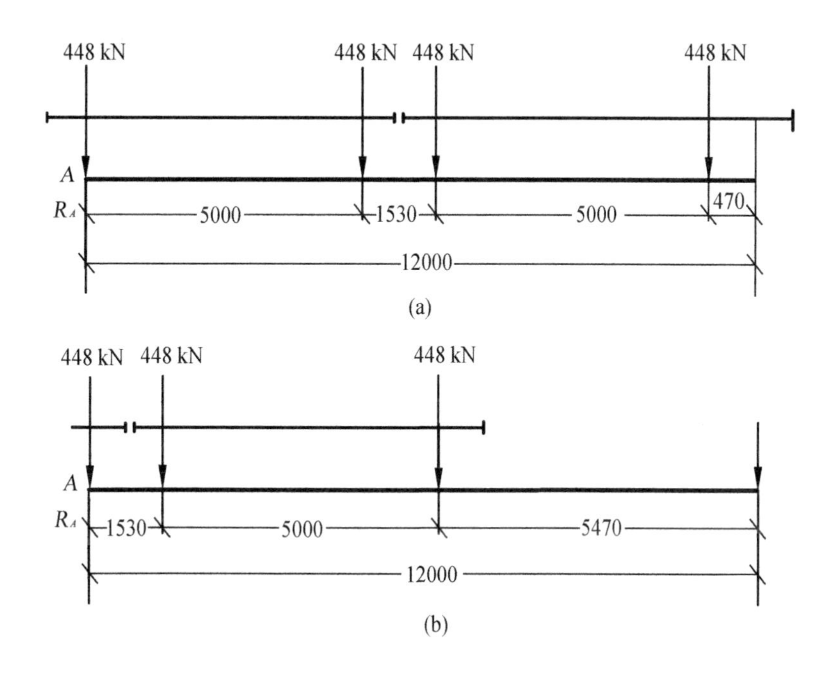

图3-29 最大剪力轮压(单位:mm)

由图3-29(a)

$$V_{kA}=R_A=448\times\frac{1}{12}(0.47+5.47+7.00+12)\ \text{kN}=931\ \text{kN}$$

由图3-29(b)

$$V_{kA}=448\times\frac{1}{12}(5.47+10.47+12)\ \text{kN}=1043\ \text{kN}$$

最大剪力标准值为

$$V_{kmax}=1043\ \text{kN}$$

竖向轮压产生的绝对最大弯矩轮位如图3-29所示,最大弯矩在C点处,其值为

$$R_A=3\times448\times\frac{6.578}{12}\ \text{kN}=736.7\ \text{kN}$$

$$M_{kC}=(736.7\times6.578-448\times5)\ \text{kN}\cdot\text{m}=2606\ \text{kN}\cdot\text{m}$$

相应剪力 $V_{kC}=(736.7-448)\ \text{kN}=288.7\ \text{kN}$

计算吊车梁及制动结构的强度时应考虑由吊车摆动引起的横向水平力H_k,此处$H_k=0.1F_k$,产生的最大水平弯矩为

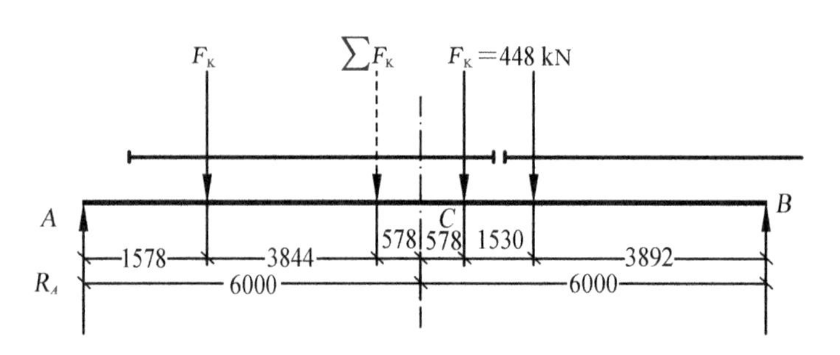

图 3-30 最大弯矩轮压(单位:mm)

$$M_{kY}=0.1M_{kC}=260.0\ \text{kN}\cdot\text{m}$$

② 一台吊车作用下的内力。

最大剪力(见图 3-31(a))为

$$V_{k1}=448\times\frac{1}{12}(7+12)\ \text{kN}=709.3\ \text{kN}$$

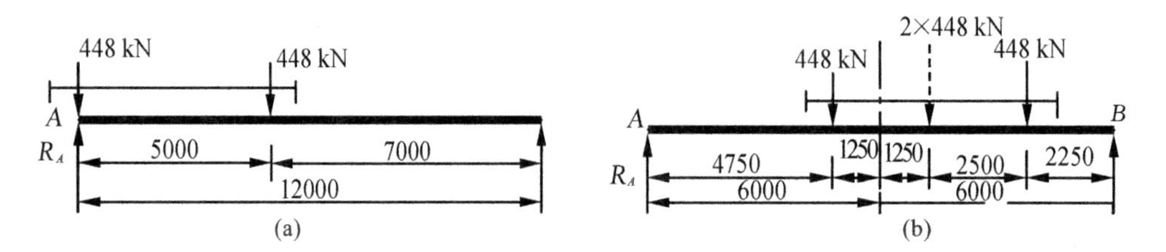

图 3-31 一台吊车的最大剪力和最大弯矩轮压(单位:mm)

最大弯矩(见图 3-31(b))为

$$R_A=2\times448\times\frac{4.75}{12}\ \text{kN}=354.7\ \text{kN}$$

$$M_{kC1}=354.7\times4.75\ \text{kN}\cdot\text{m}=1685\ \text{kN}\cdot\text{m}$$

在 C 点处相应剪力

$$V_{kC1}=R_A=354.7\ \text{kN}$$

计算制动结构的水平挠度时,应采用由一台吊车横向水平荷载标准值 T_k(按荷载规范取值)所产生的挠度。

$$T_k=\frac{10}{100}\times\frac{Q+G}{n}=\frac{10}{100}\times\frac{500+165}{4}\ \text{kN}=16.6\ \text{kN}$$

水平荷载最不利轮位与图 3.30(b)相同,产生的最大水平弯矩为

$$M_{kY1}=1685\times\frac{16.6}{448}\ \text{kN}\cdot\text{m}=62.44\ \text{kN}\cdot\text{m}$$

③ 内力汇总,见表 3-5。

表3-5 吊车梁内力汇总表

两台吊车时			一台吊车时			
计算强度和稳定性时的设计值			计算竖向挠度的标准值	计算疲劳的标准值		计算水平挠度的标准值
$M_{x\max}$	M_y	$V_{x\max}$	M_{xk}	M_{xk1}	V_{k1}	M_{yk1}
[1.1×1.4×2606+1.1×1.2×0.05×2606]kN·m=4185 kN·m	1.4×260.6 kN·m=364.8 kN·m	[1.1×1.4×1043+1.1×1.2×0.05×1403]kN·m=1675 kN·m	1.05×1685 kN·m=1769 kN·m	1685 kN·m	709 kN	62.44 kN·m

注:① 吊车梁和轨道等自重设为竖向荷载的0.05倍;

② 竖向荷载动力系数为1.1;恒荷载分项系数为1.2;吊车荷载分项系数为1.4;

③ 与$M_{x\max}$相应的剪力设计值V_C=(1.1×1.4×288.7+1.1×1.2×0.05×288.7) kN=463.7 kN。

(2) 截面选择

钢材为Q345,其强度设计值为

抗弯 $f_1=310\ \text{N/m}^2(t\leqslant 16\ \text{mm})$

$f_2=295\ \text{N/mm}^2(t=17\sim 35\ \text{mm})$

抗剪 $f_v=180\ \text{N/mm}^2(t\leqslant 16\ \text{mm})$

估计翼缘板厚度超过16 mm,故抗弯强度设计值取为295 N/mm²;而腹板厚度不超过16 mm,故抗剪强度取为$f_v=180\ \text{N/mm}^2$。

① 梁高。

需要的截面模量

$$W_{nx}=\frac{M_{x\max}}{\alpha\cdot f}=\frac{4185\times 10^6}{0.7\times 295}\ \text{mm}^3=20\ 270\times 10^3\ \text{mm}^3$$

由一台吊车竖向荷载标准值产生的弯曲应力为

$$\sigma_k=\frac{M_{xk1}}{W_{nx}}=\frac{1769\times 10^6}{20270\times 10^3}\ \text{N/mm}^2=87.3\ \text{N/mm}^2$$

由刚度条件确定的梁截面最小高度为

$$h_{\min}=\frac{\sigma_k}{5E}\cdot\frac{l}{[v]}\cdot l=\frac{87.3}{5\times 206\times 10^3}\times 1200\times 12\ 000\ \text{mm}=1221\ \text{mm}$$

梁的经济高度为

$$h_s=2W_{nx}^{0.4}=2\times(20\ 270\times 10^3)^{0.4}\ \text{mm}=1674\ \text{mm}$$

取腹板高度$h_w=1600$ mm。

② 腹板厚度t_w。

由抗剪要求

$$t_w\geqslant 1.2\frac{V_{x\max}}{h_w f_v}=\frac{1657\times 10^3}{1600\times 180}\times 1.2\ \text{mm}=7.0\ \text{mm}$$

由经验公式

$$t_w=\sqrt{h_w}/3.5=\sqrt{1600}/3.5\ \text{mm}=11.4\ \text{mm}$$

取 $t_w=12$ mm。

③ 翼缘板宽度 b 和厚度 t。

需要的翼缘板截面积约为

$$A_{f1}=\frac{W_{nx}}{h_w}-\frac{1}{6}t_w h_w$$

$$=\left(\frac{20\ 270}{160}-\frac{1}{6}\times1.2\times160\right)\ \text{cm}^2=94.7\ \text{cm}^2$$

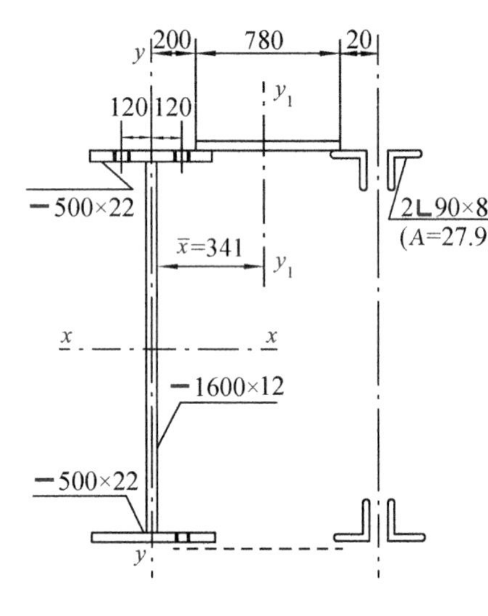

图 3-32 梁截面

因吊车钢轨用压板与吊车梁上翼板连接,故上翼板在腹板两侧均有螺栓孔。另外,本设计是跨度为 12 m 的重级工作制吊车梁,应设置辅助桁架和水平、垂直支撑系统,因此下翼缘也应有连接水平支撑的螺栓孔(见图3-32),设上、下翼缘的螺栓孔直径为 $d_0=24$ mm。

$$b=\left(\frac{1}{5}\sim\frac{1}{3}\right)h=33\sim55\ \text{cm}$$

取上翼缘宽度 500 mm(留两个螺栓孔),下翼缘宽度 500 mm(留一个螺栓孔)。

$$t=\frac{94.7}{50-2\times2.4}\ \text{mm}=21\ \text{mm},取\ t=22\ \text{mm}$$

$$\frac{b_1}{t}=\frac{25}{2.2}=11.4<15\sqrt{\frac{235}{345}}=12.4(满足局部稳定要求)$$

④ 制动板选用 8 mm 厚花纹钢板,制动梁外侧翼缘(即辅助桁架的上弦)选用2∟90×8($A=27.9\ \text{cm}^2$,$I_y=467\ \text{cm}^4$)。

⑤ 截面几何特性。

吊车梁毛截面惯性矩

$$I_x=\frac{1}{12}(50\times164.4^3-48.8\times160^3)\ \text{cm}^4=1\ 857\ 000\ \text{cm}^4$$

净截面惯性矩(假设中和轴 $x-x$ 与毛截面的相同)

$$I_{nx}=(1\ 857\ 000-3\times2.4\times2.2\times82.2^2)\ \text{cm}^4=1\ 750\ 000\ \text{cm}^4$$

吊车梁净截面模量

$$W_{nx}=\frac{1\ 750\ 000}{82.2}\ \text{cm}^3=21\ 290\ \text{cm}^3$$

制动梁净面积

$$A_n=[(50-2\times2.4)\times2.2+78\times0.8+27.9]\ \text{cm}^2=189.7\ \text{cm}^2$$

制动梁截面重心至吊车梁腹板中心之间的距离

$$\bar{x}=\frac{1}{189.7}(78\times0.8\times59+27.9\times100)\ \text{cm}=34.1\ \text{cm}$$

制动梁对 y_1-y_1 轴的毛截面惯性矩

$$I_{y1}=\left(\frac{1}{12}\times2.2\times50^3+2.2\times50\times34.1^2+467+27.9\times65.9^2+\frac{1}{12}\right.$$

$$\times 0.8\times 78^3+78\times 0.8\times 24.9^2)\ \text{cm}^4=343\ 000\ \text{cm}^4$$

制动梁对吊车梁上翼缘外边缘点的净截面模量

$$W_{\text{ny1}}=\left[\frac{343\ 000-2.4\times 2.2(46.1^2+22.1^2)}{59.1}\right]\text{cm}^3=5570\ \text{cm}^3$$

(3) 截面验算

① 验算强度。

上翼缘正应力

$$\frac{M_x}{W_{\text{n}x}}+\frac{M_y}{W_{\text{ny1}}}=\left(\frac{4185\times 10^6}{21\ 290\times 10^3}+\frac{364.8\times 10^6}{5570\times 10^3}\right)\text{N/mm}^2=262.1\ \text{N/mm}^2<f_2=295\ \text{N/mm}^2$$

剪应力

$$\begin{aligned}\tau&=\frac{V_xS}{I_xt_{\text{w}}}=\frac{1675\times 10^3}{1\ 857\ 000\times 10^4\times 12}\times\left(500\times 22\times 811+800\times 12\times\frac{800}{2}\right)\text{N/mm}^2\\&=96\ \text{N/mm}^2<f_{\text{v}}=180\ \text{N/mm}^2\end{aligned}$$

腹板局部压应力

$$\begin{aligned}\sigma_{\text{c}}&=\frac{\Psi F}{t_{\text{w}}l_z}=\frac{1.35\times 448\times 10^3\times 1.4\times 1.1}{12\times(50+2\times 130+5\times 22)}\ \text{N/mm}^2\\&=184.8\ \text{N/mm}^2<f_{\text{t}}=310\ \text{N/mm}^2\end{aligned}$$

② 整体稳定验算。

因有制动梁，不需要验算吊车梁的整体稳定性。

③ 刚度验算。

吊车梁的竖向相对挠度

$$\frac{v}{l}=\frac{M_{x\text{k1}}\cdot l}{10EI_x}=\frac{1769\times 10^3\times 12\ 000}{10\times 206\times 10^3\times 1\ 857\ 000\times 10^4}=\frac{1}{1802}<\frac{1}{1200}$$

制动梁的水平相对挠度

$$\frac{u}{l}=\frac{M_{y\text{k1}}l}{10EI_{y1}}=\frac{62.44\times 10^6\times 12\ 000}{10\times 206\times 10^3\times 343\ 000\times 10^4}=\frac{1}{9430}<\frac{1}{2200}$$

由于跨度不大，梁截面沿长度不予改变。

(4) 翼缘与腹板的连接焊缝

① 腹板与上翼缘的连接采用焊透的T形对接焊缝，焊缝质量不低于二级。不必计算。

② 腹板与下翼缘的连接采用角焊缝，需要的焊脚尺寸为

$$h_{\text{f}}\geqslant\frac{1}{1.4f_{\text{f}}^{\text{w}}}\cdot\frac{V_xS_1}{I_x}=\frac{1}{1.4\times 200}\cdot\frac{1675\times 10^3\times 500\times 22\times 811}{1\ 857\ 000\times 10^4}\ \text{mm}=2.9\ \text{mm}$$

采用 $h_{\text{f}}=8\ \text{mm}>1.5\sqrt{t}=1.5\sqrt{22}\ \text{mm}=7.04\ \text{mm}$。

(5) 腹板局部稳定

因受压翼缘连有制动板，可认为扭转受到完全约束。

$$\frac{h_0}{t_{\text{w}}}=\frac{1600}{12}=133<170\sqrt{\frac{235}{345}}=140$$

只需设置横向加劲肋，沿全跨等间距布置，设间距 $a=1200$，则全跨有十个板段。

① 靠近跨中的板段 V 或 V'(见图3-33)中央，正好在最大弯矩 $M_{x\max}$ 附近，其应力为

$$\sigma=\frac{M_{x\max}}{W_{nx}}\cdot\frac{h_0}{h}=\frac{4185\times10^6}{21\ 290\times10^3}\times\frac{1600}{1644}\ \text{N/mm}^2=191.3\ \text{N/mm}^2$$

$$\tau=\frac{V_c}{h_0t_w}=\frac{463.7\times10^3}{1600\times12}\ \text{N/mm}^2=24.2\ \text{N/mm}^2$$

$$\sigma=\frac{F}{t_wl_z}=\frac{448\times10^3\times1.4\times1.1}{12\times(50+2\times130+5\times22)}\ \text{N/mm}^2=136.9\ \text{N/mm}^2$$

各自的临界应力为

由 $\lambda_b=\frac{t_0/t_w}{177}\sqrt{\frac{345}{235}}=0.91>0.85$ 但小于 1.25,得

$$\sigma_{cr}=[1-0.79(\lambda_b-0.85)]f=[1-0.79(0.91-0.85)]\times310\ \text{N/mm}^2=296\ \text{N/mm}^2$$

由 $\lambda_c=\frac{133}{28\sqrt{10.9+13.4(1.83-0.75)^3}}\times\sqrt{\frac{345}{235}}=1.09>0.9$ 但小于 1.2,得

$$\sigma_{c,cr}=[1-0.79\times(1.09-0.9)]\times310\ \text{N/mm}=263.5\ \text{N/mm}^2$$

由 $\lambda_s=\frac{133}{41\sqrt{4+5.34\times1.33^2}}\sqrt{\frac{345}{235}}=1.07>0.8$ 但小于 1.2,得

$$\tau_{cr}=[1-0.59\times(1.07-0.8)]\times180\ \text{N/mm}^2=151\ \text{N/mm}^2$$

验算稳定性

$$\left(\frac{\sigma}{\sigma_{cr}}\right)^2+\frac{\sigma_c}{\sigma_{c,cr}}+\left(\frac{\tau}{\tau_{cr}}\right)^2=\left(\frac{191.3}{296}\right)^2+\frac{136.9}{263.5}+\left(\frac{24.2}{151}\right)^2=0.963<1.0\ \text{满足}$$

② 靠近支座的端部板段Ⅰ(见图 3-33)。

此板段的弯曲正应力影响甚小,可假定 $\sigma=0$,板段中央所承受最不利剪力 V_1 比最大剪力 $V_{x\max}$ 略小,但假定 $V_1=V_{x\max}$ 以弥补略去弯曲正应力的影响。

$$\tau=\frac{1675\times10^3}{1600\times12}\ \text{N/mm}^2=87.2\ \text{N/mm}^2$$

局部压应力仍为 $\sigma_c=136.9\ \text{N/mm}^2$

$$\left(\frac{\sigma}{\sigma_{cr}}\right)^2+\frac{\sigma_c}{\sigma_{c,cr}}+\left(\frac{\tau}{\tau_{cr}}\right)^2=\frac{136.9}{263.5}+\left(\frac{87.2}{151}\right)^2=0.52+0.33=0.85<1.0$$

(6) 中间横向加劲肋截面(腹板两侧成对配置)

外伸宽度: $b_s\geqslant\frac{h_0}{30}+40=\left(\frac{1600}{30}+40\right)\ \text{mm}=93.3\ \text{mm}$,取 120 mm

厚度: $t_s=\frac{1}{15}b_s=\left(\frac{1}{15}\times120\right)\ \text{mm}=8\ \text{mm}$

选用截面— 120×8。

(7) 支座加劲肋

支座处设有用突缘加劲板(见图 3-33),其截面选用— 500×20。

稳定性验算:按承受最大支座反力 $R=V_{v\max}=1675$ kN 的轴心压杆,验算在腹板平面外的稳定性。

$$A=(50\times2.0+18\times1.2)\ \text{cm}^2=121.6\ \text{cm}^2$$

$$I_s=\left(\frac{1}{12}\times2.0\times50^3\right)\ \text{cm}^4=20\ 800\ \text{cm}^4$$

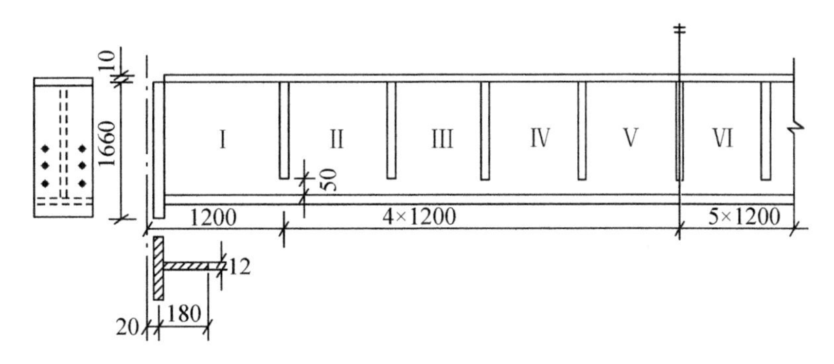

图 3-33 加劲肋的布置(单位:mm)

$$i_x=\sqrt{\frac{20\ 800}{121.6}}\ \text{cm}=131.\ \text{cm}$$

$$\lambda=\frac{h_0}{i_x}=\frac{160}{13.1}=12.2$$

由 $\lambda\sqrt{\frac{345}{235}}=14.8$,查附录 D 得,$\varphi=0.98$(b 类截面,不考虑扭转效应)。

验算整体稳定性

$$\frac{R}{\varphi A}=\frac{1675\times 10^3}{0.98\times 121.6\times 10^2}\ \text{N/mm}^2=141\ \text{N/mm}^2<f_2=295\ \text{N/mm}^2$$

验算端面承压应力

$$\sigma_{ce}=\frac{R}{A_{ce}}=\frac{1675\times 10^3}{500\times 20}\ \text{N/mm}^2=167.5\ \text{N/mm}^2<f_{ce}=400\ \text{N/mm}^2$$

支承加劲肋与腹板的连接焊缝计算为

$$\sum l_w=2\times(160-1)\ \text{cm}=318\ \text{cm}$$

$$h_f=\frac{R}{0.7f_f^w\sum l_w}=\frac{1675\times 10^3}{0.7\times 200\times 3180}\ \text{mm}=3.8\ \text{mm}$$

取 $h_f=8$ mm,大于最小焊脚尺寸 $1.5\sqrt{20}$ mm=6.7 mm。

(8) 吊车梁的拼接

由钢板规格,翼缘板(厚 22 mm,宽 0.5 m)和腹板(厚 12 mm,宽 1.6 m)的长度均可达 12 m,且运输也无困难,故不需要进行拼接。

(9) 吊车梁的疲劳强度验算

① 下翼缘与腹板连接处的主体金属。

由于应力幅 $\Delta\sigma=\sigma_{max}-\sigma_{min}$,其中 σ_{max} 为恒载与吊车荷载产生的应力,σ_{min} 为恒载产生的应力,故 $\Delta\sigma$ 为吊车竖向荷载产生的应力。

$$\Delta\sigma=\frac{M_{xk1}}{W_{nx}}\cdot\frac{h_0}{h}=\frac{1685\times 10^6}{21\ 290\times 10^3}\times\frac{1600}{1644}\ \text{N/mm}^2=77\ \text{N/mm}^2$$

由附录 F(疲劳计算的构件和连接分类)查得此种连接种类为三类,查表得 $[\Delta\sigma]_{2\times 10^6}=118\ \text{N/mm}^2$。

$$\alpha_f \cdot \Delta\sigma = 0.8 \times 77\ \text{N/mm}^2 = 61.6\ \text{N/mm}^2 < [\Delta\sigma]_{2\times10^6} = 118\ \text{N/mm}^2$$

② 下翼缘连接支撑的螺栓孔处。设一台吊车最大弯矩截面处正好有螺栓孔。

$$\Delta\sigma = \frac{M_{xk1}}{W_{nx}} = \frac{1865\times10^6}{21\ 290\times10^3}\ \text{N/mm}^2 = 79.1\ \text{N/mm}^2$$

此连接类别为三类，$[\Delta\sigma]_{2\times10^6} = 118\ \text{N/mm}^2$。

$$\alpha_f \cdot \Delta\sigma = 0.8\times79.1\ \text{N/mm}^2 = 63.3\ \text{N/mm}^2 < [\Delta\sigma]_{2\times10^6} = 118\ \text{N/mm}^2$$

③ 横向加劲肋下端的主体金属(截面沿长度不改变的梁，可只验算最大弯矩截面处)。此类连接为第五类，查表得$[\Delta\sigma]_{2\times10^6} = 90\ \text{N/mm}^2$。

最大弯矩为 $M_{xk1} = 1685\ \text{kN}\cdot\text{m}$，相应的剪力 $V = 354.7\ \text{kN}$

$$\Delta\tau = \frac{VS}{I_x t_w} = \frac{354.7\times10^3}{1\ 857\ 000\times10^4\times12}\times(500\times22\times811+50\times12\times775)\ \text{N/mm}^2$$
$$= 15\ \text{N/mm}^2$$

$$\Delta\sigma = \frac{M_{xk1}}{W_{nx}}\times\frac{750}{822} = \frac{1685\times10^6}{21\ 290\times10^3}\times\frac{750}{822}\ \text{N/mm}^2 = 72.2\ \text{N/mm}^2$$

主拉应力幅为

$$\Delta\sigma_0 = \frac{\Delta\sigma}{2}+\sqrt{\left(\frac{\Delta\sigma}{2}\right)^2+(\Delta\tau)^2} = \left(\frac{72.2}{2}+\sqrt{\left(\frac{72.2}{2}\right)^2+15^2}\right)\text{N/mm}^2$$
$$= 75.2\ \text{N/mm}^2$$

$$\alpha_f \cdot \Delta\sigma = 0.8\times75.2\ \text{N/mm}^2 = 60.2\ \text{N/mm}^2 < [\Delta\sigma]_{2\times10^6} = 90\ \text{N/mm}^2$$

④ 下翼缘与腹板连接的角焊缝。

此角焊缝 $h_f = 8\ \text{mm}$，疲劳类别为八类，$[\Delta\tau]_{2\times10^6} = 59\ \text{N/mm}^2$，角焊缝的应力幅为

$$\Delta\tau_f = \frac{V_{k1}S_1}{2\times0.7h_f\times I_x} = \frac{709\times10^3\times500\times22\times811}{1.4\times8\times1\ 857\ 000\times10^4}\ \text{N/mm}^2 = 30.4\ \text{N/mm}^2$$

$$\alpha_f\Delta\tau_f = 0.8\times30.4\ \text{N/mm}^2 = 24.3\ \text{N/mm}^2 < [\Delta\tau]_{2\times10^6} = 59\ \text{N/mm}^2$$

⑤ 支座加劲肋与腹板连接的角焊缝。

此角焊缝 $h_f = 8\ \text{mm}$，疲劳类别仍为八类。

$$\Delta\tau_f = \frac{V_{k1}}{2\times0.7h_f\cdot I_w} = \frac{70.9\times10^3}{1.4\times8\times(1600-10)}\ \text{N/mm}^2 = 39.8\ \text{N/mm}^2$$

$$\alpha_f\Delta\tau_f = 0.8\times39.8\ \text{N/mm}^2 = 31.9\ \text{N/mm}^2 < [\Delta\tau]_{2\times10^6} = 59\ \text{N/mm}^2$$

【思考题】

3-1　单层钢结构厂房的主要组成部分有哪些?

3-2　如何进行厂房柱网布置?变形缝的种类有哪些?为何设置温度变形缝?温度变形缝如何设置?

3-3　吊车梁上都有哪些荷载?如何计算这些荷载?吊车梁荷载有何特点?

3-4　吊车梁结构体系中的制动梁或制动桁架有什么作用?

【习题】

3-1　试设计一跨度为 12 m 的简支吊车梁，制动梁宽度 1 m，承受两台起重量 75/20 t 重级工作制(A7级)桥式吊车，吊车跨度 $L_K = 31.5\ \text{m}$，横行小车重量 $G = 33\ \text{t}$。吊车轮压和尺寸如图 3-34 所示。

最大轮压 $F_{1k}=370\ \mathrm{kN}$，$F_{2k}=380\ \mathrm{kN}$。吊车轨道型号为 QU100，轨道和底宽均为 150 mm。吊车梁材料采用 Q345－B 钢，焊条 E50 型。

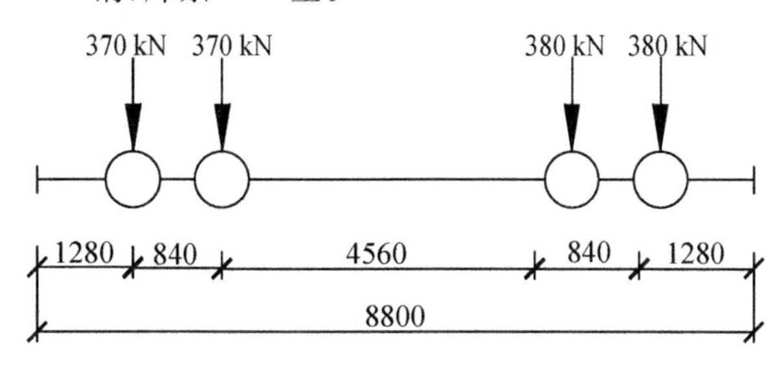

图 3-34　吊车轮压和尺寸(单位:mm)

第4章　轻型门式刚架结构

【本章要点】 了解轻型门式刚架结构的形式及布置；熟练掌握轻型门式刚架的各个设计环节：荷载和内力计算、荷载效应组合、侧移计算、构件截面设计、节点设计、檩条和墙梁的构造与计算、刚架支撑的设计和构造、施工详图绘制等；独立完成课程设计——轻型门式刚架结构设计。

门式刚架结构是梁、柱刚性连接的单层刚架结构，其组成如图4-1所示。

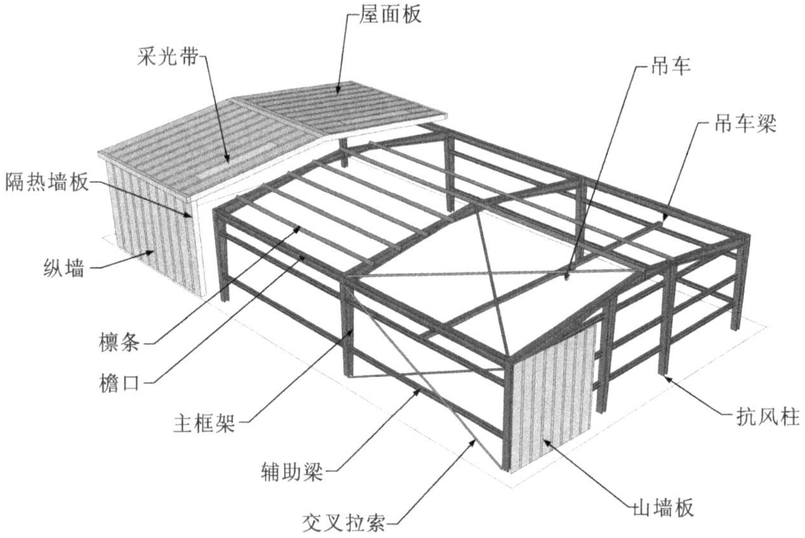

图4-1　单层轻型门式刚架结构房屋的组成

门式刚架具有结构简单、受力合理、自重与用钢量小而使用空间大、施工方便等特点，并便于工厂化、标准化的加工制作，与压型钢板等轻型围护材料相配套的轻型门式刚架建筑系列已得到广泛的应用。其适用范围为轻型工业建筑（可配置起重量 $Q \leqslant 20$ t的A1～A5级吊车）、仓储、超市等商业建筑以及小型机库、体育场馆等公共建筑。轻型门式刚架结构不宜用于有较强腐蚀介质的环境中。

4.1　轻型门式刚架结构的结构形式及布置

4.1.1　结构形式

门式刚架分为单跨（见图4-2(a)）、双跨（见图4-2(b)）、多跨（见图4-2(c)）刚架以及带挑檐的（见图4-2(d)）和带毗屋的（见图4-2(e)）刚架形式。多跨刚架中间柱与刚架斜梁的连接，可采用铰接（俗称摇摆柱）。多跨刚架宜采用双坡或单坡屋盖（见图4-2(f)、(g)），必要时也可采用由多个双坡单跨相连的多跨刚架形式。

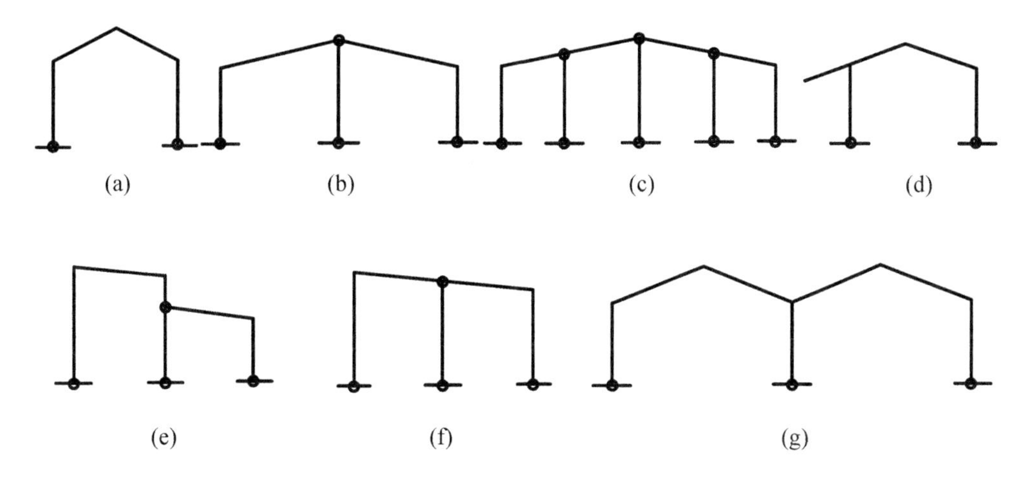

图 4-2 门式刚架形式

(a)单跨双坡；(b)双跨双坡；(c)四跨双坡；(d)单跨双坡带挑檐；
(e)双跨双坡带毗屋；(f)双跨单坡；(g)双跨四坡

在门式刚架轻型房屋钢结构中，屋盖应采用压型钢板屋面板和冷弯薄壁型钢檩条，主刚架可采用变截面实腹刚架，外墙宜采用压型钢板墙板和冷弯薄壁型钢墙梁。主刚架斜梁下翼缘和刚架柱内翼缘的出平面稳定性，由与檩条或墙梁相连接的隅撑来保证。主刚架间的交叉支撑可用张紧的圆钢。

根据跨度、高度和荷载的不同，门式刚架的梁、柱可采用变截面或等截面实腹焊接工字形截面或轧制 H 形截面。设有桥式吊车时，柱宜采用等截面构件。

外墙除采用以压型钢板作维护面的轻质墙体外，还可采用砌体外墙或底部为砌体、上部为轻质材料的墙体。

4.1.2 建筑尺寸

1. 门式刚架的跨度

刚架的建筑跨度一般应取横向刚架柱轴线间尺寸，对边柱按柱外边或边柱下端截面的中心线，对中柱按柱中心线确定；常用跨度宜为 9～36 m，以 3 m 为模数，必要时也可采用非模数跨度；边柱的截面高度不相等时其外侧应对齐。

2. 门式刚架的高度

结构高度应取地坪至柱轴线与斜梁轴线交点之间的高度。无吊车房屋门式刚架高度宜取 4.5～9 m；有吊车的厂房应根据轨顶标高和吊车净空要求确定，一般宜为9～12 m。

3. 门式刚架的间距

技术经济比较表明，门式刚架的适用跨度为 15～36 m，经济跨度范围在18～21 m区间；适用柱距宜为 6 m，也可采用 7.5 m 或 9 m，最大可用 12 m，门式刚架跨度较小时可采用 4.5 m。

4. 门式刚架的高、宽、长

① 门式刚架轻型房屋的檐口高度，应取地坪至房屋外侧檩条上缘的高度。

② 门式刚架轻型房屋的最大高度，应取地坪至屋盖顶部檩条上缘的高度。

③ 门式刚架轻型房屋的宽度，应取房屋侧墙墙梁外皮之间的距离。挑檐长度可根据使用要求确

定,宜为0.5～1.2 m,其上翼缘坡度宜与斜梁坡度相同。

④ 门式刚架轻型房屋的长度,应取房屋两端山墙墙梁外皮之间的距离。

5. 门式刚架的坡度

门式刚架轻型房屋的屋面坡度宜取1/20～1/8,在雨水较多的地区可取其中较大值。

4.1.3 结构布置

1. 平面布置

① 温度缝区段长度。

门式刚架轻型房屋钢结构的温度区段长度(伸缩缝间距)应符合下列规定:纵向温度区段不大于300 m,横向温度区段不大于150 m。当有计算依据时,温度区段长度可适当加大。

② 当需要设置温度缝(伸缩缝)时,可采用两种做法。

a. 习惯上采用双柱较多。

b. 在檩条端部的螺栓连接处在纵向采用长圆孔,并使该处屋面板在构造上允许胀缩。吊车梁与柱的连接处也沿纵向采用长圆孔。

③ 在多跨刚架局部抽掉中柱或边柱处,可布置托梁或托架。

④ 屋面檩条的形式和布置,应考虑天窗、通风口、采光带、屋面材料和檩条供货等因素的影响;屋面压型钢板的板型与檩条间距和屋面荷载有关。

⑤ 山墙处可设置由斜梁、抗风柱和墙梁及支撑组成的山墙墙架或采用门式刚架。

2. 墙架布置

① 门式刚架轻型房屋钢结构侧墙墙梁的布置,应考虑设置门窗、挑檐等构件和维护材料的要求。

② 门式刚架轻型房屋钢结构的侧墙,当采用压型钢板作维护面时,墙梁宜布置在刚架柱的外侧,其间距随墙板板型和规格确定。

③ 门式刚架轻型房屋的外墙,当抗震设防烈度不高于6度时,可采用轻型钢墙板或砌体;当抗震设防烈度为7度、8度时,可采用轻型钢墙板或非嵌砌砌体;当抗震设防烈度为9度时,宜采用轻型钢墙板或与柱柔性连接的轻质墙板。

3. 支撑布置

① 门式刚架轻型房屋钢结构的支撑设置。

在每个温度区段(纵向温度区段长度不大于300 m)或分期建设的区段中,应分别设置能独立构成空间稳定结构的支撑体系。

在设置柱间支撑的开间,应同时设置屋盖横向水平支撑,以组成几何不变的支撑体系。

② 支撑和刚性系杆的布置宜符合下列规定。

a. 屋盖横向支撑宜设在温度区段端部的第一或第二个开间。当端部支撑设在第二个开间时,在第一个开间的相应位置应设置刚性系杆。

b. 柱间支撑的间距应根据房屋纵向柱距、受力情况和安装条件确定。当无吊车时宜取30～45 m;当有吊车时宜设在温度区段的中部,或当温度区段较长时宜设在三分点处,且间距不应大于60 m。

c. 当建筑物宽度大于60 m时,在内柱列宜适当增加柱间支撑。

d. 当房屋高度相对于柱间距较大时，柱间支撑宜分层设置。

e. 在刚架转折处（单跨房屋边柱柱顶和屋脊，以及多跨房屋某些中间柱柱顶和屋脊）应沿房屋全长设置刚性系杆。

f. 由支撑斜杆等组成的水平桁架，其直腹杆宜按刚性系杆考虑。

g. 在设有带驾驶室且起重量大于 15 t 桥式吊车的跨间，应在屋盖边缘设置纵向支撑桁架。当桥式吊车起重量较大时，还应采取措施增加吊车梁的侧向刚度。

③ 刚性系杆可由檩条兼作，此时檩条应满足对压弯杆件的刚度和承载力要求。

④ 门式刚架轻型房屋钢结构的支撑，可采用带张紧装置的十字交叉圆钢支撑。圆钢与构件的夹角应在 30°～60°范围内。

⑤ 当设有起重量不小于 5 t 的桥式吊车时，柱间宜采用型钢支撑。在温度区段端部吊车梁以下不宜设置刚性柱间支撑。

⑥ 当不允许设置交叉柱间支撑时，可设置其他形式的支撑；当不允许设置任何支撑时，可设置纵向刚架。

4.2　轻型门式刚架结构的荷载

荷载应按《建筑结构荷载规范》(GB 50009—2012)、《钢结构设计规范》(GB 50017—2003)、《门式刚架轻型房屋钢结构技术规程》(CECS 102：2002)等采用。

4.2.1　屋面荷载

1. 屋面结构上的荷载种类

(1) 永久荷载

永久荷载包括屋面、屋架和天窗架等结构重量，以及作用于屋架节点上的设备、管道自重等。

(2) 可变荷载

可变荷载包括屋面均布活荷载、雪荷载、积灰荷载、吊车荷载、风荷载等。

(3) 偶然荷载

偶然荷载指由其他意外事故产生的荷载。

2. 屋面均布活荷载

(1) 不上人屋面

屋面均布活荷载标准值(按水平投影面积计算)一般为 0.5 kN/m²，(不与雪荷载同时考虑)，而在《门式刚架轻型房屋钢结构技术规程》(CECS 102：2002)中补充定义了对支承轻型屋面的构件或结构(檩条、屋架、框架等)，受荷水平投影面积超过 60 m² 时，屋面竖向均布活荷载标准值取值应不小于 0.3 kN/m²。

(2) 上人屋面

屋面均布活荷载按使用要求确定，但不得小于 2.0 kN/m²。

3. 施工或检修荷载

设计屋面板和檩条时应考虑施工或检修集中荷载，其标准值取 1.0 kN。当施工荷载有可能超过上述荷载时，应按实际情况采用，或加腋梁、支撑等临时设施承受。

4. 雪荷载、积灰荷载

雪荷载和积灰荷载的标准值除按《建筑结构荷载规范》(GB 50009—2012)的规定采用外，还应考虑屋面和檩条在屋面天沟、阴角、天窗挡风板内以及高低跨相接处的荷载增大系数。

4.2.2 吊车荷载

1. 吊车竖向荷载

吊车竖向荷载应根据最不利的情况来确定，即当吊车主起吊的重量达到最大，而且小车位于桥架一端的极限位置时，在靠近小车的一端轮压为 P_{max}，而另一端的轮压为 P_{min}，此二者同时产生。

作用于柱上的吊车竖向荷载标准值应按下式计算

$$R=\sum P_i y_i \tag{4-1}$$

式中 P_i——吊车的最大轮压 P_{max} 或最小轮压 P_{min}；

y_i——对柱子的反力影响线(见图 4-3)。

计算吊车的竖向荷载时，不考虑动力系数。

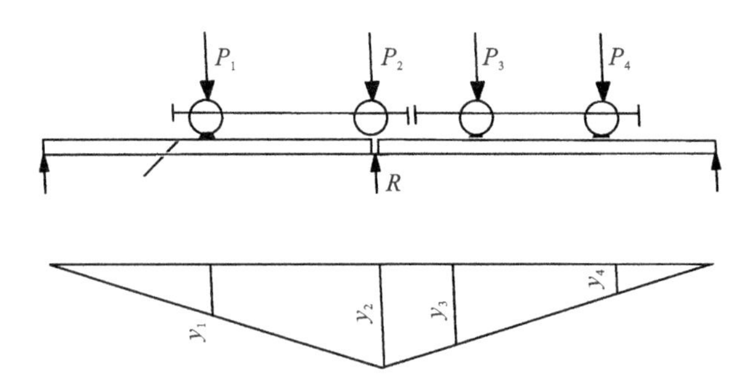

图 4-3 吊车竖向荷载与反力影响线

计算吊车竖向荷载时，应按实际使用的吊车台数来确定。但每跨同一层紧靠工作的吊车数量，一般不多于两台，多跨框架的吊车数量，一般不多于四台；对设有双层或多层的框架，要考虑上层吊车满载而下层吊车空载，或下层吊车满载而上层吊车为空载并且处于最不利的位置(空载的轮压值可近似地取最小轮压 P_{min} 值)。

多台吊车的竖向荷载标准值应乘以下列折减系数。

轻、中级工作制吊车：当两台吊车组合时，取 0.9；当四台吊车组合时，取 0.8。

重级工作制吊车：当两台吊车组合时，取 0.95；当四台吊车组合时，取 0.85。

吊车竖向荷载是由吊车梁底部支承面上传入柱内，由于吊车轨道中心线与下段柱截面重心线间有偏心距，故需要计算加于变截面处的弯矩。

2. 吊车横向荷载

每个吊车轮的横向水平荷载应按下式计算

$$T=\beta\frac{Q+g}{n} \tag{4-2}$$

式中 Q——吊车起重量；

g——小车重量；

n——吊车的全部轮数；

β——系数，对软钩吊车：当 $Q\leqslant 10$ t 时，$\beta=0.12$；当 $Q=16\sim 50$ t 时，$\beta=0.10$；当 $Q\geqslant 75$ t 时，$\beta=0.08$；对硬钩吊车，$\beta=0.20$。

吊车横向水平荷载同时作用于跨间的两边轨道上，并应考虑正、反两个方向都有可能发生。计算两边柱上所作用的横向水平荷载标准值，与求竖向荷载标准值时的位置相同。

计算吊车横向水平荷载时，不论单跨或多跨厂房的框架最多考虑两台。考虑两台同时制动的吊车横向水平荷载标准值，应乘以折减系数：轻、中级工作制吊车取0.9；重级工作制吊车取0.95。

4.2.3　风荷载

垂直于建筑物表面上的风荷载标准值 w_k 按下述公式计算

$$w_k=\mu_s\mu_z w_0 \tag{4-3}$$

式中　w_0——基本风压，按现行《建筑结构荷载规范》(GB 50009—2012)的规定值乘以1.05采用；

μ_s——风荷载体型系数，考虑内、外风压最大值的组合，且含阵风系数，按《门式刚架轻型房屋钢结构技术规程》(CECS102：2002)附录A第A.0.2条的规定采用；

μ_z——风压高度变化系数，按现行《建筑结构荷载规范》(GB 50009—2012)的规定采用；当高度小于10 m时，应按10 m高度处的数值采用。

4.2.4　地震作用

在抗震设防地区，门式刚架轻型房屋钢结构应按现行国家标准《建筑抗震设计规范》(GB 50011—2010)进行抗震验算，并符合下列要求：

$$S_E\leqslant R/\gamma_{RE} \tag{4-4}$$

式中　S_E——考虑多遇地震作用时，荷载和地震作用效应组合的设计值；

γ_{RE}——承载力抗震调整系数，按表4-1采用。

表4-1　承载力抗震调整系数

构件和连接	梁	柱	支撑	节点	螺栓	焊缝
γ_{RE}	0.75	0.75	0.80	0.85	0.85	0.90

当由抗震控制结构设计时，尚应采取抗震构造措施。

门式刚架轻型房屋钢结构的地震作用效应可采用底部剪力法分析确定。抗震验算时，结构的阻尼比可取0.05。

4.3　轻型门式刚架结构的内力计算

门式刚架的内力计算可根据构件截面的类型采用不同的计算方法。对于构件为变截面刚架、格构式刚架及带有吊车荷载的刚架，应采用弹性分析方法确定各种内力，而不宜采用塑性分析方法；只有当刚架的梁柱全部为等截面时才允许采用塑性分析方法。进行内力分析时，通常将刚架视为平面结构,一般不考虑蒙皮效应,只是将它作为安全贮备。当有必要且有条件时,可考虑屋面的应力蒙皮效应。蒙皮效应是将屋面板视为沿屋面全长伸展的深梁,可用来承受平面内的荷载。面板可视为承受平面内横向剪力的腹板,其边缘构件可视为翼缘,承受轴向拉力和压力。与此类似,矩形墙板也可按平面内受剪的支撑系统处理。考虑应力蒙皮效应可以提高刚架结构的整体刚度和承载力,但对压型钢板的连接有较高的要求。

4.3.1 弹性分析方法

门式刚架的内力弹性分析按一般结构力学方法或利用静力计算公式图表确定;也可采用有限元法编制程序上机计算。对梁、柱截面为变截面的刚架,进行内力分析时,应考虑截面变化对内力分析的影响。当采用有限元法计算变截面门式刚架内力时,宜将梁、柱构件分成若干段等截面单元做近似计算。单元的划分应按其两端实际惯性矩的比值约为 0.8 来划分,并取每段单元的中间截面惯性矩值作为该单元的惯性矩值进行内力计算;也可将整个构件视为楔形单元。

4.3.2 塑性分析方法

塑性设计方法是考虑钢材具有充分塑性变形能力这一特性,在超静定结构中,当荷载达到一定数值时,受力较大的截面随着塑性变形的深入发展而形成塑性铰,使构件各截面产生应力重分布,从而提高结构的极限承载力。这种设计方法比较符合实际工程情况,比弹性设计方法节约钢材 10%～20%。

采用塑性分析方法计算门式刚架的内力时,不能采用直接将各种荷载作用下的内力叠加的方法进行计算,而应按各种可能出现的荷载组合分别进行内力分析,找出各种可能的破坏机构和计算出相应的塑性弯矩,然后从中取其最大弯矩。常用的计算方法有三种。

(1) 静力法

静力法是通过求解静力平衡方程而确定塑性铰位置和塑性弯矩的方法。对 n 次超静定门式刚架在受外荷载作用后,一般必须出现 $n+1$ 个塑性铰,才能形成机构而破坏。根据所有塑性铰处的弯矩均为塑性弯矩值,可建立 $n+1$ 个平衡方程,可以求解 $n+1$ 个未知量。一般步骤如下:

① 根据结构形式、约束条件及荷载条件,在支座处、集中荷载作用位置以及构件转折处等部位,假定一定量的塑性铰,使结构形成机构;

② 将原超静定结构变成静定结构体系,使相应的多余未知力暴露出来,再根据假定的塑性铰,建立平衡方程,求得塑性弯矩和多余未知力;

③ 根据所求得的塑性弯矩和多余未知力,绘出结构的总弯矩图;

④ 对计算结构进行校核;校核条件是在总弯矩图中,除加腋部位外,结构各个截面的弯矩均不超过塑性弯矩,这说明开始假定的塑性铰位置正确,计算有效;否则,重新假定塑性铰的位置,按上述步骤重新计算。

(2) 机动法

当结构的超静定次数较高时,采用静力法计算,需要建立很多联立方程,计算过程繁琐,为了方便计算,可采用机动法计算。机动法是指利用虚位移原理,找出一个满足塑性弯矩条件的机构,并根据塑性弯矩所做内功之和等于外荷载所做外功之和的平衡方程,求解塑性弯矩和多余未知力。一般步骤如下：

① 同静力法计算相同，假定一定量的塑性铰，使结构形成机构；

② 将每个塑性铰视为实铰，且在此位置上作用一对塑性弯矩，给机构一个任意的虚位移，建立内外功相等的平衡方程，并求解；

③ 同静力法计算相同；

④ 同静力法计算相同。

(3) 公式法

在实际设计过程中，用上述的静力法和机动法来计算结构内力均较为繁琐，有时甚至是行不通的。因此，为了简化计算工作量，常采用计算公式来确定结构内力。

4.4　轻型门式刚架结构的荷载效应组合

4.4.1　荷载效应组合原则

荷载效应组合一般应遵从《建筑结构荷载规范》(GB 50009—2012)的规定。针对门式刚架的特点，《门式刚架轻型房屋钢结构技术规程》(CECS102：2002)给出下列组合原则：

① 屋面均布活荷载不与雪荷载同时考虑，应取两者中的较大值；

② 积灰荷载与雪荷载或屋面均布活荷载中的较大值同时考虑；

③ 施工或检修集中荷载不与屋面材料或檩条自重以外的其他荷载同时考虑；

④ 多台吊车的组合应符合现行国家标准《建筑结构荷载规范》(GB 50009—2012)的规定；

⑤ 风荷载不与地震作用同时考虑。

4.4.2　内力组合

1. 控制截面的内力组合原则

① 任何情况下均应考虑永久荷载，除永久荷载以外的其他荷载，应根据最不利组合的原则取。

② 当参与组合的可变荷载有两个或两个以上，且其中包括风荷载时，除永久荷载以外，所有可变荷载均应乘以组合折减系数 0.9。

③ 当参与组合的可变荷载仅为风荷载时，永久荷载和风荷载均不乘以组合折减系数。

④ 当参与组合的可变荷载无风荷载时，永久荷载和其他可变荷载均不乘以组合折减系数。

2. 计算控制截面的内力组合时一般应计算以下四种组合

① $+M_{max}$与相应的 N,V 组合。

② $-M_{max}$与相应的 N,V 组合。

③ N_{max}情况下$+M$及相应V。

④ N_{max}情况下$-M$(最大负弯矩)及相应V。

进行上述计算时均应考虑风荷载、吊车水平荷载、地震作用正向或反向作用及最大、最小吊车轮压可分别作用在左柱或右柱的最不利组合。最不利内力组合应按梁、柱控制截面分别进行，一般可选柱底、柱顶、柱阶变截面处及梁端、梁跨中等截面进行组合和截面的验算。

4.5 轻型门式刚架结构的侧移计算

对所有构件均为等截面的门式刚架的侧移计算,可通过一般结构力学方法进行。本书主要介绍变截面门式刚架的柱顶侧移计算方法。

4.5.1 变截面门式刚架的柱顶侧移

变截面门式刚架的柱顶侧移应采用弹性分析方法确定。当单跨变截面门式刚架斜梁上缘坡度不大于1∶5时,在柱顶水平力作用下的侧移u,可按下式估算:

柱脚铰接刚架
$$u=\frac{Hh^3}{12EI_c}(2+\xi_t) \tag{4-5}$$

柱脚刚接刚架
$$u=\frac{Hh^3}{12EI_c}\frac{(3+2\xi_t)}{(6+2\xi_t)} \tag{4-6}$$

式中 ξ_t——刚架柱与刚架梁的线刚度比值,$\xi_t=I_cL/hI_b$;

h——刚架柱高度;

L——刚架跨度,当横梁坡度大于1∶10时,取横梁沿坡折线的总长度2S(见图4-4);

I_c,I_b——刚架柱和横梁的平均惯性矩,按式(4-7)和式(4-8)计算;

H——刚架柱顶等效水平力,按式(4-9)、式(4-10)、式(4-11)、式(4-12)计算。

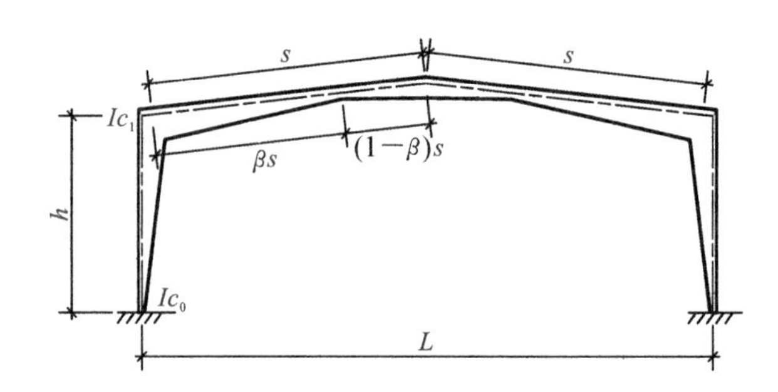

图4-4 变截面刚架的几何尺寸

变截面刚架柱和横梁的平均惯性矩按下列公式近似计算:

楔形构件,
$$I_c=(I_{c0}+I_{c1})/2 \tag{4-7}$$

双楔形横梁,
$$I_b=[I_{b0}+\beta I_{b1}+(1-\beta)I_{b2}]/2 \tag{4-8}$$

式中 I_{c0},I_{c1}——刚架柱小头和大头截面的惯性矩;

I_{b0},I_{b1},I_{b2}——楔形横梁最小截面、檐口截面和跨中截面的惯性矩;

β——楔形横梁长度比值。

当估算刚架在沿柱高度均布的水平风荷载作用下的侧移时(见图4-5),柱顶等效水平力为

柱脚铰接框架,
$$H=0.67W \tag{4-9}$$

柱脚刚接框架,
$$H=0.45W \tag{4-10}$$

式中 $W=(w_1+w_4)h$,w_1、w_4分别为刚架两侧承受的沿柱高度均布的水平风荷载,按式(4-3)计算。

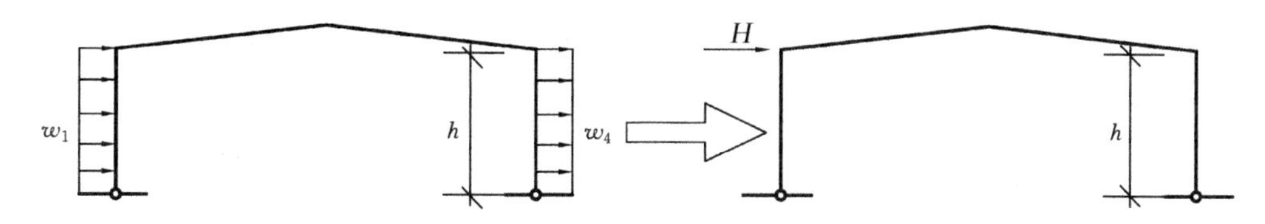

图 4-5　刚架在均布风荷载作用下柱顶的等效水平力

当估算刚架在吊车水平荷载 P_c 作用下的侧移时(见图 4-6),柱顶等效水平力为

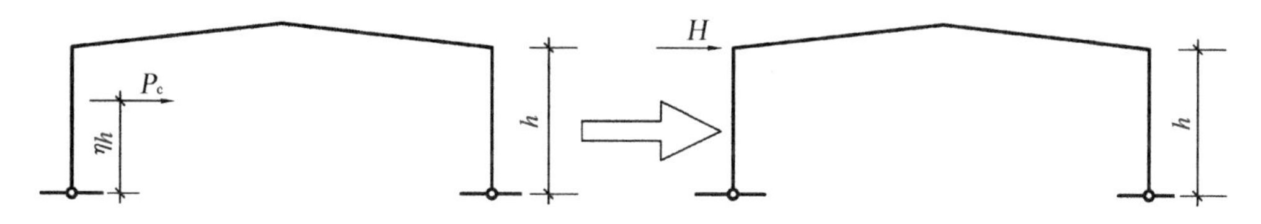

图 4-6　刚架在吊车水平荷载作用下柱顶的等效水平力

柱脚铰接框架　　$H=1.15\eta P_c$　　(4-11)

柱脚刚接框架　　$H=\eta P_c$　　(4-12)

式中　ηh——吊车水平荷载 P_c 作用高度与柱高度之比。

4.5.2　有摇摆柱刚架柱顶侧移

中间柱为摇摆柱的两跨或多跨刚架,柱顶侧移可采用式(4-5)、式(4-6)计算,但公式中的 L 应以双坡斜梁全长 $2S$ 代替,S 为单坡长度(见图 4-7)。

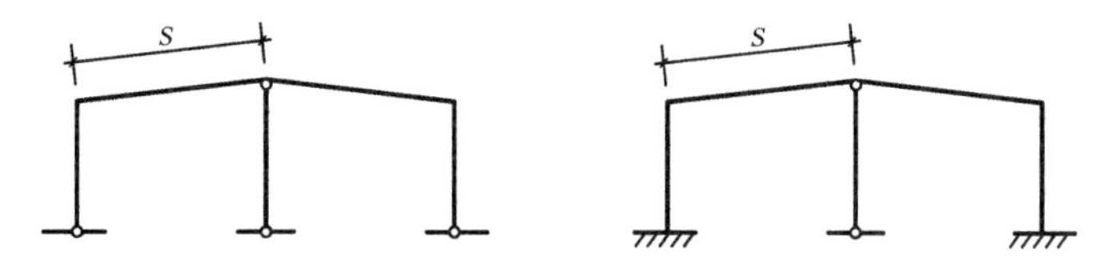

图 4-7　有摇摆柱的两跨刚架

4.5.3　中间柱与横梁刚接的刚架柱顶侧移

当中间柱与横梁刚接时,可将多跨刚架视为多个单跨刚架的组合体,每个中间柱分为两半,惯性矩各取 $I/2$,按下列公式计算整个刚架在柱顶水平荷载作用下的侧移

$$u=\frac{H}{\sum K_i} \tag{4-13}$$

$$K_i=\frac{12EI_{ei}}{h_i^3(2+\xi_{ti})} \tag{4-14}$$

$$\xi_{ti}=\frac{I_{ei}l_i}{h_iI_{bi}} \tag{4-15}$$

$$I_{ei}=\frac{I_l+I_r}{4}+\frac{I_lI_r}{I_l+I_r} \tag{4-16}$$

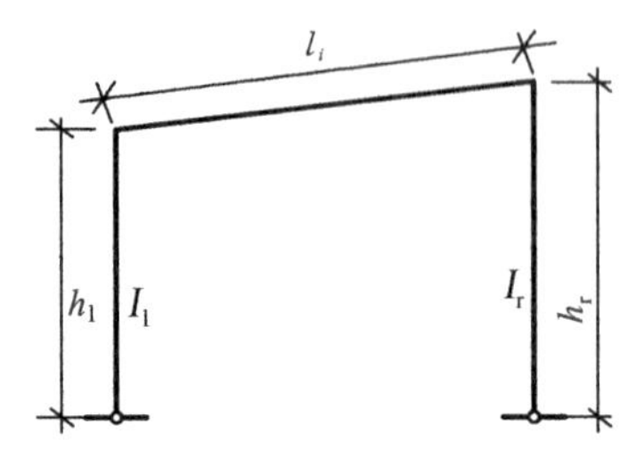

图 4-8 左右两柱的惯性矩

式中 $\sum K_i$——柱脚铰接时各单跨刚架的侧向刚度之和；

h_i——所计算跨两柱的平均高度；

l_i——与所计算柱相连接的单跨刚架梁的长度；

I_{ei}——两柱惯性矩不相同时的等效惯性矩；

I_l，I_r——左、右两柱的惯性矩(见图 4-8)；

I_{bi}——与所计算柱相连接的单跨刚架梁的惯性矩；

ξ_{ti}——所计算柱与相连接的单跨刚架梁的线刚度比值。

4.6 轻型门式刚架结构的构件截面设计

4.6.1 构件计算长度

1. 横梁为水平的门式刚架

横梁为水平的门式刚架柱的平面内计算长度 H_0 应按下式计算

$$H_0=\mu H \tag{4-17}$$

式中 H——刚架柱的实际高度，从基础顶面到柱轴线与横梁轴线交点的距离；

μ——柱的计算长度系数，按表 4-2 计算确定。

表 4-2 横梁为水平的门式刚架柱的计算长度系数 μ

刚架类型	柱脚连接形式	线刚度比值 K_1/K_2						
		≥20.0	10.0	5.0	1.0	0.5	0.1	0.0
无侧移	刚接	0.500	0.524	0.546	0.626	0.656	0.689	0.700
	铰接	0.700	0.732	0.760	0.875	0.992	0.981	1.000
有侧移	刚接	1.000	1.020	1.030	1.160	1.280	1.670	2.000
	铰接	2.000	2.030	2.070	2.330	2.640	4.440	∞
备 注		① $K_1=(I_b/l)/(I_c/H)$——单跨刚架的横梁线刚度与柱线刚度的比值； ② $K_2=[(I_{b1}/l_1)+(I_{b2}/l_2)]/(I_c/H)$——多跨刚架的与柱相邻的两根横梁线刚度之和与柱线刚度的比值						

2. 单跨门式刚架柱平面内的计算长度

对于板式柱脚的单跨门式刚架柱平面内的计算长度 H_0 应按下式计算

$$H_0=\alpha\mu H \tag{4-18}$$

式中 α——计算长度系数的修正系数，柱脚为铰接时 $\alpha=0.85$，柱脚为刚接时 $\alpha=1.20$；

μ——柱的计算长度系数，按下列方法确定。

① 当刚架梁为等截面构件时，μ 可按表 4-3 确定，也可按下列公式计算：

柱脚铰接，
$$\mu=2+0.45\xi \tag{4-19}$$

柱脚刚接，

$$\mu=1.0+\left(0.1+0.07\frac{I_b}{I_c}\right)\xi^{1.5} \tag{4-20}$$

$$\xi=\frac{I_c l}{I_b H}=\frac{K_1}{K_2} \tag{4-21}$$

表 4-3　等截面刚架柱的计算长度系数 μ

柱与基础的连接方式	K_1/K_2									
	0	0.2	0.3	0.5	1.0	2.0	3.0	4.0	7.0	≥10.0
刚接	2.00	1.50	1.40	1.28	1.16	1.08	1.06	1.04	1.02	1.00
铰接	∞	3.42	3.00	2.63	2.33	2.17	2.11	2.08	2.05	2.00
备注	①$K_1=I_c/H, K_2=I_b/l$；当横梁与刚架柱铰接时 $K_1=0$； ② I_c——刚架柱柱顶的截面惯性矩； I_b——刚架横梁的截面惯性矩； H——刚架柱高度； l——刚架横梁的长度，在横梁为水平的门式刚架中为刚架跨度 L，在山形门式刚架中为横梁沿折线的总长度									

② 对于铰接的变截面(楔形)柱门式刚架，其平面内计算长度系数按表 4-4 确定。当柱脚处(小头)与柱顶处(大头)的截面惯性矩比值 I_{c1}/I_{cu} 超出表 4-4 中范围时，可采用等效刚度法将楔形截面柱变成相同高度的等效刚度柱，再按式(4-19)、式(4-20)和式(4-21)计算其平面内计算长度系数。楔形变截面柱的等效惯性矩按下式计算

$$I_{eq}=\lambda_{eq} I_{c1} \tag{4-22}$$

式中　λ_{ep}——等效惯性矩系数，按下列情况计算。

表 4-4　变截面刚架柱的计算长度系数 μ

l_{c1}/l_{cu}	K_2/K'_1							
	0.1	0.2	0.3	0.5	0.75	1.0	2.0	≥10.0
0.01	5.03	4.33	4.10	3.89	3.77	3.74	3.70	3.65
0.05	4.90	3.98	3.65	3.39	3.25	3.19	3.10	3.05
0.10	4.66	3.82	3.48	3.19	3.04	2.98	2.94	2.75
0.15	4.61	3.75	3.37	3.10	2.93	2.85	2.72	2.65
≥0.20	4.59	3.67	3.30	3.00	2.84	2.75	2.63	2.55
备注	①此表仅适用于柱与基础连接方式为铰接的变截面柱； ② $K'_1=I_{cu}/H, K_2=I_b/l$；当横梁与刚架柱铰接时，$K_2=0$； ③ I_{cu}, I_{c1}——刚架柱柱顶(大头)和柱脚(小头)的截面惯性矩； I_b——刚架横梁的截面惯性矩； H——刚架柱的高度； l——刚架横梁的长度，在横梁为水平的门式刚架中为刚架跨度 L，在山形门式刚架中为横梁沿折线的总长度							

a. 当变截面楔形柱为格构式柱时(见图 4-9),

$$\lambda_{eq}=1+1.56(\beta-1)+0.4(\beta-1)^2 \tag{4-23}$$

式中 $\beta=h_{max}/h_{min}$。

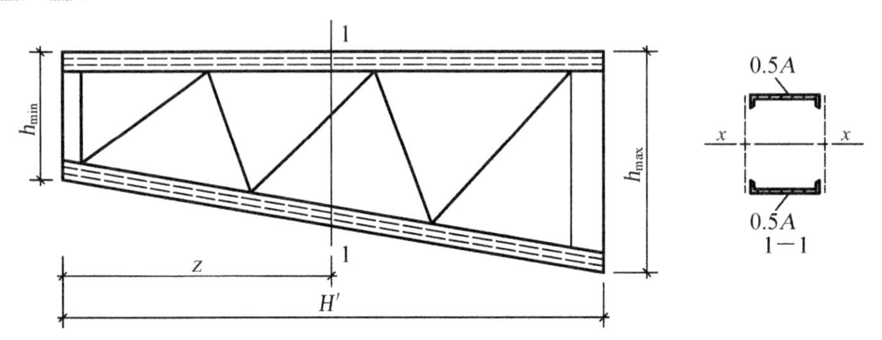

图 4-9 格构式楔形变截面柱

b. 当变截面楔形柱为实腹式柱时(见图 4-10),

$$\lambda_{ep}=1+0.75(2+\theta)(\beta-1)+0.375(1+2\theta+1.5\sqrt{\theta})(\beta-1)^2 +0.2(\theta-0.55\sqrt{\theta})(\beta-1)^3 \tag{4-24}$$

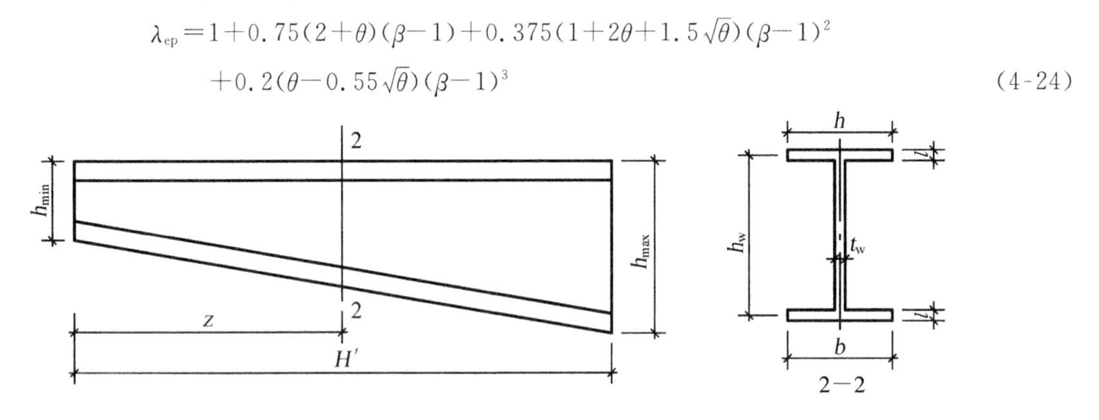

图 4-10 实腹式楔形变截面柱

式中 $\theta=t_w h_w/12I_{c1}$,其中 t_w,h_w,I_{c1} 分别为楔形柱小头截面的腹板厚度、腹板高度和截面惯性矩。

③ 当刚架梁为变截面构件时,μ 值按结构力学方法计算,公式为

$$\mu=4.899\sqrt{\frac{EI_{c1}}{KH^3}} \tag{4-25}$$

式中 K——刚架在柱顶单位水平荷载作用下的侧移刚度,$K=1/\Delta$;

Δ——刚架按一阶弹性分析得到的在柱顶单位水平荷载作用下的柱顶侧移;

E——钢材弹性模量。

④ 刚架柱的计算长度系数的修正系数 α,在按表 4-3 或表 4-4 来确定刚架柱长度系数时,应根据柱与基础的连接的实际情况进行具体分析。对于铰接连接,实际上很难做到理想铰,柱与基础一般为柔性连接,对柱有一定的约束作用;对于刚性连接,实际上也很难做到完全刚接,一般会或多或少地降低一些它对柱的约束作用。因此,按表 4-3 或表 4-4 确定出的 μ 值,要对其进行修正,具体修正系数如下:柱脚为铰接 $\alpha=0.85$;柱脚为刚接 $\alpha=1.20$。

3. 多跨门式刚架柱平面内的计算长度

多跨门式刚架柱平面内的计算长度 H_0 应按式(4-18)计算，刚架柱长度系数 μ 应按下列规定确定。

① 当中间柱为摇摆柱时，边柱的计算长度系数 μ 按“单跨门式刚架柱的计算长度系数 μ”相关规定确定，但应乘以放大系数 η

$$\eta=\sqrt{1+\frac{\sum(N_{1i}/H_{1i})}{\sum(N_{fi}/H_{fi})}} \tag{4-26}$$

式中　H_{1i},N_{1i}——摇摆柱的高度、轴向力；

H_{fi},N_{fi}——边柱的高度、轴向力。

在利用表4-6或表4-7确定边柱的 μ 值时，刚架横梁的长度应取横梁的跨度(即边柱到相邻中间柱之间的距离)的2倍，且计算长度系数仅适用于屋面坡度不大于1/5的情况，若坡度超过此值，还应考虑横梁轴力对刚架柱的不利影响。

当中间柱为摇摆柱时，屋面坡度不大于1/5的多跨门式刚架边柱平面内的计算长度系数还可以按式(4-25)计算，但应乘以放大系数 η

$$\eta=\sqrt{1+\frac{\sum(N_{1i}/H_{1i})}{1.2\sum(N_{fi}/H_{fi})}} \tag{4-27}$$

中间摇摆柱的计算长度系数 μ 一般取为1.0。

② 当中间柱为非摇摆柱时，各柱的计算长度系数 μ 可按下式计算

$$\mu_i=\sqrt{\frac{1.2E_{Ei}}{KN_i}\sum\frac{N_i}{H_i}} \tag{4-28}$$

$$N_{Ei}=\frac{\pi^2 EI_i}{H_i^2} \tag{4-29}$$

式中　H_i,N_i——第 i 根刚架柱的高度、轴向力；

N_{Ei}——第 i 根刚架柱以小头截面为准的欧拉临界力；

I_i——第 i 根刚架柱小头截面的惯性矩。

③ 多跨门式刚接柱的计算长度系数 μ 的修正系数 α 与单跨门式刚架柱的取值相同。

4. 带毗屋门式刚接柱平面的计算长度

对带有毗屋的门式刚架，可近似地将毗屋柱视为摇摆柱，主刚架柱的平面内计算长度系数 μ 可根据表4-3或表4-4确定，并应乘以按式(4-26)计算出的放大系数 η。在计算放大系数 η 时，N_{li} 为毗屋柱的轴向力，N_{fi} 为主刚接柱的轴向力。

5. 利用二阶分析方法确定门式刚架平面内计算长度

当采用考虑竖向荷载-侧移效应影响的二阶分析方法计算内力时，刚架柱的计算长度系数 μ 可按下式计算

$$\mu=1-0.375\beta+0.08\beta^2(1-0.0775\beta) \tag{4-30}$$

$$\beta=(h_{max}/h_{min})-1 \tag{4-31}$$

式中　β——刚架柱的楔率，不大于6.0和 $0.268H/h_{min}$；

H——刚架柱的高度；

h_{max}，h_{min}——刚架柱大头的截面高度、小头的截面高度(见图 4-11)。

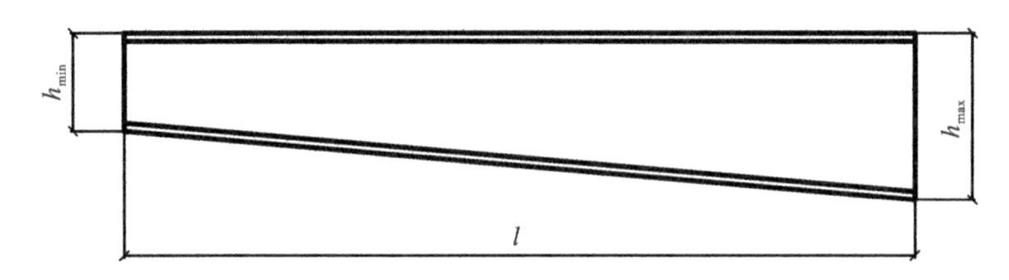

图 4-11 变截面构件的楔率

6. 刚架横梁平面内的计算长度

对于屋面坡度小于或等于 1/5 的门式刚架，在设计过程中一般是按受弯构件设计，不需考虑其平面内的计算长度。但对于屋面坡度大于 1/5 的门式刚架，应考虑横梁内轴力的影响，构件按压弯构件设计，这时应考虑其平面内计算长度。屋脊处作用有集中荷载时，对横梁受力更为不利。对坡度大于 1/5 的等截面柱门式刚架，其横梁的平面内计算长度系数 μ_b 可按下式计算

$$\mu_b=\mu\frac{H}{l_b}\sqrt{\frac{I_bN_c}{I_cN_b}} \tag{4-32}$$

式中 μ，μ_0——刚架柱、横梁的平面内计算长度系数；

H——刚架柱的高度；

l_b——横梁的轴向长度，取梁柱交点至屋脊点的距离；

I_c，I_b——刚架柱、横梁的截面平均惯性矩；

N_c，N_b——刚架柱、横梁的轴向力。

7. 实腹式刚架柱和横梁的平面外的计算长度

在刚架平面外，实腹式刚架柱和横梁的计算长度，应取侧向支撑点的间距。当刚架柱或横梁受压翼缘的侧向支撑点间的距离不等时，应取最大受压翼缘侧向支撑点间的距离。一般情况下，刚架柱的平面外计算长度主要取决于柱间支撑的支承点位置，而横梁的平面外的计算长度主要取决于隅撑的设置位置。

4.6.2 构件设计

门式刚架的构件截面设计通常有两种方法：弹性设计法和塑性设计法。对构件为变截面刚架、格构式刚架和带有吊车荷载的门式刚架构件设计，应采用弹性设计法，不宜采用塑性设计法；对构件截面全部为等截面的门式刚架构件才允许采用塑性设计法，也可按弹性设计法设计。

1. 板件最大宽厚比和屈曲后强度利用

板件最大宽厚比和屈曲后强度利用应符合下列规定。

① 工字形截面构件受压翼缘板自由外伸宽度 b 与其厚度 t 之比，不应大于$15\sqrt{235/f_y}$；工字形截面梁、柱构件腹板的计算高度 h_w 与其厚度 t_w 之比，不应大于$250\sqrt{235/f_y}$。其中 f_y 为钢材屈服强度。

② 当工字形截面构件腹板受弯及受压板幅利用屈曲后强度时，应按有效宽度计算截面特性。有

效宽度应取：

当截面全部受压时，

$$h_e=\rho h_w \tag{4-33}$$

式中 h_w——腹板高度；

ρ——有效宽度系数。

当截面部分受拉时，受拉区全部有效，受压区有效宽度

$$h_e=\rho h_c \tag{4-34}$$

式中 h_c——腹板受压区高度；

ρ——有效宽度系数。

③ 有效宽度系数计算公式为

当 $\lambda_p\leqslant 0.8$ 时， $$\rho=1 \tag{4-35}$$

当 $0.8<\lambda_p\leqslant 1.2$ 时， $$\rho=1-0.9(\lambda_p-0.8) \tag{4-36}$$

当 $\lambda_p>1.2$ 时， $$\rho=0.64-0.24(\lambda_p-1.2) \tag{4-37}$$

式中 λ_p——与板件受弯、受压有关的参数。

④ 参数 λ_p 的计算公式为

$$\lambda_p=\frac{h_w/t_w}{28.1\sqrt{k_\sigma}\sqrt{235/f_y}} \tag{4-38}$$

$$k_\sigma=\frac{16}{\sqrt{(1+\beta)^2+0.112(1-\beta)^2}+(1+\beta)} \tag{4-39}$$

式中 β——截面边缘正应力比值，$\beta=\sigma_2/\sigma_1$，$1\geqslant\beta\geqslant -1$；

k_σ——杆件在正应力作用下的凸曲系数。

当板边最大应力 $\sigma_1<f$ 时，计算 λ_p 可用 $\gamma_R\sigma_1$ 代替式(4-38)中的 f_y，γ_R 为抗力分项系数。对Q235 和 Q345 钢，$\gamma_R=1.1$。

⑤ 腹板有效宽度分布规则(见图4-12)。

当截面全部受压，即 $\beta\geqslant 0$ 时， $$h_{e1}=2h_e/(5-\beta) \tag{4-40}$$

$$h_{w2}=h_e-h_{e1} \tag{4-41}$$

当截面部分受拉，即 $\beta<0$ 时， $$h_{e1}=0.4h_e \tag{4-42}$$

$$h_{e2}=0.6h_e \tag{4-43}$$

⑥ 工字形截面构件腹板的受剪板幅，当腹板高度变化不超过 60 mm/m 时，可考虑屈曲后强度，其抗剪承载力设计值应按下列公式计算

$$V_d=h_w\lambda_w f'_v \tag{4-44}$$

式中 f'_v——腹板屈曲后抗剪强度设计值，当 $\lambda_w\leqslant 0.8$ 时，$f'_v=f_v$；当 $0.8<\lambda_w<1.4$ 时，$f'_v=[1-0.64(\lambda_w-0.8)]f_v$；当 $\lambda_w\geqslant 1.4$ 时，$f'_v=(1-0.275\lambda_w)f_v$；$f_v$ 为钢材抗剪强度设计值。

h_w——腹板高度，对楔形腹板取板幅平均高度。

λ_w——与板件受剪有关的参数。

当利用腹板屈曲后抗剪强度时，横向加劲肋间距宜取 $(1\sim 2)h_w$。

⑦ 参数 λ_w 应按下列公式计算

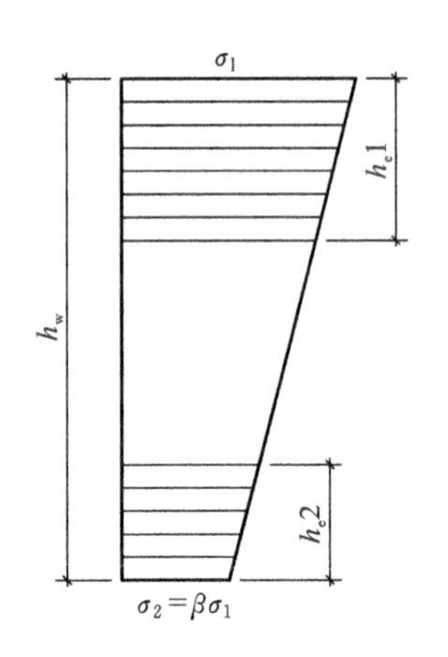

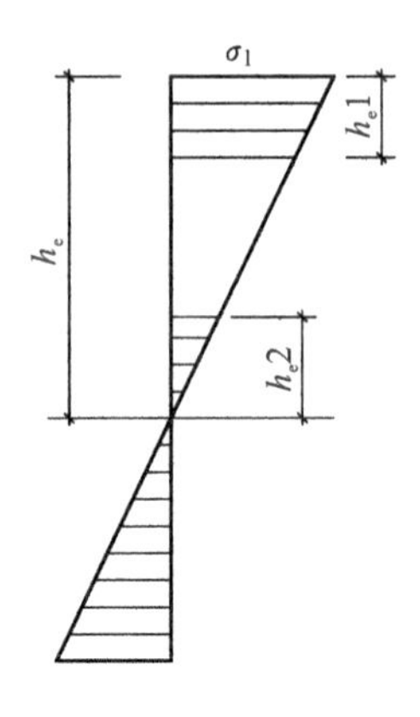

图 4-12　有效宽度的分布

$$\lambda_w=\frac{h_w/t_w}{37\sqrt{k_\tau}\sqrt{235/f_y}} \tag{4-45}$$

式中　k_τ——受剪板件的凸曲系数，不设加劲肋时，取 $k_\tau=5.34$；设置加劲肋时，当 $a/h_w<1$ 时，$k_\tau=4+5.34/(a/h_w)^2$；当 $a/h_w\geqslant 1$ 时，$k_\tau=5.34+4/(a/h_w)^2$；

a——加劲肋间距。

2. 弹性设计法

(1) 抗弯强度计算

① 在剪力 V 和弯矩 M 共同作用下，工字形截面或 H 形截面受弯构件的强度为

当 $V\leqslant 0.5V_d$ 时，
$$M\leqslant M_e \tag{4-46}$$

当 $0.5V_d<V\leqslant V_d$ 时，
$$M\leqslant M_f+(M_e-M_f)\left[1-\left(\frac{V}{0.5V_d-1}\right)^2\right] \tag{4-47}$$

式中　M_f——翼缘所承担的弯矩，当截面为双轴对称时，$M_f=A_f(h_w+t)f$，A_f 为构件翼缘的截面面积，t 为受压翼缘板的厚度，f 为钢材强度设计值；

M_e——构件有效截面所承担的弯矩，$M_e=W_e f$；

W_e——构件有效截面最大受压纤维的截面模量；

V_d——腹板抗剪承载力设计值，按式(4-50)计算。

② 在剪力 V、弯矩 M 和轴力 N 共同作用下，工字形截面或 H 形截面受弯构件的强度为

当 $V\leqslant 0.5V_d$ 时，
$$M\leqslant M_e^N \tag{4-48}$$

当 $0.5V_d<V\leqslant V_d$ 时，

$$M\leqslant M_f^N+(M_e^N-M_f^N)\left[1-\left(\frac{V}{0.5V_d}-1\right)^2\right] \tag{4-49}$$

式中　M_e^N——构件兼承压力 N 时有效截面所承担的弯矩，$M_e^N=M_e-NW_e/A_e$；

M_f^N——构件兼承压力 N 时两翼缘所承担的弯矩，截面为双轴对称时 $M_f^N=A_f(h_w+t)(f-N/A)$；

A_e——构件有效截面面积。

(2) 抗剪承载力计算

$$V \leqslant V_{d} = t_{w} h_{w} f'_{v} \tag{4-50}$$

式中　h_w——腹板高度，对楔形腹板取板幅的平均高度；

t_w——腹板厚度；

f'_v——腹板屈曲后钢材的抗剪强度设计值。计算方法按(4-44)式。

(3) 局部稳定计算

翼缘

$$\frac{b_1}{t} \leqslant 15\sqrt{\frac{235}{f_y}} \tag{4-51}$$

式中　b_1——受压翼缘板自由外伸宽度；

t——受压翼缘板的厚度；

f_y——钢材屈服强度。

腹板

$$\frac{h_w}{t_w} \leqslant 250\sqrt{\frac{235}{f_y}} \tag{4-52}$$

式中　h_w——腹板有效计算高度；

t_w——腹板厚度。

(4) 整体稳定计算

① 平面内整体稳定计算。

变截面柱在刚架平面内的整体稳定计算式为

$$\frac{N_0}{\varphi_{xy} A_{e0}} + \frac{\beta_{mx} M_1}{\left[1-(N_0/N'_{Ex0})\varphi_{xy}\right] W_{e1}} \leqslant f \tag{4-53}$$

式中　M_1——刚架柱柱顶(大头)的弯矩设计值，当最大弯矩不出现在大头截面时，应取最大弯矩；

W_{e1}——刚架柱柱顶(大头)有效截面最大受压纤维底截面抵抗矩，当最大弯矩不出现在大头截面时，应取最大弯矩所在截面的有效截面模量；

N_0——刚架柱柱底(小头)的轴压力设计值；

A_{e0}——刚架柱柱底(小头)的有效截面面积；

φ_{xy}——刚架柱轴心受压稳定系数，由《钢结构设计规范》(GB 50017—2003)附录4查得，柱计算长度按式(4-18)确定，计算长细比时取小头截面回转半径；

β_{mx}——等效弯矩系数，对有侧移刚架取1.0；

N'_{Ex0}——欧拉临界力，$N'_{Ex0}=\dfrac{\pi^2 EA_{e0}}{1.1\lambda^2}$，计算$\lambda$时回转半径$i_0$以小头为准，计算长度按式(4-18)确定。

② 平面外整体稳定计算。

变截面柱在刚架平面外的整体稳定应按支撑点分段按下式计算

$$\frac{N_0}{\varphi_y A_{e0}} + \frac{\beta_t M_1}{\varphi_{by} W_{e1}} \leqslant f \tag{4-54}$$

式中　M_1——计算构件段大头截面的弯矩设计值；

N_0——计算构件段小头截面的轴压力设计值；

φ_y——刚架柱轴心受压弯矩作用平面外的稳定系数，以小头为准，按《钢结构设计规范》(GB

50017—2003)规定采用,计算长度取纵向支撑点间的距离。若各段线刚度差别较大,确定计算长度时可考虑各段的相互约束;

β_t——等效弯矩系数,对一端弯矩为零的区段 $\beta_t=1-N/N'_{Ex0}+0.75(N/N'_{Ex0})^2$,对两端弯曲应力基本相等的区段 $\beta_t=1.0$;

φ_{by}——均匀弯曲楔形受弯构件的整体稳定系数。

双轴对称的工字形截面杆件的 φ_{by} 按下式计算

$$\varphi_{by}=\frac{4320}{\lambda_{y0}^2}\frac{A_0h_0}{W_{x0}}\sqrt{\left(\frac{\mu_s}{\mu_w}\right)^4+\left(\frac{\lambda_{y0}t_0}{4.4h_0}\right)^2}\frac{235}{f_y} \tag{4-55}$$

式中 $\lambda_{y0}=\mu_s l/i_{y0}$,$i_{y0}$ 为受压翼缘与受压区腹板 1/3 高度组成的截面绕 y 轴的回转半径,l 为楔形构件计算区段的平面外计算长度,取支撑点间的距离;

$\mu_s=1+0.023\gamma\sqrt{lh_0/A_f}$,$A_f$ 为受压翼缘截面面积;

$\mu_w=1+0.00385\gamma\sqrt{l/i_{y0}}$;

A_0——为构件大头截面面积;

h_0——构件截面高度;

W_{x0}——构件截面模量;

t_0——受压翼缘截面厚度;

按式(4-55)计算的 $\varphi_{by}>0.6$ 时,应按《钢结构设计规范》(GB 50017—2003)规定查出相应的 φ'_{by} 代替 φ_{by} 值。对单轴对称且两翼缘截面不等的工字形截面或 H 形截面,按式(4-55)计算的 φ_{by} 时,应在式(4-55)中加上截面不对称影响系数 η_b,其值按《钢结构设计规范》(GB 50017—2003)取用。

3. 塑性设计法

(1) 抗弯强度计算

① 弯矩 M_x 作用在一个主平面内(对 H 形和工字形截面 x 轴的强轴)的受弯构件弯曲强度

$$M_x\leqslant W_{pnx}f \tag{4-56}$$

式中 W_{pnx}——对 x 轴的塑性净截面模量。

② 弯矩 M_x 作用在一个主平面内(对 H 形和工字形截面 x 轴的强轴)的压弯构件弯曲强度当 $\frac{N}{A_nf}\leqslant0.13$ 时,按式(4-56)计算;当 $\frac{N}{A_nf}>0.13$ 时,按下式计算

$$M_x\leqslant1.15\left(1-\frac{N}{A_nf}\right)W_{pnx}f \tag{4-57}$$

式中 A_n——构件净截面面积;

N——压弯构件的轴向力设计值,$N<0.6A_nf$。

(2) 抗剪承载力计算

$$V\leqslant t_wh_wf_v \tag{4-58}$$

式中 f_v——钢材抗剪强度设计值;

h_w——腹板高度,对楔形腹板取板幅的平均高度;

t_w——腹板厚度。

为了保证腹板在剪力和轴力作用下不发生剪切压曲，且不降低其截面所能承受的最大弯矩值，在刚架柱与横梁连接处的塑性铰附近，应设置斜的或直的成对加劲肋，对腹板进行加强；对横梁上可能出现塑性铰的集中荷载作用处，可根据其荷载的大小，对腹板设置加劲肋。

(3) 局部稳定性计算(工字形截面)

翼缘
$$\frac{b_1}{t}\leqslant 13\sqrt{\frac{235}{f_y}} \tag{4-59}$$

腹板

当 $\delta=\frac{N}{Af}<0.37$ 时，
$$\frac{h_w}{t_w}\leqslant(72-100\delta)\sqrt{\frac{235}{f_y}} \tag{4-60}$$

当 $\delta=\frac{N}{Af}\geqslant 0.37$ 时，
$$\frac{h_w}{t_w}\leqslant 35\sqrt{\frac{235}{f_y}} \tag{4-61}$$

(4) 整体稳定性计算

① 平面内整体稳定性计算。

等截面门式刚架柱在刚架平面内的整体稳定性应按下式计算
$$\frac{N}{\varphi_x A}+\frac{\beta_{mx}M_x}{[1-0.8(N/N_{Ex})]W_{px}}\leqslant f \tag{4-62}$$

式中 M_x——构件截面的最大弯矩设计值；

N——构件截面轴力设计值；

N_{Ex}——欧拉临界力，$N_{Ex}=\frac{\pi^2 EA}{1.1\lambda_x^2}$；

W_{px}——对 x 轴的毛截面塑性抵抗矩；

φ_x——弯矩作用平面内轴心受压构件稳定系数；

β_{mx}——等效弯矩系数，按现行《钢结构设计规范》(GB 50017—2003)第5.2.2条采用；

A——刚架柱截面面积。

② 平面外整体稳定性计算。

等截面门式刚架柱在刚架平面内的整体稳定性应按下式计算
$$\frac{N}{\varphi_y A}+\frac{\beta_{tx}M_x}{\varphi_b W_{px}}\leqslant f \tag{4-63}$$

式中 φ_y——弯矩作用平面外轴心受压构件稳定系数；

β_{tx}——等效弯矩系数，按现行《钢结构设计规范》(GB 50017—2003)第5.2.2条采用；

φ_b——均匀弯曲的受弯构件整体稳定系数，按现行《钢结构设计规范》(GB 50017—2003)附录B计算。

4.7 轻型门式刚架结构的节点设计

门式刚架的节点设计必须构造合理，具有必要的延性，避免应力集中及过大的约束应力，且应便于施工和安装。

4.7.1 横梁与柱连接及横梁拼接

1. 横梁与柱连接节点形式

门式刚架横(斜)梁与柱的连接形式有三种,即端板竖放(见图 4-13(a))、端板横放(见图 4-13(b))、端板斜放(见图 4-13(c)、(d))。

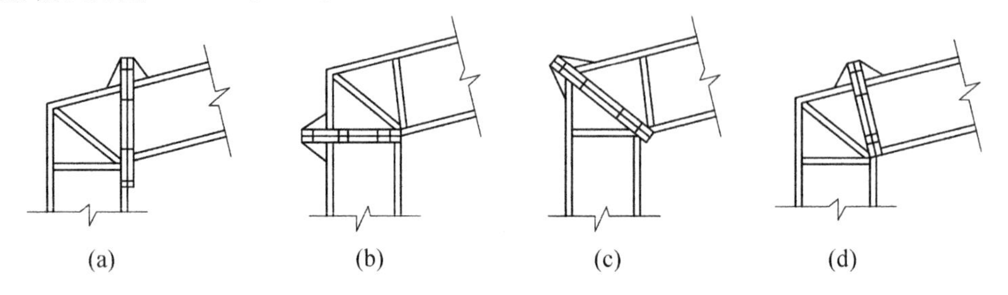

图 4-13 刚架横(斜)梁与柱的连接形式

2. 横梁拼接节点形式

门式刚架横(斜)梁拼接,可采用端板平齐(见图 4-14(a))和端板外伸(见图 4-14(b))两种形式。横梁拼接时宜使端板与构件的外边缘垂直(见图 4-15),且宜选择弯矩较小的位置拼接。

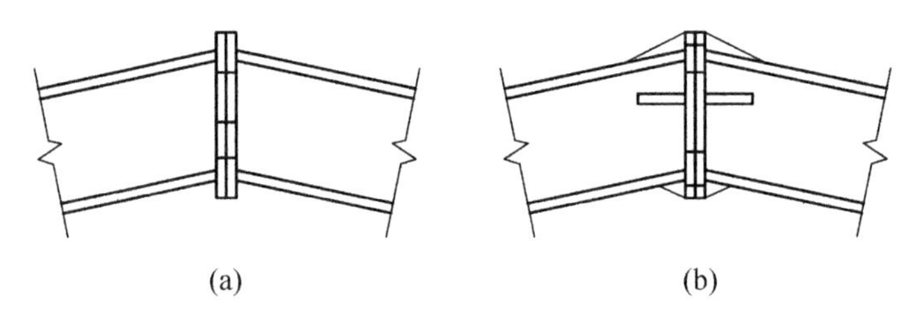

图 4-14 刚架横(斜)梁脊节点拼接形式图

3. 节点设计原则

① 横梁端板拼接应按截面所受最大内力设计。当内力较小时,应按能够承受不小于较小被连接截面承载力的 1/2 设计。

② 门式刚架的梁、柱的连接应采用高强度螺栓连接。高强度螺栓直径可根据需要选用,通常采用 M16～M24 螺栓。

③ 当节点为端板连接,且节点仅受轴力和弯矩作用或剪力小于端板连接面的抗滑移承载力(钢板间的抗滑移系数取为 0.3)时,端板的连接面可不作专门处理。

④ 端板连接的高强度螺栓应成对对称布置。在横梁与柱连接处的受拉区,宜在受拉翼缘内外两侧,设置高强度螺栓的一端端板外伸式连接(见图 4-13(b)、(c)、(d))。在横梁的拼接处,宜在受拉翼缘和受压翼缘内外两侧设置高强度螺栓的两端端板外伸式连接(见图 4-14(b))。当采用端板外伸式连接(一端或两端)时,宜使翼缘内外的螺栓群中心与翼缘的中心重合或比较接近。只有当螺栓群的力臂足够大(如斜端板,如图 4-13(c)、(d)所示)或受力较小(横梁拼接)时,才可以采用全部高强度螺栓均设置在构件截面高度范围内的端板平齐连接方式。

⑤ 高强度螺栓中心至翼缘板边缘的距离,应满足螺栓的施工空间要求,不宜小于 35 mm。螺栓

端距不应小于 2 倍的螺栓孔径。

⑥ 受压翼缘的螺栓排列数不宜少于两排。当在受拉翼缘两侧各设置一排螺栓尚不能满足节点承载力要求时，可在翼缘内侧增设螺栓(见图 4-16)，其间距可取75 mm，且不小于 3 倍的螺栓孔径。

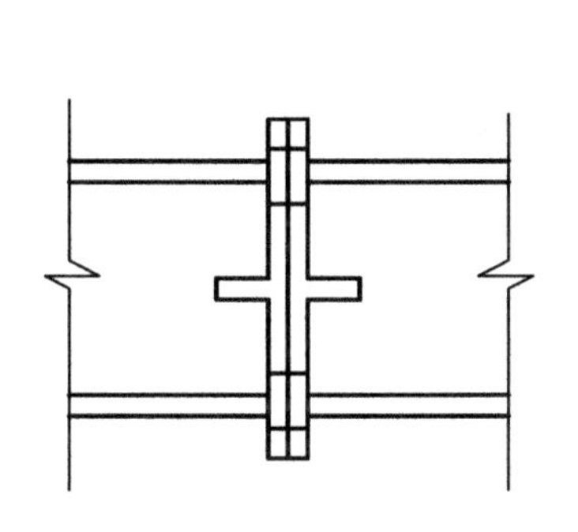
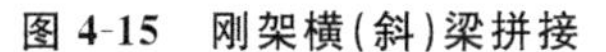

图 4-15　刚架横(斜)梁拼接

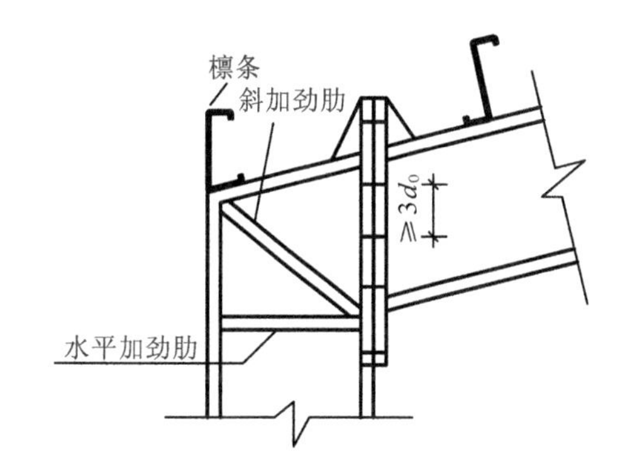

图 4-16　端板竖放时的螺栓和檐檩

⑦ 与横梁端板连接的柱翼缘内侧(端板竖放)，或与柱端板连接的横梁下翼缘(端板平放)，应与端板等厚。在施工过程中，对于型钢构件，一般采用换板方式来实现。刚架的节点端板上任意两对螺栓间的最大距离应不大于 400 mm。

⑧ 对连接节点上同时受拉和受剪的高强度螺栓，应验算螺栓在拉、剪共同作用下的强度。

⑨ 端板的厚度应根据支承条件(见图 4-17)按下列公式计算，且不小于 16 mm。

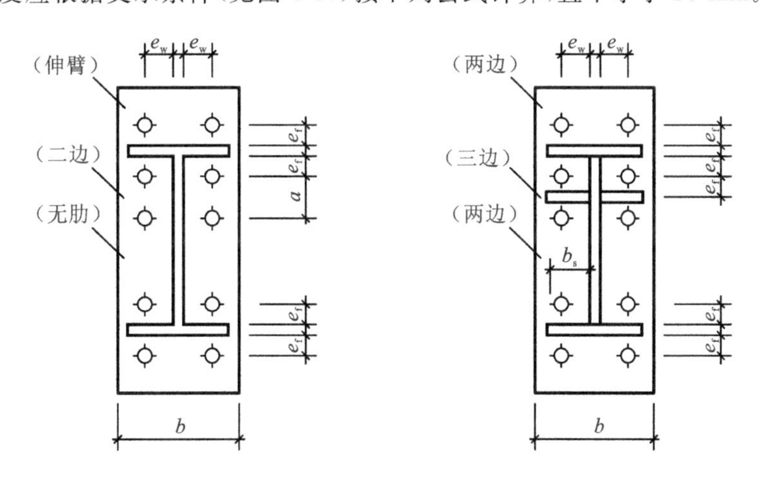

图 4-17　端板支承构造

a. 伸臂类端板

$$t \geqslant \sqrt{\frac{6e_f N_t}{bf}} \tag{4-64}$$

b. 无加劲肋的端板

$$t \geqslant \sqrt{\frac{3e_w N_t}{(0.5a+e_w)f}} \tag{4-65}$$

c. 两边支承肋端板

当端板外伸时,

$$t \geqslant \sqrt{\frac{6e_f e_w N_t}{[e_w b + 2e_f(e_f + e_w)]f}} \tag{4-66}$$

当端板平齐时,

$$t \geqslant \sqrt{\frac{12e_f e_w N_t}{[e_w b + 5e_f(e_f + e_w)]f}} \tag{4-67}$$

d. 三边支承类端板

$$t \geqslant \sqrt{\frac{6e_f e_w N_t}{[e_w(b + 2b_s) + 2e_f^2]f}} \tag{4-68}$$

以上各式中 N_t——一个高强度螺栓的拉力设计值;

e_w,e_f——螺栓中心至腹板和翼缘板表面的距离;

b,b_s——端板和加劲肋板的宽度;

a——螺栓间距;

f——端板钢材的抗拉强度设计值。

⑩ 刚架构件的翼缘与端板的连接应采用全焊透对接焊缝,腹板与端板的连接应采用角焊缝。

⑪ 在端板设置螺栓处,应按下列公式验算构件腹板的强度

当 $N_{t2} \leqslant 0.4P$ 时,

$$\frac{0.4P}{e_w t_w} \leqslant f \tag{4-69}$$

当 $N_{t2} > 0.4P$ 时,

$$\frac{N_{t2}}{e_w t_w} \leqslant f \tag{4-70}$$

式中 N_{t2}——翼缘内第二排一个螺栓的轴心拉力设计值;

P——高强度螺栓预拉力;

e_w——螺栓中心至腹板表面的距离;

t_w——腹板厚度;

f——腹板钢材的抗拉强度设计值。

当不满足上述要求时,可设置腹板加劲肋或局部加厚腹板。

4.7.2 节点域抗剪强度的验算

门式刚架横梁与柱相交的节点域,应按下式验算剪应力

$$\tau = \frac{M}{d_b d_c t_c} \leqslant f_v \tag{4-71}$$

式中 M——节点承受的弯矩设计值,对多跨刚架中柱节点处,应取两侧横梁端弯矩的代数和或柱顶弯矩设计值;

d_c,t_c——节点域的宽度和厚度;

d_b——横梁端部的高度或节点域高度;

f_v——节点域钢材强度设计值。

门式刚架横梁与柱相交节点域的抗剪强度也可按现行《钢结构设计规范》(GB 50017—2003)中相关公式计算。当验算节点域不满足设计要求时，可在节点域将腹板的厚度适当加大，或贴焊补强钢板，也可设置斜向加劲肋(见图 4-16)。

4.7.3　钢牛腿设计

1. 牛腿的构造要求

在带有吊车的工业厂房中，吊车梁与柱之间的连接通常是通过钢牛腿节点连接的(见图 4-18)。钢牛腿截面一般为工字形、H 形或 T 形，钢柱截面通常为等截面的焊接工字形或 H 形。在钢牛腿与钢柱连接位置处，钢柱上对应牛腿的翼缘位置设置水平加劲肋。

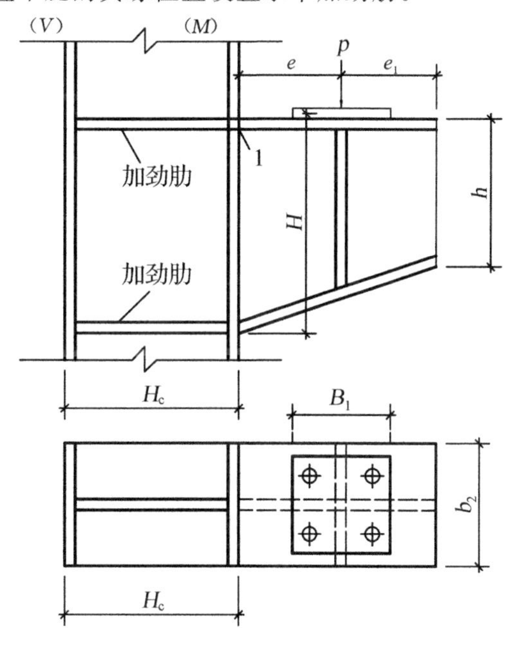

图 4-18　牛腿构造

2. 牛腿的荷载计算

钢牛腿承担的荷载主要是吊车梁体系的自重以及吊车轮压。由图 4-18 可得牛腿根部截面上的剪力设计值和弯矩设计值为

$$V=P=1.2P_G+1.4\sum D_{\max i} \tag{4-72}$$

$$M=Pe=Ve \tag{4-73}$$

式中　P_G——吊车梁及轨道的自重；

$\sum D_{\max i}$——吊车所有最大轮压通过吊车梁传到某一根柱上的最大反力；

e——吊车轨道中心至柱内翼缘边的距离。

3. 牛腿截面设计

钢牛腿与钢柱连接处的截面由强度条件确定。按现行《钢结构设计规范》(GB 50017—2003)相关公式计算。

4. 牛腿与柱连接焊缝设计

钢牛腿上翼缘与钢柱的连接可采用焊透的对接焊缝,也可采用角焊缝;钢牛腿的腹板与钢柱的连接采用角焊缝;钢牛腿下翼缘与钢柱的连接采用焊透的对接焊缝。

4.7.4 柱脚节点

门式刚架钢柱与钢筋混凝土基础的连接节点,设计时必须明确地反映出来,才能使施工人员有足够的认识,以确保施工的质量。

1. 柱脚的分类

按结构受力特点的不同,柱脚可分为铰接连接柱脚和刚接连接柱脚两类(见图 4-19)。铰接连接柱脚仅传递垂直力和水平力,刚接连接柱脚除了传递垂直力和水平力外,还应传递弯矩。但是在实际工程中,铰接连接柱脚并不是完全理想的铰,刚接连接柱脚也不是完全的刚固,常介于上述两者之间的半刚性固定的柱脚。

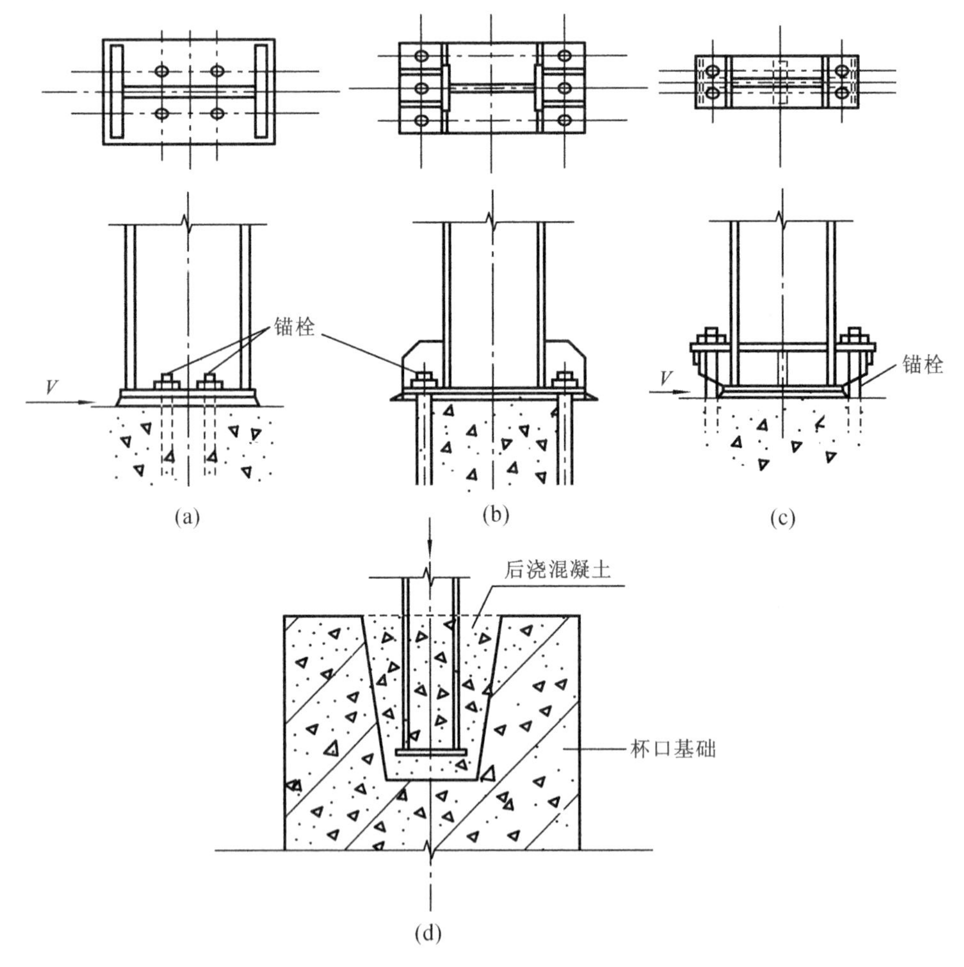

图 4-19 柱脚类型

(a)铰接柱脚;(b)加劲刚接柱脚;(c)带靴梁刚接柱脚;(d)插入式柱脚(刚接)

2. 柱脚设计

柱脚设计主要内容包括：

① 柱脚底板尺寸的确定；

② 相关连接焊缝设计；

③ 柱脚水平抗剪验算；

④ 柱脚的锚栓设计。

具体设计详见本书第 7 章 7.9.5 节相关内容。

4.8 轻型门式刚架结构的檩条的构造与计算

4.8.1 檩条的形式、特点及适用范围

檩条一般用于轻型屋面，檩条的用钢量在房屋结构中所占的比重较大，因此减少檩条的用钢量是节约钢材的主要途径之一。根据经验，节约檩条用钢量的有效措施是增大檩条间距、选用合适的檩条形式及减小屋面材料的重量等。

1. 实腹式

（1）普通型钢截面

① 槽钢：因材型厚度较大，多以挠度控制，强度不能发挥作用，用钢量较大。适用于跨度较小的檩条。

② H 型钢：腹板薄、抗弯刚度大、翼缘板平直、易于连接、用钢量较大。适用于跨度大、荷载较大的檩条。

（2）冷弯薄壁型钢截面

① C 形截面：由卷边槽形冷弯薄壁型钢组成。特点是截面互换性好、用钢量小、制作和安装方便。适用于坡度小于等于 1∶3，檩条跨度为 6～9 m 的屋面。

② Z 形截面：由卷边 Z 形冷弯薄壁型钢组成。特点是主平面内刚度大、用钢量小、制作和安装方便、施工现场占地少。适用于坡度大于等于 1∶3，檩条跨度为 9～12 m 的屋面。

2. 格构式

（1）平面桁架式

① 由角钢和圆钢组成的平面桁架，侧向刚度较小，取材方便，受力明确。适用于屋面荷载或檩距较小的屋面。

② 由冷弯薄壁型钢组成的平面桁架，受力明确，平面内外刚度均较大，制作方便。适用于大檩距屋面。

（2）空间桁架式

由平面桁架组成。特点是结构合理、受力明确、整体刚度大、安装方便、制造费工、用钢量较大。适用于跨度、荷载和檩距均较大的屋面。

（3）下撑式

由上弦杆、两根竖杆和下弦杆组成。杆件数量较少、制作方便。竖放时平面内刚度大、上弦杆节

点较经济、侧向刚度小;平放时侧向刚度大、安装方便、用钢量稍大。应用较少。

(4)"二合一"式

由两片边桁架和中间檩条组成。将屋盖上檩条的承重功能和支撑功能合而为一,刚度大、制作费工、焊接工艺要求较严。应用较少。

3. 空腹式

由上下弦角钢和缀板焊接组成空腹式或蜂窝式。侧向刚度较小、用钢量较少、拼装和焊接量大。应用较少。

4.8.2 檩条设计计算

1. 檩条荷载

(1) 永久荷载(恒荷载)

作用在檩条上的永久荷载,主要包括屋面承重构件(如压型钢板、石棉瓦、预应力单槽瓦等),以及防水层、保温、隔热材料等的重量和檩条自重、拉条和撑杆的重量等一些长期作用在檩条上的荷载。根据《建筑结构荷载规范》(GB 50009—2012)给出的常用材料和构件的自重,屋面构造一旦确定,即可根据选定的材料和构件确定作用于檩条的永久荷载的标准值。

(2) 可变荷载(活荷载)

作用在檩条上的可变荷载包括:屋面均布活荷载、施工荷载、雪荷载、积灰荷载,对某些轻型屋面尚应考虑风荷载的影响。

屋面均布活荷载标准值(按投影面积计算)取 0.5 kN/m^2,对于檩距小于 1 m 的檩条,还应验算 1.0 kN(标准值)施工或检修集中荷载作用于跨中时构件的强度。对于实腹式檩条,可将检修集中荷载按 $2\times1.0/al$(kN/m^2)换算为等效均布荷载,a 为檩条水平投影间距(m),l 为檩条跨度(m)。其他可变荷载均可按《建筑结构荷载规范》(GB 50009—2012)查得。

(3) 荷载折算

上述荷载除施工集中荷载外,均以单位面荷载的形式给出,计算檩条荷载时须将其折算为单位长度的线荷载,檩条所受线荷载等于均布面荷载乘以檩距。

(4) 荷载组合

根据《建筑结构荷载规范》(GB 50009—2012)的规定,冷弯薄壁型钢檩条须考虑下列荷载组合:

① 永久荷载+(屋面均布荷载或雪荷载中的较大值)+积灰荷载;

② 当屋面均布活荷载或雪荷载中的较大值小于 0.5 kN/m^2 时,尚应考虑永久荷载+施工检修集中荷载换算值;

③ 永久荷载+风吸力荷载(当需要考虑风吸力对轻型屋面的影响时)。

2. 内力分析

在屋面荷载作用下,檩条产生双向弯曲,将均布荷载 q 分解为两个荷载分量 q_x 和 q_y 分别计算。

(1) 沿主轴 x 和 y 的分荷载(见图 4-20)按下列公式计算

$$q_x = q\sin\alpha_0 \tag{4-74}$$

$$q_y = q\cos\alpha_0 \tag{4-75}$$

式中 q——檩条竖向荷载的设计值;

α_0——q 与主轴 y 的夹角；对槽形和工字形截面 $\alpha_0=\alpha$，α 为屋面坡角；对Z形截面 $\alpha_0=|\alpha-\theta|$，θ 为主轴 x 与平行于屋面轴 x_1 的夹角。

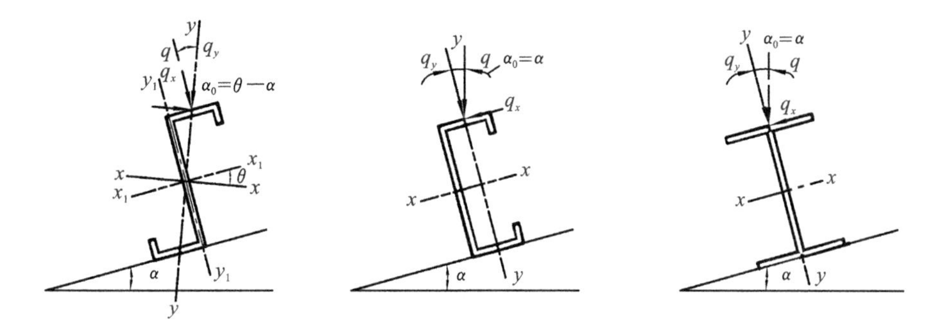

图4-20 实腹式檩条截面主轴和荷载

(2) 檩条的弯矩

① 在刚度最大主平面(对 x 轴)由 q_y 引起的弯矩。

一般按单跨简支梁计算，跨中最大弯矩

$$M_x=q_yl^2/8 \tag{4-76}$$

按多跨连续梁计算时，不考虑活荷载的不利组合，跨中和支座弯矩均近似取

$$M_x=q_yl^2/10 \tag{4-77}$$

式中 l——檩条的跨度。

② 在刚度最小主平面(对 y 轴)由 q_x 引起的弯矩。

考虑拉条作为侧向支撑点，按简支梁或多跨连续梁计算。檩间无拉条时，跨中弯矩

$$M_y=q_xl^2/8 \tag{4-78}$$

有一根拉条位于 $l/2$ 时，跨中负弯矩

$$M_y=q_xl^2/32 \tag{4-79}$$

两根拉条位于 $l/3$ 时，$l/3$ 处负弯矩

$$M_y=q_xl^2/90 \tag{4-80}$$

跨中正弯矩

$$M_y=q_xl^2/360 \tag{4-81}$$

3. 截面设计

(1) 初选截面

截面高度 h：通常取檩条跨度的1/50～1/35。

截面宽度 b：根据选定的高度 h 由相应的型钢规格《冷弯薄壁型钢结构技术规范》(GB 50018—2002)确定。

(2) 确定有效截面的截面特性

由卷边C形薄壁型钢和卷边Z形薄壁型钢制成的檩条为一双向受弯构件，但在计算有效截面的截面特性时，可近似地假设由 M_y 引起的应力变化忽略不计，将檩条上翼缘视作均匀(或非均匀)受压的一边支承、一边卷边板件，将下翼缘视作一均匀(或非均匀)受拉板件，将腹板视作一非均匀受拉的两边支承板件，其有效截面按有效宽厚比法计算。

① 上翼缘(受压翼缘)。

均匀受压的一边支承、一边卷边板件,其有效截面宽厚比应根据其应力,$\sigma=\frac{M_{x\max}}{W_x}$和板件的实际宽厚比$\frac{b}{t}$按《冷弯薄壁型钢结构技术规范》中5.6节相关规定计算。非均匀受压的一边支承、一边卷边板件,其宽厚比应满足如下要求

$$\frac{b}{t}\leqslant 100\sqrt{\frac{\xi}{\sigma_{\max}}} \tag{4-82}$$

式中 ξ——系数,按表4-5采用;

$\sigma_{\max}$——板件边缘的最大压应力,$\mathrm{N/mm^2}$;取构件毛截面按强度计算;当$\frac{b}{t}\leqslant 100\sqrt{\frac{\xi}{\sigma_{\max}}}$时,板件截面全部有效。

表4-5 ξ值

支承条件	α_0										
	0	0.2	0.4	0.6	0.8	1.0	1.2	1.4	1.6	1.8	2.0
一边卷边、一边支承,$\sigma_{\max}$在支承边	—	17	34	53	70	96	118	40	166	189	200
一边支承、一边卷边,$\sigma_{\max}$在卷边边	—	14	16	17	18	20	30	38	45	46	47
一边支承、一边自由,$\sigma_{\max}$在支承边	5	7	8	11	15	23	36	47	50	52	54
一边支承、一边自由,$\sigma_{\max}$在自由边	5	6	6	7	8	8	9	10	11	12	13

② 下翼缘(受拉翼缘)。

均匀受拉板件截面全部有效。

③ 腹板。

腹板上下边缘的应力为$\sigma_{\min}^{\max}=\pm\frac{M_{x\max}}{W_x}$,故应力分布不均系数$\alpha_0=\frac{\sigma_{\max}-\sigma_{\min}}{\sigma_{\max}}=2.0$,腹板的有效宽厚比可根据其实际宽厚比$\frac{b}{t}$由《冷弯薄壁型钢结构技术规范》中5.6节相关规定确定。

求得截面上各组成板件的有效宽度后,即可在截面上扣除各板件的无效部分。求得有效部分截面的各项截面特性,如A_{ef}、$W_{\mathrm{ef}x}$、$W_{\mathrm{ef}y}$等。

(3) 强度计算

当檩条上翼缘密铺刚性屋面板(如压型钢板、预应力槽瓦、钢丝网水泥波瓦、石棉瓦等)并牢固连接,屋面板能阻止檩条发生侧向失稳和扭转变形时,可不计算檩条的整体稳定性,檩条可仅按下式验算强度:

冷弯薄壁型钢,
$$\sigma\leqslant\frac{M_x}{W_{\mathrm{efn}x}}+\frac{M_y}{W_{\mathrm{efn}y}}\leqslant f \tag{4-83}$$

热轧型钢,
$$\sigma=\frac{M_x}{\gamma_x W_{\mathrm{n}x}}+\frac{M_y}{\gamma_y W_{\mathrm{n}y}}\leqslant f \tag{4-84}$$

式中 $W_{\mathrm{efn}x}$,$W_{\mathrm{efn}y}$——对x轴、y轴的有效净截面抵抗矩;

M_x，M_y——刚度最大主平面（对 x 轴）由 q_y 引起的弯矩和刚度最小主平面（对 y 轴）由 q_x 引起的弯矩：当无拉条或设一根拉条时，采用檩条跨中的弯矩；当设两根拉条时：若 $q_x > 3.5q_y$，采用檩条跨中的弯矩；若 $q_x < 3.5q_y$，采用 $l/3$ 跨处的弯矩；

W_{nx}，W_{ny}——对 x 轴、y 轴的净截面抵抗矩；

γ_x，γ_y——截面塑性发展系数；

f——钢材的强度设计值。

(4) 稳定性计算

如屋面板不能阻止檩条发生侧向失稳和扭转变形（如未与檩条拴紧的石棉瓦、塑料瓦屋面等）时，檩条还应按下式验算整体稳定性：

冷弯薄壁型钢，
$$\sigma=\frac{M_x}{\varphi_{bx}W_{ex}}+\frac{M_y}{W_{ey}}\leqslant f \tag{4-85}$$

热轧型钢，
$$\sigma=\frac{M_x}{\varphi_b W_x}+\frac{M_y}{\gamma_y W_y}\leqslant f \tag{4-86}$$

式中　W_{ex}，W_{ey}——对 x 轴、y 轴的有效截面抵抗矩；

W_x，W_y——对 x 轴、y 轴的毛截面抵抗矩；

φ_b——受弯构件绕强轴的整体稳定系数（按简支梁计算）；

φ_{bx}——受弯构件绕强轴的整体稳定系数（按通用公式同墙梁）。

(5) 刚度验算

单跨简支实腹式檩条应验算垂直于屋面坡度的挠度不超过容许值。

C形薄壁型钢檩条，
$$w=\frac{5q_{ky}l^4}{384EI_x}\leqslant[w] \tag{4-87}$$

Z形薄壁型钢檩条，
$$w=\frac{5q_{ky1}l^4}{384EI_{x1}}\leqslant[w] \tag{4-88}$$

式中　q_{ky}，q_{ky1}——两种薄壁型钢垂直于屋面坡度方向上的线荷载分量标准值；

I_x，I_{x1}——两种薄壁型钢沿屋面坡度方向上的惯性矩；

$[w]$——挠度容许值，对无积灰的瓦楞铁和石棉瓦等轻型屋面，$[w]=l/150$，对有积灰的瓦楞铁和石棉瓦屋面、压型钢板、发泡水泥复合板、钢丝网水泥瓦和其他水泥制品瓦材屋面，$[w]=l/200$，l 为檩条的跨度。

4. 构造要求

檩条的布置与设计应遵循以下构造要求。

① 檩条优先选用冷弯卷边槽钢C形和冷弯带斜卷边或带直角卷边Z形钢等简支或连续实腹式檩条。当跨度大于9 m时，可采用格构式檩条或高频焊H型钢等实腹式檩条。

② 实腹式和空腹檩条的截面宜垂直于屋面坡度方向，对槽钢、卷边C形、Z形等实腹式檩条宜将上翼缘肢尖或卷边朝向屋脊方向，以减小屋面荷载偏心引起的扭转。桁架式檩条的上弦截面宜垂直于屋架的上弦杆，腹杆平面宜垂直于地面。

③ 对连续檩条在接长处，一般采用搭接连接。当檩条为带斜卷边的Z形截面时，可采用叠加连接；当檩条为带直角卷边的Z形或C形截面时，可采用相应型号的型钢或板件套置连接（见图4-21）。檩条的搭接长度、连接处螺栓的直径均应按连续檩条中间支座处的弯矩计算确定。

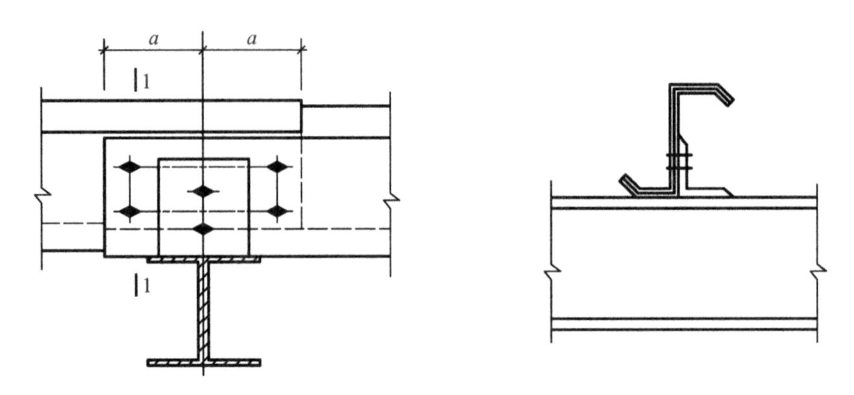

图 4-21 型钢或板件套置连接示意图

④ 为了减少檩条在使用和施工期间的侧向变形和扭转,应在檩条跨间按下列原则设置拉条和撑杆(见图 4-22):

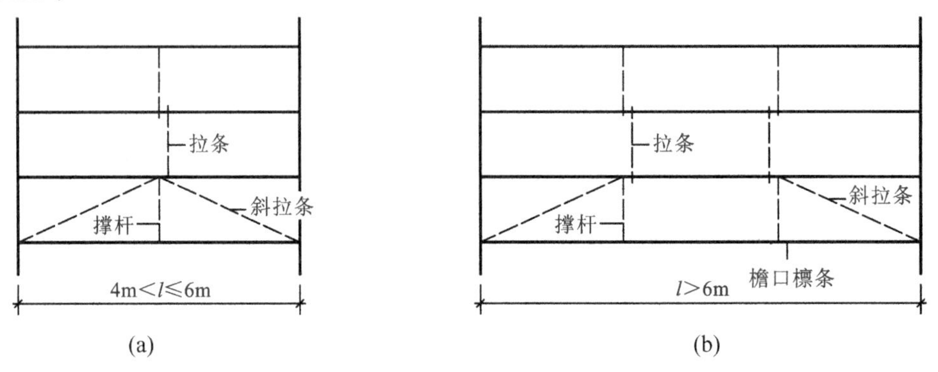

图 4-22 拉条和撑杆布置图

a. 当檩条跨度 $l \leqslant 4$ m 时,可不设置拉条或撑杆;

b. 当檩条跨度 4 m$<l \leqslant 6$ m 时,应在檩条跨中设置一道拉条;

c. 当檩条跨度 $l>6$ m 时,应在檩条跨度三分点处各设置一道拉条。

⑤ 采用 Z 形薄壁檩条时,宜选取主轴 x 与屋面 x_1 轴的夹角 θ(见图 4-20)和屋面坡度相等或相近的檩条。

⑥ 檩条一般设计成单跨简支构件,对跨度较大且采用实腹式的檩条(如 Z 形檩条用于大于 9 m 跨度)也可设计成连续构件。

⑦ 拉条应张紧,当屋面自重大于风吸力作用时,拉条应设置在离檩条上翼缘不大于 1/3 腹板高度处;当风吸力作用使檩条下翼缘受压时,拉条应设置在离檩条下翼缘不大于 1/3 腹板高度处(见图 4-23)。安装檩条时宜采用活动的临时支撑,以确保檩条的整体稳定性。

⑧ 对双坡屋面,采用实腹式檩条,在屋脊处应设置双檩条(见图 4-24)。在屋脊两侧的檩条之间应设置撑杆和斜拉条相连接,撑杆可采用圆管、角钢和槽钢等。

⑨ 拉条截面按轴心受拉构件计算,一般采用张紧圆钢,其直径应不小于 10 mm。撑杆截面按轴心受压构件计算,一般采用圆管、角钢和槽钢等,其长细比不得大于 220。

⑩ 实腹式檩条兼作刚架横梁横向水平支撑的刚性系杆时,其长细比不大于 220。计算檩条长细

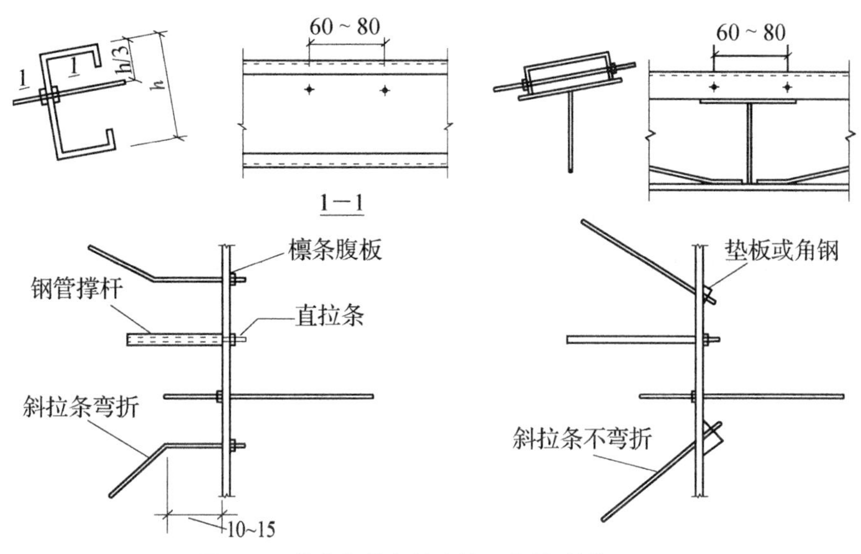

图 4-23　檩条与拉条的连接示意图(单位:mm)

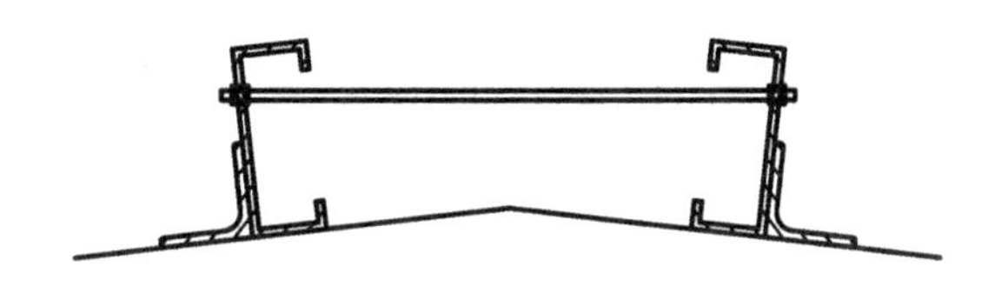

图 4-24　屋脊双檩条连接示意图

比时,张紧拉条可作为檩条的侧向支承点。桁架式檩条受拉构件的长细比应不大于 350;受压杆件的长细比应不大于 150。

⑪ 檩条与屋面板材应牢固相连(如压型钢板与冷弯型钢檩条采用自攻螺栓连接),以保证屋面能可靠地阻止檩条侧向失稳,可不验算檩条的整体稳定性。

⑫ 实腹式檩条宜采用檩托与刚架相连,檩托宜采用角形截面(角钢或钢板焊接)(见图 4-25(a)),其垂直肢高一般为檩条截面高度的 3/4。当屋面坡度与屋面荷载较小时,也可用钢板直接焊于刚架横梁上翼缘作为檩托(见图 4-25(b))。檩条与檩托一般采用 2 个普通螺栓沿檩条高度方向连接,当檩条截面高度小于 120 mm 时,螺栓也可沿水平方向布置,螺栓直径通常取 M12、M14、M16。

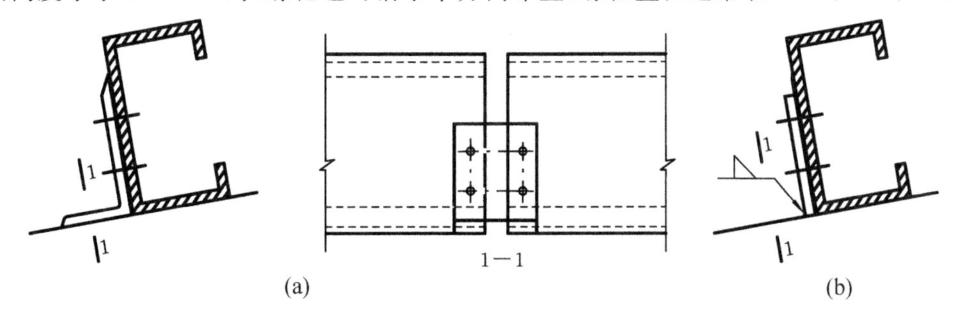

图 4-25　实腹式檩条端部连接示意图

⑬ 采用轻型 H 型钢作为檩条,当 H 型钢截面高度 $h \leqslant 200$ mm 时,可直接用螺栓与刚架相连(见图 4-26(a));当 H 型钢截面高度 $h > 200$ mm 时,应将其下翼缘切去半肢后设置檩托与刚架相连(见图 4-26(b))。

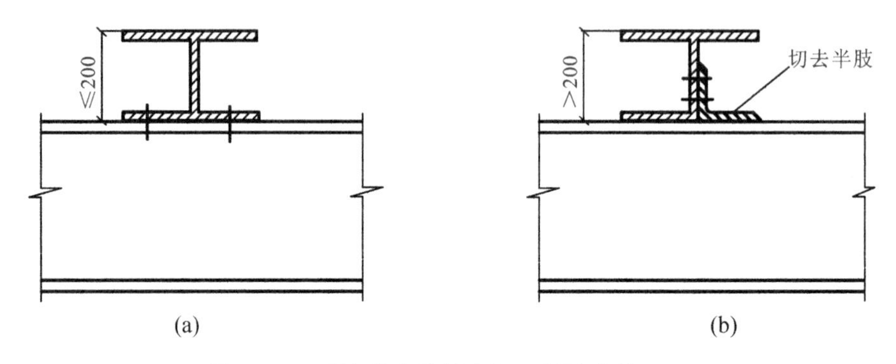

图 4-26 H 型钢檩条端部连接示意图(单位:mm)

4.9 轻型门式刚架结构的墙梁的构造与计算

4.9.1 墙梁的形式与布置

在工业与民用建筑中,为了减轻结构自重,满足使用要求和缩短施工周期,加快建设进度,轻型墙体如压型钢板、EPS 夹心墙面板、塑料瓦楞板等应用越来越广泛。支承轻型墙体的墙梁多采用冷弯薄壁槽钢、卷边槽钢、卷边 Z 型钢等。墙梁通常支承于建筑物的承重柱或墙架柱上,墙体荷载通过墙梁传给柱。墙梁跨度可为一个柱距的简支梁或两个柱距的连续梁,从墙梁的受力性能、材料的充分利用来看,后者更合理。但考虑到节点构造、材料供应、运输和安装等方面的因素,现有墙梁大都设计成跨度为一个柱跨的单跨简支梁。

轻型墙体的墙梁多采用轻型槽钢或卷边槽钢。通常墙梁的最大刚度平面在水平方向,以承担水平风荷载。槽口的朝向应视具体情况而定:槽口向上,便于连接,但容易积灰积水,钢材易锈蚀;槽口向下,不易积灰积水,但连接不便。墙梁的间距取决于墙板的材料强度、尺寸、所受荷载的大小等,当压型钢板较长、强度较高时,墙梁间距可达 3 m 以上;而瓦楞铁、石棉瓦及塑料板或因规格尺寸所限制,或因材料强度所限制,墙梁的间距一般不超过 2.5 m。采用石棉瓦作墙板时,墙梁间距通常取 a 为$[l_1-(100\sim200)]$ mm(l_1 为石棉瓦长度),当石棉瓦强度不满足要求时,墙梁间距可取前者的一半($a/2$)。

墙梁与刚架柱通过梁托采用普通螺栓连接(见图 4-27)。

为了减小墙梁在竖向荷载作用下的计算跨度,提高墙梁稳定性,常在墙梁上设置拉条。当墙梁的跨度 l 为 4～6 m 时,可在跨中设置一道拉条,当 $l>6$ m 时,可在跨间三分点处设置二道拉条。在墙体最上层的墙梁处应设置斜拉条,斜拉条另一端与承重柱或墙架柱相连。当斜拉条所悬挂的墙梁数超过 5 根时,宜在中间加设一道斜拉条,这样可将拉力分段传给柱(见图 4-28)。

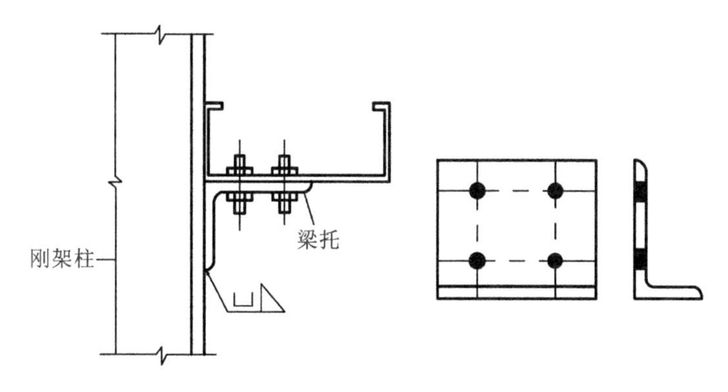

图 4-27　墙梁与刚架柱连接示意图

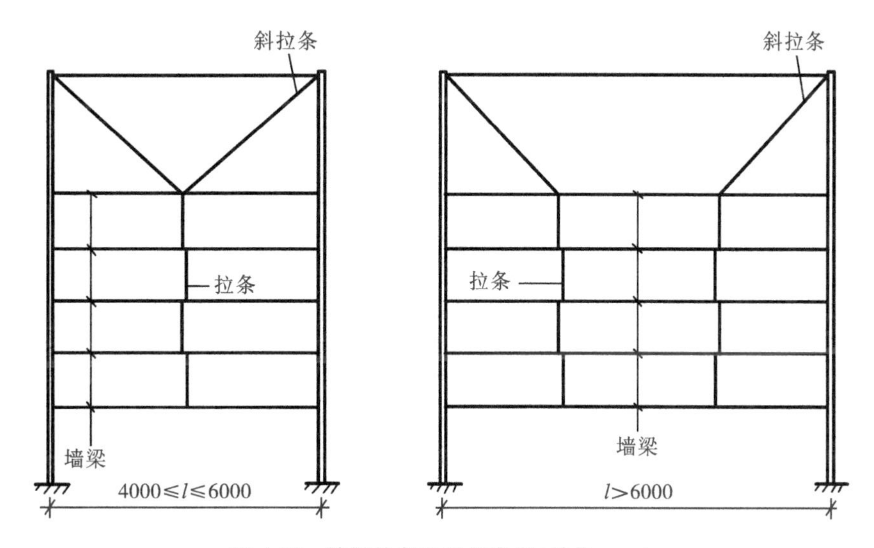

图 4-28　墙梁拉条设置示意图(单位:mm)

为了减少墙板自重对墙梁的偏心影响,当墙梁单侧挂墙板时,拉条应连接在墙梁挂墙板的一侧三分点处;当墙梁两侧均挂有墙板时,拉条宜连接在墙梁重心点处。

4.9.2　墙梁设计计算

1. 荷载计算

作用在墙梁上的荷载主要有竖向自重荷载和水平方向风荷载。竖向自重荷载有墙体材料自重和墙梁自重,墙板自重及水平向的风荷载可根据《建筑结构荷载规范》(GB 50009—2012)查取,墙梁自重根据实际截面确定,选取截面时可近似地取 0.05 kN/m。同样,根据《建筑结构荷载规范》(GB 50009—2012)的规定,当按承载能力极限状态验算墙梁的强度、稳定性时,应以荷载设计值为依据;当按正常使用极限状态验算墙梁的刚度时,则应以荷载标准值为依据。

墙梁的荷载组合有两种:竖向荷载+水平风载(迎风压力);竖向荷载+水平风载(背风吸力)。

求得了竖向荷载(墙板、墙梁自重等)和风荷载后,将这些单位面积荷载乘以墙梁间距,化为作用在墙梁上的线荷载。

2. 内力分析

墙梁系同时承受竖向荷载及水平风荷载作用的双向受弯构件如图 4-29 所示，当荷载未通过墙梁截面弯心 A 时，如墙板放在墙梁外侧且不落地时，计算尚应考虑双弯曲的影响。两侧挂墙板的墙梁或一侧挂墙板、另一侧设有可阻止其扭转变形的拉杆的墙梁，可不考虑弯扭影响。

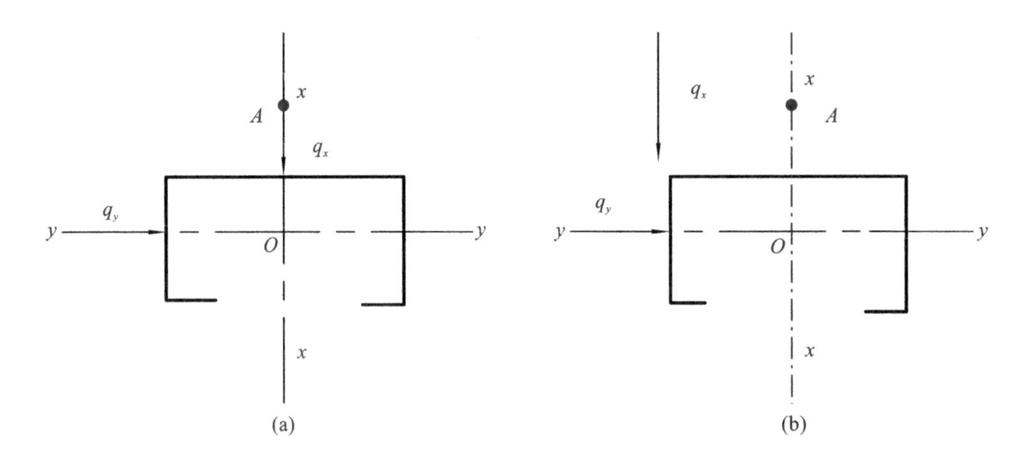

图 4-29 墙梁荷载示意图

3. 截面设计

(1) 强度计算

① 正应力计算。

$$\sigma=\frac{M_x}{W_{\mathrm{en}x}}+\frac{M_y}{W_{\mathrm{en}y}}+\frac{B}{W_{\mathrm{w}}}\leqslant f \tag{4-89}$$

式中 M_x,M_y——水平荷载和竖向荷载产生的弯矩设计值；

$W_{\mathrm{en}x}$,$W_{\mathrm{en}y}$——截面对主轴 x、y 的有效净截面抵抗矩；

W_{w}——毛截面扇形截面抵抗矩；

B——由水平荷载和竖向荷载引起的双力矩设计值；对两侧挂设墙板的墙梁且墙板与墙梁有可靠连接时，可取 $B=0$；对单侧挂设墙板的墙梁，应计算双力矩；当设置的拉条能确保阻止墙梁扭转时，也可不计算双力矩。

② 剪应力计算。

$$\tau_x=\frac{3V_{x\max}}{4b_0 t}\leqslant f_{\mathrm{v}} \tag{4-90}$$

$$\tau_y=\frac{3V_{y\max}}{2h_0 t}\leqslant f_{\mathrm{v}} \tag{4-91}$$

式中 $V_{x\max}$,$V_{y\max}$——水平荷载和竖向荷载产生在 x、y 方向的剪力最大值的设计值；

b_0,h_0——墙梁沿主轴 x、y 方向的计算高度，取型钢板件连接处两圆弧起点之间的距离；

t——墙梁截面的厚度。

(2) 整体稳定性计算

当墙梁两侧挂有墙板，或单侧挂有墙板承担迎风水平荷载，由于受压竖向板件与墙板有牢固连接，一般认为能保证墙梁的整体稳定性，不需要计算；对于单侧挂有墙板的墙梁作用着背风风荷载时，由于墙梁的主要受压竖向板件未与墙板牢固连接，在构造上不能保证墙梁的整体稳定性，尚应按下式计算其整体稳定性

$$\frac{M_x}{\varphi_{bx}W_{ex}}+\frac{M_y}{W_{ey}}+\frac{B}{W_w}\leqslant f \tag{4-92}$$

式中 W_{ex}，W_{ey}——分别为截面对主轴 x、y 的有效截面抵抗矩；

φ_{bx}——为单向弯矩 M_x 作用下墙梁的整体稳定系数，按下式计算，其他各项符号的意义均同前。

$$\varphi_{bx}=\frac{4320Ah}{\lambda_y^2W_x}\xi_1(\sqrt{\eta^2+\zeta}+\eta)\left(\frac{235}{f_y}\right) \tag{4-93}$$

$$\eta=2\xi_2e_a/h \tag{4-94}$$

$$\zeta=\frac{4I_w}{h^2I_y}+\frac{0.156I_t}{I_y}\left(\frac{l_0}{h}\right)^2 \tag{4-95}$$

式中 λ_y——梁在弯矩作用平面外的长细比；

h——截面高度；

A——毛截面面积；

l_0——梁的侧向计算长度，$l_0=\mu_b l$；

μ_b——梁的侧向计算长度系数，按《冷弯薄壁型钢结构技术规范》(GB 50018—2002)附录A采用；

l——梁的跨度；

ξ_1，ξ_2——系数，按《冷弯薄壁型钢结构技术规范》(GB 50018—2002)附录A采用；

e_a——横向荷载作用点到截面弯心的距离，对于偏心压杆或当横向荷载作用在弯心时 $e_a=0$；当荷载不作用在弯心且荷载方向指向弯心(或作用点位于弯心上侧)时为负，而离开弯心(或位于弯心下侧)时为正。

(3) 刚度计算

在水平风荷载作用下，墙梁为一简支梁，其最大挠度按下式计算

$$v_{y\max}=\frac{5q_{ky}l^4}{384EI_x}\leqslant[v] \tag{4-96}$$

在竖向荷载作用下，拉条作为墙梁的竖向支承，墙梁为一连续梁，其最大挠度按下式计算

$$v_{x\max}=\frac{q_{kx}l^4}{3070EI_y}\leqslant[v] \tag{4-97}$$

式中 $v_{y\max}$，$v_{x\max}$——水平荷载和竖向荷载作用下产生的最大挠度；

$[v]$——墙梁的容许挠度，按下列规定采用：①压型钢板、瓦楞铁墙面(水平方向)，$[v]=\frac{l}{150}$；②窗洞顶部的墙梁(水平方向和竖直方向)，$[v]=\frac{l}{200}$(l 为墙梁跨度)，且其竖向挠度不得大于10 mm，不然会影响窗扇的关启。

4.10 轻型门式刚架结构的刚架支撑的设计和构造

4.10.1 刚架支撑的作用及组成

1. 刚架支撑的作用

① 与承重刚架组成纵向构架以保证主刚架在安装和使用中的整体稳定性和纵向刚度。

② 为刚架平面外提供可靠的支撑或减少刚架平面外的计算长度。

③ 承受房屋端部山墙的风荷载、吊车纵向水平荷载及其他纵向力(如温度应力等)。

④ 在地震区尚应承受房屋的纵向水平地震作用。

2. 刚架支撑体系的组成

① 横向水平支撑。实腹式刚架应在横梁上翼缘平面设置上弦横向水平支撑。横向水平支撑宜采用X形,其构件可采用张紧的圆钢,也可采用角钢等刚度较大的截面形式。

② 柱间支撑。在房屋的纵向框架平面内应设置必要的柱间支撑。柱间支撑也宜采用X形,其交叉斜杆与水平面的夹角不宜大于55°;在不设吊车、仅设悬挂吊车或仅设起重量不大于5 t的非重级工作制吊车时,柱间支撑可采用张紧的圆钢;其他情况下,柱间支撑宜采用单片型钢支撑或双片型钢支撑,其中间交叉节点板及两端节点板都应牢固焊接。当有吊车梁或房屋高度较大时,应分层设置柱间支撑。

③ 水平系杆。在刚架构件转折处,即梁柱连接处和屋脊处的受压翼缘,应设置通长水平系杆。满足长细比要求的檩条也可同时兼作水平系杆。

④ 隅撑。当横梁和柱的内侧翼缘需要设置侧向支撑点时,可利用连接于外侧翼缘的檩条或墙梁设置隅撑。隅撑宜采用单角钢制作,其可连接在内翼缘附近的腹板上,也可连接在内翼缘上,通常采用单个螺栓连接,隅撑与刚架构件腹板的夹角不宜小于45°(见图4-30)。

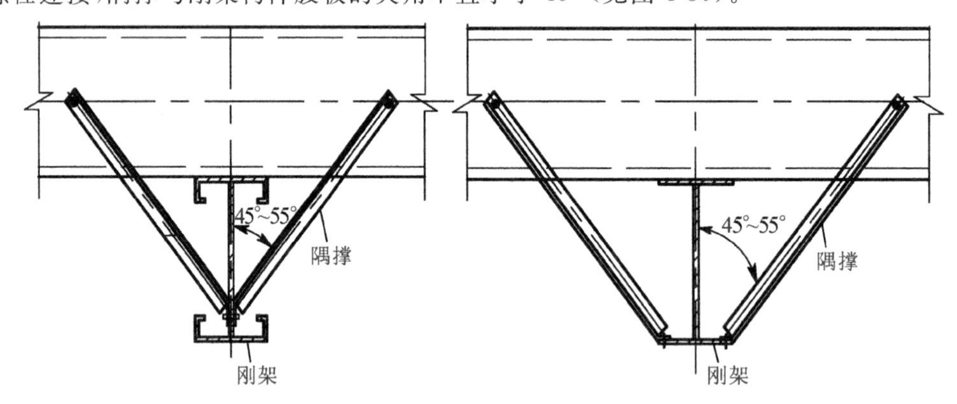

图4-30 刚架梁与柱的隅撑设置示意图

4.10.2 支撑构件的设计计算

1. 支撑荷载计算

(1) 纵向风荷载

由房屋两端山墙和天窗架端壁传来的集中风荷载w,当房屋有伸缩缝时,则为房屋一端山墙和天窗架端壁传来的集中风荷载w,并应根据山墙结构包括抗风柱和抗风桁架的布置,按现行《建筑结构荷载规范》(GB 50009—2012)的规定，分别计算作用在屋架下弦端支座处的风荷载 w_1，作用在吊车梁顶面处的风荷载 w_2。

(2) 吊车纵向水平荷载

由吊车在轨道上纵向行驶所产生的刹车力，一般按不多于两台吊车计算，该荷载的设计值可由下式决定

$$T = 0.1\sum P_{\max} \tag{4-98}$$

式中　$P_{\max}$——在同一柱列上由两台起重量最大的吊车所有刹车轮(一般每台吊车的刹车轮数可取吊车一侧轮数的一半)的最大轮压之和。

由于轻型钢结构的屋面荷载较轻，支撑的纵向抗震能力较强，历次地震在一些震害调查中未发现有纵向震害，故支撑按建筑抗震设计规范的规定设置，一般可不再进行抗震强度验算。

2. 支撑构件内力计算

① 计算各支撑杆件的内力时，假设各连接节点均为铰接，并忽略各杆件的偏心影响，即各杆件均可按轴心受拉或轴心受压构件计算。

② 刚架斜梁上横向水平支撑的内力，应根据纵向风荷载按支承于柱顶的水平桁架计算；对于交叉支撑可不计压杆的受力，如图 4-31 所示。

③ 柱间支撑的内力，应根据该柱列所受纵向风荷载(如有吊车，还应计入吊车纵向制动力)按支承于柱脚基础上的竖向悬臂桁架计算；对于交叉支撑，可不计压杆的受力，如图 4-32 所示。当同一柱列设有多道纵向柱间支撑时，纵向力在各支撑间可按均匀分布考虑。

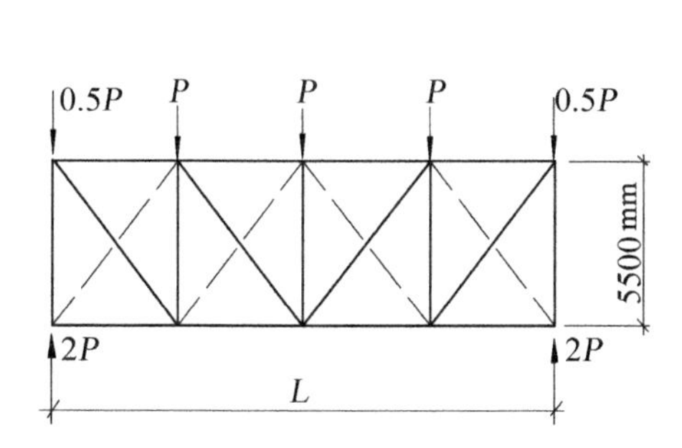

图 4-31　横向水平支撑计算简图

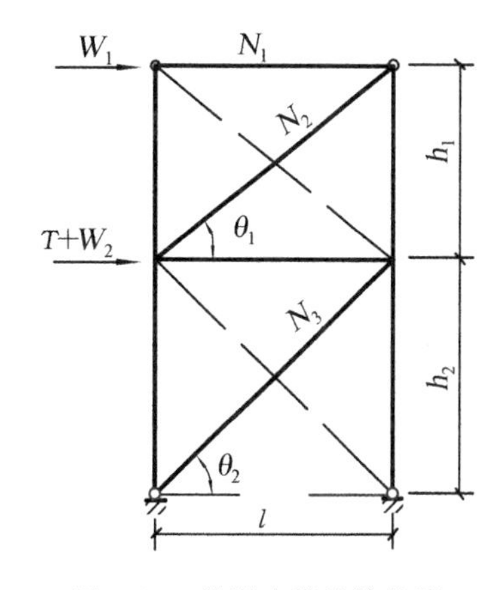

图 4-32　柱间支撑计算简图

④ 隅撑应按轴心受压构件设计，根据《门式刚架轻型房屋钢结构技术规程》(CECS 102：2002)规定，其轴压力可按下式计算

$$N=\frac{A_{\mathrm{f}}f}{60\cos\theta}\sqrt{\frac{f_{\mathrm{y}}}{235}} \tag{4-99}$$

式中　θ——隅撑与檩条轴线的夹角；

A_{f}——实腹梁受压翼缘的截面积；

f——实腹梁钢材的强度设计值；

f_y——实腹梁钢材的屈服点。

3. 支撑构件截面验算

(1) 支撑构件的长细比验算

支撑的截面尺寸一般由杆件的长细比的构造要求确定,即首先应满足其容许长细比的要求

$$\lambda_{max} \leqslant [\lambda] \tag{4-100}$$

按《钢结构设计规范》(GB 50017—2003)的规定,支撑压杆的$[\lambda]=200$,拉杆的$[\lambda]=400$。

计算支撑杆件的λ_{max}时,应符合下列规定:

① 张紧圆钢拉杆的长细比不受限制;

② 十字交叉支撑的斜杆仅作受拉杆件验算时,其平面外的计算长度取节点中心间的距离(交叉点不作为节点考虑);而其平面内的计算长度取节点中心至交叉点间的距离;

③ 计算单角钢受拉杆件的长细比时,应采用角钢最小回转半径;但在计算单角钢交叉拉杆在支撑平面外的长细比时,应采用与角钢肢边平行的轴的回转半径;

④ 双片支撑的单肢杆件在平面外的计算长度,可取横向连系杆之间的距离。

(2) 支撑构件的强度和稳定性验算

根据《钢结构设计规范》(GB 50017—2003)的规定,按轴心受拉或受压验算各支撑构件的强度和稳定性。

4.11 轻型门式刚架结构的计算实例

4.11.1 设计资料

杭州市某单层厂房,采用单跨双坡门式刚架,刚架跨度 18 m,柱高 6 m;共有 12 榀刚架,柱距 6 m,屋面坡度 1/10;地震设防烈度为 6 度,设计地震分组为第一组,设计基本地震加速度值为 0.05g。刚架平面布置如图 4-33(a)所示,刚架形式及几何尺寸如图 4-33(b)所示。屋面及墙面板均为彩色压型钢板,内以保温玻璃棉板填充;考虑经济、制造和安装方便,檩条和墙梁均采用冷弯薄壁卷边 C 型钢,间距为 1.5 m,钢材采用 Q235 钢,焊条采用 E43 型。

4.11.2 荷载计算

1. 荷载取值计算

(1) 屋盖永久荷载标准值(对水平投影面)

YX51-380-760 型彩色压型钢板	0.15 kN/m^2
50 mm 厚保温玻璃棉板	0.05 kN/m^2
PVC 铝箔及不锈钢丝网	0.02 kN/m^2
檩条及支撑	0.10 kN/m^2
刚架斜梁自重	0.15 kN/m^2
悬挂设备	0.20 kN/m^2
合计	0.67 kN/m^2

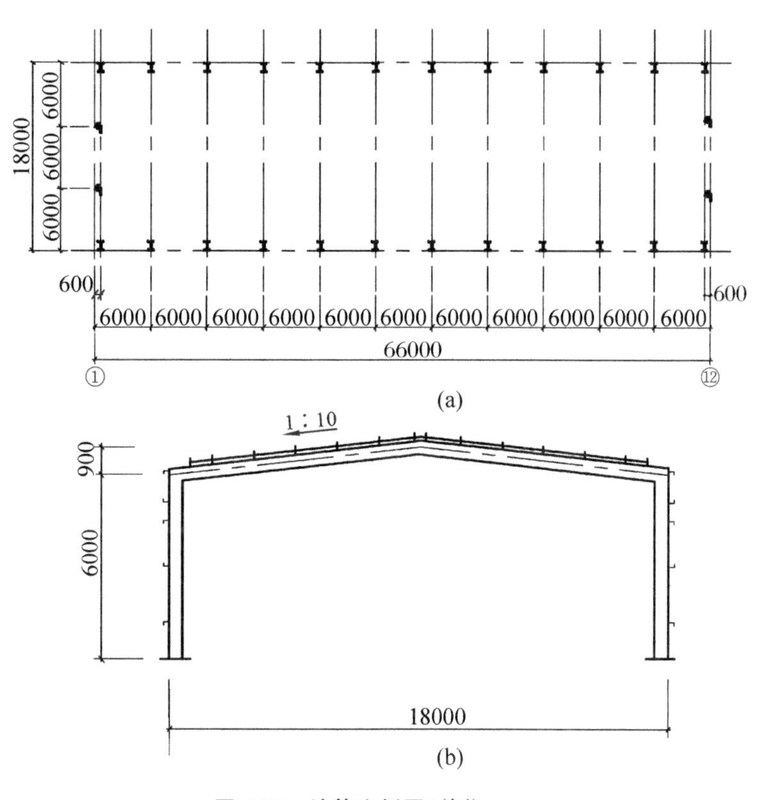

图 4-33　计算实例图(单位:mm)

(a) 刚架平面布置图;(b) 刚架形式及几何尺寸

(2) 屋面可变荷载标准值

屋面活荷载:按不上人屋面考虑,取为 0.50 kN/m^2。

雪荷载:基本雪压 S_0=0.45 kN/m^2。对于单跨双坡屋面,屋面坡角 $\alpha=5°42'38''$,μ_z=1.0,雪荷载标准值 $S_k=\mu_z S_0$=1.0×0.45 kN/m^2=0.45 kN/m^2。

取屋面活荷载与雪荷载中的较大值 0.50 kN/m^2,不考虑积灰荷载。

(3) 轻质墙面及柱自重标准值(包括柱、墙骨架等)

轻质墙面及柱自重标准值(包括柱、墙骨架等)取为 0.50 kN/m^2。

(4) 风荷载标准值

按《门式刚架轻型房屋钢结构技术规程》(CECS102∶2002)附录 A 的规定计算。

基本风压 w_0=1.05×0.45 kN/m^2,地面粗糙度类别为 B 类;风荷载高度变化系数按《建筑结构荷载规范》(GB 50009—2001)的规定采用,当高度小于 10 m 时,按10 m高度处的数值采用,μ_z=1.0。风荷载体型系数为 μ_s。迎风面柱及屋面分别为+0.25和-1.0,背风面柱及屋面分别为-0.55 和-0.65(CECS102∶2002)。

(5) 地震作用

根据《全国民用建筑工程设计技术措施——结构》中第 18.8.1 条建议:单层门式刚架轻型房屋钢结构一般在抗震设防烈度小于等于 7 度的地区可不进行抗震计算。故本工程结构设计不考虑地震作用。

2. 各部分作用的荷载标准值计算

(1) 屋面

恒荷载标准值:0.67×6 kN/m=4.02 kN/m。

活荷载标准值:0.50×6 kN/m=3.00 kN/m。

(2) 柱荷载

恒荷载标准值:(0.5×6×6+4.02×9)kN/m=54.18 kN/m。

活荷载标准值:3.00×9 kN/m =27.00 kN/m。

(3) 风荷载标准值

迎风面:柱上 q_{w1}=0.47×6×0.25 kN/m=0.71 kN/m,

横梁上 q_{w2}=−0.47×6×1.0 kN/m=−2.82 kN/m。

背风面:柱上 q_{w3}=−0.47×6×0.55 kN/m=−1.55 kN/m,

横梁上 q_{w4}=−0.47×6×0.65 kN/m=−1.83 kN/m。

4.11.3 内力分析

考虑本工程刚架跨度较小、厂房高度较低、荷载情况及刚架加工制造方便,刚架采用等截面,梁柱选用相同截面。柱脚按铰接支承设计。采用弹性分析方法确定刚架内力。引用《建筑结构静力计算手册》中表 8-7 公式计算刚架内力。根据结构力学相关知识或查计算手册计算荷载作用下内力图,如图 4-34~图 4-49 所示。

1. 在恒荷载作用下(见图 4-34~图 4-36)

刚架的内力图符号规定:弯矩图以刚架外侧受拉为正,在弯矩图中画在受拉侧;轴力以杆件受压为正,剪力以绕杆端顺时针方向旋转为正。

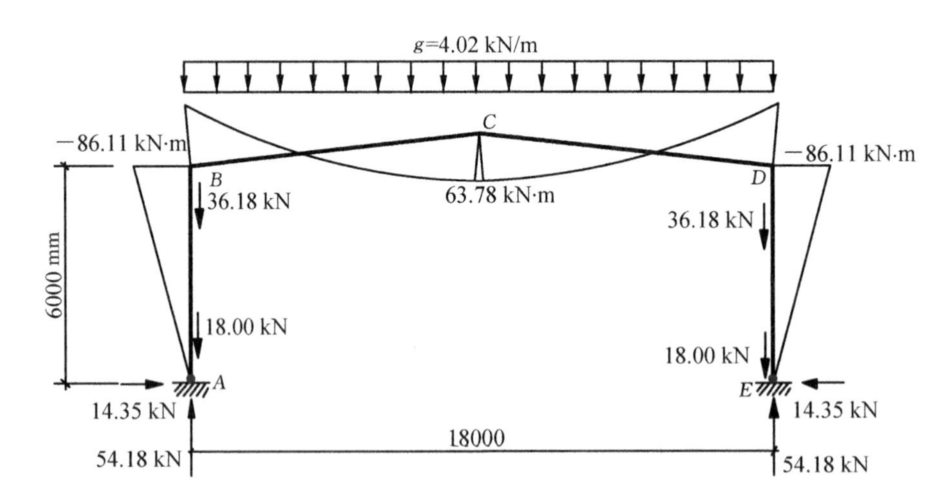

图 4-34 恒荷载作用下的 M 图

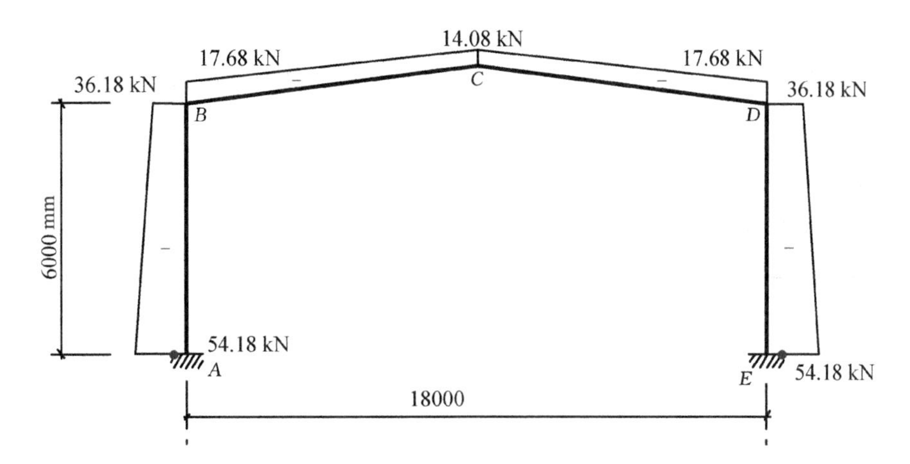

图 4-35　恒荷载作用下的 N 图

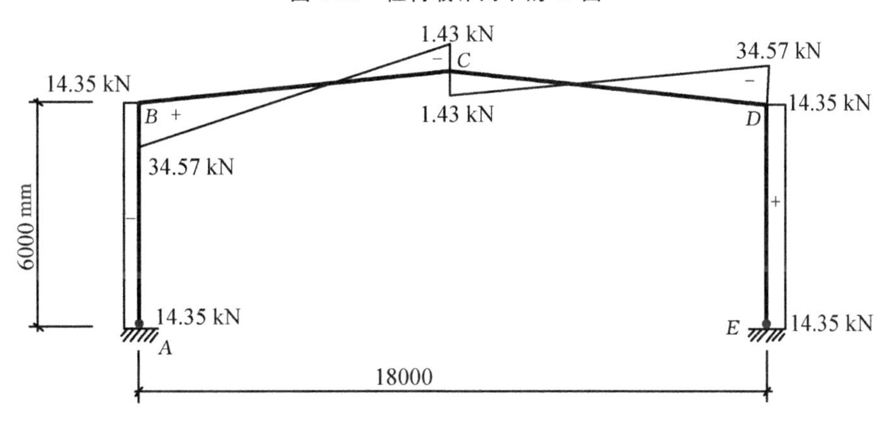

图 4-36　恒荷载作用下的 V 图

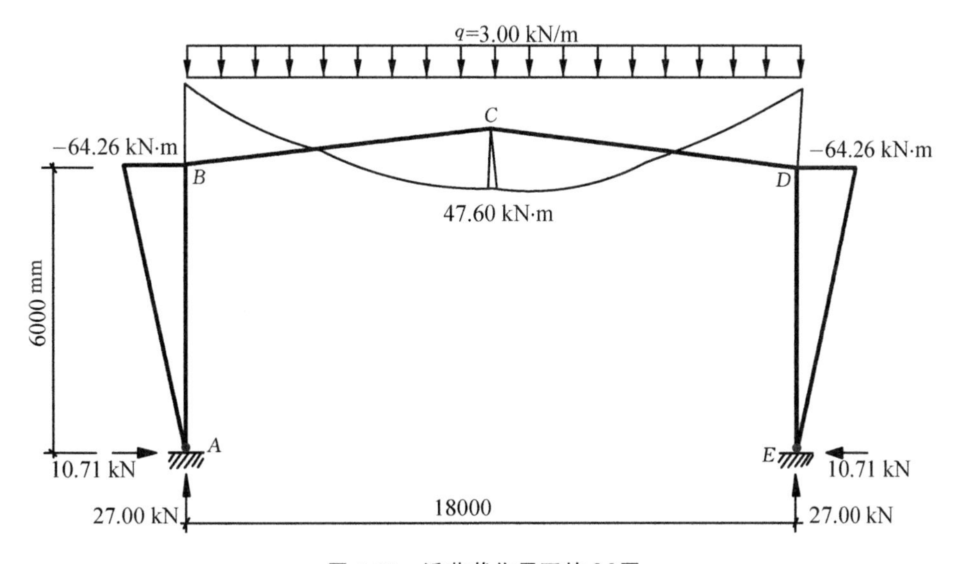

图 4-37　活荷载作用下的 M 图

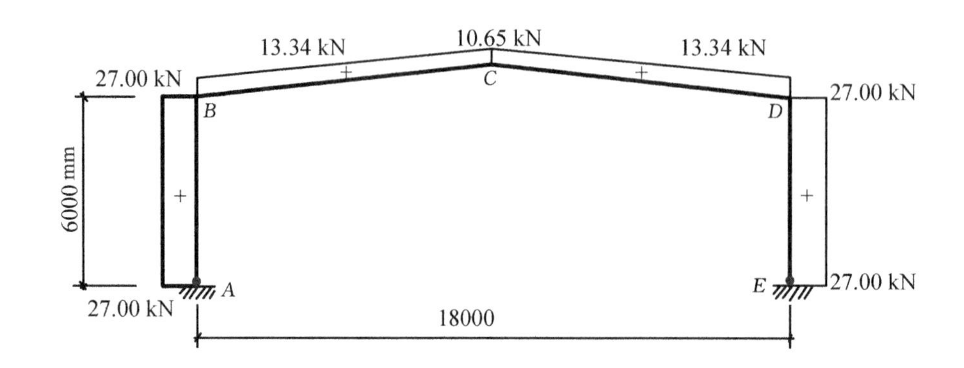

图 4-38　活荷载作用下的 N 图

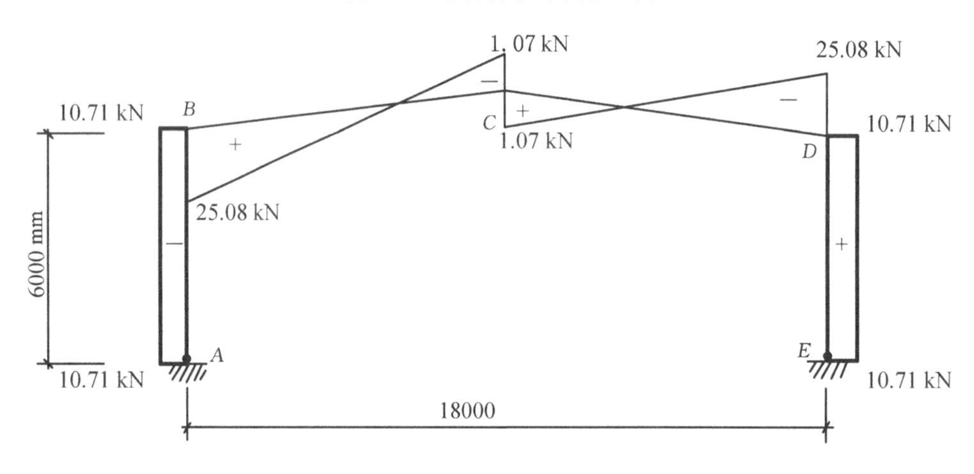

图 4-39　活荷载作用下的 V 图

2．在活荷载作用下(见图 4-37～图 4-39)

3．在风荷载作用下(见图 4-40～图 4-49)

对于作用于屋面的风荷载可分解为水平方向的分力 q_x 和竖向的分力 q_y。

(1) 在迎风面横梁上风荷载竖向分力 q_{w2y} 作用下(见图 4-40)

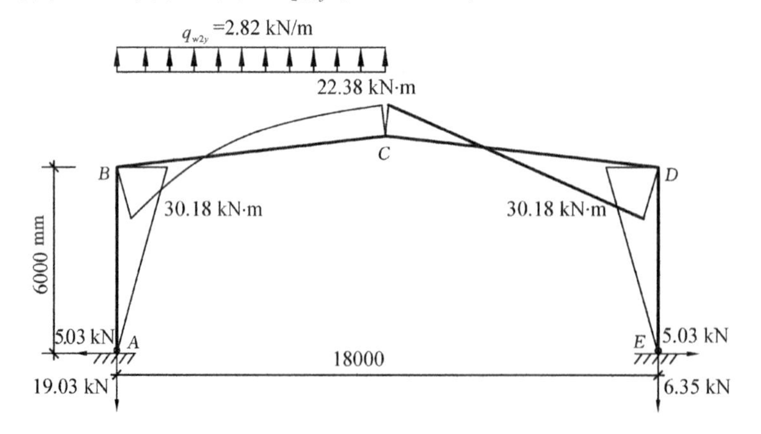

图 4-40　风荷载 q_{w2y} 作用下的 M 图

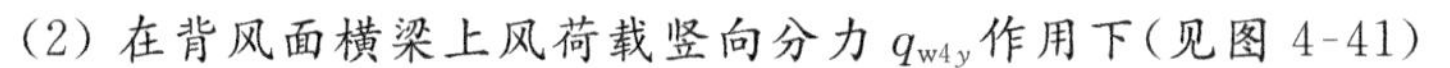

(2) 在背风面横梁上风荷载竖向分力 q_{w4y} 作用下(见图 4-41)

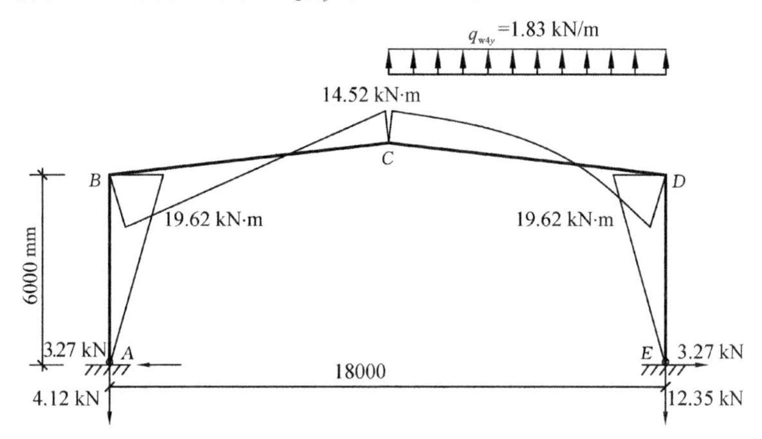

图 4-41　风荷载 q_{w4y} 作用下的 M 图

(3) 在迎风面柱上风荷载 q_{w1} 作用下(见图 4-42)

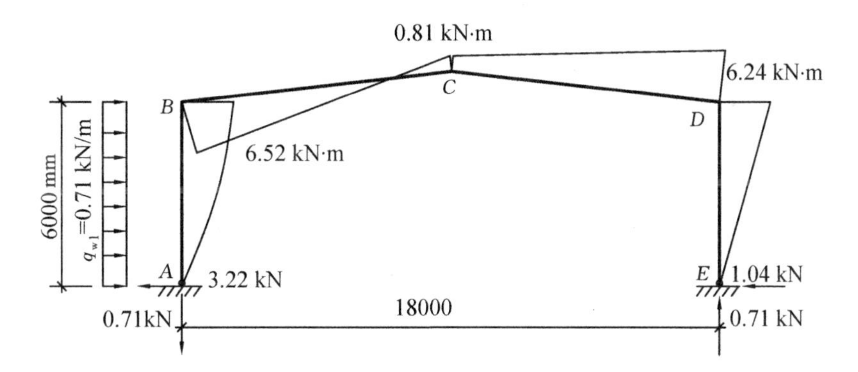

图 4-42　风荷载 q_{w1} 作用下的 M 图

(4) 在背风面柱上风荷载 q_{w3} 作用下(见图 4-43)

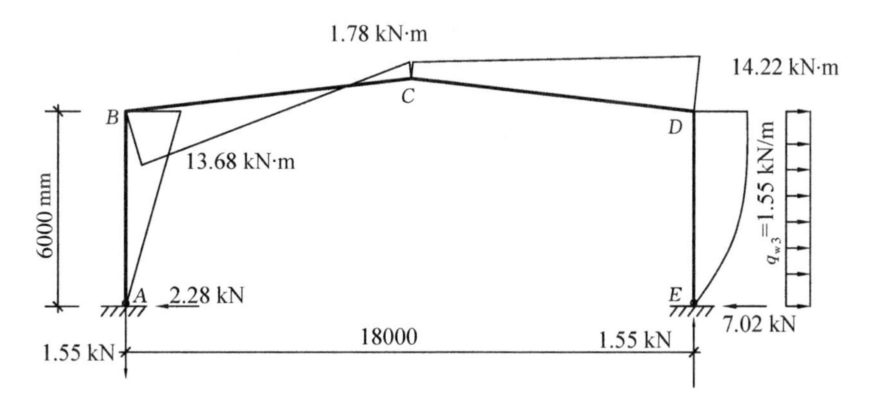

图 4-43　风荷载 q_{w3} 作用下的 M 图

(5) 在迎风面横梁上风荷载水平分力 q_{w2x} 作用下(见图 4-44)

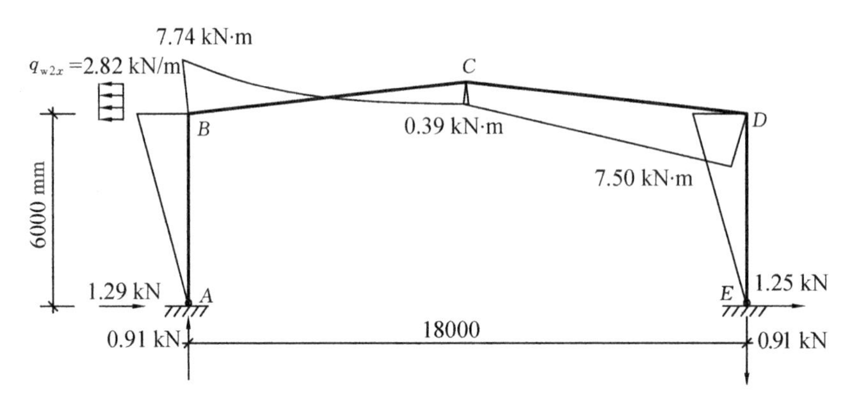

图 4-44 风荷载 q_{w2x} 作用下的 M 图

(6) 在背风面横梁上风荷载水平分力 q_{w4x} 作用下(见图 4-45)

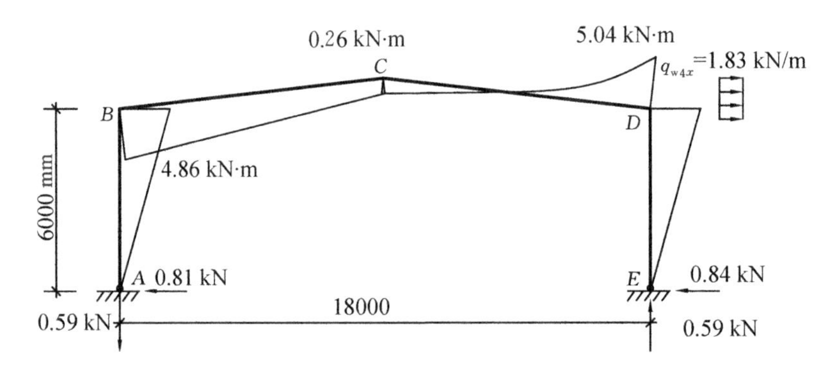

图 4-45 风荷载 q_{w4x} 作用下的 M 图

(7) 用叠加法绘制在风荷载作用下刚架的组合内力(见图 4-46～图 4-49)

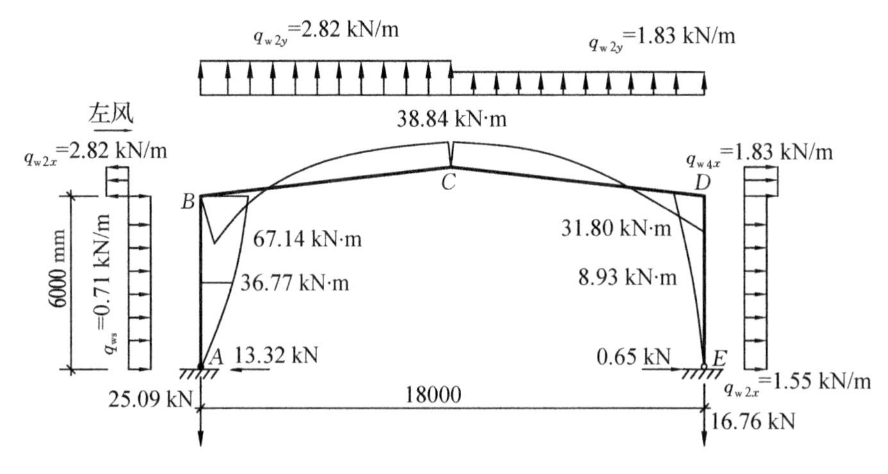

图 4-46 左风向风荷载 q_w 作用下的 M 图

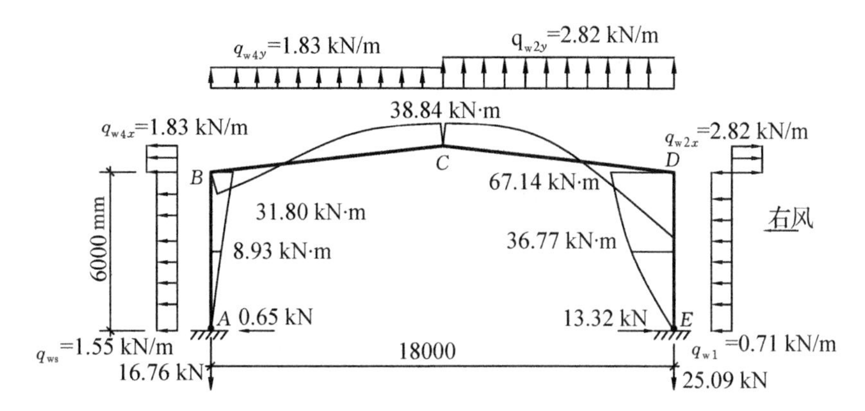

图 4-47　右风向风荷载 q_w 作用下的 M 图

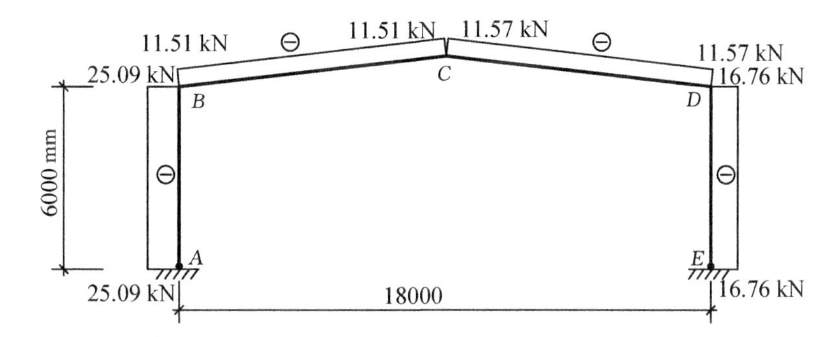

图 4-48　左风荷载 q_w 作用下的 N 图

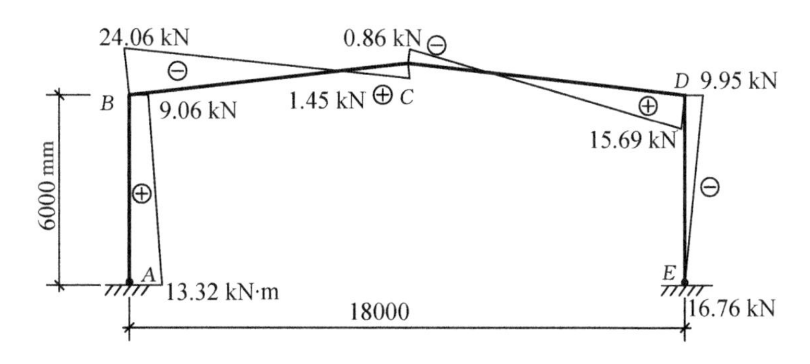

图 4-49　左风向风荷载 q_w 作用下的 V 图

4.11.4　内力组合

刚架结构构件按承载能力极限状态设计，根据《建筑结构荷载规范》(GB 50009—2012)的规定，采用荷载效应的基本组合 $\gamma_0 S \leqslant R$。本工程结构构件安全等级为二级，$\gamma_0 = 1.0$。

(1) 对于基本组合，荷载效应组合的设计值 S 从下列组合值中取最不利值确定

① 1.2×恒荷载标准值计算的荷载效应+1.4×活荷载标准值计算的荷载效应；

② 1.0×恒荷载标准值计算的荷载效应+1.4×风荷载标准值计算的荷载效应；

③ 1.2×恒荷载标准值计算的荷载效应+1.4×活荷载标准值计算的荷载效应+0.6×1.4×风

荷载标准值计算的荷载效应；

④ 1.2×恒荷载标准值计算的荷载效应+1.4×风荷载标准值计算的荷载效应+0.7×1.4×活荷载标准值计算的荷载效应；

⑤ 1.35×恒荷载标准值计算的荷载效应+0.7×1.4×活荷载标准值计算的荷载效应。

本工程不进行抗震验算。最不利内力组合的计算控制截面取柱底、柱顶、梁端及梁跨中截面。对于刚架梁，截面可能的最不利内力组合如下。

梁端截面：M_{max}及相应的 N,V；M_{min}及相应的 N,V。

梁跨中截面：M_{max}及相应的 N,V；M_{min}及相应的 N,V。

对于刚架柱，截面可能的最不利内力组合有：M_{max}及相应的 N,V；M_{min}及相应的 N,V；N_{max}及相应的$\pm M_{max}$,V；N_{min}及相应的$\pm M_{max}$,V。

内力组合见表 4-6。

表 4-6 刚架内力组合(左半跨)

截面		内力组合项目	荷载组合方式	荷载组合项目	M/kN·m	N/kN	V/kN
刚架柱	柱顶 B	M_{max}及相应的 N,V	(1)	1.2×恒+1.4×活	193.3	081.22	−32.21(←)
		M_{min}及相应的 N,V	(2)	1.0×恒+1.4×风	−7.89	1.05	−1.67(←)
		N_{max}及相应的$\pm M_{max}$,V	(1)	1.2×恒+1.4×活	193.30	81.22	−32.21(←)
		N_{min}及相应的$\pm M_{max}$,V	(2)	1.0×恒+1.4×风	−7.89	1.05	−1.67(←)
	柱底 A	M_{max}及相应的 N,V					
		M_{min}及相应的 N,V					
		N_{max}及相应的$\pm M_{max}$,V	(1)	1.2×恒+1.4×活	0	102.82	−32.21(→)
		N_{min}及相应的$\pm M_{max}$,V	(2)	1.0×恒+1.4×风	0	19.05	4.30(←)
刚架梁	支座 B	M_{max}及相应的 N,V	(1)	1.2×恒+1.4×活	193.30	39.89	77.60(↑)
		M_{min}及相应的 N,V	(2)	1.0×恒+1.4×风	−7.89	1.57	0.89(↑)
	跨中 C	M_{max}及相应的 N,V	(2)	1.0×恒+1.4×风	−9.40	−2.03	0.60(↓)
		M_{min}及相应的 N,V	(1)	1.2×恒+1.4×活	−143.18	31.81	−3.21(↑)

4.11.5 刚架设计

1. 截面设计

初选梁柱截面均用焊接工字钢 450 mm×200 mm×8 mm×12 mm，截面特性：$B=200$ mm，$H=450$ mm，$t_w=8.0$ mm，$t_f=12.0$ mm，$A=82.1$ cm^2，$I_x=28\ 181$ cm^4，$W_x=1252$ cm^3，$i_x=18.53$ cm，$I_y=1602$ cm^4，$W_y=160.2$ cm^3，$i_y=4.42$ cm。

2. 构件验算

(1) 构件宽厚比的验算

翼缘部分： $b/t_f=96/12=8<15\sqrt{235/f_y}=15$

腹板部分：　　　　$h_0/t_w=426/8=53.25<250\sqrt{235/f_y}=250$

(2) 刚架梁的验算

① 抗剪验算。

梁截面的最大剪力为 $V_{max}=77.60$ kN，考虑仅有支座加劲肋，$\lambda_s=\dfrac{h_0/t_w}{37\sqrt{5.34}}=0.622<0.8$，$V_u=h_w t_w f_v=426$ kN$>V_{max}=77.60$ kN，满足要求。

② 弯、剪、压共同作用下的验算。

取梁端截面进行验算，$N=39.89$ kN，$V=77.60$ kN，$M=193.30$ kN·m。

因 $V<0.5V_u$，取 $V=0.5V_u$。

$$M_f=\left(A_{f1}\frac{h_1^2}{h_2}+A_{f2}h_2\right)\left(f-\frac{N}{A}\right)$$

$$=\left(200\times12\times\frac{219^2}{219}+200\times12\times219\right)\times\left(215-\frac{39890}{8210}\right)\ \text{kN}\cdot\text{m}$$

$$=220.90\ \text{kN}\cdot\text{m}>M=193.30\ \text{kN}\cdot\text{m}，取\ M=M_f$$

故 $\left(\dfrac{V}{0.5V_u}-1\right)^2+\dfrac{M-M_f}{M_{eu}-M_f}=0<1$，满足要求。

③ 整体稳定验算。

$$N=39.89\ \text{kN},\quad M=193.30\ \text{kN}\cdot\text{m}$$

梁平面内的整体稳定性验算：计算长度取横梁长度 $l_{0x}=18\,090$ mm，$\lambda_x=l_{0x}/i_x=18\,090/185.3=97.63<[\lambda]=150$，b类截面，查附录D得 $\varphi_x=0.570$。

$$N'_{Ex0}=\frac{\pi^2EA_{e0}}{1.1\lambda^2}=\frac{\pi^2\times206\times10^3\times8210}{1.1\times97.63^2}\ \text{kN}=1592.0\ \text{kN},\quad \beta_{mx}=1.0$$

$$\frac{N}{\varphi_xA_{e0}}+\frac{\beta_{mx}M_x}{W_{e1}\left(1-\varphi_x\dfrac{N}{N'_{Ex0}}\right)}=\frac{39\,890}{0.570\times8210}+\frac{1.0\times193.30\times10^6}{1252\times10^3\times\left(1-0.570\times\dfrac{39.89}{1592}\right)}$$

$$=165.15\ \text{N/mm}^2<f=215\ \text{N/mm}^2，满足要求。$$

横梁平面外的整体稳定验算：考虑屋面压型钢板与檩条紧密连接，有应力蒙皮作用，檩条可作为横梁平面外的支承点，但为安全起见，计算长度按两个檩距或隅撑间距考虑，即 $l_{0y}=3015$ mm。对于等截面构件，$\gamma=0$，$\mu_s=\mu_w=1$，$\lambda_y=l_{0y}/i_y=3015/44.2=68.2$，b类截面，查附录D得 $\varphi_y=0.762$。

$$\varphi_{by}=\frac{4320}{\lambda_{y0}^2}\frac{A_0h_0}{W_{x0}}\sqrt{\left(\frac{\mu_s}{\mu_w}\right)^4+\left(\frac{\lambda_{y0}t_0}{4.4h_0}\right)^2}\left(\frac{235}{f_y}\right)$$

$$=\frac{4320}{68.2^2}\times\frac{8210\times426}{1252\times10^3}\times\sqrt{1+\left(\frac{68.2\times12}{4.4\times426}\right)^2}=1.1>0.6$$

查《钢结构设计规范》附录B，$\varphi'_y=1.07-0.282/\varphi_{by}=0.821$

$$\beta_t=1.0-\frac{N}{N'_{Ex0}}+0.75\left(\frac{N}{N'_{Ex0}}\right)^2=0.975$$

$$\frac{N}{\varphi_yA_{e0}}+\frac{\beta_tM}{W_{e1}\varphi_{by}}=\left(\frac{39\,890}{0.762\times8210}+\frac{0.975\times193.30\times10^6}{0.821\times1252\times10^3}\right)\ \text{N/mm}^2$$

$$=189.73\ \text{N/mm}^2<f=215\ \text{N/mm}^2$$

④ 按《钢结构设计规范》(GB 50017—2003)校核横梁腹板容许高厚比。

梁端截面：

$$\sigma_{\min}^{\max}=\left(\frac{39.89\times10^{3}}{8210}\pm\frac{193.30\times10^{3}\times213}{28\ 181\times10^{6}}\right)\ \mathrm{N/mm^{2}}$$

$$=(4.86\pm146.10)\ \mathrm{N/mm^{2}}=\begin{matrix}150.96\\-141.24\end{matrix}\ \mathrm{N/mm^{2}}$$

$$1.6<\alpha_{0}=\frac{\sigma_{\max}-\sigma_{\min}}{\sigma_{\max}}=1.93<2.0$$

由《钢结构设计规范》(GB 50017—2003)5.4.2 条，$\frac{h_0}{t_w}=53.25<(48\alpha_0+0.5\lambda-26.2)\sqrt{\frac{235}{f_y}}=115.3$，满足要求。

梁跨中截面：

$$\sigma_{\min}^{\max}=\left(\frac{38.81\times10^{3}}{8210}\pm\frac{143.18\times10^{3}\times213}{28\ 181\times10^{6}}\right)\ \mathrm{N/mm^{2}}$$

$$=(3.87\pm108.22)\ \mathrm{N/mm^{2}}=\begin{matrix}112.09\\-104.35\end{matrix}\ \mathrm{N/mm^{2}}$$

$$1.6<\alpha_{0}=\frac{\sigma_{\max}-\sigma_{\min}}{\sigma_{\max}}=1.93<2.0$$

故$\frac{h_0}{t_w}=53.25<(48\alpha_0+0.5\lambda-26.2)\sqrt{\frac{235}{f_y}}=115.3$，满足要求。

⑤ 验算檩条集中荷载下的局部受压承载力。

a. 檩条传给横梁上翼缘的集中荷载。

$$F=(1.2\times0.27\times6+1.4\times3.00)\times1.5\ \mathrm{kN}=9.22\ \mathrm{kN}$$

$$l_z=a+5h_y+2h_R=(70+5\times12+0)\ \mathrm{mm}=130\ \mathrm{mm}$$

$$\sigma_c=\frac{\Psi F}{t_w l_z}=\frac{1.0\times9.22\times10^{3}}{8\times130}\ \mathrm{N/mm^{2}}=8.87\ \mathrm{N/mm^{2}}<f=215\ \mathrm{N/mm^{2}}$$

b. 验算腹板上边缘处的折算应力。

取梁端截面处的内力

$$M=193.30\ \mathrm{kN\cdot m},\quad N=39.89\ \mathrm{kN},\quad V=77.60\ \mathrm{kN}$$

$$\sigma=\frac{My_1}{I_n}=\frac{193.30\times10^{3}\times213}{28\ 181\times10^{4}}\ \mathrm{N/mm^{2}}=146.10\ \mathrm{N/mm^{2}}$$

$$\tau=\frac{VS}{It_w}=\frac{77.60\times10^{3}\times200\times12\times219}{28\ 181\times10^{4}\times8}\ \mathrm{N/mm^{2}}=34.61\ \mathrm{N/mm^{2}}$$

$$\sqrt{\sigma^{2}+\sigma_c^{2}-\sigma\sigma_c+3\tau^{2}}=\sqrt{146.10^{2}+17.72^{2}-17.72\times146.10+3\times34.61^{2}}\ \mathrm{N/mm^{2}}$$

$$=138.47\ \mathrm{N/mm^{2}}<1.2\ f=258\ \mathrm{N/mm^{2}}$$

满足要求。

(3) 刚架柱的验算

① 抗剪验算。

柱截面的最大剪力为 $V_{\max}=32.21$ kN，考虑仅有支座加劲肋，$\lambda_s=\frac{h_0/t_w}{37\sqrt{5.34}}\sqrt{f_y/235}=0.623<$

0.8，$V_u = h_w t_w f_v = 426\ \text{kN} > V_{max} = 32.21\ \text{kN}$，满足要求。

② 弯、剪、压共同作用下的验算。

取梁端截面进行验算 $N=81.22\ \text{kN}$，$V=32.21\ \text{kN}$，$M=193.30\ \text{kN}\cdot\text{m}$，因 $V<0.5V_u$，取 $V=0.5V_u$。

$$M_f = \left(A_{f1}\frac{h_1^2}{h_2}+A_{f2}h_2\right)\left(f-\frac{N}{A}\right)$$

$$=\left(200\times12\times\frac{219^2}{219}+200\times12\times219\right)\left(215-\frac{81\ 220}{8210}\right)\ \text{kN}\cdot\text{m}$$

$$=215.61\ \text{kN}\cdot\text{m}>M=193.30\ \text{kN}\cdot\text{m}，取\ M=M_f，$$

故 $\left(\dfrac{V}{0.5V_u}-1\right)^2+\dfrac{M-M_f}{M_{eu}-M_f}=0<1$，满足要求。

③ 整体稳定验算。

构件的最大内力：$N=102.82\ \text{kN}$，$M=193.30\ \text{kN}\cdot\text{m}$。

a. 刚架柱平面内的整体稳定性验算。

刚架柱高 $H=6000\ \text{mm}$，梁长 $L=18\ 090\ \text{mm}$，柱的线刚度 $k_1=I_{c1}/h=28\ 181\times10^4/6000\ \text{mm}^3=46\ 968.3\ \text{mm}^3$，梁线刚度 $k_2=I_{b0}/(2\Psi_s)=28\ 181\times10^4/(2\times9045)\ \text{mm}^3=15\ 578.2\ \text{mm}^3$，$k_2/k_1=0.332$，查附录 E-2 得柱的计算长度系数 $\mu=2.934$。刚架柱的计算长度 $l_{0x}=\mu h=2.934\times6000\ \text{mm}=17\ 604\ \text{mm}$。$\lambda_x=l_{0x}/i_x=17\ 604/185.3=95.0<[\lambda]=150$，b 类截面，查附录 D-2 得 $\varphi_x=0.588$

$$N'_{Ex0}=\frac{\pi^2EA_{e0}}{1.1\lambda^2}=\frac{\pi^2\times206\times10^3\times8210}{1.1\times95.0^2}\ \text{kN}=1681.4\ \text{kN},\quad \beta_{mx}=1.0$$

$$\frac{N}{\varphi_s A_{e0}}+\frac{\beta_{mx}M_x}{W_{e1}\left(1-\varphi_x\dfrac{N}{N'_{Ex0}}\right)}=\left[\frac{102.80\times10^3}{0.588\times8210}+\frac{1.0\times193.30\times10^6}{1252\times10^3\times\left(1-0.588\times\dfrac{102.82}{1681.4}\right)}\right]\ \text{N/mm}^2$$

$$=181.45\ \text{N/mm}^2<215\ \text{N/mm}^2，满足要求。$$

b. 刚架柱平面外的整体稳定验算。

考虑屋面压型钢板墙面与墙梁紧密连接，起到应力蒙皮作用，与柱连接的墙梁可作为柱平面外的支承点，但为安全起见，计算长度按两个墙梁距离或隅撑间距考虑，即 $l_{0y}=3015\ \text{mm}$。对于等截面构件，$\gamma=0$，$\mu_s=\mu_w=1$，$\lambda_y=l_{0y}/i_y=3015/44.2=68.2$，b 类截面，查附录 D-2 得 $\varphi_y=0.764$

$$\Psi_{by}=\frac{4320}{67.9^2}\times\frac{8210\times426}{1252\times10^3}\times\sqrt{\left(\frac{67.9\times12}{4.4\times426}\right)^2}=1.138>0.6$$

取
$$\varphi'_y=1.07-0.282/\varphi_{by}=0.821$$

$$\beta_t=1.0-\frac{N}{N'_{Ex0}}+0.75\left(\frac{N}{N'_{Ex0}}\right)^2=0.942$$

$$\frac{N}{\varphi_y A_{e0}}+\frac{\beta_t M}{W_{e1}\varphi_{by}}=\left(\frac{102.82\times10^3}{0.764\times8210}+\frac{0.942\times193.30\times10^6}{0.822\times1252\times10^3}\right)\ \text{N/mm}^2$$

$$=193.32\ \text{N/mm}^2<f=215\ \text{N/mm}^2$$

④ 按《钢结构设计规范》（GB 50017—2003）校核刚架柱腹板容许高厚比。

a. 柱顶截面。

$$\sigma_{\min}^{\max}=\left(\frac{81.22\times10^{3}}{8210}\pm\frac{193.30\times10^{3}\times213}{28\ 181\times10^{6}}\right)\ \text{N/mm}^2$$

$$=(9.89\pm146.10)\ \text{N/mm}^2=\begin{matrix}155.99\\-136.21\end{matrix}\ \text{N/mm}^2$$

$$1.6<\alpha_0=\frac{\sigma_{\max}-\sigma_{\min}}{\sigma_{\max}}=1.87<2.0$$

故$\frac{h_0}{t_w}=53.25<(48\alpha_0+0.5\lambda-26.2)\sqrt{\frac{235}{f_y}}=111.0$,满足要求。

b. 柱底截面。

$$\alpha_0=0$$

故$\frac{h_0}{t_w}=53.25<(16\alpha_0+0.5\lambda-25)\sqrt{\frac{235}{f_y}}=72.5$,满足要求。

(4) 验算刚架在风荷载作用下的侧移 u

$$I_c=I_b=28\ 181\ \text{cm}^4,\quad \xi_t=I_c l/I_b h=18\ 000/6000=3.0$$

刚架柱顶等效水平力:$H=0.67W=0.67\times13.56\ \text{kN}=9.09\ \text{kN}$

其中,$W=(w_1+w_2)h=(0.71+1.55)\times6.0\ \text{kN}=13.56\ \text{kN}$

$$u=\frac{Hh^3}{12EI_c}(2+\xi_t)=\frac{9.09\times10^3\times6000^3}{12\times206\times10^3\times28\ 181\times10^4}\times(2+3)\ \text{mm}$$

$$=14.1\ \text{mm}<[u]=h/60=100\ \text{mm}$$

3. 节点验算

(1) 梁柱连接节点(见图 4-50)

① 螺栓强度验算。

梁柱节点采用 10.9 级 M22 高强度摩擦型螺栓连接,构件接触面采用喷砂,摩擦面抗滑移系数 $\mu=0.45$,每个高强度螺栓的预拉力为 190 kN,连接处传递内力设计值:$N=39.89$ kN,$V=77.60$ kN,$M=193.30$ kN·m。

螺栓抗拉承载力验算

$$N_t^b=0.8P=0.8\times190\ \text{kN}=152\ \text{kN}$$

$$N_1=\frac{My_1}{\sum y_i^2}-\frac{N}{n}=\left(\frac{193.30\times0.265}{4\times(0.265^2+0.16^2)}-\frac{39.89}{8}\right)\ \text{kN}=128.65\ \text{kN}<N_t^b=152\ \text{kN}$$

螺栓的抗剪承载力验算:

$$N_v^b=0.9n_f\mu P=0.9\times1\times0.45\times190\ \text{kN}=76.95\ \text{kN}>N_v=77.60/8\ \text{kN}=9.7\ \text{kN}$$

满足要求。

最外排一个螺栓的抗剪、抗拉承载力验算

$$\frac{N_v}{N_v^b}+\frac{N_t}{N_t^b}=\frac{9.7}{76.95}+\frac{128.65}{152}=0.91<1$$

满足要求。

② 端板厚度验算。

端板厚度取为 $t=22$ mm,按二边支承类端板计算

$$t\geqslant\sqrt{\frac{6e_f e_w N_t}{[e_w b+2e_f(e_f+e_w)]f}}=\sqrt{\frac{6\times40\times46\times128.65\times10^3}{[46\times200+2\times40\times(40+46)]\times205}}\ \text{mm}=20.9\ \text{mm}$$

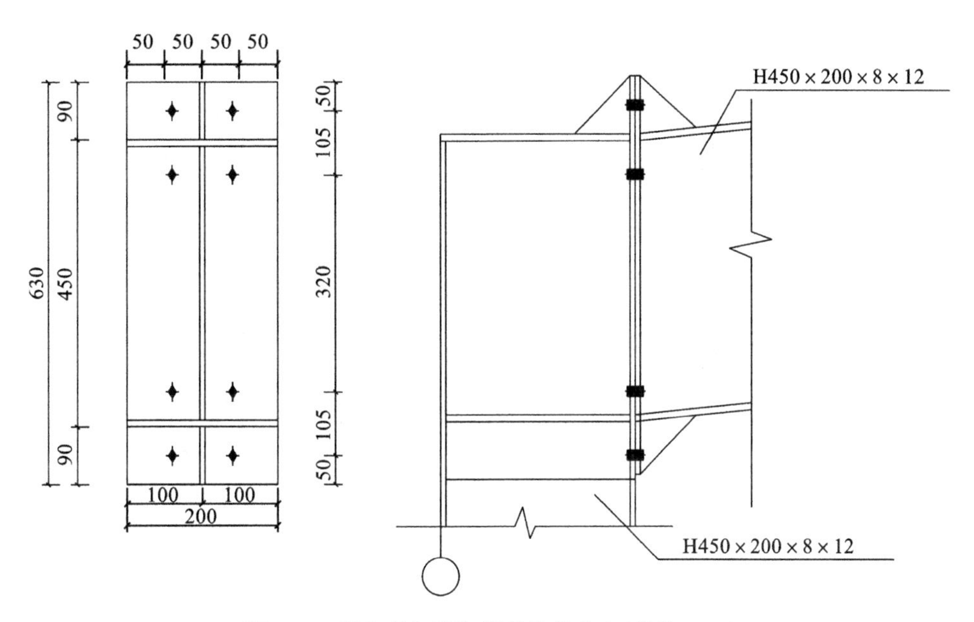

图 4-50 刚架柱与刚架梁的连接节点(单位:mm)

③ 梁柱节点域的剪应力验算。

$$\tau=\frac{M}{d_{b}d_{c}t_{c}}=\frac{193.30\times10^{6}}{426\times426\times10}\ \text{N/mm}^2=106.52\ \text{N/mm}^2<f_{v}=125\ \text{N/mm}^2$$

满足要求。

④ 螺栓处腹板强度验算。

$$N_{t2}=\frac{My_2}{\sum y_i^2}-\frac{N}{n}=\left[\frac{193.30\times0.16}{4\times(0.265^2+0.16^2)}-\frac{39.89}{8}\right]\text{kN}$$

$$=75.70\ \text{kN}<0.4P=0.4\times190\ \text{kN}=76.0\ \text{kN}$$

$$\frac{0.4P}{e_{w}t_{w}}=\frac{0.4\times190\times10^3}{46\times8}=206.52\ \text{N/mm}^2<f=215\ \text{N/mm}^2$$

满足要求。

(2) 横梁跨中节点(见图 4-51)

横梁跨中节点采用 10.9 级 M20 高强度摩擦型螺栓连接,构件接触面采用喷砂,摩擦面抗滑移系数 $\mu=0.45$,每个高强度螺栓的预拉力为 155 kN,连接处传递内力设计值:$N=31.81$ kN,$V=3.21$ kN,$M=143.18$ kN·m。

① 螺栓抗拉承载力验算。

$$N_t^b=0.8P=0.8\times155\ \text{kN}=124\ \text{kN}$$

$$N_1=\frac{My_1}{\sum y_i^2}-\frac{N}{n}=\left[\frac{143.18\times0.265}{4\times(0.265^2+0.16^2)}-\frac{31.81}{8}\right]\text{kN}=95.01\ \text{kN}<N_t^b=124\ \text{kN}$$

② 螺栓的抗剪承载力验算。

$$N_v^b=0.9n_f\mu P=0.9\times1\times0.45\times155\ \text{kN}=62.775\ \text{kN}>N_v=3.21/8\ \text{kN}=0.40\ \text{kN}$$

满足要求。

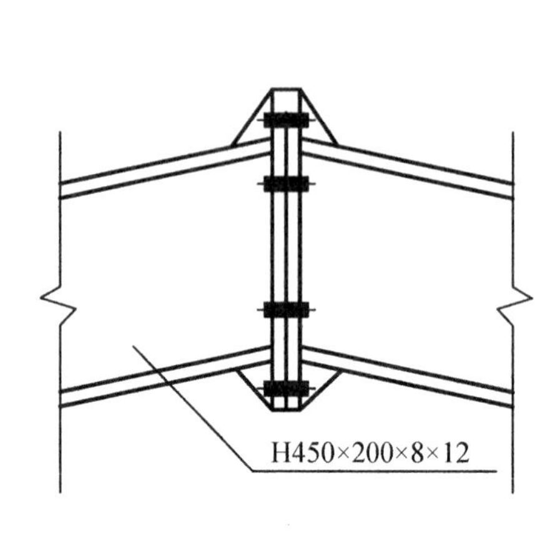

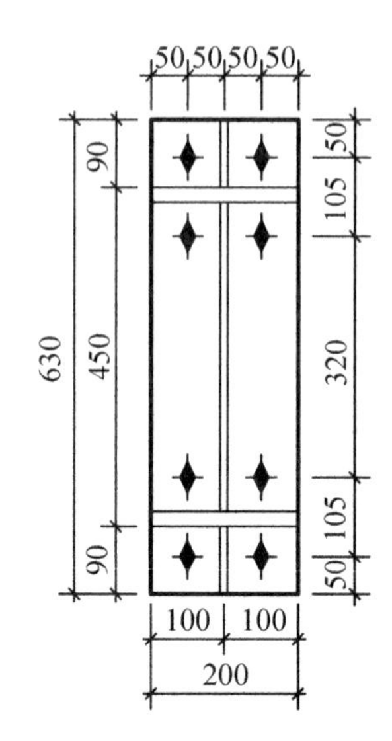

图 4-51 刚架梁跨中节点(单位:mm)

③ 最外排一个螺栓的抗剪、抗拉承载力验算。

$$\frac{N_v}{N_v^b}+\frac{N_f}{N_t^b}=\frac{0.40}{62.775}+\frac{95.01}{124}=0.77<1$$

满足要求。

④ 端板厚度验算。

端板厚度取为 $t=18$ mm,按二边支承类端板计算

$$t\geqslant\sqrt{\frac{6e_f e_w N_t}{[e_w b+2e_f(e_f+e_w)]f}}=\sqrt{\frac{6\times40\times46\times95.01\times10^3}{[46\times200+2\times40\times(40+46)]\times250}}\text{ mm}=17.8\text{ mm}$$

⑤ 螺栓处腹板强度验算。

$$N_{t2}=\frac{My_2}{\sum y_i^2}-\frac{N}{n}=\left[\frac{143.18\times0.16}{4\times(0.265^2+0.16^2)}-\frac{31.81}{8}\right]\text{ kN}=55.79\text{ kN}<0.4P$$

$$=124\text{ kN}$$

$$\frac{0.4P}{e_w t_w}=\frac{0.4\times155\times10^3}{46\times8}\text{ N/mm}^2=168.48\text{ N/mm}^2<f=215\text{ N/mm}^2$$

满足要求。

(3) 柱脚设计

刚架柱与基础铰接,采用平板式铰接柱脚。

① 柱脚内力设计值:$N_{max}=102.82$ kN,相应的 $V=32.21$ kN;$N_{min}=19.05$ kN,相应的 $V=4.30$ kN。

② 由于柱底剪力较小,$V_{max}=32.21\text{ kN}<0.4N_{max}=41.13$ kN,故一般跨间不需剪力键;但经计算,在设置柱间支撑的开间必须设置剪力键。另 $N_{min}>0$,考虑柱间支撑竖向上拔力后,锚栓仍不承受拉力,故仅考虑柱在安装过程中的稳定,按构造要求设置锚栓即可,采用 4M24。

③ 柱脚底板面积和厚度的计算。

a. 柱脚底板面积的确定。

$B=b+2b_1+2b_2=b_0+2t+2(b_1+b_2)=[200+2\times12+2\times(20\sim50)]$ mm $=264\sim324$ mm,取 B

$=300\ \text{mm}$；

$L=h+2l_1+2l_2=h_0+2t+2(l_1+l_2)=[450+2\times12+2\times(20\sim50)]\ \text{mm}=514\sim574\ \text{mm}$，取 $L=550\ \text{mm}$。

底板布置如图 4-52。基础采用 C20 混凝土，$f_c=9.6\ \text{N/mm}^2$，验算底板下混凝土的轴心抗压强度设计值：$\sigma=\dfrac{N}{BL}=\dfrac{102.82\times10^3}{300\times550}\ \text{N/mm}^2=0.62\ \text{N/mm}^2<\beta_c f_c=9.6\ \text{N/mm}^2$，满足要求。

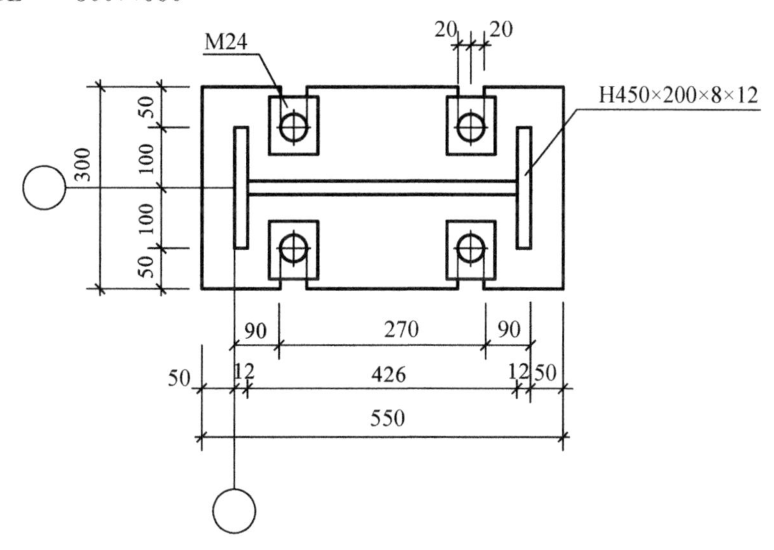

图 4-52 刚架柱铰接（单位：mm）

b. 底板厚度的确定。

根据柱底板被柱腹板和翼缘所分割的区段分别计算底板所承受的最大弯矩。

三边支承板：$b_2/a_2=96/426=0.225<0.3$，按悬臂板计算：$M=\dfrac{1}{2}\sigma a_3^2=\dfrac{1}{2}\times0.62\times146^2\ \text{N}\cdot\text{m/m}=6608\ \text{N}\cdot\text{m/m}$。

对于悬臂板部分：$M=\dfrac{1}{2}\sigma a_4^2=\dfrac{1}{2}\times0.62\times50^2\ \text{N}\cdot\text{m/m}=775\ \text{N}\cdot\text{m/m}$。

底板厚度 $t=\sqrt{6M_{\max}/f}=\sqrt{6\times6608/215}\ \text{mm}=13.6\ \text{mm}$，取 $t=20\ \text{mm}$。

4.11.6 其他构件设计

1. 檩条的设计

檩条选用冷弯薄壁卷槽形钢（见图 4-53），按单跨简支构件设计。屋面坡度1/10，檩条跨度 6 m，于跨中设一道拉条，水平檩距 1.5 m。材质为钢材 Q235。

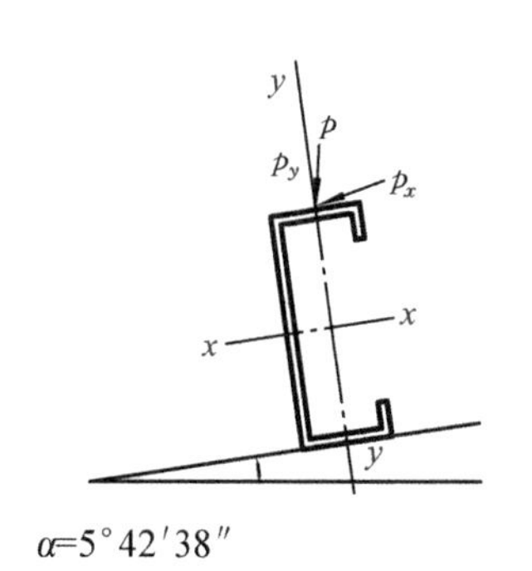

图 4-53 冷弯薄壁卷槽形钢截面

(1) 荷载及内力

考虑永久荷载与屋面活荷载的组合为控制效应。

檩条线荷载标准值

$$p_k=(0.27+0.5)\times1.5\ \text{kN/m}=1.155\ \text{kN/m}$$

檩条线荷载设计值

$$p=(1.2\times0.27+1.4\times0.5)\times1.5\ \text{kN/m}=1.536\ \text{kN/m}$$

$$p_x=p\sin\alpha=0.153\ \text{kN/m},\quad p_y=p\cos\alpha=1.528\ \text{kN/m}$$

弯矩设计值

$$M_x=p_y l^2/8=1.528\times6^2/8\ \text{kN·m}=6.88\ \text{kN·m}$$

$$M_y=p_x l^2/8=0.153\times6^2/32\ \text{kN·m}=0.17\ \text{kN·m}$$

(2) 截面选择及截面特性

① 选用C180×70×20×2.2:$I_x=374.90\ \text{cm}^4$,$W_x=41.66\ \text{cm}^3$,$i_x=7.06\ \text{cm}$;$I_y=48.97\ \text{cm}^4$,$W_{y\max}=23.19\ \text{cm}^3$,$W_{y\min}=10.02\ \text{cm}^3$,$i_y=2.55\ \text{cm}$,$\chi_0=2.11\ \text{cm}$。

先按毛截面计算的截面应力为

$$\sigma_1=\frac{M_x}{W_x}+\frac{M_y}{W_{y\max}}=\left(\frac{6.88\times10^6}{41.66\times10^3}+\frac{0.17\times10^6}{23.19\times10^3}\right)\text{N/mm}^2=172.48\ \text{N/mm}^2(\text{压})$$

$$\sigma_2=\frac{M_x}{W_x}+\frac{M_y}{W_{y\min}}=\left(\frac{6.88\times10^6}{41.66\times10^3}-\frac{0.17\times10^6}{10.02\times10^3}\right)\text{N/mm}^2=148.18\ \text{N/mm}^2(\text{压})$$

$$\sigma_3=\frac{M_x}{W_x}+\frac{M_y}{W_{y\max}}=\left(\frac{6.88\times10^6}{41.66\times10^3}-\frac{0.17\times10^6}{23.19\times10^3}\right)\text{N/mm}^2=157.82\ \text{N/mm}^2(\text{拉})$$

② 受压板件两边缘的压应力分布不均匀系数,根据《冷弯薄壁型钢结构技术规范》(GB 50018—2002)中第5.6.2、5.6.3条求得。

腹板:
$$\psi=\sigma_{\min}/\sigma_{\max}=-157.82/172.48=-0.915>-1$$

$$k=7.8-6.29\psi+9.78\psi^2=7.8+6.29\times0.915+9.78\times0.915^2=21.743$$

上翼缘板:上翼缘板为最大压力作用于部分加劲板件的支承边,

$$\psi=\sigma_{\min}/\sigma_{\max}=148.18/172.48=0.859>-1$$

$$k_c=5.89-11.59\psi+6.68\psi^2=5.89+11.59\times0.859+6.68\times0.859^2=0.863$$

③ 受压板件的有效宽度。

腹板:$k=21.743$,$k_c=0.863$,$b=180\ \text{mm}$,$c=70\ \text{mm}$,$t=2.2\ \text{mm}$,$\sigma_1=172.48\ \text{N/mm}^2$。

$$\xi=\frac{c}{b}\sqrt{\frac{k}{k_c}}=\frac{70}{180}\sqrt{\frac{21.743}{0.863}}=1.952>1.1$$

板组约束系数 $k_1=0.11+0.93/(\xi-0.05)^2=0.11+0.93(1.952-0.05)^2=0.367$,

$$\rho=\sqrt{205k_1k/\sigma_1}=\sqrt{205\times0.367\times21.743/172.48}=3.080$$

由于 $\psi=\sigma_{\min}/\sigma_{\max}<0$,取 $\alpha=1.15$,$b_c=b/(1-\psi)=180/(1+0.915)\ \text{mm}=93.99\ \text{mm}$。

$b/t=180/2.2=81.82$,$18\alpha\rho=18\times1.15\times3.080=63.76<38\alpha\rho=38\times1.15\times3.080=134.60$,则截面有效宽度(参考《冷弯薄壁型钢结构技术规范》(GB 50018—2002 中5.6.1条))

$$b_e=\left(\sqrt{\frac{21.8\alpha\rho}{b/t}}-0.1\right)b_c=\left(\sqrt{\frac{21.8\times1.15\times3.080}{81.82}}-0.1\right)\times93.99\ \text{mm}=81.62\ \text{mm}$$

$$b_{e1}=0.4b_e=0.4\times81.62\ \text{mm}=32.65\ \text{mm},$$

$$b_{e2}=0.6b_e=0.6\times81.62\ \text{mm}=48.97\ \text{mm}$$

上翼缘板:$k=0.863$,$k_c=21.743$,$b=70\ \text{mm}$,$c=180\ \text{mm}$,$\sigma_1=172.48\ \text{N/mm}^2$。

$$\xi=\frac{c}{b}\sqrt{\frac{k}{k_c}}=\frac{180}{70}\sqrt{\frac{0.863}{21.743}}=0.512<1.1$$

板组约束系数 $$k_1=1/\sqrt{\xi}=1/\sqrt{0.512}=1.398$$

$$\rho=\sqrt{205k_1k/\sigma_1}=\sqrt{205\times1.398\times0.863/172.48}=1.197$$

由于 $\psi=\sigma_{\min}/\sigma_{\max}>0$，则

$$\alpha=1.15-0.15\psi=1.15-0.15\times0.859=1.021$$

$$b_c=b=70\text{ mm}$$

$$b/t=70/2.2=31.82$$

$$18\alpha\rho=18\times1.021\times1.197=22.00$$

$$38\alpha\rho=38\times1.021\times1.197=46.44$$

所以 $$18\alpha\rho<b/t<38\alpha\rho$$

则截面有效宽度

$$b_e=\left(\sqrt{\frac{21.8\alpha\rho}{b/t}}-0.1\right)b_c=\left(\sqrt{\frac{21.8\times1.021\times1.197}{31.82}}-0.1\right)\times70\text{ mm}=57.05\text{ mm}$$

$$b_{e1}=0.4b_e=0.4\times57.05\text{ mm}=22.82\text{ mm},\quad b_{e2}=0.6b_e\times57.05\text{ mm}=34.23\text{ mm}$$

下翼缘板：下翼缘板全截面受拉，全部有效。

④ 有效净截面模量。

上翼缘板的扣除面积宽度为(70－57.05) mm＝12.95 mm；腹板的扣除面积宽度为(93.99－81.62) mm＝12.37 mm，同时在腹板的计算截面有一直径13 mm拉条连接孔(距上翼缘板边缘35 mm)，孔位置与扣除面积位置基本相同。所以腹板的扣除面积按直径13 mm拉条连接孔计算(见图4-54)。有效净截面模量为

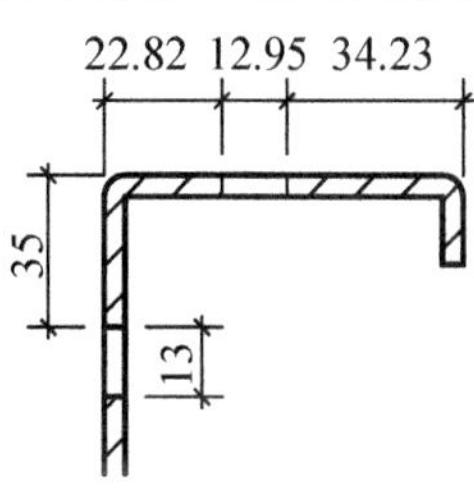

图4-54　檩条上翼缘及腹板的有效净截面(单位：mm)

$$W_{enx}=\frac{374.90\times10^4-12.95\times2.2\times90^2-13\times2.2\times(90-35)^2}{90}\text{ mm}^3$$

$$=3.813\times10^4\text{ mm}^3$$

$$W_{eny\max}=\frac{48.97\times10^4-12.95\times2.2\times(12.95/2+22.82-21.1)^2-13\times2.2\times(21.1-2.2/2)^2}{21.1}\text{ mm}^3$$

$$=2.257\times10^4\text{ mm}^3$$

$$W_{eny\min}=\frac{48.97\times10^4-12.95\times2.2\times(12.95/2+22.82-21.1)^2-13\times2.2\times(21.1-2.2/2)^2}{70-21.1}\text{ mm}^3$$

$$=0.974\times10^4\text{ mm}^3$$

$$W_{enx}/W_x=0.915,\quad W_{eny\max}/W_{y\max}=0.973,\quad W_{eny\min}/W_{y\min}=0.972$$

(3) 强度验算

按屋面能阻止檩条侧向失稳和扭转考虑

$$\sigma_1=\frac{M_x}{W_{enx}}+\frac{M_y}{W_{eny\max}}=\left(\frac{6.88\times10^6}{3.813\times10^4}+\frac{0.17\times10^6}{2.257\times10^4}\right)\text{ N/mm}^2=187.97\text{ N/mm}^2$$

$$<f=205\text{ N/mm}^2$$

$$\sigma_2=\frac{M_x}{W_{enx}}+\frac{M_y}{W_{eny\min}}=\left(\frac{6.88\times10^6}{3.813\times10^4}-\frac{0.17\times10^6}{0.974\times10^4}\right)\text{ N/mm}^2=162.98\text{ N/mm}^2$$

$$<f=205\text{ N/mm}^2$$

(4) 挠度计算

$v_y=\frac{5}{384}\times\frac{1.155\times\cos5^{\circ}42'38''\times6000^4}{206\times10^3\times374.9\times10^4}$ mm=25.11 mm<$[v]=l/200=300$ mm,满足要求。

(5) 构造要求

$\lambda_x=600/7.06=85.0<[\lambda]=200$,满足要求;

$\lambda_y=300/2.55=117.6<[\lambda]=200$,满足要求。

2. 隅撑的设计

隅撑(见图4-55)按轴心受压构件设计,轴心力为

$$N=\frac{Af}{60\cos\theta}\sqrt{\frac{f_y}{235}}=\frac{200\times12\times215}{60\times\cos44.68^{\circ}}\ \text{N}=12.09\times10^3\ \text{N}=12.16\ \text{kN}$$

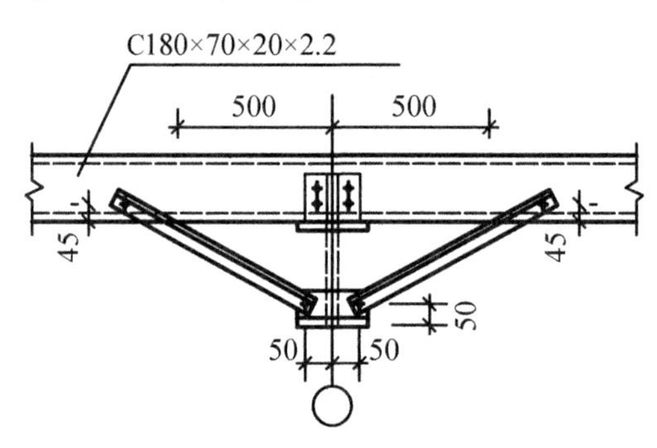

图4-55 刚架梁跨隅撑布置(单位:mm)

连接螺栓采用普通C级螺栓M12。隅撑的计算长度取两端连接螺栓中心的距离 $l_0=633$ mm。

选用∟50×4,截面特性:$A=3.90\ \text{cm}^2$,$I_u=14.69\ \text{cm}^4$,$W_u=4.16\ \text{cm}^3$,$i_u=1.94$ cm,$i_v=0.99$ cm,$\lambda_u=l_0/i_u=633/19.4=32.6<[\lambda]=200$,b类截面,查附录D得 $\varphi_u=0.927$。单面连接的角钢强度设计值乘以折减系数 α_y,$\lambda=633/9.9=63.94$,$\alpha_y=0.6+0.0015\lambda=0.696$。

$\sigma=\frac{N}{\alpha_y\varphi_u A}=\frac{12.16\times10^3}{0.696\times0.927\times390}$ N/mm²=48.0 N/mm²<$f=215$ N/mm²,满足要求。

3. 墙梁设计

本工程为单层厂房,刚架柱距为6 m;外墙高7.35 m,标高1.200 m以上采用彩色压型钢板。墙梁间距为1.5 m,跨中设一道拉条,钢材为Q235。

(1) 荷载计算

墙梁采用冷弯薄壁卷边C型钢160×60×20×2.5,自重 $g=7$ kg/m;墙重0.22 kN/m²;基本风压 $w_0=1.05\times0.45$ kN=0.473 kN/m²,风荷载标准值按CECS102:2002中的围护结构计算

$$w_k=\mu_s\mu_z w_0,\quad \mu_s=-1.1(+1.0)$$

本工程外墙为落地墙,计算墙梁时不计墙重,另因墙梁先安装故不计拉条作用。

$q_x=1.2\times0.07=0.084$ kN/m, $q_y=-1.1\times0.473\times1.5\times1.4$ kN/m =−1.093 kN/m。

(2) 内力计算

$M_x=0.084\times6^2/8$ kN·m=0.378 kN·m, $M_y=1.093\times6^2/8$ kN·m=4.919 kN·m。

(3) 强度计算

墙梁C160×60×20×2.5,平放,开口朝上,$W_{x\max}=19.47\ \text{cm}^3$,$W_{\min}=8.66\ \text{cm}^3$,$W_y=36.02$

cm³，$I_y=288.13\ \text{cm}^4$，参考屋面檩条的计算结果及工程实践经验，取$W_{enx}=0.9W_x$，$W_{eny}=0.9W_y$。

$$\sigma=\frac{M_x}{W_{enx}}+\frac{M_y}{W_{eny}}=\left(\frac{0.378\times10^6}{0.9\times8.66\times10^3}+\frac{4.919\times10^6}{0.9\times36.02\times10^3}\right)\ \text{N/mm}^2=200.2\ \text{N/mm}^2$$
$$<f=205\ \text{N/mm}^2$$

在风吸力下拉条位置设在墙梁内侧，并在柱底设斜拉条。此时压型钢板与墙梁外侧牢固相连，可不验算墙梁的整体稳定性。

(4) 挠度计算

$$v=\frac{5}{384}\times\frac{1.1\times0.473\times1.5\times6000^4}{206\times10^3\times288.13\times10^4}\ \text{mm}=22.3\ \text{mm}<[v]=l/200=30\ \text{mm}$$，满足要求。

4.11.7 课程设计

1. 基本设计资料

(1) 车间柱网布置(按学号分配)

跨度＼柱距	5 m	6 m	7 m	8 m	9 m	10 m
15 m	1	8	15	22	29	36
18 m	2	9	16	23	30	37
21 m	3	10	17	24	31	38
24 m	4	11	18	25	32	39
27 m	5	12	19	26	33	40
30 m	6	13	20	27	34	41
33 m	7	14	21	28	35	42

檐高：a. 6 m。b. 8 m。

(2) 屋面坡度

屋面坡度为1/10。

(3) 屋面材料

单层彩板或夹心板。

(4) 墙面材料

单层彩板或夹心板。

(5) 荷载

① 静载：

a. 无吊顶时0.2 kN/m²(学号1～10)；

b. 有吊顶时0.4 kN/m²(学号11～20)；

c. 有附加荷载0.5 kN/m²(包括吊顶在内)(学号21以后)。

② 活载：

a. 计算刚架时为0.3 kN/m²，计算檩条时为0.5 kN/m²；

b. 计算刚架时为0.48 kN/m²，计算檩条时为0.8 kN/m²。

③ 风载、雪载：哈尔滨市。地面粗糙度：B类。

风载体型系数如下图所示。

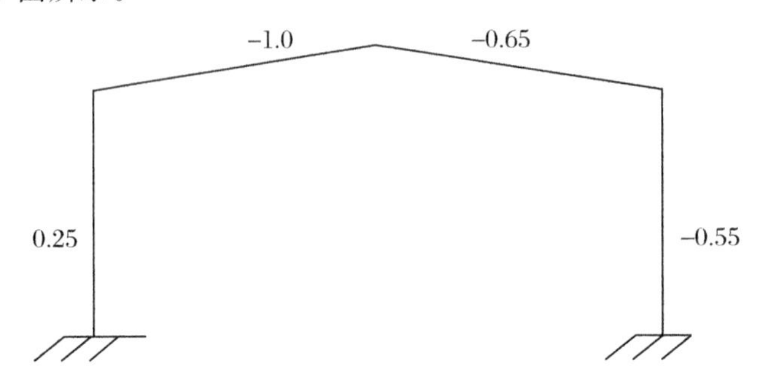

2. 设计要求

(1) 完成计算书一份,内容包括以下部分。

选题:刚架形式,荷载取值;选择钢材,焊接方法,焊条型号;绘制屋盖体系支撑布置图;荷载计算;杆件内力组合;杆件截面设计;柱头、柱脚和节点设计。

(2) 施工图

绘制刚架施工图一张。图纸规格:1号图。

图面内容:刚架正面图;梁、柱施工详图;柱头、柱脚和拼接节点施工详图;施工图说明;材料表;标题栏。

作图要求:采用铅笔绘图;图面布置合理;文字规范;线条清晰,符合制图标准;达到施工图要求。

设计完成后,图纸应叠成计算书一般大小,与计算书装订后装入档案袋上交。

3. 课程设计目的

① 掌握屋盖系统结构布置的方法;

② 能综合运用有关力学和钢结构课程所学知识,对刚架进行内力分析、截面设计和节点设计;

③ 掌握刚架施工图的绘制方法;

④ 学会编制材料表。

4. 评分标准及办法

(1) 质量要求

结构计算基本正确。且应能满足使用安全、经济合理的要求,计算内容较全面。图面应整洁、布局合理,符合制图规范;尺寸标注正确,节点构造合理,能满足施工图要求。设计期间,对于口试问题回答基本正确。

(2) 评分标准

评分标准根据计算书、施工图、口试、出勤四个方面综合评定。

	优秀 100~90 分	良好 89~80 分	中等 79~70 分	及格 69~60 分	不及格 <59 分
① 学习态度	刻苦	认真	较认真	一般	应付
② 结构概念	清晰	清楚	较清楚	尚可	模糊
③ 理论计算	准确	正确	较正确	小错误	错误多
④ 图面质量	整洁	整洁	较整洁	一般	错误多
	全面	较全面	较全面		

【思考题】

4-1　门式刚架的结构形式通常有哪些?

4-2　如何进行门式刚架结构的内力计算?

4-3　门式刚架的横梁与柱的连接节点有哪些基本形式?

4-4　为什么要设置隅撑?

4-5　门式刚架支撑的作用有哪些?

第 5 章　拱形波纹钢屋盖结构

【本章要点】 了解拱形波纹钢屋盖结构特点及发展状况；掌握拱形波纹钢屋盖结构设计的各个环节：材料选用，荷载和结构计算，构造要求，制作与安装等。

拱形结构有着悠久的历史和广泛的应用领域，它以全截面均匀受力使材料的潜能得以充分发挥，节约材料，实现结构安全性与经济性的较好统一等优点而备受青睐。就房屋结构而言，砌块拱屋顶，钢筋混凝土拱壳，以及各种材质的拱形结构已广为建筑师和结构工程师们所熟悉和接受。

近年来，拱形结构又新添一种具有广阔应用前景的结构形式——拱形波纹钢屋盖（见图 5-1）。这种屋盖结构采用彩色镀锌钢板在工地二次成型安装而成。先将钢板轧制成 U 形或梯形波纹直槽板，再用自动锁边机将若干拱形槽形板连成整体，吊装到屋顶安装就位而成轻型屋盖结构。这种拱形波纹钢屋盖适用于工农业建筑、一般商业建筑、净空要求较高的一般公共建筑、军用房屋及临时建筑等。

图 5-1　拱形波纹钢屋盖

拱形波纹钢屋盖之所以近期内得以迅速发展，是由于该种结构具有以下优点。

(1) 工程造价低

屋盖采用 0.8～1.2 mm 厚的镀锌钢板，将维护结构和承重结构合二为一，可跨越 8～30 m 的跨度，而质量只有 14～25 kg/m^2。这种屋盖非常经济。

(2) 施工周期短

屋盖施工所用卷板机和成型机都可直接运到现场进行加工，设备自动化，施工专业化。同时，拱形屋面具有自重轻、拼接式安装及可随意切割的特点，因此其安装简便、效益高、工期短。有资料表明，10 000 m^2 的工程只需要 20 天左右就可完成，比传统屋盖建筑要节省工期的 80%左右。

(3) 耐久性能好

屋盖采用高强专用结构钢板，钢板的防腐层由镀锌层、化学转换层、底漆、面漆（聚酯漆）复合而成，有效地避免了使用过程中的锈蚀问题，板材寿命可达 35 年以上，大大提高了屋盖的使用年限。但是，其拱脚防腐是瓶颈，制约波纹钢屋盖结构的耐久性。

(4) 抗震性能优越

屋盖自身满足抗震要求,因屋顶反力中的地震荷载组合小于常规荷载组合,安装成型后形成了板肋结构体系,整体受力方式合理,抗震性能优越,技术适应性强。

(5) 保温隔热性能优良

单层屋盖内侧可喷涂聚氨酯发泡保温,喷30 mm厚保温层,相当于365 mm厚的砖墙,极大地改善了房屋的保温隔热性能。对于拱形屋面复合板,以岩棉、玻璃纤维棉、聚苯乙烯、聚氨酯等保温材料作夹层,其导热系数低,具有良好的保温隔热效果。

(6) 防水性能突出

屋盖沿跨度方向均为通条板,没有接口,沿纵向每条板之间用封边机咬合,具有永久防水效果,避免了因接口而发生渗漏,其维护周期为25年,且维护仅限于节点处理。

(7) 通风、采光易于处理

在屋盖屋脊部可安装自然通风器,可使屋顶内部上空形成一个空气流动空间,满足房间内部通风及散热要求。拱形波纹钢屋盖可沿跨度方向开任意长度的采光带,满足采光的要求。

(8) 室内空间开阔

屋盖跨度较大(6~30 m,任意选择),无支撑,内部无梁无檩,空间开阔,内部净空极佳,有利于吊车、铲车等机械在房间内作业,增加了空间利用率。

(9) 建筑造型优美

屋盖可采用不同跨度和样式的建筑,造型美观,风格多变。压型钢板线条清晰,颜色多达几十种,可满足任何风格建筑物的需要,达到令人满意的效果。

拱形波纹钢屋盖结构与其他种类建筑屋顶的应用对比如表5-1所示。

表5-1 各种建筑屋顶的应用对比

序号	拱形波纹钢屋盖	一般建筑屋顶
1	造价低、施工快、见效快;同等要求下比一般屋顶节约造价10%~50%	造价高、施工慢、见效慢
2	防腐、防蚀、防渗、自然防水	渗漏是通病,尤其是钢混结构耐蚀力差
3	自重轻、基础投入少	自重大、基础等结构投入相应增大
4	整体性能好,结构合理,抗风、雨、雷、抗震性能优越,安全系数高	抗震性能有限,造成灾害大、损失大
5	使用年限长、维护费用低、维护快捷	使用年限较长、维护费用高、维护不方便
6	外形美观、可塑性大	造型烦琐、有局限
7	无柱无梁、空间利用率高	柱梁多、空间利用有限
8	适应性强、应用广泛	适应性有限、结构复杂

拱形波纹钢屋盖结构因其重量轻、施工速度快、造价低廉、受力性能良好而广泛地应用于厂房、仓库、集贸市场、加油站、超级市场等工程领域。总体来看,拱形屋盖结构主要适用于:有较高净空要求的公共建筑,如展览厅、体育馆、训练馆、礼堂、商场、集贸市场、餐厅、娱乐厅、加油站、客运站等;一般工业、农业生产建筑,如不同跨度的工业厂房、车间、仓库、车库、舍房等;临时性建筑和军用房屋,临时展厅、营房、工棚等;房屋改造工程,如改扩建工程、屋顶加层等。

5.1 拱形波纹钢屋盖结构的材料

拱形波纹钢屋盖结构采用的彩涂板宜采用符合现行国家标准《彩色涂层钢板及钢带》(GB/T 12754—2006)规定的热镀锌彩涂板(牌号 TS250GD+Z、TS280GD+Z、TS320GD+Z、TS350GD+Z)和热镀铝锌彩涂板(牌号 TS250GD+AZ、TS280GD+AZ、TS320GD+AZ、TS350GD+AZ)等。当有可靠依据时,也可采用符合国家有关标准的其他牌号的钢材。彩涂板应按承重钢结构的要求具有抗拉强度、屈服强度、伸长率、冷弯试验等合格保证。

拱形波纹钢屋盖结构基板的厚度应由计算确定,且不得小于 0.8mm。基本厚度的供货负偏差不得大于 3%,并在设计时考虑负偏差的影响。

拱形波纹钢屋盖结构应根据耐久性要求选用合格的建筑外用热镀锌或热镀铝锌彩涂板。彩涂板的镀层和涂层的技术指标应符合《拱形波纹钢屋盖结构技术规程》(CECS167:2004)中附录 A 表 A.0.1和表 A.0.2 的要求。

5.2 拱形波纹钢屋盖结构的基本设计规定

拱形波纹钢屋盖作为板架(屋面板、屋架)合一的新型结构,设计时应同时满足承载能力极限状态和正常使用极限状态两方面的要求。

屋盖结构按承载能力极限状态进行设计时,计算公式为

$$\gamma_0 S \leqslant R \tag{5-1}$$

式中 γ_0——结构重要性系数。一般工业与民用建筑拱形波纹钢屋盖结构的安全等级可取为二级。当结构设计使用年限不多于 5 年时,结构重要性系数不应小于0.95;当结构设计使用年限多于 10 年时,结构重要性系数不应小于 1.0。一般情况下安全等级取二级,$\gamma_0=1.0$ 。

S——在各种荷载工况下,各类荷载效应组合的设计值,按照现行国家标准《建筑结构荷载规范》(GB 50009—2012)式(3.2.3-1)计算。

R——结构抗力设计值,按《拱形波纹钢屋盖结构技术规程》(CECS167:2004)的材料强度设计值和等效截面特性计算确定。

对于荷载基本组合,荷载效应组合的设计值按下列公式确定

$$S = \gamma_G G_G G_k + \varphi \sum_{i=1}^{n} \gamma_{Qi} G_{Qi} Q_{ik} \tag{5-2}$$

式中　φ——可变荷载的组合系数，当有两个或两个以上的可变荷载参与组合且其中包括风荷载时，荷载组合系数取 0.85，其他情况下荷载组合系数均取 1.0。

对于正常使用极限状态，采用荷载短期效应组合的设计值，即

$$S_s = C_G G_k + C_{Qi} Q_{ik} + \sum_{i=2}^{n} C_{Qi} \varphi_{Ci} Q_{ik} \tag{5-3}$$

式中　φ_{Ci}——第 i 个可变荷载的组合系数，一般情况下当有风荷载参与组合时，荷载组合值取 0.6，当没有风荷载参与组合时，荷载组合系数取 1.0。在有沙尘暴影响的地区，风荷载计算时可将基本风压提高 10%（弱沙尘暴地区）或 20%（强沙尘暴地区）。

拱形波纹钢屋盖结构可不进行抗震计算，但与下部结构的连接及其下部支承结构应按现行国家标准《建筑抗震设计规范》(GB 50011—2010)的规定进行设计。

拱形波纹钢屋盖结构可不设温度缝，且不考虑温度作用。当拱形波纹钢屋盖结构的拱脚不直接落地时，下部支承结构及连接角钢应按现行国家有关标准的规定设置温度缝，必要时应考虑稳定作用。

设计拱形波纹钢屋盖结构时，可不考虑与下部支承结构协同工作，屋盖结构单独计算。设计下部支承结构时，可将屋盖结构对支承结构的作用力作为外荷载考虑。

拱形波纹钢屋盖结构纵向长度与跨度的比值不宜过小。当宽度不大于 24 m 时比值不宜小于 0.5，当宽度大于 24 m 时比值不宜小于 0.8。

当山墙采用直形槽板或其他形式的压型钢板作为维护结构且与屋盖结构有可靠连接时，可考虑屋盖结构对山墙的支承作用。当山墙采用墙架等结构形式时，不应考虑屋盖结构的支承作用。

当拱形波纹钢屋盖结构用于空旷地带时，应按现行国家有关标准的规定设置避雷装置。

5.3　拱形波纹钢屋盖结构的设计指标

设计安全、经济、合理的拱形屋盖结构，必须认真分析、综合考虑。根据建筑的使用要求、环境状态、荷载情况等，选择拱形屋盖单跨或多跨、落地或半落地、墙柱列或框架支承等结构形式。拱形波纹钢屋盖结构常见形式如图 5-2 所示。

在拱形波纹钢屋盖结构设计中，矢跨比的选取直接影响其结构的合理性。通常根据荷载情况来确定拱形波纹钢屋盖结构的矢跨比，宜取 0.2～0.25，也可根据建筑功能要求和荷载状况取 0.1～0.5。当主要荷载为风荷载时，矢跨比宜取较小值；当主要荷载为竖向荷载时，矢跨比宜取较大值。屋盖结构的跨度是指结构中面两侧支座线之间的距离，矢高是指结构中面顶点至两侧支座线所在平面的距离。

拱形波纹钢屋盖属于轻型空间钢结构，在结构设计中，应严格控制结构的变形。屋盖结构的水平位移和竖向位移应不大于结构计算跨度的1/150，支座的最大水平位移不应大于其计算跨度的1/500，压型钢板的容许挠度不大于跨度的 1/150。

彩涂板的强度设计值，应按表 5-2 采用，其物理性能指标按表 5-3 采用。

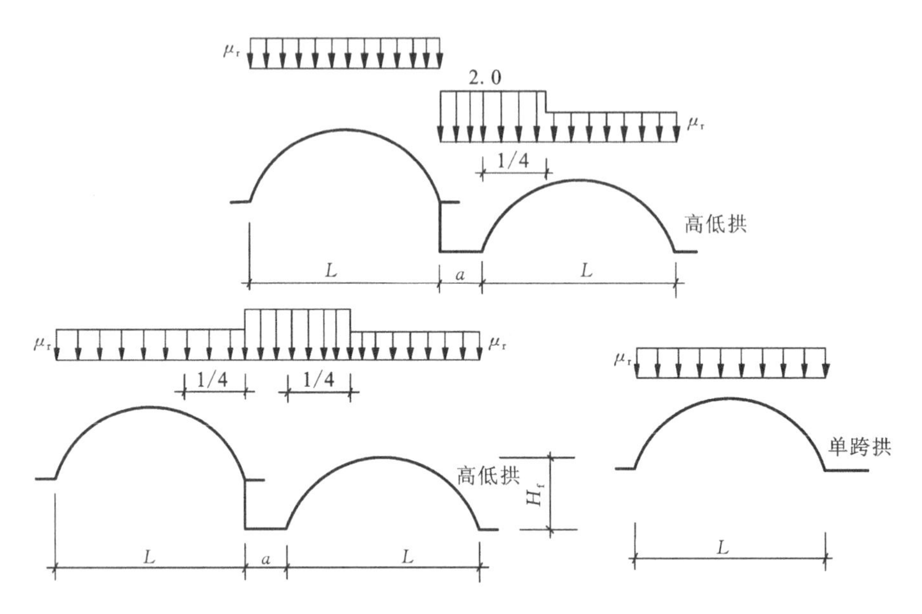

图 5-2 拱形波纹钢屋盖结构形式

(a)多连跨拱顶;(b)双连跨拱顶;(c)高低跨拱顶;(d)落地跨拱顶;(e)单跨拱顶

表 5-2 彩涂板的强度设计值(N/mm²)

牌　　号	抗拉、抗压和抗弯 f	抗剪 f_v
TS250GD+Z,TS250GD+AZ	210	120
TS280GD+Z,TS280GD+AZ	235	135
TS300GD+AZ	255	145
TS320GD+Z,TS320GD+AZ	270	155
TS350GD+Z,TS350GD+AZ	295	170

表 5-3 彩涂板的物理性能指标

弹性模量 E(N/mm²)	剪切模量 G(N/mm²)	线膨胀系数 α(以 1℃计)	质量密度 ρ(kg/m³)
206×10^3	79×10^3	12×10^{-6}	7850

5.4 拱形波纹钢屋盖结构的荷载

拱形波纹钢屋盖的作用荷载应包括恒荷载(自重、保温层重、防火层重、吊重等)、可变荷载(风荷载、雪荷载、屋面活荷载、施工荷载、积灰荷载等)及一些特殊荷载(支座位移和温度影响)。荷载设计值应按现行国家标准《建筑结构荷载规范》(GB 50009—2012)的规定采用,并应按其规范规定的荷载效应基本组合进行强度和稳定性设计。应按荷载短期效应组合进行支承结构的水平变位验算。注意悬挂荷载沿结构跨度方向宜对称布置。

结构设计时,雪荷载标准值为

$$S_k = \alpha\mu_r S_0 \tag{5-4}$$

式中　S_k——雪荷载标准值；

S_0——基本雪压；

α——积雪荷载增大系数，一般取1.1；

μ_r——积雪分布系数，确定系数如图5-3所示，且应满足

$$0.4 < \mu_r = \frac{1}{8H_f} < 1.0 \tag{5-5}$$

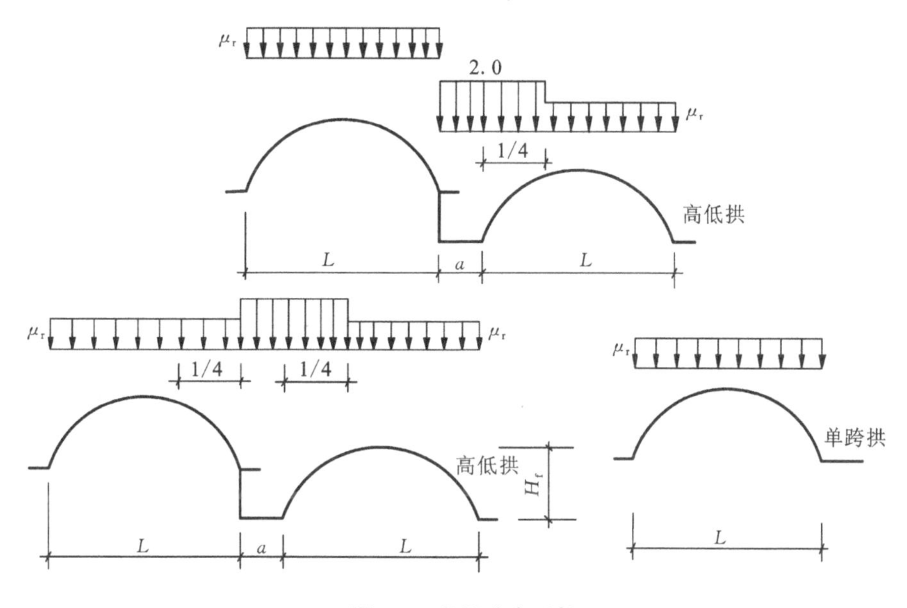

图5-3　积雪分布系数

在进行屋盖结构设计时，应主要考虑下列几种荷载效应组合：

① 恒荷载＋风荷载＋特殊荷载；

② 恒荷载＋风荷载＋全跨竖向活荷载＋特殊荷载；

③ 恒荷载＋风荷载＋半跨竖向活荷载(作用在风压力区)＋特殊荷载；

④ 恒荷载＋全跨竖向活荷载＋特殊荷载；

⑤ 其他特殊情况下的组合。

其中第③种组合有可能引起屋盖结构在非对称变形下的整体失稳，常常是最不利、最危险的荷载组合，对其应着重考虑和验算。

荷载效应组合时应符合以下原则：

① 屋面均布活荷载不与雪荷载同时考虑，应在两者中取较大者；

② 积灰荷载应与均布荷载或雪荷载中较大者同时考虑。

5.5　拱形波纹钢屋盖结构的构造要求

拱形波纹钢屋盖结构越来越受到人们的喜爱，并得到推广与普及，但由于此种结构从国外引进时

间较短,受力机理较复杂,因此在设计、施工、使用中必须注意以下几个问题。

(1) 下部连接

拱形波纹钢屋盖结构的材料是彩色钢板。拱形波纹钢屋盖结构既是围护结构,又是承重结构。它比仅用作围护结构的彩板所承担的荷载更大,故彩色钢板的使用寿命决定了结构的使用寿命。拱形屋盖中板与板之间是通过相互咬合构成整体的,拱形波纹钢屋盖结构的根部是用自攻螺丝将彩色钢板与圈梁预设埋件连接的,该部位的使用环境最恶劣。因此,根部处理的好坏是决定拱形波纹钢屋盖结构使用寿命的关键。

屋盖与下部结构连接节点的设计原则是安全可靠、构造简单、传力明确、易于防护和安装。按照屋盖有组织排水或无组织排水、边跨或中跨、纵墙或山墙以及下部结构的形式,拱形波纹钢屋盖与下部结构可以采用不同的节点形式。如图 5-4 为拱脚铰接节点连接方式。工程设计时,也可根据具体工程的要求,设计出不同的节点形式。

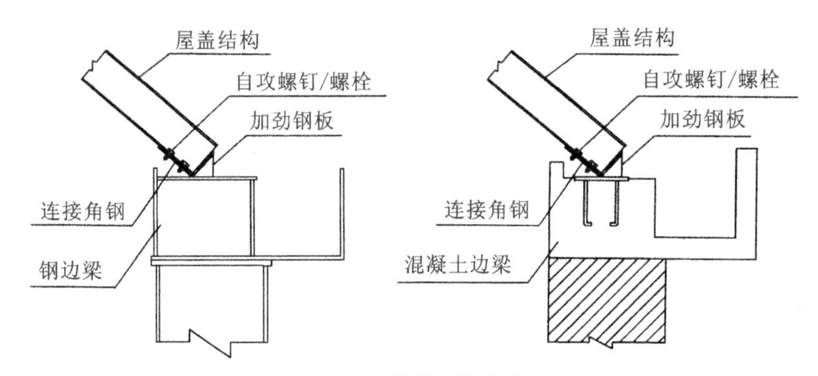

图 5-4 拱脚铰接节点

(2) 保温

单层拱形波纹钢屋盖的保温可在室内顶喷聚氨酯或黏敷复合硅酸盐,不同的厚度可满足不同的保温要求。双层拱形波纹钢屋盖的保温,可在双层屋盖间设置玻璃棉夹心保温层。聚氨酯的保温隔热性能在各类建材中堪称一流,可以满足各种保温要求。聚氨酯本身密度小(50 kg/m^3)、黏结力大,不需要其他黏接剂,保温层可在现场发泡而成,施工简便,速度快。但聚氨酯材料防火性能差,我国有些地区限制其在建筑中的应用,因此拱形波纹钢屋盖保温问题的解决还有待于新型保温材料的问世。

(3) 结构的防火

对于钢结构而言,除防腐问题以外,防火问题也是人们关心的一个问题。火灾发生时,随着温度的升高,结构内部发生应力重分布,继而丧失承载力,最终导致结构破坏。所以,拱形波纹钢屋盖结构的设计必须严格按照我国的建筑防火规范进行。

(4) 结构的通风

当拱形波纹钢屋盖结构不落地时,一般可以在侧墙上设置风扇,辅以门窗解决通风问题。若仍不满足要求,则可在屋顶设置自然通风口或通风机。根据气流的原理,通风口和通风机的位置应设在拱形屋盖的跨中,这样做,一方面可以快速且高效地排换室内空气,另一方面有利于通风机安装平稳,减少噪声,简化屋顶的排水处理。

(5) 结构的采光

拱形波纹钢屋盖结构的采光目前有两类做法。一类是采用在拱形槽板的壳板上开口,代之以采光板，采光口常常设在结构的 1/4 跨度附近，实践表明这种做法有其局限性：一是采光口的防水、防腐性能差，影响结构的耐久性；二是削弱结构截面，影响结构安全性，因为无论是在全跨荷载还是在半跨荷载作用下，结构在 1/4 跨附近的内力都较大，该处截面受到削弱，势必影响结构的整体刚度和稳定性。另一类是沿跨度方向设置整体采光带。采光带两边的拱形屋顶用部件加固并连成整体，选用 CARBOLUX 采光板覆于采光带上，这种采光板为双层结构，中空、透光率高、质轻且有一定的强度和刚度，有很强的跨越能力。这种采光做法既不损伤结构，也不影响结构的耐久性，而且采光效果良好，但屋面施工复杂，防水处理必须做好。

当在压型钢板拱形屋盖上开设通风孔和采光孔时，应在孔洞周围采用构造措施予以加强，且开孔总面积不得大于屋盖面积的 5%。

5.6　拱形波纹钢屋盖结构的结构计算

拱形波纹钢屋盖结构受力时内力分布较均匀，是一种靠合理的几何外形来提供较大承载能力或跨越能力的结构，而压型钢板的受力机理类似于梁。拱形波纹钢屋盖结构由于成型的需要，结构板件上均匀地压有许多横向小波纹，这些小波纹虽然在一定程度上降低了结构在跨度方向的刚度，但却大大增强了板件的局部稳定性，突出了结构的壳体受力特征，更为施工组装过程中的结构构件提供了必要的抗扭刚度。

由于拱形波纹钢屋盖结构的板件较薄，因此截面刚度小，在荷载尤其是非对称荷载作用下结构变形较大。拱形结构的轴力较大，而轴力对于变形的作用会导致结构弯矩内力与外荷载之间呈非线性关系。故结构计算属几何非线性问题。受到自重、雪荷载作用时，拱形波纹钢屋盖结构的轴力为压力，结构破坏呈整体失稳破坏形态。结构在风荷载作用下，轴力为拉力，结构破坏为强度破坏。总之，带有褶皱的拱形槽板结构受荷载后的工作性能及破坏机理很复杂。

拱形波纹钢屋盖结构可按下列方法简化计算。

(1) 沿屋盖纵向计算

沿屋盖纵向取单位宽度结构按拱的结构模型进行计算。构件上各截面的承载力应符合下式的要求。

各工况下各截面的承载力应满足下式要求

$$\frac{N_1}{A_{eq}}+\frac{M_n}{W_{eq}}\leqslant \varphi f \tag{5-6}$$

式中　A_{eq}、W_{eq}——单位宽度屋盖结构的等效截面面积、等效截面模量，按《拱形波纹钢屋盖结构技术规程》(CECS167：2004)附录 D 规定的经验公式计算。

N_1、M_n——所考虑荷载工况下截面的一阶轴力、相应的二阶弯矩组合设计值，按公式 $N_1=\sum N_{1i}$，$M_n=\sum \beta_i M_{1i}$ 计算，其中 N_{1i} 为所考虑荷载工况中，第 i 类荷载设计值产生的单位宽度结构截面的一阶轴力；M_{1i} 为所考虑荷载工况中，第 i 类荷载设计值产生的单位宽度结构截面的一阶弯矩；β_i 为所考虑荷载工况中，第 i 类荷载设计值相对应的弯矩放大系数。

f——钢材的抗拉、抗压和抗弯强度设计值。

(2) 弯矩放大系数

弯矩放大系数按下列规定取值。

在风荷载作用下,取 $\beta_i=1$;

在其他荷载作用下按下列公式计算

$$\beta_i=\frac{1}{1-\dfrac{\gamma_i q_i}{q_{\mathrm{cr}i}}} \tag{5-7}$$

$$q_{\mathrm{cr}i}=k_i\frac{EI_{\mathrm{eq}}}{r^3} \tag{5-8}$$

式中 q_i——所考虑荷载工况中,第 i 类荷载设计值;

γ_i——所考虑荷载工况中,第 i 类荷载的弯矩调整系数,按《拱形波纹钢屋盖结构技术规程》(CECS167:2004)附录 B 规定取用;

$q_{\mathrm{cr}i}$——所考虑荷载工况中,第 i 类荷载作用下屋盖结构的弹性临界荷载;

r——拱形波纹钢屋盖结构的曲率半径;

k_i——所考虑荷载工况中,第 i 类荷载的临界荷载系数,按《拱形波纹钢屋盖结构技术规程》(CECS167:2004)附录 C 规定取用;

E——结构所用材料的弹性模量;

I_{eq}——单位宽度屋盖结构的等效截面惯性矩。

按拱结构模型对拱形波纹钢屋盖结构进行线弹性分析时,可采用经典算法,也可采用有限元法。当采用直梁单元有限元法时,单元数量应保证相邻梁单元的切线夹角小于 5°。

拱形波纹钢屋盖结构设计时,应考虑小波纹对结构刚度的影响,按等效截面特性进行计算。

下部支承结构设计时,应考虑拱形波纹钢屋盖传来的荷载及自身所承受的荷载,其横向和纵向计算简图如图 5-5 所示。

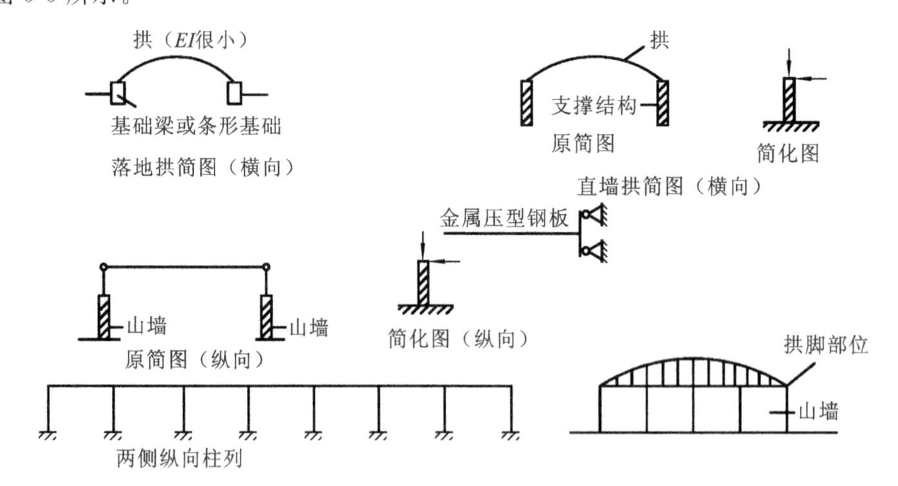

图 5-5 下部支承结构计算简图

在拱形波纹钢屋盖下部支承结构的承载力和变形计算中,必须考虑屋盖对支承结构的推力作用。屋盖对下部结构的作用力可以采用拱形模型按线弹性分析方法计算。

屋盖与下部结构连接用的自攻螺钉(或螺栓)、焊缝和预埋件应能承受屋盖传递给支座的全部轴向力,包括施工阶段和使用阶段可能出现的各种轴向拉力和压力。螺钉(或螺栓)、焊缝和预埋件的数量应根据计算来确定。

5.7　拱形波纹钢屋盖结构的制作

(1) 一般规定

① 拱形波纹钢屋盖结构采用的彩涂板型号、基板厚度、镀层重量、涂层要求和外观质量等,应符合设计要求及《拱形波纹钢屋盖结构技术规程》(CECS167：2004)的规定。涂层板贮存时应采取可靠的防水、防潮措施。

② 在拱形波纹钢屋盖结构单元板制作、安装前,应根据现场情况确定施工方案,并编制施工组织设计。

③ 彩涂板应采用专用吊具装卸,不得采用叉式升降机或钢丝绳直接装卸。

④ 在制作安装过程中,应采取防护措施保持单元板表面彩色涂层完好。当出现局部划伤或小面积涂层脱落时,应采用同类修补涂料修补。修补涂料的颜色应与原彩色涂层的颜色一致,且在现场条件下应能固化。

⑤ 当彩涂板可能与腐蚀性介质接触或在其他恶劣环境下使用时,应对板的切口断面进行防腐处理。

⑥ 施工中使用的量测工具事先应经校准,使用操作应规范、统一。用于检测弧形单元板曲率的靠尺必须具有足够的刚度,其长度不宜小于 2 m。

⑦ 屋盖挂物用的预留件应采用彩涂板制作,不得采用抗腐蚀性较差的其他材料。

(2) 制作

① 直形槽板的理论下料长度应取拱形波纹钢屋盖结构最外缘的弧长。计算弧长时,结构的跨度应取经验收合格的屋盖结构的实测跨度,矢高应根据设计要求按实测跨度确定。

② 直形槽板的长度不应超过理论下料长度±10 mm。在直形槽板上应标出吊装点的位置。当有预留件时,也应标出预留件位置。

③ 通过成型设备压制的弧形槽板,其下翼缘两边角曲线的长度差不得大于5 mm。2 m 长的曲率靠尺与弧形槽板的间隙不得大于 5 mm。弧形槽板上的小波纹应均匀、光顺。

④ 组合单元板的矢高偏差不得超过设计矢高的±5‰。

⑤ 在屋盖工程中,不得使用有折曲损伤的直形槽板和弧形槽板。

5.8　拱形波纹钢屋盖结构的安装

① 组合板单元板中单元板的数量应根据单元板的宽度和吊装能力确定,且不宜少于 3 块。挂物用的预留件应布置在组合单元板中。

② 单元板之间和吊装就位后的组合单元板之间,应采用专门机械咬合锁缝。锁缝必须牢固平滑,不得出现局部翘曲现象。

③ 组合单元板的吊点数目应根据组合单元板的刚度确定。吊点应沿单元板跨中轴线对称布置；吊杆的长度应根据吊点数目和分布长度确定。

④ 吊装前应清除单元板上的泥沙和污垢。

⑤ 组合单元板吊装前,应在拱脚连接角钢上标明每一组合单元板位置。作为基准用的组合单元板必须准确定位,保持立面垂直、中线位于跨中。

⑥ 连接角钢两肢与水平面应根据结构的实际矢跨比确定。在拱脚处弧形槽板应与连接角钢自然贴合。

⑦ 有山墙的屋盖结构,在屋盖安装完毕后应及时安装山墙,否则必须采取有效的抗风措施。

⑧ 安装山墙板应从跨中开始,山墙板之间要紧密连接,每块山墙板均应保持竖直。

⑨ 当雷雨天气和风力超过 4 级时,不得进行屋盖结构的吊装作业。

【思考题】

5-1 拱形波纹钢屋盖主要应用于哪些方面？它具有哪些特点？

5-2 拱形波纹钢屋盖主要有哪些结构形式？针对你所见过的该种结构,画出其计算简图,并思考其设计思路。

5-3 拱形波纹钢屋盖的设计包括哪些具体内容？设计中应注意哪些问题？

5-4 拱形波纹钢屋盖的施工过程是怎样的？在制作、安装过程中应注意哪些问题？

第6章 空间结构

【本章要点】 了解空间结构的特点及分类；掌握网架结构、网壳结构、悬索结构、膜结构的设计流程；熟练掌握网架结构和网壳结构的设计方法。

空间结构是相对于梁、拱、桁架等传统“平面结构”而言的。它是指具有不宜分解为平面结构体系的三维形体，具有三维受力特征，在荷载作用下呈空间工作的结构。与平面结构相比，空间结构可以很好地发挥结构的效率，包括结构的强度效率、刚度效率和稳定性效率。

按大跨空间结构的刚性差异来划分，可分为刚性结构体系、柔性结构体系和杂交体系三大类。

6.1 刚性结构体系

刚性结构体系的特点是结构构件具有很好的刚度，结构的形体由构件的刚度形成；属于这类体系的结构有：薄壳结构、折板结构、空间刚架结构、网架结构和网壳结构等。网架结构和网壳结构是刚性结构体系中应用最多，发展最快，颇受国内外关注的两类空间结构。本节主要对这两类结构的计算与设计作简单的介绍。

6.1.1 网架结构

网架结构大多由钢杆件组成，具有多向受力的性能，空间刚度大，整体性好，并有良好的抗震性能，制作安装方便，是我国空间结构中发展最快、应用最广的结构形式。

1. 网架结构的形式与分类

根据网架结构组成可将其划分为四大类。

(1) 平面桁架系组成的网架结构

平面桁架系组成的网架结构是由平面桁架发展和演变过来的。可以认为组成这类网架结构的基本单元是网片，它由一根上弦杆、一根下弦杆、一根斜杆及二根竖杆构成，如图6-1(e)所示。相邻的网片通过公共的竖杆连接，许多网片的集合构成整个网架。由于平面桁架系的数量和设置方位不同，这类网架又可分为四种，如图6-1(a)～(d)所示。

(2) 四角锥体组成的网架结构

四角锥体组成的网架结构基本单元是由4根弦杆、4根斜杆构成的正四角锥体，即五面体。锥体可以顺置或倒置(见图6-2(g))。由这些四角锥体排列组成网架时，还要用上弦杆或下弦杆把相邻的锥顶连接起来。根据锥体的组合方式和连接锥顶弦杆的方向不同，这类四角锥体组成的网架又可分为六种(见图6-2(a)～(f))。

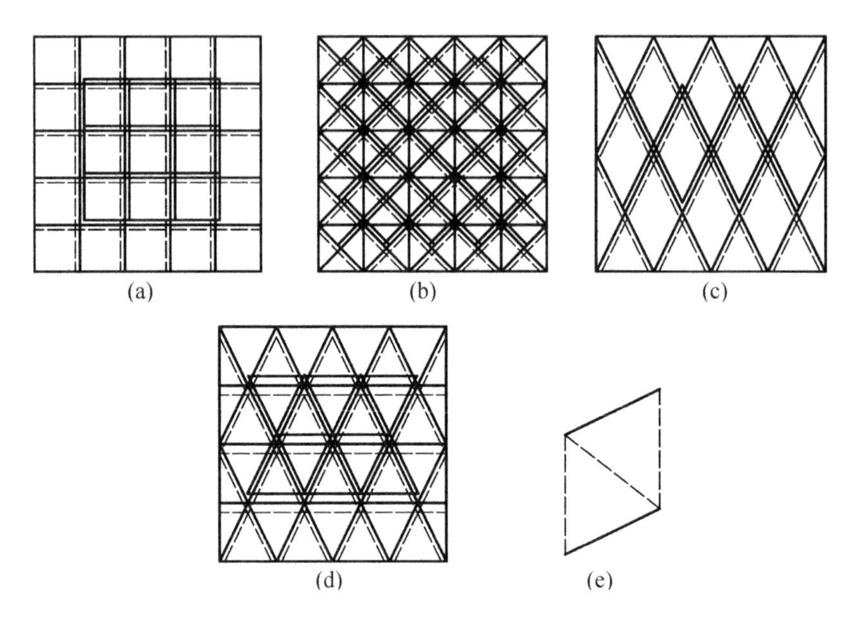

图 6-1 平面桁架系组成的网架

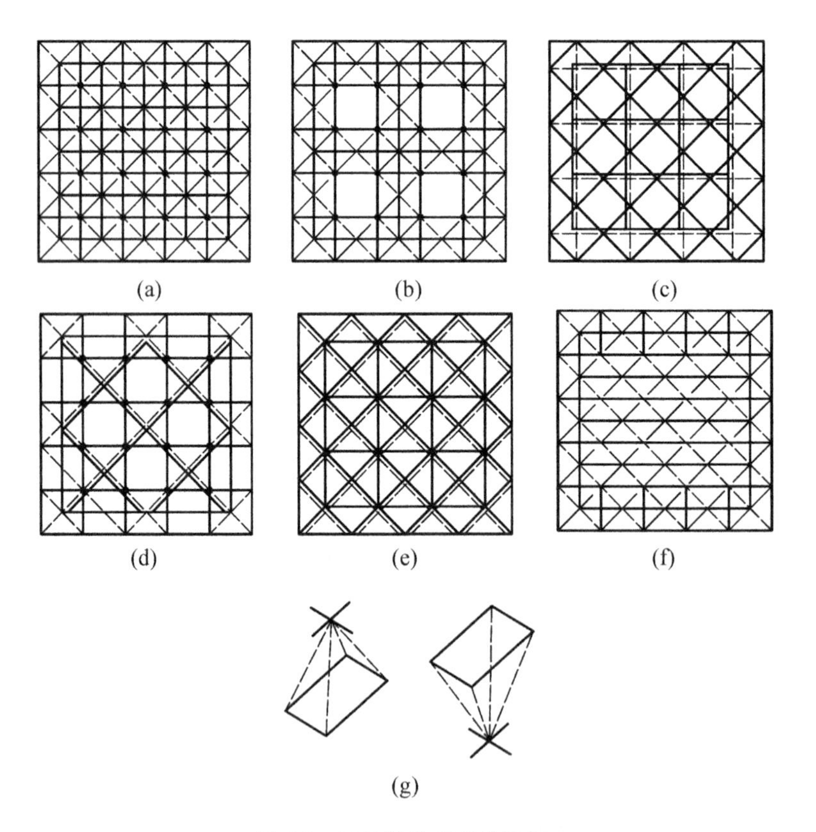

图 6-2 四角锥体组成的网架

(3) 三角锥体组成的网架结构

三角锥体组成的网架结构基本单元是由 3 根弦杆、3 根斜杆构成的正三角锥体。锥体可以顺置或倒置(见图 6-3(e))。根据锥体的组合方式和连接锥顶弦杆的方法不同,三角锥体组成的网架又可分为四种(见图 6-3(a)~(d))。

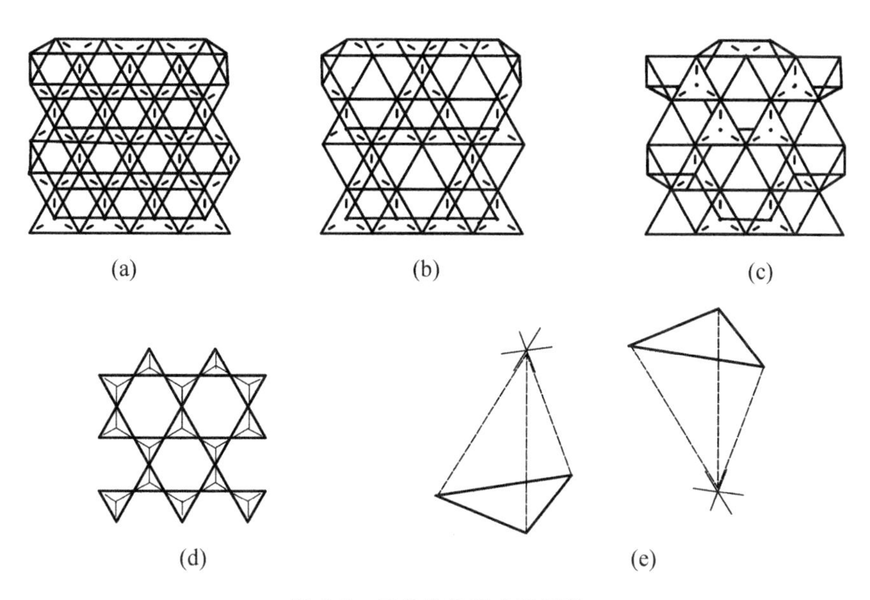

图 6-3 三角锥体组成的网架

(4) 六角锥体组成的网架结构

基本单元是由 6 根弦杆、6 根斜杆构成的正六角锥体。锥体可以顺置或倒置(见图 6-4)。

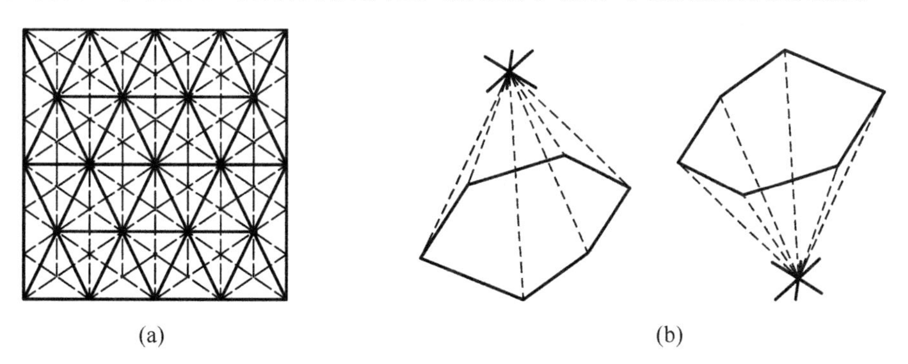

图 6-4 六角锥体组成的网架

2. 网架的设计

(1) 荷载及作用

网架结构所承受的荷载分别为永久荷载、可变荷载等。

永久荷载包括网架自重和节点自重、楼面或屋面覆盖材料自重、吊车材料自重及设备管道自重。其中网架自重和节点自重、楼面或屋面覆盖材料自重必须考虑,吊车材料自重及设备管道自重根据实际工程情况而定。荷载分项系数取 1.2。

可变荷载包括屋面或楼面活荷载、雪荷载、风荷载、积灰荷载、吊车荷载等。

作用除包括上述直接作用外还包括温度和地震引起的间接作用。

(2) 荷载组合

当无吊车荷载和风荷载、地震作用时,网架应考虑以下几种组合的作用。

① 永久荷载+可变荷载。

② 永久荷载+半跨可变荷载。

③ 网架自重+半跨屋面板重+施工荷载。

当考虑风荷载和地震作用时,其荷载组合为

$$q=\gamma_0\left(q_G+q_{Q1}+\Psi_c\sum_{i=2}^{n}q_{Qi}\right) \tag{6-1}$$

式中 q——作用在网架上的组合荷载设计值,kN/m^2;

q_G——永久荷载的设计值,$q_G=\gamma_G q_k$;

q_k——永久荷载的标准值;

γ_G——永久荷载分项系数,计算内力时取1.2,计算挠度时取1.0;

q_{Q1},q_{Qi}——第1个可变荷载和第i个可变荷载的设计值,

$$q_{Q1}=\gamma_Q q_{K1}$$

$$q_{Qi}=\gamma_Q q_{Ki}$$

q_{K1},q_{Ki}——第1个可变荷载和第i个可变荷载的标准值;

γ_Q——可变荷载分项系数,计算内力时取1.4,计算挠度时取1.0;

γ_0——结构重要性分项系数,分别取1.1、1.0、0.9;

Ψ_c——可变荷载的组合值系数,当有风荷载参与组合时,取0.6,当没有风荷载参与组合时,取1.0。

(3) 内力计算

网架的计算方法主要有空间杆系有限元法、差分法、力法和微分方程近似解法。其中空间杆系有限元法是目前杆系空间结构中计算精度最高的一种方法。这里主要介绍空间杆系有限元法。

① 采用空间杆系有限元法计算时作如下基本假定。

a. 节点为铰接,杆件只承受轴向力。

b. 按小挠度理论计算。

c. 按弹性方法分析。

② 空间杆系有限元法的计算步骤。

a. 选取计算单元,对计算单元节点和杆件进行编号。

b. 计算杆件长度和杆件与整体坐标系夹角的余弦,即

$$l_{ij}=\sqrt{(x_j-x_i)^2+(y_j-y_i)^2+(z_j-z_i)^2}$$

$$l=\cos\alpha=\frac{x_j-x_i}{l_{ij}}$$

$$m=\cos\beta=\frac{y_j-y_i}{l_{ij}}$$

$$n=\cos\gamma=\frac{z_j-z_i}{l_{ij}}$$

c. 建立整体坐标系的单元刚度矩阵。

有
$$[\boldsymbol{K}]_{ij}=\begin{bmatrix}[\boldsymbol{k}_{ii}^{i}] & [\boldsymbol{k}_{ij}]\\ [\boldsymbol{k}_{ji}] & [\boldsymbol{k}_{jj}^{i}]\end{bmatrix}$$

d. 建立总刚矩阵，将单刚矩阵对号入座进入总刚矩阵有关位置上。

e. 输入荷载，建立总刚矩阵方程右端项，即荷载列矩阵。形成结构总刚方程，即

$$[\boldsymbol{K}]\{\boldsymbol{\delta}\}=\{\boldsymbol{P}\}$$

f. 根据边界条件，对总刚方程进行边界处理。

g. 求解总刚矩阵方程，可采用矩阵三角分解法，将$[\boldsymbol{K}]$分解为下三角矩阵$[\boldsymbol{L}]$和对角元为1的上三角矩阵$[\boldsymbol{U}]$，通过对右端项的约化和回代求得$\{\delta\}$。

h. 根据各节点位移$\{\delta\}$求杆件内力，即

$$K_{ji}=\frac{EA}{l_{ij}}=[\cos\alpha(u_j-u_i)+\cos\beta(v_j-v_i)+\cos\gamma(w_j-w_i)]$$

6.1.2 网壳结构

网壳结构主要由钢杆件组成，也可由钢筋混凝土杆件或木杆件等组成。网壳曲面可以根据需要做成各种形状，如球面、柱面和双曲抛物面等。网壳结构形状的灵活性适应了建筑设计的创造性，因此应用广泛。网壳结构主要承受压力，存在稳定问题。当跨度超过一定值后，材料的强度不能充分利用，不经济。

1. 网壳结构的形式与分类

网壳结构一般可按下列各种方法分类。

① 按曲面的曲率半径分类。

网壳结构按曲率半径可分为正高斯曲率（$K>0$）网壳（见图6-5(a)、(b)）、零高斯曲率（$K=0$）网壳（见图6-5(c)）、负高斯曲率（$K<0$）网壳（见图6-5(d)～(f)）等。

② 按曲面外形分类。

网壳结构按曲面外形可分为球面网壳、双曲扁网壳、圆柱面网壳、双曲抛物面网壳等，如图6-5所示。

③ 按网壳的层数分类。

网壳结构按层数可分为单层网壳、双层网壳和局部双层（单层）网壳等。

④ 按网壳的用材分类。

网壳结构按用材可分为钢网壳、木网壳、钢筋混凝土网壳等。

2. 网壳的设计

(1) 荷载和作用

网壳结构的荷载和作用与网架结构的一样，主要有永久荷载、可变荷载和温度及地震作用。这里不再赘述。

(2) 荷载效应组合

网壳结构应根据最不利的荷载效应组合进行设计。

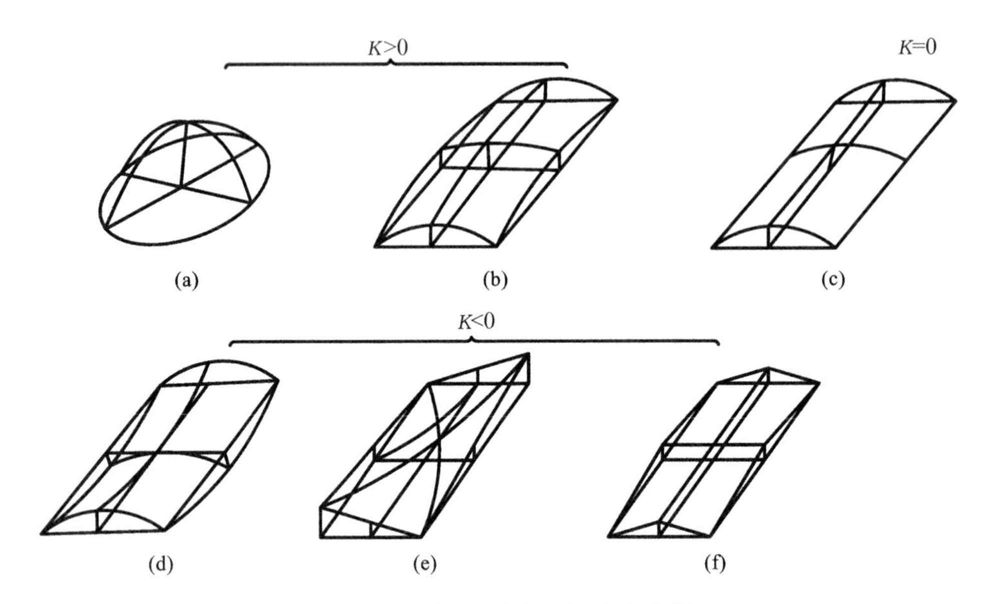

图 6-5 网壳结构按曲率半径、外形分类

(a) 球面网壳;(b) 双曲扁网壳;(c) 圆柱面网壳;(d) 双曲抛物面鞍形网壳;
(e) 双曲抛物面扭壳(单块);(f) 双曲抛物面扭壳(四块)

对于非抗震设计,在杆件及节点设计中,应采用荷载效应的基本组合,计算公式为

$$\gamma_G C_G G_k + \gamma_{Q1} C_{Q1} Q_{1k} + \sum_{i=2}^{n} \gamma_{Qi} C_{Qi} \Psi_{ci} Q_{ik} \tag{6-2}$$

式中 γ_G——永久荷载分项系数,当其效应对结构不利时取 1.2,当其效应对结构有利时取 1.0;

γ_{Q1},γ_{Qi}——第 1 个和第 i 个可变荷载的分项系数,一般情况下取 1.4;

G_k——永久荷载的标准值;

Q_{1k}——第 1 个可变荷载的标准值,该荷载的效应大于其他任意一个可变荷载的效应;

Q_{ik}——其他第 i 个可变荷载的标准值;

C_G,C_{Q1},C_{Qi}——永久荷载,第 1 个可变荷载和其他第 i 个可变荷载的荷载效应系数;

Ψ_{ci}——第 i 个可变荷载的组合值系数,在一般情况下,当有风荷载参与组合时,取 0.6;当没有风荷载参与组合时,取 1.0。

在验算挠度时,按荷载的短期效应组合计算,即

$$G_G G_k + C_{Q1} Q_{1k} + \sum_{i=2}^{n} C_{Qi} \Psi_{ci} Q_{ik} \tag{6-3}$$

(3) 内力计算

网壳结构的内力计算采用的是空间铰支杆单元非线性有限单元法。这里介绍一下网壳结构的内力计算的步骤。

① 确定网壳结构的内力的计算单元。

② 对计算单元的节点和杆件进行编号。

③ 建立各杆件的单元切线刚度矩阵。

④ 建立网壳总刚矩阵。

⑤ 输入荷载，建立整体平衡方程的右端项。

⑥ 根据边界条件，对整个平衡方程进行边界处理。

⑦ 求解非线性平衡方程。

⑧ 计算网壳各杆件内力。

(4) 网壳结构的稳定性

网壳结构的失稳可分为整体失稳和局部失稳两类。网壳结构的整体失稳往往是从局部失稳开始并逐渐形成的。

影响网壳结构稳定性的因素极其复杂，除与所用材料的力学特性如弹性模量、强度和结构的几何形体、组成、杆件的截面尺寸、支承条件以及荷载类型有关外，还与结构的初始缺陷和对网壳稳定性进行分析所采用的方法有关。

在进行网壳结构稳定性计算时，临界荷载及设计准则通常按下述方法进行：用非线性理论分析网壳结构稳定性时，一般都采用空间杆系非线性有限单元法，关键是临界荷载的确定。确定临界荷载最常用的方法就是取结构刚度矩阵$[\boldsymbol{K}]$的行列式的值等于零作为确定临界荷载的准则。

网壳结构是一种缺陷敏感结构，初始缺陷将明显降低网壳结构的临界荷载。试验和理论分析表明几何缺陷会使临界荷载降低30%～40%。由于初始缺陷除了几何缺陷外，还有其他多种类型，这些类型初始缺陷的影响虽不如几何缺陷显著，但也会使临界荷载降低，因此建议临界荷载的设计值$\{P\}_{cr}^{D}$取为

$$\{P\}_{cr}^{D}=(0.3\sim0.4)\{P\}_{cr} \tag{6-4}$$

另外，由于网壳结构的失稳有许多不确定的因素，失稳又会造成灾难性的破坏，而且发生得突然，因此在设计网壳结构时，应尽可能地做到使网壳结构最大受力杆件达到其承载力，荷载$\{P\}_{max}$要小于网壳结构的临界荷载设计值，即

$$\{P\}_{max}\leqslant\{P\}_{cr}^{D} \tag{6-5}$$

6.1.3 组合网架结构

组合网架结构是由钢和混凝土组成的空间网架结构。这种结构的下弦杆和腹杆仍采用钢材，上弦杆用钢筋混凝土平板代替，这样就形成了一种下部是钢结构，上部是钢筋混凝土结构的新型空间网架结构。组合网架具有下述特点。

① 组合网架与相同跨度的钢网架相比，组合网架的刚度更大，抗震性能更好。组合网架的上弦节点为刚接，这样，它的竖向刚度要增加40%左右。由于装配整体式的钢筋混凝土上弦板在自身平面内有很大的水平刚度，它与传统的网架上弦平面做法相比，水平刚度成倍地增加。因此，组合网架抵抗竖向和水平地震作用的能力都优于一般的网架。

② 组合网架可使结构的围护功能和承重功能合二为一。屋盖不仅作为围护结构，同时也参与结构承重，从而节省了材料。

③ 组合结构不需要另外设置上弦水平支撑。

④ 可以充分发挥混凝土与钢材的强度优势。由于网架结构的上部受压，下部受拉；混凝土的受压性能较好，钢材的受拉性能较好，这样就充分发挥了材料各自的特性。

⑤ 组合网架布置灵活，可适用于各种建筑平面。

⑥ 组合网架不仅可用于建筑屋盖,也可用于大柱网、大空间的楼面,例如,大型商场、停车场等。

组合网架虽具有很多优点,但是组合网架不宜用于大跨度结构。这主要是由于组合网架属于重屋盖体系,它与轻屋盖相比显然自重太大,随着跨度的增加不一定经济。

6.1.4 刚性结构体系的应用

1. 北京奥运会老山自行车馆

北京奥运会老山自行车馆(见图 6-6)位于北京石景山区老山街,屋盖采用双层球面网壳结构,覆盖直径达 149.536 m,矢高 14.69 m,矢跨比约为 1/10,表面积约为 18 240 m^2。网壳通过环形桁架支承于高为 10.35 m 的倾斜人字形钢柱上,环形桁架由四根环梁通过腹杆连接而成。柱顶支承跨度为 133.06 m,柱脚周边直径为126.40 m。钢结构总高度为 28.36 m,柱脚标高为 7.15 m。网壳厚度为 2.8 m,是跨度的 1/47.5。屋盖中部为阳光板,周边为金属铝板。钢结构总用钢量为 1860 t,合 102 kg/m^2,其中人字形钢柱及环梁约为 40 kg/m^2。该网壳是目前我国跨度最大的双层球面网壳结构之一。

图 6-6 老山自行车馆

2. 日本大阪世博会喜庆广场空间网架

该空间网架长 291.6 m,宽 108 m,支承在六个结构柱上。它距地面 30 m,是一个巨型半透明空间网架。它由 10.8 m×10.8 m 的上下偏置方形网格组成,高为7.637 m。该网架的横向柱距为 75.6 m,两边各悬臂 16.2 m;纵向柱距为 108 m,两边各悬臂 37.8 m。在网架的一个主跨上开了一个直径约为 54 m 的圆洞,一个象征太阳的塔穿过圆洞高高地耸立着,如图 6-7 所示。

图 6-7　日本大阪世博会喜庆广场空间网架

6.2　柔性结构体系

柔性结构体系的特点是大多数结构构件为柔性构件，如钢缆、钢索、薄膜等，结构的形体必须由体系内部的预应力形成。属于这类体系的结构有：悬索结构、膜结构和张拉整体结构等。

6.2.1　悬索结构

悬索结构是由一系列高强度钢索组成的一种结构。由不同的支承结构形式和钢索布置组成的悬索结构可以有多种形体，以适应各种平面形状和外形轮廓的要求。

1. 悬索材料简介

工程中常用的钢索一般采用较粗的线材制造。线材由直径小于 12 mm 的热轧钢棒冷拉而成。钢材的碳的质量分数通常在 0.5%～0.8%的范围内。钢棒材料加热到 950℃，然后在 550℃左右的熔炉内淬火，以达到易于拉伸至最终直径和形状的纹理结构。钢棒在被冷拉的同时，其截面缩小、长度增加、抗拉强度增加。

结构用索的重要参数：抗拉强度为 1.6～1.8 kN/mm^2，弹性模量在160 kN/mm^2左右，线膨胀系数为 3.9×10^{-6}。

2. 悬索结构的分类

悬索结构按组成方法和受力特点可分为单层悬索体系、预应力双层悬索体系、预应力鞍形索网、组合悬索结构等。

(1) 单层悬索体系

单层悬索体系是由一系列按一定规律布置的单根悬索组成的，悬索两端锚挂在稳固的支承结构上。在悬索结构中，单层悬索体系的构造和计算比较简单。

单层悬索体系有平行布置、辐射式布置和网状布置等。

平行布置的单层悬索体系形成下凹的单曲率曲面，适于矩形或多边形的建筑平面，可用于单跨建筑,也可用于两跨、两跨以上的建筑。由于悬索对两端支座有较大的水平力作用,因此合理可靠地解决水平力的传递成为悬索结构设计中的重要问题。图 6-8(a)~(e)所示的是各种不同悬索的支承体系,其中图(a)表示的支承结构是由水平梁与山墙顶部的压弯构件组成的闭合框架,水平梁在索的水平力作用下抗弯工作;顶在水平梁两端的压弯构件承受水平梁端的反力,索的水平力在闭合框架内自相平衡。水平梁往往因有较大的索水平力作用需要较大的截面;为此可利用建筑物下部的框架结构为水平梁提供一系列弹性支座,以减轻其负担,如图 6-8(b)所示。图 6-8(c)所示的是悬索直接锚挂在框架顶部,索的水平力由框架传至基础的情况。图 6-8(d)、(e)所示的是索的水平力由斜拉索拉向地锚进行平衡的情况。

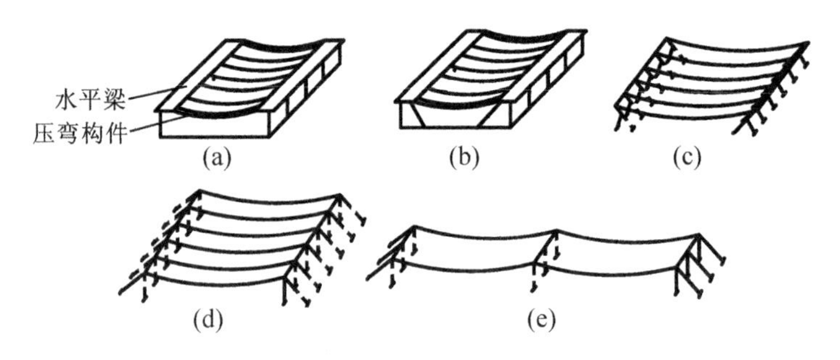

图 6-8 平行布置的单层悬索体系

单索辐射式布置形成下凹的双曲率蝶形屋面,适用于圆形、椭圆形平面(见图6-9(a))。显然下凹的屋面不便于排水。当房屋中央容许设支柱时,可利用支柱的升起为悬索提供中间支承,做成伞形屋面(见图(6-9(b))。辐射式布置的单层索系中,要在圆形平面的中心设置中心拉环;在外围设置受压外环。索的一端锚在中心环上,另一端锚在外环梁上。在索中拉力的水平分量作用下,内环受拉,外环受压;内环、悬索、外环形成自平衡体系。悬索拉力的竖向分力不大,由外环梁传到下部的支承柱。

网状布置的单层悬索网形成下凹的双曲率曲面,两个方向的索一般呈正交布置,可用于圆形(见图 6-10)、矩形等各种平面。网状布置的单层索系屋面板规格统一,但其边缘构件的弯矩大于辐射式布置。

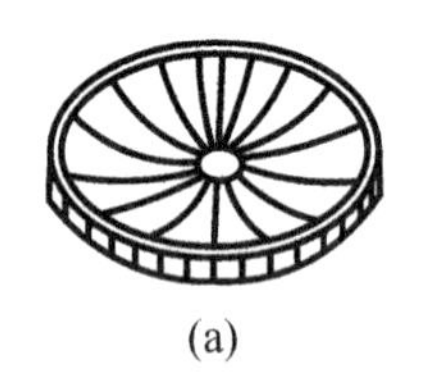

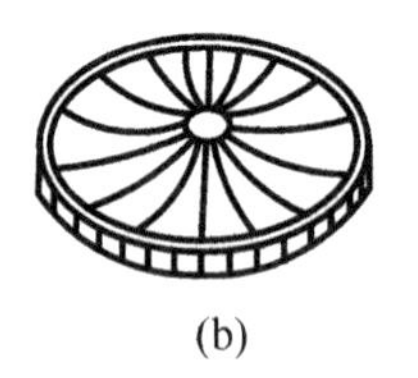

图 6-9 辐射式布置单层悬索体系

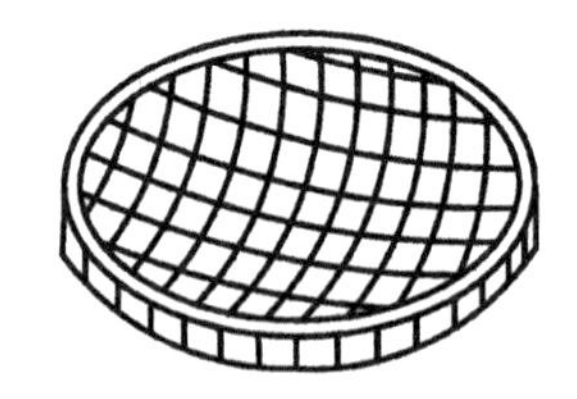

图 6-10 网状布置的单层悬索网

(2) 预应力双层悬索体系

双层悬索体系由一系列下凹的承重索和上凸的稳定索,以及它们之间的连系杆(拉杆或压杆)组成,图 6-11 所示的是双层悬索的几种一般形式。双层悬索体系中,设置稳定索不仅是为了抵抗风吸力的作用,而且由于设置了相反曲率的稳定索及相应的连系杆,可以对体系施加预应力。张拉承重索或稳定索,或对它们都进行张拉,均可使索系绷紧,在承重索和稳定索内保持足够的预拉力,以保证索系具有必要的形状稳定性。此外，由于存在预应力，稳定索能与承重索一起抵抗竖向荷载作用，从而整体刚度得到提高。可见采用预应力双层索系是解决悬索屋盖形状稳定性问题的一个有效途径。与单层索系相比，预应力双层索系具有良好的结构刚度和形状稳定性。双层索系的布置也有平行布置、辐射式布置和网状布置等三种形式。

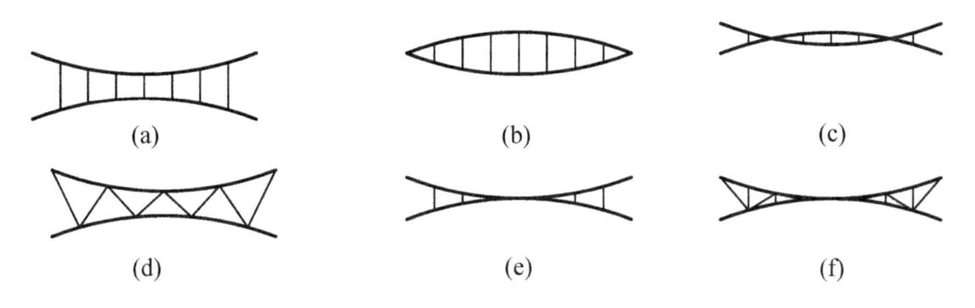

图 6-11　双层悬索的几种一般形式

（3）预应力鞍形索网

鞍形索网是由相互正交、曲率相反的两组索网直接叠交而形成的一种负高斯曲率的曲面悬索结构。两组索中，下凹的承重索在下，上凸的稳定索在上，两组索在交点处相互连接在一起，索网周边悬挂在强大的边缘构件上。如图 6-12 所示的是几种常见的鞍形索网形式。和双层索系一样，对鞍形索网也必须进行预张拉。由于两组索的曲率相反，因此可以对其中任意一组或同时对两组索进行张拉，在索网中建立起预应力。预应力加到足够大时，鞍形索网便具有很好的形状稳定性和刚度，在外加荷载作用下，承重索和稳定索共同工作，并在两组索系中始终保持张紧状态。鞍形索网与双层索系的基本工作原理相同。二者的区别在于双层索系属于平面结构体系，而鞍形索网属于空间结构体系。

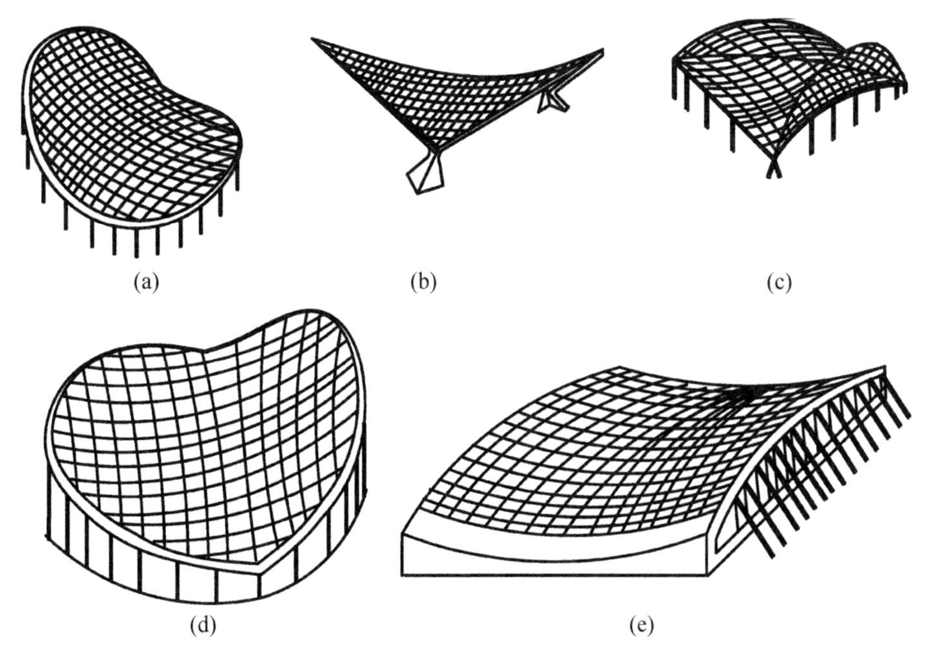

图 6-12　常见的鞍形索网形式

(4) 组合悬索结构

将两个或两个以上的悬索体系(索网、单层索网、双层索系等)和强大的中间支承结构组合在一起,就可形成形式各异的组合悬索结构。采用组合悬索结构,往往出于满足建筑功能和建筑造型的需要。例如,在体育建筑中通过设置中央支承结构,适当提高体育比赛场地上方的净空高度,两侧下垂的悬索屋面正好与看台升起坡度一致,这样所形成的内部空间体系最小,且利用中央支承结构还可以设置天窗,以满足室内采光的要求。这种体系的中央支承结构和两侧悬索体系的形式可有多种变化,因而组合悬索结构的建筑造型具有多姿多彩的形式。

中央支承结构负担很重,因此多采用刚度大、受力合理的拱、刚架、索拱体系等结构形式,个别也有采用由粗大的钢缆绳组成的钢索的。

3. 悬索结构的设计

悬索结构的设计主要包括两个方面:索网形状的确定和在荷载作用下的受力分析。

(1) 索网形状的确定

① 基本计算公式。

索网形状确定的方法有动力松弛法和力密度法。这里主要介绍动力松弛法。

动力松弛法是一种求解非线性平衡状态的数值方法,它可以从任意假定的不平衡状态开始迭代,最终得到平衡状态。该方法的最大特点是在迭代过程中无需形成刚度矩阵,这可以省去刚度矩阵形成和分解的时间。

动力松弛法的基本思想是逐步追踪,相对于一定的时间增量 Δt,结构从初状态开始运动,在此过程中结构的无阻尼运动被追踪,当体系的动能达到极大值时,所有的速度分量被设为零。运动过程从当前几何重心开始并将继续经历更多的极值点,直到结构的动能逐步减小并趋于零,此时体系到达静力平衡点。

动力松弛法的递推方程是基于牛顿第二定律建立的,它采用对时间点上虚拟动态过程的模拟来解决静力问题。首先建立几何曲面,假定结构的质量 M(虚拟质量)集中在节点上,外荷载 P 激发结构运动,引起节点振荡。节点振荡由于阻尼的存在将随着时间的增加而衰减,直到停止,此时可看做是结构处于静力平衡状态。在时刻 t,空间一点 d 在 x_i 方向的运动可直接由牛顿第二定律得到,即

$$F_{d_i}^{t}=M_{d}a_{d_i}^{t} \tag{6-6}$$

可将力表示为中心差分形式,即

$$F_{d1}^{t}=\frac{M_{d}(v_{d_1}^{t+\Delta t/2}-v^{t-\Delta t/2})}{\Delta t} \tag{6-7}$$

则节点速度的递推关系为

$$v_{d_i}^{t+\Delta t/2}=v_{d_i}^{t-\Delta t/2}\frac{F_{d_i}^{t}}{M_{d}}\Delta t \tag{6-8}$$

式中 $F_{d_i}^{t}$——t 时刻节点 d 在 x_i 的不平衡力;

M_d——节点质量;

Δt——时间增量;

v_{d_i}——节点 d 在 x_i 方向的运动速度。

为了保证数值计算的稳定性,时间增量的大小不应超过一定的极限值,为保证解收敛的条件,可

取时间增量和质量刚度比值的关系为

$$\Delta t \leqslant \sqrt{2\frac{M_{\mathrm{d}}}{S_{\mathrm{d}_i}}} \tag{6-9}$$

式中　S_{d_i}——节点 d 在 x_i 方向的刚度。

为简化计算，取 $\Delta t=1$，由式(6-9)知

$$M_{\mathrm{d}}=\frac{S_{\mathrm{d}_{\max}}}{2} \tag{6-10}$$

代入式(6-8)，得

$$v_{\mathrm{d}_i}^{t+\Delta t/2}=v_{\mathrm{d}_i}^{t-\Delta t/2}+\frac{F_{\mathrm{d}_i}^{t}}{S_{\mathrm{d}_{\max}}} \tag{6-11}$$

式中　$S_{\mathrm{d}_{\max}}$——节点 d 的最大可能刚度，用下式表示

$$S_{\mathrm{d}_{\max}}=\sum_{j=1}^{M_{\mathrm{d}}}\left(\alpha\frac{\overline{N}_j}{L_i}+\beta\frac{EA_j}{L_j}\right) \tag{6-12}$$

式中　α，β——系数，取决于所假定曲面的类型。

$t+\Delta t$ 时刻节点 d 的 x_i 坐标为

$$x_i^{t+\Delta t}=x_i^t+\Delta t\times v_{\mathrm{d}_i}^{t+\Delta t/2} \tag{6-13}$$

$t+\Delta t$ 时刻节点不平衡力为

$$F_{\mathrm{d}_i}^{t+\Delta t}=\sum_{j=1}^{M_{\mathrm{d}}}\frac{x_i-x_j}{L_j}\overline{N}_j \tag{6-14}$$

② 求解平衡曲面和最小曲面的迭代方法，计算步骤如下。

a. 假定满足几何边界条件的是初始几何边界条件。将节点速度、节点不平衡力以及结构动能设置为零。

b. 假定索段拉力 $\overline{N_j}=N_0$。

c. 将索段拉力 $\overline{N_j}$ 代入式(6-12)求节点最大刚度 $S_{\mathrm{d}_{\max}}$，代入式(6-14)求不平衡力 F^t。

d. 将 F^t、$S_{\mathrm{d}_{\max}}$ 代入式(6-11)可得到 $(t+\Delta t/2)$ 时刻的节点速度 $v_{\mathrm{d}_i}^{t+\Delta t/2}$，由式(6-13)可得到 $t+\Delta t$ 时刻节点几何位置。

e. 由式(6-10)求虚拟集中质量 M_{d}，根据 $(t+\Delta t/2)$ 时刻的节点速度 $v_{\mathrm{d}_i}^{t+\Delta t/2}$，求 $(t+\Delta t/2)$ 时刻的结构动能。

f. 判断节点不平衡力是否满足给定精度 ε，如果满足，求得索网的初始状态，退出迭代。

g. 记录结构动能 T，如果下一时刻的动能 $T^{t+\Delta t/2}$ 小于前一时刻的动能 $T^{t-\Delta t/2}$，则体系的动能在 $(t-\Delta t/2)$ 时刻达到极大值。将所有速度分量重新设置为零，从 $(t-\Delta t/2)$ 时刻起重复第 b～f 步的迭代计算。

(2) 悬索结构的受力分析

这里介绍单索计算理论。在单索计算理论中常采用下列假设：索是理想柔性的，既不能受压，也不能抗弯；索的材料符合胡克定律。

图 6-13(a)所示的是承受两个方向任意分布荷载 $q_z(x)$ 和 $q_x(x)$ 作用的一根悬索。

索的曲线形状可由方程 $z=z(x)$ 代表。由于索是理想柔性的，索的张力只能沿索的切线方向作

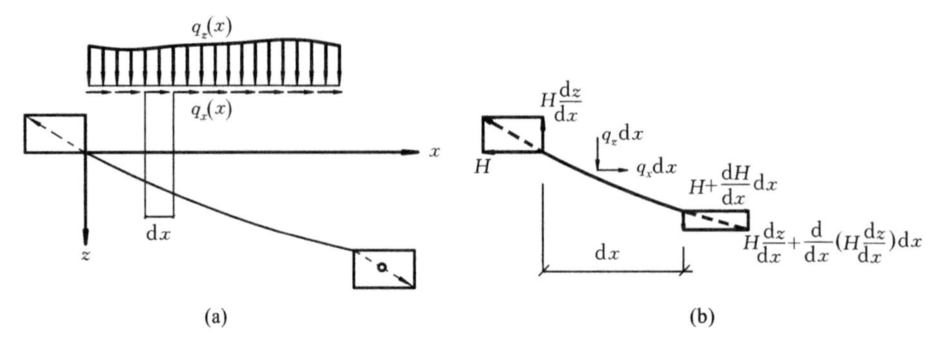

图 6-13 计算简图

用。设某点索张力的水平分量为 H,则它的竖向分量为 $V=H\tan\theta=H\frac{dz}{dx}$。由该索截出的水平投影长度为 dx 的任意微分单元及所作用的内力和外力如图 6-11(b)所示。根据微分单元的静力平衡条件可得单索问题的基本平衡微分方程。根据不同的悬索结构形式,可利用式(6-15)进行悬索结构的受力分析,即

$$\sum X=0,\quad \frac{dH}{dx}dx+q_x dx=0$$

$$\frac{dH}{dx}+q_x=0$$

$$\sum Z=0,\quad \frac{d}{dx}\left(H\frac{d}{dx}\right)dx+q_z dx=0 \tag{6-15}$$

$$\frac{d}{dx}\left(H\frac{dz}{dx}\right)+q_x=0$$

6.2.2 膜结构

膜结构具有自重轻、造型美观、富有时代气息、能源消耗少、施工速度快、经济效益明显、使用安全可靠,以及使用范围广等优点,膜结构主要应用于大型体育设施、娱乐中心、超级商场及酒店的中厅和过廊等。

1. 常用膜材

这里介绍几种热塑性化合物薄膜。建筑中用的热塑性薄膜主要有 ETFE、THV 和 PVC 薄膜。

(1) ETFE 薄膜

ETFE 薄膜虽已有 30 年的历史,但在最近这几年才引起了建筑师的广泛兴趣,并获得了巨大的成功和技术上的进步。ETFE 具有质量轻、透光率高等优点。因此在应用玻璃的地方都可以选择 ETFE,以获得更优异的效果和更自由丰富的造型。ETFE 常用于植物温室、体育场、游泳池等。

ETFE 薄膜的厚度为 0.05~0.25 mm,密度为 87.5~350 g/m^2;强度低,小于0.5 kN/m,约为同等厚度聚酯纤维织物膜的 1/6;适用于小于 6 m 的小跨度单元空间,也可通过双层或多层膜增大跨度到 15~20 m。ETFE 膜透光率达 95%,紫外线穿透率高;其化学惰性、自洁性与耐候性好,使用寿命达 25 年。

（2）THV薄膜

THV薄膜与ETFE薄膜具有相似的特性，透光率高、自洁、耐候、强度低、不适宜大跨，使用年限在20年以上。

（3）PVC薄膜

PVC薄膜强度低、延性好、抗紫外线、耐热性差，常用于室内环境。

2. 膜结构分类

膜结构是由多种高强薄膜材料及加强构件通过一定方式使其内部产生预张应力，以形成一种作为覆盖结构的空间形状，并能承受一定的外荷载作用的一种空间结构形式。膜结构按结构受力特性大致可分为充气式膜结构、张拉式膜结构、骨架式膜结构等几类。

图6-14　东京棒球馆（充气式膜结构）

（1）充气式膜结构

充气式膜结构（见图6-14）又可分为气承式膜结构和气肋式膜结构两种。

气承式膜结构是压力控制系统向建筑室内充气，使室内外保持一定的压力差，使覆盖膜体受到上浮力，并产生一定的预张力，以保持体系的刚度的一种结构。维持其稳定形态，抵抗外部荷载和作用。气承式膜结构利用气压差作为结构受力支承平衡体系，不需要任何梁柱支承构件，从而可获得更大的建筑空间，室内简洁美观、安装快捷，但持续运行及机器维护费用较高。膜外部造型必须为穹顶形式，相对单一。内外压力差，及外部作用引起内压变化对人的舒适感有一定的影响。世界上最早的充气膜结构是1946年由W. Bird建造的多普勒雷达穹顶。

气肋式膜结构是向单个膜构件内充气，使其保持足够的内压，多个膜构件进行组合可形成一定形状的一个整体受力体系结构，这种结构对膜材自身的气密性要求很高，或需不断地向膜构件内充气。

（2）张拉式膜结构

张拉式膜结构（见图6-15）是现代膜结构建筑的重要组成部分，膜面一般为负高斯曲面，体形丰富、自然流畅、曲面柔美，易形成独特的建筑形式，因而备受建筑师的青睐。这种结构体系受力分析复杂，对施工精度要求高，因此，其设计计算、加工制作及施工工艺难度都较大。既适合于中小型跨度的建筑，也适用于大跨度体育场、游泳场等大型公共设施的看台挑篷结构中。

（3）骨架式膜结构

骨架式膜结构（见图6-16）是自身封闭的、稳定的骨架体系（一般是钢桁架体系、网架结构、索结构等）与膜材料共同组成一个受力体系结构，适用于体育设施或公共设施。

3. 膜结构的设计要求

膜结构设计主要包括四个阶段：建筑方案设计、找形优化分析、荷载分析和剪裁分析。其中找形分析是基础，荷载分析是关键，剪裁分析是目标和归宿。

（1）建筑方案设计

一般由建筑师根据功能要求、环境条件等初步确定建筑的平面形状、空间形式及三维造型、净空等，并基本确定各控制点的坐标。综合考虑经济和施工工艺等技术条件，与膜结构工程师、业主及技术人员等一起确定经济合理的初步设计方案。

图 6-15 日本白龙穹顶(张拉式膜结构)

图 6-16 上海八百万人体育场(骨架式膜结构)

(2) 找形优化分析

对于膜结构而言,在没有施加预应力之前,是没有结构刚度的,也就是说,膜结构在任何时候都不存在无应力状态。由于膜材料本身没有抗弯刚度,其曲面形状与预应力值的大小和分布是一一对应的,因此在控制点坐标确定后,给定一合理的预应力值及其分布,才能确定合适的膜曲面形状。预应力值的大小与分布需根据多方面的条件进行反复调整后才能综合确定,这个过程叫做找形分析。此过程与方案设计过程往往密不可分,需反复调整才能既满足建筑形状的要求,又保证结构的经济合理及安全可靠。

找形分析的方法目前主要是计算机模拟技术,有力密度法、动力松弛法、小模型几何非线性分析方法等。

(3) 荷载分析

膜结构的控制荷载通常是风荷载和雪荷载。在荷载作用下膜结构的变形较大,因此精确计算结构的变形和应力分布要用几何非线性的方法进行。根据不同工况下计算出的索、膜、梁、杆等结构构件中的内力分布的最不利情况,来选定索、膜等材料的型号及尺寸,确定详细的节点做法及构造措施等。因此,经济安全的索膜建筑必须进行仔细的内力分析后才能完成。

(4) 剪裁分析

剪裁分析就是在预应力状态下的曲面形体上寻求合理的剪裁位置及其分布,然后按照一定的方法将三维曲面展开为二维平面的方法。通常按照膜材料幅宽进行剪裁,同时兼顾到膜曲面曲率变化情况。由于膜材料的剪裁下料通常是在无应力状态下进行的,如何在预应力的形体上进行无应力状态下的剪裁分析,在实际工程中还必须考虑以下几点。

① 膜面具有准确的边界和支承条件。必须保证索边界的工作点不变,对于其他硬性边界,由于构件本身存在一定的空间尺度,可根据实际情况改变膜的工作点或保持膜的工作点不变,变换连接构件的做法,但后者相对困难。另外,边角处膜的剪裁应严格按照实际结构构造尺寸来进行剪裁。

② 合理膜面位置。确定膜的经纬向布置及膜片之间现场拼接缝的位置。膜的经纬向布置会影响观瞻、膜材的利用率、制作的工作量等,还需与计算模型相吻合。现场拼接缝处理不当容易漏雨,所以一般将脊处作为现场拼接缝比较合适。

③ 合理预张力。预张力最好与初始成型分析设定的预张力保持一致。

④ 大型边缘索、连接配件、膜面自重对膜面形状的影响。

另外,在膜结构节点设计时,要充分考虑施工的可行性,以便索膜中预应力的施加和控制。膜的剪裁要充分利用膜材料的幅宽,即在考虑了预应力伸缩补偿、边界做法等因素后,裁出的膜片要尽量接近膜材的幅宽，以提高膜材的利用率。

4. 膜结构的分析方法

现在应用于膜结构的分析方法主要有力密度法、动力松弛法和非线性有限单元法等。这里主要对几何非线性有限元原理的基本概念作一介绍。

膜结构的计算原理属于大位移原理，因此一般要用几何非线性有限元法进行求解，几何非线性有限元法归根到底是要求解一组非线性方程组。可根据能量守恒原理或虚功原理等建立这样的有限元方程。根据虚功原理有

$$\int_{V}(S_{ij}+\Delta S_{ij})\delta\Delta E_{ij}\,dV=\int_{V}(F_i+\Delta F_i)\delta\Delta u_i\,dV+\int_{S}(T_i+\Delta T_i)\delta\Delta u_i\,ds \tag{6-16}$$

记为

$$R(t+\Delta t)=\int_{V}(F_i+\Delta F_i)\delta\Delta u_i\,dV+\int_{S}(T_i+\Delta T_i)\delta\Delta u_i\,ds \tag{6-17}$$

式中 S_{ij}，F_i，T_i——在 t 时刻的克希荷夫应力、单位体积内力的体力和单位表面积的面力；

ΔS_{ij}，ΔF_i，ΔT_i——从时刻 t 到 $t+\Delta t$ 的克希荷夫应力增量、单位体积内力的体力增量和单位表面积的面力的增量；

ΔE_{ij}，Δu_i——从时刻 t 到 $t+\Delta t$ 的格林应变和位移的增量。

$$\Delta E_{ij}=E_{ij}^{t+\Delta t}-E_{ij}^{t} \tag{6-18}$$

根据格林应变的定义，可分解为线性和非线性部分，即

$$\Delta E_{ij}=\Delta E_{ij}^{L_0}+\Delta E_{ij}^{L_1}+\Delta E_{ij}^{NL} \tag{6-19}$$

式中

$$\Delta E_{ij}^{L_0}=\frac{1}{2}\left(\frac{\partial\Delta u_i}{\partial X_i}+\frac{\partial\Delta u_j}{\partial X_i}\right)$$

$$\Delta E_{ij}^{L_1}=\frac{1}{2}\left(\frac{\partial\Delta u_k}{\partial X_i}\frac{\partial\Delta u_k}{\partial X_j}+\frac{\partial\Delta u_k}{\partial X_i}\frac{\partial\Delta u_k}{\partial X_i}\right)$$

$$\Delta E_{ij}^{NL}=\frac{1}{2}\frac{\partial\Delta u_k}{\partial X_i}\frac{\partial\Delta u_k}{\partial X_j}$$

对于膜结构而言，在正常使用过程中，膜中的应力远小于膜材料的极限抗拉强度，因此可以不考虑材料非线性的影响，即克希荷夫应力增量与格林应变增量呈线性关系，即

$$\Delta S_{ij}=D_{ijkl}\Delta E_{kl} \tag{6-20}$$

把式(6-19)和式(6-20)代入式(6-16)，并把涉及非线性应变增量的部分略去不计，式(6-16)可改写为

$$\int_{V}D_{ijl}\Delta E_{kl}^{L}\delta\Delta E_{ij}^{L}\,dV+\int_{V}\delta\Delta E_{ij}^{NL}\,dV=R(t+\Delta t)-\int_{V}S_{ij}\delta\Delta E_{ij}^{L}\,dV \tag{6-21}$$

根据单元的几何矩阵 $\boldsymbol{B}$，式(6-21)最终可写成如下形式

$$\boldsymbol{K}^{e}\Delta\boldsymbol{u}^{e}=\Delta\boldsymbol{R}(t+\Delta t)^{e} \tag{6-22}$$

把每个单元的单元刚度矩阵组装后，便可得到总体结构的非线性有限元方程组，并可解出各节点位移增量 Δu，于是任意时刻的节点位移为

$$u(t+\Delta t)=u(t)+\Delta u \tag{6-23}$$

6.2.3 柔性结构体系的应用

芜湖体育场(见图 6-17)采用的是张拉整体索膜结构体系。芜湖体育场平面由 3 个半径不等的

圆弧组成,长轴约为253 m,短轴约为228 m。罩篷周圈是由40个大小、高低均匀变化的锥形膜单元组成的脊谷式张拉膜结构。整个形状呈错落有致的马鞍形,主看台上弧梁最高点标高为67.2 m、内环索最高点标高为39.7 m、悬挑最大跨度约为57 m,次看台上弧梁最高点标高为44.2 m、内环索最高点标高为25.3 m、悬挑最大跨度约为39 m。膜覆盖投影面积约为20 800 m^2。

图6-17 芜湖体育场

整个篷盖是由钢结构支撑系统、钢索、膜共同组成的一个典型索膜张拉体系。每个索膜结构单元由一个吊点支撑于上拱梁上,通过谷索、脊索、内外边索的张拉作用形成。上拉索主要承受活荷载和提供为保证内环索形状和高度所需的预拉应力,罩篷内圈由钢索束形成受拉内环,并承受主要的风荷载,钢结构上环梁、斜腹杆共同组成受压外环。这种内环受拉外环受压的空间体系,有着良好的自平衡性及整体稳定性。计算分析表明,该体系具有良好的整体刚度及整体稳定性,受力合理,能够很好地满足位移、排水等建筑功能的要求。

内环索为封闭的不规则马鞍形空间曲线,且沿长轴方向呈不对称布置,形状的控制完全依靠其内部预应力的不均匀分布。环索中预应力大且分布不均匀,为结构设计、节点构造及施工安装带来了很大的不便,是本工程中的难点。本工程已于2003年2月完工。

6.3 杂交结构体系

杂交结构是将不同类型的结构进行组合而得到一种新的结构体系,它能进一步发挥不同类型结构的优点,可以更经济、更合理地跨越大空间。杂交结构可以是刚性结构体系间的组合,如组合网架、组合网壳等;柔性结构体系间的组合,如索膜结构,以及柔性结构体系与刚性结构体系的组合,如拉索与梁、桁架、刚架、网架、网壳等组合成的斜拉结构,拱、刚架等支承的悬索结构等。

工程中常见的杂交结构体系有以下几种。

6.3.1 预应力网架(壳)

通常在网架下弦的下方、双层网壳的周边设置裸露的预应力索,以改善结构的内力分布,降低内力峰值,提高结构刚度,可节省用钢量。1994年建成的六边形平面对角线长93.6 m的清远体育馆(见图6-18)采用六块组合型双层扭网壳,在相邻六支座处采用了六道预应力索。1995年建成的缺角八边形 74.8 m×74.8 m 的攀枝花体育馆(见图 6-19),采用双层球面网壳,在相邻八支座处设置八榀平面桁架,其下弦选用了预应力索。采用预应力网架(壳)可比非预应力网架(壳)节省钢材用量约 25%。

图 6-18 清远体育馆

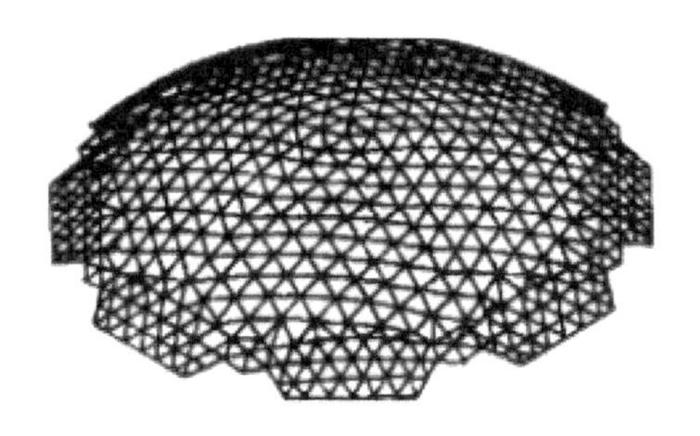

图 6-19 攀枝花体育馆

6.3.2 斜拉网架(壳)

在网架、双层网壳的上弦之上,设置多道斜拉索,相当于在结构顶部增加支点,减小结构的跨度,提高刚度。而且斜拉索尚可施加预应力,改善结构内力分布,节省钢材耗量。20 世纪八九十年代,斜拉网架(壳)在我国已开始获得推广应用,代表性的工程有:1993 年建成的新加坡港务局仓库(见图 6-20)采用 4 幢 120 m×96 m 六塔柱、2 幢 96 m×70 m 四塔柱斜拉网架。1995 年建成的山西省太旧高速公路旧关收费站(见图 6-21)采用 14 m×65 m 独塔式斜拉双层网壳。2000 年建成的杭州市黄龙体育馆中心体育馆(见图 6-22),采用月牙形 50 m×244 m 双塔柱斜拉双层网壳。

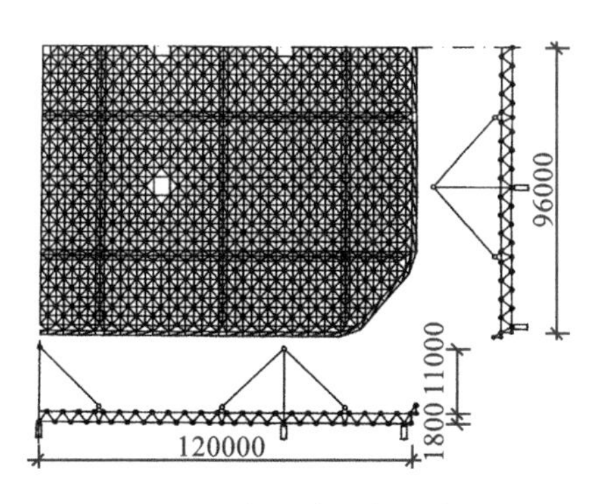

图 6-20 新加坡港务局仓库

图 6-21 山西太旧高速公路旧关收费站

6.3.3 张弦立体桁架

以立体桁架替代张弦梁的上弦梁便构成张弦立体桁架。2002 年建成的广州国际会展中心(见图 6-23),便采用了跨度为 126.6 m 的张弦立体桁架。2008 年建成的奥运会国家体育馆采用 114 m×144 m 双向正交的张弦桁架(平面桁架)结构(见图 6-24)。

图 6-22 杭州市黄龙体育馆中心体育馆

图 6-23 广州国际会展中心

图 6-24 奥运会国家体育馆

图 6-25 上海浦东国际机场航站楼

6.3.4 张弦梁结构

张弦梁结构早年从日本引进,后在我国推广应用且发展甚快。我国采用大跨度的张弦梁要首推上海浦东国际机场航站楼(见图 6-25),有四跨,其中最大跨度是 82.6 m 的办票大厅,纵向间距为 9 m。由于张弦梁本身是一种自平衡的平面结构体系,除竖向反力外,可做到不对支座产生水平推力,从而可减轻下部支承结构负担。但应关注的是张弦梁平面外的稳定性问题,须采用侧向支撑体系或其他措施予以保证。

6.3.5 弦支网壳

弦支网壳通常是由上层单层网壳、下层若干圈环索、斜索通过竖杆连接构成,是一种自平衡的空间结构体系。弦支网壳具有单层网壳和索穹顶两种结构体系的优点。日本最早在 1993 年建成跨度为 35 m 的弦支光球穹顶,此后在 1997 年又建成聚会穹顶。我国早期的弦支网壳要首推 2001 年建成的跨度为 35.4 m 的天津港保税区商务中心大堂(见图 6-26)。其建筑平面不仅有圆形的,而且有椭圆形的、多边形的、矩形的,如 2009 年建成的跨度为 122.2 m 的全运会济南体育馆(见图 6-27)。

6.3.6 张弦气肋梁

张弦气肋梁是张弦梁结构中的竖杆用充气肋来替代而构成的空间结构体系。2004 年在法国南

图6-26　天津港保税区商务中心大堂

图6-27　全运会济南体育馆

部城市蒙特皮肋尔召开的IASS国际空间结构学术大会上首次对张弦气肋梁有所报导。2007年已建成张弦气肋梁结构试点工程，应用于瑞士蒙特立克斯车站汽车库(见图6-28)。在法国的某一桥梁工程，也采用了这种张弦气肋梁结构(见图6-29)。由于张弦气肋梁是一种全新的空间结构体系，在我国尚无工程实例，其结构理论、分析方法、构造措施和应用前景是值得进一步研究和探讨的。

图6-28　瑞士蒙特立克斯车站汽车库

图6-29　法国张弦气肋桥梁

6.3.7　索桁结构

将双层索(向下凹的称为承重索，向上凸的称为稳定索)布置成多种形式，索间设置受压撑杆(受拉时一般设置拉索)，当承重索(或稳定索)施加预应力后，便可构成自平衡的有预应力的索桁结构。为改善索桁结构平面外的刚度，承重索和稳定索可错位(半格)设置，1986年建成59 m跨度的吉林冰上运动中心滑冰馆(见图6-30)，采用了上下索错位布置的索桁结构。除矩形平面外，索桁结构还可推广应用于环形平面大型体育场建筑。世界著名的有：1998年英联邦运动会兴建的吉隆坡室外体育场，225.6 m×286 m椭圆平面，雨篷宽66.5 m；2002年世界杯兴建的韩国釜山体育场(见图6-31)，152 m×180 m椭圆平面，环形索桁结构支承在48根“λ”形混凝土柱上，形成直径为228 m的环形屋盖。我国在广东省佛山市也已建成支承在周围环形桁架上的世纪莲体育场(见图6-32)。

6.3.8　拉索网架

将一般网架的上下弦改用柔性拉索，受拉的斜腹杆也改用柔性拉索，只是受压的竖腹杆仍用劲性型钢，此时便构成所谓拉索网架。要使这种拉索网架成形、承载，必须先在上下弦索施加适当的预应

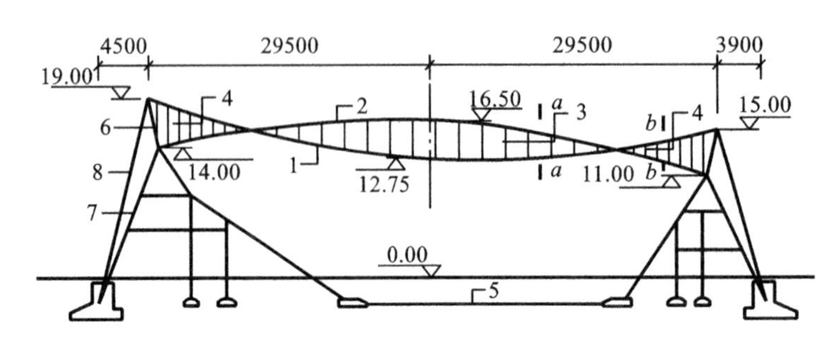

图 6-30 吉林冰上运动中心滑冰馆

图 6-31 韩国釜山体育场

图 6-32 世纪莲体育场

力。深圳市民中心采光顶在我国成功地首次采用平面尺寸为 36 m×45 m 的拉索网架。

6.3.9 索穹顶结构

索穹顶结构是美国工程师 Geiger 根据 Fuller 的张拉整体结构思想开发的一种新型预张力结构。它由径向脊索、斜索、环索、竖杆组成,并支承于周边受压环梁上。各构件位置如图 6-33 所示。该结构设计上最明显的一个特点就是:随着跨度的增加,结构的重量增加不明显。最具有代表性的例子是 1996 年美国亚特兰大奥运会主场馆的乔治亚穹顶,跨度超过 200 m,用钢量却不足 30 kg/m²。

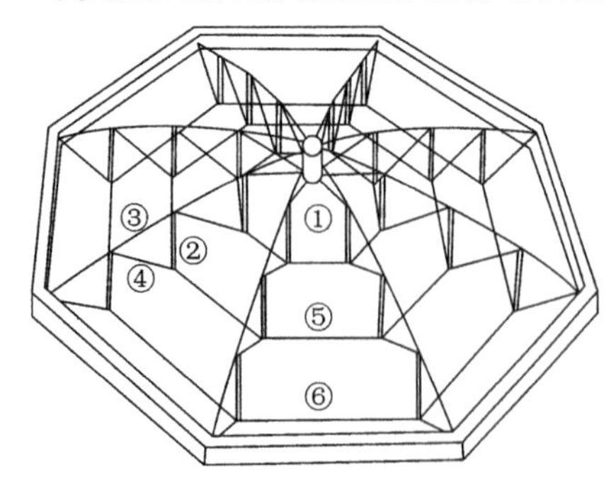

图 6-33 索穹顶结构构件布置图

①内拉环;②竖杆;③径向脊索;④斜索;⑤环索;⑥环梁

汉城奥林匹克体操馆(见图 6-34)和击剑馆是世界上第一个索穹顶结构建筑,是 1988 年汉城奥运会的主要比赛场馆,两者形状均为圆形,都由 16 榀辐射状索桁架组成。其中体操馆直径为 120 m,是个多功能的体育馆,能容纳 15 000 个观众,膜材覆盖面积为 1.131 万 m²。击剑馆直径为 93 m,膜材覆盖面积为 6 793 m²。这种结构以其新颖的结构造型、巧妙的构思、较轻的自重和快速的施工而广泛应用于工程中。随后在 1988 年和 1989 年,Geiger Associates 公司在美国又分别建成了伊利诺依州立大学的红鸟体育馆(见图 6-35)和佛罗里达州的太阳海岸穹顶(见图 6-36)。美国伊利诺依州立大学的红鸟竞技场是美国本土第一个索穹顶结构体育馆，也是世界上第一个非圆形顶的索穹顶结构体育馆。体育馆的屋顶使用半透明和保温的特氟隆材料，伞状的折顶形式通过 24 个飞杆将脊索撑起而形成峰顶，拉直的谷索形成峰谷，除了脊索使用了普通钢索外，屋顶结构的其余索部件都采用 7 根一束的预应力钢索。外斜索与主环索及飞杆间的连接件均为钢铸件。该体育馆呈椭圆形，其长轴为 91 m，短轴为 77 m。太阳海岸穹顶位于美国佛罗里达州的圣彼得堡市，是继汉城奥林匹克体操馆和击剑馆后的又一个圆形顶的索穹顶结构建筑，直径达 210 m。针对 Geiger 设计的肋环形索穹顶结构中存在索网平面内刚度不足、易失稳的特点，美国工程师 Levy 和 Jing 对 geiger 设计的肋环型穹顶进行了改造，开发了葵花型索穹顶，并应用在 1996 年亚特兰大奥运会主赛馆的屋盖结构——乔治亚穹顶（见图 6-37）中。随后还建造了许多索穹顶结构，如 1993 年建成的台湾桃园体育馆（见图 6-38），跨度为 120 m，2000 年建成的阿根廷双蜂 La Plata 体育馆，圆心间距为 48 m 的两圆，各圆直径为 85 m，日本的天城穹顶（$D=54$ m）等。索穹顶结构近几年来在国内也得到工程应用，如鄂尔多斯市伊金霍洛旗体育馆（见图 6-39），直径为 71.2 m，是国内至今为止跨度最大的索穹顶结构。

图 6-34　汉城奥林匹克体操馆

图 6-35　红鸟体育馆

图 6-36　太阳海岸穹顶

图 6-37　乔治亚穹顶

图 6-38　台湾桃园体育馆

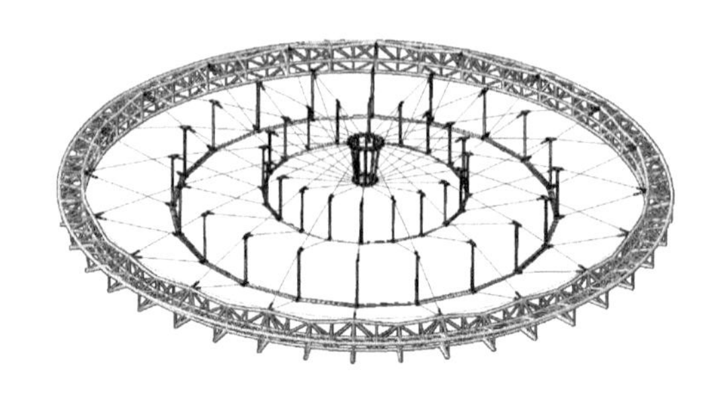

图 6-39　鄂尔多斯市伊金霍洛旗体育馆

【思考题】

6-1　根据网架结构的组成可将网架结构分为几类?

6-2　网架结构设计时应注意哪些事项?

6-3　为什么说在网壳结构设计中稳定问题尤为重要?

6-4　网壳结构设计时应注意哪些事项?

6-5　组合网架结构有哪些优缺点?

6-6　刚性结构与柔性结构设计的主要不同点是什么?

6-7　悬索结构对索材料有何要求?

6-8　悬索结构按组成方法和受力特点可分为几类?

6-9　什么是动力松弛法?

6-10　膜材的分类及其应用范围如何?

6-11　膜结构设计包括哪几个阶段?

6-12　如何用几何非线性有限元原理进行膜结构分析?

6-13　什么是杂交结构体系?

第7章　多层钢结构设计

【本章要点】 了解多层钢结构类型；掌握多层钢结构布置的主要原则；熟练掌握多层钢结构设计的各个环节：作用效应和组合、内力分析、梁和柱及支撑的计算、连接计算等；掌握钢与混凝土组合板和组合梁的设计。

多层和高层钢结构之间并没有严格的界线。一般根据房屋建筑的荷载特点及受力变形性能，尤其是对地震作用的反应，将不超过十二层或高度不超过 40 m 的钢结构划分为多层钢结构房屋。可用于工业建筑，如厂房、仓库等；商业建筑，如商场、会展中心等；公共建筑，如办公楼、学校、医院等。值得一提的是，近年来，一、二层钢结构别墅和多层钢结构住宅在我国一些城市的开发和建造，使得多层钢结构体系进一步扩大了其应用领域。

7.1　多层钢结构类型

多层钢结构除承受由重力引起的竖向荷载外，更主要的是承受由风或地震引起的水平荷载，因此通常根据多层钢结构的抗侧力体系的不同，将其划分为纯框架体系和框架-支撑体系两大类。下面分别介绍这两种结构体系的组成特点。

7.1.1　纯框架结构体系

纯框架体系一般是由同一平面内的水平横梁和竖直柱以刚性或半刚性节点连接在一起的连续矩形网格组成。按框架在结构中所处的位置，框架可分为双向框架(见图 7-1(a))、单向框架(见图 7-1(b))和外围框架(见图 7-1(c))等。

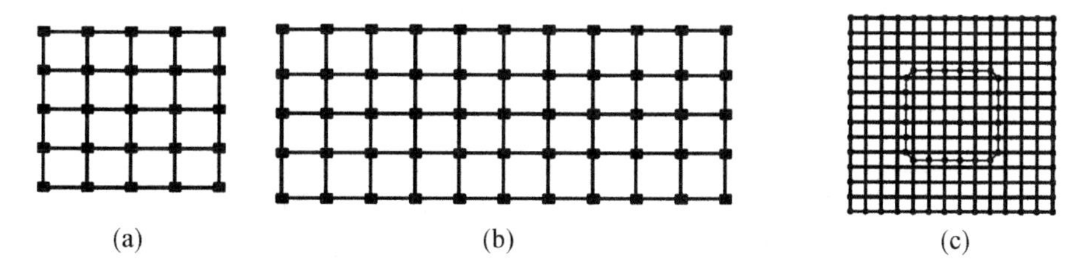

图 7-1　纯框架体系类型

(a)双向框架；(b)单向框架；(c)外围框架

在框架结构中，柱的位置、排列和柱距，即柱网布置，在整个结构设计中往往起决定作用。框架结构中确定柱网的尺寸时，主要考虑使用要求、建筑平面形状、楼盖形式、经济性等因素。

当柱网确定后，梁格即可自然地按柱网分格来布置，框架主梁应按框架方向布置于框架柱间，与柱刚接或半刚接。一般还需在主梁间按楼板或受载要求设置次梁，其间距可为 3～4 m。当为双向框架时,主梁亦相应地沿双向布置,若需同时双向设置次梁,则可将一个方向的次梁断开。常用梁格布置如图 7-2 所示。

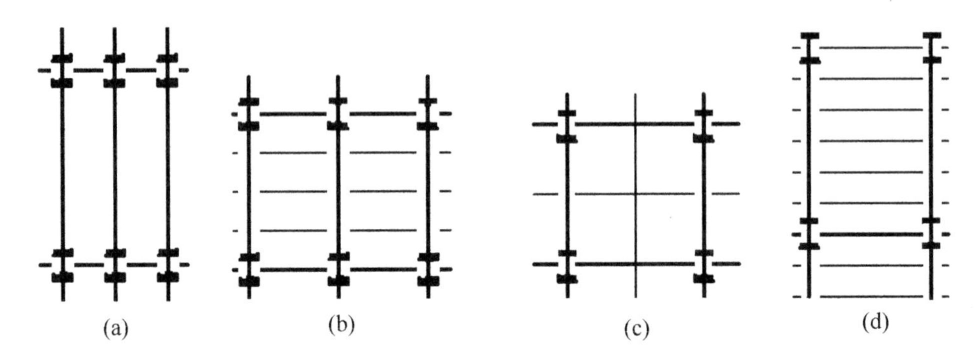

图 7-2 梁格布置

(a)无次梁梁格;(b)有次梁梁格;(c)双向布置梁格;(d)密次梁梁格

可见,纯框架体系的特点是平面布置灵活,可形成较大空间,且结构各部分刚度比较均匀,构造简单,易于施工。

7.1.2 框架-支撑结构体系

当纯框架体系在风或地震作用等水平作用下的侧移不符合要求时,或结构梁柱截面过大,结构失去了经济合理性,可考虑在框架中沿竖向设置支撑,形成带支撑的框架体系,称为框架-支撑体系。支撑杆件与框架梁、柱铰接形成抗剪桁架结构,在整个体系中起着类似剪力墙的作用,可承担大部分水平侧力。

支撑桁架应沿房屋的两个方向布置,以抵抗两个方向的侧向力。由于支撑占据空间的影响,在设置内部支撑时,应尽量将其与永久性墙体相结合。支撑在平面上一般布置在核心区周围;在矩形平面建筑中则布置在结构的短边框架平面内。

从竖向布置来看,支撑一般沿同一竖向柱距内连续布置(见图 7-3(a)),对抗震建筑能较好地满足关于层间刚度变化均匀的要求。当受到建筑立面布置条件的限制时,在非抗震设计中,亦可在各层间交错布置支撑(见图 7-3(b)),此时,要求每层楼盖应有足够的刚度。

根据支撑杆件在框架梁、柱间布置的形式不同,分为中心支撑和偏心支撑两种。

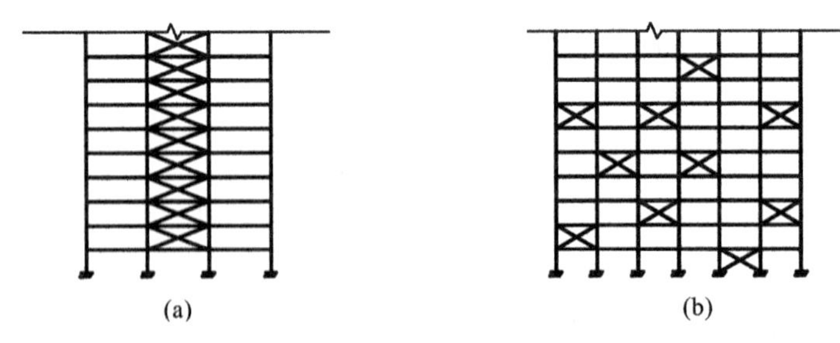

图 7-3 竖向支撑的立面布置

(a)支撑连续布置;(b)支撑交错布置

1. 中心支撑

中心支撑系指在支撑桁架节点上，支撑及梁柱杆件的中心线都汇交于一点。其主要形式有十字交叉斜杆、单斜杆、人字形斜杆、V形斜杆、K形斜杆等，如图7-4所示。其中十字交叉斜杆和单斜杆支撑，当柱压缩变形时会引起次应力，而人字形斜杆支撑基本无次应力产生。

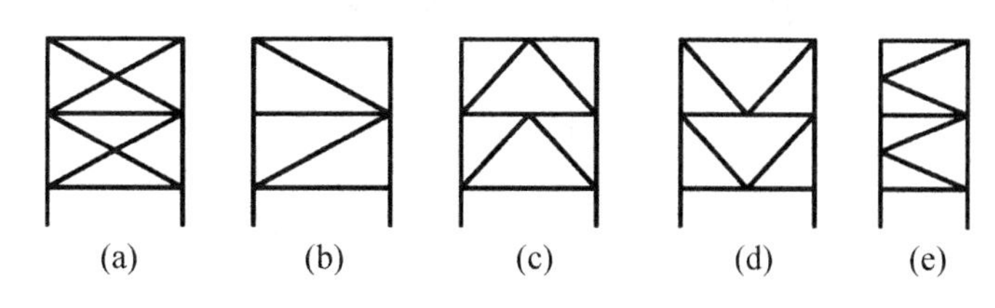

图7-4　中心支撑的形式

(a)十字交叉斜杆；(b)单斜杆；(c)人字形斜杆；(d)V形斜杆；(e)K形斜杆

2. 偏心支撑

中心支撑刚度较大，但支撑受压会屈曲，支撑屈曲将导致原结构的承载力降低，能量耗散性能减弱。纯框架虽然具有优良的耗能性能，但是它的刚度又较小。为了同时满足抗震对结构刚度、强度和耗能的要求，提出了一种兼有中心支撑框架强度、刚度大和纯框架耗能性能好的结构——偏心支撑框架，如图7-5所示。

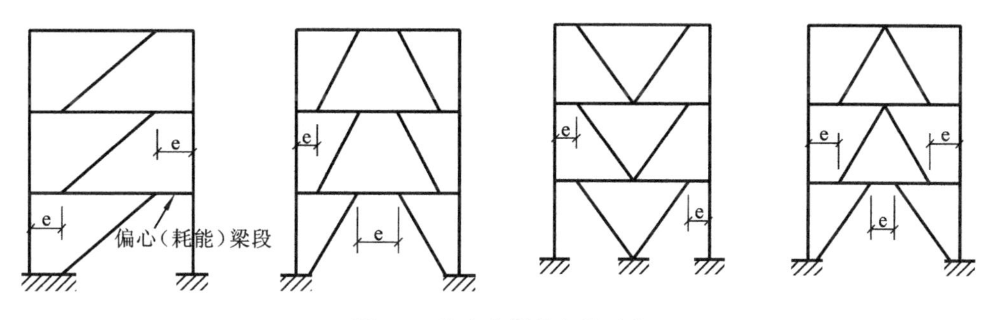

图7-5　偏心支撑的布置形式

偏心支撑框架是通过偏心梁段（又称耗能梁段）剪切屈服限制支撑受压屈服，从而保证结构具有稳定的承载能力和良好的耗能性能，而结构抗侧力刚度大小介于纯框架和中心支撑框架之间。因此偏心支撑框架更适用于高烈度地震区，在轻微和中等侧向力的作用下，可以具有很大的刚度，而在强烈地震时又具有很好的耗能能力。另外，从使用上看，其更易解决门窗及管道设置问题。

7.2　多层钢结构布置的主要原则

多层钢结构在进行结构布置时应遵循以下主要原则。

1. 结构平面布置

① 建筑平面宜简单规则（见图7-6），建筑的开间、进深宜统一。因为简单规则的建筑平面有利于结构的抗风与抗震。

② 为避免地震作用下发生强烈的扭转振动或水平地震力在建筑平面上的不均匀分布，建筑平面的尺寸关系应符合表7-1和图7-7的要求。

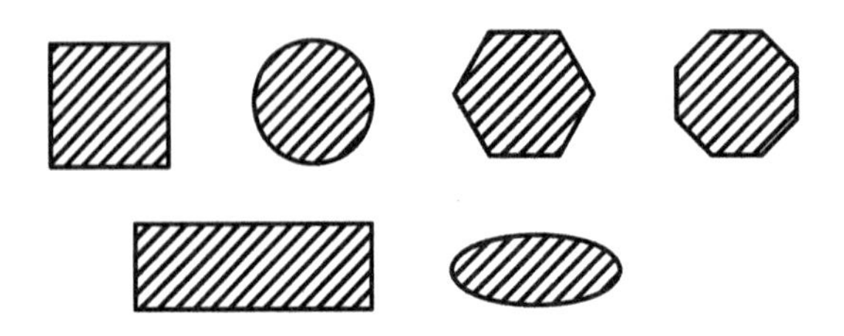

图 7-6 简单规则的建筑平面

表 7-1 L, l, l', B' 的限值

L/B	L/B_{max}	l/b	l'/B_{max}	B'/B_{max}
≤5	≤4	≤1.5	≥1	≤0.5

注:表中 L, l, l', B' 的尺寸含义见图 7-7。

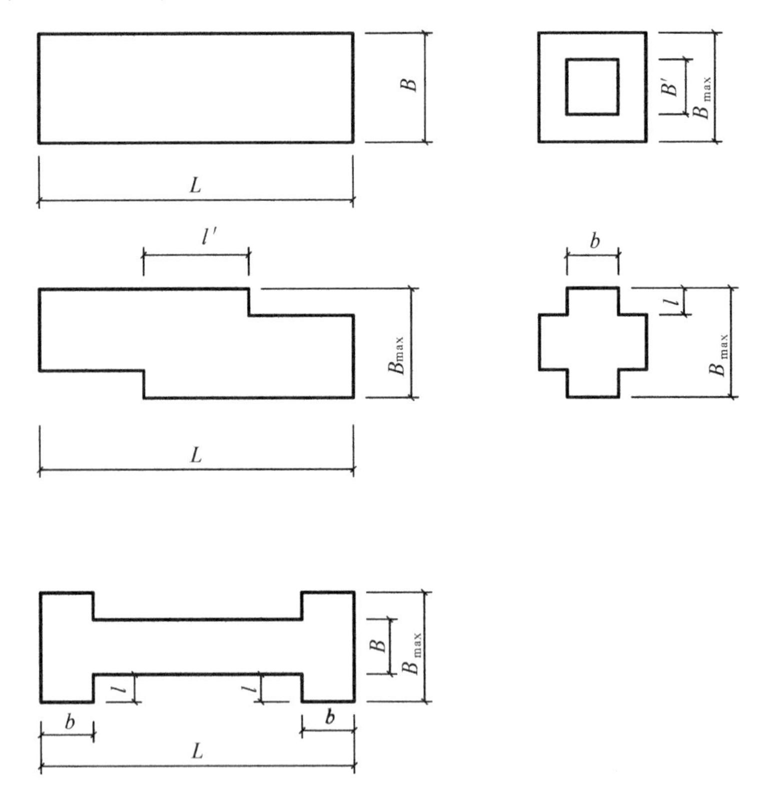

图 7-7 表 7-1 中的尺寸

③ 为减小结构的扭转导致的结构效率的降低,应使结构各层的抗侧力刚度中心与水平作用力合力中心尽量重合,同时各层接近在同一竖向直线上。

④ 结构平面应尽量避免表 7-2 所列的不规则布置。对符合表 7-2 中任一类型的平面不规则结构,在结构分析计算时,应符合特殊要求。

表 7-2　平面不规则结构的类型

不规则类型	定　　义
扭转不规则	楼层的最大弹性水平位移(或层间位移),大于该楼层两端弹性水平位移(或层间位移)平均值的 1.2 倍
凹凸不规则	结构平面凹进一侧的尺寸,大于相应投影方向总尺寸的 30%
楼板局部不连续	楼板的尺寸和平面刚度急剧变化,例如,有效楼板宽度小于该层楼板典型宽度的 50%,或开洞面积大于该层楼面面积的 30%,或有较大的楼层错层

⑤ 一般情况下,多层钢结构不宜设防震缝。当结构特别不规则(符合至少两个不规则类型)需设防震缝时,防震缝的最小宽度应符合下列要求:a. 框架结构的防震缝宽度,当高度不超过 15 m 时可采用 105 mm;超过 15 m 时,6 度、7 度、8 度、9 度相应每增加高度 5 m、4 m、3 m、2 m,宜加宽 30 mm;b. 框架-支撑体系结构的防震缝宽度可采用 a 项规定数值的 70%。

⑥ 一般情况下,多层钢结构可不设温度伸缩缝。当建筑平面尺寸大于 90 m 时,可考虑设温度伸缩缝。

2. 结构竖向布置

① 多层钢结构体系适用的最大高宽比为:当非抗震设防时为 7.0;当抗震设防烈度为 6 度和 7 度时为 6.5;当抗震设防烈度为 8 度、9 度时,分别为 6.0,5.5。对超过此限值的结构,应加强结构分析计算,并采取有效的加强措施。

② 结构竖向布置应尽量避免表 7-3 所列的不规则性。对于符合表 7-3 中任一类型的竖向不规则结构,在结构分析计算时,应符合特殊要求。

表 7-3　竖向不规则结构类型

不规则类型	定　　义
侧向刚度不规则	该层的侧向刚度小于相邻上一层的 70%,或小于其相邻三个楼层侧向刚度平均值的 80%;除顶层外,局部收进的水平方向尺寸大于相邻下一层的 25%
竖向抗侧力构件不连续	竖向抗侧力构件(柱、抗震支撑)的内力由水平转换构件(梁等)向下传递
楼层承载力突变	抗侧力结构的层间受剪承载力小于相邻上一楼层的 80%

3. 支撑的布置

支撑在结构平面两个方向的布置均宜基本对称,支撑之间楼盖的长宽比不宜大于 3。

7.3　多层钢结构的作用效应和组合

建筑结构设计中涉及的作用包括直接作用(荷载)和间接作用(如地基变形、焊接变形、温度变化或地震等引起的作用)。各类荷载和作用的取值与规定可参阅《建筑结构荷载规范》(GB 50009—2012),地震作用的计算可参阅《建筑抗震设计规范》(GB 50011—2010)。

7.3.1 作用的种类与计算

一般情况下，多层建筑钢结构应考虑以下几类作用。

(1) 永久荷载

① 建筑物自重。可按结构构件的设计尺寸与材料单位体积的自重计算来确定。

② 楼(屋)盖上工艺设备荷载。包括永久性设备荷载及管线等，应按工艺提供的数据取值。永久荷载分项系数根据不同效应组合，按《建筑结构荷载规范》(GB 50009—2012)规定取不同值。

(2) 可变作用

① 楼面均布活荷载。民用建筑和工业建筑楼面均布活荷载标准值可按《建筑结构荷载规范》(GB 50009—2012)规定取值。其分项系数一般取 1.4，但对标准值大于 4 kN/m^2 的工业房屋楼面结构的活荷载应取 1.3。

② 屋面活荷载。对不同类别的屋面，其水平投影面上的均布活荷载标准值《建筑结构荷载规范》(GB 50009—2012) 有明确规定，且不应与雪荷载同时考虑。

③ 积灰荷载。对于生产中有大量排灰的厂房及其邻近建筑，具有一定除尘设施和保证清灰制度的各类厂房屋面，其水平投影面上的屋面积灰荷载，可按《建筑结构荷载规范》(GB 50009—2012)规定取值。

④ 雪荷载。同本书第 1 章 1.3.3。

⑤ 风荷载。同本书第 1 章 1.3.3。

⑥ 温度作用。当温度发生变化时，如果构件受到周围与其相连的其他构件或支座的约束，就会在该构件内产生一定的应力，即温度应力。对于多层钢结构中常见的等截面杆件，当杆件截面两侧的温度变化量分别为 ΔT_1 和 ΔT_2 时，则构件截面的轴向应变和弯曲曲率分别为

$$\varepsilon_N=\alpha\left(\frac{\Delta T_1+\Delta T_2}{2}\right) \tag{7-1}$$

$$\varepsilon_M=\alpha\left(\frac{\Delta T_2-\Delta T_1}{h}\right) \tag{7-2}$$

式中 α——杆件材料热膨胀系数，对于钢材，$\alpha=1.2\times10^{-5}$ m/(m·℃)，对于混凝土，$\alpha\approx1.0\times10^{-5}$ m/(m·℃)；

h——杆件截面高度。

(3) 偶然作用

多层建筑钢结构上的偶然作用有地震作用和火灾作用等，本节主要介绍地震作用的计算。

发生地震时，由于楼(屋)盖及构件等本身的质量而对结构产生的地震作用有：水平地震作用与竖向地震作用，前者为计算多层框架地震作用时所采用组合内力中主要的作用，后者仅在计算多层框架内的大跨或大悬臂构件时予以考虑。

① 水平地震作用的计算。

根据《建筑抗震设计规范》(GB 50011—2010)，高度不超过 40 m、以剪切变形为主且质量和刚度沿高度均匀分布的结构，可采用底部剪力法计算地震作用。底部剪力法公式简单，适宜手算时采用。但一般专门设计软件中多采用振型分解反应谱法计算水平地震作用。下面仅介绍底部剪力法的计算公式，振型分解反应谱法可参阅《建筑抗震设计规范》(GB 50011—2010)。

采用底部剪力法时，各楼层可仅取一个自由度，结构的水平地震作用标准值，应按下列公式确定

$$F_{\mathrm{Ek}}=\alpha_1 G_{\mathrm{eq}} \tag{7-3}$$

$$F_i=\frac{G_i H_i}{\sum_{j=1}^{n} G_j H_j} F_{\mathrm{Ek}}(1-\delta_n) \quad (i=1,2,\cdots,n;j=1,2,\cdots,n) \tag{7-4}$$

$$\Delta F_n=\delta_n F_{\mathrm{Ek}} \tag{7-5}$$

式中 F_{Ek}——结构总水平地震作用的标准值；

α_1——相应于结构基本自振周期的水平地震影响系数值，按《建筑抗震设计规范》(GB 50011—2010)计算取值；

G_{eq}——结构等效总重力荷载，单质点应取总重力荷载代表值，多质点可取总重力荷载代表值的85%；

G_i，G_j——集中于质点 i，j 的重力荷载代表值，应取结构和结构配件自重标准值与可变荷载组合值之和。各可变荷载的组合值系数按《建筑抗震设计规范》(GB 50011—2010)采用；

H_i，H_j——质点 i，j 的计算高度；

ΔF_n——顶部附加集中力；

δ_n——顶部附加地震作用系数，按《建筑抗震设计规范》(GB 50011—2010)所给表格计算。

② 竖向地震作用的计算。

当多层框架中有大跨度(l>24 m)的桁架、长悬臂以及托柱梁等结构时，其竖向地震作用可采用其重力荷载代表值与竖向地震作用系数 α_{v} 的乘积来计算

$$F_{\mathrm{Evk}}=\alpha_{\mathrm{v}} G_{\mathrm{E}} \tag{7-6}$$

式中 F_{Evk}——大跨或悬臂构件的竖向地震作用标准值；

α_{v}——竖向地震作用系数，根据不同烈度和场地类别，按规范规定取不同值；

G_{E}——8度和9度设防烈度时，分别取大跨或悬臂构件重力荷载代表值的10%和20%。

7.3.2 作用效应组合

多层框架设计时，采用按作用类别分别计算其所产生的作用效应，即结构构件的内力(如弯矩、轴力和剪力)和位移，然后进行组合，求得其最不利效应，依次进行设计。对于在设计基准期内出现概率小、持续时间又短的两个偶然作用(如地震作用与火灾作用)，可不考虑组合。由于风的持续时间也较短，因此在有些情况下，也可以不考虑风载与地震作用或火灾作用的组合。

荷载效应和地震作用效应组合的设计值，应按下列公式确定。

1. 无地震作用时

应在下列组合值中取最不利值确定。

(1) 由可变荷载效应控制的组合

$$S=\gamma_{\mathrm{G}} S_{\mathrm{Gk}}+\gamma_{\mathrm{Q1}} S_{\mathrm{Q1k}} \tag{7-7}$$

$$S=\gamma_{\mathrm{G}} S_{\mathrm{Gk}}+0.9\sum_{i=1}^{n}\gamma_{\mathrm{Q}i} S_{\mathrm{Q}ik} \tag{7-8}$$

(2) 由永久荷载效应控制的组合

$$S=\gamma_G S_{Gk}+\sum_{i=1}^{n}\gamma_{Qi}S_{Qik} \tag{7-9}$$

当考虑由竖向的永久荷载效应控制的组合时,参与组合的可变荷载仅限于竖向荷载。

2. 有地震作用的第一阶段设计时

$$S=\gamma_G S_{GE}+\gamma_{Eh}S_{Ehk} \tag{7-10}$$

式(7-7)～式(7-10)中 S——荷载效应组合的设计值;

$\gamma_G,\gamma_{Qi},\gamma_{Q1},\gamma_{Eh}$——永久荷载、第 i 个可变荷载和可变荷载 Q_1 及水平地震作用的分项系数,在各种情况下的取值见表 7-4;

S_{Gk}——按永久荷载标准值计算的荷载效应值;

S_{Qik}——按可变荷载标准值计算的荷载效应值,其中 S_{Q1k} 为诸可变荷载效应中起控制作用者;

S_{GE}——重力荷载代表值的效应,有吊车时,还应包括悬吊物重力标准值的效应;

S_{Ehk}——水平地震作用标准值的效应,还应乘以相应的增大系数或调整系数;

n——参与组合的可变荷载数。

表 7-4 荷载效应的组合和分项系数

组合情况	重力荷载 γ_G	活荷载 γ_Q	风荷载 γ_w	水平地震作用 γ_{Eh}	备注
恒荷载和各种可能活荷载	1.2 1.35	1.4	1.4	—	当永久荷载的效应对结构有利时,一般取 1.0
重力荷载和水平地震作用	1.2	1.2	0	1.3	

表 7-4 中给出了多层钢框架结构中各种可能的荷载效应组合情况。在第一阶段抗震设计进行构件承载力验算时,应由表中选择出可能出现的组合情况及相应的荷载和作用分项系数,分别进行内力设计值组合,取各构件的最不利组合进行截面设计。

在进行多层钢框架位移计算时,应取与内力组合相同的情况进行组合,但各荷载和作用的分项系数均取 1.0,取结构最不利位移标准值进行位移限值验算。

7.4 多层钢结构的内力分析

框架体系是经典的杆件体系,结构力学中已经比较详细地介绍了超静定刚架(框架)内力和位移的计算方法。比较精确的手算方法,例如全框架力矩分配法、无剪力分配法、迭代法等,在实用中已大多被更精确、更省人力的计算机程序分析——杆系有限元方法所代替。但是,有一些用于近似手算的方法,由于具有计算简便、易于掌握、适用于大多数工程等优点,目前在实际工程中应用还很多,特别是在初步设计时需要估算,手算方法常常受到工程师们的欢迎。本节主要介绍内力分析的近似手算方法，详细的有限元法可参阅有关教材和文献。

7.4.1 内力分析的一般原则及基本假定

① 多层建筑钢结构的内力一般采用弹性方法来计算，并考虑各种抗侧力结构的协同工作。

② 多层建筑钢结构通常采用现浇组合楼盖。因此，在进行钢框架内力计算时，一般可假定楼面在自身平面内为绝对刚性。相应地在设计中应采取构造措施(加板梁抗剪件、非刚性楼面加设现浇层等)保证楼面的整体刚度。当楼面整体性较差、楼面有大开孔、楼面外伸段较长或相邻层刚度有突变时，应采用楼板在自身平面内的实际刚度，或对按刚性楼面假定所得计算结果进行调整。

③ 由于楼板与钢梁通过抗剪栓钉紧密地连接在一起，共同形成钢-混凝土组合梁，所以在进行结构整体计算时应该考虑现浇钢筋混凝土楼板与钢梁共同工作对结构刚度的影响。在框架弹性分析时，压型钢板组合楼盖中梁的惯性矩对两侧有楼板的梁宜取 $1.5I_b$，对仅一侧有楼板的梁宜取 $1.2I_b$，I_b 为钢梁惯性矩。当按弹塑性分析时，楼板可能严重开裂，故此时可不考虑楼板与梁的共同工作。

④ 多层框架钢结构梁、柱构件的长度一般较小，因此，在内力与位移计算中，除应考虑梁、柱的弯曲变形和柱的轴向变形外，还应考虑梁、柱的剪切变形。由于梁的轴力很小，一般可不考虑梁的轴向变形。此外，还应考虑梁柱节点域的剪切变形对侧移的影响。

⑤ 多层钢结构梁、柱节点域剪切变形对结构内力的影响较小，一般在10%以内，因而不需要对结构内力进行修正。

⑥ 一般情况下，柱间支撑构件可按两端铰接考虑，其端部连接的刚度则可通过支撑杆件的计算长度加以考虑。偏心支撑中的耗能梁段在大震时将首先屈服，由于它的受力性能不同，利用有限元分析，在建模时应将耗能梁段作为独立的梁单元处理。

⑦ 除应力蒙皮结构外，结构计算中不应计入非结构构件对结构承载力和刚度的有利作用。

7.4.2 内力分析的有限元方法

采用空间杆系有限元方法，即用一个单元来模拟一个构件，来进行多层钢结构内力分析，能达到很高的计算精度，而且计算假定少，不受限制，任何复杂的结构都可进行内力和位移计算，只要计算模型正确，大量复杂的运算都由计算机完成，这样大大提高了计算效率。目前国内已有不少比较成熟的用于分析和设计多层钢框架结构的软件，如中国建筑科学研究院的STS及同济大学的MTS多高层钢结构设计软件等，都是采用有限元法进行内力分析。

采用有限元法进行结构分析时按下列步骤进行：

① 划分单元；

② 建立单元刚度方程；

③ 建立结构总体刚度方程；

④ 求解节点位移；

⑤ 确定单元内力。

对于多层钢结构中的框架体系和框架-支撑体系，一般可将结构中的每个杆件都当作一个单元、梁柱为主要受弯的构件，可采用同一类单元，通称为梁单元；支撑为主要受轴力的杆件，采用另一种单元，称为杆单元。

7.4.3 内力分析的近似手算方法

1. 竖向荷载作用下的近似计算

多层多跨框架在一般竖向荷载的作用下，侧移是比较小的，可作为无侧移框架按力矩分配法进行内力分析。由精确分析可知，各层荷载对其他层杆件内力影响不大。因此，在近似方法中，可将多层框架简化为单层框架(见图 7-8)，即分层做力矩分配计算。

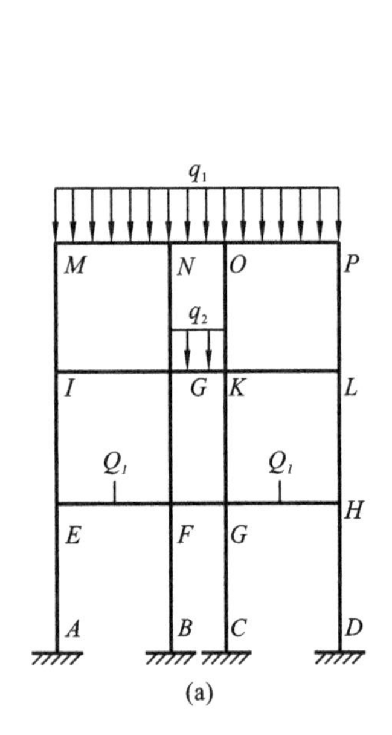

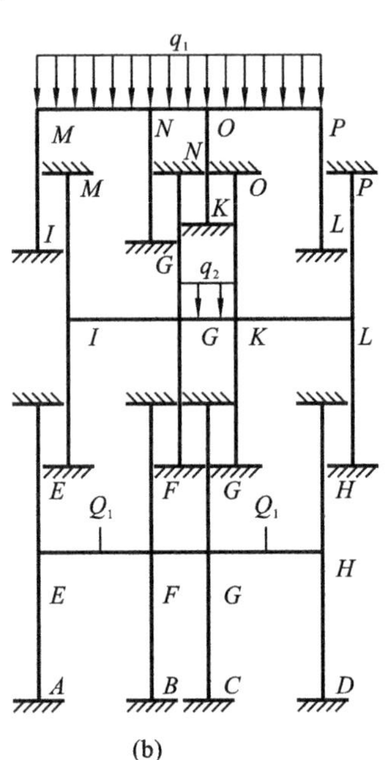

图 7-8 分层法示意图

(a)原结构；(b)分层结构

具体计算时，将框架梁与上、下层柱(顶层梁只与下层柱)组成基本计算单元，不考虑梁的侧移，并假定上、下柱的远端是固定的。为减小这一假定带来的误差，可以将除底层柱外的其他各层柱的线刚度乘以 0.9 加以修正，并将各柱的传递系数修正为 1/3。竖向荷载产生的梁固端弯矩只在本单元内进行弯矩分配，在各层单元之间不传递。计算所得的梁端弯矩即为最终弯矩，而柱端弯矩取相邻单元对应柱端弯矩(即上、下两层单元分别计算该柱弯矩)之和。柱中轴力可通过梁端剪力和逐层叠加柱内的竖向荷载求出。

分层计算结果，结点上的弯矩可能不平衡，但误差不会很大。如果需要更精确，可将结点不平衡弯矩再进行一次分配。

对框架-支撑结构可近似忽略支撑对竖向荷载作用下框架内力的影响，即可采用与框架结构相同的分层法，近似计算竖向荷载作用下框架-支撑结构各构件的弯矩、剪力与轴力。

2. 水平荷载作用下的近似计算

(1) 钢框架体系的内力计算

对于钢框架体系梁柱的弯矩和剪力可采用反弯点法计算，即假定：框架各梁柱在水平荷载作用下的反弯点位于梁柱长度方向的中点；由水平荷载引起的楼层剪力在框架各跨进行分配，各跨的剪力与跨度成正比。

由上述假定，可以很容易地进行水平荷载下框架的内力分析。如图 7-9 所示框架，用反弯点法求解框架底层梁柱弯矩和剪力的过程为

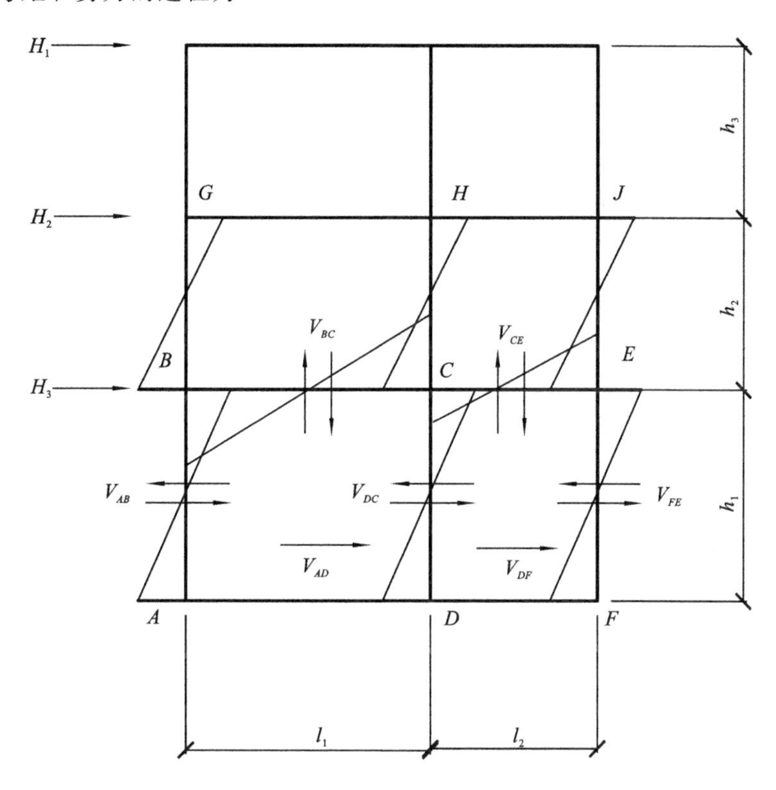

图 7-9　反弯点法示意图

$$楼层剪力\ V=H_1+H_2+H_3$$

AD 跨和 DF 跨分配的剪力分别为

$$V_{AD}=\frac{l_1}{l_1+l_2}V,\quad V_{DF}=\frac{l_2}{l_1+l_2}V$$

各跨剪力分配至各柱的剪力分别为

柱 AB　　$V_{AB}=V_{AD}/2$

柱 DC　　$V_{DC}=(V_{AD}+V_{DF})/2$

柱 FE　　$V_{FE}=V_{DE}/2$

由此，可进一步求得柱端弯矩和梁端剪力与弯矩

各柱端弯矩

$$M_{AB}=M_{BA}=V_{AB}\cdot h_1/2$$
$$M_{DC}=M_{CD}=V_{DC}\cdot h_1/2$$
$$M_{FE}=M_{EF}=V_{EF}\cdot h_1/2$$

各梁端弯矩

$$M_{BC}=M_{BA}+M_{BG}=M_{CB}$$

$$M_{EC}=M_{EF}+M_{EJ}=M_{CE}$$

各梁端剪力

$$V_{BC}=\frac{M_{BC}}{\frac{l_1}{2}}$$

$$V_{CE}=\frac{M_{CE}}{\frac{l_2}{2}}$$

尽管按上述方法可同时得出框架柱在水平荷载作用下的轴力,但由于是考虑楼层剪力平衡条件得到的,忽略了楼层倾覆力矩平衡条件,因此,当结构较高时(或高宽比较大时),其柱轴力结果有可能偏于不安全。建议按框架各楼层倾覆力矩计算水平荷载作用下框架柱的轴力。为简化计算,可采用仅框架边柱承受由水平荷载引起的轴力假定。例如,对于图 7-9 所示的底层柱,其边柱轴力为

$$N_{AB}=N_{FE}=[H_1(h_3+h_2+0.5h_1)+H_2(h_2+0.5h_1)+0.5H_3h_1]/(l_1+l_2)$$

第二层边柱的轴力为

$$N_{BG}=N_{ET}=[H_1(h_3+0.5h_2)+0.5H_2h_2]/(l_1+l_2)$$

对于由水平荷载所引起的框架梁轴力,由于楼板的存在,一般可忽略。

(2) 框架-支撑体系内力计算

考虑整个框架-支撑结构在水平荷载作用下任一楼层的水平剪力 V_i,由剪力方向的各榀框架及楼层该方向的所有支撑共同承担,并按楼层侧移刚度分配,即

$$V_{\mathrm{f}i}=\frac{K_{\mathrm{f}i}V_i}{\sum K_{\mathrm{f}i}+\sum K_{\mathrm{b}i}} \tag{7-11}$$

式中 $K_{\mathrm{f}i}$——剪力方向第 i 榀框架的楼层侧移刚度。$K_{\mathrm{f}i}$ 可近似按下面公式计算

$$K_{\mathrm{f}i}=\frac{12}{h^2\left[\frac{h}{\sum(EI_\mathrm{c})}+\frac{1}{\sum(EI_\mathrm{b}/L)}\right]} \tag{7-12}$$

$K_{\mathrm{b}i}$——剪力方向第 i 个支撑的楼层侧移刚度。$K_{\mathrm{b}i}$ 按下式计算

$$K_{\mathrm{b}i}=\frac{EA}{l}\cos^2\theta\cos^2\varphi \tag{7-13}$$

式(7-12)~式(7-13)中 E——弹性模量;

h——楼层高度;

L——框架梁跨度;

I_b,I_c——框架梁和框架柱的截面惯性矩;

A——支撑截面面积;

l——支撑长度;

θ,φ——支撑在框架平面与楼层平面内与楼层剪力方向的夹角。

按式(7-11)确定了框架-支撑结构体系中的某榀框架分担的楼层剪力后,即可按框架结构的近似计算方法计算该框架各构件的弯矩与剪力。而支撑的轴力可由支撑分配的剪力 $V_{\mathrm{b}i}$ 按下式计算

$$N_{\mathrm{b}i}=\frac{V_{\mathrm{b}i}}{\cos\theta\cos\varphi} \tag{7-14}$$

框架轴力的计算，可首先计算与支撑相邻的框架柱的轴力，可按梁-柱-支撑共享节点的平衡条件计算。然后按框架结构同样的近似方法计算各榀框架的边柱在水平荷载作用下产生的轴力。如该榀框架有支撑，则计算框架边柱轴力时，所采用的框架楼层倾覆力矩应按水平荷载所引起的倾覆力矩减去与支撑相邻柱的轴力所抵抗的倾覆力矩后，用所剩余的倾覆力矩进行计算。

7.5　多层钢结构的梁

7.5.1　实腹梁常用的截面形式

多层框架梁最常用的截面为轧制或焊接的H型钢截面(见图7-10(a))，当为组合楼盖时，为优化截面，降低钢耗，可采用上下翼缘不对称的焊接工字形截面(见图7-10(b))，亦可采用蜂窝梁截面(见图7-10(c))。

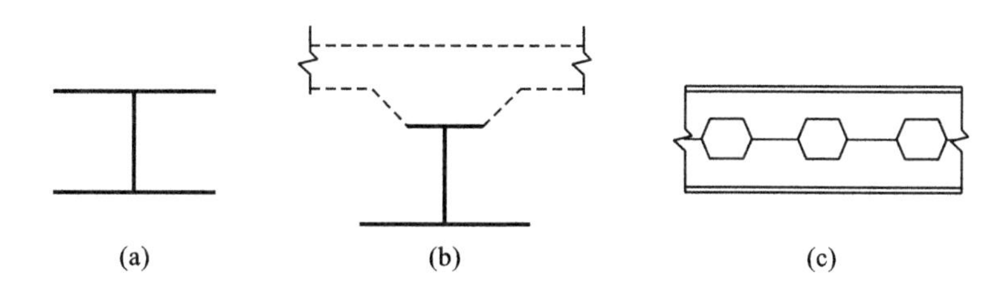

图7-10　多层框架梁截面形式
(a)H型钢截面；(b)工字形截面；(c)蜂窝梁截面

7.5.2　多层钢结构梁的计算

多层框架的构件内力组合应按梁、柱两端或最不利截面计算来确定，一般可采用表格方便地进行组合。当各截面的最不利组合内力确定后，构件(梁、柱、支撑等)的截面验算可按有关规定及公式进行。若构件验算后须调整截面，当调整后截面惯性矩与原假定截面的惯性矩差幅大于30%时，宜对原框架计算内力进行相应修正。

对楼板为钢铺板的框架梁，当不直接承受动力荷载时，可考虑按塑性设计要求验算截面。同时，计算梁的挠度时可将梁上翼缘每侧15 t(t为铺板厚度)宽度的铺板截面计入梁的截面惯性矩。

当楼盖梁为钢-混凝土组合梁时，其设计计算可按钢-混凝土组合楼盖有关要求进行。

7.6　多层钢结构的柱

7.6.1　实腹柱常用的截面形式

钢框架实腹柱常用的截面形式如图7-11所示。截面形式的选择主要依据弯矩与压力的比值情况、正负弯矩差值以及荷载大小和弯矩作用平面内、平面外柱的计算长度等因素。焊接H型钢和热轧H型钢(见图7-11(a)、(b))是常用的柱子截面形式，其优点是翼缘宽且等厚，断面经济合理，方便连接。十字形截面(见图7-11(c)、(d))由角钢和钢板组合而成或由钢板焊接而成，适合做隔墙交叉点的柱子,安装在墙内,不外露。箱形截面柱(见图 7-11(e)、(f))由钢板或由两个轧制槽钢焊接而成。截面没有强轴、弱轴之分,适用于双向受弯的柱子。钢管截面(见图 7-11(g))从受力来看很有利,各个方向的惯性矩都相等,但制作费用相对较高,节点连接也不如开口截面方便。而由两个工字形截面组合而成的截面(见图 7-11(h))特别适合于承受双向弯曲。

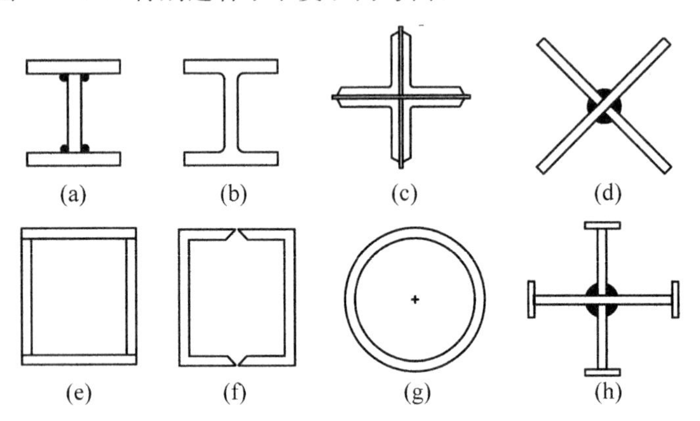

图 7-11 实腹柱常用的截面形式

7.6.2 框架柱计算长度的确定

《钢结构设计规范》(GB 50017—2003)中验算多层钢框架柱的稳定仍采用计算长度系数法,因此下面将介绍多层钢框架柱计算长度的确定方法。

确定多层多跨框架柱的临界荷载和计算长度时,假定:

① 框架只承受作用于梁柱连接节点上的竖向荷载;

② 荷载按比例同时增加,各柱同时丧失稳定;

③ 变形是微小的,且在弹性阶段;

④ 杆件无缺陷;

⑤ 当框架柱开始屈曲时,相交于同一节点的横梁对柱子所提供约束弯矩,按上下两柱的线刚度之比分配给柱子;

⑥ 无侧移屈曲时,横梁两端的转角大小相等而方向相反(见图 7-12(a));有侧移屈曲时,横梁两端的转角大小相等而方向相同(见图 7-12(c))。

为了简化计算,通常只取框架的一部分进行分析。例如,研究如图 7-12(a)有支撑框架中柱 AB,只考虑直接与柱 AB 连接的横梁 $A1$、$A2$、$B3$、$B4$ 的约束作用,忽略其他横梁的约束影响,即取 $1A24B3$作为计算单元(见图 7-12(b))。同样为研究如图 7-12(c)所示的无支撑框架的柱 AB 时,也只取 $1A24B3$ 为计算单元(见图 7-12(d))。

对所取计算单元,如设

$$\mu=H\sqrt{N/EI_c} \tag{7-15}$$

$K_1=\sum i_{bA}/\sum i_{cA}$,$K_2=\sum i_{bB}/\sum i_{cB}$,其中,$\sum i_{bA}$、$\sum i_{bB}$ 为相交于节点 A 和 B 的横梁线刚度(EI_b/L)之和,$\sum i_{cA}$,$\sum i_{cB}$ 为相交于节点 A 和 B 柱子线刚度(EI_c/L)之和,其他符号见图 7-12。则

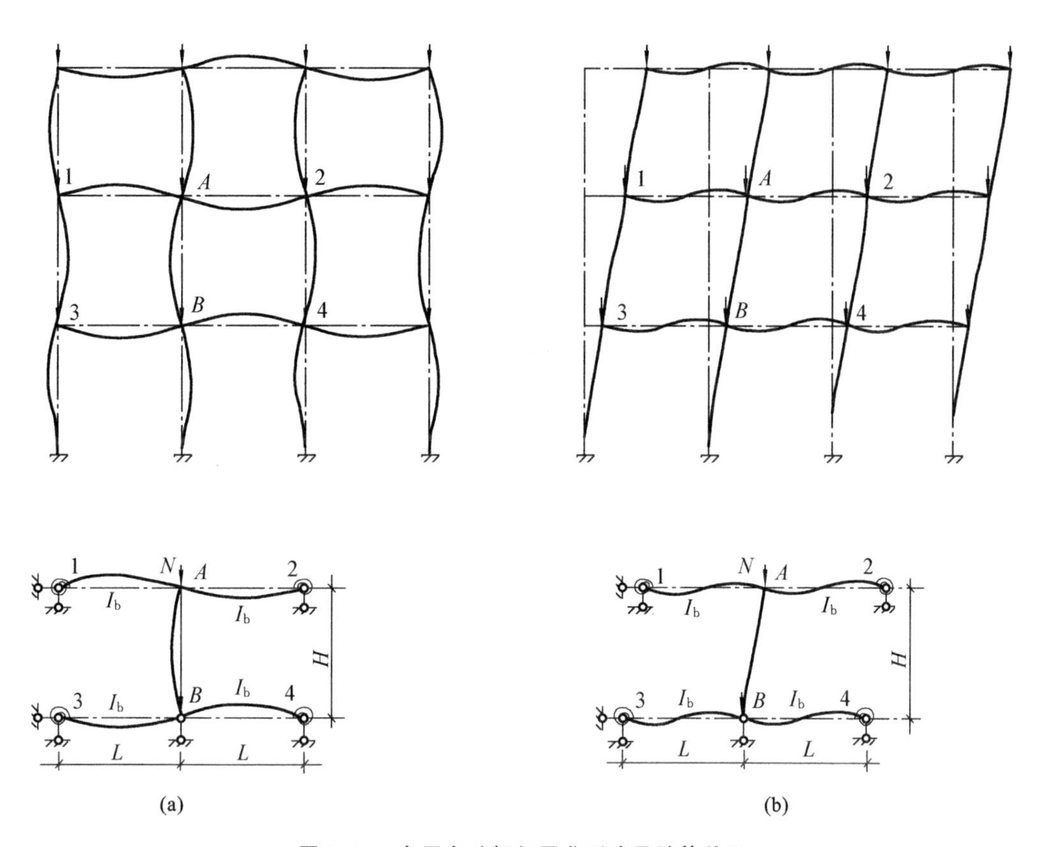

图 7-12　多层多跨框架屈曲形式及计算单元

(a)无侧移屈曲及其计算单元;(b)有侧移屈曲及其计算单元

可分别求得多层多跨框架无侧移和有侧移两种屈曲情况下以 μ 为未知数的,包括参数 K_1 和 K_2 的稳定方程。已知 K_1 和 K_2,可求解 μ,从而可求得柱 AB 的计算长度系数

$$\mu_{AB}=\pi/\mu \tag{7-16}$$

为方便计算,将计算长度系数制成表格,可供查用(见附录 E)。

在特殊情况下,当横梁的远端为铰接或固定时,应对该横梁的线刚度 i_b 乘以修正系数:①在有支撑框架中,横梁远端为铰接时乘以修正系数 3/2,远端为固定时乘以 2;②在无支撑框架中,横梁远端为铰接时乘以修正系数 1/2,远端为固定时乘以 2/3。

7.6.3　实腹柱的截面设计

1. 截面选择

因为框架柱为压弯构件,同时受有弯矩 M、剪力 V 和轴力 N 的作用,计算也相对复杂,很难如梁一样用理论和经验公式就能较准确地估计出所需截面尺寸。因此,在选定框架柱截面形式,并确定了其长细比之后,可根据内力分析结果,参考已有的类似设计并做必要的估算。估算截面的回转半径、惯性矩和截面抵抗矩时可参考附录 G。

当没有类似设计可供参考时,也可采用一些简单公式,大致估算截面尺寸。一种简单估算方法是

将框架柱中轴力放大1.2倍,然后按轴心受压轴来估算截面,作为初选的框架柱截面。另一种方法稍复杂些,可遵循以下步骤:

① 先假定长细比 λ_x,通常在60~100之间取值;

② 由 λ_x 计算回转半径 i_x;

③ 由 i_x 根据附录J计算截面高度 h;

④ 计算 A/W_{1x}

$$\frac{A}{W_{1x}}=\frac{A}{I_x}y_1=\frac{y_1}{i_x^2} \tag{7-17}$$

⑤ 根据平面内整体稳定公式近似估算所需截面面积 A

$$A=\frac{N}{f}\left[\frac{1}{\varphi_x}+\frac{M_x}{N}\cdot\frac{A}{W_{1x}}\cdot\frac{\beta_{mx}}{\gamma_x\left(1-0.8\dfrac{N}{N_{Ex}}\right)}\right] \tag{7-18}$$

⑥ 计算所需的弯矩作用平面内最大受压纤维的毛截面抵抗矩 W_{1x}

$$W_{1x}=\frac{Ai_x^2}{y_1} \tag{7-19}$$

⑦ 计算平面外整体稳定系数

$$\varphi_y=\frac{N}{A}\cdot\frac{1}{f-\dfrac{\beta_{tx}M_x}{\varphi_b W_{1x}}} \tag{7-20}$$

⑧ 按附录D确定长细比 λ_y,并由此计算回转半径 i_y,再根据附录J估算截面宽度 b;

⑨ 根据截面面积 A 和截面高度 h、宽度 b 选定截面。

在上述估算步骤中,有些公式中的参数仍为未知量,可近似估计。因此选出的截面也只是大致的估计。另外,设计的截面还应使构造简单,便于施工,易于与其他构件连接,所采用的钢材和规格应是容易得到的。

2. 截面验算

从上述框架柱截面选择的过程可看出,作为压弯构件的框架柱的截面初选比较粗糙,第一次选择的截面往往需要再次调整,经过多次反复验算直至满意为止。

框架柱的截面验算包括:强度验算、刚度验算(长细比验算)、弯矩作用平面内整体稳定性验算、弯矩作用平面外整体稳定性验算及局部稳定性验算。

7.6.4 实腹柱的构造要求

对于实腹柱,当腹板的 $h_0/t_w>80\sqrt{235/f_y}$ 时,为防止腹板在施工和运输中发生变形,防止在剪力较大时腹板发生屈曲,应设置横向加劲肋予以加强,其间距不大于 $3h_0$。当腹板设置纵向加劲肋时,不论 h_0/t_w 大小如何均应设置横向加劲肋作为纵向加劲肋的支承。有关尺寸要求参见图7-13、图7-14。

对较大实腹框架柱应在承受较大横向力处和每个运送单元的两端设置横隔(见图7-14);构件较长时还应设置中间横隔,其间距不大于构件截面较大宽度的9倍,且应不大于8 m,其作用是保持截面形状不变,提高构件的抗扭刚度,防止在施工和运输过程中变形。

在设置构件的侧向支承点时,对截面高度较小的构件,可仅在腹板(加肋或隔)中央部位支承;对

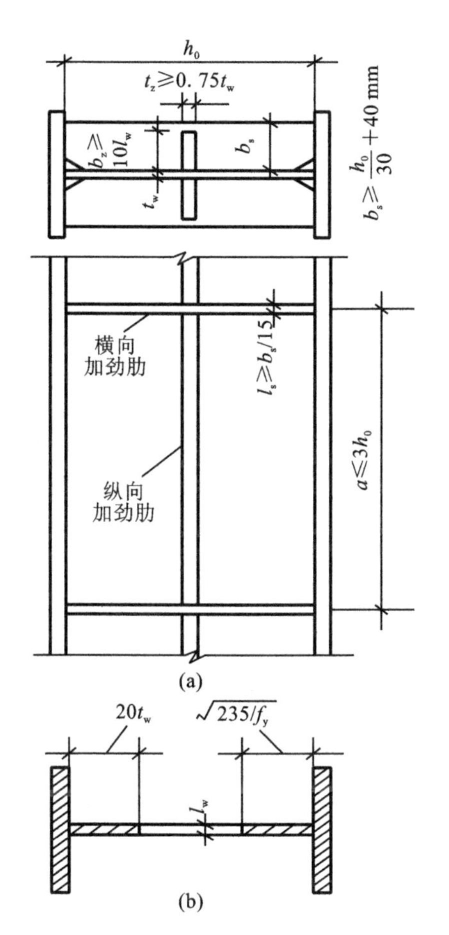

图7-13 纵向加劲肋加强腹板和腹板有效面积

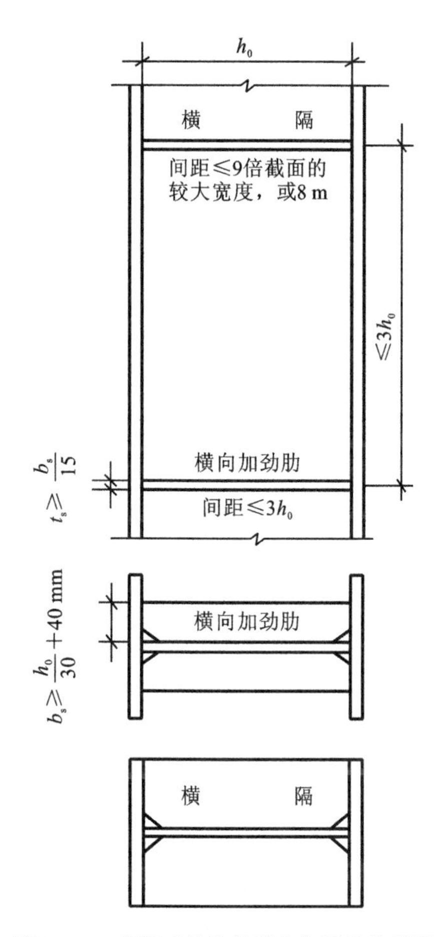

图7-14 实腹式构件的横向加劲肋和横隔

截面高度较大或受力较大的构件，则应在两个翼缘面内同时支承，例如，框架柱间支撑应在两个翼缘平面内各设一肢，用缀条或缀板互相联系。

7.7 多层钢结构的支撑

在框架-支撑结构体系中，支撑也是结构中一种重要的构件，因此下面分别介绍中心支撑和偏心支撑的设计。

7.7.1 中心支撑

1. 支撑杆件受压承载力验算

在往复荷载作用下，支撑斜杆反复受压、受拉，且受压屈服后的变形量很大，转而受拉时不能完全拉直，这样就造成受压承载力再次降低，即出现弹塑性屈曲后承载力退化的现象。支撑杆件屈曲后，最大受压承载力的降低是明显的，长细比越大，退化程度越严重，这种情况在计算支撑斜杆时应考虑。在多遇地震作用效应组合下，支撑斜杆受压承载力验算按下式进行

$$\frac{N}{\varphi A_{\mathrm{br}}} \leqslant \eta f / r_{\mathrm{RE}} \tag{7-21}$$

式中 η——强度降低系数,可由下式计算

$$\eta = \frac{1}{1 + 0.35\lambda_n} \tag{7-22}$$

λ_n——支撑杆件的正则化长细比,$\lambda_n = \frac{\lambda}{\pi}\sqrt{\frac{f_y}{E}}$;

f——钢材强度设计值,因为考虑了地震,因此还应除以抗震承载力调整系数 γ_{RE};

γ_{RE}——支撑承载力抗震调整系数,按《建筑抗震设计规范》GB 50011—2010 取 0.8。

2. 支撑杆件长细比验算

根据试验和理论分析及大量震害调查,认为根据抗震设防烈度,规定不同的长细比要求是合理的。当层数不超过 12 层,中心支撑杆件长细比在 6 度或 7 度、8 度和 9 度抗震设防,分别取不大于 120,90,60(根据钢材等级不同均乘以 $\sqrt{235/f_y}$)。人字形和 V 形支撑,因为他们屈曲后加重所连接梁的负担,对长细比的限值应更严些。

一般钢结构支撑杆件常采用双角钢组成的 T 形截面,因为它具有连接方便的优点。但试验表明,在地震作用下这种支撑的性能较差,尤其是当出平面稳定性控制时耗能能力较低,因为出平面失稳时呈弯扭屈曲而不是弯曲屈曲。此外,由双角钢组成的 T 形截面的单肢容易在强烈地震下失稳。因此,采用这种支撑时,最好由平面内稳定控制,并缩小填板间距。规范规定,设防烈度大于和等于 7 度的地区,由填板连接的双角钢组合构件,肢件在填板间长细比不应大于杆件长细比的一半,且不大于 40。这个规定较宽泛,设计时应掌握更严一些。支撑杆件应尽量采用双轴对称截面,当采用单轴对称截面时,应采取防止绕对称轴屈曲的构造措施。两端与梁柱节点固接的支撑杆件,在其平面内的计算长度可取由节点内缘算起的支撑杆全长的一半。

3. 支撑杆件板件宽厚比

板件宽厚比是影响局部屈曲的重要因素,直接影响支撑杆件的承载力和耗能能力。在往复荷载作用下比单向静力加载更容易发生失稳。一般满足静荷载下充分发生塑性变形能力的宽厚比限值,不能满足往复荷载作用下发生塑性变形能力的要求。即使小于塑性设计所规定的值,在往复荷载作用下仍然发生局部屈曲,所以板件宽厚比的限值比塑性设计更小一些,这样对抗震有利。

板件宽厚比应与支撑杆件长细比相匹配,对于小长细比支撑杆件,宽厚比应严一些,对于大长细比的支撑杆件,宽厚比应放宽,是合理的。

对按 6 度抗震设防和非抗震设防设计的支撑杆件,其板件宽厚比可按《钢结构设计规范》(GB 50017—2003)规定采用。按 7 度和 7 度以上抗震设防的支撑杆件的板件宽厚比,限值参见《建筑抗震设计规范》(GB 50011—2010)相关规定。

7.7.2 偏心支撑

1. 偏心支撑的基本性能

偏心支撑框架的支撑斜杆,至少有一端偏离梁柱节点,或偏离另一方向的支撑与梁构成的节点,支撑与柱或支撑与支撑之间的一段梁,称为耗能梁段。这种具有耗能梁段的偏心支撑框架兼有抗弯框架和中心支撑框架的优点。

偏心支撑框架在多遇地震作用下，结构为弹性，在罕遇地震作用下，梁段剪切屈服，非线性剪切变形耗能。支撑、柱和除耗能梁段以外的梁在相应梁段1.6倍设计抗剪承载力的荷载作用下，仍为弹性。这使得耗能梁段成为结构体系中最薄弱的部位，即偏心支撑框架中的保险丝，防止了诸如支撑受压屈曲之类的破坏。

2. 耗能梁段的设计

偏心支撑框架设计的基本概念，是使耗能梁段进入塑性状态，而其他构件仍处于弹性状态。设计良好的偏心支撑框架，除柱脚有可能出现塑性铰外，其他塑性铰均出现在梁段上。

(1) 耗能梁段的承载力

耗能梁段可分为剪切屈服型和弯曲屈服型两种。剪切屈服型梁段短，梁端弯矩小，主要是由剪力使梁段屈服；弯曲屈服型梁段长，梁端弯矩大，容易形成弯曲塑性铰。耗能梁段的净长 e 符合下式条件者为剪切屈服型，否则为弯曲屈服型。

$$e \leqslant 1.6M_p/V_p \tag{7-23}$$

式中 M_p——耗能梁段的塑性抗弯承载力；

V_p——耗能梁段的塑性抗剪承载力。

取材料的屈服剪力 τ_y 为弯曲屈服应力 f_y 的 $1/\sqrt{3}$，即

$$\tau_y = f_y/\sqrt{3} = 0.58f_y \tag{7-24}$$

假设梁段为理想的塑性状态，截面塑性抗剪承载力 V_p 和塑性抗弯承载力 M_p 分别按下式计算

$$V_p = 0.58f_y h_0 t_w \tag{7-25}$$

$$M_p = W_p f_y \tag{7-26}$$

式中 h_0——梁段腹板计算高度；

t_w——梁段腹板厚度；

W_p——梁段截面塑性抵抗矩。

梁段中有轴力作用时，应考虑轴力对抗弯承载力的影响，其折减的塑性抗弯承载力为

$$M_{pc} = W_p(f_y - \sigma_N) \tag{7-27}$$

式中 σ_N——轴力在梁段翼缘产生的平均正应力，并按下式计算

耗能梁段净长 $e < 2.2M_p/V_p$ 时，

$$\sigma_N = \frac{V_p}{V_{lb}} \cdot \frac{N_{lb}}{2b_f t_f} \tag{7-28}$$

耗能梁段净长 $e \geqslant 2.2M_p/V_p$ 时，

$$\sigma_N = \frac{N_{lb}}{A_{lb}} \tag{7-29}$$

当 $\sigma_N < 0.15f_y$ 时，取 $\sigma_N = 0$。

式中 V_{lb}，N_{lb}——梁段的剪力设计值和轴力设计值；

b_f——梁段翼缘宽度；

t_f——梁段翼缘厚度；

A_{lb}——梁段截面面积。

耗能梁段为剪切屈服时，梁段中的计算轴力都很小，可忽略其对塑性抗弯强度的影响。

耗能梁段宜采用剪切屈服型,剪切屈服型连梁的耗能性能优于弯曲屈服型。试验证明,剪切屈服型耗能梁段对偏心支撑框架抵抗大震特别有利。与柱相连的梁段不应设计成弯曲屈服型连梁,弯曲屈服会导致翼缘压曲和水平扭转屈曲。试验发现,长梁段的翼缘在靠近柱的位置处出现裂缝,梁端与柱连接处有很大的应力集中,受力性能很差。而剪切屈服时,在腹板上形成拉力场,仍能使梁保持其强度和刚度。

梁段的长短是设计的关键,短的梁段能使框架的弹性刚度增大,不过,梁段越短,塑性变形越大,可能导致过早地塑性破坏。当梁段长 e 为$(1\sim1.3)M_p/V_p$ 时,该梁段对偏心支撑框架的承载力、刚度和耗能特别有效。

剪切屈服型梁段,剪力完全由腹板承担,设计剪力不超过腹板抗剪承载力的 80%,使其在多遇地震作用下仍保持弹性。弯矩和轴力由翼缘承担。腹板和翼缘的承载力分别按下式计算

$$\frac{V_{lb}}{0.8\times0.58h_0t_w}\leqslant f \tag{7-30}$$

$$\left(\frac{M_{lb}}{h-t_f}+\frac{N_{lb}}{2}\right)\frac{1}{b_ft_f}\leqslant f \tag{7-31}$$

式中 h——梁段的截面高度;

M_{lb}——梁段的弯矩设计值;

N_{lb}——梁段的轴力设计值。

弯曲屈服型梁段,剪力由腹板承担,腹板承载力仍由上式计算,弯矩和轴力由腹板和翼缘共同承担。翼缘承载力按下式计算

$$\frac{M_{lb}}{W}+\frac{N_{lb}}{A_{lb}}\leqslant f \tag{7-32}$$

式中 W——梁段截面抵抗矩;

f——钢材强度设计值,有地震组合时应考虑抗震承载力调整系数。

一般梁段只需做抗剪承载力验算,即使梁段的一端为柱,梁端弯矩较大,但由于弹性弯矩向梁段的另一端重分布,因此在剪力到达抗剪承载力之前,不会发生严重弯曲屈曲。

(2) 耗能梁段的板件宽厚比

耗能梁段板件宽厚比的要求,比一般框架梁略严一些。翼缘板自由外伸宽度 b_1 与其厚度 t_f 之比应符合下式要求

$$b_f/t_f\leqslant 8\sqrt{235/f_y} \tag{7-33}$$

腹板的计算高度 h_0 与其厚度之比,应符合下式要求

$$h_0/t_w\leqslant\left(72-100\frac{N_{lb}}{A_{lb}f}\right)\sqrt{235/f_y} \tag{7-34}$$

耗能梁段的腹板不得加焊贴板以提高其强度。试验表明,焊在梁段腹板上的贴板并不能充分发挥作用,并且有违背其剪切屈服的原意。梁段腹板上也不得开洞,否则,将使耗能梁段的性能复杂化,使偏心支撑框架的性能不好预测。

3. 支撑斜杆的设计

偏心支撑框架的设计要求是:在足够大的地震效应作用下,耗能梁段屈服而支撑不屈服。为了满足这一要求,支撑的设计抗压承载力至少应为梁段屈服时支撑轴力的 1.6 倍,才能保证梁段进入非弹

性变形而支撑不屈曲。偏心支撑的轴向力设计值 N_{br} 取下列两式中的较小者

$$N_{br}=1.6\frac{V_p}{V_{lb}}N_{br,com} \tag{7-35}$$

$$N_{br}=1.6\frac{M_{pc}}{M_{lb}}N_{br,com} \tag{7-36}$$

式中 $N_{br,com}$——在竖向荷载和水平荷载最不利组合作用下的支撑轴心压力。

以上支撑的轴心压力设计值适用于各种类型偏心支撑，对人字形和V形支撑不应再像中心支撑一样乘以1.5倍的增大系数。

偏心支撑斜杆的强度按下式计算

$$\frac{N_{br}}{\varphi A_{br}}\leqslant f \tag{7-37}$$

式中 A_{br}——支撑的截面面积；

φ——由支撑长细比确定的轴心受压杆件稳定系数；

f——钢材强度设计值，有地震组合时应考虑抗震承载力调整系数。

耗能梁段适当增设加劲肋后，其极限抗剪承载力超过 $0.9f_yh_0t_w$，为设计用抗剪承载力 $0.58fh_0t_w$ 的1.63倍，式(7-35)、式(7-36)采用的系数1.6为最小值，设计时可将支撑截面适当加大。

7.8 钢与混凝土组合板和组合梁

多层钢框架建筑的楼板可采用现浇混凝土楼板(见图7-15)、预制混凝土楼板(见图7-16)或压型钢板-混凝土组合楼板(见图7-17)。在楼板与钢梁之间设置足够的剪力连接件，这样，钢梁将与混凝土楼板共同作用形成钢-混凝土组合梁。而压型钢板-混凝土组合楼板因其结构性能好，施工方便，经济效应好等优点，在实际工程中应用较多。本节主要介绍压型钢板-混凝土组合楼板和钢-混凝土组合梁的设计。

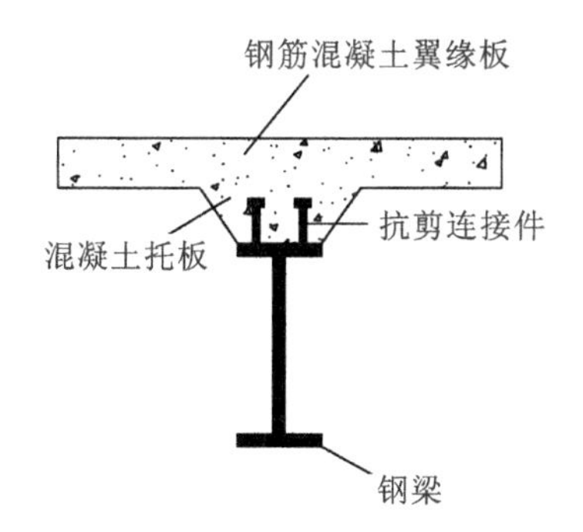

图7-15 现浇混凝土楼板

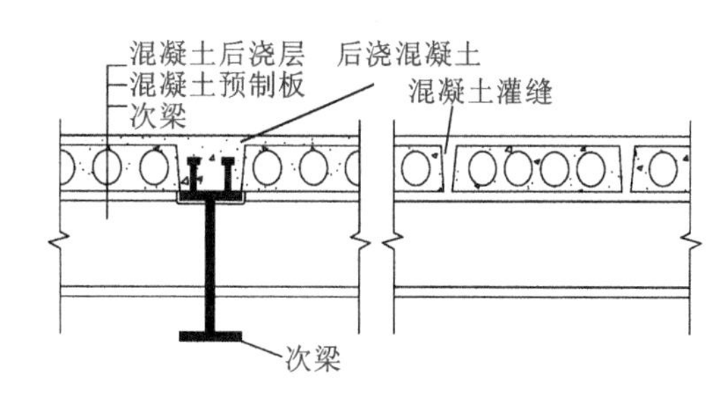

图7-16 预制混凝土楼板

7.8.1 压型钢板-混凝土组合楼板设计

压型钢板组合楼板一般以板肋平行于主梁的方式布置于次梁上，如果不设次梁，则以板肋垂直于主梁的方式布置于主梁上，如图7-17所示。根据压型钢板组合楼板的工作特性，对其分施工阶段和

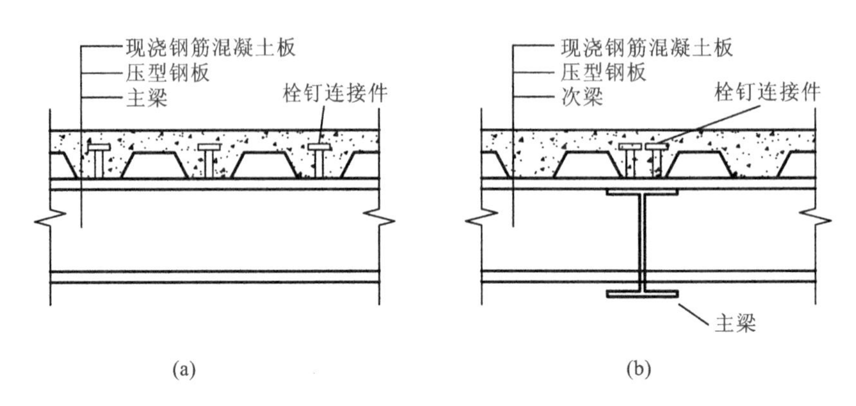

图 7-17 压型钢板组合楼盖

(a)板肋垂直于主梁;(b)板肋平行于主梁

使用阶段分别进行验算。

1. 压型钢板在施工阶段的验算

(1) 施工阶段荷载

在施工阶段,压型钢板作为浇筑混凝土的底模,所承受的永久荷载包括压型钢板、钢筋及湿混凝土的自重;特别是湿混凝土自重要考虑压型钢板的凹坑堆积量,即当压型钢板跨中挠度 $\delta>20$ mm 时,应在全跨增加混凝土厚度 0.7δ,或增设临时支撑。压型钢板上作用的可变荷载包括施工荷载和附加荷载;施工荷载应不小于1.5 kN/m^2,而当有过量冲击、混凝土堆放、管线和泵等荷载时,应增加附加荷载。

(2) 压型钢板的受弯承载力验算

压型钢板可按强边(顺肋)方向的单向板进行受弯承载力验算,并符合下式要求

$$\frac{M}{W_s}\leqslant f \tag{7-38}$$

式中 M——压型钢板沿顺肋方向一个波宽(见图 7-18)内的弯矩设计值;

f——压型钢板钢材的强度设计值;

W_s——压型钢板一个波宽的截面模量,取受压边的截面模量 W_{sc} 和受拉边的截面模量 W_{st} 二者中的较小值

$$W_{sc}=\frac{I_s}{x_c} \tag{7-39}$$

$$W_{st}=\frac{I_s}{h_s-x_c} \tag{7-40}$$

I_s——一个波宽内的压型钢板对截面形心轴的惯性矩,其中受压翼缘的有效计算宽度 b_{ef}(见图 7-18)不应大于 $50t$,t 为压型钢板的厚度;

x_c——压型钢板受压翼缘边缘至形心轴的距离;

h_s——压型钢板截面的总高度。

(3) 压型钢板的挠度验算

压型钢板在施工阶段可根据下料后的实际布板情况,按单向单跨简支板或两跨连续板进行挠度

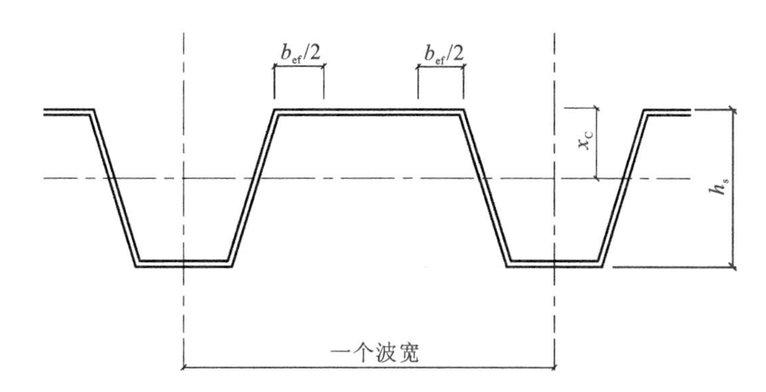

图 7-18 压型钢板的波宽及受压翼缘的计算宽度 b_{ef}

验算。

单跨简支板
$$\delta=\frac{5ql^4}{384EI_s}\leqslant[\delta] \tag{7-41}$$

两跨连续板
$$\delta=\frac{ql^4}{185EI_s}\leqslant[\delta] \tag{7-42}$$

式中 q——一个波宽内的均布短期荷载标准值；

EI_s——一个波宽内压型钢板截面的抗弯刚度；

l——压型钢板的跨度；

$[\delta]$——挠度限值，可取 $l/180$ 和 20 mm 两者中的较小值。

2. 压型钢板组合楼板在使用阶段的承载力验算

(1) 计算假定

压型钢板组合楼板在使用阶段的承载力验算的力学模型，依压型钢板上混凝土的厚薄而采用不同的假定。

当压型钢板上的混凝土厚度为 50～100 mm 时，采用如下假定计算内力：按简支单向板计算组合楼板强边(顺肋)方向的正弯矩；强边方向的负弯矩按固端板取值；不考虑弱边(垂直于肋方向)方向的正负弯矩。

当压型钢板上的混凝土厚度大于 100 mm 时，板的承载力应按下列规定确定。按双向板或单向板进行计算，但板的挠度仍按强边方向的简支单向板计算。

① 当 $0.5<\lambda_e<2.0$ 时，应按双向板计算。

② 当 $\lambda_e\leqslant0.5$ 或 $\lambda_e\geqslant2.0$ 时，应按单向板计算。

λ_e 计算式为

$$\lambda_e=\mu l_x/l_y,\quad \mu=\left(\frac{I_x}{I_y}\right)^{1/4} \tag{7-43}$$

式中 μ——板的受力异向性系数；

l_x——组合楼板强边(顺肋)方向的跨度；

l_y——组合楼板弱边(垂直于肋)方向的跨度；

I_x, I_y——组合楼板强边和弱边方向的截面惯性矩，但计算 I_y 时只考虑压型钢板顶面以上混凝土的厚度 h_c。

在局部荷载作用下，组合楼板的有效工作宽度(见图 7-19)分别根据抗弯及抗剪强度，采用不大于按下列公式算得的相应数值。

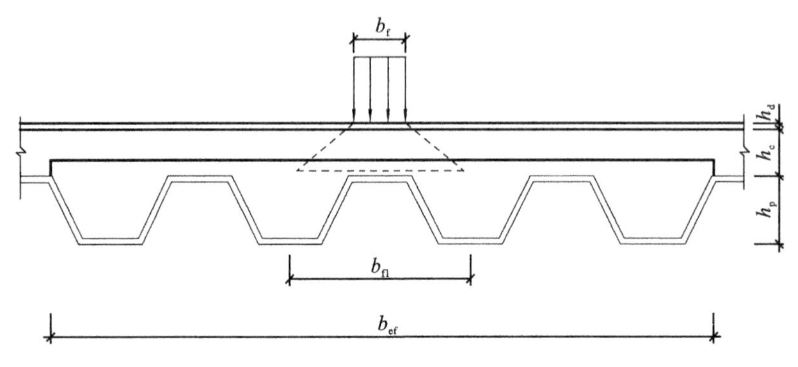

图 7-19 集中荷载分布的有效宽度

① 抗弯计算

简支板
$$b_{ef}=b_{f1}+2l_p\left(1-\frac{l_p}{l}\right) \tag{7-44}$$

连续板
$$b_{ef}=b_{f1}+\left[4l_p\left(1-\frac{l_p}{l}\right)\right]\Big/3 \tag{7-45}$$

② 抗剪计算

$$b_{ef}=b_{f1}+l_p\left(1-\frac{l_p}{l}\right) \tag{7-46}$$

$$b_{f1}=b_f+2(h_c+h_d) \tag{7-47}$$

式中 l——组合楼板的跨度；

l_p——荷载作用点到组合楼板较近支座的距离；

b_{f1}——集中荷载在组合楼板中的分布宽度；

b_f——荷载宽度；

h_c——压型钢板顶面以上混凝土计算厚度；

h_d——地面饰面层厚度。

(2) 抗弯承载力验算

在压型钢板组合楼板中，如能保证压型钢板与混凝土的黏结，则可考虑压型钢板与混凝土的组合作用；否则，不应考虑压型钢板与混凝土的组合作用。通常以下四种情况可认为压型钢板与混凝土之间可有可靠的黏结：采用紧扣型压型钢板(见图 7-20(a))，采用有压痕的压型钢板(见图 7-20(b))，在压型钢板上焊接横向钢筋(见图 7-20(c))，在任何情况下均应设置端部锚固件(见图 7-20(d))。下面主要介绍考虑组合作用的压型钢板组合楼板的抗弯承载力验算。

验算公式区分塑性中和轴是否在压型钢板截面内(见图 7-21)，分别为

$$M\leqslant\begin{cases}0.8\alpha_1 f_c xby_p & (\text{当 } A_p f\leqslant\alpha_1 f_c h_c b \text{ 时})\\ 0.8(\alpha_1 f_c xby_{p1}+A_{p2} f y_{p2}) & (\text{当 } A_p f>\alpha_1 f_c h_c b \text{ 时})\end{cases} \tag{7-48}$$

式中 x——组合板受压区高度，$x=A_p f/\alpha_1 f_c b$，当 $x>0.55h_0$ 时，取 x 为 $0.55h_0$，h_0 为组合板有效高度；

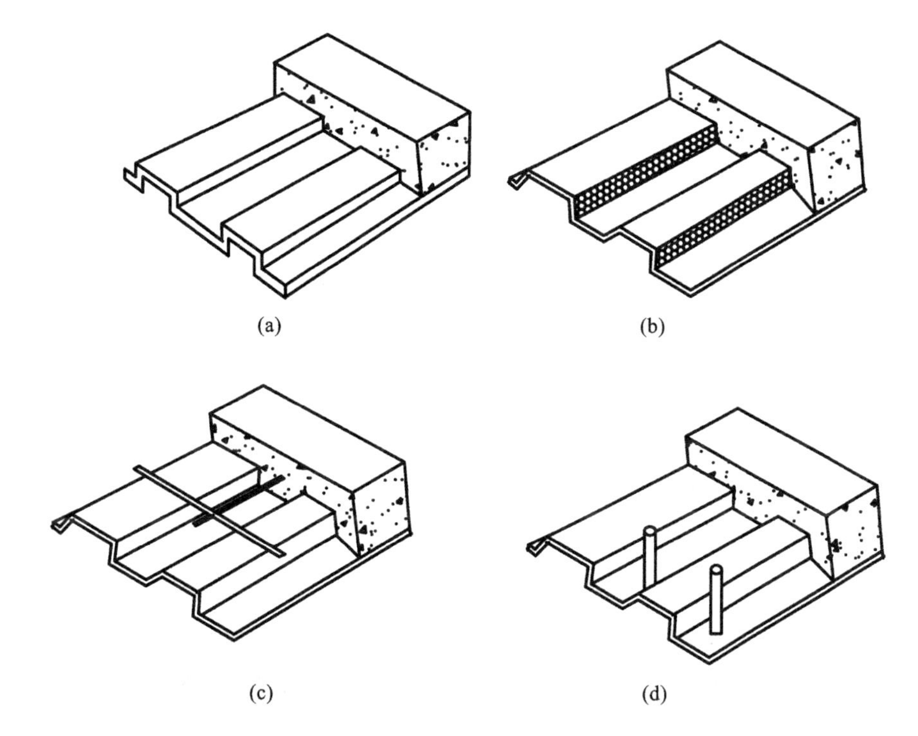

图 7-20 压型钢板与混凝土的黏结方式

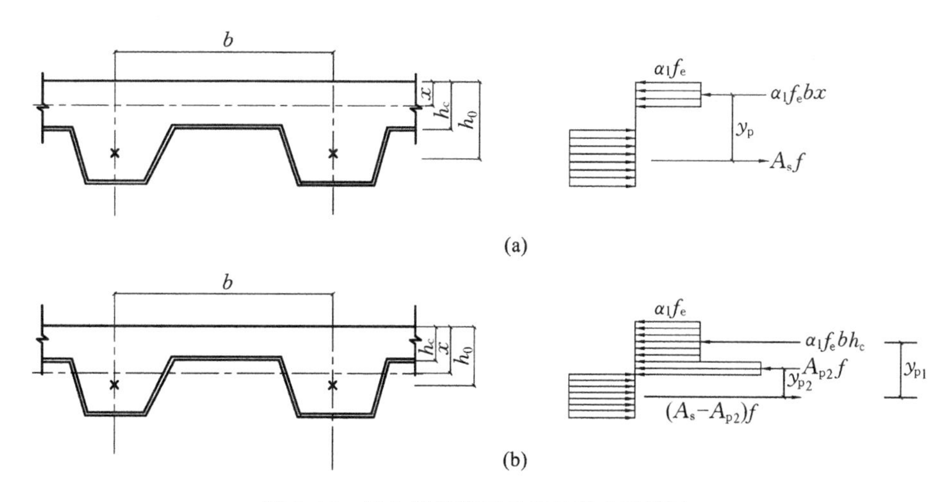

图 7-21 组合板横截面抗弯承载力计算图

(a)$A_p f \leqslant \alpha_1 f_c h_c b$(塑性中和轴在压型钢板顶面以上的混凝土截面)；

(b)$A_p f > \alpha_1 f_c h_c b$(塑性中和轴在压型钢板截面内)

y_p——压型钢板截面应力合力至混凝土受压区截面应力合力的距离，$y_p = h_0 - x/2$；

b——压型钢板的波距；

A_p——压型钢板波距内的截面面积；

f——压型钢板钢材的抗拉强度设计值；

f_c——混凝土轴心抗压强度设计值；

h_c——压型钢板顶面以上混凝土厚度；

A_{p2}——塑性中和轴以上的压型钢板波距内截面面积；

y_{p1}，y_{p2}——压型钢板受拉区截面应力合力分别至受压区混凝土板截面和压型钢板截面应力合力的距离。

系数 0.8 相当于将压型钢板钢材的抗拉强度设计值和混凝土弯曲抗压强度设计值乘以折减系数 0.8，是考虑到起受拉钢筋作用的压型钢板没有混凝土保护层，以及中和轴附近材料强度发挥不充分等因素。

(3) 抗冲剪承载力计算

组合板在集中荷载下的冲切力 V_1，应满足

$$V_1 \leqslant 0.6 f_t u_{cr} h_c \tag{7-49}$$

式中 u_{cr}——临界周界长度，如图 7-22 所示，$u_{cr}=2(a+b)+4h_0+4h_c$；

f_t——混凝土轴心抗拉强度设计值。

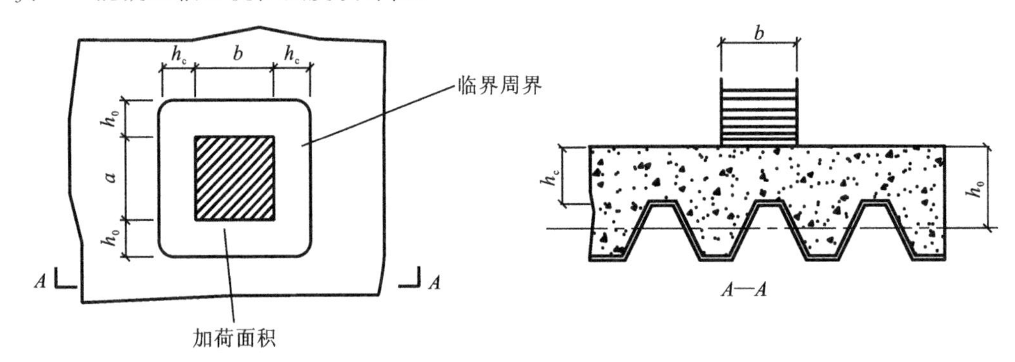

图 7-22 剪力临界周界

(4) 组合板斜截面抗剪承载力验算

组合板一个波距内斜截面最大剪力设计值 V_{max} 应当满足

$$V_{max} \leqslant 0.7 f_t b h_0 \tag{7-50}$$

式中 b——压型钢板的单元宽度；

h_0——组合板有效高度；

f_t——混凝土轴心抗拉强度设计值。

3. 压型钢板组合楼板的构造要求

(1) 栓钉的设置要求

① 栓钉的位置。

为阻止压型钢板与混凝土之间的滑移，在组合楼板的端部(包括简支板端部及连续板的各跨端部)均应设置栓钉。栓钉应设置在端支座的压型钢板凹肋处穿透压型钢板，并将栓钉焊于钢梁翼缘上。

② 栓钉的直径 d。

栓钉穿透压型钢板焊接于钢梁翼缘上时，栓钉直径不大于 19 mm，也可按板跨度 l 采用下列栓钉

直径 d。

当 $l<3$ m 时，$d=13$ mm 或 $d=16$ mm；

当 3 m$\leqslant l \leqslant$6 m 时，$d=16$ mm 或 $d=19$ mm；

当 $l>6$ m 时，$d=19$ mm。

③ 栓钉的间距 s。

一般应在压型钢板端部每一个凹肋处设置栓钉，栓钉间距 s 还应符合下列要求：

沿梁轴线方向， $s\geqslant 5d$

沿垂直于梁轴线方向， $s\geqslant 4d$

距钢梁翼缘边的边距， $s\geqslant 35$ mm

④ 栓钉顶面保护层厚度及栓钉高度。

栓钉顶面的混凝土保护层厚度应大于等于 15 mm；

栓钉焊后高度应大于压型钢板总厚度加 30 mm。

(2) 压型钢板的支承长度

压型钢板在钢梁上的支承长度应大于等于 50 mm。

(3) 组合楼板混凝土内的配筋要求

符合下列情况之一者应配置钢筋。

① 为组合楼板提供储备承载力设置附加抗拉钢筋。

② 在连续组合楼板或悬臂组合楼板的负弯矩区配置连续钢筋。

③ 在集中荷载区段和孔洞周围配置分布钢筋。

④ 为改善防火效果配置受拉钢筋。

⑤ 为改善组合楼板的抗剪性能，在压型钢板上翼缘焊接横向钢筋。横向钢筋应配置在剪跨区端内，其间距宜为 150～300 mm。

钢筋直径、配筋率及配筋长度要求如下。

连续组合楼板中间支座负弯矩区的上部钢筋，应伸过板的反弯点，并应留出锚固长度和弯钩，下部纵向钢筋在支座处应连续配置。

连续组合楼板按简支板设计时的抗裂钢筋，其截面面积应大于相应混凝土截面的最小配筋率 0.2%；抗裂钢筋的配置长度从支承边缘算起应不小于 $l/6$(l 为板跨度)，且应与不少于 5 根分布钢筋相交；抗裂钢筋最小直径 $d\geqslant 4$ mm，最大间距 $s=150$ mm，顺肋方向抗裂钢筋的保护层厚度宜为 20 mm；与抗裂钢筋垂直的分布钢筋直径，不应小于抗裂钢筋直径的 2/3，其间距不应大于抗裂钢筋间距的 1.5 倍。

在集中荷载部位应设置横向钢筋，其配筋率 $\rho\geqslant 0.2$ %，其沿板宽的延伸长度不应小于板的有效工作宽度。

(4) 组合楼板的厚度

① 组合楼板的总厚度不应小于 90 mm。

② 压型钢板顶面以上的混凝土厚度不应小于 50 mm，且应符合楼板防火保护层厚度的要求，以及电气管线等铺设要求。

③ 组合楼板所用的压型钢板应采用镀锌钢板，其镀锌层厚度应满足在使用期间不致锈损的要

求。用于组合楼板的压型钢板净厚度(不包括镀锌层或饰面层厚度)不应小于 0.75 mm,仅作模板的压型钢板厚度不应小于 0.5 mm,浇筑混凝土的波槽平均宽度不应小于 50 mm。当在槽内设置栓钉连接件时,压型钢板总高度不应大于 80 mm。

④ 压型钢板支承于钢梁上时,在其支承长度范围内应涂防锈漆,但其厚度不宜超过 50 μm。压型钢板板肋与钢梁平行时,钢梁上翼缘表面不应涂防锈漆,以使钢梁表面与混凝土间有良好的结合。压型钢板端部的栓钉部位宜进行适当的除锌处理,以提高栓钉的焊接质量。

7.8.2 钢-混凝土组合梁设计

在楼板与钢梁之间设置足够的抗剪连接件,钢梁将与混凝土楼板共同作用形成钢-混凝土组合梁。具有普通钢筋混凝土翼板的组合梁,其翼板的计算厚度应取混凝土板的原厚度,带压型钢板的混凝土翼板的计算厚度,当压型钢板板肋垂直于钢梁时,取压型钢板顶面以上混凝土厚度,当压型钢板板肋平行于钢梁时,取压型钢板顶面以上混凝土厚度加上压型钢板板肋高度的一半。钢-混凝土组合梁的设计可按以下步骤进行。

1. 混凝土翼板有效宽度的确定

钢-混凝土组合梁中混凝土翼板有效宽度 b_e(见图 7-23)可按下式确定

$$b_e = b_0 + b_1 + b_2 \tag{7-51}$$

式中 b_0——托板顶部宽度。当托板倾角 $\alpha < 45°$时,应按 $\alpha = 45°$计算托板顶部的宽度;当无托板时,则取钢梁上翼缘的宽度。

b_1, b_2——梁外侧和内侧的翼缘计算宽度,各取梁跨度 L 的 1/6 和翼缘板厚度 h_c 的 6 倍中的较小值。此外,b_1 还不应超过翼板实际外伸宽度 s_1;b_2 不应超过相邻梁板托间净距 s_0 的 1/2。当为中间梁时,$b_1 = b_2$。

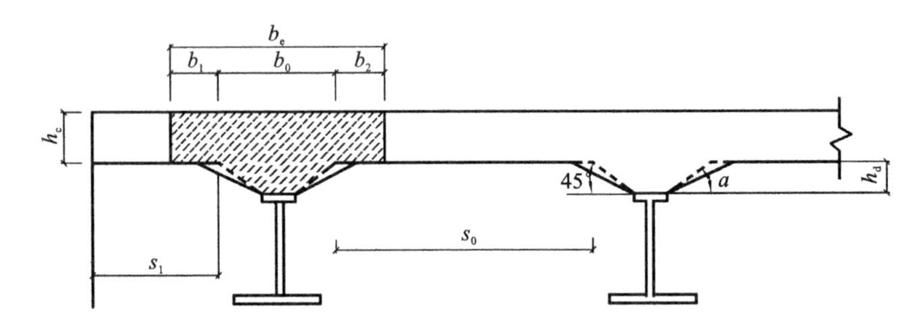

图 7-23 混凝土翼板有效宽度

2. 组合梁强度验算

对于不直接承受动力荷载的组合梁,在建立强度验算公式时,可采用塑性分析法,但截面必须具备足够的塑性发展能力,尤其要避免因钢梁板件的局部失稳而导致过早丧失抗弯承载力,因此对钢梁板件的局部稳定须有更严格的要求,见表 7-5。

(1) 正弯矩作用区段

① 塑性中和轴在钢筋混凝土翼板内时(见图 7-24),即 $Af \leqslant b_e h_{c1} f_c$,组合梁的抗弯承载力应满足

$$M \leqslant b_e x f_c y \tag{7-52}$$

式中 x——组合梁截面塑性中和轴至混凝土翼板顶面的距离，可按下式计算

$$x=\frac{Af}{b_e f_c} \tag{7-53}$$

M——正弯矩设计值；

表 7-5 钢梁翼缘及腹板的板件宽厚比限值

截面形式	翼缘	腹板
b, t, t_w, h_0, t	$\frac{b}{t}\leqslant 9\sqrt{235/f_y}$ $\frac{b_0}{t}\leqslant 30\sqrt{235/f_y}$	当$\frac{A_s f_{sy}}{Af}<0.37$时， $\frac{h_0}{t_w}\leqslant\left(72-100\frac{A_q f_{qy}}{Af}\right)\sqrt{235/f_y}$； 当$\frac{A_s f_{sy}}{Af}\geqslant 0.37$时， $\frac{h_0}{t_w}\leqslant 35\sqrt{235/f_y}$
b, b_1, b, t, t_w, h_0, t		

注：表中，A_s——负弯矩截面中钢筋的截面面积；f_{sy}——钢筋强度设计值；f——塑性设计时钢梁钢材的强度设计值；A——钢梁截面面积；f_y——钢材屈服强度。

A——钢梁的截面面积；

y——钢梁截面应力的合力至混凝土受压区截面应力的合力间的距离；

f——钢材抗拉、抗压和抗弯强度设计值；

f_c——混凝土抗压强度设计值。

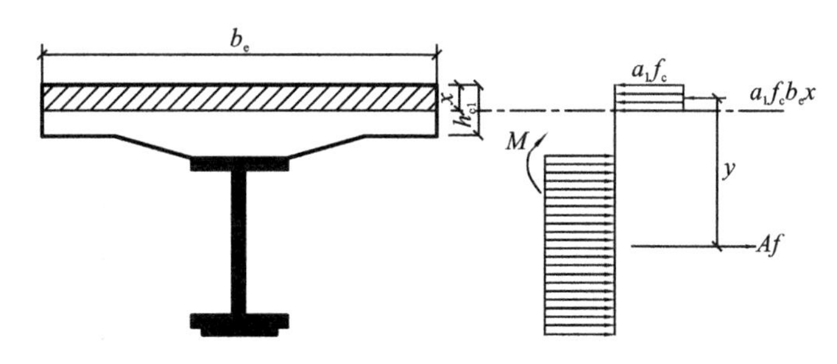

图 7-24 塑性中和轴在混凝土翼板内

② 塑性中和轴在钢梁截面内时(见图 7-25)，即 $Af>b_e h_{c1} f_c$，组合梁的抗弯承载力应满足

$$M\leqslant b_e h_c f_c y_1+A_c f y_2 \tag{7-54}$$

式中 A_c——钢梁受压区截面面积，可按下式计算

$$A_c=0.5(A-b_e h_c f_c/f) \tag{7-55}$$

y_1——钢梁受拉区截面形心至混凝土翼板受压区截面形心的距离；

y_2——钢梁受拉区截面形心至钢梁受压区截面形心的距离。

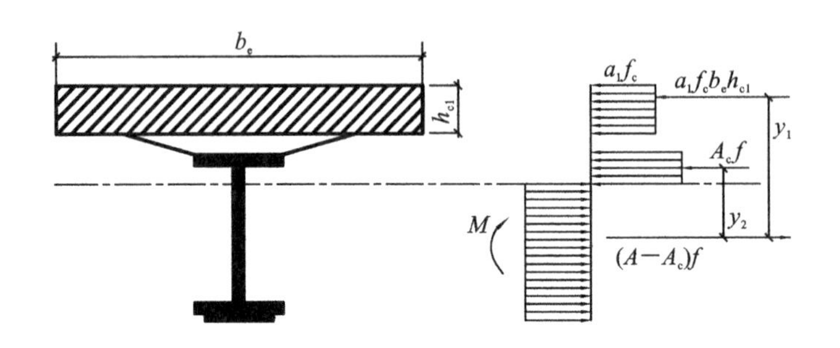

图 7-25 塑性中和轴在钢梁截面内

在钢梁截面上，假定全部剪力仅由钢梁腹板承受，则可按普通实腹梁的腹板受剪计算公式验算其剪应力。

(2) 负弯矩作用区段

负弯矩作用区段组合梁截面及其应力如图 7-26 所示，则组合梁的抗弯承载力应满足

$$M' \leqslant M_s + A_{st} f_{st} (y_3 + y_4/2) \tag{7-56}$$

$$M_s = (S_1 + S_2) f \tag{7-57}$$

式中 M'——负弯矩设计值；

S_1, S_2——钢梁塑性中和轴平分梁截面以上和以下截面对该轴的面积矩；

A_{st}——负弯矩区混凝土翼板有效宽度范围内的纵向钢筋截面面积；

f_{st}——钢筋抗拉强度设计值；

y_3——纵向钢筋截面形心至组合梁塑性中和轴的距离；

y_4——组合梁塑性中和轴至钢梁塑性中和轴的距离。当组合梁塑性中和轴在钢梁腹板内时，取 $y_4 = A_{st} f_{st} / (2t_w f)$，当该中和轴在钢梁翼缘内时，取 y_4 等于钢梁塑性中和轴至腹板上边缘的距离。

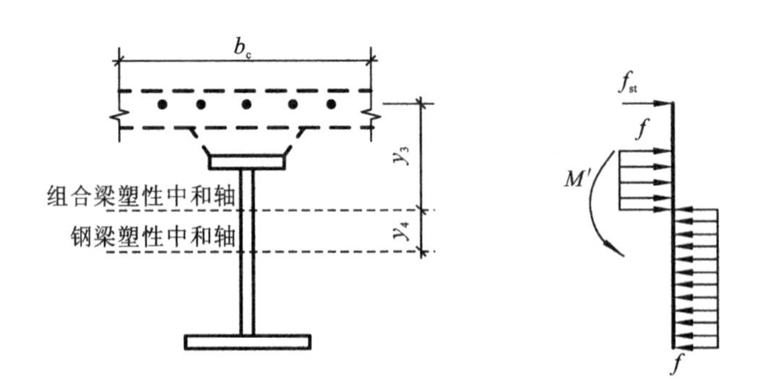

图 7-26 负弯矩作用区段组合梁截面及其应力

3. 连接件设计

组合梁的特点是混凝土的翼板与钢梁共同受力，因此，板与梁之间有较大的剪力，单靠梁翼缘狭

窄连接面黏结摩擦受力是不够的，需要用键或锚组成一个特殊的抗剪结构，称之为连接件（或剪力键）。连接件是钢与钢筋混凝土组合结构的重要组成部分，由于有焊接在钢梁翼缘上的连接件，才能使钢梁与混凝土板连接成为一个整体结构而共同发挥作用。连接件形式很多，主要有栓钉、槽钢和弯起钢筋等，如图7-27所示。

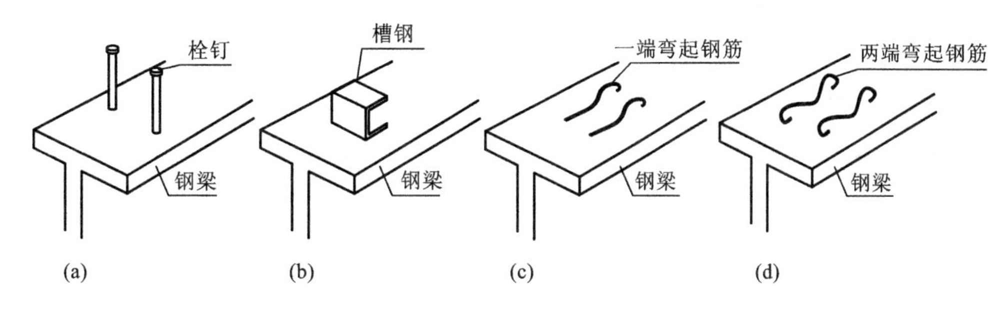

图7-27　连接件的形式

目前最常用的栓钉连接件的受剪承载力设计值按下式计算

$$N_v^c=0.43A_s\sqrt{E_c f_c}\leqslant 0.7A_s\gamma f \tag{7-58}$$

式中　A_s——栓钉钉杆截面面积；

f——栓钉抗拉强度设计值；

E_c——混凝土的弹性模量；

γ——栓钉材料抗拉强度最小值与屈服强度之比，当栓钉材料性能等级为4.6级时，取$f=215$ N/mm^2，$\gamma=1.67$；

f_c——混凝土抗压强度设计值。

位于组合梁负弯矩区的栓钉，周围混凝土对其约束程度不如正弯矩区，按式(7-58)算得的栓钉受剪承载力设计值应予以折减：位于连续梁中间支座上负弯矩段时，取折减系数0.9；位于悬臂梁负弯矩段时，取折减系数0.8。

另外，式(7-58)是针对直接焊在梁翼缘上的栓钉得出来的，当混凝土板和梁翼缘之间有压型钢板时，还需要折减：当压型钢板肋与钢梁平行时（见图7-28(a)），应乘以折减系数$\eta=0.6b(h_s-h_p)/h_p^2\leqslant 1.0$；当压型钢板肋与钢梁垂直时（见图7-28(b)），应乘以折减系数$\eta=0.85b(h_s-h_p)/\sqrt{n_0}h_p^2\leqslant 1.0$，其中$b$为混凝土凸肋（压型钢板波槽）的平均宽度（见图7-28(c)），但当肋的上部宽度小于下部宽度时（见图7-28(d)），改取上部宽度；h_p为压型钢板高度（见图7-28(c)、(d)）；h_s为栓钉焊后的高度（图7-28(b)），但不应大于h_p+75 mm；n_0为组合梁截面上一个肋板中配置的栓钉总数，当大于3时取3。

4. 组合梁的构造要求

① 组合梁截面高度h一般不宜超过钢梁截面高度h_s的2.5倍，混凝土板托高度h_{c2}不宜超过翼板厚度h_{c1}的1.5倍，板托顶面宽度不宜小于钢梁上翼缘宽度与$1.5h_{c2}$之和。钢梁顶面不得刷涂油漆，并在浇筑混凝土前除锈清灰。

② 栓钉连接件钉头下表面或槽钢连接件上翼缘下表面宜高出混凝土翼板底部钢筋顶面30 mm；连接件的最大间距不应大于混凝土翼板（包括托板）厚度的4倍，且不大于400 mm。

③ 栓钉连接件长度不小于$4d$（d为钉直径）。布置时沿梁跨度方向间距不宜小于$6d$，垂直于梁

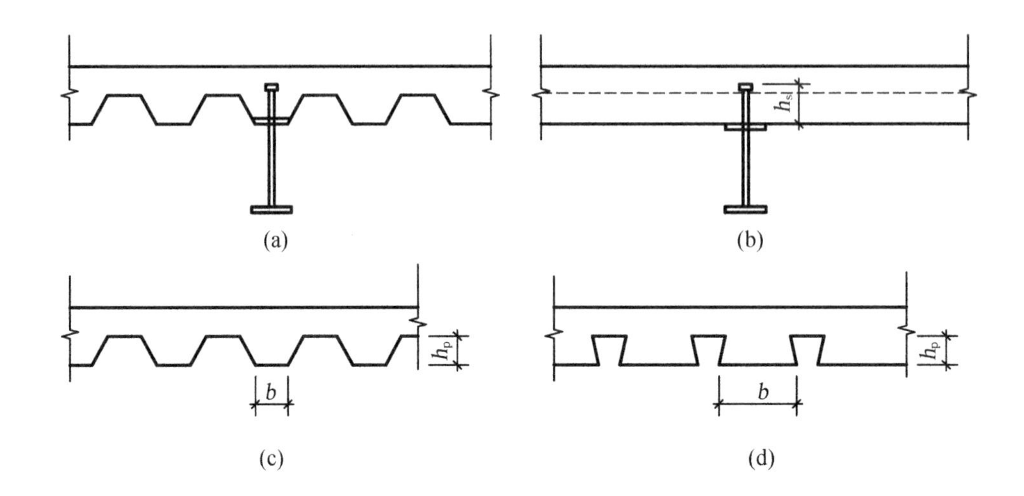

图 7-28　承载力设计值应折减的栓钉布置

(a)肋平行于支承梁;(b)肋垂直于支承梁;(c)、(d)楼板剖面

跨度方向的间距不宜小于 $4d$。槽钢连接件的翼缘肢尖方向应与混凝土翼板对钢梁的水平剪应力方向一致,与钢梁上翼缘之间采用角焊缝焊接。弯起钢筋宜采用直径 d 不小于 12 mm 的Ⅰ级钢筋成对布设,双侧角焊缝焊接于钢梁上翼缘,单侧焊缝长度不小于 $4d$,弯起角度一般为 45°,弯折方向应与混凝土翼板对钢梁的水平剪应力方向一致,其梁跨中纵向水平剪力方向变化的区段,必须在两个方向均有弯起钢筋。每个弯起钢筋从弯起点算起的总长度不宜小于 $25d$(Ⅰ级钢筋另加弯钩),其中水平段长度不宜小于 $10d$,见图 7-29。

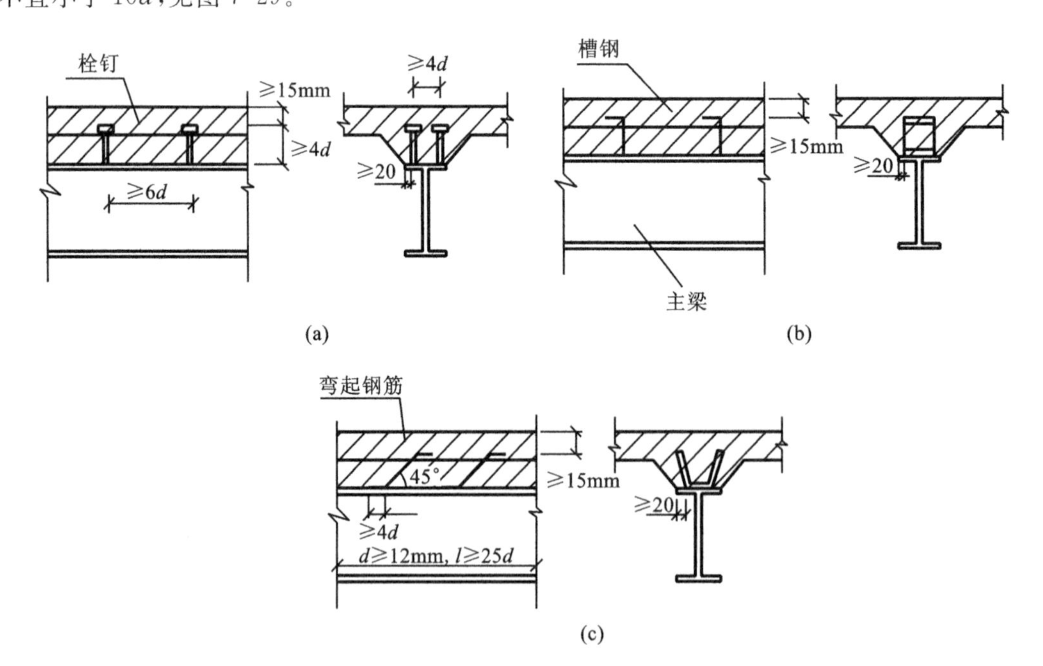

图 7-29　组合梁抗剪连接件的构造要求

7.9　多层钢结构的连接

节点连接是保证钢结构安全的重要部位，对结构承载能力的可靠性和安全性有着重要影响，还会对结构构件的加工制作与工地安装的质量造成影响，并直接影响结构造价。因此节点连接设计是整个设计工作的重要环节。

7.9.1　多层钢结构的节点类型和基本设计原则

多层钢结构中的基本构件是梁、柱和支撑，因此结构体系中包括的主要节点类型有：梁柱连接节点、柱与基础连接节点（柱脚）、主梁与次梁连接节点、梁-梁拼接节点、柱-柱拼接节点以及支撑与梁柱连接节点等。下面将分别介绍各类连接节点的形式和设计方法。

多层框架结构中各类节点设计时，一般应遵循以下的原则。

① 节点受力应力求传力简捷、明确，使计算分析与节点的实际受力情况相一致。

② 保证节点连接有足够的强度，使结构不致因连接弱而引起破坏。

③ 节点连接应具有良好的延性。建筑结构钢材本身具有很好的延性，对抗震设计十分重要，但这种延性在结构中不一定能体现出来，这主要是由于节点的局部压曲和脆性破坏而造成的，因此在设计中应采用合理的细部构造，避免采用刚度大和易产生层状撕裂的连接形式。

④ 构件的拼接一般应按等强度原则设计，亦即拼接件和连接强度应能传递断开截面的最大承载力。

⑤ 尽量简化节点构造，以便于加工，及安装时容易就位和调整。

7.9.2　梁与柱的连接

1. 常用节点形式

在多层钢框架结构中，梁-柱连接的节点是关键的节点。按梁对柱的约束刚度（转动刚度），节点的连接大致可分为铰接连接、半刚性连接和刚性连接三种类型。

节点为铰接连接时，只能传递梁端的剪力，而不能传递梁端弯矩，这时一般仅将梁的腹板与柱翼缘或腹板相连；梁与柱的半刚性连接，除能传递梁端剪力外，还能传递一定数量的梁端弯矩，但与梁端截面所能承担的弯矩相比，一般只有 25%左右。梁与柱的刚性连接，除能传递梁端剪力外，还能传递梁端截面的弯矩，保持被连接构件的连续性。

梁与柱的铰接连接和半刚性连接，在实际中多用于一些比较次要的连接上，对于多层框架钢结构的主要连接，特别是地震区的钢框架，应当采用刚性连接。

梁与柱的三种连接常用的节点形式如图 7-30～图 7-33 所示。

在设计中，为简化计算，通常假定梁与柱的连接节点为完全刚接或完全铰接。因此，下面分别介绍梁柱刚性连接和梁柱铰接连接节点的设计与构造。

2. 梁柱刚性连接

(1) 梁柱刚性连接常用的构造形式分类

① 全焊接节点，梁的上下翼缘用坡口全熔透焊缝，腹板用角焊缝与柱翼缘相连。

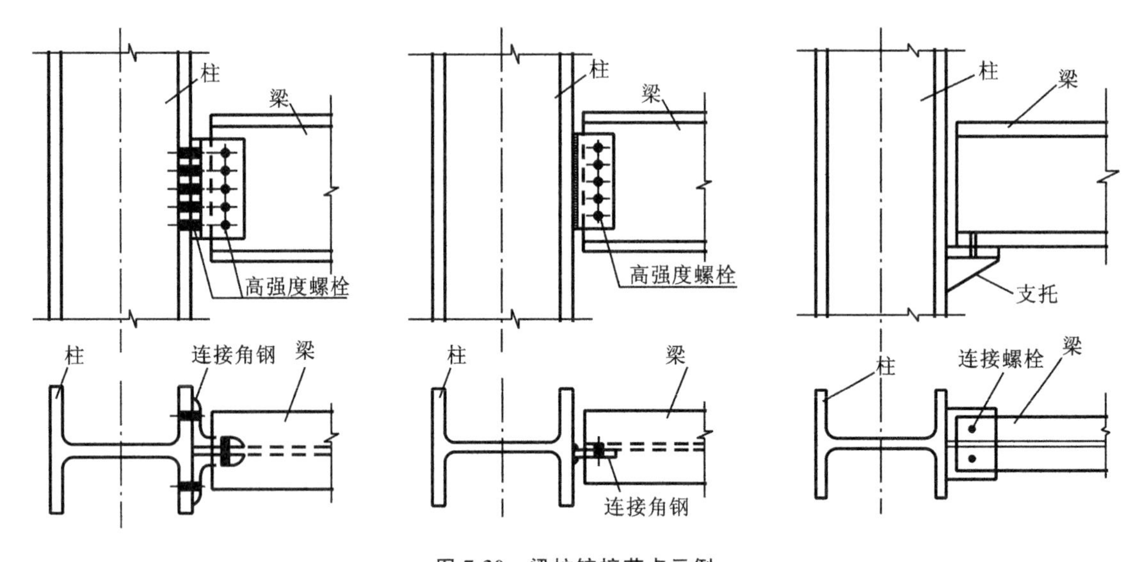

图 7-30 梁柱铰接节点示例

② 栓焊混合节点，即仅在梁上下翼缘用全熔透焊缝，腹板则用高强度螺栓与柱翼缘上的连接板相连接。

③ 全栓接节点，梁翼缘与腹板借助 T 形连接件用高强度螺栓与柱翼缘相连。

(2) 主梁与柱刚接时的验算

① 主梁与柱的连接承载力——校核梁翼缘和腹板与柱的连接在弯矩和剪力作用下的强度；

② 柱腹板的抗压承载力——在梁受压翼缘引起的压力作用下，柱腹板由于屈曲而破坏；

③ 节点板域的抗剪承载力。

(3) 主梁与柱的连接承载力验算

采用梁翼缘和腹板分别承担弯矩和剪力的原则，计算简便，对于高跨比适中或较大时的大多数情况，是偏于安全的。

当梁柱节点采用全焊接连接时(见图 7-34)，通常均设有引弧板，梁翼缘与柱对接焊缝的抗拉强度应满足

$$\sigma=\frac{M}{b_{\mathrm{f}}t_{f}(h-t_{\mathrm{f}})}\leqslant f_{\mathrm{t}}^{\mathrm{w}} \tag{7-59}$$

梁腹板角焊缝的抗剪强度应满足

$$\tau=\frac{V}{2l_{\mathrm{w}}h_{\mathrm{e}}}\leqslant f_{\mathrm{f}}^{\mathrm{w}} \tag{7-60}$$

式(7-59)～式(7-60)中 M——梁端弯矩设计值；

V——梁端剪力设计值；

$f_{\mathrm{t}}^{\mathrm{w}}$——对接焊缝抗拉强度设计值；

$f_{\mathrm{f}}^{\mathrm{w}}$——角焊缝抗剪强度设计值；

l_{w}——腹板角焊缝计算长度；

h_{e}——角焊缝的有效厚度。

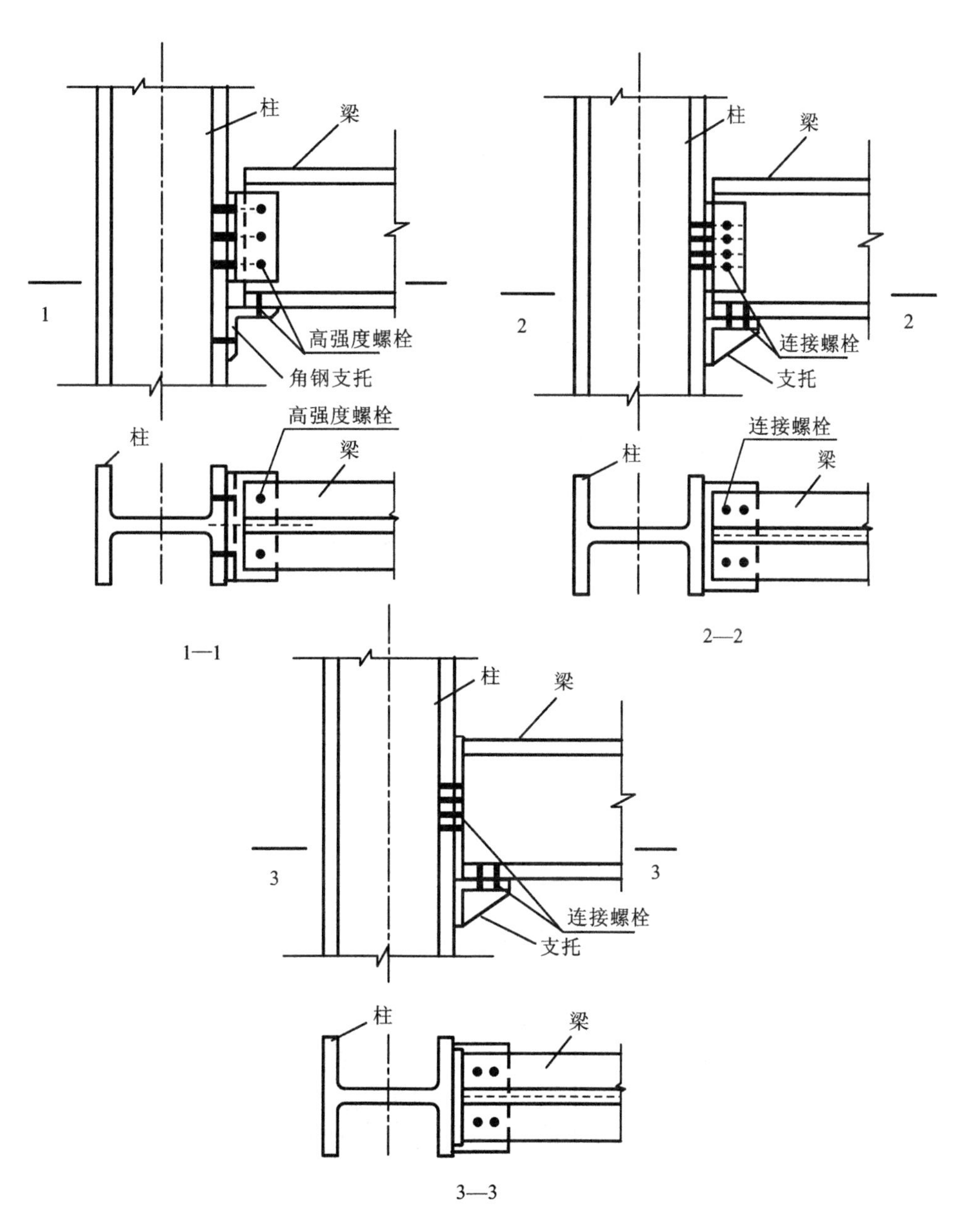

图 7-31　梁柱半刚性节点示例图

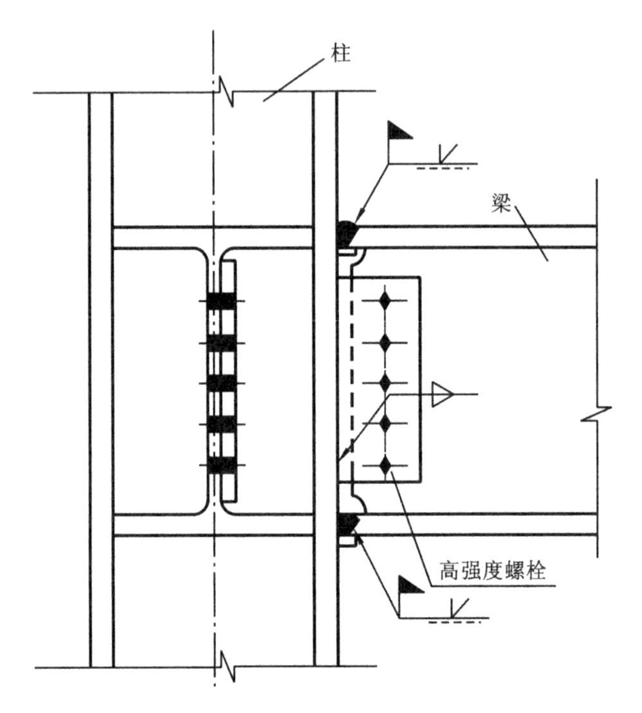

图 7-32　梁柱刚性节点示例图一

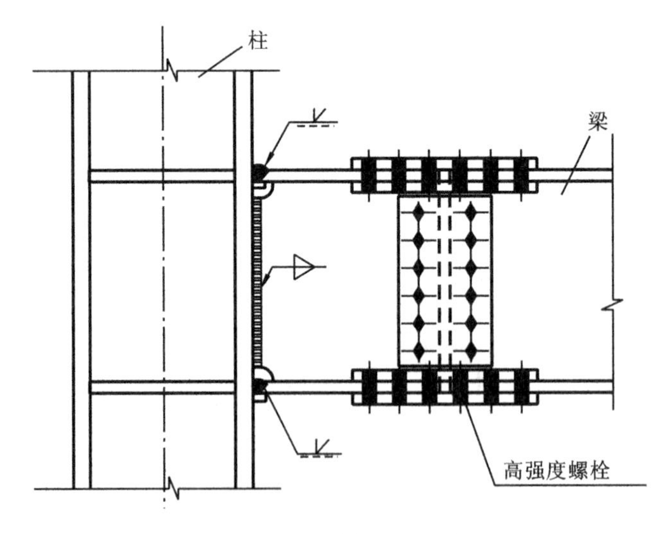

图 7-33　梁柱刚性节点示例图二

当梁柱节点采用栓焊混合连接时(见图 7-35),梁腹板高强度螺栓的抗剪承载力应满足

$$N_{1v}=\frac{V}{n}\leqslant 0.9N_v^b \tag{7-61}$$

式中 n——梁腹板高强度螺栓的个数;

N_v^b——一个高强度螺栓抗剪承载力的设计值;

0.9——考虑焊接热影响对高强度螺栓预拉力损失的系数。

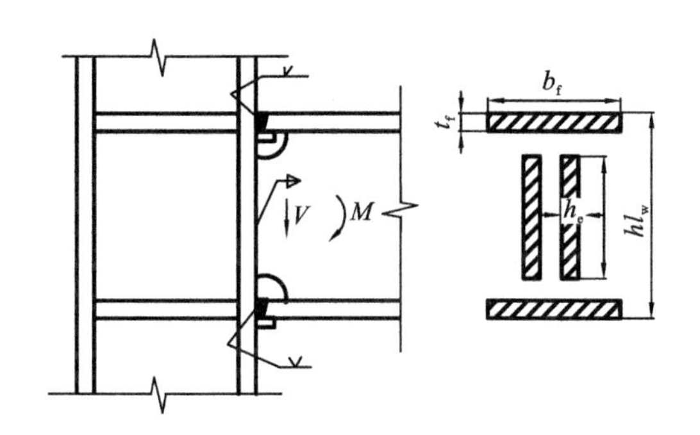

图 7-34 梁柱全焊接连接刚性节点

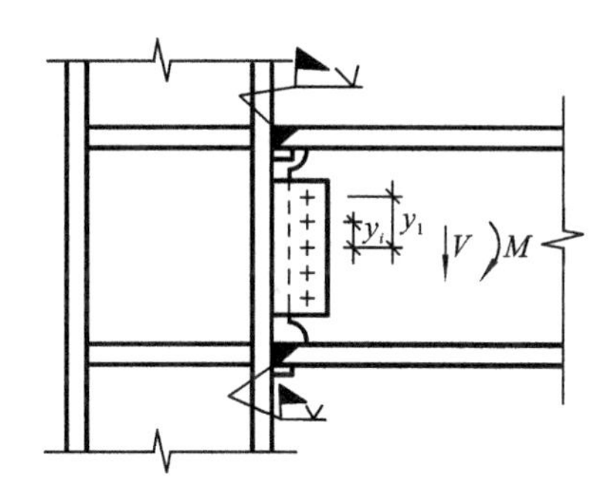

图 7-35 梁柱栓焊混合连接刚性节点

(4) 柱腹板抗压承载力的验算

梁的上下翼缘与柱连接处,由于梁端弯矩在梁的上下翼缘中产生的内力为柱的水平集中力,将产生局部应力,并可能带来以下两类破坏。

① 在梁受压翼缘引起的压力作用下,柱腹板由于屈曲而破坏。

② 梁受拉翼缘传来的荷载,使柱翼缘与相邻腹板处的焊缝拉开,导致柱翼缘的过大弯曲。

对第一种情况,欲使柱腹板在梁受压翼缘传来的压力作用下保持稳定,则应满足下式要求

$$A_{fb}f_y\leqslant t_{wc}b_ef_y \tag{7-62}$$

式中 b_e——柱腹板受压区的有效宽度,如图 7-36 所示,$b_e=t_{fb}+5k_c$;

t_{fb}——梁翼缘的厚度;

t_{wc}——柱腹板的厚度;

k_c——柱翼缘外侧至腹板圆角根部或角焊缝焊趾的距离。

若式(7-62)不能满足要求,则应设置柱腹板水平加劲肋(见图 7-37),加劲肋的总截面面积不小于

$$A_s\geqslant A_{fb}-t_{wc}(t_{fb}+5k_c) \tag{7-63}$$

为防止加劲肋屈曲,要求其宽厚比限值为

$$\frac{b_s}{t_s}\leqslant 9\sqrt{\frac{235}{f_y}} \tag{7-64}$$

对第二种情况,在梁受拉翼缘的作用下,除非柱翼缘的刚度很大(很厚),否则柱翼缘受拉挠曲,腹板附近应力集中,焊缝很容易破坏。为此,一般均按构造在柱腹板对应梁上下翼缘处设置水平加劲肋。当按抗震设计时,加劲肋一般与梁翼缘等厚;按非抗震设计时,水平加劲肋除应满足传递两侧梁

翼缘的集中力外,其厚度不得小于梁翼缘厚度的 1/2,并应符合宽厚比的限值。

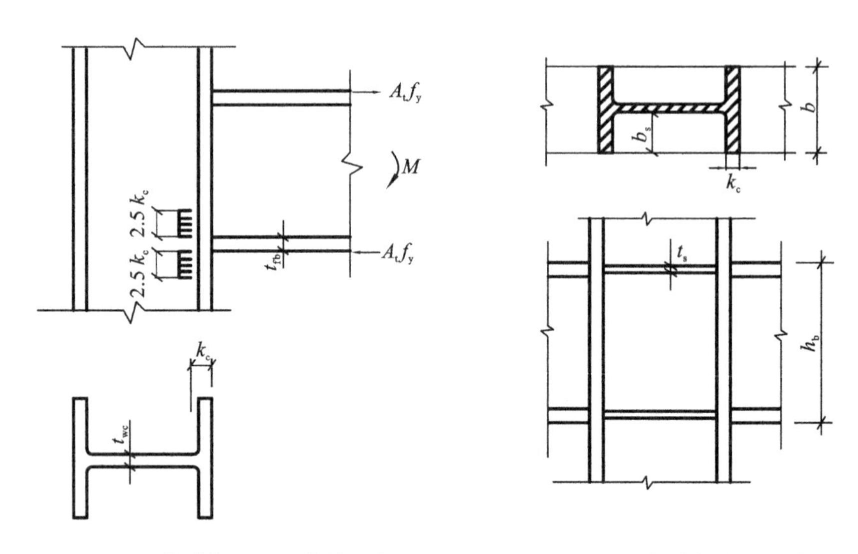

图 7-36 柱腹板受压区有效宽度　　图 7-37 柱腹板水平加劲肋

水平加劲肋与柱的焊接如图 7-38(a)所示,在柱翼缘内侧的加劲肋上开 V 形坡口,用垫板进行对接焊,与柱腹板则用角焊缝。此外,在柱的圆角部分加劲肋不开弧形切口,用图 7-38(b)所示的切角,把对接焊缝延长。为了便于绕焊和避免荷载作用时的应力集中,水平加劲肋应从翼缘边缘后退 10 mm。

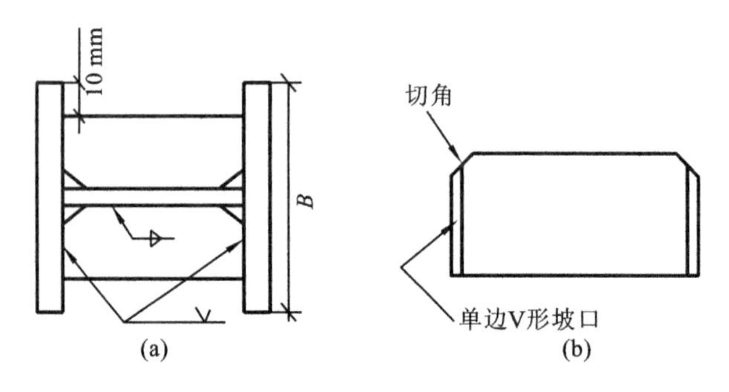

图 7-38 柱水平加劲肋焊接方法

箱形柱在翼缘对应位置设置柱内水平加劲隔板,板厚不小于梁翼缘的厚度。

当柱两侧的梁高度不等时,对应每个梁翼缘均应设置水平加劲肋,考虑焊接方便,水平加劲肋间距 e 不宜小于 150 mm(见图 7-39(a)),并不小于加劲肋的宽度。当不能满足此要求时,应调整梁的端部高度,可将截面高度较小的梁端部高度局部加大,腋部翼缘的坡度不大于 1/3(见图 7-39(b)),也可采用斜加劲肋,加劲肋的倾斜度同样不大于 1/3(见图 7-39(c))。

当与柱正交的梁高度不等时,同样也应分别设置水平加劲肋(见图 7-40)。

柱腹板水平加劲肋应与梁翼缘对齐,试验表明,偏心 50 mm 时,只有约 65%的加劲肋效应,偏心 100 mm 时,加劲肋效应小于 20%。

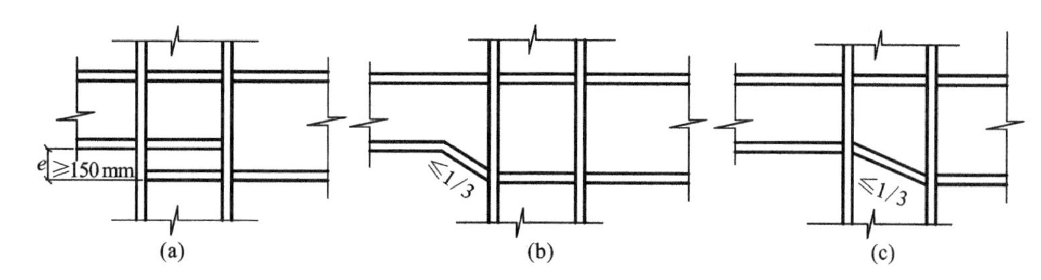

图 7-39　柱两侧梁高度不等时的水平加劲肋

(5) 梁-柱节点板域的抗剪承载力验算

在刚性连接的梁-柱节点连接处，由上下水平加劲肋和柱翼缘所包围的节点板域，在相当大的剪力作用下，存在着板域首先屈服的可能性，对框架的整体性能有较大的影响，设计中被视为薄弱环节，应予以充分重视。

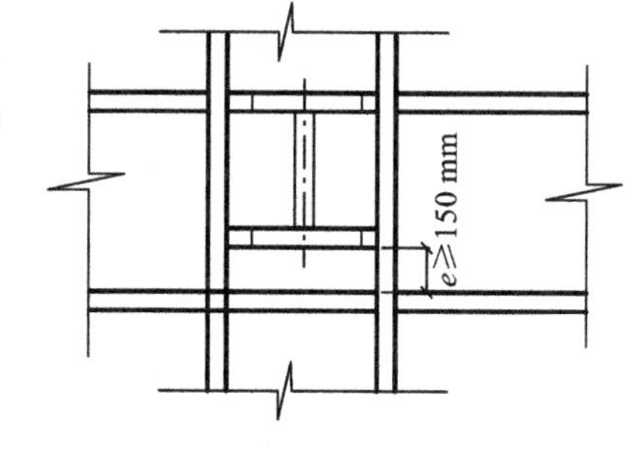

图 7-40　与柱正交梁高度不等时的水平加劲肋

图 7-41 为一梁柱节点板域在梁、柱端弯矩和剪力作用下的受力情况，板域的剪应力由下式计算

$$\frac{M_{b1}+M_{b2}}{h_b}-V_{c1}=\tau t_{wc}h_c \tag{7-65}$$

则有

$$\tau=\frac{M_{b1}+M_{b2}}{h_b h_c t_{wc}}-\frac{V_{c1}}{h_c t_{wc}}\leqslant f_v \tag{7-66}$$

大量试验证明，当板域的剪力为 $\frac{4}{3}\tau_y$ 时，板域仍能保持稳定。为充分利用材料强度，另外，考虑弯矩的影响最大，取剪力值为零，则实际设计中式(7-66)可改写为

$$\tau=\frac{M_{b1}+M_{b2}}{h_b h_c t_{wc}}=\frac{M_{b1}+M_{b2}}{V_p}\leqslant\frac{4}{3}f_v \tag{7-67}$$

式中　V_p——节点域体积，对箱形截面柱 $V_p=1.8h_b h_c t_w$。

梁-柱刚性连接采用 T 形连接件通过高强度螺栓连接的形式，如图 7-42 所示。除非 T 形连接件具有很大的刚度，否则一般很难满足刚接要求。由于现在普遍采用焊接，因此梁柱 T 形连接已较少采用。

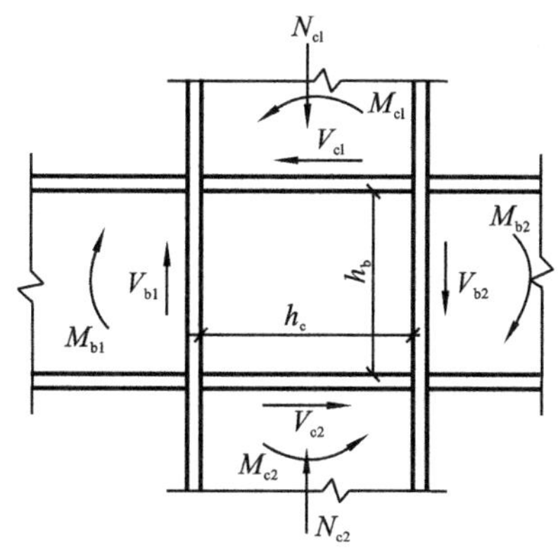

图 7-41　节点板域处的剪力和弯矩

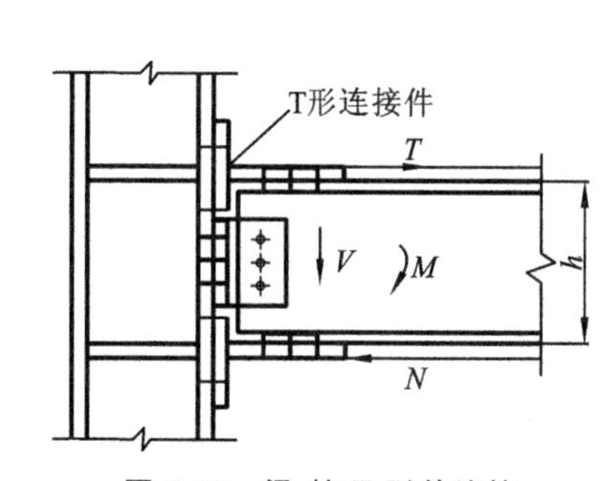

图 7-42　梁-柱 T 形件连接

3. 梁-柱柔性连接

柔性连接只能承受很小的弯矩,这种连接实际上是为了实现简支梁的支承条件,即梁端没有线位移,但可以转动。下面介绍常用的几种梁柱柔性连接节点的设计方法。

(1) 梁采用连接板与柱连接

如图 7-43 所示,梁、柱采用连接板相连,连接板与柱的连接为双面角焊缝连接,当连接板与梁腹板的连接为摩擦型高强度螺栓连接时,连接的计算除了考虑作用在梁端部的剪力外,还应考虑由于偏心所产生的附加弯矩($M=Ve$)的影响。

当采用图 7-43 所示的单侧连接板连接时,连接板的厚度为

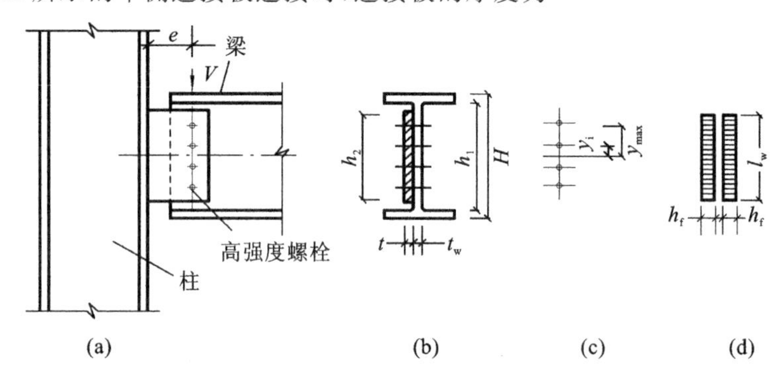

图 7-43 梁与柱的单板铰接连接计算简图

$$t=\frac{t_w h_1}{h_2}+(2\sim4)(\text{且不宜小于 8 mm}) \tag{7-68}$$

式中 h_1——梁的腹板高度;

h_2——连接板的(垂直方向)长度。

连接板与柱相连的角焊缝(见图 7-43(d))在梁端剪力 V 的作用下,应满足

$$\tau_v=\frac{V}{2\times0.7h_f l_w}\leqslant f_f^w \tag{7-69}$$

连接板与梁腹板相连的高强度螺栓(见图 7-43(c))所示的单剪连接,在梁端剪力 V 和偏心弯矩 $V\cdot e$ 的作用下,边行受力最大的一个高强度螺栓应满足

$$N_{1\max}=\sqrt{(N_{1v})^2+(N_{1M})^2}\leqslant N_v^b \tag{7-70}$$

$$N_{1v}=\frac{V}{n} \tag{7-71}$$

$$N_{1M}=\frac{Me\cdot y_{\max}}{\sum y_i^2} \tag{7-72}$$

式中 N_v^b——一个摩擦型高强度螺栓的单面抗剪承载力设计值。

(2) 梁-柱采用连接角钢相连

梁与柱的角钢铰接连接计算图示如图 7-44 所示,连接角钢与柱翼缘可采用高强度螺栓连接,也可以采用角焊缝连接;连接角钢与梁翼缘的连接采用高强度螺栓连接。

连接角钢的厚度可用下列公式计算。

当采用双剪连接时(见图 7-44(b)),

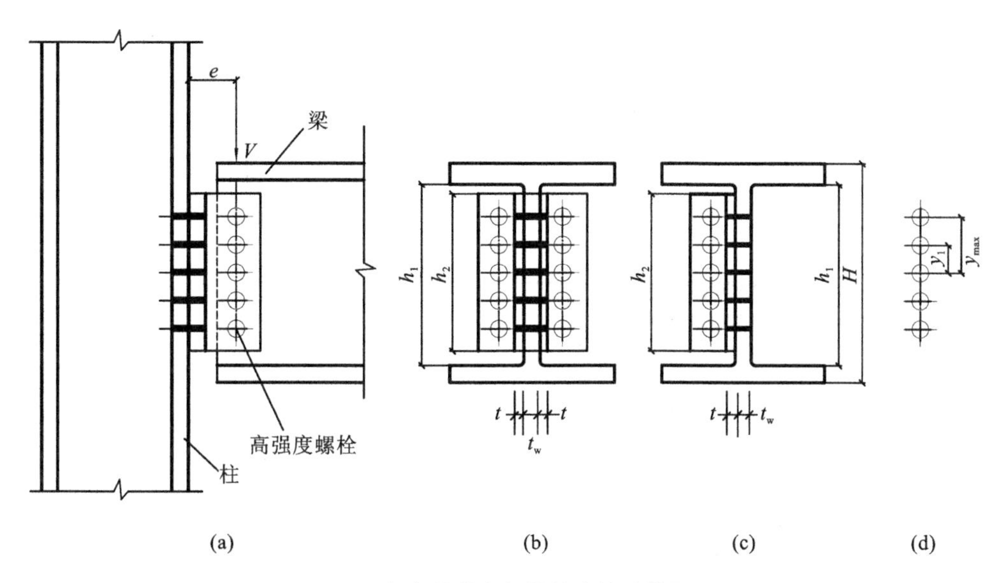

图7-44 梁与柱的角钢铰接连接计算图示

$$t=\frac{t_w h_1}{2h_2}+(1\sim3)\ \text{mm}(\text{且不宜小于 6 mm}) \tag{7-73}$$

当采用单剪连接时(见图7-44(c)),

$$t=\frac{t_w h_1}{h_2}+(2\sim4)\ \text{mm}(\text{且不宜小于 8 mm}) \tag{7-74}$$

连接角钢与柱翼缘相连的高强度螺栓,在梁端剪力作用下应满足

$$N_{1v}=\frac{V}{n}\leqslant N_v^b \tag{7-75}$$

连接角钢与梁翼缘相连的高强度螺栓,在梁端剪力和偏心弯矩共同作用下,验算公式同式(7-75)。只是当采用双剪连接时,应采用一个高强度螺栓的双面抗剪承载力设计值。

(3) 梁简支于柱支托上

梁与柱的支托铰接连接计算图示如图7-45所示,支托及其连接焊缝除了考虑作用于梁端部的剪力外,还应考虑偏心所产生的附加弯矩 $M=Fe$ 的影响。

设置在柱的支托板件的厚度,一般不应小于梁翼缘厚度加2 mm,且不宜小于10 mm。

支托板与柱翼缘连接处的截面(见图7-45(b))强度大小,可按下列公式计算

正应力
$$\sigma=\frac{Fe}{W_x}\leqslant f \tag{7-76}$$

剪应力
$$\tau=\frac{VS}{It_w}\leqslant f_v \tag{7-77}$$

折算应力
$$\sigma_c=\sqrt{\sigma^2+3\tau^2}\leqslant 1.1f \tag{7-78}$$

式中 W_x——计算截面对 x 轴截面抵抗矩;

I——计算截面惯性矩;

S——计算剪应力处以上截面对中和轴的面积矩;

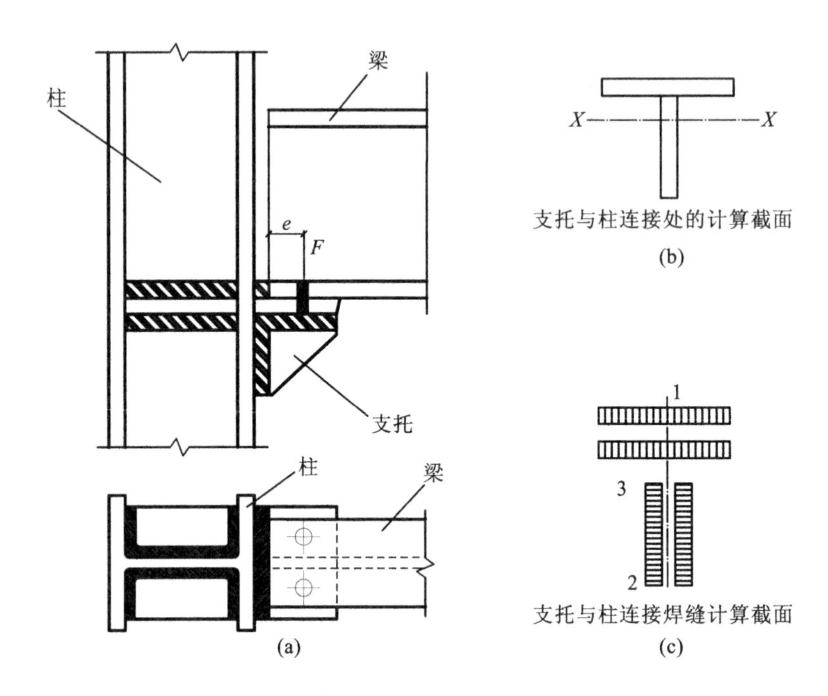

图 7-45 梁与柱的支托铰接连接计算图示

t_w——支托腹板的厚度。

支托与柱翼缘的连接一般是采用双面角焊缝连接，见图 7-45(c)。此时，应验算 1,2,3 点处的焊缝强度，即

1 点焊缝强度应满足
$$\sigma_1=\frac{Fe}{W_{w1}}\leqslant\beta_f f_f^w \tag{7-79}$$

2 点焊缝强度应满足
$$\sigma_2=\sqrt{\left(\frac{Fe}{\beta_f W_{w2}}\right)^2+\left(\frac{F}{A_{wW}}\right)^2}\leqslant f_f^w \tag{7-80}$$

3 点焊缝强度应满足
$$\sigma_3=\sqrt{\left(\frac{Fe}{\beta_f W_{w3}}\right)^2+\left(\frac{F}{A_{wW}}\right)^2}\leqslant f_f^w \tag{7-81}$$

梁翼缘与支托板固定的连接螺栓一般是采用与母材相适应的 2 个 M20～M24 的普通 C 级螺栓。

7.9.3 梁与梁的拼接连接

1. 常用连接形式

梁与梁的拼接连接，主要是用于柱外带悬臂梁端与中间梁端的施工现场拼接，或大跨度梁中间区段的安装拼接。梁的轴力在一般情况下相对于弯矩和剪力而言，其数值较小，因此在实际设计中梁通常是按其承受的弯矩和剪力来进行拼接连接设计的。

设计梁的拼接连接节点时，除了应满足连接处的强度和刚度要求外，还应考虑施工安装的方便。梁的拼接连接节点，一般应设在内力较小的位置，但考虑施工安装的方便，通常是设在距梁端 1.0 m 左右的位置处。另外，主梁的拼接接头应位于框架节点塑性区段以外。

作为刚性连接的梁-梁拼接连接节点，如果将连接按实际内力进行设计，则有损于梁的连续性，可能造成建筑物的实际情况与设计时内力分析模型的不相协调，并降低结构的延性。因此对按抗震设计和按塑性设计的结构，其连接节点应按板件截面面积的等强度条件进行设计，其他情况下可按梁拼接处的内力设计，但其连接承载力不应小于原截面承载力的50%。

梁与梁的拼接节点，通常采用的连接形式有以下几种。

① 翼缘采用完全焊透的坡口对接焊缝连接，腹板采用摩擦型高强度螺栓连接，如图7-46(a)所示。

② 翼缘和腹板均采用摩擦型高强度螺栓连接，如图7-46(b)所示。

③ 翼缘和腹板均采用完全焊透的坡口对接焊缝连接，如图7-46(c)所示。

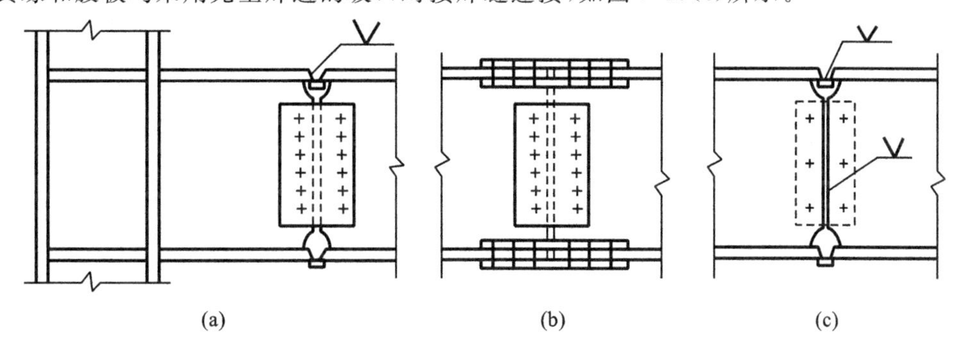

图7-46　主梁的拼接形式

当翼缘和腹板采用完全焊透的坡口对接焊缝，并采用引弧板施焊时，可视焊缝与翼缘板和腹板是等强度的，不必进行连接焊缝的强度计算。

下面介绍翼缘和腹板采用高强度螺栓连接时，分别按等强度条件和按连接处截面内力设计的方法。

2. 等强度设计法

如图7-47所示为采用高强度螺栓连接的梁-梁拼接连接节点处的内力图示。当按等强度条件设计时，其设计内力按下列公式计算

$$M=W_{n}f \tag{7-82}$$

$$V=A_{nw}f_{v} \tag{7-83}$$

式(7-82)、式(7-83)中　W_n——梁扣除高强度螺栓孔后的净截面抵抗矩；

A_{nw}——梁腹板扣除高强度螺栓孔后的净截面面积。

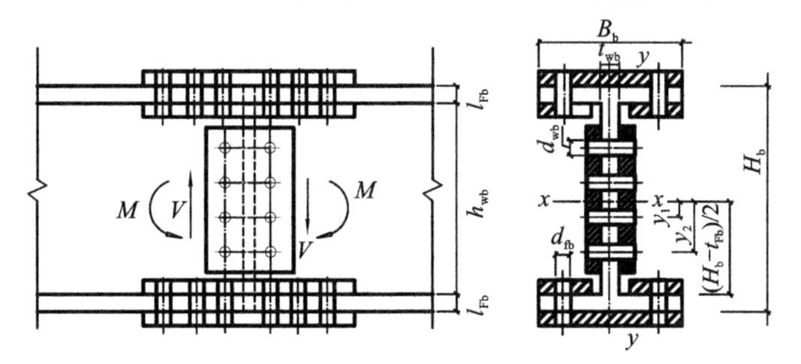

图7-47　梁-梁拼接连接节点处的内力图示

梁单侧翼缘连接所需要的高强度螺栓数目,应满足

$$n_{fb} \geqslant \frac{M}{(H-t_f)N_v^b} = \frac{W_n f}{(H-t_f)N_v^b} \tag{7-84}$$

式中 t_f——梁的翼缘厚度;

N_v^b——一个摩擦型高强度螺栓的抗剪承载力设计值。

梁腹板连接所需要的高强度螺栓数目,应满足

$$n_{wb} \geqslant \frac{V}{N_v^b} = \frac{A_{nw} f_v}{N_v^b} \tag{7-85}$$

在上述等强度设计法中,由于翼缘和腹板的连接螺栓配置不能先行准确确定,因此翼缘和腹板的净截面面积开始可近似地分别取翼缘和腹板毛截面面积的 0.85 倍,来估算螺栓的数目及其配置。

3. 按梁拼接处的内力设计

按梁拼接处的内力设计时,认为拼接处的梁翼缘和腹板按其刚度比分担截面的弯矩,且由腹板承担剪力,据此来进行拼接连接的设计。

作用在梁拼接连接处的弯矩为 M,则梁翼缘和腹板各自分担的弯矩分别为

翼缘分担的弯矩
$$M_f = \frac{I_f}{I_0} M \tag{7-86}$$

腹板分担的弯矩
$$M_w = \frac{I_w}{I_0} M \tag{7-87}$$

式中 I_f——梁翼缘的毛截面惯性矩;

I_w——梁腹板的毛截面惯性矩;

I_0——梁的毛截面惯性矩;

M——拼接处截面总弯矩。

梁单侧翼缘连接所需要的高强度螺栓数目,可按下式计算

$$n_{fb} \geqslant \frac{M_f}{(H-t_f)N_v^b} = \frac{M_f}{h_0 N_v^b} \tag{7-88}$$

式中 h_0——梁的计算高度。

梁腹板高强度螺栓连接在弯矩和剪力共同作用下,受力最大的螺栓(见图 7-48)应按下列公式验算

$$N_{1max} = \sqrt{(N_{M1,x})^2 + (N_{M1,y} + N_{v1})^2} \leqslant N_v^b \tag{7-89}$$

式中

$$N_{M1,x} = \frac{M_w y_1}{\sum (x_i^2 + y_i^2)} \tag{7-90}$$

$$N_{M1,y} = \frac{M_w x_1}{\sum (x_i^2 + y_i^2)} \tag{7-91}$$

$$N_{v1} = \frac{V}{n_{wb}} \tag{7-92}$$

4. 梁翼缘和腹板的拼接连接板截面确定

为使拼接连接节点具有足够的强度,并保持梁刚度的连续性,翼缘和腹板拼接板的净截面面积应分

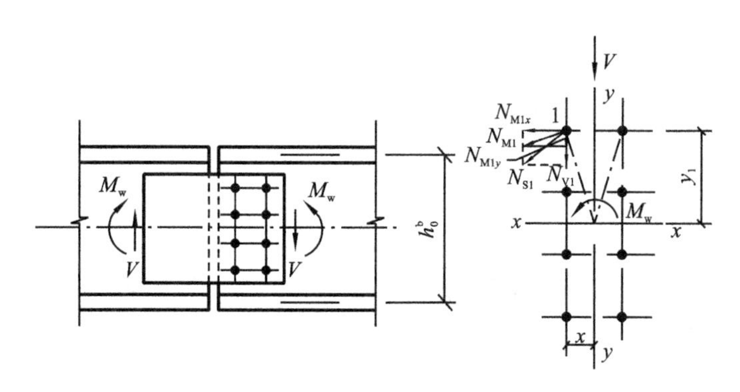

图 7-48　腹板的高强度螺栓受力图

别不小于翼缘和腹板的净截面积，且拼接板的净截面抵抗矩应不小于梁净截面的抵抗矩。

翼缘拼接板的设置，原则上应采用双剪连接。当翼缘宽度较窄，构造上采用双剪连接有困难时，亦可采用单剪连接。梁腹板的拼接连接板，一般均应在腹板两侧成对配置，如图 7-49 所示。按照上述原则，翼缘和腹板拼接板的厚度计算公式列于表 7-6。

表 7-6　翼缘和腹板拼接板的厚度计算公式

		拼接板厚度计算公式	
翼缘拼接板	双剪	$t_1=\frac{1}{2}t_f+(2\sim5)$ mm，且不宜小于 8 mm	$t_2=\frac{t_f B}{4b}+(3\sim6)$ mm，且不宜小于 10 mm
	单剪	$t_1=t_f+(3\sim6)$ mm，且不宜小于 10 mm	
腹板拼接板	$t_3=\frac{t_w h_w}{2h}+(1\sim3)$ mm，且不宜小于 6 mm		

5．坡口焊构造

梁翼缘的拼接连接，当采用完全焊透的坡口对接焊缝连接时，拼接连接处腹板上的弧形切口和衬板的尺寸，通常由焊接的作业要求来确定，一般可按图 7-50 所示的要求采用。

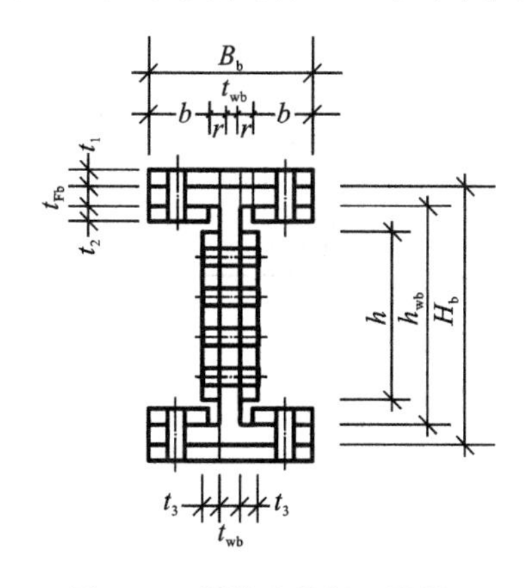

图 7-49　拼接连接板配置图

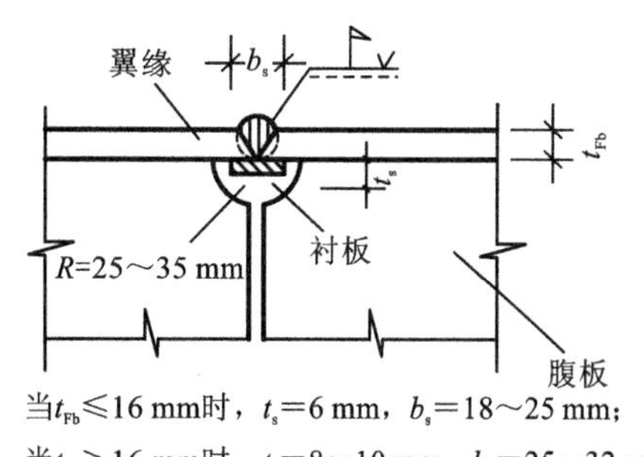

图 7-50　翼缘衬板和腹板弧形切口尺寸

6. 箱形截面梁的拼接连接

箱形截面梁的拼接连接,原则上均应按被连接翼缘和腹板的截面面积的等强度条件进行设计。组合箱形截面梁的拼接连接节点图示如图 7-51 所示。

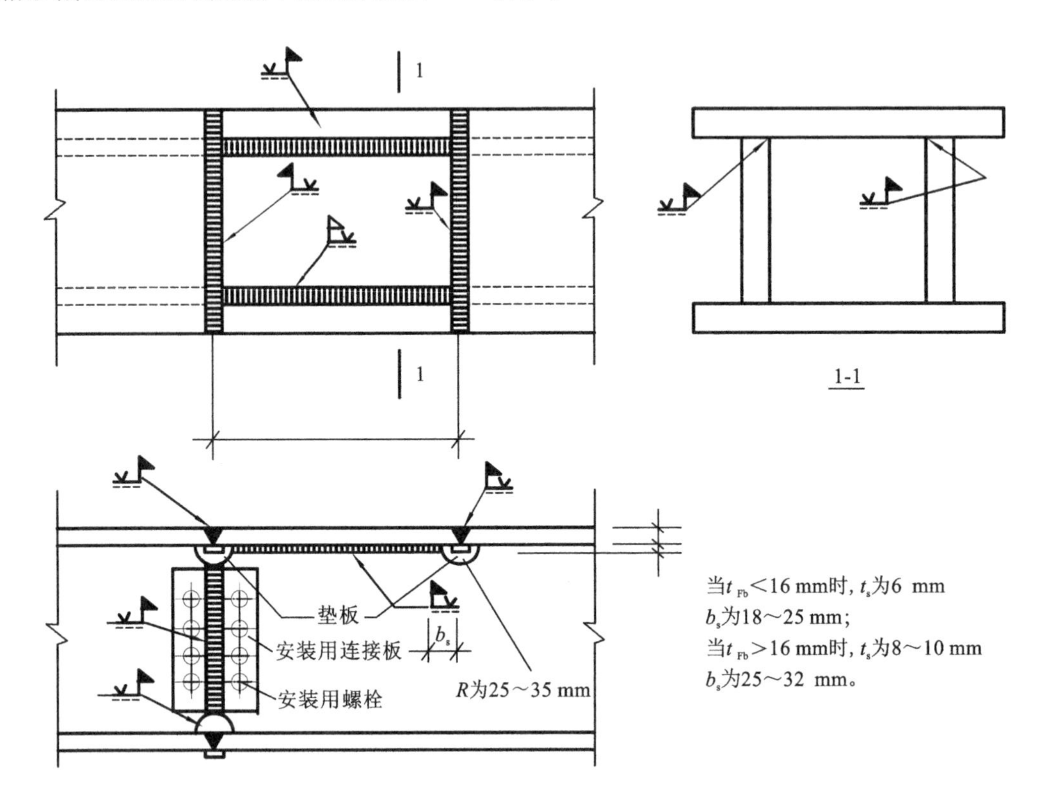

图 7-51　组合箱形截面梁的拼接连接节点图示

7.9.4　次梁与主梁的连接节点设计

次梁与主梁一般互相正交,因此,次梁在主梁的侧面(横方向)与主梁相连,主梁可看作次梁的支点。通常设计时仅将次梁腹板与主梁加劲板相连(见图 7-52),因此次梁两端与主梁的连接为铰接,

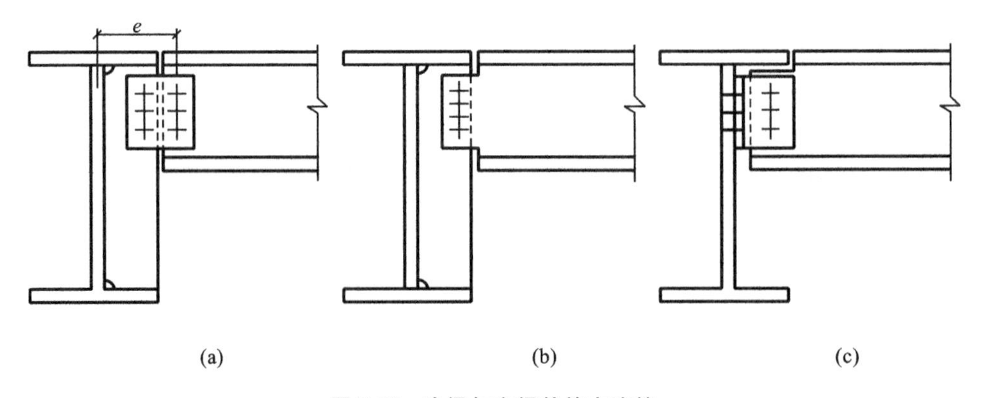

图 7-52　次梁与主梁的简支连接

内力分析时次梁即为多跨简支梁(见图 7-53(a))。次梁与主梁为铰接连接时,计算连接受力时,高强度螺栓除了考虑承受作用在次梁端部的剪力外,还应考虑由于偏心所产生的附加弯矩(见图 7-54),验算公式参见本书 7.9.3 节。另外,当连接螺栓至主梁中心线间的偏心距不大时,可不考虑主梁受扭。

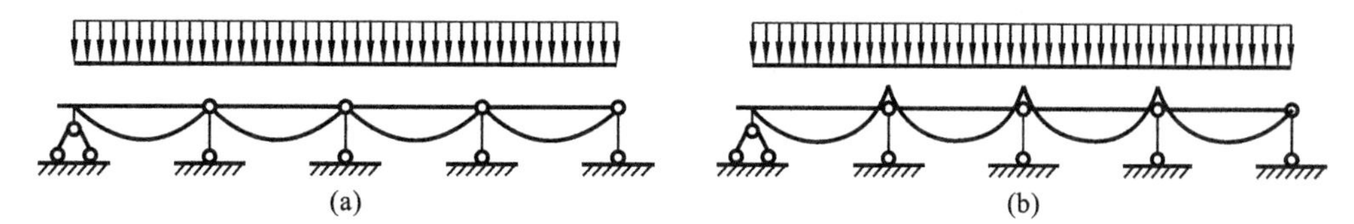

图 7-53　次梁两端与主梁连接的内力图

(a)铰接连接(简支梁形式);(b)刚性连接(连续梁形式)

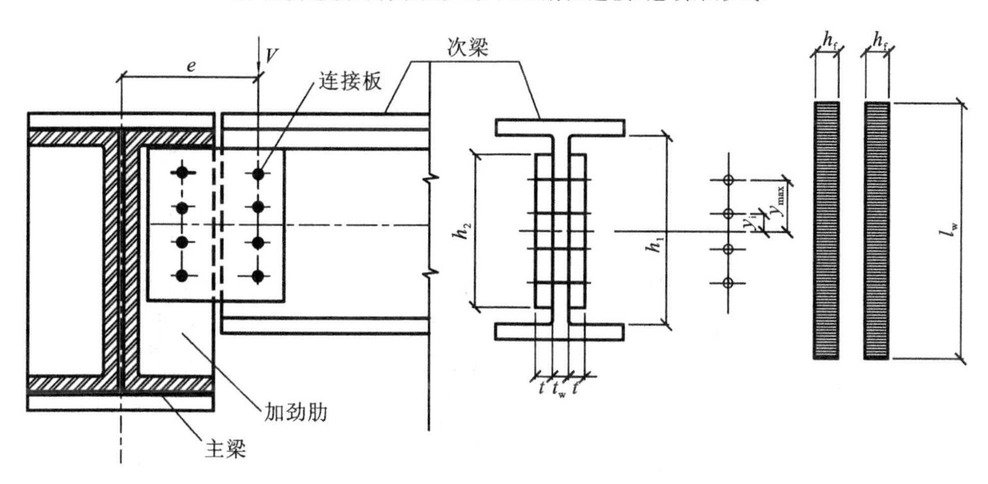

图 7-54　次梁与主梁连接的计算图示

当次梁跨数较多、荷载较大时,可将次梁与主梁的连接节点按刚性连接来处理(见图 7-53),次梁受力为多跨连续梁,如图 7-53(b)所示,弯矩分布合理,节约钢材。当采用刚性连接时,次梁支座压力仍传给主梁,支座弯矩则在两相邻跨的次梁之间传递,次梁上翼缘应由拼接板跨过主梁相连接(见图 7-55(a)),或将次梁上翼缘与主梁上翼缘垂直相交焊接(见图 7-55(b))。连接的设计公式及连接板尺寸的确定可参阅梁柱刚性连接节点设计。

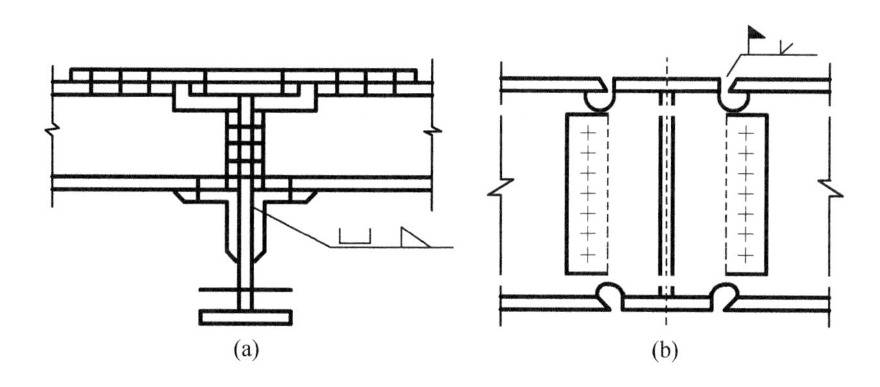

图 7-55　次梁与主梁的刚性连接

7.9.5 柱脚连接

柱脚,即钢柱与钢筋混凝土基础或基础梁的连接节点,它将整个结构的内力(轴力、弯矩和剪力)传递给基础,因此也是框架结构中的一个重要节点,无论设计、施工,还是安装,都必须保证质量。

柱脚按受力性能的不同,可分为刚接柱脚和铰接柱脚两大类。刚接柱脚除传递柱下端的轴力、剪力外,还要传递弯矩;而铰接柱脚只能传递柱下端的轴力和剪力。下面分别介绍这两类柱脚的设计。

1. 刚接柱脚设计

多层框架钢结构中,刚接柱脚按其构造形式可分为露出式柱脚、埋入式柱脚和外包式柱脚,如图7-56所示。

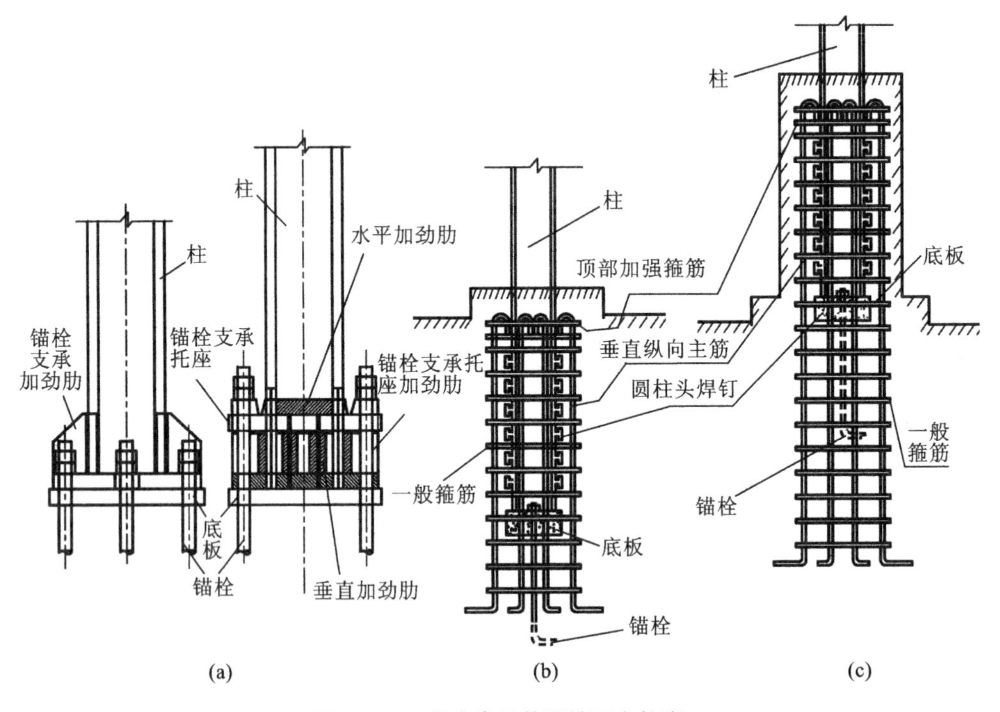

图7-56 工程中常用的刚性固定柱脚

(a)露出式柱脚;(b)埋入式柱脚;(c)外包式柱脚

(1) 刚接露出式柱脚的设计

刚接露出式柱脚主要由底板、加劲肋、锚栓及锚栓支承托座等组成(见图7-56(a)),各部分的板件都应具有足够的强度和刚度,而且相互间应有可靠的连接。

刚接露出式柱脚的设计主要包括确定底板的尺寸、锚栓的直径和数量、加劲肋和锚栓支承托座板件等补强板件的尺寸,以及板件与柱之间、板件和板件之间的焊缝连接强度。

① 柱脚底板尺寸的初选。

柱脚底板的长度 L 和宽度 B,应根据设置的加劲肋等补强板件和锚栓的构造特点(见图7-57),按下列公式初步确定

$$L=h+2l_1+2l_2 \tag{7-93}$$

$$B=b+2b_1+2b_2 \tag{7-94}$$

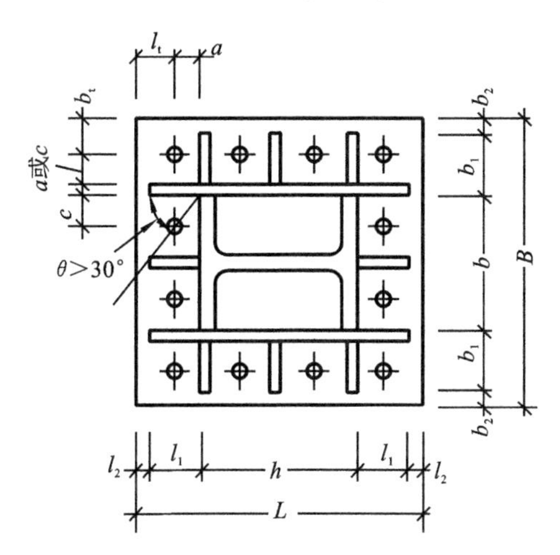

图 7-57　底板长度、宽度尺寸计算图示

式中　h——柱的截面高度；

l_1——底板长度方向补强板件或锚栓支承托座板件的尺寸，可参考表 7-7 中的数值确定；

l_2——底板长度方向的边距，一般取 l_2 为 10～30 mm；

b——柱的截面宽度；

b_1——底板宽度方向补强板件或锚栓支承托座板件的尺寸，可参考表 7-7 中的数值确定；

b_2——底板宽度方向的边距，一般取 b_2 为 10～30 mm。

表 7-7　底板长、宽尺寸计算参考数值　　单位：mm

螺栓直径	a	l_t 或 b_t	c	螺栓直径	a	l_t 或 b_t	c
24	70	50	60	60	110	120	150
27	70	55	70	64	120	130	160
30	75	60	75	68	130	135	170
33	75	65	85	72	140	145	180
36	80	70	90	76	150	150	190
39	85	80	100	80	160	160	200
42	85	85	105	85	170	170	210
45	90	90	110	90	180	180	230
48	90	95	120	95	190	190	240
52	100	105	130	100	200	200	250
56	105	110	140				

② 柱脚验算。

初步选定了柱脚底板尺寸，就可以进行柱脚在柱端弯矩 M、轴心压力 N 和水平剪力 V 共同作用下的混凝土基础的受压应力、受拉侧锚栓的总拉力及水平抗剪承载力等的验算。

a. 当竖向压力的偏心距较小时，柱脚底板下混凝土全部受压，此时底板下混凝土压应力分布如图7-58(a)所示，其压力的偏心距 e 满足如下判别式

$$e \leqslant L/6 \tag{7-95}$$

此时，底板下混凝土最大的受压应力为

$$\sigma_c = \frac{N}{LB}(1+6e/L) \leqslant \beta_c f_c \tag{7-96}$$

则受拉一侧锚栓的总拉力为

$$T_a = 0 \tag{7-97}$$

而柱脚底板水平抗剪承载力要满足

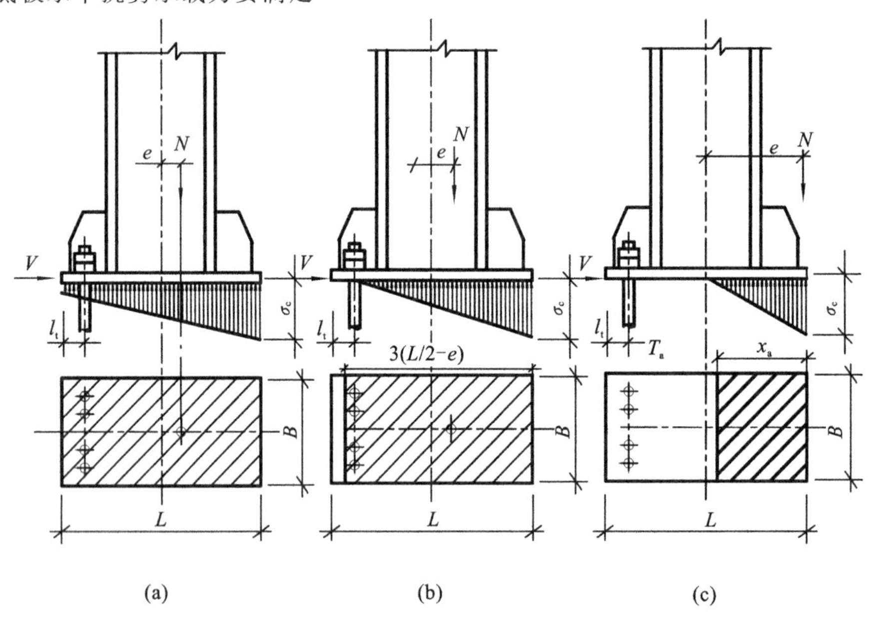

图 7-58 底板应力分布

$$V_{tb} = 0.4N \geqslant V \tag{7-98}$$

式中 e——偏心距，$e=M/N$；

f_c——底板下混凝土的抗压强度设计值，查附录 I；

β_c——底板下混凝土局部承压时的抗压强度设计值提高系数，按《混凝土结构设计规范》(GB 50010—2010)的规定采用；

T_a——受拉侧锚栓的总拉力；

V_{tb}——底板底面与混凝土或水泥砂浆之间的摩擦力；

l_t——由受拉侧底板边缘至受拉螺栓中心的距离。

b. 当竖向压力的偏心距增大时，在偏心弯矩作用下底板出现拉应力，但拉应力仍较小，拉应力分布在受拉一侧最外一排螺栓中心线以外(见图 7-58(b))，此时的偏心距符合下列判别式

$$e \leqslant (L/6 + l_t/3) \tag{7-99}$$

此时，底板下混凝土最大的受压应力为

$$\sigma_c=\frac{2N}{3B(L/2-e)}\leqslant\beta_c f_c \tag{7-100}$$

则受拉一侧锚栓的总拉力仍可用式(7-103)计算，柱脚底板水平抗剪承载力按式(7-104)验算。

c. 当偏心距较大时，弯矩引起的拉应力已经很显著，分布范围超过受力侧最外一排螺栓中心线(见图7-55(c))，此时偏心距 e 按下式判别

$$e>(L/6+l_t/3) \tag{7-101}$$

底板下混凝土的最大受压应力为

$$\sigma_c=\frac{2N(e+L/2-l_t)}{Bx_n(L-l_t-x_n/3)}\leqslant\beta_c f_c \tag{7-102}$$

则受拉侧锚栓的总拉力为

$$T_a=\frac{N(e-L/2+x_n/3)}{L-l_t-x_n/3} \tag{7-103}$$

所需锚栓的总有效面积为

$$A_e^a=T_a/f_t^a \tag{7-104}$$

而柱脚底板水平抗剪承载力要满足

$$V_{tb}=0.4(N+T_a)\geqslant V \tag{7-105}$$

式(7-102)～式(7-105)中 f_t^a——锚栓的抗拉强度设计值，查附表A-3；

A_e^a——受拉侧锚栓的总有效面积，根据总有效面积可直接按附录H确定锚栓的直径和数目；

x_n——底板受压区的长度，可按下式计算

$$x_n^3+3(e-L/2)x_n^2-\frac{6nA_e^a}{B}(e+L/2-l_t)(L-l_t-x_n)=0 \tag{7-106}$$

式中 n——钢材的弹性模量与混凝土弹性模量之比。

当柱脚的水平抗剪承载力不能满足要求时，应在柱脚底板下设置抗剪连接件，如图7-59所示，或在柱脚处增设抗剪插筋并局部浇灌细石混凝土。

柱脚底板的厚度为 t，应满足板件的抗弯承载力，并用下列公式进行验算，同时不应小于柱较厚板件厚度，且不宜小于20 mm。

$$t\geqslant\sqrt{\frac{6M_{i\max}}{f}} \tag{7-107}$$

$$t\geqslant\sqrt{\frac{6N_{ta}l_{at}}{(D+2l_{ai})f}} \tag{7-108}$$

式中 N_{ta}——一个锚栓所承受的拉力；

l_{ai}——从锚栓中心至底板支承边的距离，如图7-60所示；

D——锚栓直径；

$M_{i\max}$——加劲肋将柱脚底板划分为不同板区格，根据底板下混凝土基础反力和底板的支承条件，分别按悬臂板、三边支承板、两相邻边支承板、四边支承板、两相对边支承板计算得到最大弯矩，可采用统一的计算公式

$$M_{i\max}=\alpha\sigma_c l_0^2 \tag{7-109}$$

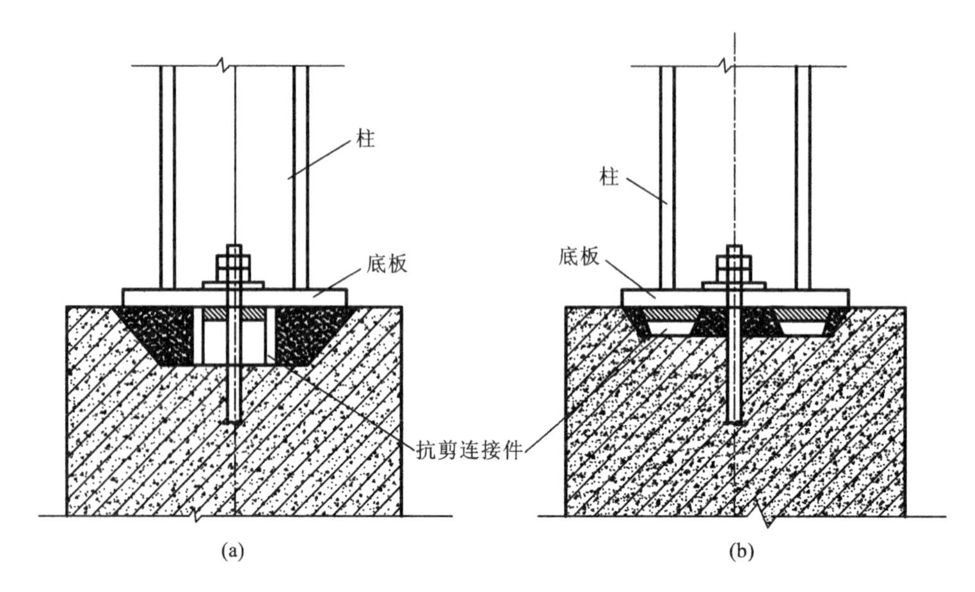

图 7-59 抗剪连接件设置图示

式中 α——弯矩计算系数,对不同支承边的板可按表 7-8 取值;

l_0——板的计算跨度,一般取板短边长度;

σ_c——计算区格内底板下混凝土基础的最大分布反力,按式(7-96)、式(7-100)、式(7-102)计算。

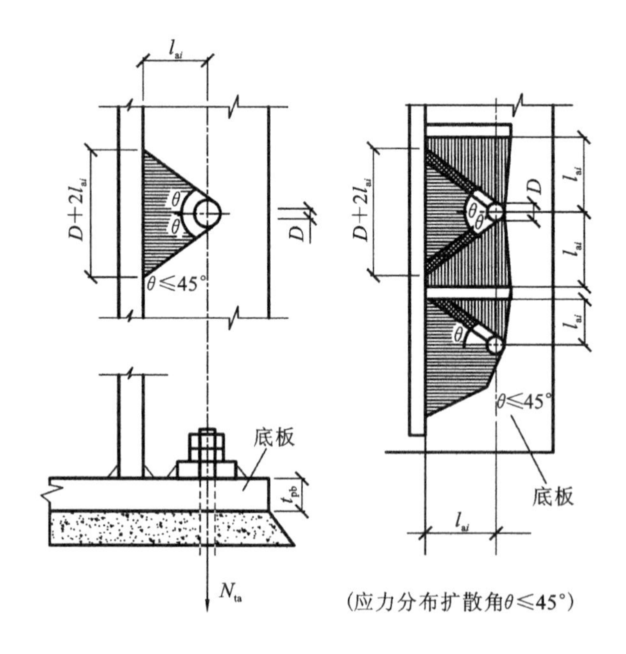

图 7-60 承受锚栓拉力的底板计算图示

表 7-8 弯矩计算系数 α 值

四边支承板	b_1/a_1	1.0	1.1	1.2	1.3	1.4	1.5	1.6	1.7	1.8	2.0	3.0	≥4.0
	α	0.048	0.055	0.063	0.069	0.075	0.081	0.086	0.091	0.095	0.101	0.119	0.125
三边支承板	b_2/a_2	0.30	0.35	0.40	0.45	0.50	0.55	0.60	0.65	0.70	0.75	0.80	0.85
	α	0.027	0.036	0.044	0.052	0.060	0.068	0.075	0.081	0.087	0.092	0.097	0.101
两相邻边支承板	b_2/a_2	0.90	0.95	1.00	1.10	1.20	1.30	≥1.40					
	α	0.105	0.109	0.112	0.117	0.121	0.124	0.125					

③ 锚栓数量的确定。

锚栓在柱脚端弯矩作用下承受拉力，同时作为安装过程的固定之用。因此，其直径和数目除满足表 7-8 的计算要求外，还须满足一定的构造要求。锚栓的数目在垂直于弯矩作用平面的每侧不应少于 2 个，同时还应与钢柱的截面形式、大小以及安装要求相协调，其直径一般可在 30～76 mm 的范围内采用。锚栓的锚固长度不宜小于 $25d$。

④ 加劲肋的高度和厚度。

一般加劲肋的高度和厚度，应根据其承受底板下混凝土基础的分布反力，由所需连接焊缝的强度和板件自身强度确定，其高度通常不宜小于 250 mm，厚度不宜小于 12 mm，并应与柱子的板件厚度和底板厚度相协调。

锚栓支承托座加劲肋或锚栓加劲肋的高度和厚度，应取其承受底板下混凝土基础的分布反力和锚栓拉力两者中的较大者，由所需连接焊缝强度和板件自身确定。通常其高度不宜小于 300 mm，厚度不宜小于 16 mm，并应与柱子的板件厚度和底板厚度相协调。

锚栓支承托座顶板和锚栓垫板的厚度，一般取底板厚度的 0.5～0.7 倍。锚栓支承托座加劲肋的上端与支承托座顶板的连接宜刨平顶紧。

⑤ 连接焊缝验算。

柱脚底板与柱下端的连接角焊缝，可只考虑柱身的连接焊缝，并按柱下端内力组合中最不利弯矩、轴心压力和水平剪力来进行计算。

垂直加劲肋的强度及其与柱连接角焊缝的强度可近似按下列公式验算

$$\tau=\frac{V_i}{h_{Ri}t_{Ri}}\leqslant f_v \tag{7-110}$$

$$\tau_f=\frac{V_i}{2h_e l_w}\leqslant f_f^w \tag{7-111}$$

式中 V_i——作用在加劲肋上的剪力，参照图 7-61，按下列情况采用。

对一般加劲肋，$V_i=\alpha_{Ri}l_{Ri}\sigma_c$；对锚栓支承加劲肋和锚栓支承托座加劲肋，取式(7-111)和 N_{ta} 中的

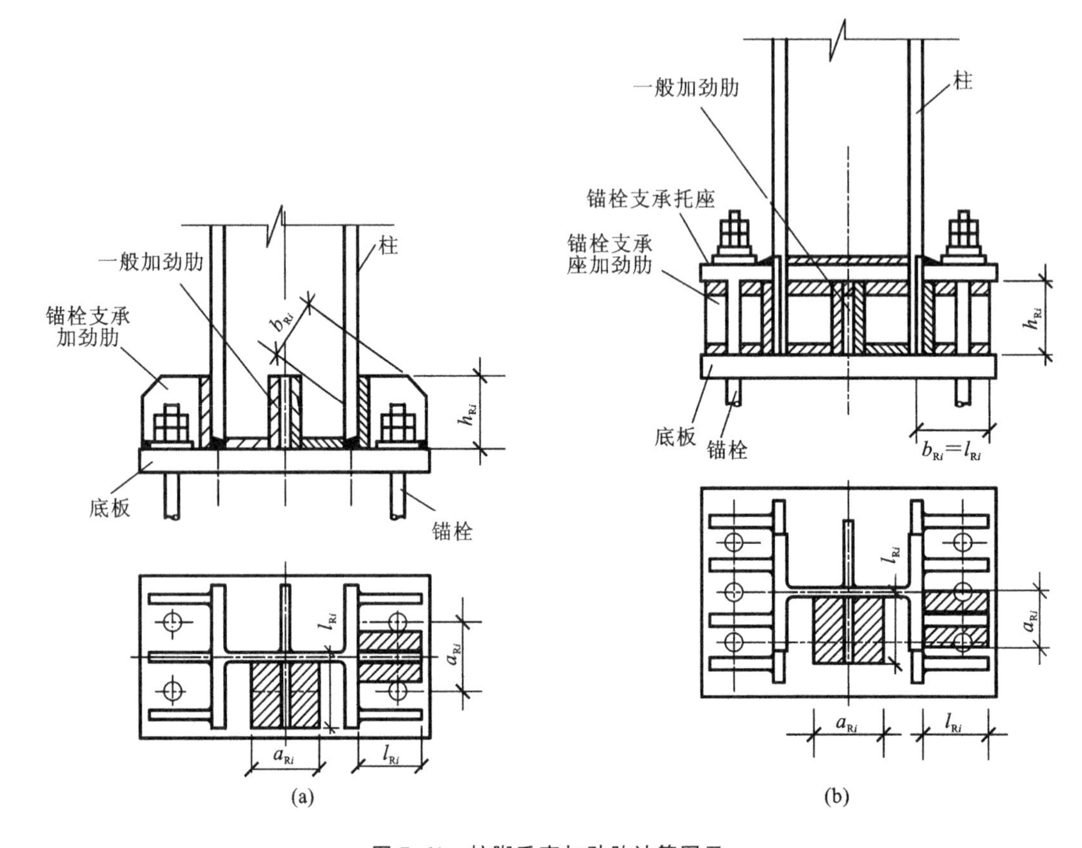

图 7-61 柱脚垂直加劲肋计算图示

(a)设有锚栓支承加劲肋和一般加劲肋;(b)设有锚栓支承托座加劲肋和一般加劲肋

较大值。

(2) 埋入式柱脚

埋入式柱脚是指将柱脚直接埋入基础或基础梁(见图 7-62)中的柱脚。埋入式柱脚的设计,根据钢柱弯曲应力向混凝土部分传递的机构,计算分两种情况。

① 按翼缘栓钉的抗剪承载力设计(见图 7-63)。设计中假定:柱轴力的 1/3 由脚底板直接传递至混凝土,柱翼缘所承担的柱轴力 N_f 按下式计算

$$N_f=\frac{2}{3}\cdot\left(N\cdot\frac{A_f}{A}+\frac{M}{h_c}\right) \tag{7-112}$$

式中 h_c——柱截面高度;

A——柱的全截面面积;

A_f——柱一侧翼缘的截面面积;

N_f——柱一侧翼缘抗剪栓钉所承担的柱轴力,还应满足

$$N_f\leqslant nN_v^c \tag{7-113}$$

$$N_v^c=0.43A_s\sqrt{E_cf_c} \tag{7-114}$$

式中 N_v^c——一个圆头栓钉的抗剪承载力设计值;

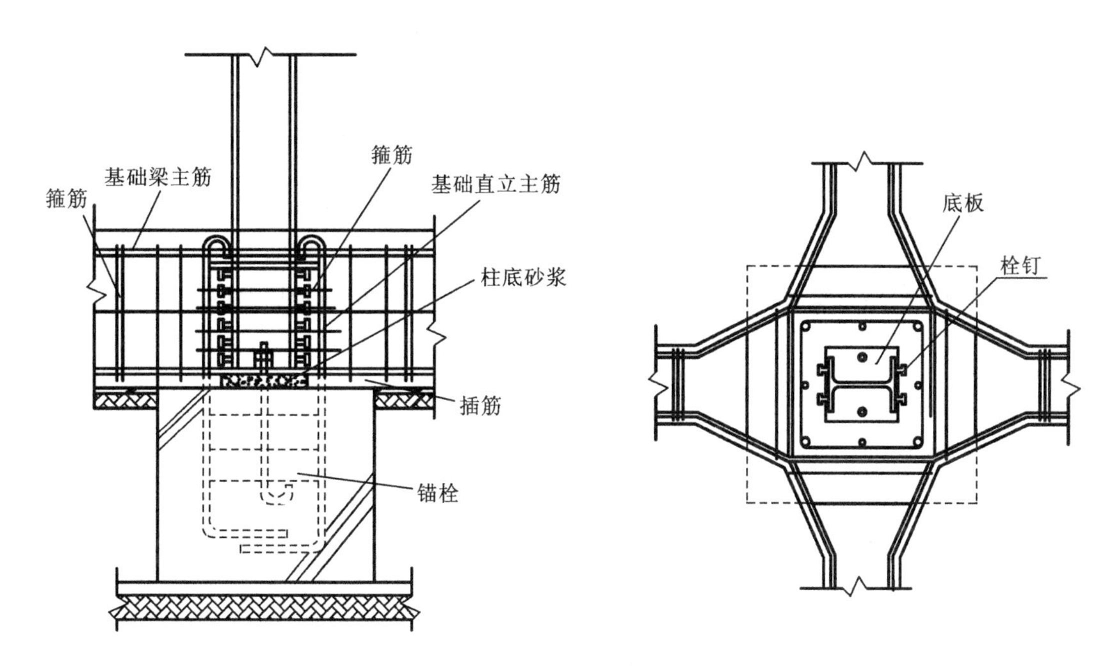

图 7-62　埋入式柱脚

A_s——一个抗剪螺栓的截面面积；

E_c——混凝土的弹性模量；

f_c——混凝土的抗压设计强度；

n——柱一侧抗剪栓钉的数量。

② 按柱翼缘的基础混凝土承压设计(见图 7-64)。由柱脚弯矩产生的混凝土承压力不得超过混凝土的抗压设计强度

$$\sigma=\frac{M}{W}\leqslant f_c \tag{7-115}$$

式中　$W=bh_1^2/6$，b 为柱翼缘的宽度，h_1 为柱的埋入深度。

对 H 型钢，钢柱的埋入深度应大于或等于柱截面高度的 2 倍，这时柱的全塑性弯矩可传递给基础；对箱形截面柱，钢柱的埋入深度应为柱截面高度的 2.5 倍，其受力性能与 H 型钢埋入式柱脚大致

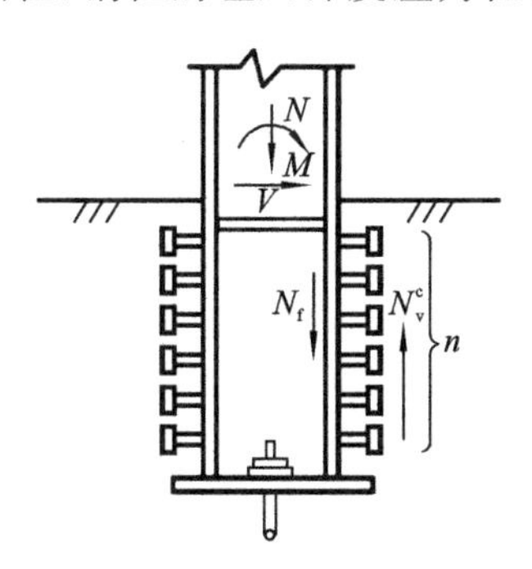

图 7-63　翼缘栓钉抗剪

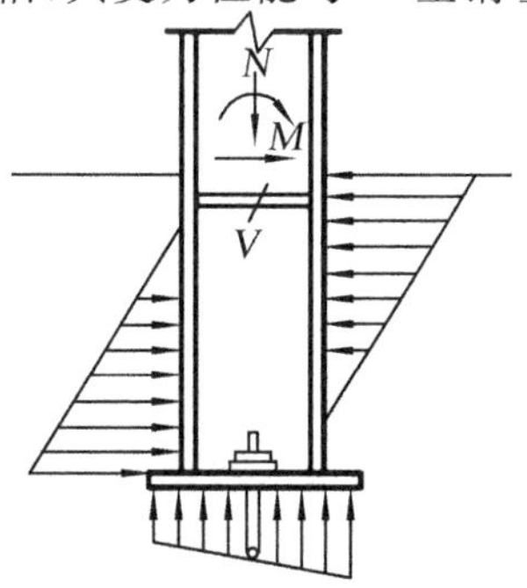

图 7-64　基础混凝土承压

相同。为防止钢柱翼缘局部失稳和变形,钢柱中将压力传给钢筋混凝土的部位应采取加强措施;在压应力最大值附近设置加劲肋具有加强的效果。另外,设计钢管柱脚时,在钢管埋入部分内填充混凝土也有加强作用。填充混凝土的高度应高出埋入部分钢柱外围混凝土 1D 以上(D——钢管柱的截面高度)。

钢柱脚周边的钢筋混凝土保护层厚度及配筋应适当,该部分是确保埋入式柱脚具有极限承载能力和变形性能的至为重要的连接部位。边柱和角柱易产生混凝土剪切破坏,应有足够的配筋,保护层厚度也应有足够的厚度,且要保证容易填充混凝土。柱脚钢柱翼缘的保护层厚度应符合图 7-65 所示的要求。

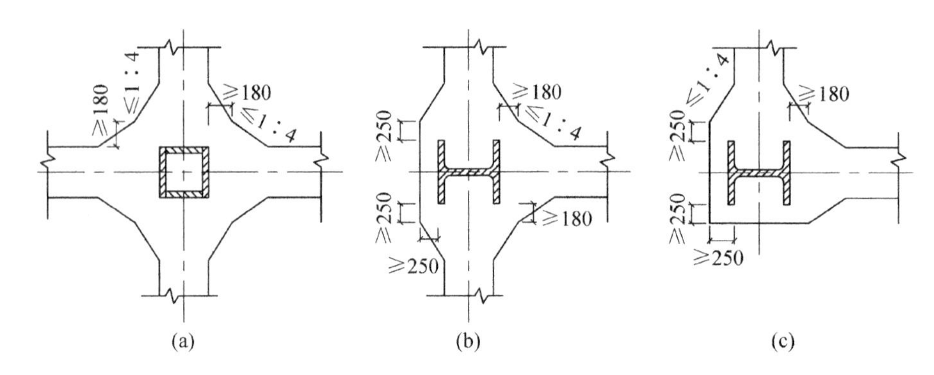

图 7-65　埋入式柱脚的保护层厚度(单位:mm)

(3) 外包式柱脚

外包式柱脚由钢柱脚和外包混凝土组成,如图 7-66 所示,钢柱的轴力和弯矩也通过焊于柱翼缘上的栓钉传递。栓钉的抗剪承载力计算可参照埋入式柱脚进行。外包式柱脚中一般配有箍筋,弥补在反复荷载作用下栓钉承载力的降低。柱轴向的栓钉间距不大于 200 mm。

外包式柱脚的钢柱一般为刚接,其底部弯矩全部由外包钢筋混凝土承受,其抗弯承载力的验算及受拉主筋的锚固长度,均应符合《混凝土结构设计规范》(GB 50010—2010)的规定。

外包式柱脚的剪力除由底板和混凝土基础间的摩擦力抵消一部分外,其余均由外包钢筋混凝土承受,并按下列公式计算。

① 钢柱为工字形截面时(见图 7-67(a)),外包钢筋混凝土的抗剪承载力在不考虑钢柱翼缘混凝土抗剪黏结时,取以下两式中的较小者:

$$V_{rc}=bh_0(0.07f_c+0.5f_{ysh}\rho_{sh}) \tag{7-116}$$

$$V_{rc}=bh_0(0.14f_cb_e/b+f_{ysh}\rho_{sh}) \tag{7-117}$$

且

$$V_{rc}\geqslant V-0.4N$$

式中　V——柱脚的剪力设计值;

N——柱最小轴力设计值;

b——外包钢筋混凝土的宽度;

b_e——外包钢筋混凝土的有效宽度,$b_e=b_1'+b_2'$;

f_c——混凝土抗压强度设计值;

f_{ysh}——水平箍筋抗拉强度设计值;

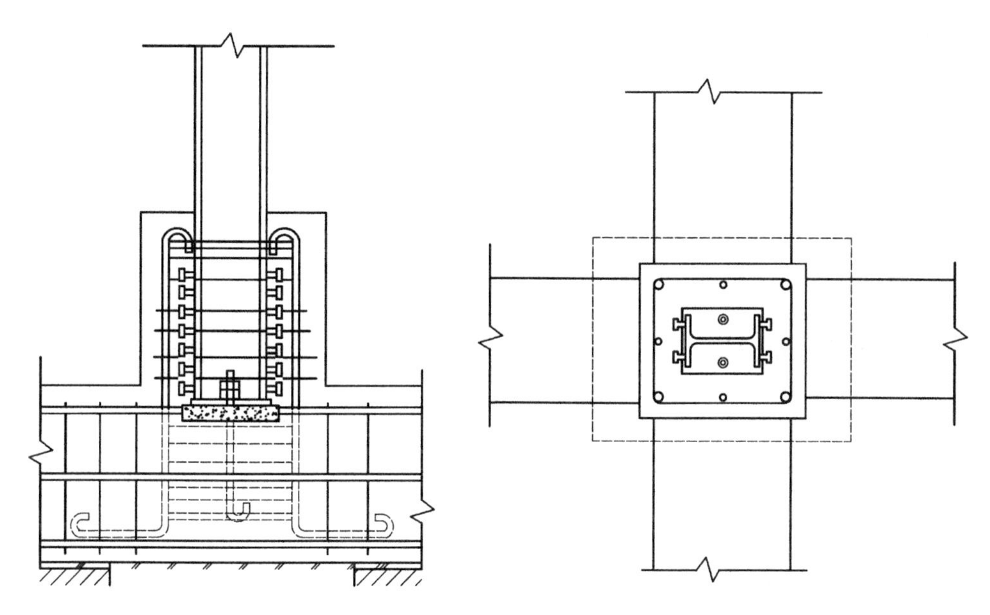

图 7-66　外包式柱脚

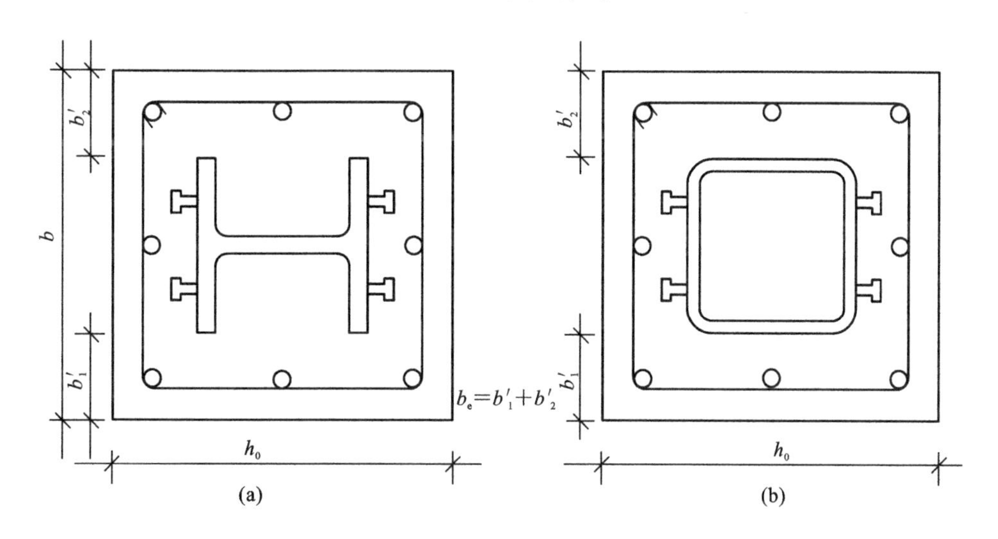

图 7-67　外包式柱脚计算简图

ρ_{sh}——水平箍筋配筋率，$\rho_{sh}=A_{sh}/bs$，取值不超过 0.6%；

A_{sh}——一肢水平箍筋的截面面积；

s——箍筋间距；

h_0——混凝土受压区边缘至受拉钢筋重心的距离。

② 当钢柱为箱形截面时(见图 7-67(b))，外包钢筋混凝土的受剪承载力为

$$V_{rc}=bh_0(0.07f_{cc}+0.5f_{ysh}\rho_{sh}) \tag{7-118}$$

式中　b_e——钢柱两侧混凝土的有效宽度之和，每侧不得小于 180 mm；

ρ_{sh}——水平箍筋的配筋率，取值不得小于 1.2%。

2. 铰接柱脚设计

铰接柱脚仅承受轴心压力和水平剪力，工程中常用的铰接柱脚如图7-68所示。

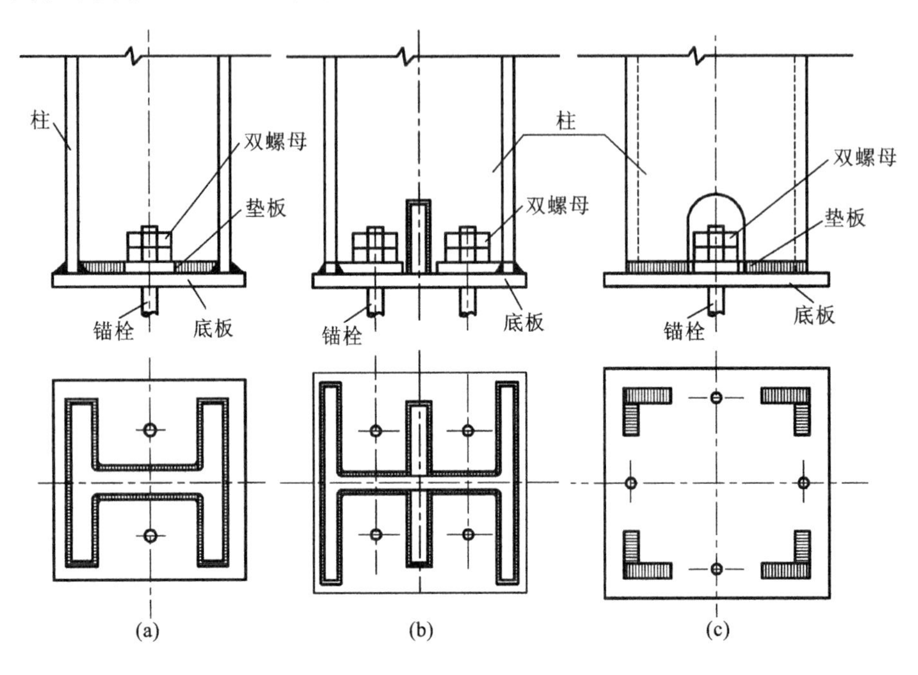

图7-68 工程中的铰接柱脚示例

铰接柱脚中的锚栓与刚接柱脚中的锚栓的最大区别是它仅作安装过程的固定之用，因此锚栓的直径和数量不通过受力来计算，仅根据其与钢柱板件厚度和底板厚度相协调的原则来确定，一般可在20～40 mm的范围内采用，且不宜小于20 mm。锚栓数目常采用2个或4个，同时还应与钢柱截面形式、截面的大小，以及安装要求相协调。

在铰接柱脚中，锚栓通常不能用以承受柱脚底部的水平剪力，而柱脚底部的水平剪力应由柱脚底板与其下部的混凝土或水泥砂浆之间的摩擦力来抵抗，此时其摩擦力V_{fb}(抗剪承载力)应符合下式要求

$$V_{fb}=0.4N\geqslant V \tag{7-119}$$

当不能满足式(7-119)的要求时，可按图7-59所示设置抗剪连接件。

除此之外，铰接柱脚的设计内容与刚接柱脚大致相同，只是在确定柱脚底板平面尺寸时，可按下式确定

$$\sigma_c=\frac{N}{LB}\leqslant f_c \tag{7-120}$$

式中 N——柱的轴心压力设计值。

7.9.6 支撑与梁柱的连接

在框架-支撑结构体系中，支撑杆件是作为结构主要的抗侧力构件，因此其与梁柱的连接应能充分传递支撑杆件的内力，同时还应留有一定的富余量。采用双角钢或双槽钢组合截面的支撑，一般是

通过节点板与梁柱连接;对侧向刚度要求较高的结构或大型重要结构,往往采用抗压性能较好的H形和箱形截面,这时,支撑与梁柱的连接通常是借助相同截面的悬伸支撑杆来实现的,支撑杆本身则应采用拼接连接。

1. 中心支撑与梁柱的连接

中心支撑的重心线应与梁、柱重心线汇交于一点,否则应考虑由于偏心而产生的附加弯矩的影响。为便于节点的构造处理,带支撑的梁柱节点通常采用柱外带悬臂梁段的形式,使梁柱接头与支撑节点错开。支撑翼缘与梁和柱连接时,在连接处梁、柱均应设置加劲肋,以承受支撑轴心力对梁或柱的竖向或水平分力。支撑翼缘与箱形柱连接时,在柱壁板内的相应位置应放置水平加劲隔板。如图7-69所示为典型的中心支撑与梁柱连接节点。

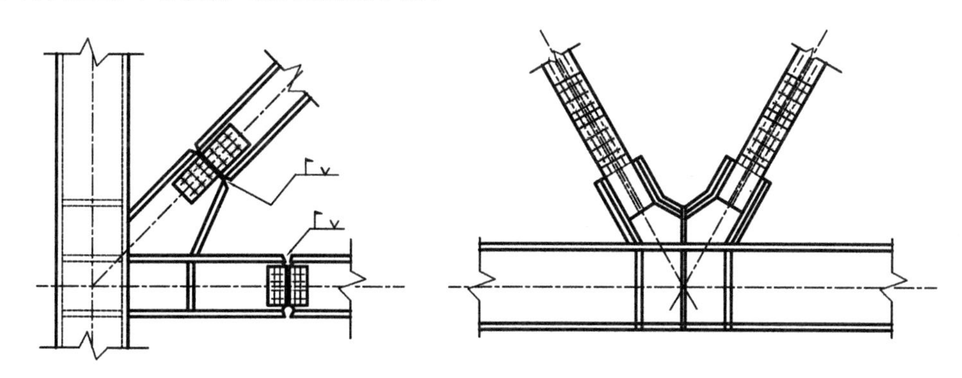

图7-69 中心支撑与梁柱连接节点

2. 偏心支撑与梁的连接

偏心支撑的轴线与耗能梁段轴线的交点宜位于耗能梁段的端点(见图7-70(a)),也可交于耗能梁段内(见图7-70(b)),这样支撑的连接设计会更灵活些,但不得将交点设置于耗能梁段外。根据偏心支撑框架的设计要求,支撑端将承受相当大的弯矩,因此支撑与梁的连接应为刚性节点,支撑直接焊于梁段的节点连接最有效。

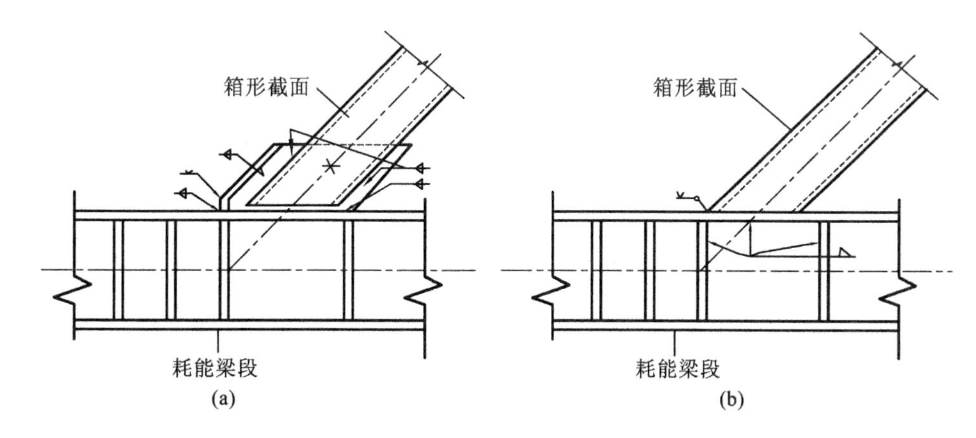

图7-70 支撑与耗能梁段轴线交点的位置

3. 耗能梁段与框架柱的连接

耗能梁段与框架柱的连接为刚性节点,但与普通的框架梁柱连接稍有区别。梁翼缘与柱翼缘采用坡口全熔透对接焊缝连接,梁腹板与柱之间不能用螺栓连接,螺栓滑移严重影响梁段的耗能能力。梁腹板与柱之间通过柱的连接板焊接连接。施工时,先焊腹板,后焊翼缘,以减小焊接的残余应力。另外,梁段一般不与柱腹板连接,因为这种连接形式不大可靠,且达不到强柱弱梁的要求。耗能梁段与柱的节点连接形式见图 7-71。

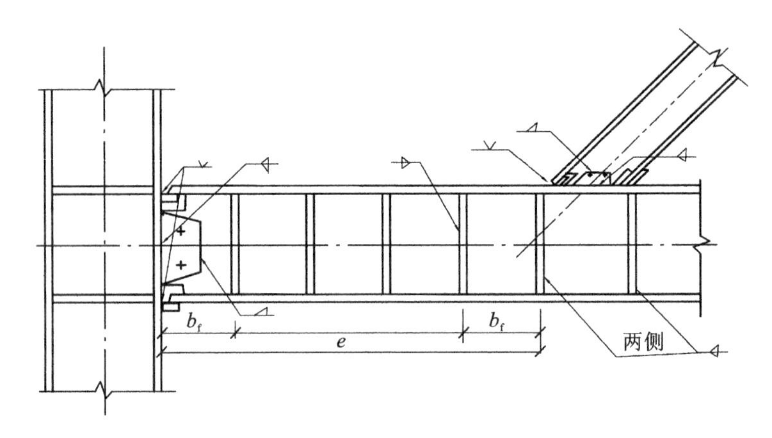

图 7-71 耗能梁段与柱的节点的构造与连接

7.9.7 柱与柱的拼接

多层钢框架结构多采用 H 形和箱形截面柱,有时也采用钢管截面柱。柱与柱的拼接连接节点,理论上应设置在内力较小的位置上,但是,从现场施工的难易和提高安装效率方面考虑,通常柱的拼接节点在距主梁顶面大约 1.1～1.3 m 的位置处。为了便于制造和安装,一般柱的安装单元以三层为一根,特殊情况下应考虑起重、运输设备等因素来确定。

考虑到在通常情况下,柱拼接连接截面处的内力有轴心压力 N、弯矩 M 和剪力 V,因此柱的拼接节点应能传递这些内力,且能很好地保证柱截面的连续性。

对按非抗震设计的钢框架柱,当拼接连接处的内力小于柱承载力设计值的一半时,为保证柱的连续性,其设计用内力应取柱承载力设计值的一半。当在拼接连接处不产生拉力,且被连接的柱端面经过铣平加工而紧密结合时,可考虑通过上下柱接触面直接传递 25%的轴力和弯矩,而剪力和剩余 75%的轴力和弯矩由连接传递。常用的 H 形和箱形截面柱工地拼接接头如图 7-72、图 7-73 所示。

当按抗震设计时,柱的拼接应位于框架节点塑性区以外,并应按等强度原则设计。焊接时要采用坡口全熔透焊,不考虑端面承压传力。常用的拼接接头如图7-74所示。箱形柱的标准工地焊接接头如图 7-75 所示。

柱需要变截面时,一般采用保持柱截面高度不变,仅改变翼缘厚度的方法。当改变柱截面高度时,对边柱采用图 7-76(a)的做法将不影响挂外墙板,但应考虑上下柱偏心所产生的附加弯矩。对内柱可采用如图 7-76(b)所示的做法。箱形截面柱变截面处上下端应设置横隔,现场拼接处上下柱端铣平,周边坡口焊接。

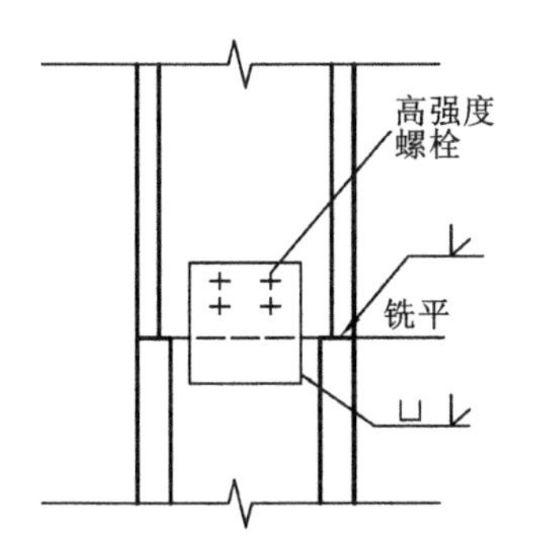

图 7-72　H 形柱工地拼接

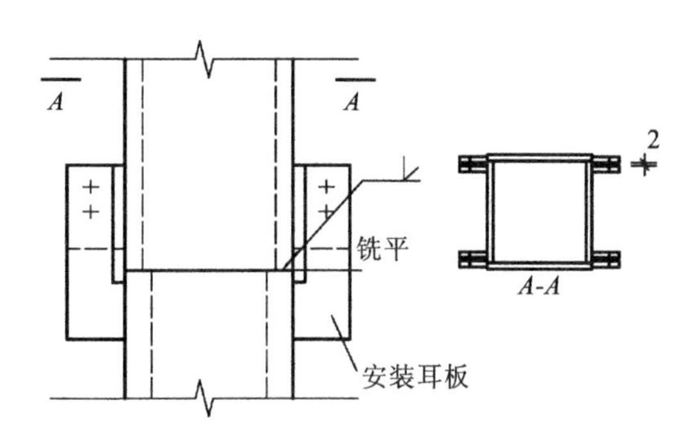

图 7-73　箱形柱工地拼接

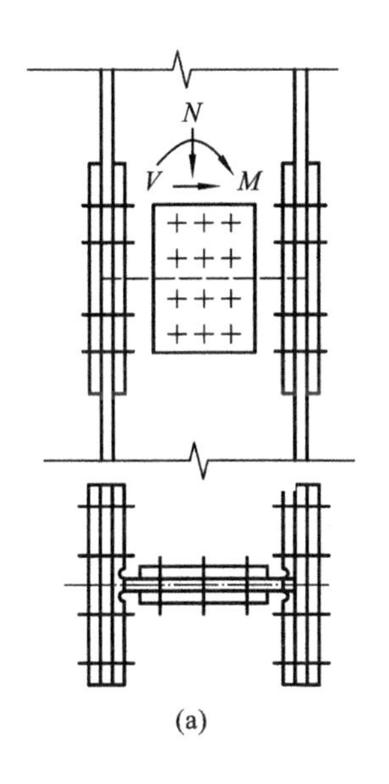

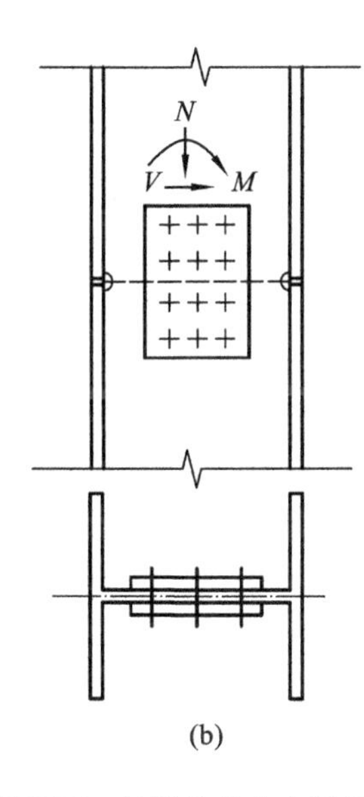

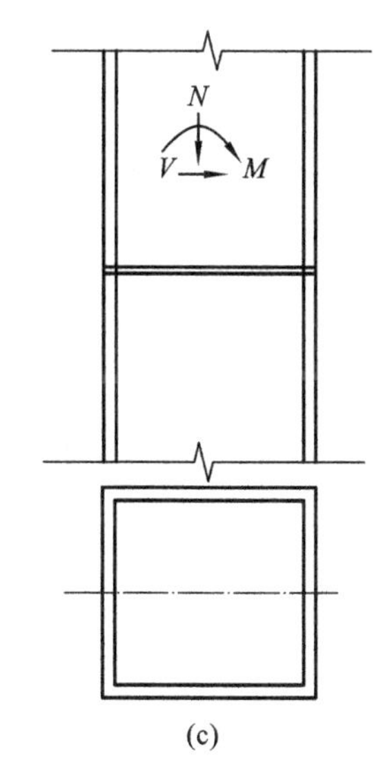

图 7-74　柱拼接处内力图示

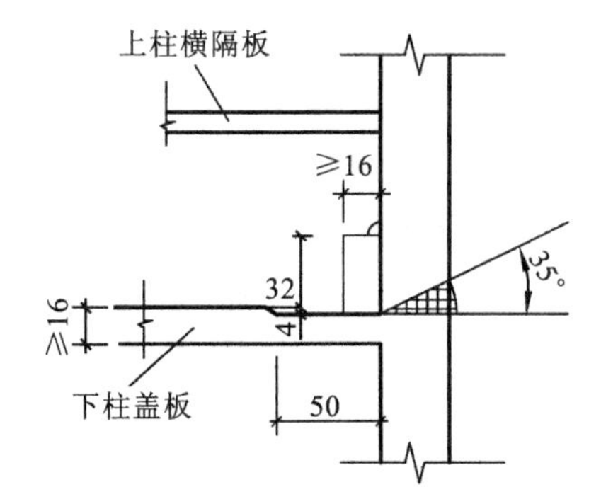

图 7-75　箱形柱的工地焊接(单位:mm)

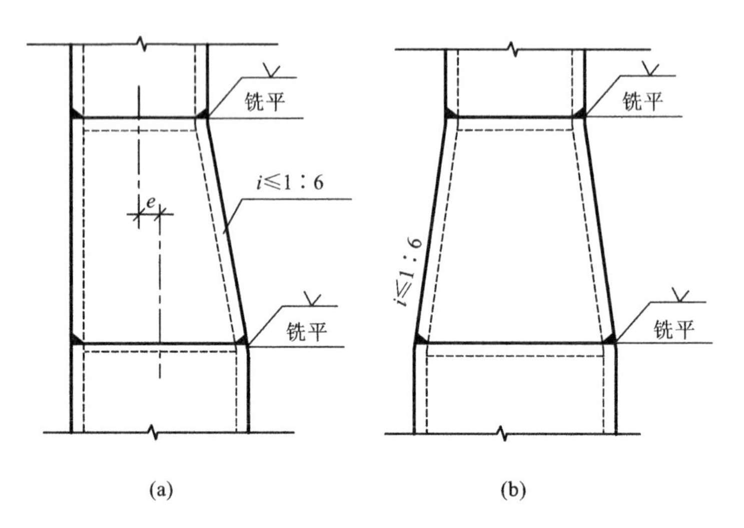

图 7-76　柱的变截面连接

柱的变截面段也可设于梁柱连接的节点部位,一种做法是变截面段小于主梁截面高度,位于主梁截面高度范围之内(见图 7-77(a));另一种做法是变截面段大于主梁截面高度(见图 7-77(b))。变截面接头距主梁翼缘均留有一定的距离,以防主梁翼缘与柱焊接影响变截面接头焊缝。

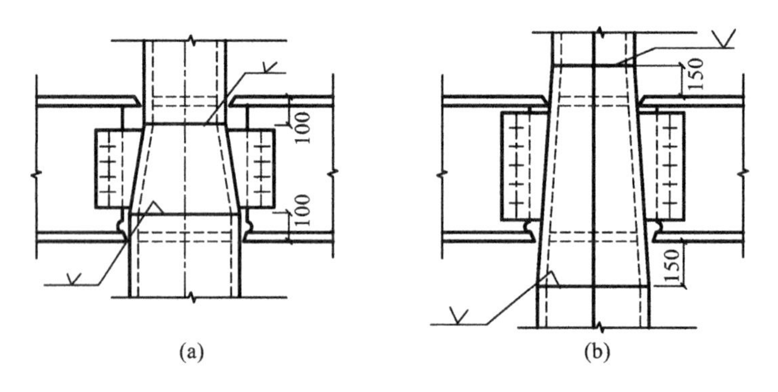

图 7-77　柱的变截面(单位:mm)

梁贯通时的节点连接,将较便于该层梁上下改变柱截面尺寸,此时构造如图 7-78所示。

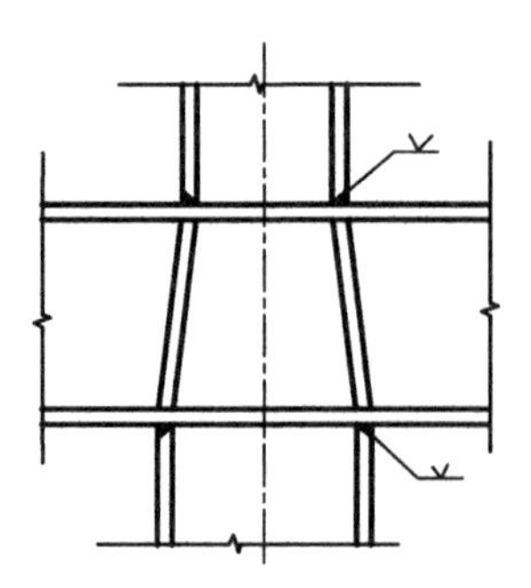

图 7-78　梁贯通时柱的变截面

【思考题】

7-1　多层钢结构体系可划分为哪两种类型？简述它们的组成特点及结构布置原则。

7-2　设计多层钢结构时需要考虑哪些荷载和作用？如何进行荷载效应的组合？

7-3　进行多层钢结构体系内力分析时，可采用哪些方法？简述它们的适用范围。

7-4　简述多层钢框架体系中框架梁和框架柱的截面设计过程。

7-5　中心支撑与偏心支撑的性能有何不同？设计中需要注意哪些问题？

7-6　压型钢板-混凝土组合楼板设计时应分哪两个阶段，分别需要验算哪些内容？

7-7　钢-混凝土组合梁强度验算时为何要区分正负弯矩作用的不同情况？

7-8　多层钢结构体系中有哪些主要的连接节点？

第 8 章　高层钢结构设计

【本章要点】 了解高层钢结构的特点；掌握高层钢结构主要体系的特点和布置；熟练掌握高层钢结构设计的各个环节：荷载及效应组合、内力与位移分析、构件及节点设计、施工详图绘制等。

8.1　高层钢结构的体系和布置

近几十年来，各国的大城市由于人口高度密集，生产和生活用房紧张，交通拥挤，地价昂贵，因此城市建筑逐渐向高空发展，高层和超高层建筑发展迅速，最高的建筑已达百层以上，高度在 50 层左右的超高层建筑有大规模发展和普遍兴建的趋势。

8.1.1　高层钢结构的特点

1. 结构性能的特点

(1) 自重轻

以中等高度的高层结构为例，采用钢结构承重骨架，可比钢筋混凝土结构减轻自重 1/3 以上，因而可显著减轻结构传至基础的竖向荷载与地震作用。

(2) 抗震性能良好

钢材具有良好的弹塑性性能，可使承重骨架及节点等在地震作用下具有良好的延性及耐震效果。

(3) 能充分地利用建筑空间

钢结构与同类钢筋混凝土高层结构相比，由于柱网尺寸可适当加大及承重柱截面尺寸较小，因而可相应增加 2%～4%的建筑使用面积。此外，由于可采用组合楼盖并利用钢梁腹板穿孔设置管线，因此还可适当降低建筑层高。设计柱网尺寸的选择幅度较大，更有助于满足建筑功能的空间划分。

(4) 建造速度快

由于可以在工厂制造构件，并采用高强度螺栓与焊接连接，以及组合楼板等配套技术进行现场装配式施工，因此，与同类钢筋混凝土高层结构相比，钢结构一般可缩短 1/4～1/3 的建设周期。

某 43 层结构选用不同类型结构体系方案时的比较如表 8-1 所示。

(5) 防火性能差

不加耐火防护的钢结构构件，其平均耐火时限约为 15 min，明显低于钢筋混凝土构件。故当有防火要求时，钢构件表面必须用专门的耐火涂层防护，以满足《建筑设计规范》(GB 50016—2014)的要求。

表 8-1　钢与混凝土组合结构体系的比较

指　　标	钢框架支撑体系	混凝土剪力墙-框筒体系	钢-混凝土组合框筒体系
结构钢材/(kg/m^2)	102.62	0.00	53.75
楼板混凝土/(m^3/m^2)	0.1	0.26	0.1
混凝土柱和墙/(m^3/m^2)	0.00	0.15	0.09
钢筋/(kg/m^2)	2.93	51.31	19.54
模板/(m^2/m^2)	1.0	2.0	0.50
钢楼板/(m^2/m^2)	1.0	0.00	1.0
防火/(m^2/m^2)	0.9	0.00	0.6
工期/a	1	2	1.25
墙皮	金属/玻璃	混凝土或石	混凝土或石

2. 结构荷载的特点

(1) 水平荷载是设计控制荷载

与其他高层结构一样，由于建筑高度显著增加，风荷载或地震作用等水平荷载成为设计高层钢结构的控制性荷载，从而对结构材料用量也有着极大的影响。随着建筑高度的增加，结构材料用量增加幅度变化如图 8-1 所示。

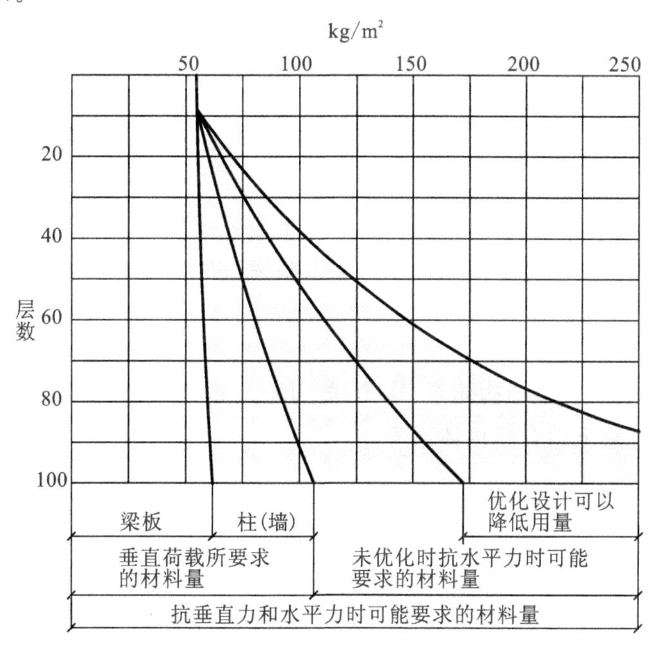

图 8-1　结构层数与结构用钢量关系图

(2) 风荷载和地震作用

虽然都是控制水平荷载，但由于二者性质不同，设计时应特别注意其各自的特性与计算要求。

① 风荷载是直接施加于建筑物表面的风压，其值和建筑物的体型高度以及地形地貌有关，而地震作用却是地震时的地面运动迫使上部结构发生振动时产生并作用于自身的惯性力，故其作用力与

建筑物的质量、自振特性、场地土条件等有关。

② 高层钢结构属于柔性建筑,自振周期较长,易与风荷载波动中的短周期成分产生共振,因而风荷载对高层建筑有一定的动力作用。可在风荷载中引入风振系数β后,仍按静荷载处理来简化计算,而地震作用的波动对结构的动力反应影响很大,必须按考虑动力效应的方法计算。

③ 风荷载作用时间长、频率高,因此,在风荷载作用下,要求结构处于弹性阶段,不允许出现较大的变形。地震作用发生的几率很小,持续时间很短,因此,对抗震设计允许结构有较大的变形,允许某些结构部位进入塑性状态,从而使周期增长,阻尼增大,以吸收能量,达到“小震不坏,中震可修,大震不倒”的设计目的。

3. 结构设计的特点

① 要求更加注意对变形的控制,结构的侧向刚度往往是主要的设计控制指标:除了要满足强度可靠的要求外,还应更加注意按使用(如舒适度)要求的顶点位移限值及按保证围护结构不致严重损坏的层间位移限值来设计。必要时还应考虑结构物在局部变形状态下的位移限值。

② 要求采用更加准确与完善的设计方法。由于高层建筑的重要性及力学特征,为了较准确地判明其承载能力及适应变形能力,应采用较完善的设计方法。如其体型较特殊,则应进行风洞试验以确定其风荷载值。对于抗震设防要求较高的高层结构,应采用直接动力分析方法进行抗震计算分析,以便从强度、刚度和延性等三个方面来判别高层结构的各部位是否安全。

4. 结构体系的特点

根据高层结构的荷载特点,其结构体系必须包括两个抗力体系,即抗重力体系和抗水平侧力体系。后者可按结构高度、建筑形式及水平荷载大小等分别选用框架、框架-抗剪结构(如支撑、抗剪墙、筒体)等各类结构体系。其中,剪力墙或筒体亦可采用钢筋混凝土结构,其技术经济效果更好。

为了可靠地协调结构整体工作,在构造上应设置各楼层的水平刚性楼板(一般为压型钢板与现浇混凝土的组合楼板)以及帽带、腰带水平桁架:在柱的下段需将其可靠且方便地嵌固于地下室或箱基墙中,通常将地下部分及地上若干层做成型钢混凝土结构(也称 SRC 结构)。

8.1.2 高层钢结构种类

高层钢结构体系主要有框架结构体系、框架-剪力墙结构体系、外筒体结构体系、束筒结构体系、筒中筒结构体系和钢-混凝土组合结构体系等。

1. 框架结构体系

框架结构体系是由梁、柱通过节点的刚性构造连接而成的,是由多个平面刚接框架结构组成的建筑结构体系。它包括各层楼盖平面内的梁格体系和各竖直平面内的梁、柱组成的平面刚接框架体系。结构体系的整体性取决于各柱和梁的刚度、强度以及节点刚接构造的可靠性。层数、层高和柱距是决定结构设计的主要因素。

如图 8-2 所示的是刚接框架结构体系的几种平面形式。刚接框架结构体系对于 30 层左右的楼房是较为合适的。超过 30 层后,这种体系的刚度不易满足要求,在风荷载和地震荷载等水平力作用下,容易暴露出明显的缺陷,常需采用剪力墙或筒体结构来加强刚接框架而做成别的体系。

刚接框架结构在竖向荷载作用下的承载能力取决于梁、柱的强度和稳定性,在这方面的受力情况与其他结构体系的情况基本相同。水平荷载的作用是刚接框架结构不能用于层数过高楼房的决定性

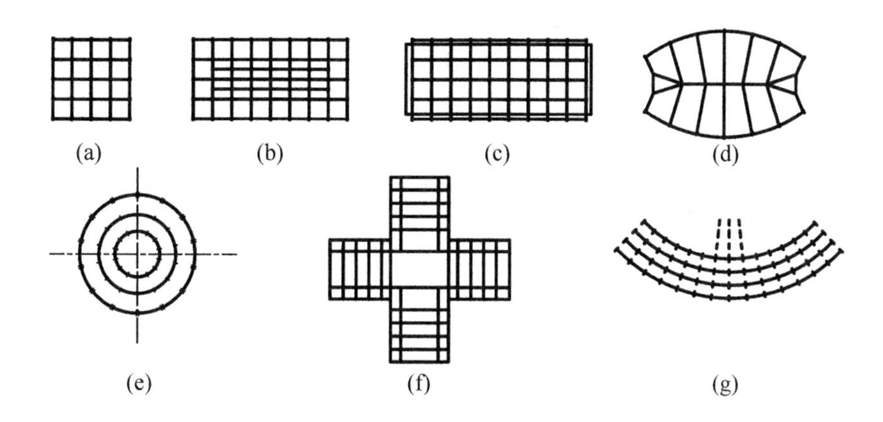

图 8-2 刚接框架结构体系的平面形式

(a)双向十字交叉框架;(b)踏步式平行内柱的平行框架;(c)平行的横向框架;
(d)曲线网格上的横向框架;(e)圆弧包络的径向框架;
(f)双轴平行双向框架;(g)径向网格上的横向框架

因素。如图 8-3 所示的是平面框架结构在水平荷载作用下的水平位移(见图 8-3(a)虚线),它包括两部分,一部分是竖向构件(柱)承受轴向压力或拉力引起的水平位移(见图8-3(b)),另一部分为各层梁、柱在剪力作用下引起的水平位移(见图 8-3(c)),后者可能占总水平位移的80%左右。

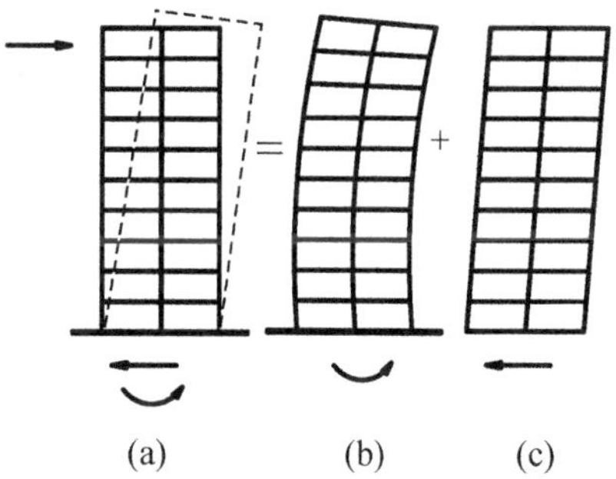

(a) (b) (c)

图 8-3 框架结构的水平位移

(a)平面框架在水平荷载作用下的位移(虚线);
(b) 竖向构件(柱)承受轴向力引起的位移;
(c) 各层梁、柱在水平剪力作用下引起的位移

框架结构体系的最大优点是建筑平面布置灵活,能适用于各类性质的建筑;缺点是侧向刚度较小,在大风或中等地震荷载作用下,层间位移较大,会导致非结构部件破坏。我国上海的金山港饭店和金沙江大酒店,均采用钢框架结构体系。

2. 框架-剪力墙结构体系

高楼建筑结构设计的重要内容之一是将房屋顶点的侧移(水平位移)控制在一定的限度以内,而刚接框架结构到达一定高度后,难以承受在水平荷载作用下的水平剪力。采用剪力墙来承受水平剪力是行之有效的结构措施。所谓剪力墙,不一定都是指钢筋混凝土墙体,在钢结构中也常用钢支撑(交叉支撑或斜型腹杆)把部分框架组成坚强的竖直桁架以代替笨重的钢筋混凝土墙体。如图 8-4 所示的几种形式,均能有效地提高结构体系的抗剪刚度而大大减少水平位移。这种结构形式一般称为框架-剪力墙结构体系。

刚接框架在水平荷载作用下的自由位移如图 8-5(a)所示,而剪力墙结构的自由位移如图 8-5(b)所示,把二者的基点位移画在同一坐标图上,并将二者共同工作时的位移曲线也表示出来,则如图 8-5(c)所示。当刚接框架和剪力墙共同工作而成为框架-剪力墙体系时,框架主要作为承受竖向荷载的结构,也承受一部分水平荷载(一般占 15%～20%),大部分水平荷载由剪力墙承受。

除了如图 8-4 所示的典型框架-剪力墙体系外,把整个结构体系中的某几榀框架完全做成剪力墙

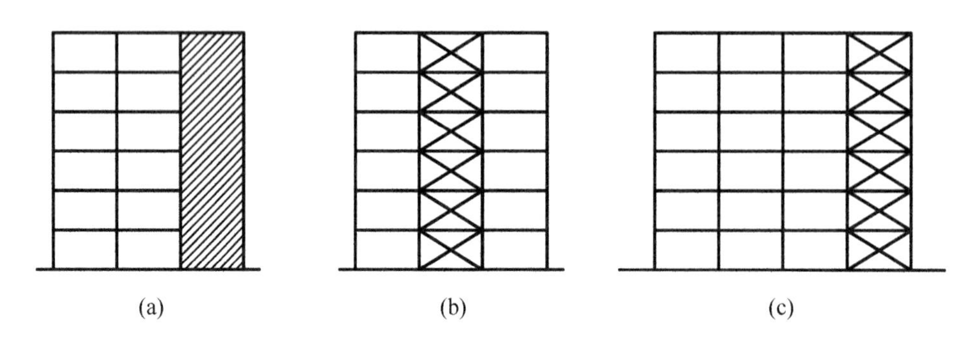

图 8-4 框架-剪力墙结构体系

(a)实体式剪力墙;(b)、(c)由交叉支撑组成的桁架式剪力墙

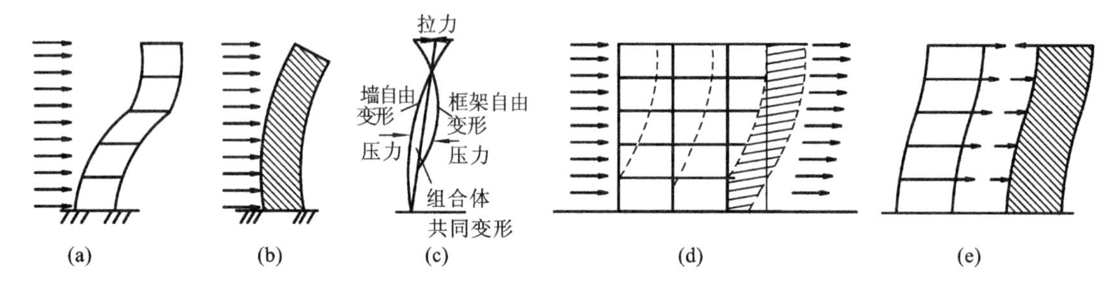

图 8-5 框架-剪力墙结构体系

(a)刚接框架的自由位移;(b)剪力墙结构的自由位移;(c)两种自由位移的合成;

(d)框架-剪力墙体系的共同位移;(e)刚接框架与剪力墙之间的内部作用力分布

而具有很大的侧向刚度,其他大部分仍保持刚接框架的形式,二者虽不在同一竖直平面内,由于各层楼盖都具有巨大的平面内刚度(用预制楼板而刚度不足时,可采用一些构造措施),把所有的框架和剪力墙联结在一起共同抵抗水平荷载。这样可以多功能地、灵活地进行建筑布置,在某些地点设置强大的剪力墙不影响建筑使用,但对增加结构体系的刚度和承载能力却有显著的效果。框架-剪力墙结构体系用于 40 层左右的高楼比较合适,高于 40 层的建筑物在采用这一体系时,应采用一些加强和改进的措施。在楼高度适当位置上加设一道或几道水平的层桁架(即将上下两层的楼面大梁用交叉支撑或斜腹杆和柱组成一道水平桁架),如图 8-6 所示。由于层桁架有较大的刚度,当剪力墙产生侧移而旋转时能起阻止和约束的作用。

3. 外筒体结构体系

当楼房高度超过 60 层后,水平荷载作用的影响愈来愈大,结构体系必须具有更强有力的承受水平荷载的有效部分。因此,宜把具有很大平面几何尺寸的外圈柱网组成能够承受水平荷载的外筒体。在结构平面上,除了外筒体以外,还有各层梁格和内部承重柱,它们也常以框架的形式出现,但相比之下,它们的侧向刚度很差,水平荷载不再由它们来承受。

最简单的外筒体是采用密排的柱和各层楼盖处的横梁(或以窗下墙作为横梁)刚接而成的密间距矩形网络,四周成圈,形成一个悬臂筒(竖直方向)以承受水平荷载,竖向荷载则主要由内部柱来承受。这种体系的建筑平面具有很大的多功能灵活性,外圈密排式空腹格网可以直接作为安装玻璃的窗框(见图 8-7)。这种外筒结构是由空腹网格组成的框架式结构,故称框架筒,其适宜高度为 80 层左右。

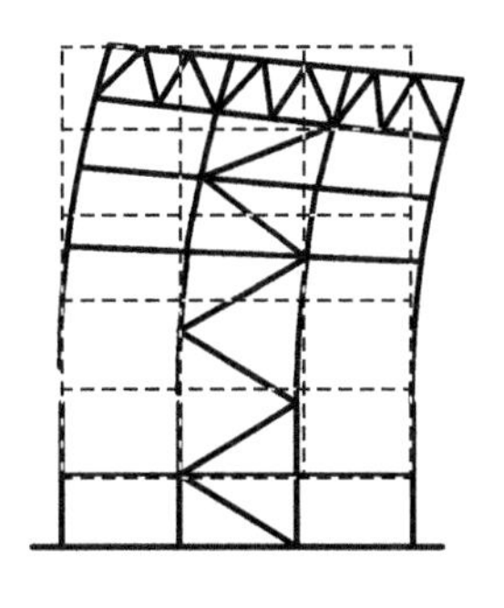

图 8-6　楼层顶端设置桁架

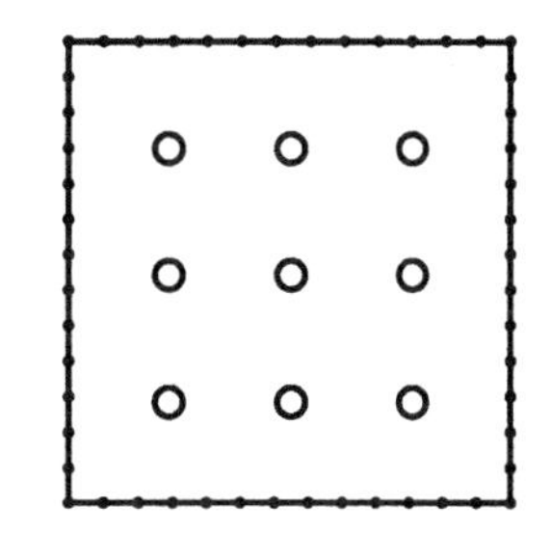

图 8-7　外筒体结构体系

框架筒结构在水平荷载作用下，仍存在一定的缺点，最简单而有效的方法是把刚性框架结构（外筒）改成桁架式结构，成为桁架式外筒体结构。这一改进使外筒式结构体系对于很高的结构物仍然有效（可达 100 层以上）。如图 8-8 所示为美国芝加哥约翰·汉考克中心的桁架式外筒体结构，其强大的交叉支撑外露于建筑物的立面上，该楼共 100 层，总高度为 335 m。

4. 束筒结构体系

筒式结构的发展是从单筒到筒中筒，进而又把许多个筒体排列成束筒结构体系的发展过程（见图 8-9）。束筒结构在承受水平荷载引起的弯矩时，改善了剪力滞后所引起的外筒式结构中各柱内力分布不均匀的缺点。

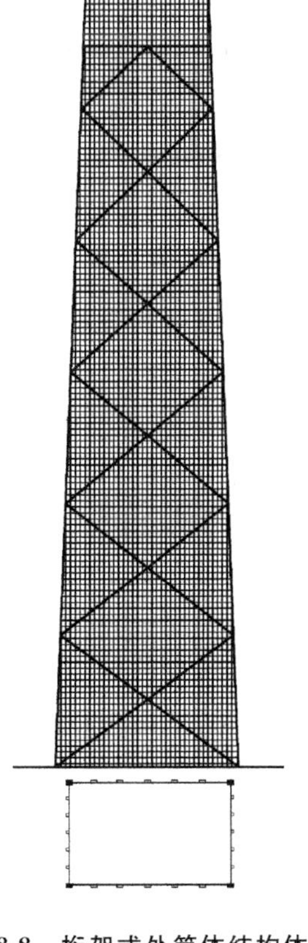

图 8-8　桁架式外筒体结构体系

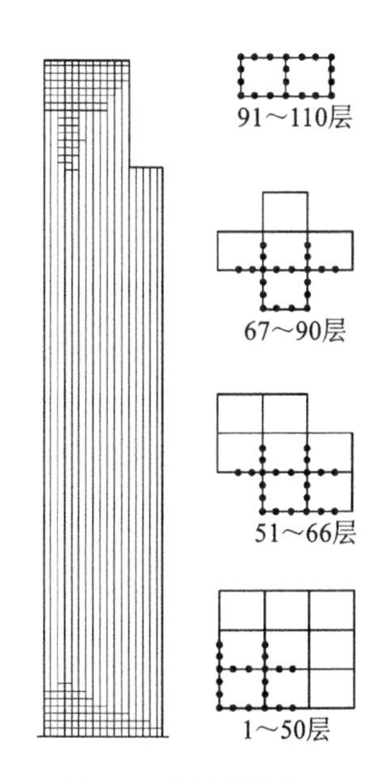

图 8-9　束筒结构体系

美国芝加哥西尔兹大楼是目前国际上采用束筒结构的典型实例。束筒结构体系的适宜高度为110～120层。如采用桁架式束筒结构体系，还有可能把有效高度提高到140层以上。

5. 筒中筒结构体系

加强外筒式结构体系的另一种方法是在内部设置强劲的剪力墙式的内筒(核心筒)，从而发展成筒中筒结构体系。楼盖结构把外筒和内筒联合在一起成为一个整体，共同承受水平荷载和竖直荷载(常不设其他内柱)。如图8-10所示的是筒中筒(见图8-10(a))和三重筒(见图8-10(b))结构体系。

筒中筒结构体系的高度也可以达到100层左右。

6. 钢-混凝土组合结构体系

高层组合结构体系主要有以下两种。

(1) 钢外框架-钢筋混凝土核心筒体系

如图8-11所示，这种体系由混凝土核心筒承受全部侧向荷载，而钢外框架只承受竖向荷载。因为钢框架不承受侧向荷载，所以既能更好地发挥高强钢的效能，又能简化钢框架梁柱节点的构造，一般只需做简单的连接即可。此外，钢梁的跨度大，可使建筑有较多的空间和使用面积。它的缺点是，核心筒布置不够灵活，侧向刚度不够大，而且筒身墙也占据了一定空间。

这种结构体系适用于20～40层的高层建筑，它在东欧和西欧采用较多；我国上海新建的静安希尔顿饭店和瑞金宾馆，都属于这一类体系。

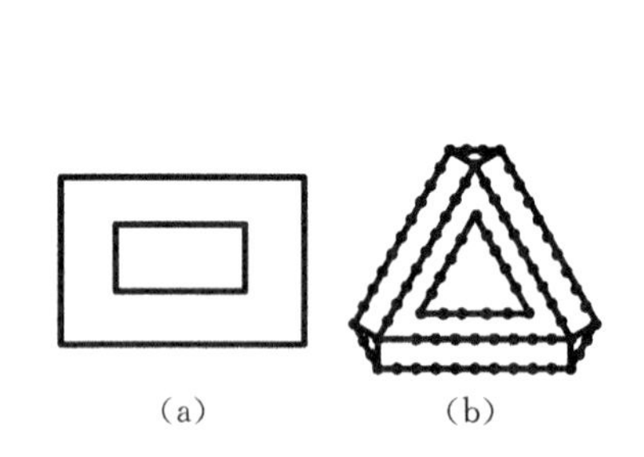

图8-10 筒中筒结构体系

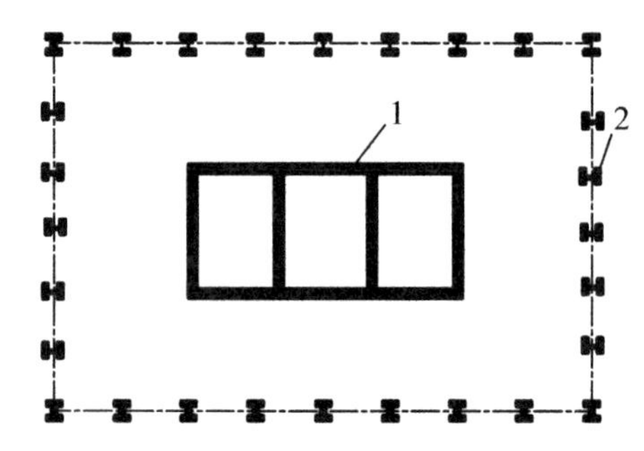

图8-11 钢外框架-钢筋混凝土组合结构

1—钢筋混凝土核心筒；2—钢外框架

(2) 钢筋混凝土外框筒-钢内框架体系

如图8-12所示，这种结构体系由钢筋混凝土外框筒承受全部侧向荷载，而钢内框架仅承受竖向荷载，因此能更好地发挥高强钢的效能，同时梁与柱可采用简单的连接。此外，混凝土的隔热性能好，可降低冷热负荷而节约能源。内框架对电梯间等公用设施的布置也十分灵活，不像混凝土核心筒那样，在设计中将受到某些条件的限制而较难处理。

此外，这种结构体系的平面形状可以变化，因为外框筒有较大的抗扭刚度，故对其外形不要求完全对称，如图8-13所示。同时，内框架体系因不承受侧力，故其平面可以任意布置，这些是建筑师所欢迎的。

这种结构体系适用于50～80层的高层建筑。

除上述两种组合结构体系外，值得一提的还有日本高层建筑中颇具特色的一种结构体系，它将地面以上1～3层采用劲性钢筋混凝土梁和柱(即在钢筋混凝土梁和柱内埋入型钢)作为过渡段，以增加结构的刚度；3层以上则全是钢结构，以减轻自重和缩短施工周期。日本东京47层的京王广场旅馆

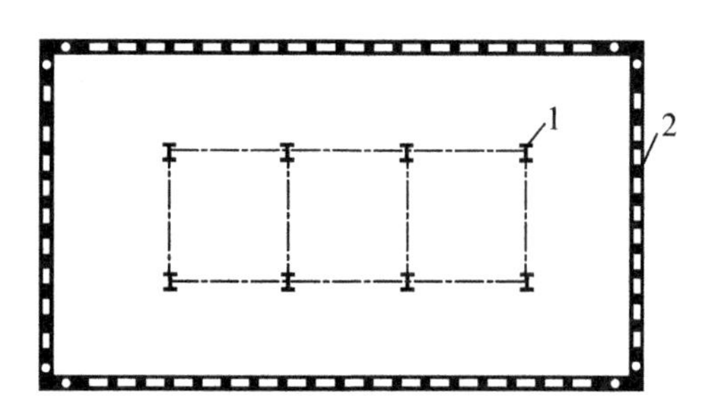

图 8-12　钢筋混凝土外框筒-钢内框架组合结构

1—钢内框架；2—钢筋混凝土外筒

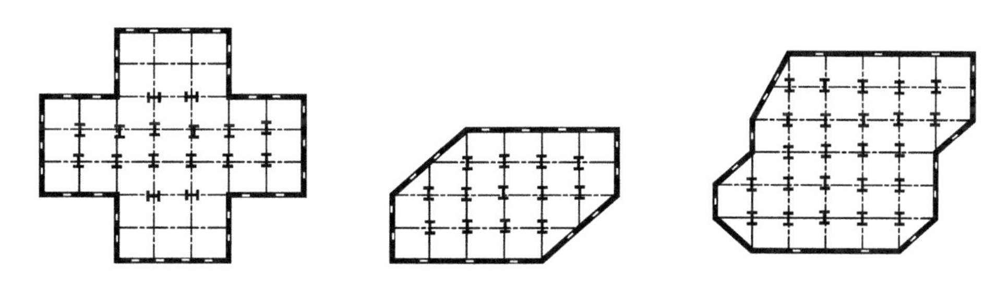

图 8-13　钢筋混凝土外框筒-钢内框架组合结构的不同平面

和 30 层的太平洋东京旅馆等，均是采用这种结构体系。

8.1.3　高层钢结构的布置

1. 结构平面布置

① 建筑平面及体型宜简单规则。平面布置应力求使结构的抗侧力中心与水平荷载合力中心重合，以减小结构受扭转的影响。建筑的开间、进深应尽量统一，以减少构件规格，利于制作和安装。结构平面布置不宜使钢柱截面尺寸过大，钢板厚度不宜超过 100 mm。

② 抗震设计的高层建筑，在结构平面布置上具有下列情况之一者，为平面不规则结构。

a. 任一层的偏心率大于 0.15。偏心率按下式计算

$$\varepsilon_x=\frac{e_x}{r_{ex}},\quad \varepsilon_y=\frac{e_y}{r_{ey}} \tag{8-1}$$

$$r_{ex}=\sqrt{\frac{K_T}{\sum K_x}},\quad r_{ey}=\sqrt{\frac{K_T}{\sum K_y}} \tag{8-2}$$

式中　$\varepsilon_x,\varepsilon_y$——该层在 x 和 y 方向的偏心率；

e_x,e_y——x 和 y 方向水平荷载合力作用线到结构刚心的距离；

r_{ex},r_{ey}——x 和 y 方向的弹性半径；

$\sum K_x,\sum K_y$——楼层各抗侧力构件在 x 和 y 方向的侧向刚度之和；

K_T——楼层的扭转刚度，$K_T=\sum(K_x\cdot\bar{y}^2)+\sum(K_y\cdot\bar{x}^2)$，其中 $\bar{x}$、$\bar{y}$ 为以刚心为原点的抗侧力构件坐标。

b. 结构平面形状有凹角，凹角的伸出部分在两个方向的长度，都超过各自方向建筑物尺寸的25%。

c. 楼面不连续或刚度突变，包括开洞面积超过该层总面积的50%。

d. 抗侧力构件既不平行又不对称于抗侧力体系的两个互相垂直的主轴。

③ 高层建筑宜选用风压较小的平面形状，并应考虑邻近高层房屋对该房屋风压的影响，在体型上应力求避免在风荷载作用下的横向振动。

④ 建筑物平面宜优先采用方形、圆形、矩形及其他对称平面形式。抗震设计的常用建筑平面和尺寸关系如图 8-14 所示。筒体结构多采用正方形、圆形、正多边形，当框筒结构采用矩形平面时，其长宽比不宜大于 1.5∶1。

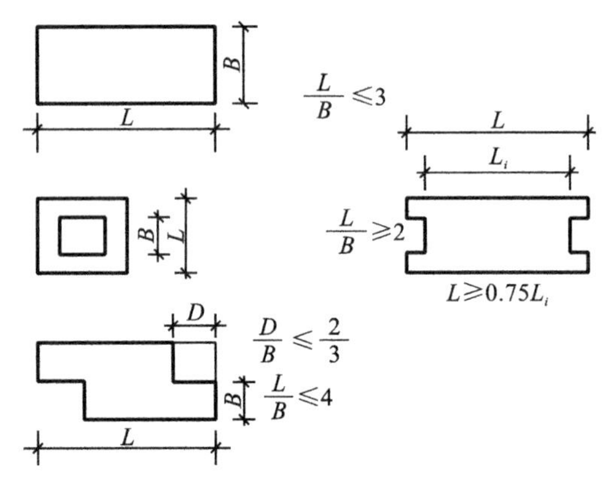

图 8-14 抗震建筑平面和尺寸关系

⑤ 高层建筑钢结构不宜设置防震缝。体型复杂的建筑应符合实际结构的计算模型，进行较精确的抗震分析，估计其局部的应力和变形集中及扭转影响，判明其易损部位，采取措施提高抗震能力。

高层建筑钢结构可不设伸缩缝。

当高层部分与裙房间不设沉降缝时，基础设计应进行基础整体沉降验算，并采取必要措施减轻差异沉降造成的影响，在施工中宜预留后浇带，连接部位还应加强构造和连接。

⑥ 高层建筑钢结构的平面布置宜设置中心结构核心，将楼梯、电梯、管道等设置其中。对于抗震设防烈度为 7 度和 7 度以上地区的建筑，在结构单元的端部角区或凹角部位不宜设置楼梯、电梯，必须设置时应采取加强措施。

2. 结构竖向布置

① 抗震设计的高层建筑，在结构的竖向布置上具有下列情况之一者，为竖向不规则结构。

a. 楼层刚度小于其相邻上层刚度的70%，且连续三层总的刚度降低超过50%的。

b. 相邻楼层有效质量之比超过 1.5 的，但轻屋盖与相邻楼层的有效质量之比除外。

c. 立面收进部分的尺寸比值 L_i/L 小于 0.75(见图 8-15(a))的；当收进位于0.15H 范围内时，L_i/L 小于 0.50(见图 8-15(b))。

d. 竖向抗侧力构件不连续的。

e. 任一楼层抗侧力构件的总抗剪承载力，小于其相邻上层的80%的。

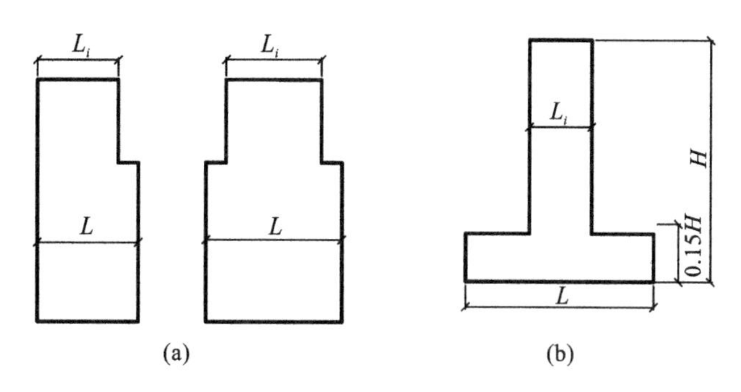

图8-15 立面收进部分尺寸

② 抗震设计的框架-支撑结构中，支撑宜在竖向连续布置。除底部较高楼层、水平帽状桁架和带状桁架所在楼层及顶部不规则楼层外，支撑的形式和布置在竖向宜一致。

抗震高层建筑底层在布置大空间时，应使核心筒上下连续，根据分析保留必要数量的支撑、剪力墙和柱，避免刚度突变。在抗震设防烈度为9度地区不应采用大梁托柱的结构形式。

3. 结构布置的其他要求

① 高层建筑钢结构的楼板，必须有足够的承载力、刚度和整体性。楼板宜采用压型钢板现浇钢筋混凝土板。当采用预应力混凝土薄板加混凝土现浇楼板或一般现浇钢筋混凝土楼板时，应保证楼板与钢梁的可靠连接。预制钢筋混凝土楼板不得在抗震设防烈度为9度地区的建筑、高度超过50 m的建筑以及转换层楼盖中采用。在其余情况下采用时，必须保证楼板与钢梁以及楼板之间的可靠连接，并加铺钢筋混凝土现浇层。

② 对转换楼层或设备、管道洞口较多的楼层，应采用现浇钢筋混凝土楼板，必要时可设水平刚性支撑。

建筑物上部有较大天井时，可在井口的上下两端楼层用水平桁架将天井开口连接起来，或采取其他有效措施，以增强结构的抗扭刚度。

③ 在抗震设防烈度为7度及7度以上地区的建筑中，各种幕墙与主体结构的连接，应充分考虑主体结构产生层间位移时幕墙的随动性，不会因幕墙而要增加主体结构的刚度。

④ 暴露在室外的钢结构构件，应采取隔热和防火措施，以减少温度应力的影响。

8.1.4 高层钢结构的材料选用

下面以《高层民用建筑钢结构技术规程》(JGJ 99—1998)(以下简称《高钢规程》)和《钢骨混凝土结构技术规程》(YB 9082—2006)(以下简称《钢骨规程》)的规定为例来说明高层钢结构中的材料选用方法。

1.《高钢规程》对钢材材质的要求

(1) 钢号的选用

① 宜采用的钢号。

Q235等级B、C、D的碳素结构钢，其质量标准应符合现行国家标准《碳素结构钢》(GB/T 700—2006)。

Q345 等级 B、C、D、E 的低合金高强度结构钢，其质量标准应符合现行国家标准《低合金高强度结构钢》(GB/T 1591—2008)。

② 不宜采用的钢号。

Q235 的 A 级钢不能用于高层建筑钢结构，因 A 级钢不要求任何冲击试验值，并只在用户有要求时才进行冷弯试验，且不保证焊接要求的含碳量。

Q345 的 A 级钢不宜用于高层建筑钢结构，因 A 级钢不保证冲击韧度要求。

Q390(原 15MnV)钢及桥梁钢(15MnVq)不宜用于高层建筑钢结构，因 15MnV 及 15MnVq 的伸长率为 18%，不符合伸长率应大于 20%的规定。

16Mnq 钢不能用于高层建筑钢结构，因其伸长率为 19%，且未列入现行国家标准《低合金高强度结构钢》(GB/T1591—2008)中。

(2) 主要承重结构钢材的力学性能保证项目

① 基本保证项目应包括抗拉强度、屈服点、伸长率、冷弯试验、冲击韧度等 5 项力学性能。采用焊接连接的节点，钢板厚度等于或大于 50 mm，并承受板厚之间的拉力时，应附加板厚方向断面收缩率的保证项目，并不得小于现行国家标准《厚度方向性能钢板》(GB/T 5313—2010)中 Z15 级规定的允许值。

② 抗震结构钢材的附加规定。

强屈比 $f_u/f_y \geqslant 1.2$(f_u 为抗拉强度，f_y 为屈服点)，以便结构在遇罕遇地震时，结构产生塑性变形后，构件仍具有一定的强度储备。

应有明显的屈服台阶，以使结构在遇罕遇地震时，具有良好的塑性性能。

伸长率 $\delta_s > 20\%$，它反映钢材能承受残余变形量的程度及塑性变形的能力。

应有良好的焊接性。焊接性是指能顺利进行焊接，不产生因钢材原因引起的焊接缺陷，焊后保持材料的弹性性能。

对于符合国家标准的 Q235 的 B、C、D 级钢，以及 Q345 的 B、C、D、E 级钢均能符合上述要求。

(3) 钢材的化学成分保证项目

在保证钢材的力学性能的同时，还应将碳、硫、磷等三项化学成分也作为保证项目，以便有良好的焊接性，使力学性能符合要求。

(4) 外露结构及低温环境的钢材

外露承重结构钢材应符合耐大气腐蚀的要求。低温环境下的承重结构钢材应符合避免低温冷脆的要求，根据计算温度选用 Q235 的 C、D 级钢和 Q345 的 C、D、E 级钢。

2.《钢骨规程》对钢材材质的要求

《钢骨规程》对钢材材质要求基本上同《高钢规程》的规定，但有如下的补充规定和有差别的规定。

① 采用国外钢材时，钢材的化学成分及其含量限值、力学性能、强屈比及焊接性等均应符合我国标准的规定。

② 构件上的钢板厚度等于或大于 36 mm，并承受沿板厚方向的拉力作用时，附加板厚方向的断面收缩率要求，其值不得小于 Z15 级规定的容许值。这一规定与《高钢规程》的不同之处在于后者的板厚下限为 50 mm，而上海市标准《高层建筑钢结构设计暂行规定》为 40 mm，三者宜协调一致。

3. 设计时考虑的其他因素

高层建筑钢结构钢材选用时，除要考虑钢材材质符合《高钢规程》及《钢骨规程》规定的力学性能和化学成分外，还宜考虑下列的情况。

(1) 关于高强度钢材的应用

现行的《高钢规程》推荐采用碳素结构钢Q235和低合金钢Q345。Q345钢与日本广泛应用的SM490钢及美国的ASTMA579/50级钢的屈服强度值基本相同。高层建筑钢结构中的钢柱和竖向支撑用钢量很大，但这些构件受长细比影响，采用更高强度的钢材，经济效益不明显。高层建筑钢结构的侧向刚度较小，但由于各种钢号的钢材弹性模量几乎相等，如采用更高强度的钢材，有些构件的截面尺寸要减小，使结构的侧向刚度也相应减小，而且钢材的延性也会降低；美国加州规范规定屈服强度超过50ksi(350MPa)的钢材，要经过充分研究证明其性能符合要求后才能采用。因此，对高强度钢材在抗震高层钢结构中的应用，应持慎重的态度。

(2) 对于低温环境和外露结构要选用适宜的钢材

对于冬季计算温度低于0℃的情况，应考虑适应负温的钢材等级。对于外露结构构件宜选用耐候钢。

(3) 慎用特厚钢板

对于大于100 mm的特厚钢板，由于国内还无钢材材质标准，厂家也未生产，即使采用进口钢板，也仍需采用严格的焊接工艺措施。因此，现阶段宜慎用这类特厚钢板。也可采用调整柱距、结构布置或改变结构体系等方法，改用小于100 mm的钢板。

(4) 对于钢梁宜优先采用热轧H型钢

目前国内已生产较多规格的热轧H型钢。对于在地震区的高层建筑钢结构，柱子常宜采用箱形截面柱，但钢梁常采用H形截面和相应的热轧H型钢，其质量优于焊接H型钢，价格也略低些。因此，对于占用钢量比例很大的钢梁，宜优先采用热轧H型钢。

8.2 高层钢结构的荷载及效应组合

1. 竖向荷载

① 高层钢结构的竖向荷载除按荷载规范有关条文选取外，特殊的使用空间应考虑不同的活荷载，如屋顶花园可取为4.0 kN/m^2。

直升机平台活荷载应根据《高层民用建筑钢结构技术规程》(JGJ 99-98)以及其他有关规定采用。

② 高层建筑中，活荷载值与永久荷载值相比是不大的，因此在计算时，对于楼层和屋面活荷载一般可不作最不利布置工况的选择，而均采取满布活荷载的计算图形，以简化计算。但活荷载较大时，应将简化算得的框架梁的跨中弯矩计算值乘以系数1.1～1.2，梁端弯矩乘以系数予以提高。

③ 当计算侧向水平荷载与竖向荷载共同作用下结构产生的内力时，竖向荷载应按《建筑结构荷载规范》(GB 50009—2012)的规定折减，但在抗震计算时应另行考虑。

④ 施工中采用附墙塔、爬塔等对结构受力有影响的起重机械或其他施工设备时，在结构设计中应根据具体情况验算施工荷载的影响。

2. 风荷载

① 作用在高层建筑任意高度处的风荷载w_k(kN/m^2)应按下式计算

$$w_k=\beta_z\mu_s\mu_z\omega_0 \tag{8-3}$$

式中 w_k——任意高度处的风荷载标准值,kN/m²;

ω_0——高层建筑基本风压,kN/m²;

μ_s——风荷载体型系数;

μ_z——风压高度变化系数;

β_z——顺风向高度二处的风振系数。

② 用于高层建筑的基本风压值,应按《建筑结构荷载规范》(GB 50009—2012)规定的基本风压 ω_0 值乘以系数 1.1。对于特别重要和有特殊要求的高层建筑则乘以系数 1.2。

③ 风压高度变化系数的取值按《建筑结构荷载规范》(GB 50009—2012)的规定采用。

④ 高层建筑风荷载体型系数可按下列规定采用。

a. 单个高层建筑的风荷载体型系数可按特殊规定采用。

b. 在城市新建高层建筑(其高度为 H)中,当邻近已有一些高层建筑(其高度为 H_0)且 $H_0\leqslant\frac{H}{2}$ 时,应根据新旧高层建筑距离 d 的大小,考虑对高层建筑体型系数 μ_s 的增大影响,即

当 $d\leqslant H_0$ 时增大系数取 1.3;当 $d\geqslant 2H_0$ 时增大系数取 1.0。

d 为中间值时,增大系数按线性内插法计算。对于特别重要或不规则的高层建筑,增大系数宜按建筑群模拟风洞试验确定。

c. 周围环境复杂、外形极不规则的高层建筑体型系数,亦应按风洞试验确定。进行墙面、墙面构件、玻璃幕墙及其连接的局部验算时,对于负压区应采用局部体型系数,此时不再采用上述 b 项的增大系数。

⑤ 沿高度为等截面的高层钢结构,顺风向风振系数可按相关规定采用。

⑥ 当高层建筑顶部有小体型的突出部分(如电梯井伸出屋顶,屋顶瞭望塔建筑等)时,设计应考虑鞭梢效应。一般可根据上部小体型建筑作为独立体时的自振周期 T_u 与下部主体建筑的自振周期 T_1 的比例,分别按下列规定处理。

a. 当 $T_u\leqslant\frac{1}{3}T_1$ 时,可简化假定主体建筑为等截面沿高度延伸至小体型建筑的顶部,风振系数仍按《建筑结构荷载规范》(GB 50009—2012)的规定采用。

b. 当 $T_u>\frac{1}{3}T_1$ 时,风振系数应按风振理论参考《结构风压和风振计算》或《工程结构风荷载理论及抗风计算手册》等计算。鞭梢效应一般与上下部质量比、自振周期比以及承风面积有关。研究表明:在 T_u 约大于 $1.5T_1$ 的范围内,盲目增大上部结构刚度反而起着相反效果,这一特点应引起注意。另外,盲目减小上部承风面积,在 $T_u<T_1$ 范围内其作用也不明显。

⑦ 在风荷载作用下,圆筒形高层建筑钢结构有时会发生横风向的涡流共振现象,为了避免发生横风向共振,设计圆筒形高层建筑钢结构时,应满足控制条件

$$V_H<V_{cr} \tag{8-4}$$

式中 V_H——高层建筑顶部风速,$V_H=40\sqrt{\mu_z\omega_0}$;

V_{cr}——临界风速,$V_{cr}=5D/T_1$,D 为高层建筑的直径,T_1 为高层建筑的基本周期。

当不能满足这一控制条件时,一般可通过增加刚度和减小自振周期来提高临界风速或进行横风向涡流脱落共振试验。

3. 地震作用

① 高层建筑钢结构抗震设计时，第一阶段按多遇地震烈度计算地震作用，第二阶段按罕遇地震烈度计算地震作用。

② 第一阶段设计时的地震作用应考虑下列原则。

a. 沿结构的两个主轴方向分别考虑水平地震作用并进行抗震计算，各方向的水平地震作用全部由该方向的抗侧力构件承担。

b. 当有斜交抗侧力构件时，宜分别考虑各侧力构件方向的水平地震作用。

c. 应考虑结构偏心引起的水平地震作用的扭转影响。

d. 对于按 8 度和 8 度以上抗震设防的、平面特别不规则的高层建筑钢结构，宜按双向水平地震同时作用进行抗震计算。计算时，可在主要方向按所规定地震作用的 100%计算，在与其垂直的方向按所规定地震作用的 30%计算。先各自按振型分解反应谱法进行计算，然后再将两个力在同一方向求得的内力分别叠加。

e. 对于按 9 度抗震设防的高层钢结构以及按 8 度和 9 度抗震设防结构中的大跨度和长悬臂构件，应考虑竖向地震作用。

③ 高层建筑钢结构的抗震设计反应谱，采用图 8-16 所示地震影响系数 α 曲线表示。α 值应根据近震、远震、场地类别及结构自振周期 T 计算，其下限不应小于 α_{max} 值的 20%。α_{max} 及场地特征周期 T_g 分别按相关规定采用。

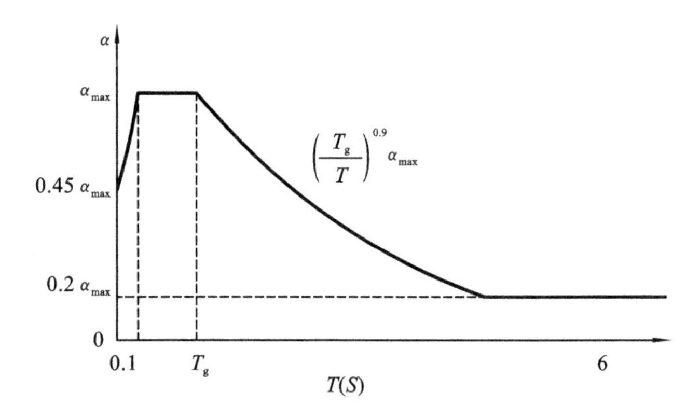

图 8-16　高层建筑钢结构的地震影响系数曲线

采用型钢混凝土结构和以钢筋混凝土结构为主要抗侧力结构的钢混结构时，α_{max} 按《建筑抗震设计规范》(GB 50011—2010)第 4.1.4 条的规定采用。

④ 采用底部剪力法计算水平地震作用时，结构总水平地震作用等效底部剪力标准值可按下式确定

$$F_{Ek}=\alpha_1 G_{ep} \tag{8-5}$$

在质量沿高度分布基本均匀、刚度沿高度分布基本均匀或向上均匀减小的结构中，各层水平地震作用标准值为

$$F_i=\frac{G_iH_i}{\sum_{j=1}^{n}G_jH_j}\cdot F_{Ek}(1-\delta_n)\qquad (i=1,2,\cdots,n) \tag{8-6}$$

顶部附加水平地震作用标准值为

$$\Delta F_n = \delta_n F_{Ek} \tag{8-7}$$

$$\delta_n = \frac{1}{T_1 + 8} + 0.05 \tag{8-8}$$

式(8-5)～式(8-8)中 F_{Ek}——结构总水平地震作用等效底部剪力标准值；

α_1——相当于结构基本周期 T_1 的地震影响系数，按前文第③条的规定计算；

G_{ep}——结构的等效重力荷载代表值，取 $G_{ep}=0.8G_E$（重力荷载代表值 G_E 按相关规定计算）；

G_i，G_j——第 i、j 层重力荷载代表值；

H_i，H_j——第 i、j 层楼盖距底部固定端的高度；

F_i——第 i 层的等效地震作用；

δ_n——第 n 层（顶层）附加集中力系数，当 $\delta>0.15$ 时，取 $\delta=0.15$；

ΔF_n——第 n 层（顶层）附加水平集中力。

采用底部剪力法时，突出屋面塔屋的地震作用效应宜乘以增大系数 3，此增大影响宜向下考虑 1～2层，但不再往下传递。

⑤ 抗震计算中重力荷载代表值为恒荷载和活荷载之和，按下列规定取值。

a. 恒荷载：结构和构配件及装修材料等的自重，取标准值。

b. 雪荷载：取荷载规范标准值的 50%。

c. 楼面活荷载：一般民用建筑取《建筑结构荷载规范》(GB 50009—2012)的标准值再乘以《建筑抗震设计规范》(GB 50011—2010)表 4.1.3 规定的组合值系数。其他如书库、档案库或类似具有特殊用途的建筑，其荷载可取规定值的 80%或按实际情况取值，计算时不再按《建筑结构荷载规范》(GB 50009—2012)的规定折减，且不应考虑屋面活荷载。

⑥ 由于非结构构件及计算简图与实际情况存在差别，因此，高层钢结构的设计周期应按主体结构弹性计算周期乘以修正系数 ξ_T 后采用，$\xi_T=0.90$。用弹性方法计算高层钢结构周期及振型时，应符合内力和位移的弹性计算的规定。

⑦ 对于质量及刚度沿高度分布比较均匀的结构，基本周期可用下式做近似计算

$$T_1 = 1.7\xi_T \sqrt{u_T} \tag{8-9}$$

式中 u_T——结构顶点假想侧移（即假想将结构各层的重力荷载作为楼层集中水平力按弹性静力方法计算所得的顶点侧移值），m；

ξ_T——计算周期修正系数，取 $\xi_T=0.90$。

式(8-9)适用于具有弯曲型、剪切型或弯剪变形的一般结构。

⑧ 在初步设计时，高层钢结构的基本周期可按下列经验公式估算

$$T_1 = 0.1n \tag{8-10}$$

式中 n——建筑物层数（不包括地下部分及屋顶塔楼）。

⑨ 由于高层建筑功能复杂，体型趋于多样化。在对复杂体型或不能按平面结构假定进行计算时，宜采用空间协同计算（二维）或空间计算（三维），此时，应考虑空间振型及其耦联作用。

当采用空间协同工作或空间结构计算空间振型时，振型分解反应谱法要求按式(8-11)计算振型

质点的等效水平地震作用力，然后进行地震效应振型组合。

a. 仅考虑 x 方向地震作用时，

$$\left.\begin{aligned} F_{xji} &= \alpha_j \gamma_{xj} x_{ji} G_i \\ F_{yji} &= \alpha_j \gamma_{yj} y_{ji} G_i \\ F_{tji} &= \alpha_j \gamma_{tj} r_i^2 \varphi_{ji} G_i \end{aligned}\right\} \quad (i=1,2,\cdots,n; j=1,2,\cdots,m) \tag{8-11}$$

$$\gamma_{xj} = \frac{\sum_{i=1}^{n} x_{ji} G_i}{\sum_{i=1}^{n} (x_{ji}^2 + y_{ji}^2 + \varphi_{ji}^2 \gamma_i^2) G_i} \tag{8-12}$$

式中　α_j——相应于 j 振型计算周期 T_j 的地震影响系数，按前文第③条取值，T_j 为 j 振型周期，按前文第⑥条计算；

γ_{xj}——仅考虑 x 方向地震作用时 j 振型的参与系数；

x_{ji}，y_{ji}，φ_{ji}——j 振型中 i 质点在 x、y、φ 三个方向的分量；

F_{tji}——j 振型 i 质点在 θ 方向上的地震作用；

γ_{tj}——仅考虑 φ 方向地震作用时振型的参考系数；

r_i——i 层质量转动惯性半径，$r_i=\sqrt{\frac{I_i}{m_i}}$，$I_i$ 为 i 层质量的转动惯性矩，G_i，m_i 为 i 层计算地震作用时的重力荷载及质量代表值，n，m 为结构层数及组合的振型数。

b. 仅考虑 y 方向的地震作用时，用 γ_{yi} 代替式(8-12)中的 γ_{xi}，用 y_{ji} 代替式(8-12)中的 x_{ji}，而得到 γ_{yi}。

c. 地震作用方向与二轴有 θ 夹角时，用 $\gamma_{\theta j}$ 代替式(8-12)中的 γ_{xj}，$\gamma_{\theta j}=\gamma_{xj}\cos\theta+\gamma_{yj}\sin\theta$。

⑩ 在完全对称且可不考虑扭转影响的结构中，振型分解反应谱法仅考虑平动作用下的地震效应组合，j 振型 i 质点的等效地震作用力可按下式计算

$$F_{ji}=\alpha_j \gamma_j x_{ji} G_i \quad (i=1,2,\cdots,n; j=1,2,\cdots,m) \tag{8-13}$$

$$\gamma_j = \frac{\sum_{j=1}^{n} x_{ji} G_i}{\sum_{i=1}^{n} x_{ji}^2 G_i} \tag{8-14}$$

式中　γ_j——j 振型的参与系数；

x_{ji}——j 振型 i 质点的振幅。

⑪ 组合方法如下。

a. 采用空间振型时，可取 9～15 个振型，当基本周期 $T_1>2$ s 时，振型数应取较大者；在刚度及质量沿高度分布很不均匀的情况下，应取更多的振型(18 或更多)。地震效应振型组合采用完全二次型方根(CQC)法，即

$$S=\sqrt{\sum_{j=1}^{m}\sum_{r=1}^{m}\rho_{jr} S_j S_r} \tag{8-15}$$

$$\rho_{jr}=\frac{8\xi^2(1+\lambda_T)\lambda_T^{\frac{3}{2}}}{(-\lambda_T^2)^2+4\xi^2\lambda_T(1+\lambda_T)^2} \tag{8-16}$$

式中 S——组合效应；

S_j, S_r——j 振型及 r 振型产生的地震作用效应；

ρ_{jr}——振型相关系数；

ξ——阻尼比，对于钢结构，一般可取 0.02；

λ_T——j 振型与 r 振型的周期比，$\lambda_T=\dfrac{T_j}{T_r}$；

T_j——j 振型的周期；

T_r——r 振型的周期；

m——振型组合数。

b. 采用平面振型时，至少取三个振型，当基本周期 $T_1>1.5$ s 时，在质量及刚度沿高度分布很不均匀时振型数应适当增加。地震效应组合可采用平方和开平方(SRSS)法，即

$$S=\sqrt{\sum_{j=1}^{m}S_j^2} \tag{8-17}$$

c. 突出屋面的塔屋应按每个楼层一个质点的方法进行地震作用计算和震型效应组合。当采用三个振型时，所得地震作用效应应乘以增大系数 1.5；当采用六个振型时，所得地震作用效应可不再增大。

d. 为了防止有时在高柔度结构中由于振型数取得不够，振型分析法所得到的等效地震力过小而不安全，由振型分解反应谱法所得的地震剪力，不应小于按式(8-6)计算所得的底部剪力的 80%。如果小于此值，则按底部剪力调整放大计算内力。

⑫ 高层建筑中考虑竖向地震作用时，按下述方法确定等效地震作用力。

总竖向地震作用力为

$$F_{\mathrm{EVk}}=\alpha_{\mathrm{vmax}}G_{\mathrm{ep}} \tag{8-18}$$

楼层 i 的竖向地震作用力为

$$F_{\mathrm{v}i}=\frac{G_iH_i}{\sum_{j=1}^{n}G_jH_j}F_{\mathrm{EVk}} \tag{8-19}$$

式中 F_{EVk}——总竖向地震作用力；

α_{vmax}——竖向地震作用影响系数最大值，可取水平地震影响系数最大值的 65%；

G_{ep}——等效结构总重力荷载，可取该结构重力荷载代表值的 75%。

各层的竖向地震效应按各构件承受的重力荷载代表值比例分配，应考虑向上、向下作用产生的不利组合。

长悬臂和大跨度结构的竖向地震作用标准值，对于按 8 度和 9 度抗震设防的建筑，可分别取该结构、构件重力荷载代表值的 10%和 20%。

⑬ 采用时程分析法计算结构的地震反应时，应输入典型的地震波进行计算，典型地震波应按下列原则选用。

a. 至少应采用四条能反映当地场地特性的地震加速度波，其中宜至少包括一条本地区历史上发生地震时的实测记录波。如当地没有地震记录，可根据当地场地条件选用合适的其他地区的地震记录。如没有合适的地震记录，可采用根据当地地震危险性分析结果获得人工模拟地震波。

b. 地震波的持续时间不宜过短，可取 10～20 s 或更长。

⑭ 输入地震波的加速度峰值按表 8-2 采用。

表 8-2　地震波加速度峰值　　单位：gal

设防烈度	7	8	9
第一阶段弹性分析	35	70	140
第二阶段弹塑性分析	220	400	620

表 8-2 中给出的第一阶段弹性分析及第二阶段弹塑性分析两个水准的加速度峰值，分别对应小震及罕遇地震下地震波加速度峰值。

在有条件时，所输入地震波宜按《高层民用建筑钢结构技术规程》(JGJ 99-98)要求输入地震波采用加速度标准化处理，也可采用速度标准化处理。

加速度标准化处理时，
$$a_t' = \frac{A_{max}}{a_{max}} \cdot a_t \tag{8-20}$$

速度标准化处理时，
$$a_t' = \frac{V_{max}}{v_{max}} \cdot a_t \tag{8-21}$$

式中　a_t'——调整后输入地震波各时刻的加速度值；

a_t，a_{max}，v_{max}——地震波原始记录中各时刻的加速度值、加速度峰值、速度峰值；

A_{max}——按表 8-2 中规定输入的地震波加速度峰值；

V_{max}——按烈度要求输入的地震波速度峰值。

8.3　高层钢结构的内力与位移分析

8.3.1　一般原则及基本假定

① 高层钢结构的内力与位移一般采用弹性方法计算，并要考虑各种抗侧力结构的协同工作。当有抗震设防要求时，应考虑在罕遇地震烈度作用下结构可能进入弹塑性状态，此时应采用弹塑性方法计算。

② 高层建筑钢结构通常采用现浇组合楼盖，因此，在进行高层钢结构内力和位移的计算时，一般可假定楼面在自身平面内为绝对刚性。相应地，在设计中应采取构造措施(加板梁抗剪键、非刚性楼面加设现浇层等)保证楼面的整体刚度。当楼面整体性较差、楼面大开孔、楼面外伸段较长或相邻层刚度有突变时，应采用楼板在自身平面内的实际刚度，或对按刚性楼面计算所得结果进行调整。

③ 由于楼板与钢梁连接在一起，因此进行高层钢结构弹性分析时，宜考虑现浇钢筋混凝土楼板与钢梁的共同工作，此时在设计中应保证楼板与钢梁间有抗剪键等可靠的连接。当按弹塑性分析时，楼板可能严重开裂，故此时不宜考虑楼板与梁共同工作。

在框架弹性分析时，压型钢板组合楼盖组合梁的惯性矩可取为：对于楼板的主要支承梁，$I=2I_s$；对于其他情况，$I=1.5I_s$(I_s 为钢梁惯性矩)。

④ 高层建筑钢结构的计算模型，应视具体结构形式和计算内容确定。

a. 一般情况下,可采用平面抗侧力结构的空间协同计算模型。

b. 对于结构布置规则、质量及刚度沿高度分布均匀、可以忽略扭转效应的结构,允许采用平面结构的计算模型。

c. 对于结构平面或立面布置不规则、体型复杂、无法划分成平面抗侧力单元的结构以及空间筒体结构等,应采用空间结构计算模型。

⑤ 高层钢结构梁柱构件的长度一般较小,因此,在内力与位移计算中,除要考虑梁、柱的弯曲变形和柱的轴向变形外,还应考虑梁、柱的剪切变形,由于梁的轴力很小,一般可不考虑梁的轴向变形。此外,还应考虑梁柱节点域剪切变形对侧移的影响。

⑥ 高层钢结构梁、柱节点域剪切变形对结构内力的影响较小,一般在10%以内,因而不需对结构内力进行修正。但此剪切变形对结构水平位移的影响较大,必须考虑其影响。影响程度主要取决于梁的弯曲刚度、节点域的剪切刚度、梁腹板高度以及梁与柱的刚度之比。在设计中,可将梁柱节点域当做一个单独的剪切单元进行高层钢结构的结构分析,并用下述方法作近似考虑。

a. 对于箱形截面柱框架,可将节点域当做刚域,刚域的尺寸取节点域尺寸的一半。

b. 对于H形截面柱框架,若结构的$\dfrac{EI_b}{kh_b}\leqslant 1$或$\eta\leqslant 5$,可不考虑梁柱点域剪切变形的影响,按结构轴线尺寸进行分析时,η值按下式计算

$$\eta=\left[17.5\frac{EI_b}{kh_b}-1.8\left(\frac{EI_b}{kh_b}\right)^2-10.7\right]\sqrt[4]{\frac{I_c h_b}{I_b h_c}} \tag{8-22}$$

式中 I_c,I_b——结构中柱和梁截面惯性矩的平均值;

h_c,h_b——结构中柱和梁腹板高度的平均值;

k——节点域剪切刚度的平均值,$k=h_c h_b tG$;

t——节点域腹板厚度;

G——钢材的剪切模量;

E——钢材的弹性模量。

若不满足上述条件,即$\dfrac{EI_b}{kh_b}>1$或$\eta>5$,则要修正结构楼层的水平位移,而内力可不修正,仍按结构轴线尺寸进行分析。

修正后的水平位移为

$$u_i'=\left(1+\frac{\eta}{100-0.5\eta}\right)u_i \tag{8-23}$$

式中 u_i'——修正后的第i层楼层的水平位移;

u_i——忽略节点域剪切变形并按结构轴线尺寸分析所得的第i层楼层的水平位移。

⑦ 一般情况下,柱间支撑构件可按两端铰接考虑,偏心支撑中的耗能梁段应取为单独单元。

⑧ 对于钢框架-剪力墙结构体系,现浇竖向连续钢筋混凝土剪力墙的计算,宜考虑墙的弯曲变形、剪切变形和轴向变形,剪力墙可作为独立竖向悬臂弯曲构件考虑。

当钢筋混凝土剪力墙具有比较规则的开孔时,可按带刚域的框架计算;当具有复杂开孔时,宜采用平面有限元法计算。

对于嵌入式剪力墙,可按相同水平力作用下产生相同侧移的原则,将其折算成等效支撑或等效剪

切板考虑。

⑨ 除蒙皮结构外，结构计算中不考虑非结构构件对结构承载力和刚度的有利作用。

⑩ 如有条件，则计算结构内力和位移时可考虑结构与地基的相互作用。

⑪ 进行结构内力分析时，应考虑重力荷载引起的竖向构件差异缩短所产生的影响。

⑫ 荷载效应和地震作用效应组合的设计值应按下列公式确定。

a. 无地震作用时，

$$S=\gamma_G C_G G_k+\gamma_{Q1} C_{Q1} Q_{1k}+\gamma_{Q2} C_{Q2} Q_{2k}+\Psi_w \gamma_w C_w W_k \tag{8-24}$$

b. 有地震作用的第一阶段设计时，

$$S=\gamma_G C_G G_E+\gamma_{Eh} C_{Eh} F_{Ehk}+\gamma_{Ev} C_{ED} F_{Evk}+\Psi_w \gamma_w C_w W_k \tag{8-25}$$

式(8-24)、式(8-25)中　G_k，Q_{1k}，Q_{2k}——永久荷载、楼面活荷载、雪荷载等竖向荷载标准值；

F_{Ehk}，F_{Evk}，W_k——水平地震作用、竖向地震作用和风荷载的标准值；

G_E——考虑地震作用时的重力荷载代表值，按相关规定计算；

$C_G G_k$，$C_{Q1} Q_{1k}$，$C_{Q2} Q_{2k}$，$C_w W_k$，$C_G G_E$，$C_{Eh} F_{Ehk}$，$C_{Ev} F_{Evk}$——永久荷载、楼面活荷载、雪荷载、风荷载、水平地震作用和竖向地震作用标准值产生的荷载和作用效应标准值，由力学计算求得；

γ_G，γ_{Q1}，γ_{Q2}，γ_w，γ_{Eh}，γ_{Ev}——永久荷载、楼面活荷载、雪荷载、风荷载、水平地震作用和竖向地震作用的分项系数，各种情况下的分项系数值如表 8-3 所示；

Ψ_w——风荷载组合系数，在无地震作用的组合中取 1.0，在有地震作用的组合中取 0.2。

表 8-3　荷载与作用的组合和分项系数

序号	组合情况	重力荷载分项系数(γ_G)	活荷载分项系数(γ_{Q1}、γ_{Q2})	水平地震作用分项系数(γ_{eh})	竖向地震作用分项系数(γ_{Ev})	风荷载分项系数(γ_w)	备　注
1	考虑重力荷载、楼面活荷载及风荷载	1.20	1.40	—	—	1.40	
2	考虑重力荷载及水平地震作用	1.20	—	1.30	—	—	
3	考虑重力荷载、楼面活荷载及风荷载	1.20	—	1.30	—	1.40	用于 60 m 以上建筑

续表

序号	组合情况	重力荷载分项系数(γ_G)	活荷载分项系数(γ_{Q1}、γ_{Q2})	水平地震作用分项系数(γ_{eh})	竖向地震作用分项系数(γ_{Ev})	风荷载分项系数(γ_w)	备注
4	考虑重力荷载及竖向地震作用	1.20	—	—	1.30	—	在下列情况下使用： ① 9度设防； ② 8、9度设防的大跨度和长悬臂结构
5	考虑重力荷载、水平及竖向地震作用	1.20	—	1.30	0.50	—	
6	考虑重力荷载、水平及竖向地震作用及风荷载	1.20	—	1.30	0.50	1.40	同5，并用于60 m以上建筑

在非地震作用组合式(8-24)中，考虑高层建筑荷载特点(高层钢结构主要用于办公室、公寓、饭店)，只列入了永久荷载、楼面使用荷载及雪荷载三项竖向荷载，水平荷载只有风荷载。如果建筑物上还有其他活荷载，可参照荷载规范要求进行组合。

⑬ 表8-3给出了高层钢结构的各种可能的荷载效应组合情况，在高度很大的高层钢结构中，只有竖向荷载的组合不可能成为最不利组合，因此未包括无风荷载的组合情况。第一阶段抗震设计进行构件承载力验算时，应根据表8-3选择出可能出现的组合情况及相应的荷载和作用分项系数，分别进行内力设计值组合，取各构件的最不利组合进行截面设计。

⑭ 第一阶段抗震设计进行高层钢结构位移计算时，应取与内力组合相同的情况进行组合；但各荷载和作用的分项系数均取1.0，取结构最不利位移标准值进行位移限值验算。

⑮ 第二阶段采用时程分析进行抗震验算时，不考虑风荷载，竖向荷载取重力荷载代表值。此时，因为结构处于弹塑性阶段，叠加原理已不适用。故应将考虑的荷载和作用事先施加到结构模型上，再进行时程分析。

8.3.2 内力与位移的计算方法

1. 一般规定

① 高层建筑钢结构由于其功能复杂，体型多样，且高度较大，杆件较多，受力也比较复杂，因此，在进行结构的静、动力分析时，一般都应借助计算机来完成。目前，冶金工业部建筑研究总院、建设部建筑科学研究院等单位已编制了符合国内现行规范要求的专用计算机软件，开始应用于工程设计。

② 对于结构布置不规则、体型复杂以及空间作用明显的结构，宜采用空间分析方法。此时，梁柱构件按空间杆件考虑，每端有六个自由度；剪力墙按薄壁空间杆件考虑，每端有七个自由度。

空间分析按如下步骤进行。

a. 形成梁、柱、墙的单元刚度矩阵；

b. 进行坐标变换，用整体坐标位移代换局部坐标位移；

c. 引入楼板刚性的条件，用楼层的公共位移代换杆端相应位移；

d. 求解方程，得杆端位移，进而计算杆件内力。

国内也有计算机软件可以采用该种方法。

③ 结构分析中一些技术问题按以下原则处理。

a. 形状复杂的剪力墙可采用平面有限元法进行应力计算，所采用的平面单元应具有较高的精度，例如，采用完全三次式位移函数的单元。

b. 沿竖向基本均匀的结构，可采用有限条法进行内力与位移分析。有限条的类型可根据结构类型决定。

c. 有必要并有条件时，可以将更复杂的高层建筑结构划分为各种单元的组合，采用更详细的计算机程序进行三维空间分析。

d. 在计算机弹性分析程序编制中宜采用子结构方法以节省内存。首先消去子结构中的内部自由度后再形成总刚度矩阵，然后解方程，求得总体未知量，再代回求出其他位移和相应的内力。

2. 高层建筑钢结构的近似分析法

在实际过程中，对于高度小于 60 m 的建筑或在方案设计阶段预估截面时，为了迅速有效地评价结构体系的性能及确定结构与构件的主要尺寸指标，可以采用一些简化的计算模型进行分析计算。

(1) 框架结构的简化计算

① 在竖向荷载作用下，纯框架结构的框架内力可采用分层法进行简化计算，此时框架梁与上、下层柱组成基本计算单元，不考虑横梁的侧移，竖向荷载产生的梁固端弯矩只在本单元内进行弯矩分配，单元之间不传递。计算所得的梁弯矩作为最终弯矩，柱端弯矩取相邻单元对应的柱端弯矩(即上、下两层计算所得弯矩)之和。柱中轴力可通过梁端剪力和逐层叠加柱内的竖向荷载而求出。

② 在水平荷载作用下，框架的内力和位移可采用 D 值法进行简化计算：层数少于 20 层，斜撑或剪力墙较少的带斜撑或带嵌入剪力墙的钢框架结构，也可作为剪切型体系近似采用 D 值法计算，此时斜撑、剪力墙的等效 D 值可按下列方法计算。

a. 带十字形支撑的框架(见图 8-17)中，十字形支撑的等效值为

$$D_b=\frac{2E_bA_b\cos^3\theta}{l_0} \tag{8-26}$$

式中　E_b，A_b——支撑的弹性模量和截面积；

θ——支撑的水平倾角；

l_0——支撑的跨度。

b. 其他形式的支撑，如 K 形支撑(见图 8-18)、偏心支撑等，可按产生单位水平位移所需的水平力确定 D_b，即

$$D_b=\frac{P}{\delta} \tag{8-27}$$

式中　P——施加的水平力；

δ——由于 P 作用于支撑上而产生的水平位移。

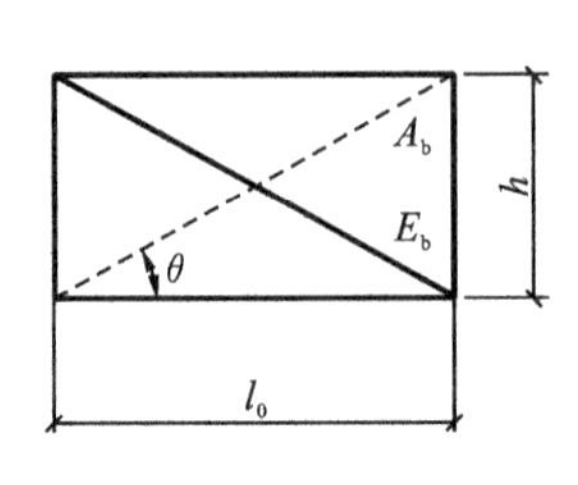

图 8-17 十字形支撑

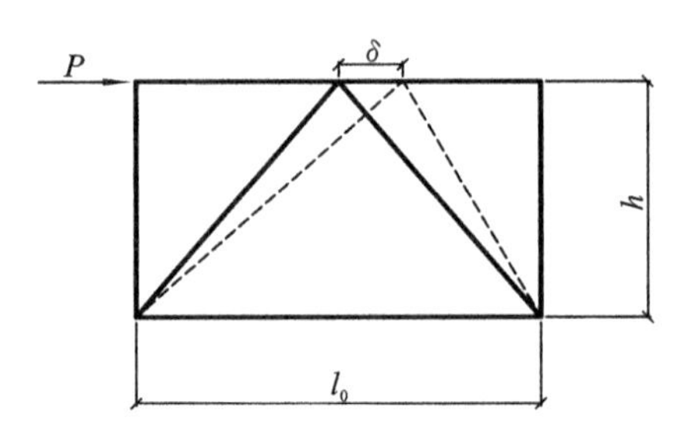

图 8-18 K 形支撑

c. 在钢框架中填充的钢筋混凝土剪力墙的等效值为

$$D_w=\frac{\mu G_w t_w l_0}{h} \tag{8-28}$$

式中 μ——剪应力不均匀系数,矩形截面 $\mu=1.2$,工字形截面 $\mu=\frac{A}{A'}$(A 为全截面面积,A'为腹板面积);

G_w——墙的剪切模量;

t_w——墙厚;

l_0——墙宽;

h——层高。

③ 节点半刚性的结构,其内力与位移一般应作修正,在钢框架的设计中,通常假定梁柱节点完全刚接或完全铰接。但研究表明,一般构造的刚节点或铰节点,其弯矩和相对转角的关系既非完全刚接,也非完全铰接,这种刚接节点的半刚性特征将明显影响到结构分析的结果,研究同时表明,当满足下述条件时,可以忽略节点半刚性的影响。

a. 对于满焊节点,其性能基本上符合节点刚性的假定,可不考虑节点半刚性对内力和位移的影响。

b. 当结构中梁的线刚度 EI/l 和节点初始刚度 k 之比的平均值$\frac{EI}{kl}\leqslant 0.02$ 时,可不考虑节点半刚性对结构水平位移的影响。

c. $\frac{\sqrt{n}EI}{kl}\leqslant 0.02$($n$ 为结构层数)时,可不考虑节点半刚性对结构内力的影响。

节点刚度 k 可通过节点试验和对节点性能的研究得到。一般说来,对于螺栓连接节点,$k=(2\sim 10)\times 10^4\ \mathrm{kN\cdot m/rad}$;对于翼缘为焊接、腹板为螺栓连接的混合节点,$k=(1\sim 3.5)\times 10^4\ \mathrm{kN\cdot m/rad}$。

当不满足上述条件时,须根据下述情况将按节点刚性假定所得的结果作适当的修正,修正前后所得值的变化范围一般约为 5%。

a. 结构各层水平位移按下式修正

$$\Delta_{si}=\left(4.3\frac{EI}{kl}+1\right)(0.66\sigma_i^3+0.86\sigma_i^2+1)\Delta_{ri} \tag{8-29}$$

式中 Δ_{si}——第 i 层楼层水平位移的修正值;

Δ_{ri}——按节点刚性假定计算所得第 i 层楼面水平位移；

$\frac{EI}{kl}$——梁线刚度与节点初始刚度之比的平均值；

σ_i——$\sigma_i=\frac{n-i}{n}$，其中 n 为结构总层数，i 为第 i 层楼层数。

b. 结构的层间位移按下式修正

$$\delta_{si}=\left(2\frac{EI}{kl}+1\right)(0.66\sigma^3+0.86\sigma^2+1)\delta_{ri} \tag{8-30}$$

式中　δ_{si}——底层柱端弯矩修正值；

δ_{ri}——按节点刚性假定计算所得第 i 层层间位移值。

c. 一般情况下除底层柱外，按节点刚性计算所得弯矩值比按节点半刚性计算所得弯矩值大，因此，只对底层柱靠基础端的弯矩值进行修正，即

$$M_s=\left(0.56\sqrt{n}\frac{EI}{kl}+1\right)M_r \tag{8-31}$$

式中　M_s——底层柱端弯矩修正值；

M_r——按节点刚性计算所得底层柱端弯矩值。

(2) 框架-抗剪结构体系空间分析的近似方法

平面布置规则的框架-抗剪结构体系（框-支体系和框-剪体系），在水平荷载作用下，可以简化为平面抗侧力体系进行分析，其基本方法如下。

① 将高层建筑钢结构沿两个主轴划分为若干平面抗侧力结构，每一个方向上作用的水平荷载由该方向上的平面抗侧力结构承受，垂直于荷载方向的抗侧力结构不参加工作，并由同一楼层上水平位移相等的条件进行水平力分配。如抗侧力结构与主轴方向斜交，可由转轴公式计算该抗侧力结构在两个主轴方向上的作用力。

② 将所有竖向支撑（或剪力墙）并联为总支撑（或总剪力墙），所有框架也并联为总框架，总框架和总支撑（或总剪力墙）之间用一刚性水平铰接连杆串联起来，形成最终计算模型，然后进行协同工作分析。

③ 总支撑可当做一个弯曲杆，其等效弯曲刚度为

$$EI_b=E\mu\sum_{j=1}^{m}\sum_{i=1}^{n}A_{ji}b_{ij}^2 \tag{8-32}$$

式中　μ——折减系数，对于中心支撑，可取 μ 为 0.8～0.9；

A_{ji}——第 j 片竖向支撑的第 i 根柱的截面积；

b_{ij}——第 i 根柱至第 j 片竖向支撑的柱截面总形心轴的距离；

n——每一片竖向支撑中的柱子数；

m——水平荷载作用方向竖向支撑的片数；

E——钢材的弹性模量。

④ 总剪力墙的等效抗弯刚度 EI_d 为

$$EI_d=\sum_{i=1}^{n}EI_{di} \tag{8-33}$$

式中　EI_d——总剪力墙的等效惯性矩；

EI_{di}——各片剪力墙的等效惯性矩。

⑤ 框架与抗剪结构体系协同工作的计算,宜采用矩阵位移法等用电子计算机求解的精确计算方法。国内已有许多这种方法的计算机软件,设计人员可根据情况选用。

⑥ 对规则但有偏心的结构作近似分析时,可先按无偏心结构进行分析,然后将内力乘以如下修正系数

$$\Psi_i = 1 + \frac{e_d r_i \sum k_i}{\sum k_i r_i^2} \tag{8-34}$$

式中 Ψ_i——第 i 片抗侧力结构的内力修正系数;

e_d——偏心距设计值,非地震作用时 $e_d = e_0$,地震作用时 $e_d = e_0 + 0.05L$;

e_0——楼层水平荷载合力中心与刚度中心之间的距离;

L——垂直于楼层剪力方向的结构平面尺寸;

r_i——第 i 片抗侧力结构至刚心的距离;

k_i——第 i 片抗侧力结构的侧向刚度。

当扭矩对计算构件的内力起有利作用时,应忽略扭矩的作用。

(3) 高层钢框架的底部剪力法

用底部剪力法估算高层钢框架结构的构件截面时,水平地震作用下倾覆力矩引起的柱轴力,对于体型较规则的丙类建筑,可考虑折减。折减系数的值应根据所考虑截面的位置的不同来选取。对于体型不规则或体型规则但基本周期 $T \leqslant 1.5$ s 的结构,倾覆力矩不折减。

(4) 筒体结构的近似计算法

① 筒体结构的计算方法应反映其空间工作特点,并考虑所有抗侧力构件共同工作的影响。平面为矩形或其他规则的筒体结构可采用等效角柱法、展开平面框架法、等效截面法等方法,转化为平面框架进行近似计算。

② 展开平面框架法。如果框筒结构是双轴对称的,则可以取 1/4 结构来分析。与侧向力作用方向垂直的框架称为翼缘框架,而与侧向力作用方向平行的框架称为腹板框架。

由于侧向力主要由腹板框架承受,腹板框架又通过竖向剪力将荷载传递到翼缘框架上,因此,可以设想将这 1/4 的空间框架展开成一个平面框架,腹板框架与翼缘框架之间通过能传递竖向剪力的虚拟构件来连接;虚拟构件只能传递剪力而不能传递弯矩和轴力,即虚拟构件的剪切刚度无限大而弯曲和轴向刚度为零。在展开的等效平面框架的边界上,则代之以相应的约束条件。

由于角柱分别为翼缘框架和腹板框架所共有,计算时,将角柱分为两个,计算角柱的轴向刚度时,所用截面面积取为实际角柱截面积的一半;在计算弯曲刚度时,惯性矩可取角柱各自方向上的惯性矩。内力计算完成后,将翼缘框架和腹板框架角柱的轴力相叠加,作为原角柱的轴力。

根据计算模型,即可按平面框架用矩阵位移法计算框筒在侧向力作用下的侧移和内力。

③ 等效截面法。对于框架筒体系,在侧向力作用下,剪力滞后效应会使得与侧向力作用方向垂直的翼缘框架中部的柱子轴向应力减少,因此,可假设这部分框架对结构抗侧力影响不大,此时,可将外框筒简化为平行于荷载方向的两个等效槽形截面构件,其翼缘有效宽度按下列二者中的较小值采用:$H/10$;$B/2$。其中 H、B 分别为筒体的高度和宽度。

这样,可将此双槽形截面作为悬臂构件来抵抗侧向力的作用。等效槽形截面中的密排柱产生轴

向力，连接密排柱的横梁则产生剪力，柱内轴力和梁内剪力可通过悬臂梁的计算方法分别求得，即

$$N_c = \frac{My_c}{I_e} A_c \tag{8-35}$$

$$Q_b = \frac{QS}{I_e} \cdot h \tag{8-36}$$

式中　N_c——水平侧向力作用下所计算柱内的轴力；

M——水平侧向力作用下等效双槽形截面框架整体弯曲时的弯矩；

I_e——等效双槽形截面的惯性矩；

A_c——所计算柱的截面面积；

y_c——所计算柱的形心至框架筒中性轴的距离；

Q_b——横梁的剪力；

Q——水平侧向力引起的楼层剪力；

S——等效双槽形截面中框筒中性轴一侧的所有柱对框筒中性轴的面积矩之和；

h——所计算梁所在高度处的楼层层高，如某梁的上下层层高不同，则取平均值。

梁的剪力求出后，假定梁的反弯点在梁净跨度的中点上，则可求得梁端处的弯矩。

(5) 框筒结构

框筒结构(无论是平面或空间框架)简化计算的另一种方法是按位移等效的原则将实际的杆系折合为等效的连续体，然后用计算连续体的有效方法——有限元法、有限条法或其他方法进行计算。

(6) 筒体-框架结构

筒体-框架结构可作为框架-剪力墙结构近似计算，内筒体作为剪力墙考虑，外框架只考虑平行于外荷载方向的框架。

3. 地震作用下内力及位移的计算

① 高层钢结构在地震作用下的内力及位移计算，除符合本节规定外，还应按《建筑抗震设计规范》(GB 50011—2010)有关条文进行。

② 高层钢结构的抗震设计应采用两阶段设计法。第一阶段进行多遇地震作用下的弹性分析，验算构件的承载力和稳定以及结构的层间位移；第二阶段进行罕遇地震作用下的弹塑性分析，验算结构的层间弹塑性位移和层间侧移延性比。

③ 高层建筑钢结构的第一阶段抗震设计可分别采用下列方法进行。

a. 对于高度不超过 60 m 且平面和竖向布置较规则的结构，以及预估截面的情况，可采用底部剪力法。

b. 对于高度超过 60 m 的建筑，应采用振型分解反应谱法。

c. 对于竖向特别不规则的建筑，宜采用时程分析法做补充计算，设计时，应取按该法求得的层剪力分布和按振型分解反应谱法求得的层剪力分布之外包线，作为计算采用的层剪力分布。

④ 在第一阶段抗震设计中，确定框架-支撑(剪力墙)结构体系中总框架承担的地震剪力时，应考虑支撑(剪力墙)刚度退化的影响，总框架任一层所承担的地震剪力，不得小于结构底部总剪力的25%。

⑤ 在结构平面的两个主轴方向分别计算水平地震效应时，角柱和两个方向的支撑或剪力墙所共有的柱构件，其水平地震作用效应应在④条规定调整的基础上提高 30%。

⑥ 高层建筑钢结构应按下列规定验算倾覆力矩对地基的作用。

a. 核算在多遇地震作用下整体基础(箱形或筏式基础)对地基的作用时,可用底部剪力法求作用于地基的倾覆力矩,考虑折减系数取 0.8。

b. 计算倾覆力矩对地基的作用时,不考虑基础侧面回填土的约束作用。

⑦ 高层钢结构的第二阶段抗震设计,应采用时程分析法。采用时程分析法时,时间步长不宜超过输入地震波卓越周期的 1/10,也不宜大于 0.02 s。必要时,可以按步长减半计算后结构反应无明显变化的原则确定。第二阶段设计时,钢结构阻尼比可取 0.05。

⑧ 在第二阶段设计中进行结构的弹塑性地震反应分析时,可采用杆系模型,也可采用剪切型层间模型或弯曲型层间模型,或剪-弯协同工作层间模型。恢复力模型一般可参考已有资料确定,对于新型、特殊的杆件和结构,则宜进行恢复力特性的试验。

钢柱及梁的恢复力模型可采用二折线型,其滞回模型可不考虑刚度退化。钢支撑和耗能连梁等构件的恢复力模型,则应按杆件特性确定。钢筋混凝土剪力墙、剪力墙板和核心筒,则应选用考虑钢筋混凝土结构特点的二折线或三折线模型,并考虑刚度退化。

⑨ 采用层间模型进行高层钢结构的弹塑性地震反应分析时,应综合有关构件的弯曲、轴向、剪切变形的等效剪切刚度,恢复力模型的骨架线可近似地用静力弹塑性法计算。此时作用于结构的水平荷载沿结构高度的分布,应与水平地震力沿高度的分布一致或接近,并应同时作用重力荷载。计算中材料的屈服强度和极限强度按标准值采用。骨架线可简化为二折线或三折线,但尽量与计算所得的骨架线接近。

⑩ 进行高层建筑钢结构的弹塑性时程反应分析时,应考虑 $P\text{-}\Delta$ 效应对侧移的影响。

⑪ 高层建筑钢结构在罕遇地震作用下的抗震设计,各层的抗剪承载力均应满足

$$V \leqslant V_{\mathrm{R}} \tag{8-37}$$

式中 V——结构在罕遇地震作用下由时程分析求得的层剪力;

V_{R}——结构的层极限剪力标准值,取下列两种情况下结构层剪力的最小值:结构整体或某层(顶层屋盖除外)中出现足够多的塑性铰并形成倒塌机构时;结构层间位移达到层高的 $\frac{1}{70}$时。

8.3.3 整体稳定的验算

1. 整体稳定验算的条件

高层钢结构同时符合以下两个条件时,可不进行结构的整体稳定验算。

① 结构各楼层的柱子平均长细比和平均轴压比满足

$$\frac{N}{N_y} + \frac{\lambda}{80} \leqslant 1 \tag{8-38}$$

式中 λ——楼层柱的平均长细比;

N——楼层柱的平均轴压力;

N_y——楼层柱的平均全塑性轴压力,$N_y = Af_y$;

A——柱截面面积的平均值;

f_y——钢材的屈服强度。

② 结构按一阶线性弹性计算所得的各楼层层间相对位移满足

$$\frac{\Delta u}{h}\leqslant 0.12\frac{\sum F_{\mathrm{h}}}{\sum F_{\mathrm{v}}} \tag{8-39}$$

式中　Δu——按一阶线性弹性计算所得的质心处层间位移；

h——楼层层高；

$\sum F_{\mathrm{h}}$——计算楼层以上全部水平荷载之和；

$\sum F_{\mathrm{v}}$——计算楼层以上全部竖向荷载之和。

2. 整体稳定的验算方法

① 对于有支撑且$\frac{\Delta u}{h}\leqslant\frac{1}{1000}$的结构，可按有效长度法验算。柱的计算长度系数可按无侧移柱的计算长度系数采用。支撑体系可以是钢支撑、剪力墙和核心筒体等。

② 对于无支撑的结构和$\frac{\Delta u}{h}>\frac{1}{1000}$的有支撑结构，应按能反映 P-Δ 效应的二阶分析方法验算结构的整体稳定。

3. 有效长度设计法

有效长度设计法建立在第一类平衡分支型稳定分析模型上，它把对框架结构整体稳定的计算转换成对单柱的计算。其基本思路是把每根柱与在其两端同柱连接的各杆件作为单元分离出来，计算它的弹性分支荷载，并使其和另一有效长度为 l_0 的铰接轴心压杆的压屈荷载相同。对每一根长度为 l_0的柱，按原柱实际所受的力，用压弯构件计算的相关公式进行该柱截面的验算，保证各单柱不失稳定来避免结构的整体失稳。

4. P-Δ 设计法

P-Δ 设计法是二阶分析法，可以采用电子计算机求出其精确解，也可以采用一些简化的计算方法。下面介绍一种 P-Δ 设计法的计算步骤，供设计人员参考。其基本思路是把 P-Δ 效应等效为节点的横向荷载，用数学上的迭代法求得非线性问题的解，设计步骤如下。

① 计算在使用荷载作用下每一楼层水平面上各柱轴向荷载的总和 $\sum F$。

② 按一阶分析所得的每层楼层处的水平位移，或按预先确定的楼层水平位移 u_i，确定由楼层柱子的轴力作用于变形结构上而产生的附加水平力（见图 8-19），公式为

$$V_i=\alpha\frac{\sum F_i}{h_i}(u_{i+1}-u_i) \tag{8-40}$$

式中　V_i——由侧移引起的第 i 层处的附加水平力；

$\sum F_i$——第 i 层所有柱子轴向力之和；

α——放大系数，取 1.05～1.2；

h_i——第 i 层的楼层高度；

u_{i+1}，u_i——第 $i+1$ 层和第 i 层楼盖的水平位移，并不得

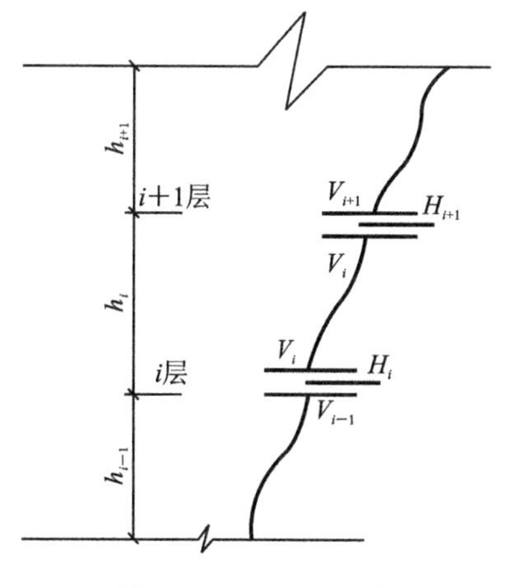

图 8-19　二阶分析法

大于规定的限值。

③ 取每一楼层的附加水平力的代数和作为楼层水平面上的侧向力,公式 $H_i=V_i-V_{i+1}$。

④ 把侧向力 H_i 和其他水平荷载相加,按合并后的水平力连同竖向荷载进行一阶弹性分析,得出各节点的位移量。

⑤ 验算步骤②中所有的楼层水平位移的精度,即在迭代过程前后两次所得的楼层水平位移值误差是否在容许范围内。如果不满足要求,则按步骤②至④继续迭代。如果计算精度满足要求,用迭代后所得的内力对各杆进行截面验算,此时柱的有效长度系数取 $\mu=1$。

在侧向刚度较大的结构中,楼层水平位移收敛较快,只需迭代 2～3 次。假如上述计算在迭代 5～6次后仍不收敛,说明结构的抗侧刚度很可能不够,应重新选择截面。

8.3.4 位移限制和舒适感验算

1. 位移限制

① 高层建筑钢结构不考虑地震作用时,结构在风荷载作用下的顶点质心位置的侧移不宜超过建筑高度的$\frac{1}{500}$,质心层间侧移不宜超过楼层高度的$\frac{1}{400}$。

结构平面端部构件最大侧移不得超过质心侧移的 1.2 倍。

② 在常遇地震烈度作用下,高层钢结构的层间侧移标准值不应超过层高的$\frac{1}{250}$。以钢筋混凝土结构为主要抗侧力构件的高层钢-混凝土混合结构的侧移限值,应按钢筋混凝土高层建筑的设计规定采用。

结构平面端部构件最大侧移不得超过质心侧移的 1.5 倍。

③ 罕遇地震作用下,高层钢结构的最大层间侧移不得超过该层层高的$\frac{1}{70}$;结构层间侧移延性比不应超过表 8-4 规定的限值。

表 8-4 结构层间侧移延性比限值

结构类别	层间侧移延性比限值
钢框架	3.5
偏心支撑框架	3.0
中心支撑框架	2.5
型钢混凝土框架	2.5
钢混结构	2.0

2. 舒适感验算

① 高层建筑钢结构在水平脉动风作用下,其水平运动加速度应满足居住者舒适感的要求,即在风荷载作用下的顺风向与横风向顶点最大加速度应不大于下列加速度限值。

公寓建筑　　0.20 m/s^2

公共建筑　　0.30 m/s²

② 顺风向和横风向顶点最大加速度按下列公式计算。

顺风向顶点最大加速度

$$a_{\mathrm{d}}=\zeta\nu\frac{\mu_{\mathrm{s}}\mu_{\mathrm{r}}\omega_0 A}{M} \tag{8-41}$$

式中 μ_s——风荷载体型系数；

μ_r——重现期调整系数，一般取重现期为 10 年；

ω_0——高层建筑基本风压，kN/m²，按《建筑结构荷载规范》(GB 50009—2012)的规定采用；

ζ,ν——脉动增大系数和脉动影响系数，按《建筑结构荷载规范》(GB 50009—2012)的规定采用；

A——建筑物总迎风面面积；

M——建筑物总质量。

③ 横风向顶点最大加速度

$$a_{\mathrm{w}}=\frac{b_{\mathrm{r}}\sqrt{BL}}{T_{\mathrm{w}}^2\gamma_{\mathrm{B}}\sqrt{\zeta_{\mathrm{w}}}} \tag{8-42}$$

式中 b_r——折算质量，$b_{\mathrm{r}}=0.25\times10^{-4}\left(\frac{\overline{V}_{\mathrm{H}}T_{\mathrm{w}}}{\sqrt{BL}}\right)^{3.3}$，kN/m³；

$\overline{V}_{\mathrm{H}}$——建筑物顶点平均风速，$\overline{V}_{\mathrm{H}}=40\sqrt{\mu_z\mu_{\mathrm{r}}\omega_0}$；

μ_z——风压高度变化系数；

μ_r——重现期调整系数，$\mu_{\mathrm{r}}=0.83$；

γ_B——建筑物平均重度；

ζ_w——建筑物横风向的临界阻尼比值，一般可取 0.01～0.02；

T_w——建筑物横风向第一自振周期；

B,L——建筑物平面的宽度和长度；

H——建筑物高度，m。

④ 若遇体型较为复杂的建筑物，应参照一般高层建筑物的做法，将式(8-41)中的 $\mu_s A$ 换成 $\sum\mu_{si}A_i$ 进行计算，并取绝对值之和。这里 μ_{si} 代表迎风面或背风面第 A_i 部分的体型系数，A_i 代表与之对应的迎风面或背风面面积。

8.4　高层钢结构的构件及节点设计

8.4.1　梁

1. 梁的抗弯强度计算

非抗震设计

$$\frac{M_x}{\gamma_x W_{\mathrm{n}x}}\leqslant f \tag{8-43}$$

抗震设计

$$\frac{M_x}{\gamma_x W_{nx}} \leqslant \frac{f}{0.8} \tag{8-44}$$

式中 M_x——梁绕形心轴的弯矩设计值；

W_{nx}——梁对 x 轴的净截面抵抗矩；

γ_x——截面塑性发展系数，非抗震设计按《钢结构设计规范》(GB 50017—2003)的规定采用，抗震设计取 $\gamma_x=1.0$；

f——钢材强度设计值。

2. 梁的稳定性计算

非抗震设计

$$\frac{M_x}{\varphi_b W_x} \leqslant f \tag{8-45}$$

抗震设计

$$\frac{M_x}{\varphi_b W_x} \leqslant \frac{f}{0.8} \tag{8-46}$$

式中 W_x——梁的毛截面抵抗矩(单轴对称者以受压翼缘为准)；

φ_b——整体稳定系数，按《钢结构设计规范》(GB 50017—2003)规定确定，当梁在端部仅以腹板与柱(或主梁)相连时，φ_0(或当 $\varphi_b>0.6$ 时的 φ_0)应乘以降低系数 0.85；

f——钢材强度设计值。

当梁上设有符合《钢结构设计规范》(GB 50017—2003)第 4.2.1 条规定的整体刚性铺板时，可不计算整体稳定性。

梁设有侧向支撑体系并符合《钢结构设计规范》(GB 50017—2003)规定的限值时，一般可不计算整体稳定性。但处于地震设防烈度 7 度及以上地区的高层建筑，梁在支撑连接点间的长细比 l_1/b_1 应满足《钢结构设计规范》(GB 50017—2003)第9.3.2条规定的要求。在罕遇地震作用下可能出现塑性铰区，梁上下翼缘均应有支撑点。

梁的板件宽厚比在一般情况下应符合《钢结构设计规范》(GB 50017—2003)第 4 章的有关规定，但处于地震设防烈度大于等于 7 度地区的抗侧力框架的梁可能出现塑性铰的区段，以及非地震区和设防烈度为 6 度的地区，当侧力框架的梁中可能出现塑性铰时，板件宽厚比不应超过规定的限值。

在进行多遇地震作用下的构件承载力计算时，托柱梁的内力应乘以不小于 1.5 的增大系数。

8.4.2 轴心受压柱

轴心受压柱稳定性计算：

非抗震设计

$$\frac{N}{\varphi A} \leqslant f \tag{8-47}$$

抗震设计

$$\frac{N}{\varphi A} \leqslant \frac{f}{0.85} \tag{8-48}$$

式中 N——压力的设计值；

A——柱的毛截面面积；

φ——轴心受压稳定系数，当柱的板件厚度不超过 40 mm 时，按《钢结构设计规范》(GB 50017—2003)采用，板件厚度超过 40 mm 者，按相应的类别取值。

轴心受压柱的板件宽厚比应符合《钢结构设计规范》(GB 50017—2003)中第 5.4 条的规定。轴心受压柱的长细比不宜大于 120。

8.4.3 框架柱

1. 与梁刚性连接并参与承受水平荷载作用的框架柱

依本章算得的内力按《钢结构设计规范》(GB 50017—2003)第 5 章有关规定及本节的各项规定计算其强度和稳定性。

2. 框架柱的计算长度

框架柱的计算长度视其荷载组合和结构组成的具体情况按下列规定计算。

① 当计算框架柱在重力荷载作用下的稳定性时，纯框架体系柱的计算长度按《钢结构设计规范》(GB 50017—2003)附录 D 表 D-2(有侧移)的 μ 系数确定；有支撑和(或)剪力墙的体系，符合 $\Delta\mu/h \leqslant 1/1000$ 的条件时($\Delta\mu$ 为一阶线性弹性计算所得的层间位移，h 为楼层层高)，框架柱的计算长度按《钢结构设计规范》(GB 50017—2003)附录 D 表 D-1(无侧移)的 μ 系数确定。

上述计算长度系数 μ 也可用下列近似公式计算

有侧移时

$$\mu=\sqrt{\frac{1.6+4(k_1+k_2)+7.5k_1k_2}{k_1k_2+7.5k_1k_2}} \tag{8-49}$$

无侧移时

$$\mu=\frac{3+1.4(k_1+k_2)+0.64k_1k_2}{3+2(k_1+k_2)+1.28k_1k_2} \tag{8-50}$$

在式(8-49)和式(8-50)中，k_1、k_2 分别为交于柱上端、下端横梁线刚度之和的比值。

② 当框架或框筒体系和两端铰接柱共同使用时(见图 8-20)，框架(筒)柱的计算长度系数应按式(8-48)算得的值乘以下列放大系数

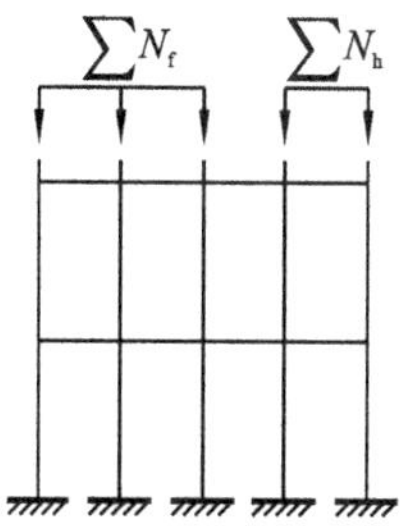

$$\alpha_{\mu}=\sqrt{1+\sum N_h/\sum N_f} \tag{8-51}$$

图 8-20 框架简图

式中 $\sum N_f$——计算层框架(筒)柱所承轴力之和；

$\sum N_h$——计算层铰接柱所承轴力之和。

③ 当计算在重力和风力或常遇烈度地震力组合作用下的稳定性时，有支撑和(或)剪力墙的体系在层间位移不超过层高的 1/25(包括必要时计入的 P-Δ 效应)，柱的计算长度系数可取 $\mu=1$。如纯框架体系层间位移小于 $0.001h$(h 为层间高度)，也可考虑按式(8-49)确定 μ 值。

3. 抗震设计的框架柱

抗震设计的框架柱在框架的任一节点处，柱截面的塑性抵抗矩和梁截面塑性抵抗矩应满足下列关系

$$\sum W_{pc}(f_{yc}-\sigma_a) \leqslant W_{pb}f_{yb} \tag{8-52}$$

式中 W_{pc},W_{pb}——交汇于节点的柱和梁的截面塑性抵抗矩;

f_{yc},f_{yb}——柱和梁材料的屈服强度;

σ_a——轴力引起的柱平均轴向应力,$\sigma_a=N/A$。其中 N 按多遇地震作用的荷载组合计算。

当不能满足式(8-52)时,该处框架柱轴力不得超过 $0.8A_nf_y$,其中 A_n 为柱截面的净面积,f_y 为柱材料的屈服强度。

4. 框架柱板件宽厚比

处于抗震设防烈度大于等于 7 度地区的框架柱板件宽厚比,不应超过表 8-5 所列限值。

表 8-5 框架柱板件宽厚比

设防烈度	7度		8、9度	
所用钢材	Q235	Q345	Q235	Q345
H形柱翼缘悬伸部分	11	9	10	8
H形柱腹板	43	37	43	37
箱形柱壁板	37	30	33	27

非地震区及设防烈度为 6 度的地震区,框架柱板件宽厚比按《钢结构设计规范》(GB 50017—2003)的规定采用。

5. 柱与梁连接处应设置与和梁上下翼缘相对应的加劲肋

处于地震设防烈度 7 度及以上地区的 H 形截面柱和箱形截面柱的腹板在和梁相连的范围,其厚度应满足下列要求

$$t_{wc} \leqslant \frac{h_{0b}+h_{0c}}{70} \tag{8-53}$$

式中 t_{wc}——柱在连接区的腹板厚度,不包括焊于其上的补强板厚度(如补强板和腹板用塞焊紧密连接,则可以包括在内);

h_{0b},h_{0c}——梁腹板高度和柱腹板高度。

6. 柱长细比

设防烈度大于或等于 7 度的地震区,柱长细比不宜超过 60~80,非地震区和设防烈度为 6 度的地区,柱长细比不宜超过 120。

7. 内力增大系数

在进行多遇地震作用下的构件承载力计算时,承载抗震墙的框架柱内力应乘以不小于 1.5 的增大系数。

8.4.4 中心支撑

① 中心支撑构件可用单斜杆、十字交叉斜杆、人字形或 V 形斜杆体系。当采用只能受拉的单斜杆体系时,应同时设置不同倾斜方向的两组,且每层中不同方向斜杆的截面积在水平方向的投影面积相差不应超过 10%(见图 8-21)。

② 非抗震设计的中心支撑,当采用交叉斜杆或两组不同方向的单斜杆体系时,可近似为拉杆设

计，也可按既能抗拉又能抗压设计，这两种情况的支撑斜杆长细比分别不超过 300 $\sqrt{235/f_y}$和 150 $\sqrt{235/f_y}$。

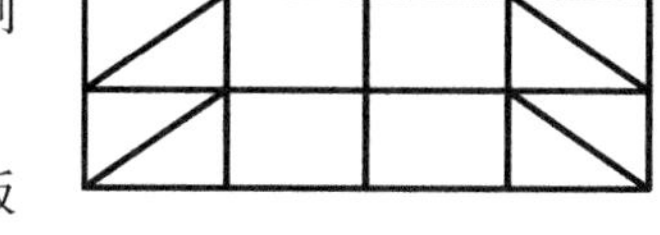

图 8-21　单斜杆中心支撑布置

③ 设防烈度为 7 度的地震区，支撑斜杆一边为简支一边为自由板件的宽厚比不应超过 8 $\sqrt{235/f_y}$，两边简支板件的宽厚比不应超过 25 $\sqrt{235/f_y}$。支撑斜杆宜采用双轴对称截面，当采用单轴对称截面时，宜防止出现绕截面对称轴屈曲。

④ 支撑斜杆所受的内力，应按本章 8.2 节的有关要求通过计算确定。计算中应计及施工过程逐层加载，各受力构件的变形对支撑内力的影响。

⑤ 在初步设计阶段，支撑斜杆所受的内力可按下述近似方法确定。

a. 在重力和水平力（风荷载或多遇地震）作用下，支撑除作为竖向桁架的斜杆承受水平荷载引起的剪力外，还应承受水平位移和重力荷载产生的附加弯曲效应。楼层附加剪力按下式计算

$$V_i = 1.2\frac{\Delta u_i}{h_i}\sum G_i \tag{8-54}$$

式中　h_i——计算楼层的高度；

$\sum G_i$——计算楼层以上的全部重力荷载；

Δu_i——计算楼层的层间位移。

人字形和 V 形支撑还应考虑支撑跨梁所传下的楼面荷载的作用。

b. 对于十字交叉支撑、人字形和 V 形支撑的斜杆，除按 a 条计算外，还应计入柱在重力荷载作用下因压缩变形在斜杆中引起的附加压应力 $\Delta\sigma_d$。

对于十字交叉支撑的斜杆

$$\Delta\sigma_d = \frac{\sigma_c}{\left(\frac{l_d}{h}\right)^2 + \frac{h}{l_d}\frac{A_d}{A_c} + 2\frac{b^3}{l_d h^2}\frac{A_d}{A_b}} \tag{8-55}$$

对于人字形和 V 形支撑的斜杆

$$\Delta\sigma_d = \frac{\sigma_c}{\left(\frac{l_d}{h}\right)^2 + \frac{b^3}{24 l_d}\frac{A_d}{I_b}} \tag{8-56}$$

式中　σ_c——斜杆端部连接固定后，在计算楼层以上各层增加的恒载或楼层活载引起的柱压应力；

l_d——支撑斜杆长度；

b, I_b, h——支撑跨梁的长度和绕水平主轴的惯性矩以及楼层高度；

A_d, A_c, A_b——计算楼层的支撑斜杆、支撑跨的柱和梁的截面积。

为了减少斜杆的附加压应力，应在大部分永久荷载加上后，再固定斜撑端部的连接。有条件时，还可考虑对斜撑施加预拉力以抵消附加应力的不利影响。

⑥ 在计算中心支撑斜杆内力时，地震力应乘以增大系数，单斜杆支撑和交叉支撑乘以 1.3，人字支撑和 V 形支撑乘以 1.5。

⑦ 在多遇地震烈度作用效应组合下，支撑斜杆的抗压验算按下式进行

$$\frac{N}{\varphi A_d} \leqslant \eta f_p \tag{8-57}$$

式中 φ——轴压稳定系数；

η——循环荷载作用下强度设计值降低系数，$\eta=\dfrac{1}{1+0.35\bar{\lambda}}$，其中 $\bar{\lambda}$ 为支撑斜杆的正则化长细比；

f_p——塑性设计时钢材强度设计值，按《钢结构设计规范》(GB 50017—2003)中的规定乘以0.9。

⑧ 与支撑一起组成支撑系统的横梁和柱及其连接应具有承受支撑斜杆传来的内力的能力：与人字形和V形支撑相交的横梁，在柱间的支撑连接处应保持连续。在确定人字形支撑体系中的横梁截面时，不考虑重力荷载作用下支撑的支点作用。

⑨ 设防烈度大于或等于7度的地区，当支撑为填板式双肢组合构件时，肢件的长细比不应大于构件最大长细比的一半，且不大于40。

⑩ 对于8度和8度以下的地震区，可以采用带有消能装置的中心支撑体系。此时，支撑斜杆的承载力应是消能装置滑动时承载力的1.5倍。

8.4.5 偏心支撑

① 偏心支撑框架的每根支撑应至少在一端与梁连接，其连接点应偏离梁柱节点或相对方向的另一支撑与梁连接的节点，从而在支撑与柱之间或在支撑与支撑之间形成耗能梁段，其基本形式如图8-22所示。偏心支撑框架的设计必须满足本节的要求。

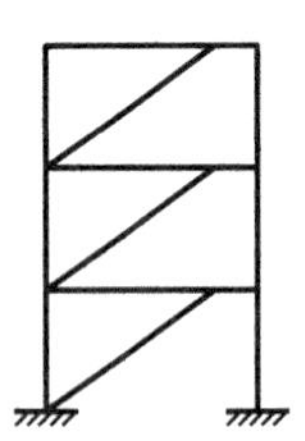
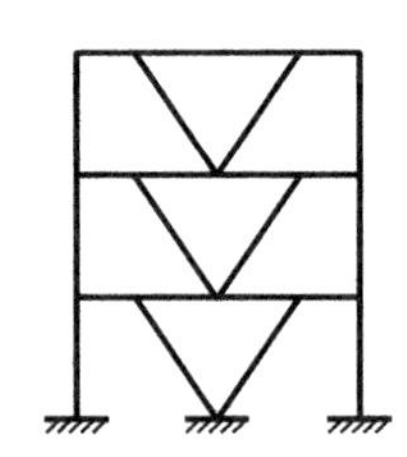
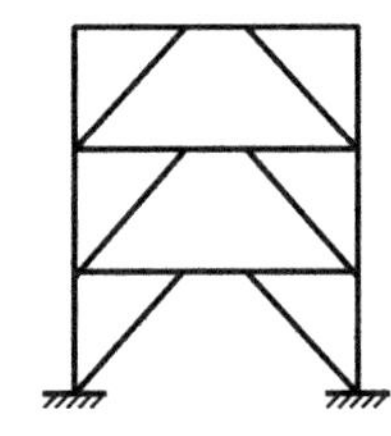

图8-22 偏心支撑框架

② 耗能梁段的塑性抗剪承载力 V_s 和塑性抗弯承载力 M_s，分别按下式计算

$$V_s=0.58f_yh_0t_w \tag{8-58}$$

$$M_s=W_pf_y \tag{8-59}$$

梁段中作用轴力时，塑性抗弯承载力有所下降，计入轴力影响的塑性抗弯承载力记为 M_{rs}，按下式计算

$$M_{rs}=W_p(f_y-\sigma_a) \tag{8-60}$$

式中 f_y——钢材的屈服强度；

h_0——梁段腹板计算高度；

t_w——梁段腹板厚度；

W_p——梁段截面塑性抵抗矩；

σ_a——轴力引起的梁段翼缘平均正应力。

净长 $e<2.2M_s/V_s$ 和 $e\geqslant2.2M_s/V_s$ 的梁段，σ_a 分别按以下两式计算($\sigma<0.15f_y$ 时，取 $\sigma_a=0$)

$$\sigma_a=\frac{V_s}{V_{1b}}\cdot\frac{N_{1b}}{2b_f t_f}\tag{8-61}$$

$$\sigma_a=\frac{N_{1b}}{A_{1b}}\tag{8-62}$$

式中　V_{1b},N_{1b}——梁段的剪力设计值和轴力设计值；

b_f,t_f——梁段翼缘宽度和厚度；

A_{1b}——梁段截面面积。

③ 耗能梁段的净长 e 符合下式者为剪切屈服型,否则为弯曲屈服型

$$e\leqslant 1.6M_s/V_s\tag{8-63}$$

耗能梁段宜设计成剪切屈服型,与柱连接的耗能梁段不宜设计成弯曲屈服型。

④ 净长 $e<2.2M_s/V_s$ 的耗能梁段,腹板和翼缘的强度分别按以下两式计算

$$\frac{V_{1b}}{0.8\times 0.58h_0 t_w}\leqslant f_p\tag{8-64}$$

$$\left(\frac{M_{1b}}{h_1}+\frac{N_{1b}}{2}\right)\frac{1}{b_f t_f}\leqslant f_p\tag{8-65}$$

式中　M_{1b}——梁段弯矩设计值；

h_1——梁段截面高度。

⑤ 偏心支撑斜杆的强度按下式计算

$$\frac{N_{br}}{\varphi A_{br}}\leqslant f_p\tag{8-66}$$

式中　A_{br}——支撑截面面积；

φ——由支撑长细比确定的轴心受压构件稳定系数；

N_{br}——支撑轴力设计值,取下列两式中的较小值

$$N_{br}=1.6\frac{V_s}{V_{1b}}N_{br}^c\tag{8-67}$$

$$N_{br}=1.6\frac{M_{rs}}{M_{1b}}N_{br}^c\tag{8-68}$$

N_{br}^c——在跨间梁的竖向荷载和水平荷载最不利组合作用下支撑的轴力；

f_p——塑性设计时钢材的强度设计值。

⑥ 偏心支撑框架柱的强度按《钢结构设计规范》(GB 50017—2003)第 5 章有关规定计算,抗震调整系数取 0.9。弯矩设计值 M_c 取下列两式中的较小值

$$M_c=2.0\frac{V_s}{V_{1b}}M_c^c\tag{8-69}$$

$$M_c=2.0\frac{M_{rs}}{M_{1b}}M_c^c\tag{8-70}$$

轴力设计值 N_c 取下列两式中的较小值

$$N_c=2.0\frac{V_s}{V_{1b}}N_c^c\tag{8-71}$$

$$N_c=2.0\frac{M_{rs}}{M_{1b}}N_c^c\tag{8-72}$$

式中 M_c^c, N_c^c——在重力荷载和水平荷载最不利组合下柱的弯矩和轴力。

⑦ 耗能梁段腹板不得加焊贴板提高强度，也不得在腹板上开洞。

⑧ 剪切屈服型耗能梁段与柱翼缘连接的节点可参照图 8-23 设计。梁翼缘与柱翼缘之间应用坡口全焊透对接焊缝，梁腹板与柱之间应用角焊缝、螺栓连接，焊缝强度应满足腹板的抗剪强度要求，耗能梁段不宜与柱腹板连接。

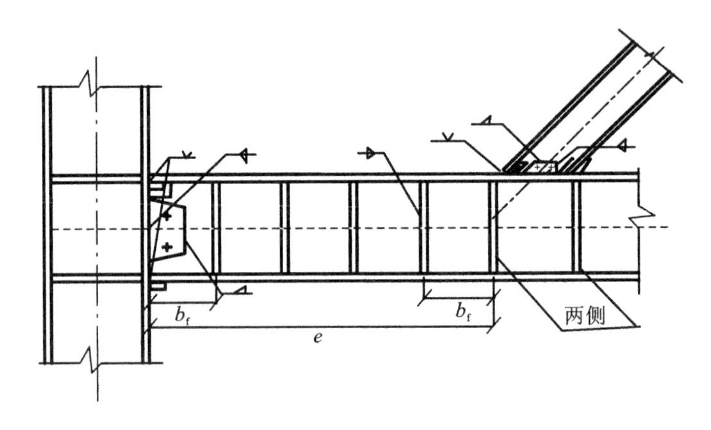

图 8-23 耗能梁连接节点

⑨ 支撑与耗能梁段连接的节点可参照图 8-23 和图 8-24 设置。支撑轴线与梁轴线的交点应在耗能梁段内，不应在耗能梁段外。

⑩ 耗能梁段腹板的加劲肋可参照图 8-23 设置。

耗能梁段与支撑连接的一端，应在两侧加肋，净长 $e<2.6M_s/V_s$ 的耗能梁段，应在距两端 b_f 的位置两侧加肋。加劲肋总宽不小于 b_f-2t_w，厚度不小于 $0.75t_w$ 或10 mm。

净长 $e<2.2M_s/V_s$，或净长 $e\geqslant2.2M_s/V_s$ 但截面弯矩为 M_{rs}时剪力大于$0.47fh_0t_w$的耗能梁段，还应设置中间肋，间距根据其净长 e 确定：$e\leqslant1.6M_s/V_s$ 时，间距不得超过 $38t_w-h_0/5$；$e\geqslant2.6M_s/V_s$ 时，间距不得超过 $56t_w-h_0/5$；e 介于两者之间时，用线性插值确定。高度小于 600 mm 的耗能梁段，可单侧加肋；大于或等于 600 mm 的应两侧加肋，一侧加劲肋的宽度不小于 $b_f/2-t_w$，厚度不小于 10 mm。

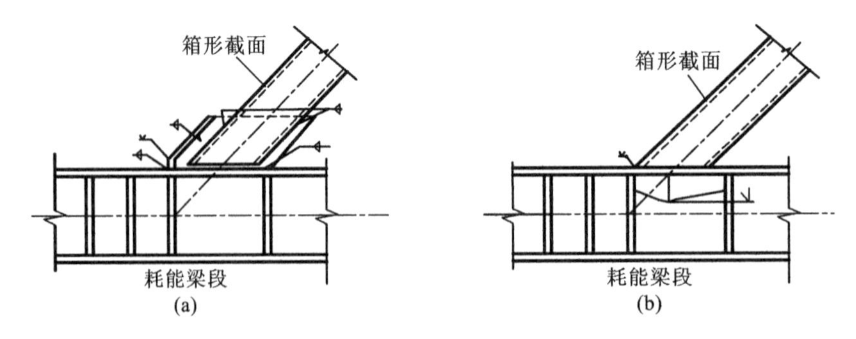

图 8-24 耗能梁与支撑连接节点

(a)带节点板耗能梁段；(b)无节点板耗能梁段

⑪ 耗能梁段加劲肋应三面与梁用角焊缝连接。与腹板连接焊缝的承载力不低于 $A_{st}f$，与翼缘连

接焊缝的承载力不低于 $A_{st}f/4$。因此，$A_{st}=b_{st}t_{st}$，b_{st}为加劲肋的宽度，t_{st}为加劲肋的厚度。

⑫ 耗能梁段两段上下翼缘应设置水平侧向支撑，其轴力设计值至少应为$0.015fb_{f}t_{f}$；在耗能梁段同一跨内，框架梁的上下翼缘也应设置水平侧向支撑，其间距不超过 $13b_{f}\sqrt{235/f_{y}}$，轴力设计值应至少为 $0.012fb_{f}t_{f}$。侧向支撑的长细比应符合《钢结构设计规范》(GB 50017—2003)有关规定。

⑬ 高层钢结构使用偏心支撑框架时，顶层可以不设耗能梁段。在设置偏心支撑的框架跨中，首层的弹性承载力为其余各层承载力的 1.5 倍以上时，首层可以采用中心支撑。

8.4.6　节点设计

1. 设计原则

① 高层建筑钢结构的节点连接：按非抗震设计时，结构受风荷载控制，处于弹性受力状态；按抗震设计时，应考虑结构进入弹塑性阶段，节点连接的设计不仅应满足设计内力，还应要求等强度或高于构件截面的承载力；在多遇地震作用时，节点连接的承载力应单独计算。

要求抗震设防的结构，当风荷载起控制作用时，仍应满足抗震设计的构造要求。

② 按抗震设计的高层钢结构框架，在强震作用下，塑性区一般将出现在距梁端或柱端(自构件端面算起)1/10 跨长或 2 倍截面高度范围内。考虑构件进入全塑性状态的正常工作，节点设计应验算下列各项。

a. 节点连接的极限承载力。

b. 构件塑性区的局部稳定。

c. 受弯构件塑性区侧向支承点的距离。

③ 按抗震设计的高层钢结构节点连接的极限承载力应高于构件本身的屈服承载力。

a. 当柱贯通时，梁柱节点的承载力应满足

$$M_{u}\geqslant 1.2M_{p} \tag{8-73}$$

$$V_{u}\geqslant 1.3\left(\frac{2M_{p}}{l}\right) \tag{8-74}$$

式(8-73)～式(8-74)中　M_{u}——节点连接的极限抗弯承载力；

V_{u}——节点连接的极限抗剪承载力；

M_{p}——梁的全塑性弯矩；

l——梁的净跨。

b. 支撑连接的承载力应满足

$$R_{u}\geqslant 1.2Af_{y} \tag{8-75}$$

式中　R_{u}——支撑连接的极限承载力；

A——支撑的截面面积；

f_{y}——支撑材料的屈服强度。

c. 柱脚的设计应满足

$$M_{u}^{b}\geqslant 1.2M_{pc} \tag{8-76}$$

式中　M_{u}^{b}——柱脚的极限抗弯承载力；

M_{pc}——考虑柱轴力时，柱的全塑性弯矩。

④ 构件塑性区的局部稳定,由截面的板件宽厚比控制,应满足相应的要求。

⑤ 框架节点塑性区段内,梁的侧向支承点的距离,应满足《钢结构设计规范》(GB 50017—2003)第9章第3节的有关规定。

⑥ 在节点设计中应注意节点的合理构造,避免易产生过大约束力和层状撕裂的连接形式,使结构具有良好的延性,同时应简化节点构造,便于加工和安装。

⑦ 钢框架安装单元的划分,应根据构件重量及运输和起重设备条件而定。在采用柱贯通连接形式时,柱的安装单元一般为每3层1根,根据具体情况也可1层或数层1根,工地接头设于主梁顶面以上1.0～1.3 m处。梁的安装单元为每跨1根。为了便于支撑的安装和减少工地焊接工作量,可采用带悬臂段柱单元。悬臂段的长度,一般为距柱轴线0.9～1.5 m处。密排柱深梁的框筒结构,当采用带悬臂段的柱安装单元时,可在跨中拼接。

2. 连接

① 高层钢结构的节点连接,可采用焊接、高强度螺栓连接或栓焊混合连接。

② 节点的焊接连接根据受力的情况,可采用全焊透或部分焊透焊缝,但在下列情况应采用全焊透焊缝:

a. 构件受垂直于焊缝方向的拉力时;

b. 构件受围绕焊缝作用的弯矩时;

c. 框架节点塑性区段的焊接连接。

③ 焊缝的坡口形式和尺寸应按《气焊、焊条/电弧焊及气体保护焊和高能束焊的推荐坡口》(GB 985.1—2008)和《埋弧焊的推荐坡口尺寸》(GB 985.2—2008)的规定或其他使用的方法选用。

④ 焊缝金属应与母材强度相匹配,不同强度钢材焊接时,焊接材料的强度应按强度较低的钢材选用。根据不同的连接部位,确定质量检查要求。

⑤ 高层钢结构主要承重构件的螺栓连接,均应采用摩擦型高强度螺栓。

⑥ 当梁与柱的连接中同时采用焊缝和高强度螺栓时,应考虑焊接热影响而造成的高强度螺栓预应力损失。

3. 梁与柱的连接

① 框架梁与柱的连接通常为柱贯通形式,梁贯形式较少采用。当柱为工字形截面时,梁与柱的连接可分为在强轴方向连接和在弱轴方向连接两种形式。

② 梁与柱的抗弯连接应采用刚性连接,也可根据需要采用半刚性连接。

梁与柱刚性连接时,应验算以下各项:

a. 校核梁翼缘和腹板与柱的连接在弯矩和剪力作用下的承载力;

b. 在梁受压翼缘的作用下,柱腹板的抗压承载力;

c. 节点板域的抗剪承载力。

③ 主梁与柱刚性连接时,梁翼缘与柱采用全焊透对接焊缝,梁腹板与柱采用高强度螺栓或焊接连接(见图8-25、图8-26)。

当梁翼缘的抗弯承载力大于主梁整个截面全塑性抗弯承载力的70%时,即梁翼缘与柱的连接承受梁端全部弯矩 $bt_f(h-t_f)f_y > 0.7W_p f_y$,梁腹板与柱的连接承受全部剪力。

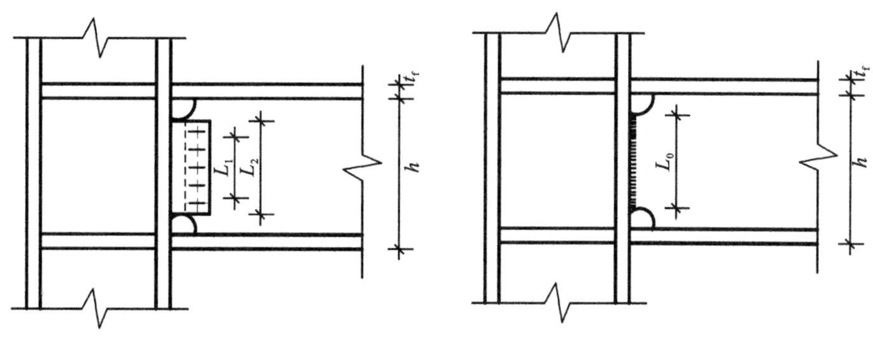

图 8-25　梁-柱栓焊混合连接　　图 8-26　梁-柱全焊接连接

当梁翼缘的抗弯承载力小于主梁整个截面全塑性抗弯承载力的 70%时，梁端弯矩由梁翼缘和腹板与柱的连接分担，梁端剪力全部由梁腹板与柱的连接承担。

④ 按抗震设计时，梁柱连接尚应满足式(8-73)和式(8-74)的要求。

⑤ 当柱在弱轴方向与主梁连接时，在主梁翼缘的对应位置应设置柱的横向加劲肋和竖向加劲肋。主梁与柱的现场连接，梁翼缘采用焊接，腹板为高强度螺栓连接，其计算方法与在强轴方向连接相同，也可在柱与主梁的对应位置焊接悬臂段，主梁在现场拼接(见图 8-27)。

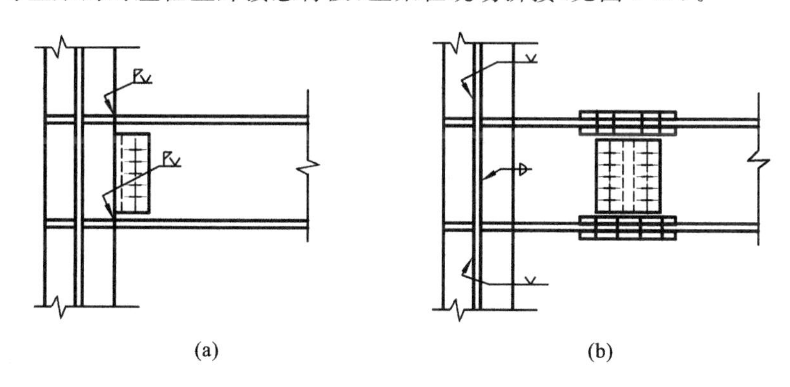

图 8-27　柱在弱轴方向与主梁连接

(a)栓焊连接；(b)螺栓连接

⑥ 主梁翼缘与柱焊接时，应一律采用全焊透坡口焊缝，并按规定设置焊接垫板，翼缘坡口两侧设置引弧板(见图 8-28(a))。

为设置焊接垫板，要求在梁腹板上下两端做弧形缺口，缺口半径 R 为 35 mm(见图 8-28(b))。

⑦ 主梁与柱刚性连接时，应在梁翼缘的对应位置设置柱水平加劲肋。对抗震结构，柱水平加劲肋一般与梁翼缘等厚。对非抗震结构，应能传递两侧梁翼缘的集中力，并符合板件宽厚比限值，其水平中心线均应对准。

柱水平加劲肋与柱翼缘的焊接宜采用坡口全焊透焊缝，柱腹板连接可用角焊缝。当柱在弱轴方向与主梁连接时，水平加劲肋与柱腹板连接则用坡口全焊透焊缝。

⑧ 箱形柱水平加劲隔板与柱的焊接，宜采用坡口全焊透焊缝，对无法进行手工焊接的焊缝，可采用熔化嘴电渣焊，并对称布置，同时施焊。

当箱形柱截面较小时，为加工方便，也可设置柱外水平加劲板，应注意避免由于形状突变而形成

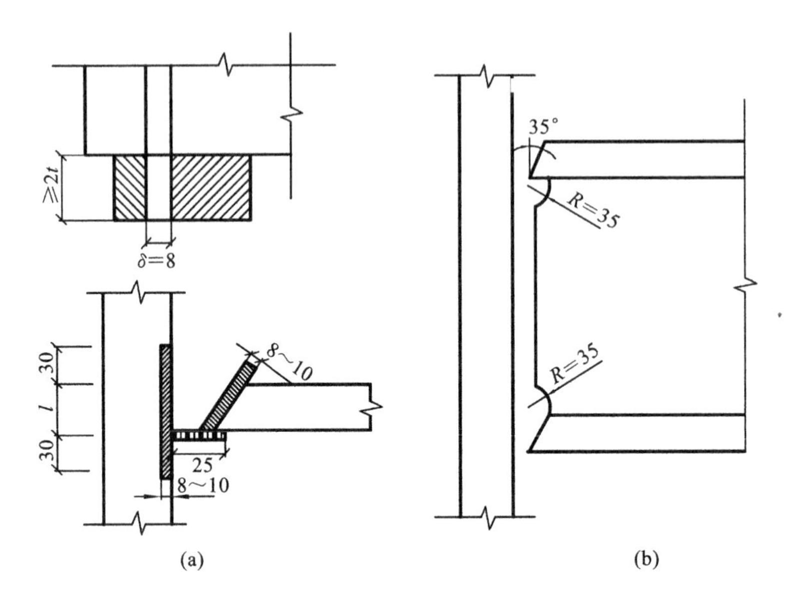

图 8-28　梁-柱刚接细部构造(单位:mm)

(a)详图;(b)焊接节点

应力集中。

⑨ 当柱两侧的梁的高度不等时,对应每个梁翼缘均应设置水平加劲肋。考虑焊接操作,横向加劲肋肋间距 e 不宜小于 150 mm,且不小于水平加劲肋外伸的宽度(见图 8-29(a))。当不能满足此要求时,应调整梁的端部高度,可将截面高度较小的梁腹板高度局部加大,腋部翼缘的坡度不得大于1/3(见图 8-29(b))。当与柱正交的梁高度不等时,同样也应分别设置水平加劲肋(见图 8-29(c))。

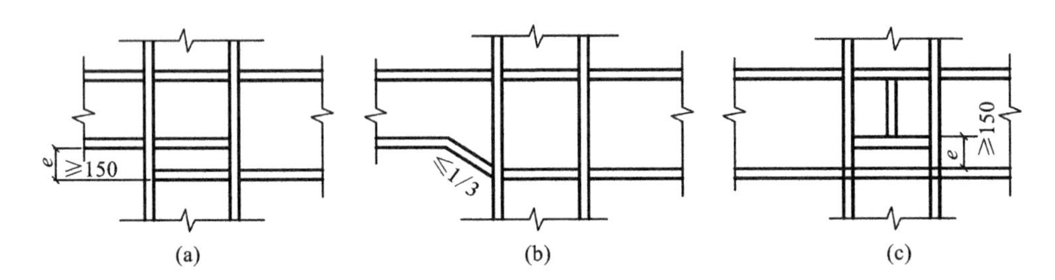

图 8-29　柱侧梁高不等时的节点构造(单位:mm)

(a)不等高水平加劲肋;(b)腹杆加高节点;(c)正交梁不等高水平加劲肋

⑩ 箱形梁与箱形柱的刚接连接,宜采用工厂焊接的柱外带悬臂梁端节点形式,悬臂段的梁翼缘可逐步放宽,与柱有充分连接,增加节点刚性。梁的安装接头设置于反弯点附近,并满足运输尺寸的限制。

⑪ 梁与柱铰接时(见图 8-30),与梁腹板相连的高强度螺栓除了承受梁端剪力外,还应考虑偏心弯矩 $M=Ve$(e 为支承点到螺栓的距离)的作用。

4. 柱与柱的连接

① 钢框架宜选用 H 形或箱形截面柱,型钢混凝土部分宜采用 H 形或十字形截面柱。

② 箱形柱通常为焊接柱,在工厂采用自动焊接组装而成。箱形柱角部焊缝为部分焊透的 V 形或

U 形焊缝，焊缝厚度不小于板厚的 1/3，并不小于 13 mm；按抗震设计时，不小于板厚的 1/2。当梁柱刚接时，在主梁上下至少 600 mm 范围内应采用全焊透焊缝。

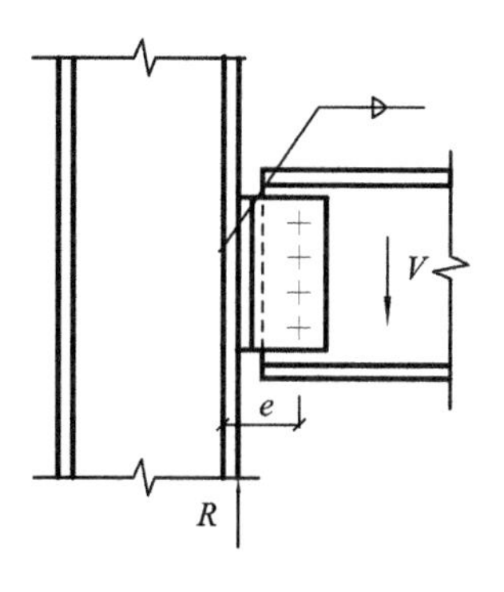

图 8-30 梁-柱的铰接

十字形柱由钢板或两个 H 形钢焊接而成，组装焊缝均采用部分焊透的 K 形坡口焊缝，每边焊透深度为 1/3 板厚。

③ 为保证柱接头的安装质量和施工安全，柱的工地拼接必须设置安装耳板临时固定。耳板厚度的确定应考虑阵风和其他施工荷载的影响，并不得小于 10 mm。耳板设置于柱翼缘两侧，以便发挥较大的作用。

④ 按非抗震设计的高层钢结构，当柱截面上的弯矩较小而截面不产生拉力时，可通过上下柱接触面直接传递 25% 的压力和弯矩。柱的上下端应铣平，并与轴线垂直。一般坡口焊缝的深度不小于板厚的 1/2。

⑤ H 形柱的工地拼接设计，由柱翼缘和腹板分担轴力和弯矩，腹板承受剪力。翼缘通常为坡口全焊透焊接，腹板为高强度螺栓连接。当采用全焊接时，上柱翼缘开 V 形坡口、腹板开 K 形坡口。

⑥ 箱形柱的工地拼接全部采用焊接，对要求等强设计的连接，为保证焊透应采取以下措施。

箱形柱的上端应设置横隔板，并与柱口齐平，厚度一般不小于 16 mm，其边缘与柱口截面一起刨平，以便与上柱的焊接垫板有良好的接触面。在箱形柱安装单元的下部附近，还应设置上柱横隔板，以防止运输、堆放和焊接时截面变形，其厚度通常不小于 10 mm。

⑦ 与上部钢结构相连的型钢混凝土十字形钢柱及伸入钢筋混凝土基础的钢柱嵌固段，宜在其柱翼缘设置栓钉，与外包混凝土相连，传递轴力和弯矩。十字形柱与箱形柱相连时，两种截面的搭接段中，十字形柱的腹板应伸入箱形柱内，其伸入长度 $L \geqslant B+200$ mm，B 为柱宽。

⑧ 柱需要变截面时，宜采用柱截面高度不变，而改变翼缘厚度的方法。

5. 梁与梁的连接

① 主梁的工地拼接主要用于柱外带悬臂梁段与梁的连接，其拼接形式如下。

a. 翼缘为全焊透连接，腹板用高强度螺栓连接。

b. 翼缘和腹板都用高强度螺栓连接。

c. 翼缘和腹板均为全焊透连接。

② 梁的拼接应位于框架节点塑性区段以外，并可根据具体情况分别按两种方法设计：一是等强度设计，用于抗震设计时梁的拼接；二是按梁拼接处内力设计，由翼缘和腹板根据其刚度比分担弯矩，由腹板承担剪力。为保证构件的连续性，当拼接处的内力较小时，拼接强度应不小于原截面承载力的 50%。

③ 次梁与主梁的连接宜采用简支连接(见图 7-52)，按次梁的剪力设计，并考虑连接偏心产生的附加弯矩，可不考虑主梁受扭。

④ 按抗震设计时，为防止框架横梁的侧向屈曲，在节点塑性区段应设置侧向支承构件：由于梁上翼缘和楼板连在一起，所以只需在互相垂直的主梁下翼缘设置侧向隅撑，此时隅撑可起到支承两根横梁的作用(见图 8-31)。

侧向隅撑的轴向力 N 应根据梁的侧向力按下式确定

$$N=\frac{A_{\mathrm{f}} \cdot f}{85\cos\alpha}\sqrt{f_{\mathrm{y}}/235} \tag{8-77}$$

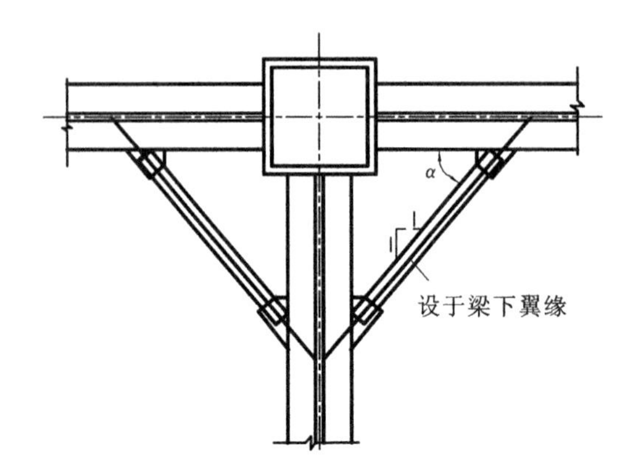

图 8-31 梁的侧向隅撑

式中 A_f——梁受压翼缘的截面积；

f——隅撑抗压强度设计值；

α——隅撑与梁翼缘的夹角。

侧向隅撑长细比不大于 130。

⑤ 当设备用配管等穿过 H 形梁时，腹板开洞周围应予以补强，其补强的原则是：弯矩可考虑仅由梁翼缘承担，剪力由开洞腹板和补强板共同承担。因此，应按梁开洞部位腹板加补强板后的截面面积与梁腹板截面面积相等的原则，予以补强。

一般情况下，应避免在距梁端 1/10 跨度范围内设孔，孔洞高度(或直径)不宜大于梁腹板高度的 1/3，孔的间距不宜小于孔洞直径的 3 倍。当孔直径小于 10 cm 时可不予补强。

6. 抗侧力构件与框架的连接

(1) 抗侧力支撑的节点设计

① 支撑是承受侧力的主要构件，按抗震设计时，其节点连接的最大承载力应满足式(8-75)的要求。

② 除偏心支撑外，支撑的轴心线原则上应通过梁与柱轴线的交点，否则应考虑节点偏心造成的附加弯矩的影响。

③ 柱和梁与支撑翼缘的连接处，应设置加劲肋。加劲肋的设计，原则上应按支撑对梁和柱的分力计算。支撑与箱形柱连接时，应在柱壁板的相应位置设置加劲横隔板。

④ 由于支撑平面外计算长度较大，设计上宜把支撑截面的强轴置于平面外方向，由于支撑在节点处构造复杂，支撑节点设计应避免应力集中。

⑤ 地震区 H 形截面支撑宜采用宽翼缘 H 形钢，不宜采用焊接组合 H 形截面，因为支撑屈曲常导致在组合焊缝中出现裂缝。

(2) 构造要点

当采用带缝剪力墙和内藏钢板支撑剪力墙等预制混凝土墙板作为抗侧力构件时，其构造要点如下。

① 带竖缝或横缝的剪力墙，墙板与柱没有连接，仅用砂浆填塞。墙的上端以连接件与钢梁用高强度螺栓连接。墙的下端全长埋置于现浇混凝土楼板中，或与钢梁上的连接件焊接。

② 内藏钢板支撑剪力墙，墙板与四周柱、梁均留有 25 mm 空隙，上节点通过钢板端部用高强度螺栓与上钢梁下翼缘连接件相连，下节点与下钢梁上翼缘连接件采用坡口焊接。

7. 钢梁与混凝土结构的连接

钢梁与钢筋混凝土剪力墙、地下室墙的连接一般为简支连接。钢梁安装前，将抗剪连接件（角钢、T 形钢或钢板）按正确的位置焊于混凝土墙的预埋件上，通过高强度螺栓与钢梁相连。

对于梁端反力较大的梁，可采用在混凝土墙上预留梁窝的构造，钢梁安装完毕后，用细石混凝土填灌预留孔，并验算混凝土的局部承压强度。

【思考题】

8-1　在水平荷载作用下的内力和位移弹性计算，高层建筑钢结构与钢筋混凝土结构有什么不同？

8-2　钢框架的屈服耗能机制与钢筋混凝土框架有什么不同？钢框架如何实现强柱弱梁？

8-3　在小震作用下，框架-支撑结构框架部分的地震剪力是如何确定的？

8-4　钢框架节点域的抗震验算包括哪些内容？

8-5　为什么中心支撑钢框架的人字形支撑和 V 形支撑斜杆组合轴压力计算值要乘以增大系数后作为轴压力设计值？为什么抗震设计的中心支撑钢框架不能采用 K 形支撑斜杆？

8-6　偏心支撑钢框架的哪个构件是耗能构件？偏心支撑钢框架的抗震设计概念是什么？在设计中是如何实现的？

8-7　为什么要规定抗震设计的钢结构构件长细比限值和板件宽厚比限值？

8-8　工程中钢框架的梁与柱常用哪两种方法连接？

8-9　抗震设计钢结构构件连接的设计原则是什么？构件连接的抗震计算包括哪些内容？

第 9 章　建筑钢结构设计的依据和文件编制

【本章要点】 了解钢结构制图的基本规定；熟悉钢结构设计阶段的主要工作；熟悉建筑结构专业的初步设计和结构专业施工图设计的内容；掌握钢结构的施工图绘制的基本要求和钢结构工程法律法规规章。

9.1　钢结构制图基本规定

9.1.1　图纸幅面规格

钢结构的图纸幅面规格应按照《房屋建筑制图统一标准》(GB/T 50001—2010)执行。

1. 图纸的幅面及图框尺寸

幅面的长度尺寸、边框的尺寸见表 9-1。

表 9-1　幅面及图框尺寸　　单位：mm

尺寸代号	幅面代号				
	A0	A1	A2	A3	A4
$b\times l$	841×1189	594×841	420×594	297×420	210×297
c	10			5	
a	25				

尺寸代号、图标及会签栏位置如图 9-1 所示。在一套施工图纸中应尽可能使图纸整齐划一，在选用图纸幅面时，应以一种规格为主，避免大小幅面掺杂使用。在特殊情况下，允许加长 1～3 号图纸的长度和宽度，零号图纸只能加长长边，加长部分的尺寸应为边长的 1/8 及 1/8 的倍数，如图 9-2 及表 9-2 所示。4 号图纸不得加长。

2. 图纸使用形式

以短边作为垂直边称为横式，以短边作为水平边称为立式，一般 A0～A3 图纸宜横式使用，必要时也可立式使用。

3. 图纸幅面的选用

在一个工程设计中，每个专业所使用的图纸一般不宜多于两种幅面，不含目录及表格所采用的 A4 幅面。

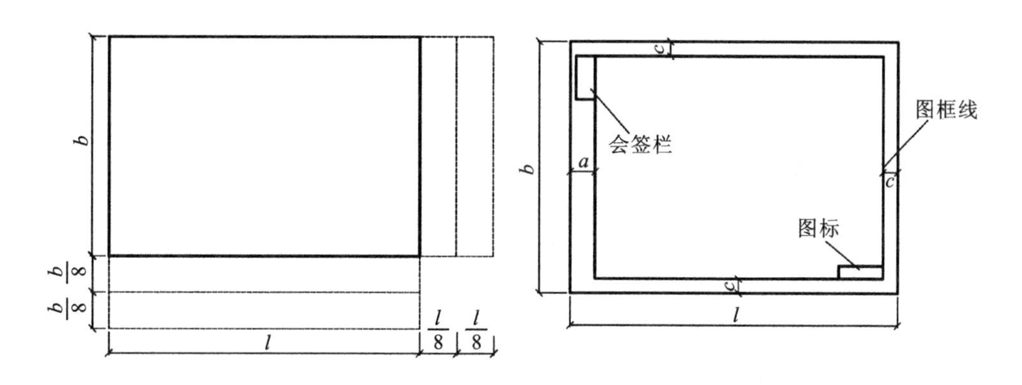

图9-1　尺寸代号、图标及会签栏位置　　　　图9-2　图纸尺寸加长示意图

表9-2　图纸长边加长尺寸　　单位:mm

幅面代号	长边尺寸	长边加长后尺寸
A0	1189	1338　1486　1635　1783　1932　2080　2230　2378
A1	841	1051　1261　1471　1682　1892　2102
A2	594	743　892　1041　1189　1338　1487　1635　1784　1932　2081
A3	420	631　841　1051　1261　1472　1682　1892

9.1.2　定位轴线

施工图中的轴线是定位、放线的重要依据。凡承重墙、柱子、大梁或屋架等主要承重构件的位置都应画上轴线并编上轴线号。非承重的隔断墙及其他次要承重构件等，一般不编轴线号。凡需确定位置的建筑局部或构件，都应注明它们与附近轴线的尺寸。

定位轴线由建筑专业确定，其他专业均应符合建筑图要求，不得另行编号。

当建筑定的轴线不满足结构要求时，可附加轴线，应以分母表示前一轴线的编号，分子表示附加轴线的编号，横向编号宜用阿拉伯数字按从左至右顺序编写；竖向编号宜用大写拉丁字母按从下至上顺序编写。

9.1.3　字体及计量单位

1. 字体

汉字为长仿宋字体，其简化字的书写，必须符合国务院公布的《汉字简化方案》和有关规定，如表9-3所示。

表9-3　长仿宋字体高宽关系　　单位:mm

字高	20	14	10	7	5	3.5
字宽	14	10	7	5	3.5	2.5

汉字、拉丁字母、阿拉伯数字与罗马数字的书写排列应遵照《房屋建筑制图统一标准》(GB/T 50001—2010)规定。

2. 计量单位

钢结构的设计图纸中,长度计量单位以mm(毫米)计,标高以m(米)计。

9.2 钢结构设计阶段

在项目决策以后,建筑工程设计一般分为初步设计和施工图设计阶段。大型的和重要的民用建筑工程,在初步设计前应进行多种设计方案优选。小型的和技术要求简单的建筑工程,可以用方案设计代替初步设计。

在设计前应进行调查研究,弄清与工程设计相关的基本条件,收集必要的设计基础资料,进行认真分析与研究。

9.2.1 方案设计

1. 一般规定

① 钢结构工程方案设计根据设计任务书及建筑物(或构筑物)的建筑设计方案进行编制,由设计说明书、设计图纸及投资估算等三部分组成,这三部分的内容可独立形成单项钢结构工程方案设计文件。

② 单项(或单位)钢结构工程方案设计文件的编排顺序如下。

a. 封面:写明方案名称、编制单位、编制年月。

b. 扉页:写明方案编制单位行政及技术负责人、具体编制设计负责人。

c. 方案设计文件目录。

d. 设计说明书。

e. 图纸。

f. 工程投资估算。

③ 钢结构工程方案设计文件的深度应满足建筑工程设计招投标及业主向规划部门送审的要求。

2. 设计说明书

(1) 设计依据及设计要求

① 设计与施工应依据的规范、规程及规定。

② 所在场地地震基本烈度、建筑场地类别。

③ 荷载选用。

(2) 设计主要阐述的内容

① 结构选型概述。

② 结构抗震设防情况。

③ 新结构、新材料采用情况。

④ 条件许可时阐述基础选型及钢结构连接方式。

⑤ 其他需要阐述的问题。

3. 设计图纸

① 有建筑方案设计图的工程,结构方案可通过建筑设计图进行表达,不另行提供图纸。

② 对无建筑方案设计图的钢结构工程应画出反映上部结构的构件平面、立面布置图并标注出柱网平面、立面高度等主要尺寸，以及构件的主要断面形式。

4. 投资估算

① 方案设计阶段投资估算文件包括投资估算的编制说明、投资估算表及用钢量估算表。

② 投资估算编制说明应包括编制依据及其他必须说明的问题等内容。

③ 投资估算表应以一个单位工程为单体，编制内容可参照国家和本市有关建筑工程概、预算文件。

④ 用钢量估算是指钢结构工程主要构件的耗钢总重量及单位面积的用钢量指标。

9.2.2　初步设计

1. 一般规定

① 初步设计文件根据设计任务书(或批准的设计方案)进行编制，由设计说明书、设计图纸、工程概算书(包括钢材估算书)三部分组成。这三部分内容可独立形成单项钢结构工程初步设计文件。

② 单项钢结构工程初步设计文件的编制顺序如下。

a. 封面：写明方案名称、编制单位、编制年月。

b. 扉页：写明方案编制单位行政及技术负责人、具体编制设计负责人。

c. 初步设计文件目录。

d. 设计说明书。

e. 设计图纸。

f. 工程概算书。

③ 在初步设计阶段，应对设计方案或重大技术问题的解决方案进行综合技术经济分析，论证技术上的适用性、可靠性和经济上的合理性，并将其主要内容写进设计说明书中。为编制初步设计文件，应进行必要的内部作业，有关部门的计算书、计算机辅助设计的计算资料、方案比较资料、内部作业草图、编制概算所依据的补充资料、地质初勘报告等均应妥善保存。

④ 钢结构工程初步设计的深度应满足建筑工程审批的要求。

a. 在原则上应符合已审定的方案设计。

b. 应提供工程设计的概算，作为审批、确定项目投资的依据。

c. 能据此进行施工图设计。

d. 业主能据此进行施工招标的准备。

2. 设计说明书

设计说明书的内容包括如下内容。

(1) 设计依据与设计要求

① 设计与施工应依据的规范、规程及规定。

② 所在场地地震基本烈度、建筑场地类别。

③ 地质初勘报告。

④ 荷载选用。

⑤ 设计的其他要求(包括钢结构的防腐、防火要求等)。

(2) 设计说明

① 工程所在地的地质和水文地质概况,着重对特殊地质加以说明。

② 基础方案选择、地基处理方案及基础形式确定,如采用桩基,应说明桩类型,选定桩基持力层及进入深度。

③ 上部结构选型。

④ 抗震设防烈度。

⑤ 伸缩缝、沉降缝和抗震缝的设置。

⑥ 为满足使用要求所作的特殊结构处理。

⑦ 主要构件钢材及连接材料的选用与说明。

⑧ 高层钢结构的主要结构特征参数。

⑨ 钢结构的防腐和防火处理办法。

⑩ 新技术、新结构、新材料的采用及其他需要说明的内容。

3. 设计图纸

除简单的小型工程外,初步设计阶段应提供反映结构特征的图纸。

① 桩位(对桩基础)及基础平面布置图。

② 上部结构主要钢构件平面、立面布置图,应标注出柱网平面、立面高度等尺寸及构件断面形式、规格等。

4. 内部作业

① 与建筑专业及其他相关专业配合,确定结构专业的设计方案和体系布置。

② 对高层钢结构建筑和其他较复杂的钢建(构)筑物作结构方案比较,确定计算原则,并作必要的结构计算,以初步确定构件截面大小,并将最终确定的方案绘制成必要的平、剖面结构简图辅以文字说明,为编制概算提供必要的依据。

③ 内部作业文件(结构简图、计算书、文字说明)均应经过校审并妥善保存以供查对和进行施工设计时使用。

5. 概算

(1) 单项钢结构工程的设计概算文件

设计概算文件包括概算编制说明、工程概算书、其他工程和费用概算书及钢材、水泥等主要材料表。

(2) 编制依据

① 国家有关工程建设和造价管理的法律、法规和方针政策。

② 批准的建设项目的可行性研究文件和主管部门的有关规定。

③ 与钢结构工程有关的设计项目一览表。

④ 能满足编制设计概算的经过校审并签字的设计图纸、文字说明及主要材料表。

⑤ 本市主管部门的现行建筑工程综合概算定额和钢结构工程定额及有关费用规定等文件。

⑥ 现行的有关其他费用定额、指标和价格。

⑦ 业主提供的其他工程费用。

(3) 钢结构工程费用

钢结构工程费用由直接费、综合间接费、利润、开办费、其他费用和税金组成。

9.2.3 施工图设计

1. 一般规定

(1) 施工图设计

施工图设计应根据已批准的初步设计进行编制,内容以图纸为主(其中包括封面、图纸目录、设计施工说明、图纸以及结构计算书、工程预算书等)。

(2) 钢结构施工图设计

一般可划分为施工设计和施工详图设计两个阶段,其设计文件(主要指图纸)的名称相应为施工图和施工详图,施工图是编制施工详图的依据,施工详图则是施工图的深化和补充。

(3)施工图的表达深度应满足条件

① 能据此编制施工图预算和施工招标。

② 能据此进行备料。

③ 能满足加工制作单位据以完成施工详图的要求。

④ 能据此进行工程验收。

(4) 施工详图表达深度的确认

施工详图的表达深度应满足加工制作单位据以完成构件制作、安装的要求。施工详图应得到施工图设计者的确认,确认的内容如下。

① 节点详图的连接形式和方式是否符合施工图要求。

② 施工图设计者认为的结构关键部位是否符合施工图要求。

2. 结构计算书(内部技术归档文件)

① 主体结构计算应采用经国家或地区鉴定的专用计算机软件。电算结果应经过分析。荷载简图、原始数据和电算结果应注明来龙去脉,整理成册,并在计算书中注明所采用的计算机软件名称、代号及版本,作为归档文件之一。

采用手算的结构计算书,应绘出平面布置和计算简图,标出构件编号、计算公式及计算过程。计算书书写应采用钢笔,内容应完整齐全,表达应清楚完整,计算步骤要条理分明,引用数据要有可靠依据。

② 计算书中的构件代号;构件截面、配筋等应与图纸中的一致,若图纸作修改,应在计算书中反映,以供查核。

③ 采用钢结构构件标准图集时,应根据图集的说明,结合工程作必要的选用和核算工作;采用重复利用图时,应作因地制宜的修改及进行必要的核算,以切合工程实际。此两项核算应作为结构计算书的内容之一。

④ 计算书(包括电算书)应经认真校审,留有痕迹,并装订成册,设计人、校审人应在计算书封面分别签字,封面上应注明项目名称编号和计算日期。对于一个单项由数人分别计算与校审的计算书,可装订成若干分册。

⑤ 最终的计算书成品稿应作为设计技术文件归档。

3. 设计图纸

(1) 钢结构施工图内容

① 图纸目录。

图纸目录的内容应包括:工程编号及名称、图纸版本号、图纸(包括套用标准图)编号及名称、规格大小、张数、出图日期等。

② 设计施工总说明。

a. 设计依据及设计要求:设计与施工应依据的规范、规程及规定;工程地质详细勘察报告;设计抗震设防烈度、近震及远震、建筑场地类别;设计上与±0.000 相当的绝对标高值;长度计量单位;荷载选用;其他设计依据与设计要求。

b. 材料选用,包括钢材名称、材质、质量等级(必要时提出机械性能、化学成分、交货状态等具体要求);连接材料或焊接材料的名称、材质、等级及规格要求,选用型钢时还应注明成材方式(热轧、冷弯、焊接等)。

c. 钢结构的除锈、涂装及防火要求。

d. 钢结构构造、制作和安装技术要求。

e. 连接焊缝质量等级及无损检测的要求。

f. 其他必要的设计施工说明。

③ 基础平面图及基础详图。

除常规的钢筋混凝土基础表示内容外,应有钢柱与基础连接的平面位置、连接方式及构造要求等内容(包括预埋螺栓的方式、位置、规格、数量或预留杯口的大小、深度、位置及预留钢筋等要求)。

④ 结构的构件平面布置图(需要时增加立面布置图)。

构件平、立面布置图上的构件可用单线(粗实线)表示,布置图的内容如下。

a. 构件几何轴线在平、立面(或空间)的位置、标高及与建筑相互关系。

b. 构件几何轴线尺寸及构件相互间的几何关系。

c. 构件的编号或规格。

d. 需进一步表达的节点、构件断面等部位的详图索引编号。

⑤ 构件设计图。

a. 单根或单根组合构件的设计图应有构件名称及编号,构件必要的平、立、剖视图及外形尺寸,组成构件各部分零件的规格、尺寸、位置及加工要求,各零件间焊接连接时焊缝的形式和尺寸或螺栓连接时螺栓的规格、数量、位置等。

b. 平面或空间杆系的组合构件(如桁架、网架、支撑等)的设计图应有构件名称及编号,表明杆件内力、杆件几何轴线尺寸、杆件编号或规格的杆件布置图。

c. 对构件设计图本身难以表达清楚的连接部位(或节点部位)应采用节点设计详图作进一步的表述和说明(节点设计详图要求详见第⑥条)。

⑥ 节点设计详图。

a. 节点的详图名称或索引详图编号。

b. 标有构件编号及构件间相互关系的节点构造形式详图。

c. 节点间的连接形式(铰接或刚接等)、连接方式(焊接、螺栓连接等方式)、节点内力(支座内力)。

d. 节点连接件(节点板、预埋件)的设置要求。

e. 节点设计计算要求。

(2) 钢结构施工详图内容

① 图纸目录。

② 施工详图说明。

a. 符合施工设计图总说明要求在直接操作过程中所依据的规范、规程、标准及规定。

b. 根据施工设计图要求说明选用原材料、焊接材料、连接件(高强螺栓、栓钉、工艺螺栓)、焊接坡口形式、焊接工艺评定、无损检测、构件几何尺寸允许偏差、除锈、涂装、防火、包装、运输、保管、组件预拼装、现场安装等要求。

③ 构件平(立)面布置图(注明构件位置、编号、构件清单、图例等)。

④ 构(组)件施工详图。

a. 施工详图应清晰显示构件几何形状和断面尺寸。包括构件在平、立面图中所处安装位置、编号、轴线、标高。

b. 构件材料表,其内容包括构件名称、数量、材质、品种、规格、单重、总重;构件连接件(高强螺栓、普通螺栓、栓钉)品种、规格、数量。

c. 构件开孔及焊接要求(开孔位置,大小、数量、焊缝、坡口形式、焊缝尺寸、衬垫)。

d. 相关件连接尺寸、方向、标志等。

⑤ 节点施工详图。

在施工图节点设计详图的基础上确定连接件(节点板、预埋件等)、连接材料(焊缝、螺栓、栓钉等)的形式、材质、规格、位置、数量、重量等要求。

⑥ 施工安装图和预拼装图(如需要)。

施工安装图和预拼装图的内容应包括:构件平、立面布置图(可用单线绘制),标明构(部)件位置、编号、标高、方向等要求以及螺栓、栓钉、预埋件等布置要求。

4. 工程施工预算书

① 施工图设计阶段应由原设计单位或具有相应资质的工程造价咨询单位编制工程施工预算书,并与已批准的初步设计概算进行核对,其造价应控制在批准的初步设计概算造价之内。如工程预算书超过初步设计概算,应分析原因,提出建议。

② 编制依据。

a. 国家有关工程建设和造价管理的法律、法规和方针政策。

b. 施工图设计文件(包括施工图、施工详图及文字说明)、工程地质勘察资料。

c. 主管部门颁布的现行建筑工程和安装工程预算定额、材料、构配件预算价格、费用定额和其他费用规定等文件。

d. 现行的有关其他费用定额、指标和价格。

e. 建设场地中的自然条件和施工条件。

③ 编制方法。

根据施工图设计、预算定额规定的项目划分及工程量计算规则,并按规定的价格、取费标准进行编制。

具体编制方法步骤:先编制各子项单位工程施工预算书,然后编制各子项综合预算书,并编制总预算书等。

a. 钢结构工程根据本市建筑工程预算定额或建筑工程综合预算定额规定的计算规则进行编制。工程量计算编制次序,应先上后下、先左后右、先横后竖进行,并按施工图注明层次、部位轴线、编号、断面、符号和构件型号等。

b. 工程量汇总。

c. 套用本市现行定额及编制缺项定额(补充单位估价表)。

d. 根据现行费用定额计算各项费用,主要材料接中间价、市场价税前进行补差。

e. 填写编制说明等。

9.3 结构专业的初步设计

9.3.1 设计说明书

1. 设计依据及设计要求

(1) 自然条件

自然条件包括风荷载、雪荷载、工程所在地区的地震基本烈度、工程地质和水文地质情况,其中着重对场地的特殊地质条件(如软弱地形、膨胀土、滑坡、溶洞、冻土、抗震的不利地段等)分别予以说明。

当已有的工程地质勘察报告不够详尽或由于建筑物的重要性、复杂性、设计对场地工程地质勘察有特殊内容要求时,应明确提出补充勘察的要求。

(2) 设计要求

根据设计结构安全等级、使用功能或生产需要所确定的使用荷载、抗震设防烈度、人防等级等,阐述对结构设计的特殊要求(如耐高温、防渗漏、防震抗震、防暴、防蚀等)。

(3) 施工条件要求

吊装能力、沉桩或地基处理能力、结构构件预制或现场制作的能力,采用新的施工技术的可能性等。若还未确定施工单位,应提出施工条件配合的要求。

2. 设计说明应包括的内容

① 上部结构选型。

② 基础方案选择、地基处理方案抗震设防烈度。

③ 伸缩缝、沉降缝、抗震缝的设置。

④ 为满足使用要求所作的特殊结构处理。

⑤ 主要构件钢材及连接材料的选用与说明。

⑥ 新技术、新结构、新材料的采用。

⑦ 其他需要说明的内容。

9.3.2　内部作业

1. 设计方案

与建筑及其他专业配合，确定设计方案，包括地基处理及基础设计方案。

2. 结构草图

提出结构草图，包括结构布置、构件截面估计、采用的结构材料等，并作为资料提供编制概算。

3. 结构方案比较

对高层钢结构建筑和其他较复杂的钢建筑或构筑物进行结构方案比较，确定计算原则，并做必要的结构计算，以确定构件截面大小。对已确定的方案应有平面布置图和必要的剖面图，计算书应经校核后妥善保存，以便查对。

一般情况下，在初步设计阶段，结构专业是以计算说明书作为对外交付的文件，若有需要用概略图表示的，可提供有关资料，有关建筑专业在图纸上表示。

内部作业文件(结构简图、计算书、文字说明)均应经过校审并妥善保存以供查对和进行施工设计时使用。

9.4　结构专业施工图设计

9.4.1　结构计算

1. 结构计算要求

结构计算时，应绘出平面布置简图和计算简图；结构计算书应完整、清楚、整洁；计算步骤应条理清晰，引用的数据要有依据，采用计算图表不常用的计算公式时应注明出处；构件编号、计算结果(确定的截面、配筋等)应与图纸一致，以便校对。

2. 计算机辅助设计

当采用计算机软件计算时，应在计算书中注明所采用的计算机软件名称及代号，计算机软件必须经过审定或鉴定才能在工程设计中推广应用，电算结果应经分析认可，荷载简图、原始数据和电算结构应整理成册，与其他计算书一并归档。

3. 标准图集

采用标准图集时，应根据图集的说明进行必要的选用计算，作为结构计算书的内容之一；采用重复利用图时，应进行必要的核算和因地制宜的修改，必须切合工程的具体情况。

4. 计算书校审

计算书应经校审，并由设计、校对、审核人分别签字，作为技术文件归档。

9.4.2　设计图纸

1. 图纸目录

先列新绘制图纸，后列选用的标准图或重复利用图。

2. 首页(设计说明)

① 给出建筑结构安全等级、抗震设防烈度、人防工程等级。

② 扼要说明每个地基情况,对不良地基的处理措施和对基础施工的要求;有抗震设防要求时,应对地基抗震性能做进一步的阐述。

③ 说明荷载规范中没有明确规定的或与规范取值不同的设计活荷载、设计荷载等。

④ 说明所选用结构材料的品种、规格、型号、强度等级等,如钢材品种及质量等级、螺栓规格、焊条型号。

⑤ 说明所采用的标准构件图集;如果有特殊构件需要做结构性能检验时,应说明进行检验的方法和要求。

⑥ 说明施工注意事项,如大型截面接口的焊接、板材下料考虑的加工余量、施工过程不均匀沉降的监测等。

⑦ 多子项工程宜编写统一的结构施工图设计总说明。

3. 基础平面图

① 应绘出承重墙、柱网布置、纵横轴线关系,基础和基础梁及其编号、柱编号、地坑和设备基础的平面位置、尺寸、标高,基础底面标高不同时的放坡示意图。

② 应标出±0.000 以下的预留孔洞的位置、尺寸、标高。

③ 桩基础应注明桩位平面布置和桩承台的平面尺寸及承台地面标高。

④ 绘出有关的连接节点详图。

⑤ 附注说明:本工程±0.000 相应的绝对标高、基础埋置在地基中的位置及所在土层、基底处理措施、地基或桩的承载力,以及对施工的有关要求等。如需要对建筑物进行沉降观测,则应说明观测点的布置基观测时间的要求,并绘制观测点的埋置详图。

4. 基础详图

(1) 单独基础和条形基础

应绘出剖面、配筋、圈梁、防潮层、基础垫层、标注尺寸、标高基轴线关系等。

(2) 桩基础

应绘出承台梁或承台板的相关尺寸、桩的位置平面布置、桩的详图、桩与承台的构造等。

(3) 筏基和箱基

筏板基础详图的绘制与混凝土现浇楼盖的详图绘制基本相同,但要绘出承重墙、柱、桩的位置;箱形基础一般要绘出钢筋混凝土墙、顶板、底板的平面、剖面及其配筋,当预埋件、预留孔洞情况复杂时,绘出墙的模板图。

(4) 附注说明

基础材料、垫层材料、防潮层做法、对回填土技术要求、地面以下钢筋混凝土构件的钢筋保护层厚度要求及其他施工要求。

5. 结构平面布置图

(1) 多层与高层建筑

① 绘出与建筑图一致的轴线网及梁、柱、承重砌体墙、框架、剪力墙、井筒等位置,并注明编号。

② 注明预制板的跨度方向、板号、数量,标出预留洞的大小及位置,带孔洞的预制板应按规定单独绘出。

③ 现浇板沿斜线注明板号、板厚,配筋可布置在平面图上,亦可另绘大比例的配筋图,注明板底

标高，标高由变化处绘局部剖面，标出直径大于等于 300 mm 预留孔洞的大小及位置，绘出洞边加强配筋。

④ 有圈梁时应注明编号、标高，圈梁可用小比例绘制单线平面示意图，门洞口处标注过梁编号。

⑤ 楼梯间绘斜线并注明所在详图号。

⑥ 屋面结构平面布置图应标示出屋面板的坡度、坡向、坡向起点及终点处结构标高、预留孔洞位置大小等，设置水箱处应标示结构布置。

⑦ 电梯间应绘制机房结构平面布置图，注明梁板编号，板的配筋，预留孔洞位置、大小及板底标高。

⑧ 附注说明。

(2) 单层工业厂房

单层有吊车的厂房应绘制构件布置图及屋面结构布置图。支撑布置沿用标准图上的支撑系统时，应在图纸上注明；否则，应绘制支撑布置及详图。无吊车的简单厂房，可将构件布置图与屋面布置图合并。

构件布置图应标示柱网轴线关系，墙、柱、吊车梁、过梁、门樘、柱间支撑、连系梁等的布置，构件标高、圈梁、详图索引号、有关的附注说明等。

屋面布置图应标示柱网轴线关系、屋面承重结构的位置及编号、预留孔洞的位置、节点详图索引号、有关附注说明等。

6. 钢筋混凝土构件详图

(1) 现浇构件

现浇梁、板、柱及框架、剪力墙、筒体等详图，要绘出以下图形。

① 纵剖面、长度、轴线号、标高及配筋情况；梁和板的支座情况；整体浇筑的预应力混凝土构件还应绘出曲线筋位置及锚固详图。

② 横剖面、轴线号、断面尺寸配筋；预应力混凝土预应力筋的定位尺寸。

③ 剪力墙、井筒可视不同情况增绘立面图。

④ 当钢筋复杂不易表示清楚时，可将钢筋分离绘出。

⑤ 构件完全对称时可绘制一半进行表示。

⑥ 当有预留洞、预埋件时，应注明位置、尺寸、洞边配筋及预埋件编号。

⑦ 曲梁或平面折线梁应增绘平面布置图，必要时可绘展开详图。

⑧ 附注说明：除结构总说明已叙述外的需要特别注明的内容。

(2) 预制构件

预制梁、板、柱、框架、剪力墙等详图，要绘制出以下图形。

① 构件模板图：标示模板尺寸，轴线关系预留孔洞及预埋件位置、尺寸，预埋件编号，必要的标高；后张预应力混凝土构件还需标示预留孔道、锚固端等。

② 构件配筋图：其纵剖面标示钢筋形式、曲线预应力筋的位置、箍筋直径与间距，钢筋复杂的构件配筋图应将钢筋分离绘出；横剖面注明断面尺寸、钢筋直径、数量等。

③ 附注说明：除结构总说明已叙述外的需要特别注明的内容。

(3) 有抗震要求时

若有抗震设防要求,框架、剪力墙等抗侧力构件应根据不同的抗震等级要求,按现行规范规定设置主筋、箍筋、节点核心区内配筋、锚拉筋等。

7. 节点构造详图

① 按抗震设计的现浇框架、剪力墙、框剪结构,均应绘制节点构造线条,如抗震缝,节点核心区内配筋、符合抗震要求的钢筋接头和锚固、填充墙与框架梁的锚拉等。

② 预制框架或装配整体框架的连接部分,梁、柱与墙体的锚拉等,均应绘制节点构造详图,应尽可能采用通用设计或统一详图集。

③ 详图应绘出平面、剖面图,注明相互关系尺寸,与轴线关系、构件名称、连接材料、附加钢筋的规格、型号、数量,并注明连接方法及对施工安装、后浇混凝土的有关要求等。

④ 附注说明:除结构总说明已叙述外的需要特别注明的内容。

8. 其他图纸

① 对于楼梯,应绘出楼梯结构平面布置及剖面图。楼梯与梯梁详图,栏杆预埋件或预留孔位置、大小等。

② 特种结构和构筑物详图宜分别单独绘制,以方便施工。

③ 大型工程的预埋件详图可集中绘制。应绘出平面、剖面图,注明钢材种类、焊缝要求等。

④ 钢结构构件详图应单独绘制,其深度要求应视工程所在地区金属结构厂或承担制作任务的加工厂的条件而定。

9.5 钢结构的施工图

钢结构施工图的编制分两个阶段进行,即设计图阶段和施工详图阶段。设计图由设计单位负责编制,施工详图则由制造厂根据设计单位提供的设计图和技术要求编制。当制造厂技术力量不足无法承担编制工作时,亦可委托设计单位进行。本节主要介绍钢结构设计图的编制方法。

钢结构设计图是提供给制造厂编制钢结构施工详图的依据,因此,设计图的内容和深度应满足编制施工详图的要求为原则。钢结构设计图的编制人员应熟悉钢结构的构造要求,考虑钢结构制作安装的实际需要,并对钢结构施工详图的编制方法有所了解。

钢结构设计图的编制应按照《房屋建筑制图统一标准》(GB/T 50001—2010)、《建筑结构制图标准》(GB/T 50105—2010)、《焊缝符号表示方法》(GB 324—88)和《技术制图焊缝符号的尺寸、比例及简化表示方法》(GB 12272—1990)等国家标准的规定进行。设计图纸应尽量用图形或表格表示,并配以必要的文字说明。图纸标示做到层次分明,图形之间关系明确,使整套图纸清晰、简明和完整,同时又可能减少图纸的绘制工作量,以提高设计图的编制效率。

1. 图纸的组成

① 图纸目录。

② 设计总说明。

③ 结构布置图。

④ 构件截面表。

⑤ 标准焊缝详图。

⑥ 标准节点图。

⑦ 钢材订货表。

2. 设计总说明

(1) 设计依据

业主提供设计任务书及工程概况，并应注明本设计为工程结构设计图，施工前需依据本图编制钢结构施工详图。

(2) 设计依据的规范、规程和规定

(3) 自然条件

① 基本风压。

② 基本雪压。

③ 地震基本烈度、本设计采用的抗震设防烈度。

④ 地基和基础设计依据的工程地质勘察报告、场地土类别、地下水位埋深等。

(4) 材料要求

① 各部分构件选用的钢材牌号、标准及性能要求。

② 相应钢材选用的焊接材料型号、标准及其性能要求，当采用二氧化碳气体保护焊接时，还需注明对气体纯度及含水量限值。

③ 高强度螺栓连接形式、性能等级、摩擦系数值及预拉力值。

④ 焊接栓钉的钢号、标准及规格。

⑤ 楼板用压型钢板的型号。

⑥ 有关混凝土的强度等级。

(5) 设计计算中的主要要求

① 楼面活荷载及其折减系数、设备层主要荷载。

② 抗震设计的计算方法、层间剪力分配系数、按两阶段抗震设计采用的峰值加速度、选用的输入地震加速波等。

③ 地震作用下的侧移限值(层间侧移、整体侧移和扭转变形)。

(6) 结构的主要参数与选型

① 结构的主要参数，包括结构总高度、标准柱距、标准层高、最大层高、建筑物高宽比、建筑物平面。

② 结构选型，包括结构的抗侧力体系，梁、柱截面形式，楼板结构做法。高层建筑钢结构设计中侧向位移是考虑的主要因素，必须有足够的刚度保证侧移在允许的范围内。

(7) 制作与安装要求

① 钢结构的制作、安装及验收应符合《钢结构工程施工及验收规范》(GB 50205—2001)、《高层民用建筑钢结构技术规程》(JGJ 99—98)，以及业主、设计、施工三方协议执行的企业标准和有关规定。

② 制作要求，包括柱的修正长度、切割精度、焊接坡口、焊接方法等。

③ 运输、安装的要求。

④ 高强度螺栓摩擦面的处理方法及预拉力施拧方法。

⑤ 构件各部位焊缝质量等级及检验标准、焊接试验、焊前预热及焊后热处理要求等。

⑥ 涂装要求、建筑物防火等级、构件的耐火极限、要求达到的除锈等级、涂料品种、涂装遍数和要求的涂膜总厚度。

⑦ 防火要求、建筑物防火等级、构件的耐火极限、要求采用的防火材料、采用的规程。

3. 结构布置图

结构布置图分结构平面布置图和结构立(剖)面布置图。它们分别表示高层钢结构水平和竖向构件的布置情况及其支撑体系。布置图应注明柱列轴线编号和柱距,在立(剖)面图中应注明各层的相对标高,与一般结构布置图没有太大的区别。

① 高层钢结构中的柱可按柱截面形式表示。立面布置图中的梁柱均用双细实线表示。布置图中应明确表示构件连接点的位置,柱截面变化处的标高。布置图中部分为钢骨混凝土构件时,同样可以只标示钢结构部分的连接,混凝土部分另行出图配合使用。

② 结构平面布置相同的楼层(标准层),可以合并绘制。平面布置图较复杂的楼层,必要时可增加辅助剖面,以标示同一楼层中构件的竖向关系。

③ 各结构系统的布置图可单独编制,如支撑(剪力墙)系统、屋顶结构系统(包括透光厅),均需要编制专门的布置图,其节点图可与布置图合并编制。

④ 柱脚基础锚栓平面图,应标注各柱脚锚栓相对于柱轴线的位置尺寸、锚栓规格、基础平面的标高。当锚栓用固定件固定时,应给出固定件详图,同时应标示出锚栓与柱脚的连接关系。

9.6 钢结构工程法律法规规章

1. 法律法规规章的制定机关和法律效力

(1) 建设工程法律

建设工程法律是指由全国人民代表大会及其常务委员会通过的规范工程建设活动的法律规范,由国家主席签署主席令予以公布,如《中华人民共和国建筑法》、《中华人民共和国合同法》等。

(2) 建设工程行政法规

建设工程行政法规是指由国务院根据宪法和法律制定的规范工程建设活动的各项法规,由总理签署国务院令予以公布,如《建设工程质量管理条例》、《建设工程勘察设计管理条例》等。

(3) 建设工程部门规章(规定)

建设工程部门规章是指建设部按照国务院规定的职权范围,独立或同国务院有关部门联合根据法律和国务院的行政法规、决定、命令,制定的规范工程建设活动的各项规章。它属于建设部制定的由部长签署建设部令予以公布,如《实施工程建设强制性标准监督规定》、《工程建设项目施工招标投标办法》等。

(4) 工程建设国家标准

工程建设国家标准由国务院或各部委授权主管机构制订或批准的对重复性事物和概念所作的统一规定,其中技术标准主要对技术原则、指标或限界进行规定,是一种衡量准则,属国家标准的范畴,如《建筑结构可靠度设计统一标准》(GB 50068—2001)、《建筑结构制图标准》(GB/T 50105—2010)等。

(5) 规范

规范是指由各部委授权主管机构制定的对技术要求、方法所作的系列规定;它涉及的范围较广泛、较系统、通用性强,它是标准的一种形式,也属国家标准范畴,如《钢结构设计规范》(GB 50017—2003)、《冷弯薄型钢结构设计规范》(GB 50018—2002)等。

(6) 规程

规程是指由各部委授权主管机构制定的对技术要求、实施程序、方法所作的规定;它涉及的范围较单一、具体、专用性强,它也是标准的一种形式,但不作为国家标准,如《高层民用建筑钢结构设计规程》(JGJ 99—1998)、《门式刚架轻型房屋钢结构技术规程》(CECS 102:2002)等。

法律的效力高于行政法规,行政法规的效力高于部门规章。

2. 与钢结构工程关系密切的法律、法规、规章、规范和规范性文件

与钢结构工程关系密切的法律、法规、规章、规范和规范性文件数量很多,本节将常用的一些法律、法规、规章、规范介绍如下。

(1) 与钢结构设计有关的规范、规程、规定及代号

《钢结构设计规范》(GB 50017—2003)、《冷弯薄型钢结构设计规范》(GB 50018—2002)、《高层民用建筑钢结构设计规程》(JGJ 99—1998)、《门式刚架轻型房屋钢结构技术规程》(CECS 102:2002)、《钢管混凝土结构技术规程》(CECS 28:2012)、《钢骨混凝土结构设计规程》(YB 9082—2006)、《空间网格结构技术规程》(JEJ 7—2010)、《建筑抗震设计规范》(GB 50011—2010)、《建筑结构荷载规范》(GB 50009—2012)、《建筑结构可靠度设计统一标准》(GB 50068—2001)、《建筑结构制图标准》(GB/T 50105—2010)等。

(2) 与钢结构施工有关的规范、规程、规定及代号

《钢结构工程施工规范》(GB 50755—2012)、《建筑钢结构焊接技术规程》(JGJ 81—2002)、《钢结构高强度螺栓连接技术规程》(JGJ 82—2011)、《钢网架螺栓球节点》(JGJ 10—2009)等。

(3) 材料标准及代号

《碳素结构钢》(GB/T 700—2006)、《低合金结构钢》(GB/T 1591—2008)、《一般工程用铸造碳钢件》(GB 11352—2009)、《合金结构钢》(GB/T 3077—1999)、《焊接用钢丝》(GB/T 14957—1994)、《非合金钢及晶粒钢焊条》(GB/T 5117—2012)、《热强钢焊条》(GB/T 5118—2012)等。

(4) 型钢、带钢、钢板的标准及代号

《热轧型钢》(GB/T 706—2008)、《热轧H型钢及部分T形钢》(GB 11263—2010)、《一般结构用无缝钢管》(GB/T 8162—2008)、《直径5～152 mm电焊钢管》(YB 242—263)、《通用冷弯开口型钢尺寸、外形、重量及允许偏差》(GB 6723—2008)、《结构用冷弯空心型钢尺寸、外形、重量及允许偏差》(GB/T 6728—2002)、《热轧圆钢和方钢品种》(GB/T 702—2004)、《建筑用压型钢板》(GB/T 12755—2008)等。

(5) 紧固件的标准及代号

《紧固件机械性能、螺栓、螺钉和螺柱》(GB 3098.1—2010)、《普通螺纹公差》(GB 197—2003)、《六角头螺栓C级》(GB/T 5780—2000)、《六角头螺栓》(GB/T 5782—2000)、《六角螺母C级》(GB/T 41—2000)、《A级、B级I型六角螺母》(GB/T 6170—2000)、《C级平圈垫》(GB/T 95—2002)、《A级平圈垫》(GB/T 97.1—2002)、《A级平圈垫倒角型》(GB/T 97.2—2002)、《工字钢用方斜垫圈》

(GB/T 852—1988)、《槽钢用方斜垫圈》(GB/T 853—1988)、《止动垫圈技术条件》(GB/T 98—1988)、《标准型弹簧垫圈》(GB/T 93—1987)、《轻型弹簧垫圈》(GB/T 859—1987)、《弹性垫圈技术条件》(GB/T 941—1987)、《钢结构用高强度大六角螺母》(GB/T 1229—2006)、《钢结构用高强度垫圈》(GB/T 1230—2006)、《钢结构用高强度大六角头螺栓、大六角螺母、垫圈技术条件》(GB/T 1231—2006)、《钢结构用扭剪型高强度螺栓连接副形式与尺寸》(GB/T 3632—2008)、《电弧螺栓焊用圆柱头焊钉》(GB/T 10433—2002)等。

(6) 焊接接头形式与尺寸的标准及代号

《气焊、焊条电弧焊、气体保护焊和高能束焊的推荐坡口》(GB/T 9851—2008)和《埋弧焊的推荐坡口》(GB/T 985.2—2008)。

附录 A　钢材和连接强度设计值

附表 A-1　钢材的强度设计值

钢材		抗拉、抗压和抗弯 f/(N/mm^{-2})	抗　剪 f_v/(N/mm^{-2})	端面承压（刨平顶紧）f_{ce}/(N·mm^{-2})
牌　号	厚度或直径/mm			
Q235 钢	≤16	215	125	325
	＞16～40	205	120	
	＞40～60	200	115	
	＞60～100	190	110	
Q345 钢	≤16	310	180	400
	＞16～35	295	170	
	＞35～50	265	155	
	＞50～100	250	145	
Q390 钢	≤16	350	205	415
	＞16～35	335	190	
	＞35～50	315	180	
	＞50～100	295	170	
Q420 钢	≤16	380	220	440
	＞16～35	360	210	
	＞35～50	340	195	
	＞50～100	325	185	

注：表中厚度是指计算点的钢材厚度，对轴心受拉和轴心受压构件是指截面中较厚板件的厚度。

附表 A-2　焊缝的强度设计值

焊接方法和焊条型号	构件钢材		对接焊缝				角焊缝
	牌号	厚度或直径/mm	抗压 f_c^w/(N·mm^{-2})	焊缝质量为下列等级时，抗拉 f_t^w/(N·mm^{-2})		抗剪 f_v^w/(N·mm^{-2})	抗拉、抗压和抗剪 f_f^w/(N·mm^{-2})
				一级、二级	三级		
自动焊、半自动焊和 EA3 型焊条的手工焊	Q235 钢	≤16	215	215	185	125	160
		＞16～40	205	205	175	120	
		＞40～60	200	200	170	115	
		＞60～100	190	190	160	110	
自动焊、半自动焊和 E50 型焊条的手工焊	Q345 钢	≤16	310	310	265	180	200
		＞16～35	295	295	250	170	
		＞35～50	265	265	225	155	
		＞50～100	250	250	210	145	

续表

焊接方法和焊条型号	构件钢材		对接焊缝				角焊缝
	牌号	厚度或直径/mm	抗压 f_c^w /(N·mm^{-2})	焊缝质量为下列等级时,抗拉 f_t^w/(N·mm^{-2})		抗剪 f_v^w /(N·mm^{-2})	抗拉、抗压和抗剪 f_f^w /(N·mm^{-2})
				一级、二级	三级		
自动焊、半自动焊和 E55 型焊条的手工焊	Q390 钢	≤16	350	350	300	205	220
		>16~35	335	335	285	190	
		>35~50	315	315	270	180	
		>50~100	295	295	250	170	
	Q420 钢	≤16	380	380	320	220	220
		>16~35	360	360	305	210	
		>35~50	340	340	290	195	
		>50~100	325	325	275	185	

注:① 自动焊和半自动焊所采用的焊丝和焊剂,应保证其熔敷金属的力学性能不低于现行国家标准《埋弧焊用碳钢焊丝和焊剂》(GB/T 5293—1999)和《低合金钢埋弧焊用焊剂》(GB/T 12470—2003)中相关的规定。

② 焊缝质量等级应符合现行国家标准《钢结构工程施工质量验收规范》(GB 50205—2001)的规定。其中厚度小于 8 mm 钢材的对接焊缝,不应采用超声波探伤确定焊缝质量等级。

③ 对接焊缝在受压区的抗弯强度设计值取 f_c^w,在受拉区的抗弯强度设计值取 f_t^w。

④ 表中厚度指计算点的钢材厚度,对轴心受拉和轴心受压构件系指截面中较厚板件的厚度。

附表 A-3 螺栓连接的强度设计值 单位:N/mm²

螺栓的性能等级、锚栓和构件钢材的牌号		普通螺栓						锚栓	承压型连接高强度螺栓		
		C 级螺栓			A 级、B 级螺栓						
		抗拉 f_t^b	抗剪 f_v^b	承压 f_c^b	抗拉 f_t^b	抗剪 f_v^b	承压 f_c^b				
普通螺栓	4.6 级、4.8 级	170	140	—	—	—	—	—	—	—	—
	5.6 级	—	—	—	240	190	—	—	—	—	—
	8.8 级	—	—	—	400	320	—	—	—	—	—
锚栓	Q235 钢	—	—	—	—	—	—	140	—	—	—
	Q345 钢	—	—	—	—	—	—	140	—	—	—
承压型连接高强度螺栓	8.8 级	—	—	—	—	—	—	—	400	250	—
	10.9 级	—	—	—	—	—	—	—	500	310	—
构件	Q235 钢	—	—	305	—	—	405	—	—	—	470
	Q345 钢	—	—	385	—	—	510	—	—	—	590
	Q390 钢	—	—	400	—	—	530	—	—	—	615
	Q420 钢	—	—	425	—	—	560	—	—	—	655

注:① A 级螺栓用于 $d \leqslant 24$ mm 和 $l \leqslant 10d$ 或 $l \leqslant 150$ mm(按较小值)的螺栓;B 级螺栓用于 $d > 24$ mm 或 $l > 10d$ 或 $l > 150$ mm(按较小值)的螺栓。d 为公称直径,l 为螺杆的公称长度。

② A、B 级螺栓孔的精度和孔壁表面粗糙度,C 级螺栓孔的允许偏差和孔壁表面粗糙度,均应符合现行国家标准《钢结构工程施工质量验收规范》(GB 50205—2001)的要求。

附表 A-4　铆钉连接的强度设计值　单位：N/mm²

铆钉钢号和构件钢材牌号		抗拉(钉头拉脱) f_t^r	抗剪 f_v^r		承压 f_c^r	
			Ⅰ类孔	Ⅱ类孔	Ⅰ类孔	Ⅱ类孔
铆钉	BL2 或 BL3	120	185	155	—	—
构件	Q235 钢	—	—	—	450	365
	Q345 钢	—	—	—	565	460
	Q390 钢	—	—	—	590	480

注：① 属于下列情况者为Ⅰ类别。

a. 在装配好的构件上按设计孔径钻成的孔。

b. 在单个零件和构件上按设计孔分别用钻模钻成的孔。

c. 在单个零件上先钻成或冲成较小的孔径，然后在装配好的构件上再扩钻至设计孔径的孔。

② 在单个零件上一次冲成或不用钻模钻成设计孔径的孔属于Ⅱ类孔。

附表 A-5　结构构件或连接设计强度的折减系数

项　次	情　况	折　减　系　数
1	单面连接的单角钢	
	(1)按轴心受力计算强度和连接	0.85
	(2)按轴心受压计算稳定性	
	等边角钢	0.6+0.001 5λ，但不大于 1.0
	短边相连的不等边角钢	0.5+0.002 5λ，但不大于 1.0
	长边相连的不等边角钢	0.70
2	跨度≥60 m 桁架的受压弦杆和端部受压腹杆	0.95
3	无垫板的单面施焊对接焊缝	0.85
4	施工条件较差的高空安装焊缝和铆钉连接	0.90
5	沉头和半沉头铆钉连接	0.80

注：① λ 为长细比，对中间无联系的单角钢压杆，应按最小回转半径计算；当 λ<20 时，取 λ=20。

② 当几种情况同时存在时，其折减数应连乘。

附录 B　受弯构件的挠度容许值

附表 B-1　受弯构件的挠度容许值

项次	构件类别	挠度容许值	
		$[v_T]$	$[v_Q]$
1	吊车梁和吊车桁架(按自重和起重量最大的一台吊车计算挠度)		—
	(1) 手动吊车和单梁吊车(含悬挂吊车)	$l/500$	
	(2) 轻级工作制桥式吊车	$l/800$	
	(3) 中级工作制桥式吊车	$l/1000$	
	(4) 重级工作制桥式吊车	$l/1200$	
2	手动或电动葫芦的轨道梁	$l/400$	—
3	有重轨(重量等于或大于 38 kg/m)轨道的工作平台梁	$l/600$	—
	有轻轨(重量等于或小于 24 kg/m)轨道的工作平台梁	$l/400$	
4	楼(屋)盖梁或桁架、工作平台梁(第 3 项除外)和平台板		
	(1) 主梁或桁架(包括没有悬挂起重设备的梁和桁架)	$l/400$	$l/500$
	(2) 抹灰顶棚的次梁	$l/250$	$l/350$
	(3) 除(1)、(2)款外的其他梁(包括楼梯梁)	$l/250$	$l/30$
	(4) 屋盖檩条		
	支承无积灰的瓦楞铁和石棉瓦屋面者	$l/150$	—
	支承压型金属板、有积灰的瓦楞铁和石棉瓦等屋面者	$l/200$	—
	支承其他屋面材料者	$l/200$	—
	(5) 平台板	$l/150$	—
5	墙架构件(风荷载不考虑阵风系数)		
	(1) 支柱	—	$l/400$
	(2) 抗风桁架(作为连续支柱的支承时)	—	$l/1000$
	(3) 砌体墙的横梁(水平方向)	—	$l/300$
	(4) 支承压型金属板、瓦楞铁和石棉瓦墙面的横梁(水平方向)	—	$l/200$
	(5) 带有玻璃窗的横梁(竖直和水平方向)	$l/200$	$l/200$

注:① l 为受弯构件的跨度(对悬臂和伸臂梁为悬伸长度的 2 倍)。

② $[v_T]$为永久和可变荷载标准值产生的挠度(如有起拱应减去拱度)的容许值;$[v_Q]$为可变荷载标准值产生的挠度的容许值。

附录C　梁的整体稳定系数

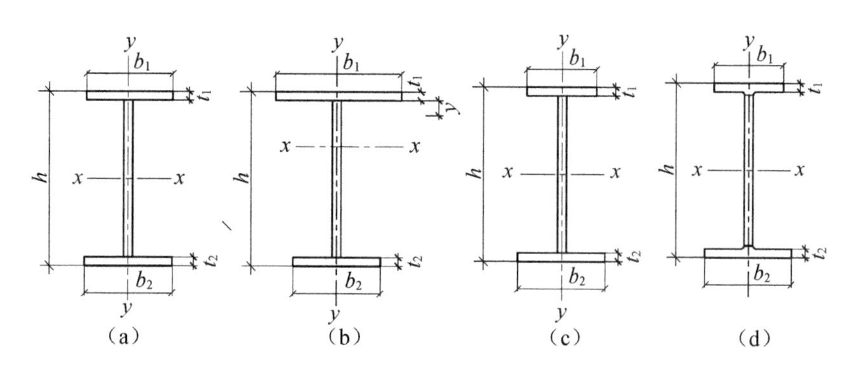

附图 C-1　焊接工字形和轧制 H 型钢截面

(a)双轴对称焊接工字形截面；(b)加强受压翼缘的单轴对称焊接工字形截面；

(c)加强受拉翼缘的单轴对称焊接工字形截面；(d)轧制 H 型钢截面

附表 C-1　H 型钢和等截面工字形简支梁的系数 β_b

项次	侧向支承	荷　　载		$\xi \leqslant 2.0$	$\xi > 2.0$	适用范围
1	跨中无侧向支承	均布荷载作用在	上翼缘	$0.69+0.13\xi$	0.95	附图 C-1(a)、(b)和(d)的截面
2			下翼缘	$1.73-0.20\xi$	1.33	
3		集中荷载作用在	上翼缘	$0.73+0.18\xi$	1.09	
4			下翼缘	$2.23-0.28\xi$	1.67	
5	跨度中点有一个侧向支承点	均布荷载作用在	上翼缘	1.15		附图 C-1 中的所有截面
6			下翼缘	1.40		
7		集中荷载作用在截面高度上的任意位置		1.75		
8	跨中有不少于两个等距离侧向支承点	任意荷载作用在	上翼缘	1.20		
9			下翼缘	1.40		
10	梁端有弯矩，但跨中无荷载作用			$1.75-1.05\left(\frac{M_2}{M_1}\right)+0.3\left(\frac{M_2}{M_1}\right)^2$，但$\leqslant 2.3$		附图 C-1 中的所有截面

注：① ξ 为参数，$\xi=\frac{l_1 t_1}{b_1 h}$，其中 b_1 为受压翼缘的宽度，对跨中无侧向支承点的梁，l_1 为其跨度，对跨中有侧向支承点的梁，l_1 为受压翼缘侧向支点的距离(梁的支座处视为有侧向支承)；

② M_1、M_2 为梁的端弯矩，使梁产生同向曲率时 M_1 和 M_2 取同号，产生反向曲率时取异号，$|M_1| \geqslant |M_2|$；

③ 表中项次 3、4 和 7 的集中荷载是指一个或少数几个集中荷载位于跨中央附近的情况，对其他情况的集中荷载，应按表中项次 1、2、5、6 内的数值采用；

④ 表中项次 8、9 的 β，当集中荷载作用在侧向支承点时，取 $\beta_b=1.20$；

⑤ 荷载作用在上翼缘是指荷载作用点在翼缘表面，方向指向截面形心；荷载作用在下翼缘是指荷载作用点在翼缘表面，方向背向截面形心；

⑥ 对 $\alpha_b>0.8$ 的加强受压翼缘工字形截面，下列情况的 β_b 值应乘以相应的系数

项次 1：当 $\xi \leqslant 1.0$ 时，乘以 0.95；

项次 3：当 $\xi \leqslant 0.5$ 时，乘以 0.90；当 $0.5<\xi \leqslant 1.0$ 时，乘以 0.95。

附表 C-2 轧制普通工字钢简支梁的 φ_b

<table>
<tr><th rowspan="2">项次</th><th colspan="3" rowspan="2">荷载情况</th><th>工字钢</th><th colspan="9">自由长度 l_1/m</th></tr>
<tr><th>型 号</th><th>2</th><th>3</th><th>4</th><th>5</th><th>6</th><th>7</th><th>8</th><th>9</th><th>10</th></tr>
<tr><td rowspan="3">1</td><td rowspan="12">跨中无侧向支承点的梁</td><td rowspan="6">集中荷载作用于</td><td rowspan="3">上翼缘</td><td>10～20</td><td>2.00</td><td>1.30</td><td>0.99</td><td>0.80</td><td>0.68</td><td>0.58</td><td>0.53</td><td>0.48</td><td>0.43</td></tr>
<tr><td>22～32</td><td>2.40</td><td>1.48</td><td>1.09</td><td>0.86</td><td>0.72</td><td>0.62</td><td>0.54</td><td>0.49</td><td>0.45</td></tr>
<tr><td>36～63</td><td>2.80</td><td>1.60</td><td>1.07</td><td>0.83</td><td>0.68</td><td>0.56</td><td>0.50</td><td>0.45</td><td>0.40</td></tr>
<tr><td rowspan="3">2</td><td rowspan="3">下翼缘</td><td>10～20</td><td>3.10</td><td>1.95</td><td>1.34</td><td>1.01</td><td>0.82</td><td>0.69</td><td>0.63</td><td>0.57</td><td>0.52</td></tr>
<tr><td>22～40</td><td>5.50</td><td>2.80</td><td>1.84</td><td>1.37</td><td>1.07</td><td>0.86</td><td>0.73</td><td>0.64</td><td>0.56</td></tr>
<tr><td>45～63</td><td>7.30</td><td>3.60</td><td>3.20</td><td>1.62</td><td>1.20</td><td>0.96</td><td>0.80</td><td>0.69</td><td>0.60</td></tr>
<tr><td rowspan="3">3</td><td rowspan="6">均布荷载作用于</td><td rowspan="3">上翼缘</td><td>10～20</td><td>1.70</td><td>1.12</td><td>0.84</td><td>0.68</td><td>0.57</td><td>0.50</td><td>0.45</td><td>0.41</td><td>0.37</td></tr>
<tr><td>22～40</td><td>2.10</td><td>1.30</td><td>0.93</td><td>0.73</td><td>0.60</td><td>0.51</td><td>0.45</td><td>0.40</td><td>0.36</td></tr>
<tr><td>45～63</td><td>2.60</td><td>1.45</td><td>0.97</td><td>0.73</td><td>0.59</td><td>0.50</td><td>0.44</td><td>0.38</td><td>0.35</td></tr>
<tr><td rowspan="3">4</td><td rowspan="3">下翼缘</td><td>10～20</td><td>2.50</td><td>1.55</td><td>1.08</td><td>0.83</td><td>0.68</td><td>0.56</td><td>0.52</td><td>0.47</td><td>0.42</td></tr>
<tr><td>22～40</td><td>4.00</td><td>2.20</td><td>1.45</td><td>1.10</td><td>0.85</td><td>0.70</td><td>0.60</td><td>0.52</td><td>0.46</td></tr>
<tr><td>45～63</td><td>5.60</td><td>2.80</td><td>1.80</td><td>1.25</td><td>0.95</td><td>0.78</td><td>0.65</td><td>0.55</td><td>0.49</td></tr>
<tr><td rowspan="3">5</td><td colspan="3" rowspan="3">跨中有侧向支承点的梁(不论荷载作用点在截面高度上的位置)</td><td>10～20</td><td>2.20</td><td>1.39</td><td>1.01</td><td>0.79</td><td>0.66</td><td>0.57</td><td>0.52</td><td>0.47</td><td>0.42</td></tr>
<tr><td>22～40</td><td>3.00</td><td>1.80</td><td>1.24</td><td>0.96</td><td>0.76</td><td>0.65</td><td>0.56</td><td>0.49</td><td>0.43</td></tr>
<tr><td>45～63</td><td>4.00</td><td>2.20</td><td>1.38</td><td>1.01</td><td>0.80</td><td>0.66</td><td>0.56</td><td>0.49</td><td>0.43</td></tr>
</table>

注：① 同附表 C-1 注③、⑤；

② 表中的 φ_b 适用于 Q235 钢，对其他钢号，表中数值应乘以 $235/f_y$。

附表 C-3 双轴对称工字形等截面(含 H 型钢)悬臂梁的系数 β_b

<table>
<tr><th>项次</th><th colspan="2">荷载形式</th><th>$0.60 \leqslant \xi \leqslant 1.24$</th><th>$1.24 < \xi \leqslant 1.96$</th><th>$1.96 < \xi \leqslant 3.10$</th></tr>
<tr><td>1</td><td rowspan="2">自由端一个集中荷载作用在</td><td>上翼缘</td><td>$0.21+0.67\xi$</td><td>$0.72+0.26\xi$</td><td>$1.17+0.03\xi$</td></tr>
<tr><td>2</td><td>下翼缘</td><td>$2.94-0.65\xi$</td><td>$2.64-0.40\xi$</td><td>$2.15-0.15\xi$</td></tr>
<tr><td>3</td><td colspan="2">均布荷载作用在上翼缘</td><td>$0.62+0.82\xi$</td><td>$1.25+0.31\xi$</td><td>$1.66+0.10\xi$</td></tr>
</table>

注：① 本表是按支承端为固定的情况而确定的，当用于由邻跨延伸出来的伸臂梁时，应在构造上采取措施加强支承处的抗扭能力；

② 表中 ξ 见附表 C-1 注①。

附录 D　轴心受压构件的整体稳定系数

附表 D-1　a 类截面轴心受压构件的稳定系数 φ

$\lambda\sqrt{\frac{f_y}{235}}$	0	1	2	3	4	5	6	7	8	9
0	1.000	1.000	1.000	1.000	0.999	0.999	0.999	0.998	0.997	0.996
10	0.995	0.994	0.993	0.992	0.991	0.989	0.988	0.986	0.985	0.983
20	0.981	0.979	0.977	0.976	0.974	0.972	0.970	0.968	0.966	0.964
30	0.963	0.961	0.959	0.957	0.955	0.952	0.950	0.948	0.946	0.944
40	0.941	0.939	0.937	0.934	0.932	0.929	0.927	0.924	0.921	0.919
50	0.916	0.913	0.910	0.907	0.904	0.900	0.897	0.894	0.890	0.886
60	0.883	0.879	0.875	0.871	0.867	0.863	0.858	0.854	0.849	0.844
70	0.839	0.934	0.829	0.924	0.818	0.813	0.807	0.901	0.795	0.789
80	0.783	0.776	0.770	0.763	0.757	0.750	0.743	0.736	0.728	0.721
90	0.714	0.706	0.699	0.691	0.684	0.676	0.668	0.661	0.653	0.645
100	0.638	0.630	0.622	0.615	0.607	0.600	0.592	0.585	0.577	0.570
110	0.563	0.555	0.548	0.541	0.534	0.527	0.520	0.514	0.507	0.500
120	0.494	0.488	0.481	0.475	0.469	0.463	0.457	0.451	0.445	0.440
130	0.434	0.429	0.423	0.418	0.412	0.407	0.402	0.397	0.392	0.387
140	0.383	0.378	0.373	0.369	0.364	0.360	0.356	0.351	0.347	0.343
150	0.339	0.335	0.331	0.327	0.323	0.320	0.316	0.312	0.309	0.305
160	0.302	0.298	0.295	0.292	0.289	0.285	0.282	0.279	0.276	0.273
170	0.270	0.267	0.264	0.262	0.259	0.256	0.253	0.251	0.248	0.246
180	0.243	0.241	0.238	0.236	0.233	0.231	0.229	0.226	0.224	0.222
190	0.220	0.218	0.215	0.213	0.211	0.209	0.207	0.205	0.203	0.201
200	0.199	0.198	0.196	0.194	0.192	0.190	0.189	0.187	0.185	0.183
210	0.182	0.180	0.179	0.177	0.175	0.174	0.172	0.171	0.169	0.168
220	0.166	0.165	0.164	0.162	0.161	0.159	0.158	0.157	0.155	0.154
230	0.153	0.152	0.150	0.149	0.148	0.147	0.146	0.144	0.143	0.142
240	0.141	0.140	0.139	0.138	0.136	0.135	0.134	0.133	0.132	0.131
250	0.130	—	—	—	—	—	—	—	—	—

附表 D-2　b 类截面轴心受压构件的稳定系数 φ

$\lambda\sqrt{\frac{f_y}{235}}$	0	1	2	3	4	5	6	7	8	9
0	1.000	1.000	1.000	1.000	0.999	0.998	0.997	0.996	0.995	0.994
10	0.992	0.991	0.989	0.987	0.985	0.983	0.981	0.978	0.976	0.973
20	0.970	0.967	0.963	0.960	0.957	0.953	0.950	0.946	0.943	0.939

续表

$\lambda\sqrt{\frac{f_y}{235}}$	0	1	2	3	4	5	6	7	8	9
30	0.936	0.932	0.929	0.925	0.922	0.918	0.914	0.910	0.906	0.903
40	0.899	0.895	0.891	0.887	0.882	0.878	0.874	0.870	0.865	0.861
50	0.856	0.852	0.847	0.842	0.838	0.833	0.828	0.823	0.818	0.813
60	0.807	0.802	0.797	0.791	0.786	0.780	0.774	0.769	0.763	0.757
70	0.751	0.745	0.739	0.732	0.726	0.720	0.714	0.707	0.701	0.694
80	0.688	0.681	0.675	0.668	0.661	0.655	0.648	0.641	0.635	0.628
90	0.621	0.614	0.608	0.601	0.594	0.588	0.581	0.575	0.568	0.561
100	0.555	0.549	0.542	0.536	0.529	0.523	0.517	0.511	0.505	0.499
110	0.493	0.487	0.481	0.475	0.470	0.464	0.458	0.453	0.447	0.442
120	0.437	0.432	0.426	0.421	0.416	0.411	0.406	0.402	0.397	0.392
130	0.387	0.383	0.378	0.374	0.370	0.365	0.361	0.357	0.353	0.349
140	0.345	0.341	0.337	0.333	0.329	0.326	0.322	0.318	0.315	0.311
150	0.308	0.304	0.301	0.298	0.295	0.291	0.288	0.285	0.282	0.279
160	0.276	0.273	0.270	0.267	0.265	0.262	0.259	0.256	0.254	0.251
170	0.249	0.994	0.993	0.992	0.991	0.989	0.988	0.986	0.985	0.983
180	0.225	0.223	0.220	0.218	0.216	0.214	0.212	0.210	0.208	0.206
190	0.204	0.202	0.200	0.198	0.197	0.195	0.193	0.191	0.190	0.188
200	0.186	0.184	0.183	0.181	0.180	0.178	0.176	0.175	0.173	0.172
210	0.170	0.169	0.167	0.166	0.165	0.163	0.162	0.160	0.159	0.158
220	0.156	0.155	0.154	0.153	0.151	0.150	0.149	0.148	0.146	0.145
230	0.144	0.143	0.142	0.141	0.140	0.138	0.137	0.136	0.135	0.134
240	0.133	0.132	0.131	0.130	0.129	0.128	0.127	0.126	0.125	0.124
250	0.123	—	—	—	—	—	—	—	—	—

附表 D-3　c 类截面轴心受压构件的稳定系数 φ

$\lambda\sqrt{\frac{f_y}{235}}$	0	1	2	3	4	5	6	7	8	9
0	1.000	1.000	1.000	0.999	0.999	0.998	0.997	0.996	0.995	0.993
10	0.992	0.990	0.988	0.986	0.983	0.981	0.978	0.976	0.973	0.970
20	0.966	0.959	0.953	0.947	0.940	0.934	0.928	0.921	0.915	0.909
30	0.902	0.896	0.890	0.884	0.877	0.871	0.865	0.858	0.852	0.846
40	0.839	0.833	0.826	0.820	0.814	0.807	0.801	0.794	0.788	0.781
50	0.775	0.768	0.762	0.755	0.748	0.742	0.735	0.729	0.722	0.715
60	0.709	0.702	0.695	0.689	0.682	0.676	0.669	0.662	0.656	0.649
70	0.643	0.636	0.629	0.616	0.610	0.604	0.597	0.591	0.591	0.584

续表

$\lambda\sqrt{\frac{f_y}{235}}$	0	1	2	3	4	5	6	7	8	9
80	0.578	0.572	0.566	0.559	0.553	0.547	0.541	0.535	0.529	0.523
90	0.517	0.511	0.505	0.500	0.494	0.488	0.483	0.477	0.472	0.467
100	0.463	0.458	0.454	0.449	0.445	0.441	0.436	0.432	0.428	0.423
110	0.419	0.415	0.411	0.407	0.403	0.339	0.395	0.391	0.387	0.383
120	0.379	0.375	0.371	0.367	0.364	0.360	0.356	0.353	0.349	0.346
130	0.342	0.339	0.335	0.332	0.328	0.325	0.322	0.319	0.315	0.312
140	0.309	0.306	0.303	0.300	0.297	0.294	0.291	0.288	0.285	0.282
150	0.280	0.277	0.274	0.271	0.269	0.266	0.264	0.261	0.258	0.256
160	0.254	0.251	0.249	0.246	0.244	0.242	0.239	0.237	0.235	0.233
170	0.230	0.228	0.226	0.224	0.222	0.220	0.218	0.216	0.214	0.212
180	0.210	0.208	0.206	0.205	0.203	0.201	0.199	0.197	0.196	0.194
190	0.192	0.190	0.189	0.187	0.186	0.184	0.182	0.181	0.179	0.178
200	0.176	0.175	0.173	0.172	0.170	0.169	0.168	0.166	0.165	0.163
210	0.162	0.161	0.159	0.158	0.157	0.156	0.154	0.153	0.152	0.151
220	0.150	0.148	0.147	0.146	0.145	0.144	0.143	0.142	0.140	0.139
230	0.138	0.137	0.136	0.135	0.134	0.133	0.132	0.131	0.130	0.129
240	0.128	0.127	0.126	0.125	0.124	0.124	0.123	0.122	0.121	0.120
250	0.119	—	—	—	—	—	—	—	—	—

附表 D-4　d 类截面轴心受压构件的稳定系数 φ

$\lambda\sqrt{\frac{f_y}{235}}$	0	1	2	3	4	5	6	7	8	9
0	1.000	1.000	0.999	0.999	0.998	0.996	0.994	0.992	0.990	0.987
10	0.984	0.981	0.978	0.974	0.969	0.965	0.960	0.955	0.949	0.944
20	0.937	0.927	0.918	0.909	0.900	0.891	0.883	0.874	0.865	0.857
30	0.848	0.840	0.831	0.823	0.815	0.807	0.799	0.790	0.782	0.774
40	0.766	0.759	0.751	0.743	0.735	0.728	0.720	0.712	0.705	0.697
50	0.690	0.683	0.675	0.668	0.661	0.654	0.646	0.639	0.632	0.625
60	0.618	0.612	0.605	0.598	0.591	0.585	0.578	0.572	0.565	0.559
70	0.552	0.546	0.540	0.534	0.528	0.522	0.516	0.510	0.504	0.498
80	0.493	0.487	0.481	0.476	0.470	0.465	0.460	0.454	0.449	0.444
90	0.439	0.434	0.429	0.424	0.419	0.414	0.410	0.405	0.401	0.397
100	0.394	0.390	0.387	0.383	0.380	0.376	0.373	0.370	0.366	0.363
110	0.359	0.356	0.353	0.350	0.346	0.343	0.340	0.337	0.334	0.331
120	0.328	0.325	0.322	0.319	0.316	0.313	0.310	0.307	0.304	0.301

续表

$\lambda\sqrt{\frac{f_y}{235}}$	0	1	2	3	4	5	6	7	8	9
130	0.299	0.296	0.293	0.290	0.288	0.285	0.282	0.280	0.277	0.275
140	0.272	0.270	0.267	0.265	0.262	0.260	0.258	0.255	0.253	0.251
150	0.248	0.246	0.244	0.242	0.240	0.237	0.235	0.233	0.231	0.229
160	0.227	0.225	0.223	0.221	0.219	0.217	0.215	0.213	0.212	0.210
170	0.208	0.206	0.204	0.203	0.201	0.199	0.197	0.196	0.194	0.192
180	0.191	0.189	0.188	0.186	0.184	0.183	0.181	0.180	0.178	0.177
190	0.191	0.189	0.188	0.186	0.184	0.183	0.181	0.180	0.178	0.177
200	0.162	—	—	—	—	—	—	—	—	—

注:① 附表 D-1～D-4 中的 φ 值按下列公式算得

当 $\lambda_n=\frac{\lambda}{\pi}\sqrt{f_y/E}\leqslant 0.215$ 时,有

$$\varphi=1-\alpha_1\lambda_n^2$$

当 $\lambda_n>0.215$ 时,有

$$\varphi=\frac{1}{2\lambda_n^2}\left[(\alpha_2+\alpha_3\lambda_n+\lambda_n^2)-\sqrt{(\alpha_2+\alpha_3\lambda_n+\lambda_n^2)-4\lambda_n^2}\right]$$

式中,α_1、α_2、α_3 为系数,根据附表 D-1 的截面分类,按附表 D-5 采用。

② 当构件的 $\lambda\sqrt{f_y/235}$ 值超出附表 D-1 至附表 D-5 的范围时,则 φ 值按注①所列的公式计算。

附表 D-5　系数 α_1,α_2,α_3

截面类别		α_1	α_2	α_3
a 类		0.41	0.986	0.152
b 类		0.65	0.965	0.300
c 类	$\lambda_n\leqslant 1.05$	0.73	0.906	0.595
	$\lambda_n>1.05$		1.216	0.302
d 类	$\lambda_n\leqslant 1.05$	1.35	0.868	0.915
	$\lambda_n>1.05$		1.375	0.432

附录 E　柱的计算长度系数

附表 E-1　无侧移框架柱的计算长度系数 μ

K_2	K_1												
	0	0.05	0.1	0.2	0.3	0.4	0.5	1	2	3	4	5	≥10
0	1.000	0.990	0.981	0.964	0.949	0.935	0.922	0.875	0.820	0.791	0.773	0.760	0.732
0.05	0.990	0.981	0.971	0.955	0.940	0.926	0.914	0.867	0.814	0.784	0.766	0.754	0.726
0.1	0.981	0.971	0.962	0.946	0.931	0.918	0.906	0.860	0.807	0.778	0.760	0.748	0.721
0.2	0.964	0.955	0.946	0.930	0.916	0.903	0.891	0.846	0.795	0.767	0.749	0.737	0.711
0.3	0.949	0.940	0.931	0.916	0.902	0.889	0.878	0.834	0.784	0.756	0.739	0.728	0.701
0.4	0.935	0.926	0.918	0.903	0.889	0.877	0.866	0.823	0.774	0.747	0.730	0.719	0.693
0.5	0.922	0.914	0.906	0.891	0.878	0.866	0.855	0.813	0.765	0.738	0.721	0.710	0.685
1	0.875	0.867	0.860	0.846	0.834	0.823	0.813	0.774	0.729	0.704	0.688	0.677	0.654
2	0.820	0.814	0.807	0.795	0.784	0.774	0.765	0.729	0.686	0.663	0.648	0.638	0.615
3	0.791	0.784	0.778	0.767	0.756	0.747	0.738	0.704	0.663	0.640	0.625	0.616	0.593
4	0.773	0.766	0.760	0.749	0.739	0.730	0.721	0.688	0.648	0.625	0.611	0.601	0.580
5	0.760	0.754	0.748	0.737	0.728	0.719	0.710	0.677	0.638	0.616	0.601	0.592	0.570
≥10	0.732	0.726	0.721	0.711	0.701	0.693	0.685	0.654	0.615	0.593	0.580	0.570	0.549

注：① 表中的计算长度系数 μ 值按下式算得

$$\left[\left(\frac{\pi}{\mu}\right)^2+2(K_1+K_2)-4K_1K_2\right]\frac{\pi}{\mu}\cdot\sin\frac{\pi}{\mu}-2\left[(K_1+K_2)\left(\frac{\pi}{\mu}\right)^2+4K_1K_2\right]\cos\frac{\pi}{\mu}+8K_1K_2=0$$

式中，K_1、K_2 分别为相交于柱上端、柱下端的横梁线刚度之和与柱线刚度之和的比值。当梁远端为铰接时，应将横梁线刚度乘以 1.5；当横梁远端为嵌固时，则将横梁线刚度乘以 2。

② 当横梁与柱铰接时，取横梁线刚度为零。

③ 对底层框架柱：当柱与基础铰接时，取 $K_2=0$（对平板支座可取 $K_2=0.1$）；当柱与基础刚接时，取 $K_2=10$。

④ 当与柱刚性连接的横梁所受轴心压力 N_b 较大时，横梁线刚度应乘以折减系数 α_N。

横梁远端与柱刚接和横梁远端铰支时：$\alpha_N=1-N_b/N_{Eb}$。

横梁远端嵌固时：$\alpha_N=1-N_b/(2N_{Eb})$。

式中，$N_{Eb}=\pi^2EI_b/l^2$，I_b 为横梁截面惯性矩，l 为横梁长度。

附表 E-2　有侧移框架柱的计算长度系数 μ

K_2	K_1												
	0	0.05	0.1	0.2	0.3	0.4	0.5	1	2	3	4	5	≥10
0	∞	6.02	4.46	3.42	3.01	2.78	2.64	2.33	2.17	2.11	2.08	2.07	2.03
0.05	6.02	4.16	3.47	2.86	2.58	2.42	2.31	2.07	1.94	1.90	1.87	1.86	1.83
0.1	4.46	3.47	3.01	2.56	2.33	2.20	2.11	1.90	1.79	1.75	1.73	1.72	1.70
0.2	3.42	2.86	2.56	2.23	2.05	1.94	1.87	1.70	1.60	1.57	1.55	1.54	1.52
0.3	3.01	2.58	2.33	2.05	1.90	1.80	1.74	1.58	1.49	1.46	1.45	1.44	1.42
0.4	2.78	2.42	2.20	1.94	1.80	1.71	1.65	1.50	1.42	1.39	1.37	1.37	1.35

续表

K_2	K_1												
	0	0.05	0.1	0.2	0.3	0.4	0.5	1	2	3	4	5	≥10
0.5	2.64	2.31	2.11	1.87	1.74	1.65	1.59	1.45	1.37	1.34	1.32	1.32	1.30
1	2.33	2.07	1.90	1.70	1.58	1.50	1.45	1.32	1.24	1.21	1.20	1.19	1.17
2	2.17	1.94	1.79	1.60	1.49	1.42	1.37	1.24	1.16	1.14	1.12	1.12	1.10
3	2.11	1.90	1.75	1.57	1.46	1.39	1.34	1.21	1.14	1.11	1.10	1.09	1.07
4	2.08	1.87	1.73	1.55	1.45	1.37	1.32	1.20	1.12	1.10	1.08	1.08	1.06
5	2.07	1.86	1.72	1.54	1.44	1.37	1.32	1.19	1.12	1.09	1.08	1.07	1.05
≥10	2.03	1.83	1.70	1.52	1.42	1.35	1.30	1.17	1.10	1.07	1.06	1.05	1.03

注:① 表中的计算长度系数 μ 值按下式算得

$$\left[36K_1K_2-\left(\frac{\pi}{\mu}\right)^2\right]\sin\frac{\pi}{\mu}+6(K_1+K_2)\frac{\pi}{\mu}\cdot\cos\frac{\pi}{\mu}=0$$

式中,K_1、K_2 分别为相交于柱上端、柱下端的横梁线刚度之和与柱线刚度之和的比值。当横梁远端为铰接时,应将横梁线刚度乘以 0.5;当横梁远端为嵌固时,则应乘以 2/3。

② 当横梁与柱铰接时,取横梁线刚度为零。

③ 对底层框架柱:当柱与基础铰接时,取 $K_2=0$(对平板支座可取 $K_2=0.1$);当柱与基础刚接时,取 $K_2=10$。

④ 当与柱刚性连接的横梁所受轴心压力 N_b 较大时,横梁线刚度应乘以折减系数 α_N;

横梁远端与柱刚接时:$\alpha_N=1-N_b/(4N_{Eb})$;

横梁远端铰支时:$\alpha_N=1-N_b/N_{Eb}$;

横梁远端嵌固时:$\alpha_N=1-N_b/(2N_{Eb})$;

N_{Eb}的计算式见附表 E-1 中注④。

附录F　疲劳计算的构件和连接分类

附表 F-1　构件和连接分类

项次	简　图	说　明	类别
1	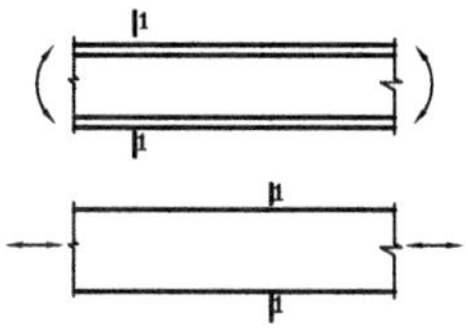	无连接处的主体金属 (1)轧制型钢 (2)钢板 ①两边为轧制边或刨边； ②两侧为自动、半自动切割边(切割质量标准应符合现行国家标准《钢结构工程施工规范》(GB 50755—2012)	 1 1 2
2	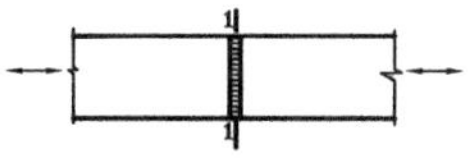	横向对接焊缝附近的主体金属 (1)符合现行国家标准《钢结构工程施工规范》(GB 50755—2012)的一级焊缝 (2)经加工、磨平的一级焊缝	 3 2
3	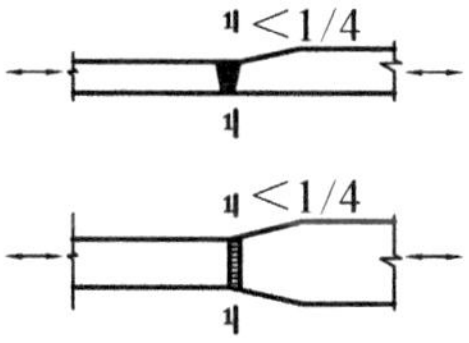	不同厚度(或宽度)横向对接焊缝附近的主体金属，焊缝加工成平滑过渡并符合一级焊缝标准	2
4	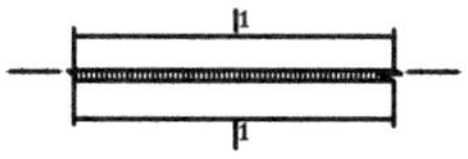	纵向对接焊缝附近的主体金属，焊缝符合二级焊缝标准	2
5	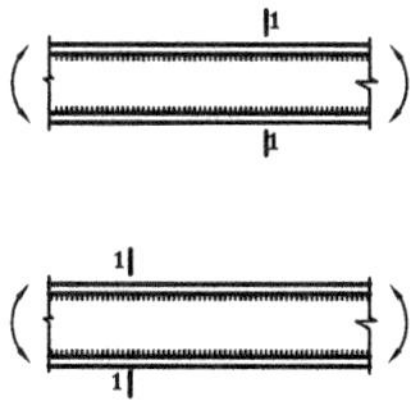	翼缘连接焊缝附近的主体金属 (1)翼缘板与腹板的连接焊缝 ①自动焊，二级T形对接和角接组合焊缝； ②自动焊，角焊缝，外观质量标准符合二级； ③手工焊，角焊缝，外观质量标准符合二级。 (2)双层翼缘板之间的连接焊缝 ①自动焊，角焊缝，外观质量标准符合二级； ②手工焊，角焊缝，外观质量标准符合二级	 2 3 4 3 4
6	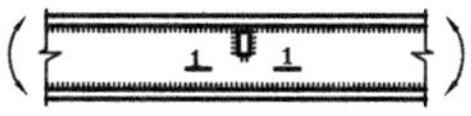	横向加劲肋端部附近的主体金属 (1)肋端不断弧(采用回焊) (2)肋端断弧	 4 5

续表

项次	简　　图	说　　明	类别
7	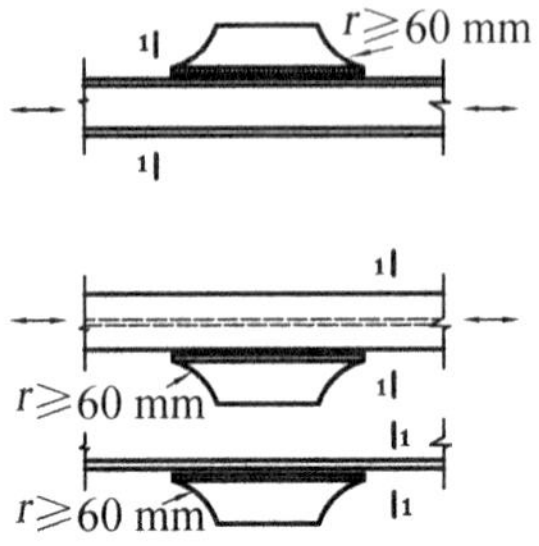 $r \geqslant 60$ mm $r \geqslant 60$ mm $r \geqslant 60$ mm	梯形节点板用对接焊缝焊于梁翼缘、腹板以及桁架构件处的主体金属，过渡处在焊后铲平、磨光、圆滑过渡，不得有焊接起弧、灭弧缺陷	5
8	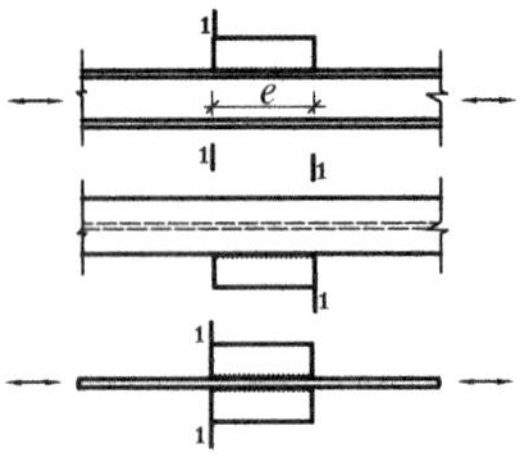 e	矩形节点板焊接于构件翼缘或腹板处的主体金属，$l>150$ mm	7
9	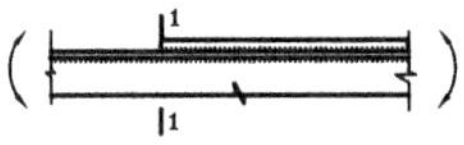	翼缘板中断处的主体金属（板端有正面焊缝）	7
10		向正面角焊缝过渡处的主体金属	6
11	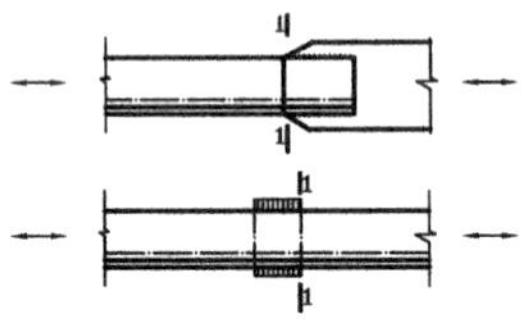	两侧面角焊缝连接端部的主体金属	8
12	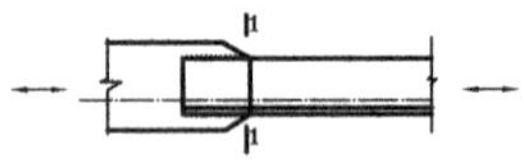	三角围焊的角焊缝端部主体金属	7
13	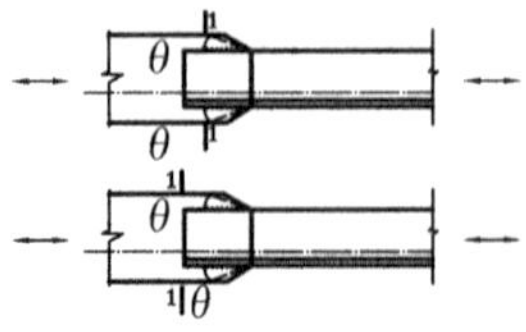 θ	三面围焊或两侧角焊缝连接的节点板主体金属（节点板度计算宽度按应力扩散 θ 等于 30°考虑）	7

续表

项次	简　　图	说　　明	类别
14	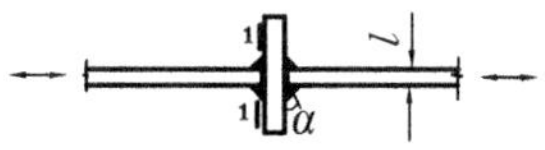	K 形坡口 T 形对接与角接组合焊缝处的主体金属，两板轴线偏离小于 0.15t，焊缝为二级，焊趾角 $\alpha \leqslant 45°$	5
15	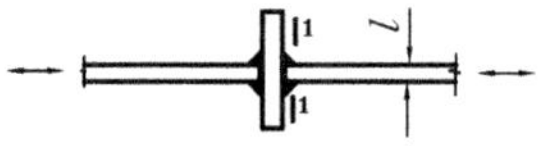	十字接头焊缝处的主体金属，两板轴线偏离小于 0.15t	7
16	角焊缝	按有效截面确定的剪应力幅计算	8
17	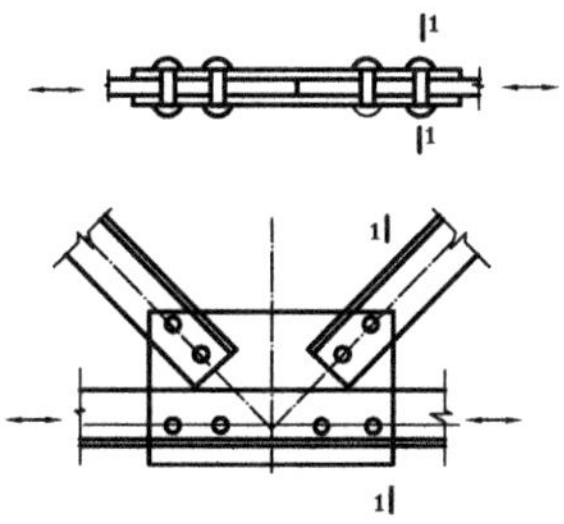	铆钉连接处的主体金属	3
18	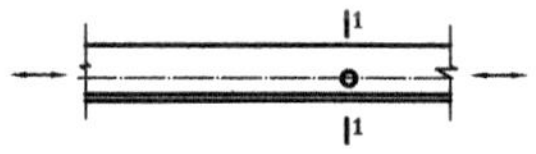	连接螺栓和虚孔处的主体金属	3
19	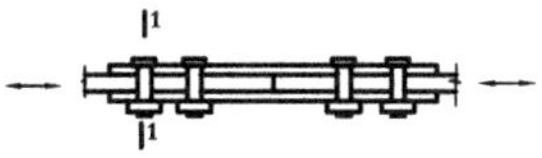	高强度螺栓摩擦型连接处的主体金属	2

注：① 所有对接焊缝及 T 形对接和角接组合焊缝均应焊透。所有焊缝的外形尺寸均应符合现行标准《钢结构焊缝外形尺寸》(JB/T 7949—1999)的规定。

② 角焊缝应符合《钢结构设计规范》(GB 50017—2003)第 8.2.7 条和第 8.2.8 条的要求。

③ 项次 16 中的剪应力幅 $\Delta\tau=\tau_{max}-\tau_{min}$，其中 τ_{min} 与 τ_{max} 同方向时，取正值；τ_{max} 与 τ_{max} 反方向时，取负值。

④ 第 17、18 项中的应力应以净截面面积计算，第 19 项应以毛截面面积计算。

附录G 型 钢 表

附表 G-1 普通工字钢

符号 h—高度；

b—翼缘宽度；

t_w—腹板厚度；

t—翼缘平均厚度；

W—截面模量；

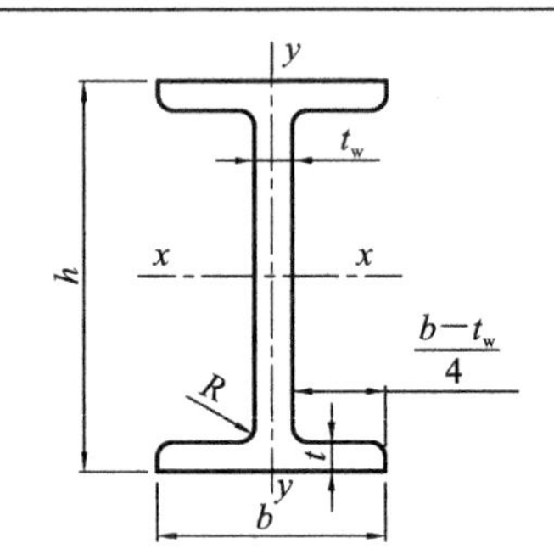

i—回转半径；

S—半截面的面积矩。

长度：型号 10～18，

长 5～19 m；

型号 20～63，

长 6～19 m

型号	尺寸					截面积	质量	x—x 轴				y—y 轴		
	h	b	t_w	t	R	A	q	I_x	W_x	i_x	I_x/S_x	I_y	W_y	i_y
	mm					cm^2	kg/m	cm^4	cm^3	cm		cm^4	cm^3	cm
10	100	68	4.5	7.6	6.5	14.3	11.2	245	49	4.14	8.69	33	9.6	1.51
12.6	126	74	5.0	8.4	7.0	18.1	14.2	488	77	5.19	11.0	47	12.7	1.61
14	140	80	5.5	9.1	7.5	21.5	16.9	712	102	5.75	12.2	64	16.1	1.73
16	160	88	6.0	9.9	8.0	26.1	20.5	1 127	141	6.57	13.9	93	21.1	1.89
18	180	94	6.5	10.7	8.5	30.7	24.1	1 699	185	7.37	15.4	123	26.2	2.00
20 a	200	100	7.0	11.4	9.0	35.5	27.9	2 369	237	8.16	17.4	158	31.6	2.11
20 b		102	9.0			39.5	31.1	2 502	250	7.95	17.1	169	33.1	2.07
22 a	220	110	7.5	12.3	9.5	42.1	33.0	3 406	310	8.99	19.2	226	48.4	2.40
22 b		112	9.5			46.5	36.5	3 583	326	8.78	18.9	240	50.4	2.27
25 a	250	116	8.0	13.0	10.0	48.5	38.1	5 017	401	10.2	21.7	280	48.4	2.40
25 b		118	10.0			53.5	42.0	5 278	422	9.93	21.4	297	50.4	2.36
28 a	280	122	8.5	13.7	10.5	55.4	43.5	7 115	508	11.3	24.3	344	56.4	2.49
28 b		124	10.5			61.0	47.9	7 481	534	11.1	24.0	364	58.7	2.44
32 a	320	130	9.5	15.0	11.5	67.1	52.7	11 080	692	12.8	27.3	459	70.6	2.62
32 b		132	11.5			73.5	57.7	11 626	727	12.6	27.3	484	73.3	2.57
32 c		134	13.5			79.9	62.7	12 173	761	12.3	26.9	510	76.1	2.53
36 a	360	136	10.5	15.8	12.0	76.4	60.0	15 796	878	14.4	31.0	555	81.6	2.69
36 b		138	12.0			83.6	65.6	16 574	921	14.1	30.6	584	84.6	2.64
36 c		140	14.0			90.8	71.3	17 351	964	13.8	30.2	614	87.8	2.60
40 a	400	142	10.5	16.5	12.5	86.1	67.6	21 714	1 086	15.9	34.4	660	92.9	2.77
40 b		144	12.5			94.1	73.8	22 781	1 139	15.6	33.9	693	96.2	2.71
40 c		146	14.5			102	80.1	23 847	1 192	15.3	33.5	727	99.7	2.67

续表

型号		尺寸 h	b	t_w	t	R	截面积 A	质量 q	x—x轴 I_x	W_x	i_x	I_x/S_x	y—y轴 I_y	W_y	i_y
		mm					cm²	kg/m	cm⁴	cm³	cm		cm⁴	cm³	cm
45	a	450	150	11.5	18.0	13.5	102	80.4	32 241	1 433	17.7	38.5	855	114	2.89
	b		152	13.5			111	87.4	33 759	1 500	17.4	38.1	895	118	2.84
	c		154	15.5			120	94.5	33 278	1 568	17.1	37.6	938	122	2.79
50	a	450	158	12.0	20	14	119	93.6	46 472	1 859	19.7	42.9	1 122	142	3.07
	b		160	14.0			129	101	48 556	1 942	19.4	42.3	1 171	146	3.01
	c		162	16.0			139	109	50 639	2 026	19.1	41.9	1 224	151	2.96
56	a	560	166	12.5	21	14.5	135	106	65 576	2 342	22.0	47.9	1 366	165	3.18
	b		168	14.5			147	115	68 503	2 447	21.6	47.3	1 424	170	3.12
	c		170	16.5			158	124	71 430	2 551	21.3	46.8	1 485	175	3.07
63	a	630	176	13.0	22	15	155	122	94 004	2 984	24.7	53.8	1 702	194	3.32
	b		178	15.0			167	131	98 171	3 117	24.2	53.2	1 771	199	3.25
	c		180	17.0			180	141	102 339	3 249	23.9	52.6	1 842	205	3.20

附表 G-2　H 型钢和 T 型钢

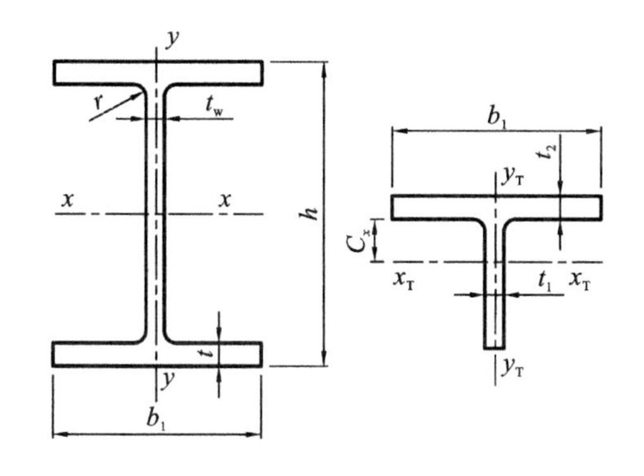

符号

H 型钢：h—截面高度；b_1—翼缘宽度；t_w—腹板厚度；t—翼缘厚度；W—截面模量；i—回转半径；S—半截面的面积矩；I—惯性矩。

T 型钢：截面高度 h_T，截面面积 A_T，质量 q_T，惯性矩 I_{yT}等于相应 H 型钢的 1/2；

HW、HM、HN 分别代表宽翼缘、中翼缘、窄翼缘 H 型钢；

TW、TM、TN 分别代表各自 H 型钢剖分的 T 型钢

类别	H型钢规格 $h\times b_1\times t_w\times t$	截面积 A	质量 q	x—x轴 I_x	W_x	i_x	y—y轴 I_y	W_y	i_y, i_{y_T}	H和T 重心 C_s	x_T—x_T轴 I_{x_T}	i_{x_T}	T型钢规格 $h_T\times b_1\times t_w\times t$	类别
	mm	cm²	kg/m	cm⁴	cm³	cm	cm⁴	cm³	cm	cm	cm⁴	cm	mm	
HW	100×100×6×8	21.90	17.2	383	76.5	4.18	134	26.7	2.47	1.00	16.1	1.21	50×100×5×8	TW
	125×125×6.5×9	30.31	23.8	847	136	5.29	294	47.0	3.11	1.19	35.0	1.52	62.5×125×6.5×9	
	150×150×7×10	40.55	31.9	1 660	221	6.39	564	75.1	3.73	1.37	66.4	1.81	75×150×7×10	
	175×175×7.5×11	51.43	40.3	2 900	331	7.50	984	112	4.37	1.55	115	2.11	87.5×175×7.5×11	

续表

类别	H 型钢									H和T	T 型钢			类别
	H型钢规格	截面积	质量	$x-x$ 轴			$y-y$ 轴			重心	x_T-x_T 轴		T型钢规格	
	$h \times b_1 \times t_w \times t$	A	q	I_x	W_x	i_x	I_y	W_y	i_y, i_{y_T}	C_s	I_{x_T}	i_{x_T}	$h_T \times b_1 \times t_w \times t$	
	mm	cm^2	kg/m	cm^4	cm^3	cm	cm^4	cm^3	cm	cm	cm^4	cm	mm	
HW	200×200×8×12	64.28	50.5	4 770	477	8.61	1 600	160	4.99	1.73	185	2.40	100×200×8×12	TW
HW	#200×204×12×12	72.28	5.67	5 030	503	8.35	1 700	167	4.85	2.09	256	2.66	#100×204×12×12	TW
HW	250×250×9×14	92.18	72.4	10 800	867	10.8	3 650	292	6.29	2.08	412	2.99	125×250×9×14	TW
HW	#250×255×14×14	104.7	82.2	11 500	919	10.5	3 880	304	6.09	2.58	589	3.36	#125×255×14×14	TW
HW	#294×302×12×12	108.3	85.0	17 000	1 160	12.5	5 520	365	7.14	2.83	858	3.98	#147×302×12×12	TW
HW	300×300×10×15	120.4	94.5	20 500	1 370	13.1	6 760	450	7.49	2.47	798	3.64	150×300×10×15	TW
HW	300×305×15×15	135.4	106	21 600	1 440	12.6	7 100	466	7.24	3.02	1 110	4.05	150×305×15×15	TW
HW	#344×348×10×16	146.0	115	33 300	1 940	15.1	11 200	646	8.78	2.67	1 230	4.11	#172×348×10×16	TW
HW	350×350×12×19	173.9	137	40 300	2 300	15.2	13 600	776	8.84	2.86	1 520	4.18	175×355×12×19	TW
HW	#388×402×15×15	179.2	141	49 200	2 540	16.6	16 300	809	9.52	3.69	2 480	5.26	#194×402×15×15	TW
HW	#394×398×11×18	187.6	147	56 400	2 860	17.3	18 900	951	10.0	3.01	2 050	4.67	#197×398×11×18	TW
HW	400×400×13×21	219.5	172	66 900	3 340	17.5	22 400	1 120	10.1	3.21	2 480	4.75	200×400×13×21	TW
HW	#400×408×21×21	251.2	197	71 100	3 560	16.8	23 800	1 170	9.73	4.07	3 650	5.39	#200×408×21×21	TW
HW	#414×405×18×28	296.2	233	93 000	4 490	17.7	31 000	1 530	10.2	2.68	3 620	4.95	207×405×18×28	TW
HW	#428×407×20×35	361.4	284	119 000	5 580	18.2	39 400	1 930	10.4	3.90	4 380	4.92	214×407×20×35	TW
HM	148×100×6×9	27.25	21.4	1 040	140	6.17	151	30.2	2.35	1.55	51.7	1.95	74×100×6×9	TM
HM	194×150×6×9	39.76	31.2	2 740	283	8.30	508	67.7	3.57	1.78	125	2.50	97×150×6×9	TM
HM	244×175×7×11	56.24	44.1	6 120	502	10.4	985	113	4.18	2.27	289	3.20	122×175×7×11	TM
HM	294×200×8×12	73.03	57.3	11 400	779	12.5	1 600	160	4.69	2.82	572	3.96	147×200×8×12	TM
HM	340×250×9×14	101.5	79.7	21 700	1 280	14.6	3 650	292	6.00	3.09	1 020	4.48	170×250×9×14	TM
HM	390×300×10×16	136.7	107	38 900	2 000	16.9	7 210	481	7.26	3.40	1 730	5.30	195×300×10×16	TM
HM	440×300×11×18	157.4	124	56 100	2 550	18.9	8 110	541	7.18	4.05	2 680	5.84	220×300×11×18	TM
HM	148×100×6×9	146.4	115	60 800	2 520	20.4	6 770	451	6.80	4.90	3 420	6.83	74×100×6×9	TM
HM	488×300×11×15	164.4	129	71 400	2 930	20.8	8 120	541	7.03	4.65	3 620	6.64	244×300×14×23	TM
HM	582×300×12×17	174.5	137	103 000	3 530	24.3	7 670	511	6.63	6.39	6 360	8.54	291×300×12×17	TM
HM	588×300×12×20	192.5	151	118 000	4 020	24.8	9 020	601	6.85	6.08	6 710	8.35	294×300×12×20	TM
HM	#594×302×14×23	22.4	175	137 000	4 620	24.9	10 600	701	6.90	6.33	7 920	8.44	#297×302×14×23	TM
HN	100×50×5×7	12.16	9.54	192	38.5	3.98	14.9	5.96	1.11	1.27	11.9	1.40	50×50×5×7	TN
HN	125×60×6×8	17.01	13.3	417	66.8	4.95	29.3	9.75	1.31	1.63	27.5	1.80	62.5×60×6×8	TN
HN	150×75×5×7	18.16	14.3	679	90.6	6.12	49.6	13.2	1.65	1.78	42.7	2.17	75×75×5×7	TN
HN	175×90×5×8	23.21	18.2	1 220	140	7.26	97.6	21.7	2.05	1.92	70.7	2.47	8.75×90×5×8	TN

续表

H 型钢										H和T	T 型钢			
类别	H型钢规格	截面积	质量	x—x 轴			y—y 轴			重心	x_T—x_T 轴		T型钢规格	类别
	$h\times b_1\times t_w\times t$	A	q	I_x	W_x	i_x	I_y	W_y	i_y, i_{y_T}	C_x	I_{x_T}	i_{x_T}	$h_T\times b_1\times t_w\times t$	
	mm	cm^2	kg/m	cm^4	cm^3	cm	cm^4	cm^3	cm	cm	cm^4	cm	mm	
HN	198×99×4.5×7	23.59	18.5	1 610	163	8.27	114	23.0	2.20	2.13	94.0	2.82	99×99×4.5×7	TN
	200×100×5.5×8	27.57	21.7	1 880	188	8.25	134	26.8	2.21	2.27	115	2.88	100×100×5.5×8	
	248×124×5×8	32.89	25.8	3 560	287	10.4	255	41.4	2.78	2.62	208	3.56	124×124×5×8	
	250×125×6×9	37.87	29.7	4 080	326	10.4	294	47.0	2.79	2.78	249	3.62	125×125×6×9	
	298×149×5.5×8	41.55	32.6	6 460	433	12.4	443	59.4	3.26	3.22	395	4.36	149×149×5.5×8	
	300×150×6.5×9	47.33	37.3	7 350	490	12.4	508	67.7	3.27	3.38	465	4.42	150×150×6.5×9	
	346×174×6×9	53.19	41.8	11 200	649	14.5	792	91.0	3.86	3.68	681	5.06	173×174×6×9	
	350×175×7×11	63.66	50.0	13 700	782	14.7	985	113	3.93	3.74	816	5.06	175×175×7×11	
	#400×150×8×13	71.12	55.8	18 800	942	16.3	734	97.9	3.21	—	—	—	—	
	396×199×7×11	72.16	56.7	20 000	1 010	16.7	1 450	145	4.48	4.17	1 190	5.76	198×199×7×11	
	400×200×8×13	84.12	66.0	23 700	1 190	16.8	1 740	174	4.45	4.23	1 400	5.76	200×200×8×13	
	#450×150×9×14	83.41	65.5	27 100	1 200	18.0	793	106	3.08	—	—	—	—	
	446×199×8×12	84.95	66.7	29 000	1 300	18.5	1 580	159	4.31	5.07	1 880	6.65	223×199×8×12	
	450×200×9×14	97.41	76.5	33 700	1 500	18.6	1 870	187	4.38	5.13	2 160	6.66	225×200×9×14	
	#500×150×10×16	98.23	77.1	38 500	1 540	19.8	907	121	3.04	—	—	—	—	
	496×199×9×14	101.3	79.5	41 900	1 690	20.3	1 840	185	4.27	5.90	2 840	7.49	248×199×9×14	
	500×200×10×16	114.2	89.6	47 800	1 910	20.5	2 140	214	4.33	5.96	3 210	7.50	250×200×10×16	
	#506×201×11×19	131.2	103	56 500	2 230	20.8	2 580	257	4.43	5.95	3 670	7.48	#253×201×11×19	
	596×199×10×15	121.2	95.1	69 300	2 330	23.9	1 980	199	4.04	7.76	5 200	9.27	298×199×10×15	
	600×200×11×17	135.2	106	78 200	2 610	24.1	2 280	228	4.11	7.81	5 820	9.28	300×200×11×17	
	#606×201×12×20	153.3	120	91 000	3 000	24.4	2 720	271	4.21	7.76	6 580	9.26	#303×201×12×20	
	#692×300×13×20	211.5	166	172 000	4 980	28.6	9 020	602	6.53	—	—	—	—	
	700×300×13×24	235.5	185	201 000	5 760	29.3	10 800	722	6.78	—	—	—	—	

注:“#”表示的规格为非常用规格。

附表 G-3　普通槽钢

符号　同普通工字型钢，但 W_y 为对应于翼缘肢尖的截面模量

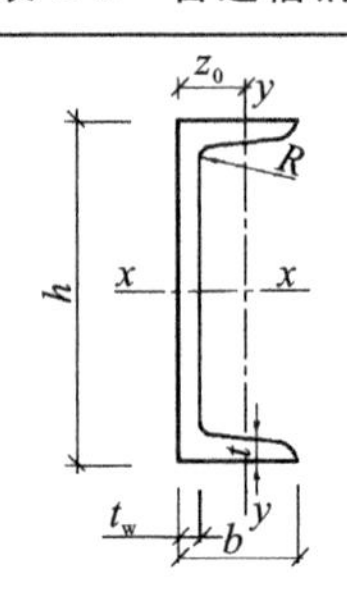

长度：型号 5～8，长 5～12 m；
型号 10～18，长 5～19 m；
型号 20～40，长 6～19 m

型号	尺寸					截面积	质量	x—x 轴			y—y 轴			y_1—y_1 轴	z_0
	h	b	t_w	t	R	A	q	I_x	W_x	i_x	I_y	W_y	i_y	I_{y1}	
	mm					cm^2	kg/m	cm^4	cm^3	cm	cm^4	cm^3	cm	cm^4	cm
5	50	37	4.5	7.0	7.0	6.92	5.44	26	10.4	1.94	8.3	3.5	1.10	20.9	1.35
6.3	63	40	4.8	7.5	7.5	8.45	6.63	51	16.3	2.46	11.9	4.6	1.19	28.3	1.39
8	50	43	5.0	8.0	8.0	10.24	8.04	101	25.3	3.14	16.6	5.8	1.27	37.4	1.42
10	100	48	5.3	8.5	8.5	12.74	10.00	198	39.7	3.94	25.6	7.8	1.42	54.9	1.52
12.6	126	53	5.5	9.0	9.0	15.69	12.31	398	61.7	4.98	38.0	10.3	1.56	77.8	1.59
14 a	140	58	6.0	9.5	9.5	18.51	14.53	564	80.5	5.52	53.2	13.0	1.70	107.2	1.71
b		60	8.0	9.5	9.5	21.31	16.73	609	87.1	5.35	61.2	14.1	1.69	120.6	1.67
16 a	160	63	6.5	10.0	10.0	21.95	17.23	866	108.3	6.28	73.4	16.3	1.83	144.1	1.79
b		65	8.5	10.0	10.0	25.15	19.75	935	116.8	6.10	83.4	17.6	1.82	160.8	1.75
18 a	180	68	7.0	10.5	10.5	25.69	20.17	1 273	141.1	7.04	98.6	20.0	1.96	189.7	1.88
b		70	9.0	10.5	10.5	29.29	22.99	1 370	152.2	6.84	111.0	21.5	1.95	210.1	1.84
20 a	200	73	7.0	11.0	11.0	28.83	22.63	1 780	178.0	7.86	128.0	24.2	2.11	244.0	2.01
b		75	9.0	11.0	11.0	32.83	25.77	1 914	191.4	7.64	143.6	25.9	2.09	268.4	1.95
22 a	220	77	7.0	11.5	11.5	31.84	24.99	2 394	217.6	8.67	157.8	28.2	2.23	298.2	2.10
b		79	9.0	11.5	11.5	36.24	28.45	2 571	233.8	8.42	176.5	30.1	2.21	326.2	1.95
25 a	250	78	7.0	12.0	12.0	34.91	27.40	3 359	268.7	9.81	175.9	30.7	2.24	324.8	2.07
b		80	9.0	12.0	12.0	39.91	31.33	3 619	289.6	9.52	196.4	32.7	2.22	355.1	1.99
c		82	11.0	12.0	12.0	44.91	35.25	3 880	310.4	9.30	215.9	34.6	2.19	388.6	1.96
28 a	280	82	7.5	12.5	12.5	40.02	31.42	4 753	339.5	10.90	217.9	35.7	2.33	393.3	2.09
b		84	9.5	12.5	12.5	45.62	35.81	5 118	365.5	10.59	241.5	37.9	2.30	428.5	2.02
c		86	11.5	12.5	12.5	51.22	40.21	5 484	391.7	10.35	264.1	40.0	2.27	467.3	1.99
32 a	320	96	9.0	16.0	16.0	60.89	47.80	11 874	659.7	13.96	455.0	63.6	2.73	818.5	2.44
b		98	11.0	16.0	16.0	68.09	53.45	12 652	702.9	13.63	496.7	66.9	2.70	880.5	2.37
c		100	13.0	16.0	16.0	75.29	59.10	13 429	746.1	13.63	536.6	70.0	2.67	948.0	2.34
36 a	360	96	9.0	16.0	16.0	60.89	47.80	11 874	659.7	13.96	455.0	63.6	2.73	818.5	2.44
b		98	11.0	16.0	16.0	68.09	53.45	12 652	702.9	13.63	496.7	66.9	2.70	880.5	2.37
c		100	13.0	16.0	16.0	75.29	59.10	13 429	746.1	13.36	536.6	70.0	2.67	948.0	2.34
40 a	400	100	10.5	18.0	18.0	75.04	58.91	17 578	878.9	15.30	592.0	78.8	2.81	1057.9	2.49
b		102	12.5	18.0	18.0	83.04	65.19	18 644	932.2	14.98	640.6	82.6	2.78	1135.8	2.44
c		104	14.5	18.0	18.0	91.04	71.47	19 711	985.6	14.71	687.8	86.2	2.75	1220.3	2.42

附表 G-4 等边角钢

角钢型号	单角钢										双角钢				
	圆角	重心矩	截面积	质量	惯性矩	截面模量		回转半径			i_y，当 a 为下列数值				
	R	z_0	A	q	l_x	W_x^{max}	W_x^{min}	i_x	i_{x0}	i_{y0}	6 mm	8 mm	10 mm	12 mm	14 mm
	mm	mm	cm²	kg/m	cm⁴	cm³		cm			cm				
└20×3	3.5	6.0	1.13	0.89	0.40	0.66	0.29	0.59	0.75	0.39	1.08	1.17	1.25	1.34	1.43
4		6.4	1.46	1.15	0.50	0.78	0.36	0.58	0.73	0.38	1.11	1.19	1.28	1.37	1.46
└25×3	3.5	7.3	1.43	1.12	0.82	1.12	0.46	0.76	0.95	0.49	1.27	1.36	1.44	1.53	1.61
4		7.6	1.86	1.46	1.03	1.34	0.59	0.74	0.93	0.48	1.30	1.38	1.47	1.55	1.64
└30×3	4.5	8.5	1.75	1.37	1.46	1.72	0.68	0.91	1.15	0.59	1.47	1.55	1.63	1.71	1.80
4		8.9	2.28	1.79	1.84	2.08	0.87	0.90	1.13	0.58	1.49	1.57	1.65	1.74	1.82
└36×3	4.5	10.0	2.11	1.66	2.58	2.59	0.99	1.11	1.39	0.71	1.70	1.78	1.86	1.94	2.03
4		10.4	2.76	2.16	3.29	3.18	1.28	1.09	1.38	0.70	1.73	1.80	1.89	1.97	2.05
5		10.7	3.38	2.65	3.95	3.68	1.56	1.08	1.36	0.70	1.75	1.83	1.91	1.99	2.08
└40×3	5	109	2.36	1.85	3.59	3.28	1.23	1.23	1.55	0.79	1.86	1.94	2.01	2.09	2.18
4		11.3	3.09	2.42	4.60	4.05	1.60	1.22	1.54	0.79	1.88	1.96	2.04	2.12	2.20
5		11.7	3.79	2.98	5.53	4.72	1.96	1.21	1.52	0.78	1.90	1.98	2.06	2.14	2.23
└45×3	5	12.2	2.66	20.9	5.17	4.25	1.58	1.39	1.76	0.90	2.06	2.14	2.21	2.29	2.37
4		12.6	3.49	2.74	6.65	5.29	2.05	1.38	1.74	0.89	2.08	2.16	2.24	2.32	2.40
5		13.0	4.29	3.37	8.04	6.20	2.51	1.37	1.72	0.88	2.10	2.18	2.26	2.34	2.42
6		13.3	5.08	3.99	9.33	6.99	2.95	1.36	1.71	0.88	2.12	2.20	2.28	2.36	2.44
└50×3	5.5	13.4	2.97	2.33	7.18	5.36	1.96	1.55	1.96	1.00	2.26	2.33	2.41	2.48	2.56
4		13.8	3.90	3.06	9.26	6.70	2.56	1.54	1.94	0.99	2.28	2.36	2.43	2.51	2.59
5		14.2	4.80	3.77	11.21	7.90	3.13	1.53	1.92	0.98	2.30	2.38	2.45	2.53	2.61
6		14.6	5.69	4.46	13.05	8.95	3.68	1.51	1.91	0.98	2.32	2.40	2.48	2.56	2.64
└56×3	6	14.8	3.34	2.62	10.19	6.86	2.48	1.75	2.20	1.13	2.50	2.57	2.64	2.72	2.80
4		15.3	4.39	3.45	13.18	8.63	3.24	1.73	2.18	1.11	2.52	2.59	2.67	2.74	2.82
5		15.7	5.42	4.25	16.02	10.22	3.97	1.72	2.17	1.10	2.54	2.61	2.69	2.77	2.85
8		16.8	8.37	6.57	23.63	14.06	6.03	1.68	2.11	1.09	2.60	2.67	2.75	2.83	2.91
└63×4	7	17.0	4.98	3.91	19.03	11.22	4.13	1.96	2.46	1.26	2.79	2.87	2.94	3.02	3.09
5		17.4	6.14	4.82	23.17	13.33	5.08	1.94	2.45	1.25	2.82	2.89	2.96	3.04	3.12
6		17.8	7.29	5.72	27.12	15.26	6.00	1.93	2.43	1.24	2.83	2.91	2.98	3.06	3.14
8		18.5	9.51	7.47	34.45	18.59	7.75	1.90	2.39	1.23	2.87	2.95	3.03	3.10	3.18
10		19.3	11.66	9.15	41.08	21.34	9.39	1.88	2.36	1.22	2.91	2.99	3.07	3.15	3.23

续表

角钢型号	单角钢										双角钢				
	圆角	重心矩	截面积	质量	惯性矩	截面模量		回转半径			i_y,当 a 为下列数值				
	R	z_0	A	q	l_x	W_x^{max}	W_x^{min}	i_x	i_{x0}	i_{y0}	6 mm	8 mm	10 mm	12 mm	14 mm
mm	mm		cm^2	kg/m	cm^4	cm^3		cm			cm				
4	8	18.6	5.57	4.37	26.39	14.16	5.14	2.18	2.74	1.40	3.07	3.14	3.21	3.29	3.36
5		19.1	6.88	5.40	32.21	16.89	6.32	2.16	2.73	1.39	3.09	3.16	3.24	3.31	3.39
└70×6		19.5	8.16	6.41	37.77	19.39	7.48	2.15	2.71	1.38	3.11	3.18	3.26	3.33	3.41
7		19.9	9.42	7.40	43.09	21.68	8.59	2.14	2.69	1.38	3.13	3.20	3.28	3.36	3.43
8		20.3	10.67	8.37	48.17	23.79	9.68	2.13	2.68	1.37	3.15	3.22	3.30	3.38	3.46
5	9	20.3	7.41	5.82	39.96	19.73	7.30	2.32	2.92	1.50	3.29	3.36	3.43	3.50	3.58
7		20.7	8.80	6.91	46.91	22.69	8.63	2.31	2.91	1.49	3.31	3.38	3.45	3.53	3.60
└75×7		21.1	10.16	7.98	53.57	25.42	9.93	2.30	2.89	1.48	3.33	3.40	3.47	3.55	3.63
8		21.5	11.50	9.03	59.96	27.93	11.20	2.28	2.87	1.47	3.35	3.42	3.50	3.57	3.65
10		22.2	14.13	11.09	71.98	32.40	13.64	2.26	2.84	1.46	3.38	3.46	3.54	3.61	3.69
5	9	21.5	7.91	6.21	48.79	22.70	8.34	2.48	3.13	1.60	3.49	3.56	3.63	3.71	3.78
6		21.9	9.40	7.38	57.35	26.16	9.87	2.47	3.11	1.59	3.51	3.58	3.65	3.73	3.80
└80×7		22.3	10.86	8.53	65.58	29.38	11.37	2.46	3.10	1.58	3.53	3.60	3.67	3.75	3.83
8		22.7	12.30	9.66	73.50	32.36	12.83	2.44	3.08	1.57	3.55	3.62	3.70	3.77	3.85
10		23.5	15.13	11.87	88.43	37.68	15.64	2.42	3.04	1.56	3.58	3.66	3.74	3.81	3.89
6	10	24.4	10.64	8.35	82.77	33.99	12.61	2.79	3.51	1.80	3.91	3.98	4.05	4.12	4.20
7		24.8	12.30	9.66	94.83	38.28	14.54	2.78	3.50	1.78	3.93	4.00	4.07	4.14	4.22
└90×8		25.2	13.94	10.95	106.5	42.30	16.42	2.76	3.48	1.78	3.95	4.02	4.09	4.17	4.24
10		25.9	17.17	13.48	128.6	49.57	20.07	2.74	3.45	1.76	9.98	4.06	4.13	4.21	4.28
12		26.7	20.31	15.94	149.2	55.93	23.57	2.71	3.41	1.75	4.02	4.09	4.17	4.25	4.32
6	12	26.7	11.93	9.37	115.0	43.04	15.68	3.10	3.91	2.00	4.30	4.37	4.44	4.51	4.58
7		27.1	13.80	10.83	131.9	48.57	18.10	3.09	3.89	1.99	4.32	4.39	4.46	4.53	4.61
8		27.6	15.64	12.28	148.2	53.78	20.47	3.08	3.88	1.98	4.34	4.41	4.48	4.55	4.63
└100×10		28.4	19.26	15.12	179.5	63.29	25.06	3.05	3.84	1.96	4.38	4.45	4.52	4.60	4.67
12		29.1	22.80	17.90	208.9	71.72	29.47	3.03	9.81	1.95	4.41	4.49	4.56	4.64	4.71
14		29.9	26.26	20.61	236.5	79.19	33.73	3.00	3.77	1.94	4.45	4.53	4.60	4.68	4.75
16		306	29.63	23.26	262.5	85.81	37.82	2.98	3.74	1.93	4.49	4.56	4.64	4.72	4.80

续表

角钢型号	单角钢									双角钢				
	圆角	重心矩	截面积	质量	惯性矩	截面模量		回转半径			i_y,当 a 为下列数值				
	R	z_0	A	q	l_x	W_x^{max}	W_x^{min}	i_x	i_{x0}	i_{y0}	6 mm	8 mm	10 mm	12 mm	14 mm
mm	mm		cm^2	kg/m	cm^4	cm^3		cm			cm				
7		29.6	15.20	11.93	177.2	59.78	22.05	3.41	4.30	2.20	4.72	4.79	4.86	4.94	5.01
8		30.1	17.24	13.53	199.5	66.36	24.95	3.40	4.28	2.19	4.74	4.81	4.88	4.96	5.03
∟110×10	12	30.9	21.26	16.69	242.2	78.48	30.60	3.38	4.25	2.17	4.78	4.85	4.92	5.00	5.07
12		31.6	25.20	19.78	282.6	89.34	36.05	3.35	4.22	2.15	4.82	4.89	4.96	5.04	5.11
14		32.4	29.06	22.81	320.7	99.07	41.34	3.32	4.18	2.14	4.85	4.93	5.00	5.08	5.15
8		33.7	19.7	15.50	297.0	88.20	32.52	3.88	4.88	2.50	5.34	5.41	5.48	5.55	5.62
∟125×10	14	34.5	24.37	19.13	361.7	104.8	39.97	3.85	4.85	2.48	5.38	5.45	5.52	5.59	5.66
12		35.3	28.91	22.70	423.2	119.9	47.17	3.83	4.82	2.46	5.41	5.48	5.56	5.63	5.70
14		36.1	33.37	20.19	481.7	133.6	54.16	3.80	4.78	2.45	5.45	5.52	5.59	5.67	5.74
10		38.2	27.37	21.49	514.7	134.5	50.58	4.34	5.46	2.78	5.98	6.05	6.12	6.20	6.27
∟140×12	14	39.0	32.51	25.52	603.7	154.6	59.80	4.31	5.43	2.17	6.02	6.09	6.16	6.23	6.31
14		39.8	37.57	29.49	688.8	173.0	68.75	4.28	5.40	2.75	6.06	6.13	6.20	6.27	6.34
16		40.6	40.54	33.49	770.2	189.9	77.46	4.26	5.36	2.74	6.09	6.16	6.23	6.31	6.38
10		43.1	31.50	24.73	779.5	180.8	66.70	4.97	6.27	3.20	6.78	6.85	6.92	6.99	7.06
∟160×12	16	43.9	37.44	29.39	916.6	208.6	78.98	4.95	6.24	3.18	6.82	6.89	9.96	7.03	7.10
14		44.7	43.30	33.99	1 048	234.4	90.95	4.92	6.20	3.16	6.86	6.93	7.00	7.07	7.14
16		45.5	49.07	38.52	1 175	258.3	102.6	4.89	6.17	3.14	6.89	6.96	7.03	7.10	7.18
12		48.9	42.24	33.16	1 321	270.0	100.8	5.59	7.05	3.58	7.63	7.70	7.77	7.84	7.91
∟180×14	16	49.7	48.90	38.38	1 514	304.6	116.3	5.57	7.02	3.57	7.67	7.74	7.81	7.88	7.95
16		50.5	55.47	43.54	1 701	336.9	131.4	5.54	6.98	3.55	7.70	7.77	7.84	7.91	7.98
18		51.3	61.95	48.63	1 881	367.1	146.1	5.51	6.94	3.53	7.73	7.80	7.87	7.95	8.02
14		54.6	54.64	42.89	2 104	385.1	144.7	6.20	7.82	3.98	8.47	8.54	8.61	8.67	8.75
16		55.4	62.01	48.68	2 366	427.0	163.7	6.18	7.79	3.96	8.50	8.57	8.57	8.71	8.78
∟180×18	18	56.2	69.30	54.40	2 621	466.5	182.2	6.15	7.75	3.94	8.53	8.60	8.60	8.75	8.82
20		56.9	76.50	60.06	2 867	503.6	200.4	6.12	7.72	9.93	8.57	8.64	8.64	8.78	8.85
24		58.4	90.66	71.17	3 338	571.5	235.8	6.07	7.64	3.90	5.63	8.71	8.71	8.85	8.92

附表 G-5　不等边角钢

角钢型号 $B\times b\times t$	圆角	重心矩		截面积	质量	回转半径			i_{y1}，当 a 为下列数值（单角钢）				i_{y2}，当 a 为下列数值（双角钢）			
	R	z_x	x_y	A	q	i_x	i_y	i_{y0}	6 mm	8 mm	10 mm	12 mm	6 mm	8 mm	10 mm	12 mm
mm	mm			cm²	kg/m	cm			cm				cm			
└25×16×3	3.5	4.2	8.6	1.16	0.91	0.44	0.78	0.34	0.84	0.93	1.02	1.11	1.40	1.48	1.57	1.66
└25×16×4		4.6	9.0	1.50	1.18	0.43	0.77	0.34	0.87	0.96	1.05	1.14	1.42	1.51	1.60	1.68
└32×20×3		4.9	10.8	1.49	1.17	0.55	1.01	0.43	0.97	1.05	1.14	1.23	1.71	1.79	1.88	1.96
└32×20×4		5.3	11.2	1.94	1.52	0.54	1.00	0.43	0.99	1.08	1.16	1.25	1.74	1.82	1.90	1.99
└40×25×3	4	5.9	13.2	1.89	1.48	0.70	1.28	0.54	1.13	1.21	1.30	1.38	2.07	2.14	2.23	2.31
└40×25×4		6.3	13.7	2.47	1.94	0.69	1.26	0.54	1.16	1.24	1.32	1.41	2.09	2.17	2.25	2.34
└45×28×3	5	6.4	14.7	2.15	1.69	0.79	1.44	0.61	1.23	1.31	1.39	1.47	2.28	2.36	2.44	2.52
└45×28×4		6.8	15.1	2.81	2.20	0.78	1.43	0.60	1.25	1.33	1.41	1.50	2.31	2.39	2.47	2.55
└50×32×3	5.5	7.3	16.0	2.43	1.91	0.91	1.60	0.70	1.38	1.45	1.53	1.61	2.49	2.56	2.64	2.75
└50×32×4		7.7	16.4	3.18	2.49	0.90	1.59	0.69	1.40	1.47	1.55	1.64	2.51	2.59	2.67	5.75
└56×36×3	6	8.0	17.8	2.74	2.15	1.03	1.80	0.79	1.51	1.59	1.66	1.74	2.75	2.82	2.90	2.98
└56×36×4		8.5	18.2	3.59	2.82	1.02	1.79	0.78	1.53	1.61	1.69	1.77	2.77	2.85	2.93	3.01
└56×36×5		8.8	18.7	4.42	3.47	1.01	1.77	0.78	1.56	1.63	1.71	1.79	2.80	2.88	2.96	3.04
└63×40×4	7	9.2	20.4	4.06	3.19	1.14	2.02	0.88	1.66	1.74	1.81	1.89	3.09	3.16	3.24	3.32
└63×40×5		9.5	20.8	4.99	3.92	1.12	2.00	0.87	1.680	1.76	1.84	1.92	3.11	3.19	3.27	3.35
└63×40×6		9.9	21.2	5.91	4.64	1.11	1.99	0.86	1.71	1.78	1.86	1.94	3.13	3.21	3.29	3.37
└63×40×7		10.3	21.6	6.80	5.34	1.10	1.97	0.86	1.73	1.81	1.89	1.97	3.16	3.24	3.32	3.40
└70×45×4	7.5	10.2	22.3	4.55	3.57	1.29	2.25	0.90	1.84	1.91	1.99	2.07	3.39	3.46	3.54	3.62
└70×45×5		10.6	22.8	5.61	4.40	1.28	2.23	0.98	1.86	1.94	2.01	2.09	3.41	3.49	3.57	3.64
└70×45×6		11.0	23.2	6.64	5.22	1.26	2.22	0.97	1.88	1.96	2.04	2.11	3.44	3.51	3.59	3.67
└70×45×7		11.3	23.6	7.66	6.01	1.25	2.20	0.97	1.90	1.98	2.06	2.14	3.46	3.54	3.61	3.69
└75×50×5	8	11.7	24.0	6.13	4.81	1.43	2.39	1.09	2.06	2.13	2.20	2.28	3.60	3.68	3.76	3.83
└75×50×6		12.1	24.4	7.26	5.70	1.42	2.38	1.08	2.08	2.15	2.23	2.30	3.63	3.70	3.78	3.86
└75×50×8		12.9	25.2	9.47	7.43	1.40	2.35	1.07	2.12	2.19	2.27	2.35	3.67	3.75	3.83	3.91
└75×50×10		13.6	26.0	11.6	9.10	1.38	2.33	1.06	2.16	2.24	2.31	2.40	3.71	3.79	3.87	3.95
└80×50×5	8	11.4	26.0	6.38	5.00	1.42	2.57	1.10	2.02	2.09	2.17	2.24	3.88	3.95	4.02	4.10
└80×50×6		11.8	26.5	7.56	5.93	1.41	2.55	1.09	2.04	2.11	2.19	2.27	3.90	3.98	4.05	4.13
└80×50×7		12.1	26.9	8.72	6.85	1.39	2.54	1.08	2.06	2.13	2.21	2.29	3.92	4.00	4.08	4.16
└80×50×8		12.5	27.3	9.87	7.75	1.38	2.52	1.07	2.08	2.15	2.23	2.31	3.94	4.02	4.10	4.18
└90×56×5	9	12.5	29.1	7.21	5.66	1.59	2.90	1.23	2.22	2.29	2.36	2.44	4.32	4.39	4.47	4.55
└90×56×6		12.9	29.5	8.56	6.72	1.58	2.88	1.22	2.24	2.31	2.39	2.46	4.34	4.42	4.50	4.57
└90×56×7		13.3	30.0	9.88	7.76	1.57	2.87	1.22	2.26	2.33	2.41	2.49	4.37	4.44	4.52	4.60
└90×56×8		13.6	30.4	11.2	8.78	1.56	2.85	1.21	2.28	2.35	2.43	2.51	4.39	4.47	4.54	4.62

续表

角钢型号 $B\times b\times t$		圆角	重心矩		截面积	质量	回转半径			i_{y1}，当 a 为下列数值（单角钢）				i_{y2}，当 a 为下列数值（双角钢）			
		R	z_x	x_y	A	q	i_x	i_y	i_{y0}	6 mm	8 mm	10 mm	12 mm	6 mm	8 mm	10 mm	12 mm
mm		mm			cm²	kg/m	cm			cm				cm			
└100×63×	6	10	14.3	32.4	9.62	7.55	1.79	3.21	1.38	2.49	2.56	2.63	2.71	4.77	4.85	4.92	5.00
	7		14.7	32.8	11.11	8.72	1.78	3.20	1.37	2.51	2.58	2.65	2.73	4.80	4.87	4.95	5.03
	8		15.0	33.2	12.58	9.88	1.77	3.18	1.37	2.53	2.60	2.67	2.75	4.82	4.90	4.97	5.05
	10		15.8	34.0	15.47	12.1	1.75	3.15	1.35	2.57	2.64	2.72	2.79	4.86	4.94	5.02	5.10
└100×80×	6		19.7	29.5	10.64	8.35	2.40	3.17	1.73	3.31	3.38	3.45	3.52	4.54	4.62	4.69	4.76
	7		20.1	30.0	12.30	9.66	2.39	3.16	1.71	3.32	3.39	3.47	3.54	4.57	6.64	4.71	4.97
	8		20.5	30.4	13.94	10.9	2.37	3.15	1.71	3.34	3.41	3.49	3.56	4.59	4.65	4.73	4.81
	10		21.3	31.2	17.17	13.5	2.35	3.12	1.69	3.38	3.45	3.53	3.60	4.63	4.70	4.78	4.85
└100×70×	6		15.7	35.3	10.64	8.35	2.01	3.54	1.54	2.74	2.81	2.88	2.96	5.21	5.29	5.36	5.44
	7		16.1	35.7	12.30	9.66	2.00	3.53	1.53	2.76	2.83	2.90	2.98	5.24	5.31	5.39	5.46
	8		16.5	36.2	13.94	10.9	1.98	3.51	1.53	2.78	2.85	2.92	3.00	5.26	5.34	5.41	5.49
	10		17.2	37.0	17.17	13.5	1.96	3.48	1.51	2.82	2.89	2.96	3.04	5.30	5.38	5.46	5.53
└125×80×	7	11	18.0	40.1	14.10	11.1	2.30	4.02	1.76	3.13	3.18	3.25	3.33	5.90	5.97	6.04	6.12
	8		18.4	40.6	15.99	12.6	2.29	4.01	1.75	3.13	3.20	2.37	3.35	5.92	5.99	6.07	6.14
	10		19.2	41.4	19.71	15.5	2.26	3.98	1.74	3.17	3.24	3.31	3.39	5.96	6.04	6.11	6.19
	12		20.0	42.2	23.35	18.3	2.24	3.95	1.72	3.20	3.28	3.35	3.43	6.00	6.08	6.16	6.23
└140×90×	8	12	20.4	45.0	18.04	14.2	2.59	4.50	1.98	3.49	3.56	3.63	3.70	6.58	6.65	6.73	6.80
	10		21.2	45.8	22.26	17.5	2.56	4.47	1.96	3.52	3.59	3.66	3.73	6.62	6.70	6.77	6.85
	12		21.9	46.6	26.40	20.7	2.54	4.44	1.95	3.56	3.63	3.70	3.77	6.66	6.74	6.81	6.89
	14		22.7	47.4	30.46	23.9	2.51	4.42	1.94	3.59	3.66	3.74	3.81	6.70	6.78	6.86	6.93
└160×100×	10	13	22.8	52.4	25.32	19.9	2.85	5.14	2.19	3.84	3.91	3.98	4.05	7.55	7.63	7.70	7.78
	12		23.6	53.2	30.05	23.6	2.82	5.11	2.18	3.87	3.94	4.01	4.09	7.60	7.67	7.75	7.82
	14		24.3	54.0	34.71	27.2	2.80	5.08	2.16	3.91	3.98	4.05	4.12	7.64	7.71	7.79	7.86
	16		35.1	54.8	39.28	30.8	2.77	5.05	2.15	3.94	4.02	4.09	4.16	7.68	7.75	7.83	7.90
└100×63×	6	14	24.4	58.9	28.37	22.3	3.13	5.81	2.42	4.16	4.23	4.30	4.36	8.49	8.56	8.63	8.71
	7		25.2	59.8	33.71	26.5	3.10	5.78	2.40	4.19	4.26	4.33	4.40	8.53	8.60	8.68	8.75
	8		25.9	60.6	38.97	30.6	3.08	5.5	2.39	4.23	4.30	4.37	4.44	8.57	8.64	8.72	8.79
	10		26.7	61.4	44.14	34.6	3.05	5.72	2.37	4.26	4.33	4.40	4.47	8.61	8.68	8.76	8.84
└100×80×	6		28.3	65.4	37.91	29.8	3.57	6.44	2.75	4.75	4.82	4.88	4.95	9.39	9.47	9.54	9.62
	7		29.1	66.2	43.87	34.4	3.54	6.41	2.73	4.78	4.85	4.92	4.99	9.43	9.51	9.58	9.66
	8		29.9	67.0	49.74	39.0	3.52	6.38	2.71	4.81	4.88	4.95	5.02	9.47	9.55	9.62	9.70
	10		30.6	67.8	55.53	43.6	3.49	6.35	2.70	4.85	4.92	4.99	5.06	9.51	9.59	9.66	9.74

注：一个角钢的惯性矩 $I_x=Ai_x^2$，$I_y=Ai_y^2$；一个角钢的截面模量 $W_x^{max}=I_x/z_x$，$W_x^{min}=I_x(b-z_x)$；$W_y^{max}=I_y/z_y$，$W_y^{min}=I_y/(B-z_y)$。

附表 G-6 热轧无缝钢管

符号 I—截面惯性矩；
W—截面模量；
i—截面回转半径

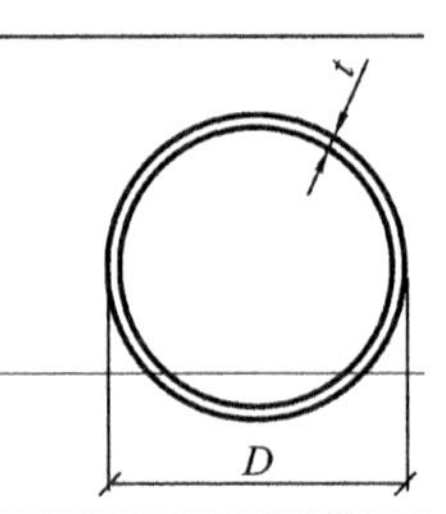

尺寸		截面积	质量	截面特性		
D	t	A	q	I	W	i
mm		cm^2	kg/m	cm^4	cm^3	cm
32	2.5	2.32	1.82	2.54	1.59	1.05
	3.0	2.73	2.15	2.90	1.82	1.03
	3.5	3.13	2.46	3.23	2.02	1.02
	4.0	3.52	2.76	3.52	2.20	1.00
38	2.5	2.79	2.19	4.41	2.32	1.26
	3.0	3.30	2.59	5.09	2.68	1.24
	3.5	3.79	2.98	5.70	3.00	1.23
	4.0	4.78	3.75	8.71	4.15	1.35
42	2.5	3.10	2.44	6.07	2.89	1.40
	3.0	3.68	2.89	7.03	3.35	1.38
	3.5	4.23	3.32	7.91	3.77	1.37
	4.0	5.15	4.04	10.93	4.86	1.46
45	2.5	3.34	2.62	7.56	3.36	1.51
	3.0	3.96	3.11	8.77	3.90	1.49
	3.5	4.56	3.58	9.89	4.40	1.47
	4.0	5.15	4.04	10.93	4.86	1.46
50	2.5	3.73	2.93	10.55	4.22	1.68
	3.0	4.43	3.48	12.28	4.91	1.67
	3.5	5.11	4.01	13.90	5.56	1.65
	4.0	5.78	4.54	15.41	6.16	1.63
	4.5	6.43	5.05	16.81	6.72	1.62
	5.0	7.07	5.55	18.11	7.25	1.60
54	3.0	4.81	3.77	15.68	5.81	1.81
	3.5	5.55	4.36	17.79	6.59	1.79
	4.0	6.28	4.93	19.76	7.32	1.77
	4.5	7.00	5.49	21.61	8.00	1.76
	5.0	7.70	6.04	23.34	8.64	1.74
	5.5	8.38	6.58	24.96	9.24	1.73
	6.0	9.05	7.10	26.46	9.80	1.71
57	3.0	5.09	4.00	18.61	6.53	1.91
	3.5	5.88	4.62	21.14	7.42	1.90
	4.0	6.66	5.23	23.52	8.25	1.88
	4.5	7.42	5.83	25.76	9.04	1.86
	5.0	8.17	6.41	27.86	9.78	1.85
	5.5	8.90	6.99	29.84	10.47	1.83
	6.0	9.61	7.55	31.69	11.12	1.82
60	3.0	5.37	4.22	21.88	7.29	2.02
	3.5	6.21	4.88	24.88	8.29	2.00
	4.0	7.04	5.52	27.73	9.24	1.98
	4.5	7.85	6.16	30.41	10.14	1.97
	5.0	8.64	6.78	32.94	10.98	1.95
	5.5	9.42	7.39	25.32	11.77	1.94
	6.0	10.18	7.99	37.56	12.52	1.92

尺寸		截面积	质量	截面特性		
D	t	A	q	I	W	i
mm		cm^2	kg/m	cm^4	cm^3	cm
63.5	3.0	5.70	4.48	26.15	8.24	2.14
	3.5	6.60	5.18	29.79	9.38	2.12
	4.0	7.48	5.87	33.24	10.47	2.11
	4.5	8.34	6.55	36.50	11.50	2.09
	5.0	9.19	7.21	39.60	12.47	2.08
	5.5	10.02	7.87	42.52	13.39	2.06
	6.0	10.84	8.51	45.28	14.26	2.04
68	3.0	6.13	4.81	32.42	9.54	2.30
	3.5	7.09	5.57	36.99	10.88	2.28
	4.0	8.04	6.31	41.34	12.16	2.27
	4.5	8.98	7.05	45.47	13.37	2.25
	5.0	9.90	7.77	49.41	14.53	2.23
	5.5	10.80	8.48	53.14	15.63	2.22
	6.0	11.69	9.17	56.68	16.67	2.20
70	3.0	6.31	4.96	35.50	10.14	2.37
	3.5	7.31	5.74	40.53	11.58	2.35
	4.0	8.29	6.51	45.33	12.95	2.34
	4.5	9.26	7.27	49.89	14.26	2.32
	5.0	10.21	8.01	54.24	15.50	2.33
	5.5	11.14	8.75	58.38	16.68	2.29
	6.0	12.06	9.47	62.31	17.80	2.27
73	3.0	6.60	5.18	40.48	11.09	2.48
	3.5	7.64	6.00	46.26	12.67	2.46
	4.0	8.67	6.81	51.78	14.19	2.44
	4.5	9.68	7.60	57.04	15.63	2.43
	5.0	10.68	8.38	62.07	17.01	2.41
	5.5	11.66	9.16	66.87	18.32	2.39
	6.0	12.63	9.91	71.43	19.57	2.38
76	3.0	6.88	5.40	45.94	12.08	2.58
	3.5	7.97	6.26	52.50	13.82	2.57
	4.0	9.05	7.10	58.81	15.48	2.55
	4.5	10.11	7.93	64.85	17.07	2.53
	5.0	11.15	8.75	70.62	18.59	2.52
	5.5	12.18	9.56	76.14	20.04	2.50
	6.0	13.19	10.36	81.41	21.42	2.48
83	3.5	8.74	6.86	69.19	16.67	2.81
	4.0	9.93	7.79	77.64	18.71	2.80
	4.5	11.10	8.71	85.76	20.67	2.78
	5.0	12.25	9.62	93.56	22.54	2.76
	5.5	13.39	10.51	101.04	24.35	2.75
	6.0	14.51	11.39	108.22	26.08	2.73
	6.5	15.62	12.26	115.10	27.74	2.71
	7.0	16.71	13.12	121.69	29.32	2.70

续表

尺寸		截面积	质量	截面特性		
D	t	A	q	I	W	i
mm		cm²	kg/m	cm⁴	cm³	cm
89	3.5	9.40	7.38	86.05	19.34	3.03
	4.0	10.68	8.38	96.68	21.73	3.01
	4.5	11.95	9.38	106.92	24.03	2.99
	5.0	13.19	10.36	116.79	26.24	2.98
	5.5	14.43	11.33	126.29	28.38	2.96
	6.0	15.65	12.28	135.43	30.43	2.94
	6.5	16.85	13.22	144.22	32.41	2.93
	7.0	18.03	14.16	152.67	34.31	2.91
95	3.5	10.06	7.90	105.45	22.20	3.24
	4.0	11.44	8.98	118.60	24.97	3.22
	4.5	12.79	10.04	131.31	27.64	3.20
	5.0	14.14	11.10	143.58	30.23	3.19
	5.5	15.46	12.14	155.43	32.72	3.17
	6.0	16.78	13.17	166.86	35.13	3.15
	6.5	18.07	14.19	177.89	37.45	3.14
	7.0	19.35	15.19	188.51	39.69	3.12
102	3.5	10.83	8.50	131.52	25.79	3.48
	4.0	12.32	9.67	148.09	29.04	3.47
	4.5	13.78	10.82	164.14	32.18	3.45
	5.0	15.24	11.96	179.68	35.23	3.43
	5.5	16.67	13.09	194.72	38.18	3.42
	6.0	18.10	14.21	209.28	41.03	3.40
	6.5	19.50	15.31	223.35	43.79	3.38
	7.0	20.89	16.40	236.96	46.46	3.37
114	4.0	13..82	10.85	209.35	36.73	3.89
	4.5	15.48	12.15	232.41	40.77	3.87
	5.0	17.12	13.44	254.81	44.70	3.86
	5.5	18.75	14.72	276.58	48.52	3.84
	6.0	20.36	15.98	297.73	52.23	3.82
	6.5	21.95	17.23	318.26	55.84	3.81
	7.0	23.53	18.47	338.19	59.33	3.79
	7.5	25.09	19.70	357.58	62.73	3.77
	8.0	26.64	20.91	376.30	66.02	3.76
121	4.0	14.70	11.54	251.87	41.63	4.14
	4.5	16.47	12.93	279.83	46.25	4.12
	5.0	18.22	14.30	307.05	50.75	4.11
	5.5	19.96	15.67	333.54	55.13	4.09
	6.0	21.68	17.02	359.32	59.39	4.07
	6.5	23.38	18.35	384.40	63.54	4.05
	7.0	25.07	19.68	408.80	67.57	4.04
	7.5	26.74	20.99	432.51	71.49	4.02
	8.0	28.40	22.29	455.57	75.30	4.01
127	4.0	15.46	12.13	292.61	46.08	4.35
	4.5	17.32	13.59	325.29	51.23	4.33
	5.0	19.16	15.04	357.14	56.24	4.32
	5.5	20.99	16.48	388.19	61.13	4.30
	6.0	22.81	17.90	418.44	65.90	4.28
	6.5	24.61	19.32	447.92	70.54	4.27
	7.0	26.39	20.72	476.63	75.06	4.25
	7.5	28.16	22.10	504.58	79.46	4.23
	8.0	29.91	23.48	531.80	83.75	4.22
133	4.0	16.21	12.73	337.53	50.76	4.56
	4.5	18.17	14.26	375.42	56.45	4.55
	5.0	20.11	15.78	412.40	62.02	4.53
	5.5	22.03	17.29	448.50	67.44	4.51
	6.0	23.94	18.79	483.72	72.74	4.50
	6.5	25.83	20.28	518.07	77.91	4.48
	7.0	27.71	21.75	551.58	82.94	4.46
	7.5	29.57	23.21	584.25	87.86	4.45
	8.0	31.42	24.66	616.11	82.65	4.43
140	4.5	19.16	15.04	440.12	62.87	4.79
	5.0	21.21	16.65	483.76	69.11	4.78
	5.5	23.24	18.24	526.40	75.20	4.76
	6.0	25.26	19.83	568.06	81.15	4.74
	6.5	27.26	21.40	608.76	86.97	4.73
	7.0	29.25	22.96	648.51	92.64	4.71
	7.5	31.22	24.51	687.32	98.19	4.69
	8.0	33.18	26.04	725.21	10.360	4.68
	9.0	37.04	29.08	798.29	114.04	4.64
	10	40.84	32.06	867.86	123.98	4.61
146	4.5	20.00	15.70	501.16	68.65	5.01
	5.0	22.15	17.39	551.10	75.49	4.99
	5.5	24.28	19.06	599.95	82.19	4.97
	6.0	26.39	20.72	647.73	88.73	4.95
	6.5	28.49	22.36	694.44	95.13	4.94
	7.0	30.57	24.00	740.12	101.39	4.92
	7.5	32.63	25.62	784.77	107.50	4.90
	8.0	34.68	27.23	828.41	113.48	4.89
	9.0	38.74	30.41	912.71	125.03	4.85
	10	42.73	33.54	993.16	136.05	4.82
152	4.5	20.85	16.37	567.61	74.69	5.22
	5.0	23.09	18.13	624.43	82.16	5.20
	5.5	25.31	19.87	680.06	89.48	5.18
	6.0	27.52	21.60	734.52	96.65	5.17
	6.5	29.71	23.32	787.82	103.66	5.15
	7.0	31.89	25.03	839.99	110.52	5.13
	7.5	34.05	26.73	981.03	117.24	5.12
	8.0	36.19	28.41	940.97	123.81	5.10
	9.0	40.43	31.74	1 037.59	136.53	5.07
	10	44.61	35.02	1 129.99	148.68	5.03
159	4.5	21.84	17.15	652.27	82.05	5.46
	5.0	24.19	18.99	717.88	90.33	5.45
	5.5	26.52	20.82	782.18	98.39	5.43
	6.0	28.84	22.64	845.19	106.31	5.41
	6.5	31.14	24.45	906.92	114.08	5.40
	7.0	33.43	26.24	967.41	121.69	5.38
	7.5	35.70	28.02	1 026.65	129.14	5.36
	8.0	37.95	29.79	1 048.67	136.44	5.35
	9.0	42.41	33.29	1 197.12	150.58	5.31
	10	46.81	36.75	1 304.88	164.14	5.28

续表

尺寸		截面积	质量	截面特性		
D	*t*	*A*	*q*	*I*	*W*	*i*
mm		cm²	kg/m	cm⁴	cm³	cm
168	4.5	23.11	18.14	772.96	92.02	5.78
	5.0	25.60	20.10	851.14	101.33	5.77
	5.5	28.08	22.04	927.85	110.46	5.75
	6.0	30.54	23.97	1 003.12	119.42	5.73
	6.5	32.98	25.89	1 076.95	128.21	5.71
	7.0	35.41	27.79	1 149.36	136.83	5.70
	7.5	37.82	29.69	1 220.38	145.28	5.68
	8.0	40.21	31.57	1 290.01	153.57	5.66
	9.0	44.96	35.29	1 425.22	169.67	5.63
	10	49.64	38.97	1 555.13	185.13	5.60
180	5.0	27.49	21.58	1 053.17	117.02	6.19
	5.5	30.15	23.67	1 148.79	127.64	6.17
	6.0	32.80	25.75	1 242.72	138.08	6.16
	6.5	35.43	27.81	1 335.00	148.33	6.14
	7.0	38.04	29.87	1 425.63	158.40	6.12
	7.5	40.64	31.91	1 514.64	168.29	6.10
	8.0	43.23	33.93	1 602.04	178.00	6.09
	9.0	48.35	37.95	1 772.12	196.90	6.05
	10	53.41	41.92	1 936.01	215.11	602
	12	63.33	49.72	2 245.84	249.54	5.95
194	5.0	29.69	23.31	1 326.54	136.76	6.68
	5.5	32.57	25.57	1 447.86	149.26	6.67
	6.0	35.44	27.82	1 567.21	161.57	6.65
	6.5	38.29	30.06	1 684.61	173.67	6.63
	7.0	41.12	32.28	1 800.08	185.57	6.62
	7.5	43.94	34.50	1 913.64	197.28	6.60
	8.0	46.75	36.70	2 025.31	208.79	6.58
	9.0	52.31	41.06	2 243.08	231.25	6.55
	10	57.81	45.38	2 453.55	252.94	6.51
	12	68.61	53.86	2 853.25	294.15	6.45
203	6.0	37.13	29.15	1 803.17	177.64	6.97
	6.5	40.13	31.50	1 938.81	191.02	6.95
	7.0	43.10	33.84	2 072.43	204.18	6.93
	7.5	46.06	36.16	2 203.94	217.14	6.92
	8.0	49.01	38.47	2 333.37	229.89	6.90
	9.0	54.85	43.06	2 586.08	254.79	6.87
	10	60.63	47.60	2 830.72	278.89	6.83
	12	72.01	56.52	3 296.49	324.78	6.77
	14	83.13	62.25	3 732.07	367.69	6.70
	16	94.00	73.79	4 138.78	407.76	6.64
219	6.0	40.15	31.52	2 278.74	208.10	7.53
	6.5	43.39	34.06	2 451.64	223.89	7.52
	7.0	46.63	36.60	2 622.04	239.46	7.50
	7.5	49.83	39.12	2 789.96	254.79	7.48
	8.0	53.03	41.63	2 955.43	269.90	7.47
	9.0	59.38	46.61	3 279.12	299.46	7.43
	10	65.66	51.54	3 593.29	328.15	7.40
	12	78.04	61.26	4 193.81	383.00	7.33
	14	90.16	70.78	4 758.50	434.57	7.26
	16	102.04	80.10	5 288.81	483.00	7.20
245	6.5	48.70	38.23	3 465.46	282.89	8.44
	7.0	52.34	41.08	3 709.06	302.78	8.42
	7.5	55.96	43.93	3 949.52	322.41	8.40
	8.0	59.56	46.76	4 186.87	341.79	8.38
	9.0	66.73	52.38	4 652.32	379.78	8.35
	10	73.83	57.95	5 105.63	416.79	8.32
	12	87.84	68.95	5 976.67	487.89	8.25
	14	101.60	79.76	6 801.68	555.24	8.18
	16	115.11	90.36	7 582.30	618.96	8.12
273	6.5	54.42	42.72	4 834.18	354.15	9.42
	7.0	58.50	45.92	5 177.30	379.29	9.41
	7.5	65.56	49.11	5 516.47	404.14	9.39
	8.0	66.60	52.28	5 851.71	428.70	9.37
	9.0	74.64	58.60	6 510.56	476.96	9.34
	10	82.62	64.86	7 154.14	524.11	9.31
	12	98.39	77.24	8 396.14	615.10	9.24
	14	113.91	89.42	9 579.75	701.91	9.17
	16	129.18	101.41	10 706.79	784.38	9.10
299	7.5	68.68	53.92	7 300.02	488.30	10.31
	8.0	73.14	57.41	7 747.42	518.22	10.29
	9.0	82.00	64.37	8 628.09	577.13	10.26
	10	90.79	71.27	9 490.15	634.79	10.22
	12	108.20	84.93	11 159.52	746.46	10.16
	14	125.35	98.40	12 757.61	853.35	10.09
	16	142.25	111.67	14 286.48	955.62	10.02
325	7.5	74.81	58.73	9 431.80	580.42	11.23
	8.0	79.67	62.54	10 013.92	616.24	11.21
	9.0	89.35	70.14	11 161.33	686.85	11.18
	10	98.96	77.68	12 286.52	756.09	11.14
	12	118.00	92.63	14 471.45	890.55	11.07
	14	136.78	107.38	16 570.98	1 019.75	11.01
	16	155.32	121.93	18 587.38	1 143.84	10.94
351	8.0	86.21	67.67	12 684.36	722.76	12.13
	9.0	96.70	75.91	14 147.55	806.13	12.10
	10	107.13	84.10	15 584.62	888.01	12.06
	12	127.80	100.32	18 381.63	1 047.39	11.99
	14	148.22	116.35	21 077.86	1 201.02	11.93
	16	168.39	132.19	23 675.75	1 349.05	11.86

附表 G-7　焊接钢管

符号　I—截面惯性矩；
　　　W—截面模量；
　　　i—截面回转半径

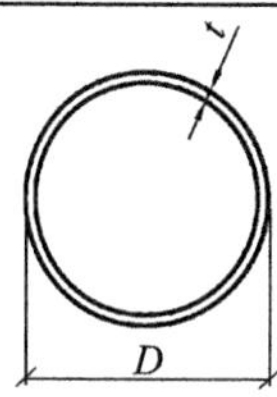

尺寸		截面积	质量	截面特性		
D	t	A	q	I	W	i
mm		cm²	kg/m	cm⁴	cm³	cm
32	2.0	1.88	1.48	2.13	1.33	1.06
	2.5	2.32	1.82	2.54	1.59	1.05
38	2.0	2.26	1.78	3.68	1.93	1.27
	2.5	2.79	2.19	4.41	2.32	1.26
40	2.0	2.39	1.87	4.32	2.16	1.35
	2.5	2.95	2.31	5.20	2.60	1.33
42	2.0	2.51	1.97	5.04	2.40	1.42
	2.5	3.10	2.44	6.07	2.89	1.40
45	2.0	2.70	2.12	6.26	2.78	1.52
	2.5	3.34	2.62	7.56	3.36	1.51
	3.0	3.96	3.11	8.77	3.90	1.49
51	2.0	3.08	2.42	9.26	3.63	1.73
	2.5	3.81	2.99	11.23	4.40	1.72
	3.0	4.52	3.55	13.08	5.13	1.70
	3.5	5.22	4.10	14.81	5.81	1.68
53	2.0	3.20	2.52	10.43	3.94	1.80
	2.5	3.97	3.11	12.67	4.78	1.79
	3.0	4.71	3.70	14.78	5.58	1.77
	3.5	5.44	4.27	16.75	6.32	1.75
57	2.0	3.46	2.71	13.08	4.59	1.95
	2.5	4.28	3.36	15.93	5.59	1.93
	3.0	5.09	4.00	18.61	6.53	1.91
	3.5	5.88	4.62	21.14	7.42	1.90
60	2.0	3.64	2.86	15.34	5.11	2.05
	2.5	4.52	3.55	18.70	6.23	2.03
	3.0	5.37	4.22	21.88	7.29	2.02
	3.5	6.21	4.88	24.88	8.29	2.00
63.5	2.0	3.86	3.03	18.29	5.76	2.18
	2.5	4.79	3.76	22.32	7.03	2.16
	3.0	5.70	4.48	26.15	8.24	2.14
	3.5	6.60	5.18	29.79	9.38	2.12
70	2.0	4.27	3.35	24.72	7.06	2.41
	2.5	5.30	4.16	30.23	8.64	2.39
	3.0	6.31	4.96	35.50	10.14	2.37
	3.5	7.31	5.74	40.53	11.58	2.35
	4.5	9.26	7.27	49.89	14.26	2.32
76	2.0	4.65	3.65	31.95	8.38	2.62
	2.5	5.77	4.53	39.03	10.27	2.60
	3.0	6.88	5.40	45.91	12.08	2.58
	3.5	7.97	6.26	52.50	13.82	2.57
	4.0	90.5	7.10	58.81	15.48	2.55
	4.5	10.11	7.93	64.85	17.07	2.53
83	2.0	5.09	4.00	41.76	10.06	2.86
	2.5	6.32	4.96	51.26	12.35	2.85
	3.0	7.54	5.92	60.40	14.56	2.83
	3.5	8.74	6.86	69.19	16.67	2.81
	4.0	9.93	7.79	77.64	18.71	2.80
	4.5	11.10	8.71	85.76	20.67	2.78

尺寸		截面积	质量	截面特性		
D	t	A	q	I	W	i
mm		cm²	kg/m	cm⁴	cm³	cm
32	2.0	5.47	4.29	51.75	11.63	3.08
	2.5	6.79	2.33	63.59	14.29	3.06
	3.0	8.11	6.36	75.02	16.86	3.04
	3.5	9.40	7.38	86.05	19.34	3.03
	4.0	10.68	8.38	96.68	21.73	3.01
	4.5	11.95	8.38	106.92	24.03	2.99
95	2.0	5.84	4.59	63.20	13.31	3.29
	2.5	7.26	5.70	77.76	16.37	3.27
	3.0	8.67	6.81	91.83	19.33	3.25
	3.5	10.06	7.90	105.45	22.20	3.24
102	2.0	6.28	4.93	78.57	15.41	3.54
	2.5	7.81	6.13	96.77	18.97	3.52
	3.0	9.33	7.32	114.42	22.43	3.50
	3.5	10.83	8.50	131.52	25.79	3.48
	4.0	12.32	9.67	148.09	29.04	3.47
	4.5	13.78	10.82	164.14	32.18	3.45
	5.0	15.24	11.96	179.68	35.23	3.43
108	3.0	9.90	7.77	136.49	25.28	3.71
	3.5	11.49	8.02	157.02	29.08	3.70
	4.0	13.07	10.26	176.95	32.77	3.68
114	3.0	10.46	8.21	161.24	28.29	3.93
	3.5	12.15	9.54	185.63	32.57	3.91
	4.0	13.82	10.85	209.35	36.73	3.89
	4.5	15.48	12.15	232.41	40.77	3.87
	5.0	17.12	13.44	254.81	44.70	3.86
121	3.0	11.12	8.73	193.69	32.01	4.17
	3.5	12.92	10.14	223.17	36.89	4.16
	4.0	14.70	11.54	251.87	41.63	4.14
127	3.0	11.69	9.17	224.75	35.39	4.39
	3.5	13.58	10.66	259.11	40.80	4.37
	4.0	15.46	12.13	292.61	46.08	4.35
	4.5	17.32	13.59	325.29	51.23	4.33
	5.0	19.16	15.04	357.14	56.24	4.32
133	3.5	14.24	11.18	298.71	44.92	4.58
	4.0	16.21	12.73	337.53	50.76	4.56
	4.5	18.17	14.26	375.42	56.45	4.55
	5.0	20.11	15.78	412.40	62.02	4.53
140	3.5	15.01	11.78	349.79	49.97	4.83
	4.0	17.09	13.42	395.47	56.50	4.81
	4.5	19.16	15.04	440.12	62.87	4.79
	5.0	21.21	16.65	483.76	69.11	4.78
	5.5	23.24	18.24	526.40	75.20	4.76
152	3.5	16.33	12.82	450.35	59.26	5.25
	4.0	18.60	14.60	509.59	67.05	5.23
	4.5	20.85	16.37	567.61	74.69	5.22
	5.0	23.09	18.13	624.43	82.16	5.20
	5.5	25.31	19.87	680.06	89.48	5.18

附表 G-8 方形空心型钢

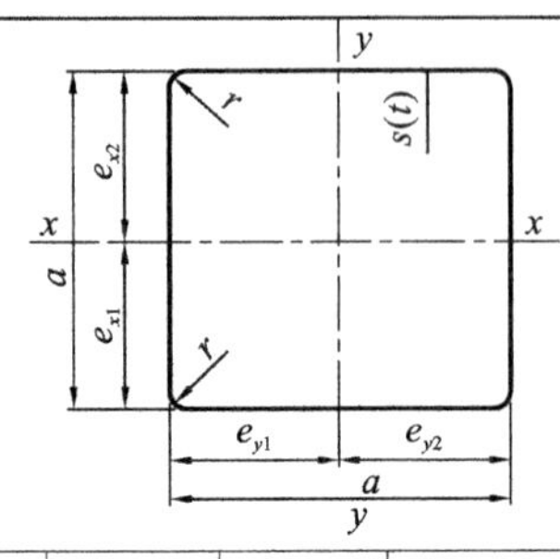

符号 I—惯性矩；
W—截面模量；
i—回转半径；
I_t、W_t—扭转常数；
r—圆弧半径

尺寸		截面积	质量	型钢重心		截面特性				
						$x—x=y—y$			扭转常数	
a	t	A	q	$e_{x1}=e_{x2}$	$e_{y1}=e_{y2}$	I_{xy}	W_{xy}	i_{xy}	I_t	W_t
mm		cm^2	kg/m	cm		cm^4	cm^3	cm	cm^4	cm^3
20	1.6	1.111	0.873	1.0	1.0	0.607	0.607	0.739	1.025	1.067
20	2.0	1.336	1.050	1.0	1.0	0.691	0.691	0.719	1.197	1.265
25	1.2	1.105	0.868	1.25	1.25	1.025	0.820	0.963	1.655	1.352
25	1.5	1.325	1.062	1.25	1.25	1.216	0.973	0.948	1.998	1.643
25	2.0	1.736	1.363	1.25	1.25	1.482	1.186	0.923	2.502	2.085
30	1.2	1.345	1.057	1.5	1.5	1.833	1.222	1.167	2.925	1.983
30	1.6	1.751	1.376	1.5	1.5	2.308	1.538	1.147	3.756	2.565
30	2.0	2.136	1.678	1.5	1.5	2.721	1.814	1.128	4.511	3.105
30	2.5	2.589	2.032	1.5	1.5	3.154	2.102	1.103	5.347	3.720
30	2.6	2.675	2.102	1.5	1.5	3.230	2.153	1.098	5.499	3.836
30	3.25	3.205	2.518	1.5	1.5	3.643	2.428	1.066	6.369	4.518
40	1.2	1.825	1.434	2.0	2.0	4.532	2.266	1.575	7.125	3.606
40	1.6	2.391	1.879	2.0	2.0	5.794	2.897	1.556	9.247	4.702
40	2.0	2.936	2.307	2.0	2.0	6.939	3.469	1.537	11.238	5.745
40	2.5	3.589	2.817	2.0	2.0	8.213	4.106	1.512	13.539	6.970
40	2.6	3.715	2.919	2.0	2.0	8.447	4.223	1.507	13.974	7.205
40	3.0	4.208	3.303	2.0	2.0	9.320	4.660	1.488	15.628	8.109
40	4.0	5.347	4.198	2.0	2.0	11.064	5.532	1.438	19.152	10.120
50	2.0	3.736	2.936	2.5	2.5	14.146	5.658	1.945	22.575	9.185
50	2.5	4.589	3.602	2.5	2.5	16.941	6.776	1.921	27.436	11.220
50	2.6	4.755	3.736	2.5	2.5	17.467	6.987	1.916	28.369	11.615
50	3.0	5.408	4.245	2.5	2.5	19.463	7.785	1.897	31.972	13.149
50	3.2	5.726	4.499	2.5	2.5	20.397	8.159	1.887	33.694	13.890
50	4.0	6.947	5.454	2.5	2.5	23.725	9.490	1.847	40.047	16.680
50	5.0	8.356	6.567	2.5	2.5	27.012	10.804	1.797	46.760	19.767
60	2.0	4.536	3.564	3.0	3.0	25.141	8.380	2.354	39.725	13.425
60	2.5	5.589	4.387	3.0	3.0	30.340	10.113	2.329	48.539	16.470
60	2.6	5.795	4.554	3.0	3.0	31.330	10.443	2.325	50.247	17.064

续表

尺寸		截面积	质量	型钢重心		截面特性				
						$x-x=y-y$			扭转常数	
a	t	A	q	$e_{x1}=e_{x2}$	$e_{y1}=e_{y2}$	I_{xy}	W_{xy}	i_{xy}	I_t	W_t
mm		cm^2	kg/m	cm		cm^4	cm^3	cm	cm^4	cm^3
60	3.0	6.608	5.187	3.0	3.0	35.130	11.170	2.505	56.892	19.389
60	4.0	8.547	6.710	3.0	3.0	43.539	14.513	2.256	72.188	24.840
60	5.0	10.356	8.159	3.0	3.0	50.486	16.822	2.207	85.560	29.767
70	2.0	5.336	1.793	3.5	3.5	40.724	11.635	2.762	63.886	18.465
70	2.6	6.835	5.371	3.5	3.5	51.075	14.593	2.733	81.165	23.554
70	3.2	8.286	6.511	3.5	3.5	60.612	17.317	2.704	97.549	28.431
70	4.0	10.147	7.966	3.5	3.5	72.108	20.602	2.665	117.975	34.690
70	5.0	12.356	9.699	3.5	3.5	84.602	24.172	2.616	141.183	41.767
80	2.0	6.132	4.819	4.0	4.0	61.697	15.424	3.170	86.258	24.305
80	2.6	7.875	6.188	4.0	4.0	77.743	19.435	3.141	122.686	31.084
80	3.2	9.566	7.517	4.0	4.0	111.031	27.757	3.074	179.808	45.960
80	5.0	14.356	11.269	4.0	4.0	131.414	32.853	3.025	216.628	55.767
80	6.0	16.832	13.227	4.0	4.0	149.121	37.280	2.976	250.050	64.877
90	2.0	6.936	5.450	4.5	4.5	88.857	19.746	3.579	138.042	30.945
90	2.6	8.915	7.005	4.5	4.5	112.373	24.971	3.550	176.367	39.653
90	3.2	10.846	8.523	4.5	4.5	134.501	29.889	3.521	213.234	48.092
90	4.0	13.347	10.478	4.5	4.5	161.907	35.979	3.482	260.088	58.920
90	5.0	16.356	12.839	4.5	4.5	192.903	42.867	3.434	314.896	71.767
100	2.6	9.955	7.823	5.0	5.0	156.006	31.201	3.958	243.770	49.263
100	3.2	12.126	9.529	5.0	5.0	187.274	37.454	3.929	295.313	59.842
100	4.0	14.947	11.734	5.0	5.0	226.337	45.267	3.891	361.213	73.480
100	5.0	18.356	14.409	5.0	5.0	271.071	54.214	3.842	438.986	87.767
100	8.0	27.791	21.838	5.0	5.0	379.601	75.920	3.695	640.756	133.446
115	2.6	11.515	9.048	5.75	5.75	240.609	41.845	4.571	374.015	65.627
115	3.2	14.046	11.037	5.75	5.75	289.817	50.403	4.542	454.126	79.868
115	4.0	17.347	13.630	5.75	5.75	351.897	61.199	4.503	557.238	98.320
110	5.0	21.356	16.782	5.75	5.75	423.969	73.733	4.455	680.099	120.517
120	3.2	14.686	11.540	6.0	6.0	330.874	55.145	4.746	517.542	87.183
120	4.0	18.147	14.246	6.0	6.0	402.260	67.043	4.708	635.603	107.400
120	5.0	22.356	17.549	6.0	6.0	485.441	80.906	4.659	776.632	131.767
130	4.0	20.547	16.146	6.75	6.75	581.681	86.175	5.320	913.966	137.040

附表 G-9　矩形空心型钢

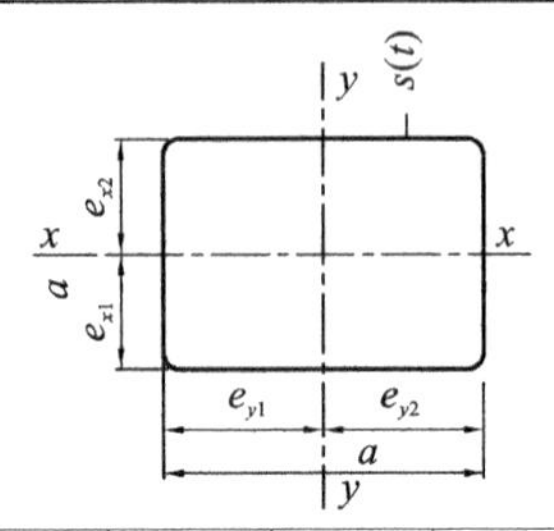

符号　I—惯性矩；
　　　W—截面模量；
　　　i—回转半径；
　　　r—圆弧半径

尺寸			截面积	质量	截面特性						扭转常数	
					$x—x$			$y—y$				
a	b	$s=r$	A	q	I_x	W_x	i_x	I_y	W_y	i_y	I_t	W_t
mm			cm^2	kg/m	cm^4	cm^3	cm	cm^4	cm^3	cm	cm^4	cm^3
30	15	1.5	1.202	0.945	0.424	0.566	0.594	1.281	0.845	1.023	1.083	1.141
30	20	2.5	2.089	1.642	1.150	1.150	0.741	2.206	1.470	1.022	2.634	2.345
40	20	1.2	1.345	1.507	0.992	0.922	0.828	2.725	1.362	1.423	2.260	1.743
40	20	1.6	1.751	1.376	1.150	1.150	0.810	3.433	1.716	1.400	2.877	2.245
40	20	2.0	2.136	1.678	1.342	1.342	0.792	4.048	2.024	1.376	3.424	2.705
50	25	1.5	2.102	1.650	6.653	2.661	1.779	2.253	1.802	1.035	5.519	3.046
50	30	1.6	2.391	1.879	3.600	2.400	1.226	7.955	3.182	1.823	8.031	4.382
50	30	2.0	2.936	2.307	4.291	2.861	1.208	9.535	3.814	1.801	9.727	5.345
50	30	2.5	3.589	2.817	11.296	4.518	1.774	5.050	3.366	1.186	11.666	6.470
50	30	3.0	4.208	3.303	12.827	5.130	1.745	5.696	3.797	1.163	15.401	7.950
50	30	3.2	4.446	3.494	5.925	3.950	1.154	13.377	5.351	1.734	14.307	7.900
50	30	4.0	5.347	4.198	15.239	6.095	1.688	6.682	4.455	1.117	16.244	9.320
50	32	2.0	3.016	2.370	4.986	3.116	1.285	9.996	3.998	1.820	10.879	5.729
50	35	2.5	3.839	3.017	7.272	4.155	1.376	12.707	5.083	1.819	15.277	7.658
60	30	2.5	4.089	3.209	17.933	5.799	2.094	5.998	3.998	1.211	16.054	7.845
60	30	3.0	4.808	3.774	20.496	6.832	2.064	6.794	4.529	1.188	17.335	9.129
60	40	1.6	3.031	2.832	8.154	4.077	1.640	15.221	5.073	2.240	16.911	7.160
60	40	2.0	3.736	2.936	9.830	4.915	1.621	18.410	6.136	2.219	20.652	8.785
60	40	2.5	4.589	3.602	22.069	7.356	2.192	11.734	5.867	1.599	25.045	10.720
60	40	3.0	5.408	2.245	25.374	8.458	2.166	13.436	6.718	1.576	19.121	12.549
60	40	3.2	5.726	4.499	14.062	7.031	1.567	26.601	8.867	2.155	30.661	13.250
60	40	4.0	6.947	5.454	30.974	10.324	2.111	16.269	8.134	1.530	36.298	15.880
70	50	2.5	5.589	4.195	22.587	9.035	2.010	38.011	10.860	2.607	45.637	15.970
70	50	3.0	6.608	5.187	44.046	12.584	2.581	26.099	10.439	1.987	53.426	18.789
70	50	4.0	8.547	6.710	54.663	15.618	2.528	32.210	12.884	1.941	67.613	24.040
70	50	5.0	10.356	8.129	63.435	18.124	2.474	37.179	14.871	1.894	79.908	28.767
80	40	2.0	4.536	3.564	12.720	6.360	1.674	37.355	9.338	2.869	30.820	11.825
80	40	2.5	5.589	4.387	45.103	11.275	2.840	15.255	7.627	1.652	37.467	14.470
80	40	2.6	5.795	4.554	15.733	7.866	1.647	46.579	11.644	2.835	38.744	14.984

续表

尺寸			截面积	质量	截面特性						扭转常数	
					$x—x$			$y—y$				
a	b	$s=r$	A	q	I_x	W_x	i_x	I_y	W_y	i_y	I_t	W_t
mm			cm^2	kg/m	cm^4	cm^3	cm	cm^4	cm^3	cm	cm^4	cm^3
80	40	3.0	6.608	5.187	52.246	13.601	2.811	17.552	8.776	1.629	43.680	16.989
80	40	4.0	8.547	6.111	64.780	16.195	2.752	21.474	10.737	1.585	54.787	21.640
80	40	5.0	10.356	8.129	75.080	18.770	2.692	24.567	12.283	1.540	64.110	25.767
80	60	3.0	7.808	6.129	70.042	17.510	2.995	44.886	14.962	2.397	88.111	26.229
80	60	4.0	10.147	7.966	87.905	21.976	2.943	56.105	18.701	2.351	112.53	33.800
80	60	5.0	12.356	9.699	103.925	25.811	2.890	65.634	21.878	2.304	134.53	40.767
90	40	2.5	6.089	4.785	17.015	8.507	1.671	60.686	13.485	3.156	43.880	16.345
90	50	2.0	5.336	4.193	23.367	9.346	2.092	57.876	12.861	3.293	53.294	16.865
90	50	2.6	6.835	5.371	29.162	11.665	2.065	72.640	16.142	2.259	67.464	21.474
90	50	3.0	7.808	6.129	81.845	18.187	2.237	32.735	13.094	2.047	76.433	24.429
90	50	4.0	10.147	7.966	102.696	22.821	3.181	40.695	16.278	2.002	97.162	31.400
90	50	5.0	12.356	9.699	120.570	26.793	3.123	47.345	18.938	1.957	115.436	37.767
90	50	3.0	8.408	6.600	106.451	21.290	3.558	36.053	14.421	2.070	88.311	27.249
90	60	2.0	7.126	4.822	38.602	12.867	2.508	84.585	16.917	3.712	84.002	22.705
100	60	2.6	7.875	6.188	48.474	16.158	2.480	106.663	21.332	3.680	106.816	29.004
120	50	2.0	6.536	5.136	30.283	12.113	2.152	117.992	19.665	4.248	78.307	22.625
120	60	2.0	6.936	5.450	45.333	15.111	2.556	131.918	21.986	4.360	107.792	27.345
120	60	3.2	10.846	8.523	67.940	22.646	2.502	199.876	33.312	4.292	165.215	42.332
120	60	4.0	13.347	10.478	240.724	40.120	2.246	81.235	27.078	2.466	200.407	51.720
120	60	5.0	16.356	12.839	286.941	47.823	4.188	95.968	31.989	2.422	240.869	62.767
120	80	2.6	9.955	7.823	108.906	27.226	3.307	202.757	33.792	4.512	223.620	47.183
120	80	3.2	12.126	9.529	130.478	32.619	3.280	243.542	40.590	4.481	270.587	57.282
120	80	4.0	14.947	11.734	294.569	49.094	4.439	157.281	39.320	3.243	330.438	70.280
120	80	5.0	18.356	14.409	353.108	58.851	4.385	187.747	46.936	3.198	400.735	95.767
120	80	6.0	21.632	16.981	405.998	67.666	4.332	214.977	53.744	3.152	465.940	100.397
120	80	8.0	27.791	21.838	260.314	65.078	3.060	495.591	82.598	4.222	580.769	127.046
120	100	8.0	30.991	24.353	447.484	89.496	3.799	596.114	99.352	4.385	856.089	162.886
140	90	3.2	14.046	11.037	194.803	43.289	3.724	384.007	54.858	5.228	409.778	75.868
140	90	4.0	17.347	13.631	235.920	52.426	3.687	466.585	66.655	5.186	502.004	93.320
140	90	5.0	21.356	16.782	283.320	62.960	3.642	562.606	80.372	5.132	611.389	114.267
150	100	3.2	15.326	12.043	262.263	52.452	4.136	488.184	65.091	5.643	538.150	90.818

附录 H　螺栓和锚栓规格

附表 H-1　螺栓螺纹处的有效截面面积

公 称 直 径	12	14	16	18	20	22	24	27	0
螺栓有效截面面积 A_e/cm^2	0.84	1.15	1.57	1.92	2.45	3.03	3.53	4.59	5.61
公 称 直 径	33	36	39	42	45	48	52	56	60
螺栓有效截面面积 A_e/cm^2	6.94	8.17	9.76	11.2	13.1	14.7	17.6	20.3	23.6
公 称 直 径	64	68	72	76	80	85	90	95	100
螺栓有效截面面积 A_e/cm^2	26.8	30.6	34.6	38.9	43.4	49.5	55.9	62.7	70.0

附表 H-2　锚栓规格

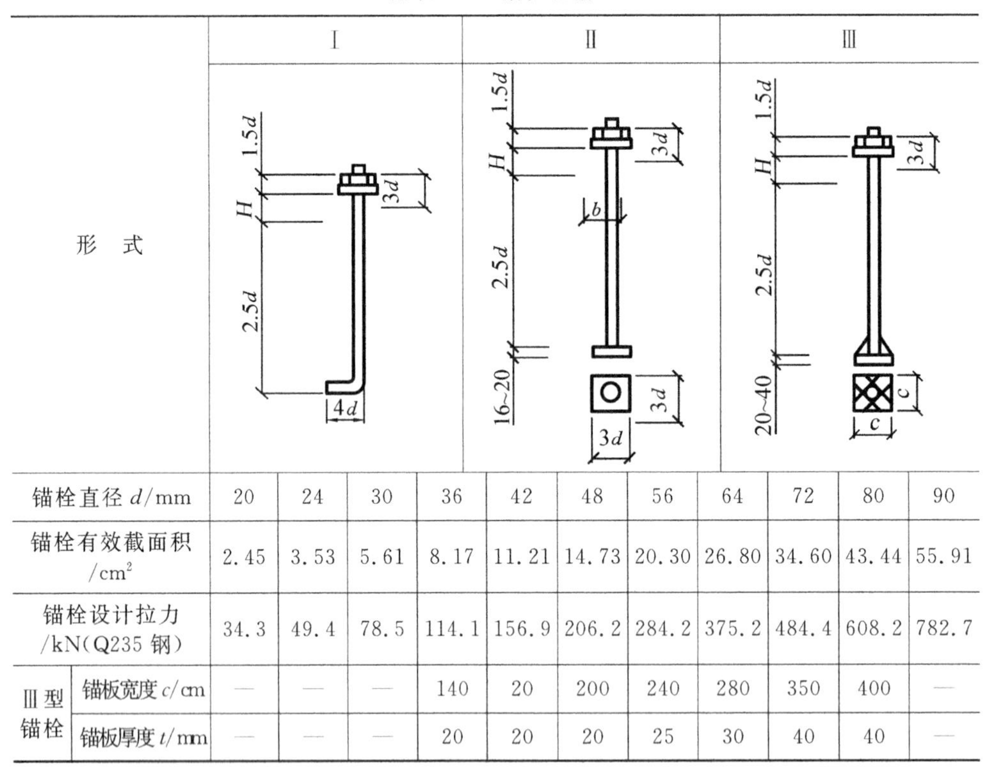

形 式		Ⅰ				Ⅱ				Ⅲ	
锚栓直径 d/mm		20	24	30	36	42	48	56	64	72	80	90
锚栓有效截面积 /cm^2		2.45	3.53	5.61	8.17	11.21	14.73	20.30	26.80	34.60	43.44	55.91
锚栓设计拉力 /kN(Q235 钢)		34.3	49.4	78.5	114.1	156.9	206.2	284.2	375.2	484.4	608.2	782.7
Ⅲ型锚栓	锚板宽度 c/cm	—	—	—	140	20	200	240	280	350	400	—
	锚板厚度 t/mm	—	—	—	20	20	20	25	30	40	40	—

附录I　混凝土强度设计值

附表I-1　混凝土强度设计值　　单位:N·mm^{-2}

强度种类	混凝土强度等级													
	C15	C20	C25	C30	C35	C40	C45	C50	C55	C60	C65	C70	C75	C80
f_c	7.2	9.6	11.9	14.3	16.7	19.1	21.1	23.1	25.3	27.5	29.7	31.8	33.8	35.9
f_t	0.91	1.10	1.27	1.43	1.57	1.71	1.80	1.89	1.96	2.04	2.09	2.14	2.18	2.22

注:① 计算现浇钢筋混凝土轴心受压及偏向受压构件时,如截面的长边或直径小于300 mm,则表中混凝土的强度设计值应乘以系数0.8;当构件质量(如混凝土成型、截面和轴线尺寸等)确有保证时,可不受此限。

② 离心混凝土的强度设计值应按专门的表中值采用。

附录J　各种截面回转半径的近似值

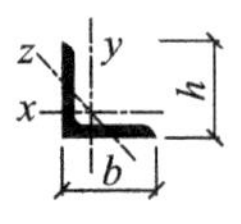 $i_x=0.30h$ $i_y=0.30b$ $i_z=0.195h$	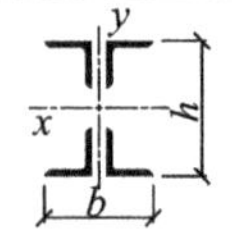 $i_x=0.40h$ $i_y=0.21b$	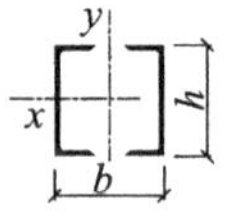 $i_x=0.38h$ $i_y=0.44b$	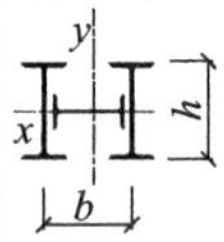 $i_x=0.32h$ $i_y=0.49b$
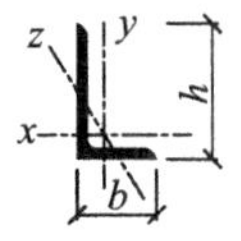 $i_x=0.32h$ $i_y=0.28b$ $i_z=0.18(b+h)$	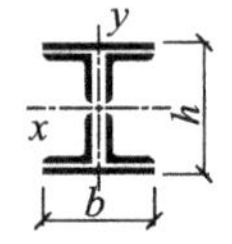 $i_x=0.45h$ $i_y=0.235b$	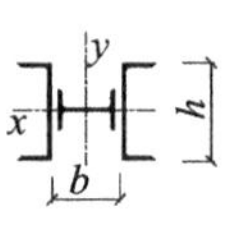 $i_x=0.32h$ $i_y=0.58b$	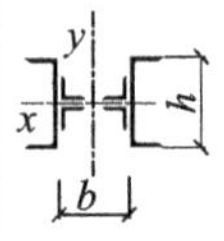 $i_x=0.29h$ $i_y=0.50b$
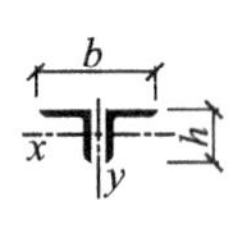 $i_x=0.30h$ $i_y=0.215b$	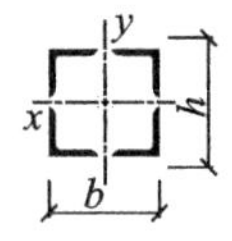 $i_x=0.44h$ $i_y=0.28b$	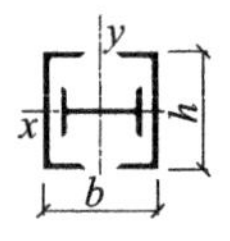 $i_x=0.32h$ $i_y=0.40b$	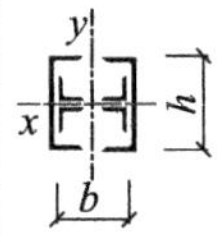 $i_x=0.29h$ $i_y=0.45b$
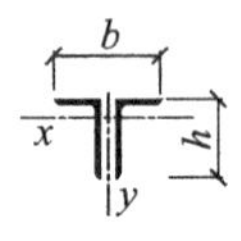 $i_x=0.32h$ $i_y=0.20b$	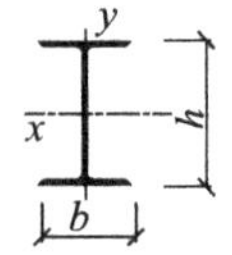 $i_x=0.39h$ $i_y=0.20b$	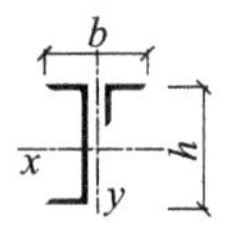 $i_x=0.38h$ $i_y=0.21b$	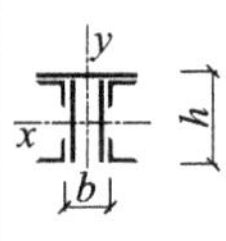 $i_x=0.39h$ $i_y=0.53b$
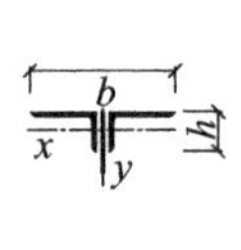 $i_x=0.28h$ $i_y=0.24b$	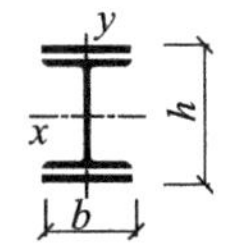 $i_x=0.42h$ $i_y=0.22b$	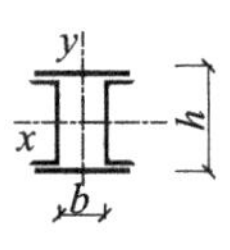 $i_x=0.44h$ $i_y=0.32b$	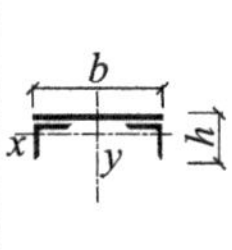 $i_x=0.28h$ $i_y=0.37b$
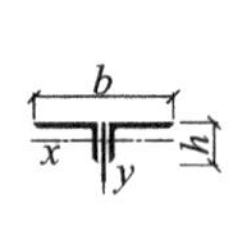 $i_x=0.30h$ $i_y=0.17b$	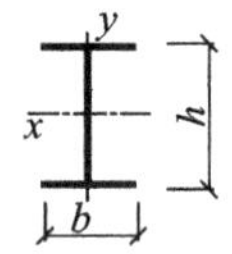 $i_x=0.43h$ $i_y=0.24b$	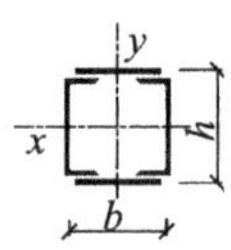 $i_x=0.44h$ $i_y=0.38b$	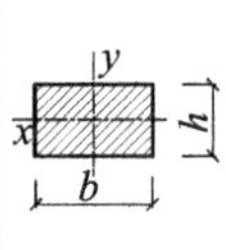 $i_x=0.29h$ $i_y=0.29b$
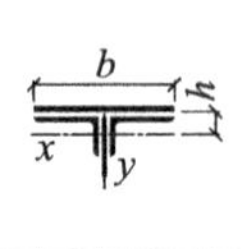 $i_x=0.28h$ $i_y=0.21b$	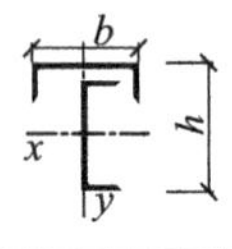 $i_x=0.365h$ $i_y=0.275b$	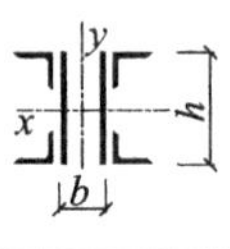 $i_x=0.37h$ $i_y=0.54b$	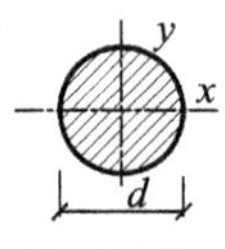 $i_x=0.25d$ $i_y=0.25d$
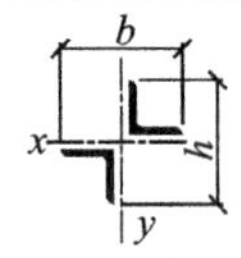 $i_x=0.21h$ $i_y=0.21b$ $i_s=0.185h$	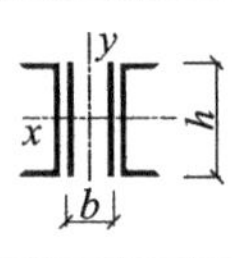 $i_x=0.35h$ $i_y=0.56b$	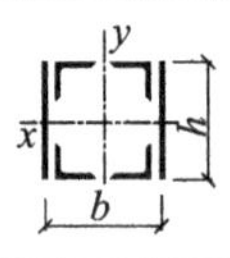 $i_x=0.37h$ $i_y=0.45b$	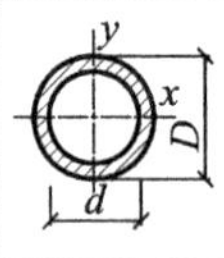 $i_x=i_y=$ $0.175(D+d)$
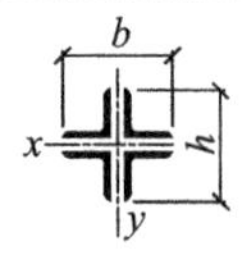 $i_x=0.21h$ $i_y=0.21b$	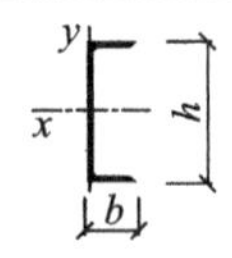 $i_x=0.39h$ $i_y=0.29b$	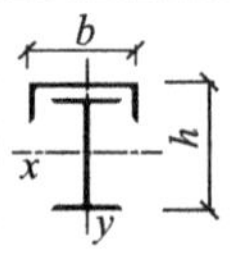 $i_x=0.40h$ $i_y=0.24b$	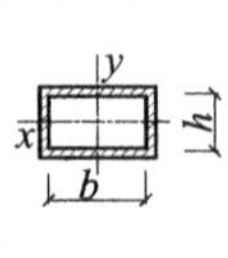 $i_x=0.40h_{平}$ $i_y=0.40b_{平}$
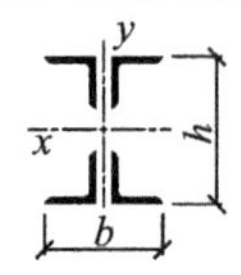 $i_x=0.45h$ $i_y=0.24b$	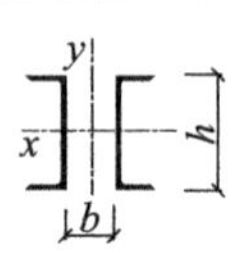 $i_x=0.38h$ $i_y=0.60b$	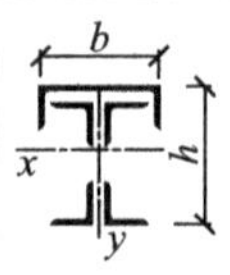 $i_x=0.41h$ $i_y=0.29b$	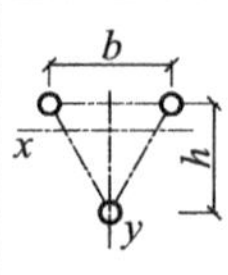 $i_x=0.47h$ $i_y=0.40b$

参考文献

[1] GB 50017—2003.钢结构设计规范[S].北京:中国计划出版社,2003.

[2] GB 50009—2012.建筑结构荷载规范[S].北京:中国建筑工业出版社,2012.

[3] CECS 102:2002.门式刚架轻型房屋钢结构技术规程[S].北京:中国计划出版社,2003.

[4] GB 50018—2002.冷弯薄壁型钢结构技术规范[S].北京:中国建筑工业出版社,2002.

[5] GB 50011—2010.建筑抗震设计规范[S].北京:中国建筑工业出版社,2010.

[6] 舒赣平,王恒华,范圣刚编著.轻型钢结构民用与工业建筑设计[M].北京:中国电力出版社,2006.

[7] 李星荣.钢结构连接节点设计手册[M].北京:中国建筑工业出版社,2014.

[8] 建筑结构静力计算手册编写组.建筑结构静力计算手册[M].北京:中国建筑工业出版社,1998.

[9] 李国强.多高层建筑钢结构设计[M].北京:中国建筑工业出版社,2004.

[10] 陈树华,张建华.钢结构原理[M].哈尔滨:哈尔滨工程大学出版社,2015.

[11] 张毅刚,薛素铎,杨庆山,等.大跨空间结构[M].2 版.北京:机械工业出版社,2014

[12] 董石麟,罗尧治,赵阳.新型空间网格分析、设计与施工[M].北京:人民交通出版社,2006.

[13] 中华钢结构论坛、机械工业第四设计研究院.轻钢结构设计[M].北京:人民交通出版社,2008.

[14] 刘锡良.现代空间结构[M].天津:天津大学出版社,2003.

[15] 陈富生等编著,高层建筑钢结构设计[M].北京:中国建筑工业出版社,2004.

[16] 张其林.轻型门式刚架[M].济南:山东科学技术出版社,2004.

[17] 黄呈伟,郝进锋,李海旺.钢结构设计[M].北京:科学出版社,2005.

[18] 陈志华.建筑钢结构设计[M].天津:天津大学出版社,2004.

[19] 乐嘉龙,等.钢结构建筑施工图识读技法[M].合肥:安徽科学技术出版社,2011.

[20] 中国建筑标准设计研究院.多、高层民用建筑钢结构节点构造详图(建筑标准图集)—结构专业[M].北京:中国计划出版社,2009.